中国农业大学"双一流"文化传承创新项目

石羊河印记 第一辑

中国农业大学石羊河实验站 编

中国农业大学出版社
CHINA AGRICULTURAL UNIVERSITY PRESS

内 容 简 介

中国农业大学石羊河实验站的研究工作始于20世纪90年代中期，2004年正式建站，已走过20多年的风雨历程。20多年来，实验站从租用几间平房和试验地，建立普通的校级实验站，逐步发展成农业部野外科学观测实验站、国家级现代农业科技创新与集成示范基地等具有国际影响力的研究平台。20多年的奋斗历程，留下了许多可歌可泣的故事。本书从不同角度回顾与总结了这段奋斗历史。全书分为记事篇、散文篇、诗词篇、剧本篇、新闻报道篇、年谱篇、名录篇，总字数达60余万，是一部独具特色的作品。

图书在版编目(CIP)数据

石羊河印记. 第一辑/中国农业大学石羊河实验站编. —北京：中国农业大学出版社，2019.8

ISBN 978-7-5655-2264-2

Ⅰ. ①石…　Ⅱ. ①中…　Ⅲ. ①石羊河—干旱区—水资源管理　Ⅳ. ①TV213.4

中国版本图书馆CIP数据核字(2019)第183360号

书　　名　石羊河印记　第一辑

作　　者　中国农业大学石羊河实验站　编

策划编辑　张　程　　　**责任编辑**　石　华　刘彦龙　张　程

封面设计　王海强

出版发行　中国农业大学出版社

社　　址　北京市海淀区学清路甲38号　　　**邮政编码**　100083

电　　话　发行部 010-62733489，1190　　　读者服务部 010-62732336

编辑部 010-62732617，2618　　　出　版　部 010-62733440

网　　址　http://www.caupress.cn　　　**E-mail** cbsszs@cau.edu.cn

经　　销　新华书店

印　　刷　涿州市星河印刷有限公司

版　　次　2019年8月第1版　　2019年8月第1次印刷

规　　格　787×1 092　　16开本　　36印张　　830千字

定　　价　198.00元

编写委员会

主　任　康绍忠

副主任　杜太生　李思恩　牛　俊

编　委　（按姓氏笔画排序）

丁日升　王凤新　王文娥　王玉丰　王素芬　毛晓敏
石培泽　左　强　田　菲　冯绍元　任　理　华　博
刘俊洲　纪莎莎　杨秀英　李光永　李小娟　佟　玲
沈立峰　张富仓　陆红娜　胡田田　胡铁民　胡笑涛
郝新梅　郭　萍　高丽红　唐泽军　黄兴法　黄冠华
曹红霞　韩万海　董平国　粟晓玲　蔡焕杰　霍再林

序

近年来，在石羊河实验站年终总结会上，很多青年学生都展示了他们在实验站开展科研时创作的文艺作品，多以散文和诗歌的形式出现，也有舞台剧。看到孩子们创作的文字和吟诵时的那份激情，脑海中总会浮现石羊河实验站建设过程中的种种画面。这种回忆悠长而立体：有农田里的汗流浃背，有迷眼障目的漫天风沙，有寒冬料峭里的瑟瑟发抖，也有碧空白云里的沁人心脾，还有柴米油盐里的生活百味。而回忆之源是在这二十多年里每一位在站工作和学习的老师与同学们的艰苦付出，我深感需要将这千般滋味汇聚成河，与石羊河一起永远流淌下去。

石羊河地处祖国大西北，是古丝绸之路——河西走廊上的要冲，由于干旱少雨，水资源紧缺，加上早期的无序开发，白亭海和青土湖一度干涸，下游民勤地区沙进人退，生态环境恶化严重。自 1995 年起，我们开始在石羊河开展有关节水灌溉、农业种植模式调整和水资源优化配置的实验和科研工作。这一系列工作的深入拓展也正是石羊河实验站从无到有，从初具规模再到今日的建设和发展。从一个个土壤水分 Trime 管、植物茎流计、大型称重式蒸渗仪到水热碳涡度相关测量系统；从叶片光合蒸腾测定、植物生理监测系统到超高精度液态水和水汽同位素分析；从露天小区、大型防雨棚测坑、水热盐自动监测系统到智能型大型人工气候室；从两个房间到三排小平房到拔地而起的综合实验大楼；从最初的 1～2 人驻站到后来的 50～60 人驻站，再到学生自我管理委员会和临时党支部的成立；从单纯站内试验观测到农民开放日和站外技术示范推广…… 点点滴滴的进步得益于国家对西北干旱区水资源的高效利用、生态环境改善和农业绿色发展的大力支持。这些改变体现着老师和学生们对西北水资源研究与节水农业事业的那份执着和热爱，凝聚着每一个开拓者和建设者的辛劳和奉献。如今的石羊河实验站，不仅仅是中国农业大学在西北干旱区的一个野外实验观测站，而且已然成为科学研究、人才培养、国内外学术交流和技术示范推广的重要基地。

艰苦奋斗，团结协作，勇于创新，追求卓越：长期在西北地区开展田间定位试验，跟踪和描绘农业水转化消耗过程的每一个轨迹，认真对待流域内的每一滴水，汇集多学科方法和技术，极力追求卓越，创造科研工作的速度和科技发现的高度；尽心尽力，兢兢业业，尽我所能；我们希冀着西北干旱区的农民、农作物、自然植被能在那块土地上安然舒适地生活，历史上的白亭海和青土湖再现西北大漠，创造出西北节水优质高效农业高新科技发展和绿色生态安全的美好。一路走来，每一滴田间灌溉水量的差异，每一度气温的升高或降低，每一毫米渠道配置水位的改变，每一颗玉米粒重的跳动，每一颗葡萄反射的太阳光亮，都随着大家的汗水渗透到这片石羊河土地上，这一饱含科技养分的水量，让石羊河流域绿意萌动，青土重归，滋养打磨出西北大地上的璀璨明珠——石羊河实验站。

在科研方面，实验站立足野外系统定位试验，在党中央提出的“创新、协调、绿色、开放、共享”的发展理念之下，坚持探索用水的高效科技，润育大漠的绿色希望，先后开展了

40多项野外定位科学试验，积累了1 000多亿组宝贵的基础科学试验观测数据，根据完成的研究成果发表了学术论文550余篇，其中SCI收录340余篇，出版著作4部；获授权的国家专利32件、软件著作权登记6项。实验站团队先后获国家科技进步一等奖1项、国家科技进步二等奖4项、国家自然科学二等奖1项、国家优秀科技图书三等奖1项、部(省)级科技奖10余项，研究成果为促进我国旱区水资源绿色高效利用发挥了重要作用。在育人方面，实验站大力开展“立德树人”和推进落实“三全育人”。据不完全统计，先后有19所大学和科研机构的5名博士后、109名博士生、278名硕士生、380余名本科生在石羊河开展学位论文试验研究、毕业实习或社会实践，还有美国、英国、瑞典、日本等国家的8所大学的31名博士后、博硕士研究生和本科生在实验站进行学位论文试验研究、短期实习和调研。实验站学生临时党支部的建设和学生思想政治工作的探索和实践，为加强和改进高校政治思想教育注入了新活力。在实验站培养的研究生中，获“全国百篇优秀博士学位论文奖”的有2人，22名博士、硕士和本科生获“省(市)级优秀毕业生”称号。实验站团队获国家优秀教学成果二等奖2项，特别是“创建‘五链环’野外综合实训平台与‘四融合’人才培养模式的探索及其实践”荣获2018年“第三届中国学位与研究生教育学会研究生教育成果奖”唯一的特等奖，也是该奖设立以来全国评出的仅有的两项特等奖之一。

随着石羊河实验站的建设和发展，青年学者和学生的创新、创造日渐凸显，而实验站与区域农村及农民的融合趋往纵深发展，未来的石羊河实验站将通过高等院校科研人员、驻站研究师生、西北农村农民之间的密切联系，形成农民需求—驻站研究—科研引领—基地示范—农村应用的农需农用循环。在矢志不渝地振兴西北乡村的强大驱动力下，这一循环将成为我国西北干旱区农业科研的永动脉搏，使实验站工作真正成为一条流淌在西北农民心中的石羊河。

石羊河的故事还会继续，石羊河水会川流不息，载着一代代科研工作者的奋力拼搏与崇高理想。我们会不忘初心，回归梦想，不断追求卓越，打造出以旱区水资源高效利用为主，多学科并举、国际一流的现代节水高效农业与生态综合实验站，使其成为我国旱区绿色高效节水的创新园、国际学科前沿技术的展示窗、世界优秀农业人才的储备库和放飞无数绿色梦想的摇篮。

中国工程院院士
石羊河实验站站长

二〇一九年五月十八日

目　录

第一篇

记事篇

石羊河印记

康绍忠[①]

我第一次到石羊河是在35年前。1984年11月,为了验证我提出的干旱缺水条件下作物耗水量估算模型,除了自己在陕西杨凌西北农业大学灌溉试验站所做的试验外,我来到了石羊河。虽当时还是晚秋,但天气已有寒意。当地的工作人员非常热情地用自行车驮着我,到金塔河灌区灌溉试验站和武威地区气象站抄写我所要的试验资料。但所有的资料他们没有收一分钱,仅凭借我身上揣着的一封介绍信。在我的记忆中,当时武威城里还没有公交车,到处是低矮的土墙房,东关十字显得离城很远,路面不平,行人寥寥无几,这大概就是我对石羊河的初始印象。

1995年9月中旬,在甘肃省水利工程管理局灌溉科科长陈勇的盛情邀请下,我和蔡焕杰又一次来到石羊河,陈科长想让我们帮助石羊河做点事情。在武威地区农田水利管理处处长沈清林、灌溉科科长孔德禄、地区水利科学研究所所长石培泽等的陪同下,我们先后考察了地区中心灌溉试验站、黄羊灌区、红崖山水库、小坝口灌溉试验站、红沙梁三角城遗址、东渠乡、西渠乡、湖区盐改试验站、青土湖……石羊河流域是甘肃省三大内陆河流域之一,是我国西北干旱区人口最密集、水资源开发利用程度最高、用水矛盾最突出、生态环境问题最严峻的地区。近几十年,随着社会经济的快速发展,流域水资源被过度、无序地开发利用,区域生态环境一度急剧恶化,"一年一场风,从春刮到冬"就是当时恶劣生态环境的真实写照。

我们乘坐的老式北京吉普车在红沙梁陷入流动沙丘而无法行进,大家只好下车一起帮助推车才跨出"陷阱"。这里早已不是曾经的"碧波荡漾、野鸭成群、游鱼无数"的壮美景观;在眼前出现的是一幅阴影笼罩下的悲壮画面:民勤绿洲北端的青土湖20世纪50年代已干涸见底,到处是荒漠化、盐碱化的土地,流动的沙丘、枯死的林木、被遗弃的残垣破壁的村庄……当地已成为我国四大沙尘暴的发源地之一,加之地下水因矿化度剧增,不仅人畜不能饮用,也不适用于农田灌溉,当地部分群众因没有水无法生存而背井离乡,被沦为"生态难民"。我记得当时到的东渠乡大号三社,130多人的村子大部分人被迫离乡,仅留下21人。我站在那里,听着当地人的介绍,眼里不停地闪动着泪花。从那时起,我就不停地与沈处长、石所长联系,想着找什么机会能一起合作为石羊河做点事情。

虽然在此之前,我主要以陕西杨凌的西北农业大学灌溉试验站、中国科学院长武农业生态实验站、山西洪洞霍泉灌区等作为科研基地,但我深知石羊河更缺水,生态更脆弱,更需要一些基础的科研工作支撑流域水资源高效和可持续利用,而且在这里做灌溉试验研究具有更得天独厚的自然条件,它不会像汾渭平原那样经常受降水的干扰。1997

---

① 中国农业大学石羊河实验站站长,中国农业水问题研究中心主任、教授,中国工程院院士。本文2019年2月8日作于美国密苏里哥伦比亚。

年，我结合申请的水利部水利技术开发基金项目以及在香港浸会大学与张建华博士合作的设想，联系石所长，在石羊河下游的民勤小坝口灌溉试验站开展控制性作物根系分区交替灌溉技术研究，梁宗锁、潘英华、杜太生等博士生、硕士生和本科生在此开始田间试验研究……1998 年，我以民勤小坝口灌溉试验站为基地和前期研究为基础，申请获批一项国家自然科学基金项目——作物根系分区交替供水的节水效应与最佳供水模式研究，这样一来在石羊河的研究工作就慢慢多了起来。其后，由于河北保定科瀚树脂有限公司和深圳艾德迈尔公司需要与我们合作，加之农业节水需要多种措施综合集成，1998 级硕士研究生杜太生的学位论文就选择了这方面的课题，研究“科瀚 98”保水剂在干旱区玉米-小麦带田的施用方法和应用效果，后来又扩充到“春之琳”固体水的研究。他与当时的武威地区水利技术推广中心石培泽副主任合作，相关成果获 2010 年度国家科技进步二等奖。其间，我们还参与合作了武威市当地的一些研究项目，其中“干旱缺水的民勤沙漠绿洲灌区主要农作物节水高产灌溉制度研究与推广”“干旱区大田地膜玉米控制性交替灌溉节水高效新技术试验研究与推广”等成果分别获得了甘肃省科技星火二等奖和科技进步二等奖。

除了科研和示范等外，我还联系中国台湾嘉隆实业有限公司董事长朱英龙先生，看他能否捐资帮助石羊河的地方扶贫和改善贫困地区中小学办学条件，为当地发展做点事情。朱先生很爽快地答应，并派助手蒋晓舟、汤先禧两位女士来到石羊河，我陪同她们到天祝、古浪、民勤、凉州等县、区的贫困地区，考察当地村民的生活、孩子上学状况以及校舍和办学等其他条件，最后协助选址，建设了 5 所中小学校，为当地贫困地区改善办学条件做了一点工作。

石羊河实验站建设发展之路

刚开始在民勤小坝口灌溉试验站、薛百农技站等地做试验，研究生们的生活条件非常艰苦，而且试验站的面积很小，布置试验受限制。2003 年，我主持申报的国家自然科学基金重点项目“西北旱区农业与生态节水应用基础研究”获批，该项目主要在石羊河执行，不仅仅包括传统的农作物，还涉及生态节水，迫切需要有一个固定的、既有农作物又有沙生植被的地点开展试验研究，原有的民勤小坝口灌溉试验站、薛百农技站已不能满足项目研究的需求。2003 年 12 月 29 日，中国台湾嘉隆实业有限公司董事长朱英龙先生得知我调到中国农业大学工作，且正在甘肃石羊河这样一个生态环境非常脆弱的流域开展水资源科学配置与农业高效节水研究时，慷慨捐资 100 万元人民币，用于石羊河的相关研究工作和实验室建设。

2004 年 3 月，我和冯绍元、杜太生在时任甘肃省水利厅石羊河流域管理局局长沈清林、武威市水利局局长张献庆、副局长石培泽、市水利科学研究所所长杨秀英等陪同下，先后到石羊河流域凉州、民勤、古浪，考察了武威市中心灌溉试验站、金滩林场、沙漠公园、九墩潜水蒸发试验场、金种子农业开发区、小坝口灌溉试验站、红崖山水库、邓马营湖区，综合比较选定沙漠公园作为国家自然科学基金重点项目定位试验点，并讨论和落实与武威市水利科学研究所共建石羊河流域农业与生态节水试验站事宜。2004 年

4月2日，利用中国农业大学给我配套的200万元人才引进启动经费和朱英龙先生捐资的100万元，在北京举行了首批仪器设备招标会，为中国农业大学石羊河流域农业与生态节水试验站招标离子色谱仪、作物光合仪、植物生理生态监测系统、动态气孔计、植物水势仪，土壤压力膜仪、土壤水分特征曲线测定高速离心机、Trime和Wet土壤水分测定仪、根系扫描分析系统、作物叶面积仪、植物茎流计、土壤热特性参数测定仪等第一批仪器设备。2004年4月，中国农业大学第一批博士生杜太生、夏桂敏、李王成和西北农林科技大学硕士生孟毅等研究生进驻试验站，同时庞秀明、王锋等在民勤农技中心薛百农技站开展相关试验研究。刚开始试验时采用的仪器基本是我当年在西北农林科技大学所购置的仪器，如土壤水分测定仪、光合作用测定系统、根系扫描系统、植物茎流计、叶面积测定仪、波纹比仪、涡度相关系统、植物根导仪等。2004年7月23日正式举行了“中国农业大学石羊河流域农业与生态节水试验站”揭牌仪式，武威市第一届人大常委会主任牛兆虎、政协副主席柴尔俐等出席。

试验站在沙漠公园时期，生活条件也比较艰苦。刚开始时沙漠公园管理处只租给我们2间平房：一间男生住，另一间女生住。它们既当宿舍，又作实验室和办公室。吃饭在沙漠公园职工食堂，条件简陋。学生没有洗澡的地方，大家感到特别不习惯。沙漠公园管理处在当时的接待任务比较重，如果遇到有接待工作，学生要等2个小时才有饭吃，在这样的情况下，学生只能挨饿，而且特别是早晨的伙食较差，只有那种带酸味的馍和一碗米汤或稀饭。吃一个鸡蛋在这里都是奢望。记得2005年7月下旬某天晚上，我和李伏生一起在院内散步，很远就听到主管伙食的王主任打电话，让接电话的小孩告诉他妈，第二天早晨来沙漠公园时带筐鸡蛋，王主任说的武威话比我讲的湖南话还难懂，小孩可能在电话里也没有听懂，王主任又给孩子不停地解释说：“带一筐蛋就是鸡下的蛋。”我和李伏生当时还很高兴，心想明早有鸡蛋吃了。但是第二天早餐还是不变的模样，因为鸡蛋是中午接待用的。在这种情况下，我们的合作伙伴杨所长做了很多努力，与沙漠公园管理处反复协商，2年后，我们终于从后面的排房搬到了前面一个独立的院子里，学生就开始自己做饭，伙食大有改善。我记得许小燕、刘晓志、周青云、胡萌的厨艺都不错，有时老师也会在厨房和大家一起露两手。小燕、晓志做的酸汤臊子面，我仍然记忆犹新。我在北京、在外地吃过多少次臊子面，但很难再吃到当年沙漠公园的那种香味！后来，经过杨所长与沙漠公园管理处多次沟通，我们的学生一个星期也可以到接待的客房洗一次澡了。在沙漠公园，除了前面我提到的几位同学以外，屈艳萍、王春梅、鲍兴、王为、张宝忠、李思恩、闫博远、刘晓东、朱向明等也在此挥洒了青春的汗水，付出了艰辛的努力。其间我们和武威市水科所的合作很愉快，特别是试验站刚启动的阶段，水科所王兴成副所长、张霁、苏星礼等天天在沙漠公园，与研究生们一起在地里打土钻，埋土壤水分测管，帮助拉水做入渗试验，什么脏活累活都与杜太生、夏桂敏、李王成一起干。石羊河流域管理局沈局长、武威市水利局石局长、市水科所杨所长也时常到试验站看望大家，有时还把大家拉到城里打打牙祭。

虽然当时沙漠公园条件艰苦，但也成了在民勤农技中心薛百农技站做试验的王锋、庞秀明、王振昌、侯晓燕、王若水、杨磊、韩江江、李培岭、贾运岗、来剑斌等同学羡慕的地方。因为薛百更加偏僻，离城更远，吃住的条件更差，而且做试验的人少，大家更加寂寞和孤独，至今想起来还不免内心有些难过。薛百农技站离县城还有10多千米，买菜不方便，到县城的过路班车很少，所以同学们只能借当地工作人员的摩托到县城买菜，而且还不是人人都会骑摩托。住在那里的五六个学生自己做饭，而且没有自来水，生活用水主要来自从井里抽上来存放在储水缸中的水。没有专门洗澡的地方，院子里只有一个简易的土厕所，男女共用。2006年7月上旬，杨所长陪我到薛百看望那里的同学们，看看试验工作的进展，中午我们带着学生一起到薛百乡政府所在地的一家小餐馆，给同学们改善一下伙食，大家坐好就要开始了，突然侯晓燕出去了，而且好长时间没有回来，大家出去找她，发现她一个人站在餐馆后院堆煤的角落放声大哭，因为这里确实太孤独、太压抑了，有太多的委屈和辛苦，见到老师实在是激动得忍不住了。

由中国农业大学、西北农林科技大学和武威市水利科学研究所联合共建的“石羊河流域农业与生态节水试验站”在沙漠公园坚持了5年，完成了国家自然科学基金重点项目等的研究。此后，学校开始考虑“985”工程二期基地建设问题，如果投入大量经费继续在这里建设，除了有各种沙生植物和园区环境较好的优势外，随着我们承担科研项目的增多，需要大面积的农作物试验场地则受到了限制，而且地形不平坦以及影响试验地周边的小气候环境。在这种条件下，我们和武威市水务局及市水利技术综合服务中心协商，希望把试验站移至武威市中心灌溉试验站内。因为这里有市水务局自己的600多亩土地，水、电、路等基础设施条件较好，试验比较方便，还有独立的生活区，有4排平房，而且时任武威市水务局张发基局长特别积极，我们很快签订了合作协议。

2007年8月25日，在学校“985”工程二期经费资助下，中国农业大学“石羊河流域农业与生态节水试验站”迁往新址(武威市凉州区东河乡王景寨)，并举行了揭牌仪式，中共武威市委常委、副市长陈明，石羊河流域管理局局长沈清林，武威市水务局局长张发基、副局长石培泽，武威市节水办副主任杨秀英等参加揭牌仪式并考察试验站。2009年，我们还与甘肃石羊河流域管理局签订了科技合作协议，把石羊河试验站作为石羊河流域重点治理的重要技术依托单位。

中国农业大学“985”工程二期建设经费支持试验站大约400万元。我们很快在武威市中心灌溉试验站的基础上开始了试验站办公室、宿舍、餐厅等基础设施的建设，购置了武威中心灌溉试验站生活区东边原有的2排平房，在南边又建设了一排新的平房，其中北边那排平房靠东是研究生学习室，靠西是实验室，中间有一间站长办公室，还为学习室桌子上配备了台式电脑。一般3～4人住一间，因为暑假学生多、不够住，靠东边那间房还放着架子床，可以住6～7人，一般是本科刚毕业考上研究生利用假期实习的同学住这里。老师们也一样，那时我就经常和李伏生、张富仓3人同住一间。新建的那排平房主要是食堂、饭厅、浴室和会议室。试验站购买了流动分析仪、植物光合仪、作物根系扫描系统、涡度相关测定系统、植物茎液流测定系统等仪器，安装了2台大型称重式蒸渗仪，建设了24个大型测坑并配备了土壤水热盐自动检测系统，修建了2座试验温室，还购买了一些实验室、学习室、办公室和会议室的办公以及厨房设备、餐具等，这在当时就算条件不错的试验站了。试验站雇用了自己的厨师，解决了吃饭问题，试验和生活条件得到了很大改善。但当时由于经费紧张，加上对试验站的长远发展考虑不足，有些设施是按常驻站20人的规模来设置的，但随着人数的增加，试验站就显得很拥挤，如浴室到夏天经常是后面洗澡的人就没有太阳能热水了。还有我们难以适应的是南边果园外面(现在综合实验楼外东北角)的厕所,是一个与当地农村一样的旱厕,气味很难闻,苍蝇到处飞,特别是有外国专家到试验站参观考察时,这便是一件最不好意思的事情了！在这种条件下,我们还接待了国际著名植物生理生态学家、英国兰卡斯特大学环境中心主任、*Journal of Experimental Botany* 主编 Bill Davies 教授,2008 年 5 月 18 日,他和香港浸会大学生物系系主任张建华教授在试验站待了整整一天,所以要上厕所,老先生从来没有上过这样的厕所,苍蝇不停地在头上和脸上飞,这让我们感到很尴尬。

2008 年 3 月下旬,我和冯绍元、黄冠华、唐泽军、王凤新、杜太生、霍再林等老师带着 30 余名博士、硕士研究生在试验站布置试验,并从那一年开始向校内外全面开放。2008 年,共有来自中国农业大学、西北农林科技大学、甘肃农业大学、甘肃省水利科学研究院等单位的近 40 余名教师和博硕士研究生在站开展试验研究。

2009 年 6 月 16 日,中国农业大学与武威市人民政府签署了《武威市人民政府与中国农业大学科技合作协议》,武威市委、市政府高度重视,中共武威市委书记、市人大常委会主任肖庆平,市委副书记、市长郭承录,市委常委、常务副市长徐文善,市委常委、副市长陈明以及我校副校长孙其信等出席签约仪式。合作协议的签署为试验站的发展提供了更好的外部环境。

2010 年 6 月 26 日,中国工程院院士汪懋华、李佩成、茆智、雷志栋、刘兴土、罗锡文等在中共武威市委常委、凉州区委书记李世英、副市长魏军等的陪同下考察试验站。2010 年 6 月 27 日上午召开了教育部“农业节水与水资源高效利用”创新团队验收暨石羊河农业与生态节水试验站发展规划咨询会,校长柯炳生,中共武威市委副书记、市长郭承录出席会议并致辞,副校长郭大、张建华参加。专家组听取了创新团队工作情况及试验站发展规划的汇报,对创新团队工作给予了高度评价,对试验站的发展规划提出了很好的建议。当时中国农业大学分管财务的副校长郭大动情地说:“石羊河试验站是中国农业大学‘985’工程二期建设中投入产出比最好的,投入的经费少,建设成效显著,发展速度快,这样的地方不支持支持谁?”中国农业大学时任校长柯炳生在会议总结讲话中表示学校从“985”工程三期建设经费中支持试验站建设面积 3 000 米^2 以上、三星级标准的综合实验楼。柯校长等在中共武威市委副书记、市长郭承录的陪同下考察试验站,看到同学们积极乐观的状态非常高兴,为试验站师生书写了“科研平台,育人基地,示范窗口,造福西北”的题词。郭市长也表示,要进一步加大与中国农业大学的合作力度,为试验站的建设与长远发展提供更加便捷、高效的服务,尽快改善试验站周边环境和交通条件,使试验站成为国内外节水高效农业研究与示范的亮点。2010 年 8 月 8 日,中国农业大学党委书记瞿振元考察试验站,书写了“把石羊河试验站建设得更好!”的题词。2010 年 12 月 2 日,瞿书记、柯校长和学校分管基建的张建华副校长专门听取了试验站综合实验楼设计方案汇报。

我们在试验站发展规划咨询会汇报中确定的试验站发展总体目标是:认识流域尺度水转化与消耗规律,进行面向生态的水资源合理配置;开拓基于生命需水信息的作物高效节水调控新途径,减少奢侈耗水,提高灌溉水利用率和效益;建立基于流域尺度水循环和生态需水的农业高效用水新模式;确定的研究方向包括农田水转换过程的驱动机制与效率提升，节水优质、高效灌溉原理与技术，农业高效用水与生态环境的互馈机制，区域水资源合理配置理论与调控模式等 4 个方面；提出的具体发展目标是立足国际旱区水资源与节水农业研究前沿，紧密结合地方经济发展的技术需求，将试验站建成面向国际前沿和多学科交叉融合的科学研究基地，具有家国情怀和解决实际问题能力的创新型人才培养基地，面向基层技术人员和农民的技术培训与示范基地，旱区农业与生态节水的国际合作与交流窗口，经过 5～10 年的建设，形成以旱区水资源高效利用为主，多学科并举的现代绿洲节水高效农业与生态综合实验站，为水利、农学、土壤、植物、环境、生态、经济等多学科提供试验研究服务，力争进入国家级野外科学实验台站系列。现在看来，我们仍还需朝着上述目标继续努力。

2010 年 7 月，时任中共甘肃省委书记、省人大常委会主任陆浩一行考察了试验站日光温室节水高效灌溉试验示范基地，与基地试验的研究生亲切交谈。2010 年 8 月，全国人大常委会副委员长、民盟中央主席蒋树声一行在试验站视察检查工作，他高度肯定了试验站工作的意义，应于海燕等同学的请求，他欣然提笔写下“修德尚志 励学敦行”，勉励在站的学生努力学习，加强实践，做出更好的成绩，并与试验站全体师生合影留念，原计划安排半小时的视察时间延长到一个半小时。

2010 年，武威市人民政府为学校无偿划拨了生活区内的土地，2011 年在甘肃省国土厅办理了建设用地审批手续，办齐了综合实验楼招标和开工前国土、城建规划、消防、环保等方面必备的各种手续。2011 年 7 月 23 日隆重举行了试验站综合实验楼开工奠基仪式，水利部国际合作与科技司巡视员乔世珊，甘肃省水利厅副厅长栾维功，武威市人大常委会主任刘存禄，中共武威市委副书记、市长郭承录，市政协主席徐文善以及中国农业大学副校长王涛等 200 余人出席了开工奠基仪式。该综合实验楼建设与实验室装修和配套设施经费投入 916 万元。

除了中国农业大学“985”工程三期建设的经费之外，又投入了教育部农业高校野外基地建设专项经费 120 万元，主要用于新建 2 栋高标准的试验温室，安装温室灌溉自动控制系统，建设田间小气候与水热碳通量观测塔，长期租用一片土地和购买一些计算机和办公设备。2011 年 7 月，试验站被命名为“农业部作物高效用水武威科学观测实验站”，这标志着实验站的发展又跨入了一个新的阶段。

2012 年 8 月 1 日，举行了综合实验楼竣工暨农业部作物高效用水武威科学观测实验站揭牌仪式，副校长李召虎，时任武威市委书记以及武威市副市长卢小亨等出席典礼并为综合实验楼竣工剪彩。中共武威市委常委、凉州区委书记李世英主持典礼，李召虎和时任中共武威市委书记为农业部作物高效用水武威科学观测实验站[并同时使用中国农业大学石羊河实验站（之后试验站改用实验站）的名称]揭牌。综合实验楼建筑面积 3 611.7 $米^2$，共 3 层，能够同时接待 100 人到站试验和实习，大大改善了实验站的科研和生活条件，标志着石羊河实验站的建设又步入一个新的发展阶段。

2013 年 6 月 12 日，柯炳生校长再次考察实验站，并与武威市委常委、常务副市长王扎东、副市长杨德智一起为石羊河教授工作站揭牌。2013 年 10 月 14 日，水利部科技推广中心批复同意依托石羊河实验站建设绿洲农业高效节水技术推广示范基地，11 月 10 日，全国人大常委会副委员长、民盟中央主席张宝文等到石羊河实验站视察指导工作。

同年，利用水利部“948”项目资助的220万元经费，建设了试验用的可控光、控温、控湿、控制CO_2浓度，自动灌水的智能试验温室系统。

2014年11月，实验站首批入选农业部“100个国家农业科技创新与集成示范基地”名单。当年学校特殊支持基地建设，拨付经费100万元完善实验站基础设施，主要用于试验地田间供水管网改造、田间作业道路修建、综合实验楼污水排放管道铺设、教师住房和餐厅装修等事项。

2015年7月，水利部农村水利司巡视员李远华带领水利部调研组，在甘肃省水利厅副厅长陈德兴、武威市副市长陈崇贵等的陪同下，专程赶赴实验站，考察实验站建设与科学研究和社会服务情况。部省领导商定由甘肃省水利厅支持实验站300万元经费用于购置仪器设备。

2016年5月21日，中国农业大学—香港中文大学节水农业联合实验站揭牌仪式隆重举行。2016年，石羊河实验站作为作物高效用水学科群的组成被列入农业部野外科学实验观测站基础条件建设项目，农业部和财政部支持384万元，投入110万元建设新的大型测坑和防雨棚系统，还建设了先进的物联网和数据信息管理平台，可实现对所有野外观测数据及人工监测数据的采集、存储、显示和分析，开发试验数据信息远程传输与视频系统，实现了校本部与野外试验站的互联互通；购置了光合测定系统、土壤流动分析仪、涡度相关测定系统、波纹比-能量平衡测定系统、自动气象站、土壤呼吸测定仪、植物光谱分析仪、高精度冠层温度测定仪、无人机喷药系统、试验用工具车等。

2017年开始，实验站加强文化建设，录制了实验站宣传片《浇灌出绿色的希望》。2018年实验站举办了“第三届石羊河论坛暨水与绿色发展学术研讨会”；还举办了“艰苦奋斗，创新奉献——难忘的石羊河岁月”报告会，邀请曾在站开展试验的博士研究生、现沈阳农业大学夏桂敏副教授做报告，讲述她难忘的石羊河岁月；与中共武威市水务局党组、中共武威市凉州区东河乡王景寨村党支部联合主办了“不忘初心，牢记使命，艰苦奋斗，一懂两爱”主题党日活动，邀请全国创先争优优秀共产党员、武威市农科院副院长万廷文，给研究生讲述扎根基层创新，为民服务的故事。近2年，农业部野外科学实验观测站基础条件建设项目基本执行完毕，还通过自筹和科研经费300余万元购置了同位素分析检测系统，建设了测坑水热盐自动检测系统、室内大型人工气候室，购置了全自动凯氏定氮仪、作物品质测定仪、作物水导测定系统等。目前，实验站有试验地600余亩，实验室和宿舍等生活配套用房4 600余米^2，并建设了农田水热碳通量观测系统、温室节水灌溉试验系统、田间水转化试验系统、植物生理生态实验室、土壤物理实验室、土壤化学实验室、作物品质实验室、同位素与色谱实验室、节水设备与制剂实验室，购置了2 000余万元的仪器设备，总固定资产4 000余万元。另外还建设有莫高、皇台葡萄节水灌溉试验与示范基地16 000余亩，温室节水高效试验与示范大棚20多栋，在民勤崇信和黄羊农场建设了作物水肥一体化试验与示范基地。

实验站的基础设施和实验条件进一步改善，已步入稳定发展时期。每年高峰季节有70～80名师生同时在实验站工作，每年要接待2～3批国外知名专家学者的考察参观，主办1～2次学术会议、研究生的暑期学校和培训观摩活动。每年有若干批的领导、专家到实验站考察和国内外高校学生到实验站参观实习。实验站内部每年也组织10多次研究生学术交流活动，研究生临时党支部还组织一系列的社会实践活动。

实验站在这些年的国际合作交流也相当频繁，先后有日本筑波大学的饭山豪通过在实验站的试验完成硕士学位论文，瑞典隆德大学的4名研究生在实验站实习1周，美国俄勒冈州立大学的研究生Mark Ingman在实验站进行3个月试验研究和收集资料，英国兰卡斯特大学的研究生Paul Cambre在实验站进行5个月田间试验，美国西密歇根大学的4名学生在实验站实习；2018年美国密苏里大学农业、食品与自然资源学院的7名博士后和研究生与实验站的7名博士后和研究生在实验站开展了1周时间的"1+1学术交流"活动，2019年5月组织美国新墨西哥州立大学农业、消费和环境科学学院的5名研究生与实验站的5名研究生开展了1周时间的"1+1学术交流"活动；2015年6月美国普林斯顿大学的Kelly Caylor副教授、印第安纳-普渡波利斯联合大学的Wang Lixin博士在实验站为研究生举办"Isotope Hydrology"短期课程班；2018年6月美国新墨西哥州立大学的Manoj K. Shukla教授在实验站举办了1周时间的暑期学校；实验站先后邀请了英国Lancaster大学环境中心主任Bill Davies教授、美国俄勒冈州立大学的Clinton Shock教授、美国密苏里大学植物学跨学科研究中心主任Robert Sharp教授、澳大利亚工程院院士、国立大学的Ian White教授，澳大利联邦科工组织(CSIRO)水土研究所首席研究员张橹博士、美国新墨西哥州立大学水资源研究所所长Sam Fernald、Catherine Elizabeth Brewer博士，英国赫瑞瓦特大学的Adebayo J. Adeloye教授等一批国外专家在实验站做学术报告；实验站和英国Lancaster大学环境中心主任Bill Davies共同执行了中英科技桥项目"水资源有效性及水质"，并联合主办了"节水农业与水土资源可持续利用国际学术会议"，合作编辑了国际著名期刊*Journal of Experimental Botany*2004年的*Water-saving Agriculture*专辑，合作发表学术论文。应Bill Davies邀请，康绍忠、杜太生、毛晓敏、佟玲、郭萍、王素芬、郝新梅、李思恩、丁日升等多次赴英国参加"Plant science applied to water shortage, crop yield and global food security"成果获英国女王奖授奖的相关活动以及英国实验植物学会2014年学术年会，并访问兰卡斯特大学，而且实验站团队的3名博士研究生赴该校联合培养了1年；与美国新墨西哥州立大学(NMSU)合作建设CAU-NMSU水科学与工程联合研究中心，该中心美方主任Sam Fernald等多次访问学校和实验站，并联合主办了"Water and Energy Innovation for Food Security and Environmental Sustainability"的国际论坛，康绍忠、杜太生、毛晓敏、郝新梅、丁日升应邀访问了NMSU水资源研究所，合作发表了多篇学术论文，石羊河团队的3名博士研究生赴该校联合培养，1名毕业硕士获该校奖学金资助攻读博士学位；实验站和美国USDA-ARS水管理研究所开展中美联合对比试验研究，多次邀请该所所长、首席科学家Thomas J. Trout以及Kendall DeJonge博士等到实验站访问，并合作发表论文；美国俄勒冈州立大学的Clinton Shock教授几次到访实验站，与王凤新教授合作发表论文和出版专著；康绍忠和澳大利亚CSIRO水土所的张橹合作完成了以石羊河流域为背景的国家杰出青年科学基金(B类)项目，康绍忠曾赴该所合作研究1个月，张橹博士多次到实验站做学术报告，合作指导研究生，共合作发表了20余篇学术论文，石羊河团队的4名博士研究生赴该所与张橹联合培养；2016年，康绍忠与张橹以及美国USDA-ARS水管理研究所的Thomas Trout联合编辑出版了*Agricultural Water Management*的*Improving Agri-*

cultural Water Productivity to Ensure Food Security under Changing Environments 专辑，该专辑汇集了美国、法国、葡萄牙、西班牙、澳大利亚、新西兰、南非、巴基斯坦、伊朗和中国等39篇与提高农业水生产力有关的论文；实验站团队多次邀请丹麦哥本哈根大学的刘福来博士访问实验站和中国农业大学，为研究生做学术报告，康绍忠、杜太生、毛晓敏、郝新梅多次应邀访问了刘福来团队，石羊河团队的3名博士研究生先后赴该校联合培养，合作发表论文多篇；2011年，商务部援外项目“发展中国家农业种植管理官员研修班”来自朝鲜、格鲁吉亚、津巴布韦、苏丹、肯尼亚、智利、伊拉克、巴勒斯坦等18个发展中国家的31名学员到实验站考察学习；先后接待10多个国家和国际组织的专家在实验站考察参观……2014—2018年实验站团队连续主办了“Improving Water Use Efficiency in Agriculture—from Molecular to Regional Scale”“Eco-hydrology”“Water and Food Security under Changing Environments”“Irrigation Technique”“Hydrology and Water Resource”“Hydrological Processes in Agro-ecosystems and Sustainable Water Resources Management in Arid Land under Changing Environments”“Responses and Adaptations of Plants and Ecosystems to Changing Environments”“Agro-hydrological Model and Precision Water Management”8次国际学术论坛；杜太生、霍再林、王素芬、佟玲等先后到美国加州大学河边分校、康奈尔大学、得克萨斯农工大学、德国慕尼黑工业大学访问1年；康绍忠、杜太生、佟玲、毛晓敏、郝新梅、王素芬、霍再林、王凤新、郭萍、丁日升、李思恩、牛俊、田菲、陆红娜多次赴美国、英国、德国、法国、澳大利亚、加拿大、以色列、丹麦、荷兰、比利时、日本、韩国、巴西、阿根廷、智利、肯利亚或访问交流，或参加国际学术会议，讲述石羊河的故事。石羊河实验站的名字已经开始在国际学术界和西北干旱区的大地上闪亮起来。

实验站实行“校地结合”的管理模式，管理队伍采用“校地混合编队”，实验站从小坝口、薛百、沙漠公园到王景寨一路走来，武威市水利科学研究所、武威市水利技术综合服务中心石培泽、杨秀英、董平国、韩万海、胡铁民以及几任武威市水务局局长，石羊河流域管理局局长沈清林等在实验站的建设和管理以及成果的示范推广等方面做出了重要的贡献。在沙漠公园和王景寨建设时期，杜太生、李思恩做了大量烦琐的、具体事务性的管理工作。最近几年，毛晓敏、牛俊、郝新梅、田菲、霍再林等在实验站的国际合作与交流中付出了辛勤劳动。同时不同时期的学生管理团队，特别是杜太生、夏桂敏、李王成、刘晓志、张宝忠、胡萌、田磊、丁日升、陈金亮、纪莎莎、姜雪连、杨开静、刘俊洲、史碧娇、王玉丰、姚珍珠等为实验站的正常运转和管理模式的创新做出了重要贡献。我印象最深的是2008—2009年，随着实验站的学生越来越多，对伙食管理也提出了新的要求，吃饭由大锅饭变为有限点菜式服务，于是饭票营运而生。为了提升大家对试验仪器的认知，同学们想出了很多富有创意的办法，将不同仪器的照片印在饭票上，代表不同的面额：贵的、大型的仪器面额高一些；便宜的、简单的仪器面额小一些。这样做有2个好处：一方面，方便大家了解试验站的仪器，一个人的试验可能会用到几种仪器，但对于自己试验用不到的仪器就不怎么了解，很难做到每种仪器都能熟练操作。通过饭票，他们知道了站里有哪些主要仪器，可以根据试验需要和自己的兴趣，进行重点学习和了解。另一方面，培养了大家的节约意识，使用饭票后，学生可以根据自己喜欢的口味选择饭菜，饭量大的学生多买点,饭量小的少买点;喜欢吃的多买点,不想吃的可以少买或不买。这样做既避免了浪费,也方便食堂尽可能地照顾大多数人的饮食习惯。这种饭票也在到实验站考察就餐的专家学者中被传为佳话。

在实验站建设与发展的过程中,水利与土木工程学院几届领导给予了大力的支持和无私的帮助,特别是王福军院长、杨培岭书记,当实验站遇到困难时总是一起想办法解决,每次实验站有重要活动和领导视察时他们都不远几千里,辗转八九个小时从北京到实验站现场出席与陪同,石羊河实验站的建设与发展史上留下他们浓厚的一笔。

这种校地结合的管理模式双方都获益匪浅,首先是解决了实验站离学校较远,又没有专职管理人员的困难,而地方科技人员可以承担实验站主持的重大项目中的示范推广任务,他们与县区、乡镇、村各级的关系比较熟悉,便于组织技术示范、培训等活动,做起来比高校的老师更加得心应手;地方科技人员在参加国家重大项目的过程中也扩展了知识,拓宽了视野,提高了研究水平,加快了出成果的速度,既有利于地方水利科技的发展,又有利于个人的进步。学校老师在与地方科技人员的合作过程中能更多地了解地方生产的实际需求,使做的研究工作更有针对性,更利于研究成果落地。目前,实验站已成为校地合作以及武威水利科技一张靓丽的名片。我们在不同阶段与武威市(武威地区)水利科学研究所、武威市(武威地区)水利技术推广中心、武威市水利技术综合服务中心合作的过程中,石培泽、杨秀英、张同泽、董平国、韩万海、范文智等先后晋升为教授级高级工程师。如石培泽,2001 年晋升为教授级高级工程师,先后担任武威地区水利科学研究所所长、武威市水利技术推广中心副主任、武威市水务局副局长,曾任武威市水利学会第七届、第八届理事长,出版《干旱区节水灌溉理论与实践》等 2 部著作;在全国性期刊发表 26 篇学术论文,先后获国务院政府特殊特贴,被评为"甘肃省农业推广优秀工作者",被甘肃省委、省政府授予"甘肃省优秀专家"称号,获甘肃省科技进步二等奖 1 项(排名第一)、甘肃省科技星火二等奖 1 项(排名第一)、甘肃省科技进步三等奖 8 项;杨秀英,2004 年 12 月晋升教授级高级工程师,先后任武威地区水利科学研究所副所长、武威市水利科学研究所所长、武威市节约用水办公室副主任,获国务院政府特殊津贴,"甘肃省第二届优秀女科技工作者""全国三八红旗手"等荣誉称号,当选为中共甘肃省第十届和第十一届党代会代表,武威市第一届和第二届人大代表及常委会委员;董平国,2014 年 8 月晋升为教授级高级工程师,先后被甘肃省委、省政府授予甘肃省先进工作者,并被中共武威市委、市政府授予科技服务石羊河流域重点治理突出贡献三等奖以及武威市优秀人才荣誉称号,当选为武威市第三届政协委员;韩万海,2015 年 6 月晋升为教授级高级工程师,当选为武威市第二届人大代表,武威市第四届政协常委。

学生参与管理对综合能力的提升作用也很大,实验站日常管理中,以学生管理团队为主,负责实验站对外接待、安排试验用工、组织学术交流和文体活动、伙食管理、社会实践、宣传报道等全方位的工作,锻炼了他们的组织管理能力,学生们也感受获益良多。实验站长期聘用的流动工作人员陆权、张亮、侯宗保以站为家,积极配合站内工作,尽职尽责做好实验站的后勤保障服务,为实验站的正常运转付出了辛勤努力。

由于流域性的水与生态问题十分复杂,牵涉流域水资源转化、水资源承载力、水与生态的关系、上下游以及社会经济与生态用水的科学配置、区域节水型农业种植结构和节水型生态构建、高效节水模式等方面。要解决石羊河流域水与生态问题仅依靠灌溉方式改进和高效节水技术应用还远远不够，也不能完全依靠单点的定位试验解决流域尺度的水与生态问题。所以2000年开始我们逐渐关注从全流域的视角和采用系统观思考石羊河的水问题，这一时期，石羊河流域的问题也越来越多地引起了社会的关注。为了加强流域水资源统一管理，根据甘肃省委九届第101次常委会议纪要和甘肃省机构编制委员会甘机编发〔2001〕08号文件通知精神，成立了甘肃省水利厅石羊河流域管理局。2001年4月下旬我带领佟玲、孙维芳等本科毕业设计学生考察石羊河流域水资源和环境演变状况，收集有关水资源与社会经济发展状况的资料，与武威市水利系统专家探讨面向生态的水资源配置理论与模式问题；2001年8月中旬，在石局长陪同下，我带着中日据点大学交流项目考察团的安部征雄、竹山光一、藤井克己等13人到石羊河流域进行了系统考察；当年我以石羊河流域为背景，主持申报的教育部科学技术研究重点项目"西北旱区流域尺度生态水文过程与节水生态重建的水资源优化配置理论研究"获批。由于日本学者对"石羊河问题"很有兴趣，2002年8月中旬，中日据点大学交流项目考察团的安部征雄、竹山光一、藤井克己、东照雄等13人再次赴石羊河考察；我主持申报的关于石羊河流域水与生态问题研究的国家自然科学基金西部环境与生态科学重大研究计划项目"西北旱区绿洲农业发展对流域尺度水循环的影响及其生态环境效应"，获批准资助。2003年9月，我和蔡焕杰、粟晓玲再次到武威、兰州调研，落实国家自然科学基金西部环境与生态科学重大研究计划项目和国家自然科学基金重点项目的具体研究事宜，探讨流域水资源可持续利用的方向，在调水和现有水资源条件下如何以水定地或进行节水型农业和节水生态设计、结构调整与适水种植，农业种植结构调整的方向是什么，在保持健康生态条件下如何分配水资源等问题。中国农业大学试验站与武威市水利局和石羊河流域管理局的合作上升到了一个新的高度，并逐渐形成了"石羊河流域水资源合理配置及节水生态农业理论与技术集成研究的总体框架"［康绍忠、粟晓玲、杨秀英、沈清林、石培泽，2005，《水资源与水工程学报》，16(1)：1-9］。也正是因为有这些项目的支持，实验站的教师开始了博士研究生、硕士研究生粟晓玲、师彦武、佟玲等进行流域宏观尺度问题研究的指导；佟玲、贾宏伟、姚立民等研究生在武威市水科所杨所长的协助下，在全流域现场进行野外入渗与水分物理参数测定试验。此后，王素芬、霍再林、孙月、马黎华、曾魏婷、贾宏伟、姚立强、李霆、刘杰、郝治福、吕廷波、马振梅、唐敏华、马越等一批博士研究生、硕士研究生，进行了人类活动与气候变化对河流来水影响、流域水资源转化关系与模拟、流域耗水结构变化与驱动因素分析、灌溉水生产力时空变化动态分析、区域作物种植结构优化与耗水时空格局优化设计、考虑生态的水资源配置理论与模式以及基于GIS的流域水资源调配决策支持系统等的研究，将实验站点尺度的微观机理研究和区域尺度的流域水转化模拟与调控问题研究紧密结合在一起，为流域水资源管理提供了科学依据。

石羊河团队的科研与技术示范推广

石羊河流域是甘肃河西内陆河流域水资源对社会发展制约性最强的流域。随着人口增长和社会经济发展，水资源的过度开发利用导致流域水资源严重超载。经济用水挤占生态用水，使得进入下游民勤绿洲的水量逐年锐减，致使下游地下水位下降，植被衰退，绿洲萎缩，进而引起土地沙漠化、荒漠化、盐碱化等一系列生态环境问题。这一系列问题都威胁着流域的可持续发展，危及当地人们的生存。

为了探讨石羊河流域水资源转化规律与节水调控模式，加速先进节水技术研究与示范应用，促进科技与生产的紧密结合，实验站与武威市水务局、武威市水利技术综合服务中心、武威市水利科学研究所、武威市农业技术推广中心、石羊河流域管理局以及西北农林科技大学等密切合作，先后收获 1 项国家自然科学基金重大项目、1 项国家自然科学基金重大研究计划集成项目、2 项国家自然科学基金重点项目、1 项国家自然科学基金创新群体及其滚动资助项目、2 项国家杰出青年科学基金项目、3 项国家自然科学基金优青项目、16 项国家自然科学基金面上与青年项目、2 项国家（农业）公益性行业专项计划项目、4 项国家（水利）公益性行业专项计划项目、3 项国家“863”计划课题、3 项国家重点研发计划课题、2 项国家科技支撑计划课题、1 项国家农业科技成果转化基金项目、2 项农业部小麦产业技术体系岗位科学家项目、1 项教育部创新团队项目、1 项高校学科创新引智项目、1 项水利部引智项目、1 项水利部《节水型社会建设》项目、1 项国家自然科学基金中美“食物—能源—水系统关联”合作研究项目、1 项国家科技部中欧科技合作专项计划项目、1 项香港嘉道理慈善基金会资助项目以及台胞朱英龙先生捐助项目的资助，总经费超过 1.6 亿元以上，实验站团队以石羊河为基地，逐渐扩展到河西走廊黑河流域和新疆南疆等地。通过室内野外结合、点面结合、定位试验与现场示范相结合，理论研究与技术开发应用相结合，从局部的农田水转化发展到流域水转化多过程耦合研究，从只考虑经济水资源的配置发展到考虑生态水资源的科学配置，从只考虑水分—产量关系的节水灌溉发展到综合考虑水分—产量—品质耦合关系的节水调质高效灌溉，从单一环节用水调控发展到全流域、多过程用水的系统调控，石羊河实验站团队探索了干旱内陆河流域水资源科学配置与节水调控的关键技术难题，为大规模提高流域内的农业用水效率和效益，实现流域水资源持续高效利用与生态系统良性循环提供了科学基础。

实验站团队立足野外系统定位试验，从 1997 年开始，先后开展了 40 多项野外定位科学试验，积累了 1 000 多亿组宝贵的基础科学试验数据。同时，通过野外调查和考察，实验站团队收集了石羊河流域 8 条山水河的径流、地下水、气象、社会经济、灌溉试验、各部门用水、遥感影像、土地利用、数字高程模型等空间信息数据，并在此基础上建立了石羊河流域水资源与试验数据管理信息系统。

实验站团队的研究内容主要涉及人类活动和气候变化对石羊河流域径流和水循环的影响、流域地表水-土壤水-地下水转化关系、流域典型农田生态系统水热碳通量观测与模拟、不同尺度农作物和防风固沙植物耗水规律与估算模型、流域主要农作物和温室蔬菜及特色瓜果的耗水规律与节水调质高效灌溉技术、主要作物节水节肥节药综合技术方案、食物—能源—水系统作用机理与结构优化、面向生态的流域水资源合理配置理论与模式等若干急待解决的科技与生产实际问题，在此基础上进行了流域上中下游不同类型区的农业综合节水技术集成与示范。实验站的研究成果发展了旱区流域尺度水资源转化与高效利用的理论与方法，提出了流域水资源合理调配与农业高效用水控制指标体系，构建了主要农作物节水优质高效灌溉综合技术体系，集成了不同类型区域的农业高效节水综合技术模式，研制了流域水资源合理调配与实施农业高效用水的控制设备(产品)，开发了基于GIS的流域水资源信息管理与决策支持系统；进行了相关技术模式的示范与推广应用，取得了显著的经济、社会与生态效益。成果的创新点主要有以下几点。

①揭示了西北干旱区流域尺度水资源转化与消耗规律，发展了流域水转化的定量模拟方法，为科学评价流域尺度来水与需水变化以及水资源科学管理提供了理论基础。通过系统试验研究，明确了不同耗水测算方法在不同类型农田的应用条件与适用性，揭示了主要农作物和典型防风固沙植物的耗水规律，提出了节水灌溉条件下的作物系数值和非均匀湿润与稀疏冠层条件下的作物耗水估算模型，建立了基于DEM转换函数和遥感土地利用分布的主要作物耗水空间分布式模型，提出了典型防风固沙植物耗水估算模型与点面尺度提升方法以及适合西北干旱区流域尺度的生态需水估算方法；发现了甘肃石羊河流域经济作物比例增大后单位面积的净耗水显著下降，过去的50年石羊河流域总净耗水增加5亿多米^3，主要是由于耕地与灌溉面积急剧增大造成的，为石羊河流域实施"关井压田调结构"的水资源管理战略提供了重要的科学依据；通过对流域地表水-地下水-土壤水转化的实验与模拟，建立了流域水循环模拟中土壤水分物理参数的单参数模型和土壤转换函数，获得了流域尺度不同土壤水分物理参数的空间分布；提出了葡萄二维动态根系吸水模型，建立了葡萄园根系分区交替滴灌条件下的土壤水分动态模型；发展了干旱内陆区融合ANN与数值方法的地下水流模型，建立了基于井渠数字化的民勤绿洲地下水位动态FEFLOW模型，模拟了不同灌溉规模与地表来水量时的区域地下水位动态变化，发现红崖山水库入库水量为2.5亿米^{3}时，民勤绿洲下游地下水位将出现回升趋势，为石羊河流域水资源合理配置提供了数据支持；修正了区域水转化模拟的SWAT模型中的蒸散发估算公式，构建了基于SWAT的杂木河流域分布式水文模型；建立了内陆河流域地表径流预测的分布式神经网络模型；提出了一种定量评价气候变化与人类活动对流域地表径流影响的方法，发现过去的50年人类活动对流域出山口径流变化的贡献率为12.1%～35.5%，模拟了气候变化和人类活动对石羊河流域来用水变化的影响。

②构建了基于生态需水的流域尺度水资源宏观配置与调控模式，开发了相应的决策支持系统，为实施流域水资源统一调配提供了决策支持与可行方案。建立了流域耗用水变化与农业种植结构和气象要素的关系；提出了旱区流域水资源开发的水土环境效应综合评价指标体系；建立了石羊河流域面向生态需水的水资源合理配置模型，获得了流域灌溉规模及上、中、下游用水，生态与经济用水分配方案，为流域水资源的合理配置提供了决策依据；针对在模糊与不确定的环境下，灌区种植结构规划存在着系数、目标或约束条件不能被精确定义的问题，建立了基于一种含有模糊系数的模糊多目标规划灌溉决策模型，获得了不同节水灌溉方式下的种植结构优化方案；提出了"兼顾经济生态用水，合理配置有限水量，以水定地适水种植，以田间节水为重点，以减少净耗水为核心，以提高水效益为根本，以水权改革做保证"的干旱区流域尺度水资源高效利用模式；开发了具有径流预测、灌区管理、水资源信息管理以及水资源决策等功能的基于GIS的流域水资源管理决策支持系统，将水资源形成转化与消耗的观测与试验数据、空间遥感数据与各种专业模型进行综合集成，为水资源管理和灌区管理部门提供快速查询、辅助决策平台。

③提出了大田作物、果树、温室蔬菜、膜下滴灌棉花4类主要农作物的需水指标与灌

溉控制阈值以及玉米、小麦的水肥一体化方案，为流域农业种植结构调整与节水农业建设提供了科学依据与控制指标，结合石羊河流域实际需求，通过系统田间试验研究，在研究小麦、玉米、酿酒葡萄、温室蔬菜、膜下滴灌棉花等主要作物水分生产函数的基础上，得到了上述主要作物全生育期的适宜耗水区间。以单方耗水净效益最大为优化准则，确定了不同作物全生育期的经济耗水量，作物水分利用效率可提高20%甚至30%以上，提出的玉米、小麦水肥一体化技术方案减肥25%～30%，节水30%～40%。

④构建了大田作物、果树、温室蔬菜、膜下滴灌棉花4类主要农作物的节水调质高效灌溉综合技术体系，为流域节水农业建设提供了技术支撑。针对石羊河流域的需求，通过田间系统试验研究，建立了大田作物、果树、温室蔬菜、膜下滴灌棉花等作物综合利用作物生理补偿、生长冗余调控、控水调质和有限水最优分配等原理的节水、优质、高效灌溉综合技术体系，节水和品质改善效果显著；在建立特色经济作物水分—单一品质指标响应关系和构建综合品质指标评价方法的基础上，提出了基于特色经济作物水分—综合品质—产量—效益耦合关系的特色经济作物节水、优质、高效灌溉多目标决策方法与综合调控技术体系，提出的适合霜期较早特殊气候条件下的玉米、瓜类等作物前后期联合控水的节水、优质、高效灌溉综合技术体系，通过“合理推迟头水、适当提前末水、最优分配有限水”，结合“垄植覆盖、足墒播种、合理密植”，玉米节水20%，大田西瓜在当地灌水定额基础上，坐果—膨大期减少1/3灌水量，可显著提高其维生素C含量和可溶性固形物含量，产量提高8%左右，水分利用效率提高12%～15%。提出的沟灌和滴灌条件下基于作物水分—综合品质—产量—效益耦合关系的酿酒葡萄节水调质高效灌溉技术体系，通过“前期促萌发、中期控营养生长，后期以水调质”，全生育期亩节水40～60米^3。获得了日光温室番茄“苗少—花适—熟丰”与辣椒“苗少—花少—熟丰”的节水调质高效灌溉综合技术体系，在冬春茬和越冬茬番茄产量保持12吨/亩和19吨/亩不降低的情况下，分别节水102米^3/亩和128米^3/亩；日光温室辣椒滴灌和沟灌产量分别为7.5吨/亩和8.2吨/亩，分别减少灌水269米^3/亩和164米^3/亩。针对石羊河流域霜期较早的特殊气候以及下游苦咸水区特殊的水源条件，提出的棉花节水调质高效灌溉综合技术体系，通过“缓现蕾水、保花铃水、免吐絮水”，配套采用“免冬储水、干播湿出、地膜覆盖、矮秆密植”，膜下滴灌棉花节水170米^3/亩，皮棉产量提高31.9%；隔沟交替灌溉覆膜棉花在基本保持产量不降低的条件下，其霜前花产量提高了35.5%，改善了皮棉品质。

⑤集成了适合流域上、中、下游采用的3种不同类型区域的农业高效节水综合技术集成模式，为流域节水农业建设提供了示范样板。根据石羊河流域水土资源特点和水资源管理的实际需要，针对过去只注重考虑局部节水效应，不考虑上、下游水转化关系、就节水谈节水的状况，强调在考虑流域水循环过程和生态需水的基础上，科学确定全流域不同地区适宜的农业节水模式；针对过去盲目追求高标准渠道防渗的状况，强调减少全流域作物总耗水量(ET)和提高水分利用率(WUE)的真实节水，更加关注农艺与生物节水在解决流域缺水问题中的作用，在不同区域多种单项技术应用筛选的基础上，构建了“以提高有限降水效益为核心的流域上游集雨高效利用综合节水技术集成模式”“以降低单位面积灌溉定额为重点的流域中游渠灌高效节水综合技术集成模式”“以控制灌溉面积为重点的流域下游井灌高效节水综合技术集成模式”，在生产实际中发挥了重要的作

用。

⑥研制了5类流域水资源调控与农业高效用水的控制设备，考虑灌水技术和机耕条件，提出了综合设计田间工程田块尺寸的集成方法，建立了综合评价田间基础设施工程的集成方法，研究总结出了适合日光温室不同作物栽培方式的滴灌工程毛管优化布置方式，制定了温室滴灌节水工程的建设与运行标准。

在上述创新成果的基础上，实验站与地方密切结合，组织技术人员和农民培训以及不同区域农业节水综合技术集成示范与推广应用，先后与武威市人民政府联合举办了10期"现代节水灌溉技术"培训班与示范观摩活动，2期"作物水肥一体化技术"培训班，"大田作物滴灌技术"和"温室滴灌节水技术"培训班各1期，培训2 400余名技术人员和干部。2011—2013年，实验站连续3年举办"农民田间节水学校"和"农民开放日"活动，来自石羊河流域不同区域14个试点村的1 000余名农民代表在实验站观摩和田间节水学校学习。实验站还组织佟玲等年轻教师和研究生、本科生一起深入红崖山灌区、环河灌区、西营灌区、金塔灌区、杂木灌区、黄羊灌区和清源灌区的20个乡、镇，宣讲实验站多年试验研究得出的适合在当地重点推广的膜下滴灌技术、温室大棚滴灌技术、隔沟交替灌溉技术和调亏灌溉技术等农业节水技术，还深入到中小学进行节水知识的科普宣传，听讲人数2 000余人，还与武威市节水办合作编写了《武威市节水型社会建设实用技术指南》《武威市建设节水型社会科普知识问答》《武威市建设节水型社会宣传手册》等一系列推广与培训教材，对当地节水农业发展和灌溉用水管理水平的提高产生了重要的作用，对改变人们的用水观念、增强节水意识产生了较好的社会效果。成果示范推广取得了显著的经济、社会与生态效益。

实验站团队以上述创新成果为基础，先后在国内外权威期刊发表论文550余篇，其中SCI收录340余篇，被国内外同行广泛引用，撰写的《西北旱区流域尺度水资源转化规律及其节水调控模式——以甘肃石羊河流域为例》获国家科学技术学术著作出版基金资助出版，并被国家新闻出版总署评为全国"三个一百"原创图书出版工程；撰写的《中国北方主要作物需水量与耗水管理》也获得了国家科学技术学术著作出版基金资助出版。相关成果被收入英国牛津国际生物医学中心主任Charles Pastemak主编的*Access Not Excess—The Search for Better Nutrition*向全世界加以介绍，被收入国际灌排委员会(ICID)组织编写的介绍全世界最先进灌溉农业节水技术的*Innovative Technologies and Management for Water Saving in Irrigated Agriculture*一书，并被列入国家发改委等五部委联合颁发的《中国节水技术政策大纲》，作为先进农业节水技术介绍和推广。团队与香港浸会大学张建华教授合作研究的根系分区交替灌溉与调亏灌溉成果以及在西北石羊河流域进行的定位试验研究与示范工作被世界权威学术期刊*Nature*进行了专题评述。在站完成的国家自然科学基金重点项目"西北旱区农业与生态节水应用基础研究"被评为"国家基金委2007年度有突出进展的研究成果"。实验站团队的成果先后获ICID国际农业节水技术奖1项、国家科技进步一等奖1项、国家科技进步二等奖4项、国家自然科学二等奖1项、部(省)级科技奖10余项、国家专利32件、软件著作权登记6项、全国优秀博士学位论文2篇。

在实验站团队与人才队伍建设方面，2006年获批教育部创新团队，2013年获批国家自然基金委优秀创新研究群体并于2016年滚动资助,2014年获批教育部和国家外专局联合资助的农业高效用水学科创新引智基地;黄冠华、杜太生被聘为长江学者特聘教授,并获国家杰出青年科学基金;杜太生、霍再林、李思恩获国家自然科学基金委优秀青年基金;霍再林、李思恩被聘为青年长江学者;冯绍元、黄冠华、毛晓敏、杜太生、霍再林入选教育部新世纪人才计划;杜太生还被评为"万人计划"科技创新领军人才,并获第十四届中国青年科技奖。也因为在西北干旱区所做的一些工作,2001年我获国家科技部、农业部、水利部、国家林业局联合授予的"全国农业科技先进工作者"称号,2003年获中国科协首届"西部开发突出贡献奖",2010年被英国Lancaster(兰卡斯特)大学授予荣誉科学博士学位,2011年当选为中国工程院院士。实验站团队先后多人兼任国际期刊*Frontiers of Agricultural Science and Engineering*执行主编,*Agricultural Water Management*、*Stochastic Environmental Research and Risk Assessment*、*Journal of Integrative Agriculture*副主编以及*Journal of Experimental Botany*、*Agricultural Water Management*、*Paddy and Water Environment*、*International Journal of Agricultural and Biological Engineering*、*Journal of Water Resource and Protection*、*Irrigation and Drainage Systems Engineering*编委;担任国内著名期刊《生态学报》《农业工程学报》副主编以及《水利学报》《中国农业科学》《应用生态学报》《中国农业科技导报》《中国生态农业学报》《灌溉排水学报》《中国农村水利水电》等的编委,担任国际农业工程委员会(CIGR)水土分会主席、常务理事,中国农业节水和农村供水技术协会会长,国务院学位委员会农业工程学科评议组召集人,高等学校农业工程类专业教学指导委员会主任委员,中国国家灌溉排水委员会副主席,中国农业工程学会副理事长,国家自然科学基金委员会水利科学与海洋工程学科评审专家组组长,国家"863"计划现代农业领域主题专家,国家农业可持续发展试验示范区建设专家委员会主任,农业部科学技术委员会委员,教育部科学技术委员会委员,水利部科学技术委员会委员,国家林业局专家咨询委员会委员等。

石羊河的研究成果促进了学科发展与行业科技进步,提升了我国在水资源高效利用领域的国际影响力,提高了干旱内陆区流域水资源管理水平,有力推动了干旱内陆河流域节水优质高效灌溉农业的可持续发展,实验站已逐渐成为在国内外具有重要影响的旱区农业高效用水研究与示范基地,引起了社会的广泛关注。实验站先后接待了美国、英国、澳大利亚、法国、荷兰、日本、瑞典、瑞士、以色列、丹麦和朝鲜、埃及、智利、格鲁吉亚、肯尼亚、乌干达、埃塞俄比亚、赞比亚等26个国家以及包括中国香港和台湾地区在内的中国12个省(市、区)的专家、学者、领导考察交流1 500余人次。澳大利亚科学院原副院长、澳大利亚大学的功勋教授Graham Farquha院士,澳大利亚科学院院士、工程院院士、澳大利亚大学的功勋教授Ian White,澳大利亚工程院院士、墨尔本大学的Edward Barlow教授,美国密苏里大学的副校长Christopher R. Daubert教授,国际著名微灌专家、堪萨斯州立大学的Freddie Lamm教授,英国牛津大学水资源研究所所长W. M. Edmund教授,瑞士洛桑联邦理工学院的David A. Barry教授,国际著名期刊*Journal of Hydrology*主编、澳大利亚CSIRO水土所Tim McVicar,日本岩手大学校长Katsumi Fuji,以色列农业研究组织水土与环境科学研究所所长Shabtai Cohen,中国科学院院士刘昌明、陆大道,中国工程院院士雷志栋、茆智、汪懋华、李佩成、刘兴土、罗锡文、南志标等一批国内外知名学者先后到实验站指导工作和进行学术交流，对实验站的研究工作给予了较高评价。第十一届全国人大常委会副委员长蒋树声、第十二届全国人大常委会副委员长张宝文以及甘肃省委书记陆浩，水利部原副部长索丽生，全国人大常委会委员、农业与农村委员会副主任龙庄伟，全国政协常委、副秘书长徐辉，甘肃省委常委、省委统战部部长刘立军，甘肃省人大常委会副主任马尚英，甘肃省政协副主席张世珍先后到实验站和试验基地视察。国家发改委、科技部、水利部、农业部、国家自然科学基金委员会等部委相关司局领导钱克明、孙雪涛、郭志伟、顾浩、李远华、乔世珊、姜开鹏、倪文进、武文相、李赞堂、赵乐诗、董新光、栗铁申、黎明、石波、王福祥以及甘肃省科技厅、水利厅、农业厅、国土资源厅领导康国玺、李文卿、郑华平、栾维功、王亨通等，学校历任领导瞿振元、柯炳生、孙其信、张东军、李召虎、郭大、张建华、王涛、龚元石等，甘肃省武威市历任党政领导肖庆平、郭承录、刘存禄、王扎东、何伟、张柯兵、徐文善、李明生、李世英、李学民、牛兆虎、周晓红、胡细如、卢小亨、张效林、陈德兴、陈明、陈崇贵、杨德智、尚勋武、焦军毅、田宝忠、刘长城、蔡尔俐等先后多次到实验站考察和指导工作。各级领导对实验站的工作给予了较高的评价。

实验站的成果在石羊河流域重点治理中发挥了重要作用。在中央政府和社会各界的大力支持下，通过地方政府的积极推动和当地人民的努力奋斗，民勤县下游湖区生态环境得到改善，干涸 51 年之久的青土湖 2017 年形成了约 26.6 千米^2 的湖面，青土湖地下水位进一步回升，湖区植被开始逐步显现生机……过去来之不易的成绩早已载入史册，而未来的发展仍任重而道远。石羊河实验站一定会为解决旱区水资源可持续利用问题做出更大贡献，向国际一流高水平的综合实验站迈进！

石羊河人才培养模式创新与实践

实验站除了科学研究与技术示范推广之外，还始终把提升人才培养质量作为一个重要任务，创建了以实验站-示范基地-田间学校-科技农户-德育基地“五链环”为特色的国际一流野外综合实训平台，探索并实践了以“四融合”为特征的“8858”人才培养模式，逐渐形成了具有鲜明特色的“石羊河人才培养新模式”。

实验站“五链环”为特色的野外综合实训平台创建，既保障了在野外偏僻的艰苦环境下进行高素质人才培养的国际化、先进性、高水平的一流科研条件，又为研究生提供了接近农村和农民、服务“三农”和培养高尚精神品德的实践课堂，能有效地把研究生从事前沿性高水平研究和服务国家需求有机结合，提升研究生对所从事的科学研究为解决国家实际问题重要性的认识。

在综合实训平台建设过程中，注重了具有国际水准和干旱区特色的一流野外实验站的建设，经过长期努力，实验站被批准为农业部作物高效用水科学观测实验站，为了进一步提升偏僻地区实验站的国际化水平，石羊河实验站与香港中文大学(CUHK)合作共建 CAU-CUKH 节水农业联合实验站，与美国新墨西哥州立大学(NMSU)合作建设 CAU-NMSU 水科学与工程联合研究中心，获批教育部和国家外国专家局“农业高效用水学科创新引智基地”，被作为国家自然科学基金委员会优秀创新群体“农业水转化多过程驱动机制与效率提升"的研究基地，已成为保障在偏僻艰苦环境下研究生开展学术前沿探索和拓展国际视野的创新港。

为了从实验站围墙内走向农户，实验站建成了具有典型干旱区特色的国家农业科技创新与集成示范基地，创建了不同类型特点的农民田间学校，培育了研究生直接面向农业生产一线的"科技农户"，已成为研究生示范科研成果和实现自我价值的展示窗，对接农业生产技术需求和参与培训农民的大舞台以及了解农村、辐射推广先进技术成果和服务农村的大平台。研究生参与建设了凉州区莫高和皇台酿酒葡萄节水、优质调控技术示范基地、黄羊河农场制种玉米节水节肥节药技术示范基地、清源镇阳光示范园等地温室作物节水调质技术示范基地、民勤县重兴乡新地村大田玉米高效节水技术示范基地，在这些示范基地重点示范推广所研究的高效节水、节肥技术模式和膜下滴灌水肥一体化技术，研究生带领培训学员现场观摩，实地考察了解节水灌溉装备与系统的操作、管理、具体灌溉施肥制度与田间运行模式。实验先后在石羊河流域不同类型区创建了 14 所农民田间学校，通过农民田间学校这一平台，农户利用生产季节和农闲时间，以农村的田间地头作为校舍，在师生参与和指导下开展自我组织、自我管理并进行技术示范与观摩。研究生进行不同典型区农户基线调研，收集基础资料，实地了解农户种植和收入情况，进行节水与环境教育，与农户一起制定试验方案，实地采集第一手试验数据资料。农民参与式田间试验、技术观摩和示范培训，探索和实施可行的节水高效绿色增产技术。这些措施为研究生从实验站内走向站外、接近农民提供了重要的渠道，同时也提高了农民的节水意识，转变了传统的用水观念。

除了对研究生业务能力的培养，实验站始终把立德树人作为人才培养的根本任务，为了将德育贯穿于科研、示范和社会实践全过程，创建了培养研究生家国情怀和艰苦奋斗精神，包括不同年代研究生实验旧址—红崖山水库与民勤调水工程等大型水利工程—巴丹吉林与腾格里沙漠及老虎口防沙治沙点等典型治沙工程—民勤治沙纪念馆—新型家庭农场—青土湖生态恢复区的德育基地网络。每年定期组织研究生全程参加该德育基地网络的活动，使研究生实地了解不同年代的老师和师兄师姐的艰苦创业史和奉献精神，感受当代的优良科研环境来之不易；了解了亚洲第一大沙漠水库，控制着民勤绿洲 30 多万人生存的红崖山水库是自己专业前辈设计和主导施工的，感受自己的专业对人类和国家发展的重大意义；了解了尼龙网、编织袋、棉花秆、玉米秆、麦草、鹅卵石、黏土网格沙障等 10 多种治沙造林模式的聪明智慧与绿色发展理念；了解了民勤县劳动人民为了治理沙漠化、改善生态环境，与自然斗争的英勇献身精神；了解了现代土地流转和新型家庭农场的发展及对高效节水和水肥一体化技术的迫切需求；了解了流域水资源科学配置和高效利用技术推广应用使下游青土湖沙漠化生态恢复，重回碧波荡漾的重大作用，极大地开阔了视野；同时也使研究生认识到自己所从事的课题研究在综合解决石羊河流域水与生态问题中的位置和作用。实验站德育基地网络已成为研究生高尚精神品德锤炼的活教材。

实验站基于野外综合实训平台，创建了"四融合"高素质人才培养新模式，在单项实践创新能力培养的基础上，重点加强了研究生科技创新与组织管理的能力、瞄准国际学术前沿与服务中国大地的能力、掌握多学科知识与系统解决复杂问题的能力、精湛专业技能与家国情怀等4个方面的有机融合，培养研究生严谨的治学态度、敏锐的洞察能力、系统综合的视野和高尚的精神品德，创新并实践了基于野外综合实训平台的“四融合”高素质人才培养的“8858”模式。

第一，制定“8项规则”，即每年组建1支研究生自我管理团队，研究生每人独立开展1项试验研究，每周举办1次研究生学术交流，每人参与1个实验室运行管理，每人负责1件大型仪器设备或田间试验系统，每年实行1套实验室轮流值日和食堂协管制度，每月组织1次文体活动，每年举办1次试验观摩、科研与其他活动的评比奖励。通过“8项规则”的实施，研究生的组织管理、团队协调和自我约束能力显著增强，同时也培养了研究生献身科学、团结协作和严谨求实的治学态度，促进了研究生科技创新能力与自我管理能力的有机融合。

第二，实施“8项举措”，即建设1支国际化和校地结合的教师队伍，每年1次国际学术论坛，每年1期英语暑期学校，每年1期英语短期课程班，每年选派1批优秀研究生赴海外高水平大学联合培养，每年1次邀请地方科技人员讲述当地经济发展和技术需求，每年1次实验站农民开放日，每人参与1次技术示范推广活动。通过8项举措的实施，研究生的英语口语水平、国际交流能力和服务“三农”的意识进一步增强，同时也提高了研究生洞察学术前沿问题和生产实际问题的能力，促进了研究生瞄准国际学术前沿与服务中国大地能力的有机融合。

第三，设计“5个环节”，即每年讲授1次通过多学科交叉和长期定位研究系统解决干旱区典型流域水与生态问题的现实案例，每年组织1次干旱区典型流域通过多学科交叉和综合措施系统解决水与生态问题的现场考察，每年举办1次研究生所做研究在流域综合治理整体方案中作用座谈会，每年举办1次若干交叉学科进展报告，每人针对干旱区典型流域设计1套全流域水问题综合解决方案。通过“5个环节”的实施，促进了研究生掌握多学科知识与系统解决复杂问题的能力有机融合，提升了研究生运用多学科知识解决实际问题的全局观、综合观和系统观。

第四，开展“8项活动”，即每名研究生经历1次野外艰苦环境试验过程锻炼，每名研究生每年完成1次社会实践，流动党支部每两个月1次组织生活，每年举办1次优秀毕业生回站进行艰苦奋斗教育活动，教师每年讲述1次实验站创业史，党员教师每年讲1次党课，每年举办1次基层技术人员扎根基层艰苦创业报告会，每年组织1次到德育基地网络实训活动。通过“8项活动”的实施，促进了研究生精湛专业技能与家国情怀有机融合，培养了研究生艰苦奋斗、爱国奉献、爱岗敬业、与时俱进的高尚精神品德。

基于野外综合实训平台，培养高素质人才的实践取得了显著成效。

第一，培养了一大批高水平人才，依托野外综合实训平台先后有中国农业大学、西北农林科技大学、清华大学、北京师范大学、北京林业大学、甘肃农业大学、扬州大学、太原理工大学等10所大学和科研机构的21届109名博士研究生、278名硕士研究生开展学位论文试验研究、短期实习与调研以及中国农业大学、武汉大学、清华大学、兰州大学、西北农林科技大学、北京林业大学、河海大学、甘肃理工大学、甘肃农业大学等高校的380余名本科生进行课程实习、毕业实习或暑期社会实践。美国俄勒冈州立大学、密苏里大学、西密歇根大学、英国兰卡斯特大学、瑞典隆德大学、日本筑波大学、香港中文大学的31名博士后、研究生和本科生在实训平台完成学位论文、参加暑期学校和进行社会实践。依托野外综合实训平台培养的研究生毕业后分布于国外7个国家和国内27个省(自治区、市)。

第二,人才培养质量和综合素质显著提升。在该平台受训的人员中:张宝忠、龚道枝获全国百篇优秀博士论文奖;龚道枝、梁宗锁获省级优秀博士论文奖;杜太生获中国农业大学十佳优秀博士论文奖;曾翾婷获教育部博士学术新人奖;张鑫、刘军淇、胡智丹、王雅娟、杨慧、李晓婕、孟潮彪、周惠萍、喻启华、冀蒙蒙等14人获中国农业大学百篇本科优秀论文奖;屈艳萍、邱让建、姜雪连、吴友杰、杜少卿、张晓涛、胡萌、李小娟、李晓琳、邹明忠、付婧等22名博士研究生、硕士研究生和本科生获"北京市优秀毕业生"等省市级优秀毕业生称号。

第三,一批批优秀毕业生茁壮成长。依托野外综合实训平台培养的研究生毕业后,1人入选长江学者奖励计划特聘教授,1人获国家杰出青年基金,4人获国家优秀青年基金,2人入选青年长江学者特聘教授;1人获中国青年科技奖,1人入选科技部中青年科技创新领军人才,1人入选国家"万人计划"科技创新领军人才,1人获国务院政府特殊津贴,14人入选省级人才计划,9人被评为省级先进工作者,42人获批国家自然科学基金,28人晋升教授与博士生导师,64位毕业生进入农业部(现为农业农村部)、水利部、中国科学院、中国农业科学院、中国水利水电科学研究院以及清华大学、北京师范大学、四川大学、中国农业大学、英国牛津大学、美国华盛顿州立大学、法国农业科学院、瑞士联邦理工大学、瑞典农业大学、以色列海法科技大学等国内政府部门和国内外著名大学与科研机构工作或继续深造。

第四,研究生发表了一批有影响的论著,获得了国内外学术界的认可。依托野外综合实训平台培养的研究生发表学术论文550余篇,其中SCI收录340余篇,EI收录140篇,有6篇论文被列入ESI高被引论文或热点论文,如硕士研究生马振梅发表在*Journal of Hydrology*的"*Simulation the impacts of climate change and human activity on runoff of the Shiyang river basin in an arid region of Northwest China*"(2008,352:239-249)论文已被*Web of Science*引用207次,发表后多年一直被选为ESI高被引论文。

第五,研究生参与完成了一批重大成果,在生产中的推广应用方面发挥了重要作用。研究生参与完成的"流域水循环演变机理与水资源高效利用"成果获2014年度国家科技进步一等奖,"西北地区农业高效用水原理与技术研究及应用""农业化学节水调控关键技术与系列新产品产业化开发及应用""干旱内陆河流域考虑生态的水资源配置理论与调控技术及其应用"成果分别获2006年度、2010年度和2013年度国家科技进步二等奖,"土壤-植物系统水动力学与调控机制"成果获2013年度国家自然科学二等奖1项;另外研究生参与完成的成果还获省部级科技一等奖4项、二等奖2项。

石羊河人才培养的新模式受到了国内外学者的广泛关注并得到了他们的较高评价。澳大利亚科学院原副院长、澳大利亚大学的功勋教授Graham Farquha认为中国农业大学石羊河实验站建立了很好的值得推广的人才培养模式;澳大利亚科学院院士、工程院院士、澳大利亚大学的功勋教授Ian White认为"It is a world-class field station, an ideal place to do irrigation research and a wonderful opportunity for graduate students";澳大利亚工程院院士、墨尔本大学的 Edward Barlow 对石羊河实验站的人才培养也给予了高度评价；国际著名植物生理生态学家、英国兰卡斯特大学环境中心创始主任 Bill Davies 认为石羊河实验站不仅具有国际一流水准的研究设施，而且研究生能密切联系生产实际，建立了一种理论联系实际的人才培养"石羊河模式"，并组织拍摄了介绍石羊河实验站科研和人才培养的专题片在英国媒体播放。中国工程院院士、土木水利与建筑学部原主任、清华大学水利系原主任雷志栋教授认为："博士生每年 6～7 个月坚持在石羊河实验站，密切联系生产实际，以自己亲自获取的第一手宝贵试验数据做研究，不是仅仅坐在办公室，在计算机上做模拟、写论文，这是当今中国高校科研与人才培养应该大力提倡的方向"。

野外综合实训平台建设与高素质人才培养的成效还得到有关国家领导和相关部门领导的高度评价及社会各界的广泛关注。第十二届全国人大常委会副委员长张宝文于 2013 年 11 月 10 日视察本实训平台时，对师生长期坚持野外定位试验观测、坚持理论联系实际，把科学研究、人才培养、技术示范紧密结合的模式给予了充分肯定和高度评价；第十一届全国人大常委会副委员长蒋树声在视察本实训平台时说："实验站搭建了一个从理论到实践互相促进的平台，为高层次人才培养提供了一个很好的模式"。石羊河野外综合实训平台的人才培养模式先后被《科技日报》《中国科学报》《中国水利报》《英国兰卡斯特大学新闻网》《甘肃日报》、甘肃电视台、武威电视台、中华新闻网等媒体多次报道，在社会上产生了重要影响。特别是石羊河实验站学生临时党支部建设和学生思想政治工作的探索和实践，2018 年 5 月 30 日《中国教育报》"北京以改革创新精神不断提升高校党建水平——党旗飘起来，党员站出来"、未来网"把思政课上到田间地头，产学研一体化带动农民增产增收"。2018 年 6 月 5 日新华社"心中有阳光，脚下有力量，让高校党建扎根在乡土大地"、中国农业新闻网"思政助发展，开门办党建——涉农高校党建质量提升攻坚采访纪实"，6 月 6 日中国网"让鲜红党旗飘扬在乡土大地上——高校探索提升党建质量新模式见闻"，《中国教师报》"改革深下去，党建活起来"，6 月 7 日，《人民日报》"高校基础党建，打响质量提升攻坚战"、中国教育网络电视台（CETV）"涉农高校：扎根大地办党建，'三农'使命有情怀"以及 2019 年 1 月 18 日《人民日报》的"让党的旗帜在高校高高飘扬——高校党的建设与思想政治工作综述"等中给予了报道，认为石羊河实验站的人才培养和党建新模式，为加强和改进高校政治思想教育注入了新活力。2018 年，我也被授予"第十四届北京市优秀思想政治工作者"称号。

2018 年，实验站完成的"创建'五链环'野外综合实训平台与'四融合'人才培养模式的探索及其实践"荣获"第三届中国学位与研究生教育学会研究生教育成果奖"唯一的特等奖，也是该奖设立以来全国评出的仅有的 2 项特等奖之一。

石羊河实验站生存发展之魂

在实验站的建设与发展过程中，我深深体会到它是因石羊河流域严峻的水与生态问题而生，因《石羊河流域重点治理规划》的实施和高校"985"工程建设等重大需求而兴，因连续不断地有一批重大项目的支持而人气旺，因有一批富有创新奉献、团队协作和艰苦奋斗精神的师生长期坚持而让人感动。

2001年开始，石羊河流域水与生态问题越来越严峻，社会的关注度越来越高，这也是实验站建设和发展的良好机遇。在这样的大背景下，我们积极面向国家重大需求和要解决的重大区域性问题，2004年3月选点正式建站。为了更好地服务于解决石羊河的水问题，2005年8月，实验站牵头与武威市水利局和石羊河流域管理局联合举办了“石羊河流域水资源合理配置与节水农业建设”研讨会。

2006年2月，甘肃省政府启动了石羊河流域重点治理应急项目，地方政府开始更加关注石羊河流域的可持续发展问题。2006年7月，武威市人民政府在沙漠公园主办了“阳光·人与自然和谐”学术研讨会，中国科学技术协会书记处书记刘恕、中国科学院原副院长胡启恒院士以及任继周院士等应邀参会。我也应邀参会并做题为《西北旱区石羊河流域水资源转化规律与节水调控模式》的学术报告，我在报告中明确指出，石羊河流域问题的关键是没有适水发展和高效用水，灌溉面积盲目扩大，急需关井压田调结构，发展高效节水农业，解决农业和生态争水的矛盾。由于在此之前多次系统地考察和调研，我看到了很多当地领导都没有看到的地方和场景，加之有我们自己的试验数据和调查研究资料为基础，指出问题比较直接，没有一点含蓄和拐弯。当时我还谈到根据观测资料分析在民勤县邓马营湖地下水位已经开始有显著下降的趋势，而当地还在大量开地，种地的不是当地农民，而是民勤县城的人靠关系打井开地，一年收获后就回县城了，如果不加以控制很可能30年后的邓马营湖就是当时的青土湖；我还讲道：“我在红水河边看到又新开了一大片地，打了6眼井，种地的人告诉我他不是当地人，是外地来租地种的，应该先把这些地压下来；流域内对水资源保护不力，我看到红崖山水库水的颜色发黑，水边到处都是漂浮的死鱼等”。当然现在回想起来，当时也不太理解地方领导有他们自己的难处，我的观点可能也有点太理想化。当时的中共武威市委书记张绪胜坐在前排。张书记出身于部队，性格豪爽，随着石羊河流域重点治理逐渐纳入议事日程，觉得我说的情况与石羊河的情况也差不多，后来我们成了朋友，每次到武威他都挤出时间见我一面。

由于石羊河流域重点治理工作推进的迫切需要，2009年2月，时任中共武威市委副书记、市长郭承录带领市农牧局、水务局、市农委、市财政局、市农发办、凉州区的相关领导20余人考察实验站。2009年5月，时任中共武威市委书记、市人大常委会主任肖庆平，市委副书记、市长郭承录，市委常委、副市长陈明，市四大班子领导，法检两长，市长助理，各区县党政主要领导、分管领导，市县区有关部门主要负责人，凉州区、民勤县各乡镇党委书记、乡镇长共200余人参观考察试验站，就日光温室建设和节水灌溉技术应用进行调研并召开现场观摩会。2009年12月，刚上任武威市分管农业的副市长尚勋武就到实验站考察，发现站内试验温室中的作物浇水比农民减少不少，但蔬菜的长势更好，植株显得更加健壮，温室里的病虫害也少，随即就决定要我们办培训班。2010年2月，高丽红、杜太生为武威市温室滴灌、大田滴灌节水技术培训班授课，培训全市相关技术人员。2010年5月，由实验站与武威市人民政府联合举办了“现代节水灌溉技术”培训与示范观摩活动，对武威市农业、水务、林业、农机部门技术干部及各县(区)农口部门干部、乡(镇)分管农业的副乡镇长及农技站、林业站、水管所、农机站技术人员共2 000余人进行培训，宣讲与现场示范观摩实验站在旱区节水、优质、高效灌溉理论与技术及其应用模式方面的试验研究成果，促进产学研的紧密结合和研究成果的实际应用，助力石羊河流域重点治理。正因为有石羊河流域重点治理工作的技术需求，地方党政领导才频繁地考察视察实验站，才不断地在实验站组织培训和技术示范观摩，才积极划拨土地支持实验站建设，才引起学校领导和社会的广泛关注。

中国农业大学"985"工程二期、三期建设和一流学科建设给石羊河实验站的建设与发展带来了历史性机遇，中国农业大学先后投入大约 2 000 万元支持实验站基础设施建设和购置实验仪器设备，才使得实验站从无到有、快速发展，所以我们更应该聚焦目标，凝练方向，突出特色，提高研究水平和成果显示度，为高水平团队和一流学科建设出力，扩大国际学术界的影响，必须始终把立足中国西北大地与瞄准国际学术前沿紧密结合，只有立足中国西北大地，研究才能贴近生产，贴近区域的实际问题，才能得到地方的支持和关注；如果只单纯地强调立足中国大地，只做示范应用，实验站的研究工作就上不了水平，满足不了一流高水平学科建设的需要；只有立足中国西北大地与瞄准国际学术前沿紧密结合，长期定位的基础性研究才有创新的源泉，实验站才有可持续发展的不竭动力，研究团队才能做出国际高水平的学术成果，才能立足国际学术之林，才能为一流高水平学科建设加分。研究论文不仅要写在西北干旱区的大地上和农户的田间地头，也要发表在国际顶级学术期刊上。实际上，近些年实验站开展的特色经济作物节水调质机理与果实品质模型研究、典型农田生态系统水热碳通量观测与水碳耦合模拟、气候变化与人类活动对水循环过程的影响、生态需水与考虑生态的水资源科学配置也都是国际学术界的热点问题。围绕这些国际学术前沿问题坚持开展长期研究，一定会取得具有国际影响的学术成果，形成石羊河实验站的鲜明特色和学术品牌。

正因为实验站团队有国家自然科学基金重大项目、重大研究计划集成项目、国家基金重点项目、创新研究群体项目、国家"863"计划课题、国家重点研发计划课题、国家科技支撑计划课题、国家(农业、水利)公益性行业专项计划项目等 30 多项重大重点项目超过 1.6 亿元以上的支持，才得以有一支稳定的队伍在石羊河做工作，才有石羊河实验站的兴旺人气。如果没有稳定的科研项目和国家任务的驱动，实验站也很难持续稳定发展。只有我们努力拼搏，团结协作，做出富有创新性和实际应用价值的科研成果，我们才能获得更多项目的支持。

正因为实验站有一批富有创新奉献、团队协作和艰苦奋斗精神的师生长期坚持而让人感动。特别是先后有冯绍元、蔡焕杰、黄冠华、高丽红、杜太生、李思恩、王凤新、黄兴法、郭萍、佟玲、胡笑涛、毛晓敏、霍再林、苏德荣、张富仓、王素芬、李光永、唐泽军、左强、任理、张昕、丁日升、郝新梅、魏晓妹、曹红霞、王文娥、胡田田、牛俊、田菲等一批与我志同道合的教授、副教授们，带着他们所指导的一批又一批研究生一起踏上了石羊河这片热土，体味了刻骨铭心的艰难，奉献了骄阳似火的青春。多少次顶着炎炎烈日，挥洒着辛勤的汗水；多少次他们废寝忘食，期待累累的硕果；多少次披星戴月，穿梭于试验田间。难忘的野外试验经历让每一个过来人都变得更加执着、勤奋，更加坚毅、顽强。在这茫茫沙海的绿洲上，实验站是我们共同的家。实验站师生发扬着不畏艰辛、乐于奉献、吃苦耐劳、艰苦奋斗的精神，不怕脏、不怕累，从田间取样、测样，回到实验室中一次次分析测定、整理资料。放下仪器和资料，又像农民一样满脸灰尘、一身汗水的在荒漠地上摸爬滚打，风雨无阻。1995级博士研究生梁宗锁、1996级硕士研究生潘英华、1998级硕士研究生杜太生在小坝口整夜观测沟灌沟中水位变化和水流入渗规律,洗根都要累得趴在沟边的土埂上,还经历了天昏地暗、狂风怒吼、满天黄沙狂舞的沙尘暴洗礼,经历过停电后拉水做饭的苦闷与难堪。2001级硕士研究生佟玲、姚立民、贾宏伟在民勤县绿洲做土壤入渗特性空间分布试验,天不亮就早早出门,中午顶着炎炎烈日,在沙漠边缘地上冒着五六十摄氏度的高温,还要用马车拉水。2003级研究生郝治福、吕廷波在邓马营湖为了观测抽水井水位和土壤入渗的动态变化,也常常是带着干粮和一壶开水,在沙漠边缘的农田里一跑就是一整天。2005年,在民勤县薛百农技站,条件比较艰苦,只有一个简易的土厕所,男女共用,老师们想尽量不让女同学在那里开展试验,但有一位女生侯晓燕就不服气,克服了巨大的困难,顺利完成了马铃薯膜下滴灌试验。2004级博士研究生张宝忠,从2004—2007年的4年里,每年3月底到试验站,10月中旬试验结束才回到学校,他读研究生的5年中有4年在试验站工作,每天独自骑自行车到距离试验站4千米外的皇台葡萄园观测其水热通量的变化、测量葡萄的生理生态指标,为采集试验数据,顶风冒雨,不畏严寒酷暑,付出了艰辛的劳动。他的博士论文被评为全国百篇优秀博士学位论文,毕业后在中国水利水电科学研究院水利所工作,很快就成了单位的业务骨干。2016—2018年在民勤县重兴水肥一体化精准灌溉示范基地的黄泽军、张洲笔、伍娟、王洋等同学,生活条件十分艰苦,一间房既是宿舍、又办公,还是厨房,实验任务重,还要自己买菜做饭,第一年基地没有洗澡的地方,厕所还在院子外面,在这荒无人烟的大漠之地,一起做试验的同学少,特别孤独和寂寞,她们硬是挺过来了。还有杜太生从本科毕业设计开始一直坚持到现在,在石羊河做试验和管理的日子里,不得不跟爱人和年幼的孩子甘肃、北京、山东三地相隔,不分昼夜地忙于试验研究和实验站的日常管理工作;李思恩也是从学生时代至走上工作岗位,研究生的5年中有4年在实验站做试验,到现在已驻扎石羊河十三载,为实验站的发展做出了无私的贡献。

石羊河实验站的荣誉属于一批批在这里奉献青春岁月、挥洒辛勤汗水的人们!实验站的每一点进步和发展他们都会感到自豪和骄傲!当准备整理《石羊河印记》作为实验站文化传承工程结集出版的时候,由于时间过去有点久远,好多事情都记不清楚了,但师生们在实验站挥洒汗水的瞬间依然历历在目,他们一批又一批、一届又一届,延续不断地传承着"艰苦奋斗、团结协作、勇于创新、追求卓越"的精神,这种精神是实验站生存发展之魂,这就是"石羊河精神"——正是这种精神的驱使,才有了这么多师生为代表的一批又一批石羊河人的默默奉献和长期坚持,才有了石羊河那么多感人的故事,他们才是最让人感动的人,才是最可爱的人。

难忘的一些石羊河记忆片段

我在石羊河工作20多年,除了实验站建设、科学研究与示范推广、人才培养等工作,也亲眼看见了当地经济社会的发展变化,体会了当地的乡土文化,领略了一些著名专家学者的严谨治学和大家风范,这些在我的记忆深处留下了很多难以忘记的片段。

记得20世纪90年代,我刚开始到石羊河时交通不很方便,1995年9月我和蔡焕杰到石羊河考察，从武功坐火车到兰州 14 个小时，从兰州到武威坐火车 9 个小时，来回一趟需要 12 天时间，排队买火车票还很困难。到沙漠公园试验站时期，从北京来回出差一趟最短也得 5～6 天。2005 年 3 月 30 日，我带着刘晓志、李思恩、张宝忠一起乘坐北京至嘉峪关的 K43 次火车，该趟火车是分单双号从北京发车分别至兰州和嘉峪关，所以从北京经停武威的直达车只能隔日一趟，我记得是上午 11:40 从北京发车，次日下午 13:47 到达武威，要坐 26 个多小时，全程 1 754 千米。我们到达武威后下午赶赴沙漠公园试验站，然后到民勤薛百试验站，急急忙忙处理完学生试验中的问题后，2005 年 4 月 3 日早晨从武威乘车赶往兰州中川机场，武威市水科所的张师傅开着那辆红色桑塔纳 2000 送我前往。虽然已是 4 月初，但乌鞘岭的气温还在 0℃以下，刚好又遇上前天下了一场雪，积雪还较深，当时还没有高速路，汽车只能走国道，大概安远收费站一过，车速就慢了下来，外面到处是冰条儿，地面也结了冰。在爬坡的路段，因为路上有积雪，路很滑，如果车轮胎不防滑，车就会狂转左右漂移。经过一个村庄时，公路两边站满了观望和做生意的村民，他们把一串串铁链子拿在手里或杠在肩上，实际上这是汽车轮胎的防滑链。一部分汽车自己带着防滑链，没有带防滑链的车就寸步难行了，村民们也想利用这种机会赚点钱，等待有需求的司机招呼他们。他们帮助司机把防滑链套在汽车轮胎上，送汽车爬过山坡，好像一次是 10 元或 20 元钱。那天早晨 8:30 我们从武威出发，230 千米的车程走了 6～7 个小时，竟然没有赶上下午兰州至北京的航班，我又改乘从兰州到西安的航班，从西安再转机到北京。2001 年 8 月，我带中日据点大学交流项目考察团一行 13 人从兰州乘一辆依维柯到武威，刚好赶上公路维修，汽车一过永登，路面就开始坑坑洼洼，尘土飞扬，很难走。我记得，第二天从武威到民勤 97 千米路程，路面泥泞，汽车颠簸得很厉害，速度根本开不起来，一路走了快 4 个小时。2009—2010 年，兰州至武威也在修路，高速公路没有开通，原来的国道根本没法走，只能从兰州绕道景泰到武威，从兰州中川机场到景泰 107 千米，景泰至武威 181 千米，全程不到 300 千米，汽车也得开 5～6 个小时，一般早晨从北京出发，傍晚才能到武威。我还清楚地记得，2010 年 8 月 6—7 日我和黄冠华还在云南昆明开会，8 月 8 日早晨第十一届全国人大常委会副委员长蒋树声和学校党委书记瞿振元要到实验站视察，我俩下午开完会就去机场赶最后一班昆明至兰州的飞机，大约晚上 11 点到中川机场，紧接着，武威派的车接我们往实验站赶，一路上拉煤的大车很多，道路不是很宽，车硬是开不起来，有时超车还很危险，加上司机已很疲劳，我和冠华在车上谁都不敢打瞌睡，因为有时看着司机想睡觉时还得提醒一下他，我们一直到 8 日早晨快 6 点才赶到实验站，这时天已快亮了。2013 年 7 月 30 日，连霍高速甘肃段祁连山乌鞘岭隧道群正式通车运行，使甘肃省境内连霍国道主干线全部实现高速化，也使翻越乌鞘岭不再艰难。现在一般情况下兰州机场至武威时间不到 3 个小时，这些年西部的交通发展也很快，兰州至张掖三四线中川机场至武威段高铁线路全长 194.27 千米，总投资 266.24 亿元，项目初步设计方案已原则通过了专家评审，我们期盼尽早建成通车，那时候从兰州机场到武威就只需要不到 1 个小时了。

2015 年 6 月初，我们接待参加农业高效用水创新引智基地项目（“111”计划）“变化环境下水与粮食安全”学术研讨会的代表到石羊河实验站考察，包括美国、澳大利亚、以色列的 12 位著名专家。不知是活动太劳累、水土不服，还是在兰州机场对面饭馆午餐时食品不卫生的原因，到武威那天晚上有 4 位外国专家拉肚子，有的外国专家晚上拉了 5～6 次，特别是澳大利亚科学院前副院长、澳大利亚科学院院士、美国科学院外籍院士、澳大利亚国立大学的杰出教授 Graham Farquhar，当时已年近 70 岁，虽然拉肚子，早晨都不能吃饭，中午仅在实验站给熬了一碗小米粥喝了，但硬是坚持完 2 天的考察。当学生邀请他这样著名的专家合影留念时，他硬是拖着疲倦的身体，不厌其烦，非常热情地与每位同学合影。而且我发现越是著名的专家，越是有好奇心，对石羊河的什么事情都感兴趣，实验室内、玉米地里、日光温室内、沙漠里、湿地上，他总爱提问题，追根到底问为什么，有些问题我们也思考不够，一时还难以回答。老先生特别严谨，由于中国人一般叫某某副院长时习惯称呼某某院长，所以我为大家介绍他是澳大利亚科学院某某原院长时，他都会解释说“I am not the former president of... ,only the former vice president”。2002 年 8 月我带队接待中日据点大学交流项目考察团的日本筑波大学的安部征雄、东照雄，岛根大学竹山光一、岩手大学藤井克己等在石羊河流域下游民勤湖区考察，其中筑波大学的东照雄教授是研究土壤学的，他带着他的硕士研究生饭山豪，除了在流域上、中、下游考察外，还要在民勤湖区盐碱地挖土壤剖面、取土样，研究盐碱地土壤剖面离子组成与土壤水分物理参数变化的关系，需要挖好几个 1 米×1 米×2 米的坑，抛光土壤剖面，利用环刀取不同深度的原状土样。我担心挖剖面的工作量大，专门派张富仓和他们一起到现场，还找了一个当地临时工陪着，炎热的中午在青土湖的沙漠边缘 40 多摄氏度的高温，东照雄坚持自己开挖土壤剖面，自己亲自蹲在两米深的坑里，一层一层的取土样，别人让他上来，替他下到坑里用环刀取样品，但东照雄教授非常认真，怕别人与他的操作有差距，一定要坚持自己亲自干完，从上午一直干到下午 4:00 多才回民勤宾馆，累得中暑了。从这件小事看出这日本教授对科研的执着和严谨的作风。后来东照雄做了筑波大学生命学院的院长、副校长，藤井克己教授做了岩手大学的校长，而且坚持每年元旦前都给我写一张贺年卡。

2002 年 8 月在民勤的一天傍晚，我带着日本专家在宾馆外面的街上散步，突然天色大变，夕阳早早地躲了起来，天地开始灰暗阴沉起来，伴随而来的就是刺鼻的粉尘味，一股黄风卷起，黄沙满天，沙尘暴来了。我还给日本专家解释说，一般民勤的沙尘暴多发生在春天 3—5 月，在 8 月这个季节很少遇上沙尘暴天气，但日本专家还说，为什么我们就刚好遇上了，我开玩笑给他们说，知道你们来一趟民勤不容易，所以要好好欢迎你们一下。其实，对于常年蹲守在实验站的同学遇到沙尘暴就是经常的事情了。2004 年 5 月中旬，我在沙漠公园试验站和薛百试验站检查博士、硕士研究生野外试验工作，沙生植物区埋设 3 米深 Trime 土壤水分测管的过程中遇到了较大的困难。因为是沙地，土钻刚钻下去，沙子不稳定，流下去的沙就把打的眼填满了，现场想了很多办法，总算把管子埋下去了；那年“五一”劳动还下了一场雪，葡萄遭受历史上少有的冻害；玉米刚出苗，沙漠公园的王大爷怕玉米苗冻坏，就像爱护自家的孩子一样，把他家的被子、单子、草帘拿出来给玉米苗盖上。2004 年 5 月 15 日，我在沙漠公园又突遭沙尘暴，大风卷着黄沙从西南侧袭来，黄沙漫漫像一幅大幕在移动，遮天蔽日，整个试验站逐步被沙尘吞噬，同学们野外试验的条件就是这样艰苦。他们这么坚强，这完全是因为他们心怀梦想、手捧希望，是他们的努力换来了石羊河实验站的发展与壮大，所以我始终忘不了那一群又一群的孩子们！

做流域宏观问题研究少不了收集资料，而且这是最难的一件事情。正像粟晓玲说的那样："收集资料的过程所经历的各种感动和各种无奈，现在回想起来却是那么地有趣和美好。"因为我和当地比较熟悉，陪着他们一起到石羊河收集资料会方便很多，我记得亲自带过佟玲、孙维芳、潘英华、韩娟、粟晓玲、王素芬、吕廷波、孙月、曾勰婷、刘杰等到武威、金昌收集各种资料……在武威市水利局，当时年逾 80 的左凤章教授级高工，为了帮助提高资料的完整性与可靠性，千方百计找到并提供了他们最原始的潜水蒸发试验资料。

我和同事们多次到石羊河流域系统考察和调研，地方的热情留在了我们心间。陈明副市长、沈清林局长、张发基局长等的豪爽和热情也已在我的脑海留下了深深的烙印。特别是陈明，中国人民大学毕业的高才生，给水利部原部长钮茂生当过秘书，文采非常好，每次在饭桌上都会来几首古诗，搞得我们云里雾里的。

这几年中，每年的夏天我在实验站参加一些重大活动后都会自己从工资中掏出几千块钱请站里的学生们到当地农村餐馆吃顿饭，或者在实验站买些羊肉、鸡肉等给同学们改善一下伙食，或者我掏钱让学生自己采购，自己动手做一次室外烧烤，喝上一次啤酒，这也是对同学们辛苦的犒劳。每到这时，同学们会非常开心，唱歌、跳舞，乐得不行。我记得莎莎、雪连还能唱几首我们那个年代的老歌，后来的学生就基本不会了，还有甘肃农业大学周继莹的那首陈星作词、编曲的《大西北》至今回忆起来还感觉那么亲切。去年开始就变成"90"后喜欢的焦泽豪跳的那种我们搞不懂的现代舞了。实验站的学生每 1～2 年会组织与武威市水务局职工打一场篮球友谊赛，前两次都是同学们赢了，因为这两次分别有美国和英国的研究生在实验站做试验，他们打篮球确实技高一筹，当然我们女生啦啦队的加油声对球场上男生球员的鼓励作用也很大。

20 多年过去了，我们的国家发生了翻天覆地的变化，人民的生活水平大大提高，武威城市风貌也发生了巨大变化。从 20 世纪 80 年代中期我第一次到武威时看到的低矮的土坯平房，到现在变成了到处是高楼大厦，马路上车如流水，晚上灯光灿烂，一片繁荣的景象。特别是武威步行街文化广场、南城门广场更是热闹非凡，早晚聚集了大批锻炼和跳广场舞的人们，成了武威一道亮丽的风景，每次带外国专家在城里散步时这些场景都会吸引他们的目光，使他们停下来舍不得离开。如今的交通也变得四通八达，到处是高铁、高速公路，北京至兰州的高铁已通车，兰州到武威由过去 9 个小时的火车到现在不到 3 个小时的高速路，将来中川机场到武威的高铁通车后仅需 1 个小时的车程。这样将会更加拉近北京与石羊河的距离，将会有更多的、一批又一批的青年学子到石羊河实验站来追梦扬帆！

未来的路还很遥远

石羊河实验站是中国农业大学在西北内陆干旱绿洲农业区唯一的野外定位实验站，也是在国内外具有重要影响的西北内陆干旱区重点研究农业与生态节水的野外科学实验站，它不仅承担着典型内陆干旱区流域水资源转化过程与用水效率科学观测的重任，而且也承担着为流域产业结构调整、绿色发展与乡村振兴以及生态建设与水资源保护等重点治理工程提供理论支撑与技术服务的重大使命。实验站正在成为我国旱区绿色高效节水的创新园、国际学科前沿技术的展示窗、世界优秀农业人才的储备库和放飞无数绿色梦想的摇篮。石羊河的故事还将继续。

水资源的可持续利用与食物安全保障是人类社会持续发展的最基本支撑点。确保食物安全已成为人类面临的重大挑战。水安全是食物安全的基础，水资源短缺将直接导致食物生产的波动，从而在源头上导致真正的粮食危机。农业是最主要的用水部门，消耗了全球总用水量的70%，发展农业节水、提高农业用水效率是保障全球水安全与食物安全的重要途径。美国发布的《2016—2045年新兴科技趋势报告》提出了未来30年最值得关注的20项新兴科技，对近700项科技趋势进行综合比对分析，最终明确了20项最值得关注的科技发展趋势：包括物联网、机器人与自动化系统、先进材料、合成生物科技、食物与淡水科技、能源、医学、应对全球气候变化等。报告中指出，在未来的30年里，食物和淡水的缺乏将会在世界上制造更多的冲突。大约全球25%的农地已经由于过度耕作、干旱、污染等原因造成了严重退化。在未来的几十年里，最乐观的预测也指出主食谷物的价格将会提高30%。如果全球气候变化、需求及资源管理的失败按照目前的趋势继续下去，价格提高100%也是可能的。到2045年，全球超过40%的人口将会面临缺乏水源的问题。这一切问题的解决方式主要靠科技。海水淡化、微灌、污水回收、雨水收集等科技将会减缓人类对淡水水源的需求。食物和淡水将会成为新的科技热点，也会成为新的冲突爆发点。

未来20年，我国人口增加给农产品数量提出了更高要求，资源短缺与生态环境压力给农业生产带来更大挑战，降本增效和国际竞争对转变农业生产方式提出了新的要求，绿色发展是未来农业发展的主旋律。提高劳动生产率是提升未来农业产业竞争力的关键，迫切需要发展节本提质增效绿色可持续农业，大幅度提高土地产出率、资源利用率、劳动生产率，实现农业强、农民富、农村美。我国农业领域科技创新将更加关注由追求高产再高产向注重农产品品质转变；由高水高肥高产向控水减肥减药优产优质高效转变，更加重视降本提质增效、绿色发展；由单一粮食安全向综合食物安全和营养健康转变；由单一农产品生产功能向关注农业的生态、休闲、养老等多功能转变；由传统耕地农业向非传统耕地利用转变；由重点关注农业生产过程的科技创新向关注提升农业产业竞争力和促进乡村振兴的科技创新转变。

发达国家农业已全面进入机械化、自动化阶段，农业产业化、组织化、合作化、规模化程度很高。进入21世纪以来，现代生物技术、信息技术、先进制造技术等高技升级，传统农业生产方式与产业结构正在发生前所未有的深刻变革，逐步摆脱仅仅依靠土地等自然资源生产农产品的传统产业羁绊，向科技主导型的多功能现代农业产业转变。新时期中国农业农村发展如何跟进世界农业绿色科技革命的潮流，实现降本提质增效和绿色发展，提升农业产业的竞争力和实现乡村振兴是我们面临的严峻挑战。

目前，我国农业已基本实现耕、种、收、加工的全程机械化，而灌溉机械化水平相对较低，是全面实现农业机械化的短板。由于农村劳动力减少，农业劳动力成本不断增长，发展高效节水灌溉技术不仅仅是推广应用一种节水措施，还是促进现代农业转型升级与绿色发展的迫切需要，是实现农业农村现代化和促进乡村振兴的必然要求。特别是近年推广应用的水肥一体化甚至水肥药一体化技术，不仅节水、节肥、节药、节地、节劳、促进规模化经营、减少农业面源污染，而且提高了产量和品质，具有很好的发展前景。

习近平总书记关于“节水优先、空间均衡、系统治理、两手发力”的治水新思路，把节水摆在了一个更加重要的位置上，赋予了新时期治水的新内涵、新要求、新任务。2017 年的中央一号文件再次强调要把农业节水作为方向性、战略性的大事来抓；党的十八届五中全会提出了创新、协调、绿色、开放、共享的发展理念；党的十九大提出实施乡村振兴战略；2013 年，习近平总书记在甘肃考察时明确要求“要确保民勤不成为第二个罗布泊”。这些既是实验站发展新的历史性的机遇，更是实验站面临的严峻挑战。实验站要进一步面向国民经济主战场，提升创新能力和攻克卡脖子技术的能力，必须要在主战场上做文章，敢于打硬仗，要在承接国家重大任务上发挥作用，在国家层面上有声音，不能关起门来自娱自乐；要不断地追求卓越，要对我们与国际高水平实验站和研究团队的差距有清醒的认识，突出实验站的亮点和特色；我们要不忘初心，回归梦想，回归到 10 年前制定的实验站发展目标上来，力争打造以旱区水资源高效利用为主，多学科并举、国际一流的现代节水高效农业与生态综合实验站，进入国家级野外科学实验台站系列。我们未来的路还很遥远……

在主要基础设施建设任务基本完成后，实验站将进入正常开放运行的稳定发展阶段，我们要不断地洞察世界科技发展态势，围绕中央提出的“乡村振兴战略”“绿色发展战略”，更加紧密地面向西北干旱区的水与生态问题，在如下 4 个方面发力。

一是要进一步凝练和调整实验站的研究方向，更进一步面向国际前沿和多学科交叉融合，突出特色。①从农田水热碳通量模型拓展到复杂生态系统模型；更加关注特色经济作物品质模型研究，为西北旱区高品质特色农业发展提供理论支持；把农田水循环研究拓展到流域水循环研究，关注全球变化影响，发展流域科学，为流域水资源和健康管理提供科学支持，为水利、农学、土壤、植物、环境、生态、经济等多学科提供试验研究服务。②更加关注高新技术应用，提升实验观测水平，促进传统水科学研究的跨越式发展，为精准农业、智慧农业发展给力。加强遥感、无人机、人工智能等高新技术应用，拓展作物模型、决策支持系统和不确定性与风险管理研究，为数字农业、智慧农业以及数字流域研究奠定基础。③更加关注水与生态的相互作用研究，在传统水资源高效利用研究的基础上向水生态、水环境方向发展，关注水-食物-能源-环境关联问题研究，为区域绿色发展提供科学支持。

二是要更好地服务区域发展和地方经济，服务绿色发展和乡村振兴。实验站除了保持长期基础性的定位观测项目以外，如何由实验站内走向站外，走到农户的田间地头，对地方技术人员和农民进行示范培训，服务于农业产业竞争力提升和乡村振兴是未来应该重点思考的问题。如果我们的团队仅仅关在实验站的高墙之内，自娱自乐，而不面向国民经济主战场，我们就是处在空中楼阁，实验站就得不到地方的支持，就不会有生命力，也就拿不到国家的重大任务，实验站就不会可持续地发展。所以我们一定要加强与地方政府的联系，搞好站村“1+1”对接，真正把实验站打造成面向基层技术人员和农民的技术培训与示范基地，在服务地方发展上下功夫。

三是要进一步加强实质性的国际合作与交流，除了目前的国际论坛、暑期学校、“1+1”研究生交流等外，要对接国际重大研究计划，利用西北内陆干旱区得天独厚的天然试验环境，争取实质性的国际合作项目，开展中外对比试验研究，真正把实验站打造为旱区农业与生态节水的国际合作与交流窗口，提升实验站和研究团队的国际话语权与影响力。

四是要进一步加强实验站的文化建设，健全规章制度，进一步美化园区环境，打造实验站文化长廊，搞好创新文化建设和文化创承，讲好石羊河故事，让实验站的师生感受到家的温暖，将实验站建成既立足中国大地又具有国际视野、既具有精湛专业技能又具有家国情怀、“一懂两爱”的创新型人才培养的摇篮。

雄关漫道真如铁，而今迈步从头越。让我们以更加高昂的斗志、更加饱满的热情、更加扎实的作风，打造出特色鲜明、国际一流的旱区高效节水农业与生态综合实验站，力争进入国家级野外科学实验台站系列。

石羊河的明天必将达到人与自然和谐相处的蓝天白云、山清水秀、物阜民丰的境界！

难忘的一次石羊河考察

蔡焕杰[①]

我曾多次到石羊河考察，在考察过程中遇到过许多有趣的事。我记忆比较深刻的是1995年9月和康绍忠师兄一起的那次石羊河及其周边地区考察，那时交通没有现在方便，来回一趟花了12天。1995年9月12日大清早，我俩先从杨陵坐班车到武功，然后从武功坐了14个小时的火车，晚上10:00才到达兰州，甘肃省水管局灌溉科陈勇科长到火车站接我们。9月13日在甘肃省水管局调研和座谈，9月14日在陈科长的陪同下，我们从兰州又坐了近9个小时的火车，晚上才到武威。在武威期间，地区行署农田水利管理处沈清林处长负责安排我们的行程并陪同，陪同我们一起考察的还有地区水科所所长石培泽等。我们考察了武威地区灌溉试验站、黄羊灌区的地面灌溉技术改进与田间工程配套情况、小坝口灌溉试验站、民勤湖区盐改站等地。还到过民勤三角城遗址，据说20世纪初还有人生活在这里，由于风沙入侵，现在已无人居住。我们也看到了东渠乡大号三社沙进人退、到处残庄破壁和被遗弃的村庄。我们还到中渠水管所考察了盐碱地治理，看到了由于缺水引起的盐碱化和风沙造成的农田大面积弃耕的惨景。这次考察有几个至今还难以忘记的片段。

一篇论文和一份报告

在这次考察的基础上，康绍忠师兄主笔撰写了《河西石羊河流域高效农业节水的途径与对策》，发表在《干旱地区农业研究》1996年第1期上。该篇文章从石羊河流域水资源供需矛盾十分突出，缺水导致严重的生态环境问题和大量的农田弃耕状况入手，分析了由于田间工程配套不全、灌溉技术落后和灌溉定额过大等原因造成灌溉水有效利用系数低，认为农业节水还有较大潜力，并提出了该流域高效农业节水的主要途径以及节水型农业发展中需进一步研究与解决的几个问题，最近我又把这篇文章找出来读了一遍。虽然20多年过去了，但到目前为止，它还是对石羊河流域农业节水发展具有深入思考的一篇论文。从这篇文章的发表可以看到康绍忠师兄在考察中一直在思考问题，并思考着如何把在学校的一些理论研究成果与解决当地实际问题相结合。在这次考察后不久，他还写出了《西北地区农业节水研究的任务与前景——兼论“九五”西北地区农业节水攻关中的几个主要问题》的报告并呈送给了水利部科教司，这为我们进入国家“九五”科技攻关项目的研究奠定了很好的基础。从这一点看，我们的青年教师和年轻的同学们在调查研究和社会实践的过程中不能仅看风景、走马观花，而是应该多问、多收集资料、勤思考，

---

① 西北农林科技大学教授，中国旱区节水农业研究院院长，曾在石羊河完成博士学位论文试验研究。本文2019年2月18日作于陕西杨凌。

并且把调查了解的内容与你研究的问题结合起来，把你研究的与国家需求紧密结合起来，这样才会有所收获。

忘带身份证而满街“流浪”

在结束武威考察后，1995 年 9 月 19 日，我们与陈科长从武威坐 5 个多小时的长途汽车到景泰扬水灌区，参观了灌区管理局和甘肃省中心灌溉试验站，看到了欧盟援建的上千亩的滴灌工程因一个关键部件被人偷走而不能运行的状况。在景泰灌区结束考察后按计划去白银市考察低压管道输水灌溉发展状况，9 月 20 日从景泰坐火车到白银，到达时已经是快下午 7:00 了。原计划白银市水利勘测设计院副院长林文到车站接我们，他是西北农林科技大学 1984 级农水专业的学生，康绍忠师兄给他当过班主任，他为我们预定了宾馆。由于林文接我们的车在半路上坏了，在车站未接到我们。当时没有移动电话，好像还是周末，也没有公交车，我们仨人就搭乘了一辆面的赶到了白银水利勘测设计院，但设计院都已下班，门卫也没有林文家的电话。我们三个没有办法就自己去找地方住，先找到了一个招待所。登记住宿时需要身份证，康绍忠师兄和陈科长都带了身份证，而我忘了带，因为当时实施身份证制度时间不太长，不像现在出差前要先检查是否带了身份证。但是这个招待所的服务员很负责任，说是白银市要求每个住宿的都要有身份证，他们两个可以住，我不能住。当然他们也不能丢下我，我们就继续找另外的招待所，看有没有不要身份证或没有那样严格的地方让我们住，结果这家也是同样要求，等找到第三家还是第四家时，记得那是粮食局的招待所，他们俩走在前面，我走在后面。到了招待所的前台，服务员问我们有身份证吗？他们两个说有，这个服务员检查不严，只要了他们两个的身份证，没有要我的，这样我们三个人才登记了一个三人间住了下来。林文副院长没有接到我们也很着急，晚上就开始在附近的招待所找我们，但没有找到。第二天早晨终于在粮食局招待所把我们仨找到了，这样我们才开始了在白银的考察。

坐火车遇到了小偷

1995 年 9 月 22 日结束在白银的考察后，我们赶到兰州，准备乘坐当天的火车返回杨凌，因为我们已经在外面出差 11 天了。但由于当时的火车票非常紧张，也不像现在可以提前在网上预订，只能到窗口排队买票，但是那天连硬座也买不上，只能买第二天的票，我们就买了 9 月 23 日的硬座火车票。由于火车很慢，基本上每个小站都停，而且停的时间还比较长，一些小偷就从车窗偷旅客的东西。当时在陇海线坐过火车的人都知道，车上卖东西人的很多，卖烧鸡的、卖茶鸡蛋的、卖冰棍的、卖水的，卖什么的都有，一般在这个站上车，下一站下车，又从下一站上车，再在这一站下车，而且沿线的一些闲杂人员可以不买票上车。10 多天的野外奔波，康绍忠师兄很累了，一上火车就开始睡觉。记得车到武山站时，从车站上来了 2 个小偷，当时康绍忠师兄坐在靠窗的座位，我在靠过道的座位。他们看到康绍忠师兄睡着了，就隔着我去掏他的衣兜，而且在窗户外面还站着人接应。康绍忠师兄这时也醒了，小偷知道我们俩是一起的，就装作什么事也没有发生，不慌不忙地走到另外的车厢去了。当时在陇海线火车上的小偷很多，特别是天水至定西段，小偷大多是当地人，一般乘务员和乘客都不敢管，因为如果谁管了，小偷就会联合起来把谁打一顿，然后就下车跑了。这也许与当时这个区域比较贫穷有关，现在遇到这种情况的机会就少多了。

第一次被拉进舞场的尴尬

这次考察沈处长安排得很周到，走到哪里接待都比较热情，吃饭拖的时间也很长，经常有人说“河西的酒、河东的拳”，所以河西的人酒量不错。那时还没有八项规定，吃饭后都要给我们敬酒，一般一次是 3 杯或 6 杯，逼着我们必须喝，然后就是猜拳，我和陈科长还稍能猜几拳，但是康绍忠师兄不会猜拳，接待的主人还是不放过他，逼着他学习用筷子比画几下“杠子打老虎、老虎吃鸡、鸡吃虫子、虫子咬杠子”。由于考察的时间比较长，还有一个收获是我们开始了学跳舞。记得当时全国非常流行跳交谊舞，每个单位都有活动室兼做职工跳舞室。我们在武威住(原武威市，现凉州区)水电招待所，到武威的第二天晚上，沈处长非常热情，就邀请水利局的几位女职工和西北农林科技大学的几个毕业生在水电招待所二层大厅组织了一场舞会，当时康绍忠师兄和我都不会跳舞，从来就没有进过舞场，但我们被沈局长硬拉着去跳。康绍忠师兄当时还很不好意思，所以动作显得有点别扭，但最后是女同志主动上来硬邀请他跳，沈局长从后面推，也就不好意思被拖下了舞池。我们本身就没有跳舞这方面的天赋，加上是第一次，当舞伴问会跳三步吗？我们没有听说过；问我们会跳四步吗，我们更没有听说过。所以只能走“自由步”，不是跳只是走，动作当然就显得很僵硬，时不时会踩着对方的脚，这时马上会说一声“对不起”。从这次被拉进舞场遇到的尴尬之后，康绍忠师兄后来感到好像一点也不会跳舞也不好，所以从武威考察回到杨凌后，我们俩，还有刘晓明和研究生张书函、马清林等还在西北农业大学团委楼前操场周末的露天舞会上学过几次，西北农业大学的黎抗美、陈丽霞、赵晓芹等几位老师还当过他的跳舞老师，但据我了解他在这方面的进步并不大。

20 多年过去了，我们的国家发生了翻天覆地的变化，人民的生活水平大大提高，网络通信发展迅速，可能很难出现像我们在白银没有移动电话而无法和林院长联系那样的情况了。如今交通也变得四通八达，到处是高铁、高速公路，从杨凌已有直达兰州的高铁，车程由过去的 14 个小时缩短到现在的 2 个多小时；兰州到武威由过去 9 个小时的火车到现在不到 3 个小时的高速，将来中川机场到武威的高铁通车后仅需 1 个小时车程。这些年，石羊河实验站建设与发展的成效有目共睹，石羊河流域重点治理效果显著，干枯近半个世纪的青土湖又重回碧波荡漾，石羊河已呈现出蓝天白云，百鸟飞翔，层林尽染，瓜果飘香的美好景象。

我相信石羊河的明天一定会更好！

石羊河实验站随笔

冯绍元①

当我静下来的时候，我会不由自主断断续续地想起自己在石羊河实验站所经历的一些事情。现在想起来，这些事情是自己在石羊河实验站工作时的一连串美妙的音符，深深地刻在自己的脑海里。

今天的中国农业大学石羊河实验站，已经发展为科学研究、人才培养、国内外学术交流和技术示范推广的重要基地。实验站取得的丰富的科研成果为我国干旱内陆河流域水资源高效利用和社会可持续发展提供了理论基础，促进了相关学科的发展和水利与农业的科技进步。尤其是在石羊河流域重点治理过程中，石羊河实验站获得的相关技术体系和应用模式得到了较为广泛地推广应用。

2003 年冬季，我随康绍忠教授第一次来到甘肃石羊河，并先后驱车考察邓马营湖地区、红崖山水库等地，初次领略并深深感受到了石羊河流域中、下游水资源短缺和脆弱生态环境的那份苍凉与无奈。2004 年 3 月，我们再次来到武威，在康绍忠教授的细致部署下，进一步对石羊河流域中下游地区进行实地考察和社会调研，并为实验站的选址做具体规划。考虑到当时各方面的条件，石羊河实验站的一部分布置在武威市凉州区沙漠公园内，并于 2004 年春季开始在这里进行多项野外试验观测。当时就读的博士的李王成等同学，随同康绍忠教授的研究生们，成为入住中国农业大学石羊河实验站的第一批研究生。在康绍忠教授负责的国家自然科学基金重点项目等课题的资助下，李王成同学开展了降雨及蒸发条件下土壤水分运动规律田间试验观测和局部区域地下水运动等观测工作。出于对田间原位观测试验的浓厚兴趣和乐于助人的性格，李王成同学不但成为实验站 Trime 管(土壤水分监测管)的安装能手，也一度成为其他同学安装 Trime 管的师傅和帮手。后来每当一道工作过的同学们相聚一起回忆此事时，脸上都洋溢着幸福的微笑。

石羊河实验站在沙漠公园内开展试验研究的前 2 年，生活条件很艰苦。由于沙漠公园经常有接待任务，职工餐厅为了更好地做好接待工作，经常顾不上实验站同学们的一日三餐。所以很多的情况下，同学们就用方便面来充饥，而且由于地域生活习惯的差异性，对于来自南方的同学来说，每顿都是面条的饮食也非常不适应。因此，我与康绍忠教授提议要尽快解决同学们的吃饭问题。在相关方的支持和帮助下，石羊河实验站的同学们自行负责的厨房建成了，同学们自行管理的食堂同步开张了。当我们再次来到沙漠公园的实验站与同学们一起进行田间试验时，康绍忠教授当时的博士生李思恩同学，还专门在农田里捕获了一只肥壮的原生态野鸡为大家改善伙食。大家对这件事有十分深刻

① 现任扬州大学教授，曾任中国农业大学水利与土木工程学院教授，院长、分党委书记，曾长期指导博硕士研究生在石羊河实验站开展学位论文试验研究。本文作于 2019 年 2 月 20 日。

的印象，也成为后来大家的笑谈。

现在回想起来，虽然当时的生活条件艰苦，试验条件简陋，可丝毫没有影响同学们的工作热情与干劲，师生们的心情是愉快的，干劲是充足的，热情是饱满的。当年在沙漠公园进行不同尺度微型蒸发器对土面蒸发影响的田间对比试验的王为同学和开展不同水头条件下土壤水分双环入渗田间试验的刘晓东同学，都克服了很多的困难。为了连续观测土壤水分的入渗过程，刘晓东等同学夜宿布置人工双套环的田间地头。同学们不但圆满地完成了田间试验观测任务，同时也更好地磨炼了自己、锻炼了自己，提高了自己解决实际工作困难的能力。

2007 年 4 月，石羊河实验站迁往位于武威市凉州区东河乡王景寨村的武威市中心灌溉试验站继续开展科学研究工作。在中国农业大学"985"项目经费的资助下，石羊河实验站改善了武威市中心灌溉实验站的一些生活、办公和实验室条件，尤其是田间试验观测条件，同学们可以用足够大的农田开展作物节水高效灌溉试验。博士研究生蒋静和硕士研究生孙振华、赵志才、王永胜、贾斌、王庆明、袁成福、季泉毅等先后开展了春小麦、春玉米、制种玉米的咸水非充分灌溉试验及水肥耦合试验等。蒋静同学在进行田间试验过程中，负责春小麦和春玉米两块试验田的取样、监测工作，试验任务很重，她硬是凭着自己顽强的工作作风和坚韧的工作干劲，出色地完成了田间试验工作，获得了第一手观测资料，取得了较为丰富的研究成果。

我们科研小组在石羊河实验站不仅开展了大量的田间定位观测试验，博士研究生霍再林、姚立强和硕士研究生陈绍军等还基于石羊河实验站，在石羊河流域中、下游地区进行了大量的实地调研，开展了流域和区域水转化及水资源承载力方面的研究。在时任武威市水科所所长杨秀英的帮助下，霍再林和陈绍军前往民勤县进行农业用水和地下水开发利用等方面调研，获得了大量民勤县乃至石羊河中下游水资源、农业用水及地下水开发利用的第一手资料，为科学认识水转化规律，合理开发利用地下水资源提供了基础数据。2009 年，为推动水利部公益项目的顺利展开，在当时石羊河流域管理局局长沈清林和时任武威市水务局副局长石培泽的帮助和协调下，我与课题组成员唐泽军教授、王凤新副教授、霍再林博士以及博士研究生姚立强同学先后 2 次从古浪河至西营河对石羊河中游地区进行了实地调研考察，不仅对研究区地表水与地下水转化规律、农业用水现状等有了进一步的深刻认识，同时也激发了大家对西北流域尺度水资源的相关研究的浓厚兴趣。

近几年来，随着石羊河实验站科学研究内容的不断深入和拓展，石羊河实验站艰苦奋斗、持之以恒、脚踏实地、追求卓越的精神仍在继续传承。霍再林、蒋静先后都安排研究生到石羊河实验站开展了相关的试验研究并且取得了较好的研究成果。每每想到我在石羊河实验站亲身经历的这些事情，发自内心地感受到这不仅是自己生活中的一段难忘的经历，更是自己人生中一笔宝贵的财富。

衷心祝愿我们的石羊河实验站越来越好！

在实验站历练与成长

杨秀英[①]

20 世纪 90 年代中期，我就开始与康绍忠、蔡焕杰等老师合作，先后经历了实验站从民勤小坝口、薛百、沙漠公园到王景寨的几个阶段，经历了实验站一步一步地发展和变化，看到了实验站从刚开始每年 4～5 人到现在每年 50～60 人做试验，从过去很少有外面的人去实验站到现在每年若干批国际国内专家到实验站参观考察，实验站还接待了两任全国人大常委会副委员长的视察，培养的研究生毕业后分布于国外 7 个国家和国内 27 个省(自治区、市)。我也从刚工作的助理工程师晋升为教授级高级工程师，先后获国务院政府特殊津贴以及“甘肃省第二届优秀女科技工作者”“全国三八红旗手”等荣誉称号，还光荣地当选为中共甘肃省第十届、第十一届党代会代表，武威市第一届、第二届人大代表及常委会委员。实验站的这些变化和我个人的成长都得益于我们与高校的密切合作，得益于这个改革开放的伟大时代。

在实验站的早期，我们与中国农业大学、西北农林科技大学的师生们一起度过了生活条件艰苦、试验条件简陋的难忘岁月。我们曾一起做试验，一起流淌了辛勤的汗水，一起享受试验成功的快乐。那时候，梁宗锁、杜太生、潘英华在小坝口；佟玲、贾宏伟、姚立民一起在野外做入渗试验，拉水，挖土壤剖面；庞秀明、王锋、王振昌、侯晓燕、王若水、杨磊、韩江江、李培岭、贾运岗等在薛百的棉花地、西瓜地、温室、苜蓿地、土豆地做试验；杜太生、夏桂敏、李王成、孟毅、屈艳萍等在沙漠公园挖剖面，打土钻，埋测管，趴在地上埋沙生植物液流监测探针，攀爬到 4～5 米高的梯子上测定新疆杨的光合作用……这些场景至今仍历历在目。

几度春秋，再回首，终于明白原来每个“艰苦”的背后都深藏着一个希望，石羊河流域农业与生态节水试验站成立的初期，承载了老师们的殷切心血和同学们的艰辛历练。不怕风雨往前走，把梦想挥洒在了试验地里，播下了收获的种子；原来青春的“勇敢”就是带着执着，去经历突发的沙尘暴、灌水后地里的泥泞、突然停电后到井里拉水这些艰辛的故事，穿透着离别与孤独，一串串观测分析的数据结出了师生们翔实的科研成果，蹉跎岁月也一样拥有春天；原来“幸福”就是对生命的尊重与悦纳，试验的路虽漫长但多彩，在艰辛中干着累着，笑着，哭着……当轻轻拭去眼角的“晶莹”，同学们在阳光中学会了欢笑，在阴雨中学会了坚强；原来“信念”可以破茧而出，同学们一个个交上了满意的答卷。

在石羊河实验的毕业研究生中，2 人获全国百篇优秀博士学位论文奖，1 人获教育部博士学术新人奖，22 人获省市级优秀毕业生称号，64 位同学进入农业农村部、水利部、中国科学院、中国农业科学院、中国水利水电科学研究院以及清华大学、北京师范大学、四

---

① 先后任武威地区水利科学研究所副所长、武威市水利科学研究所所长、武威市节约用水办公室副主任，长期与中国农业大学、西北农林科技大学合作。现任武威市水利技术综合服务中心教授级高级工程师。本文 2019 年 2 月 13 日作于甘肃武威。

川大学、中国农业大学、英国牛津大学、美国华盛顿州立大学、法国农业科学院、瑞士联邦理工大学、瑞典农业大学、以色列海法科技大学等国内政府部门和国内外著名大学与科研机构工作或继续深造；大家在各自的工作岗位上茁壮成长，1人入选长江学者奖励计划特聘教授，1人获国家杰出青年基金，4人获国家优秀青年基金，2人入选青年长江学者特聘教授；1人获中国青年科技奖，1人入选科技部中青年科技创新领军人才，1人入选国家“万人计划”科技创新领军人才，1人获国务院政府特殊津贴，42人获批国家自然科学基金，30多人晋升教授与博士生导师。

从石羊河实验站走出的研究生成长得如此美丽壮观，虽然在经历石羊河“历练”的过程中有时会有点痛，有点辛苦，但这种痛和辛苦也会给大家带来追梦的快乐和成功的喜悦。我听过一首由著名艺术家瞿弦和的诗歌《甜的和咸的》：“果汁是甜的，眼泪是咸的，苦恼的时候果汁由甜变成咸，幸福的时候眼泪由咸变成甜；有时候梦想是甜的，有时候现实是咸的，一旦梦想变成现实，咸的也能变成甜；乳汁是甜的，海水是咸的，乳汁来自大海，没有咸的，也就没有甜的；爱情是甜的，离别是咸的，如果离别能使爱情更深，越咸才能感到越甜”，我感觉这首诗很富有哲理，我把它送给继续到石羊河追梦的接力者们，希望大家慢慢品出甜味。

在面对不同阶段的人生历练时，我们可能觉得自己渺小无力，但这是生命的一部分，每个人都将长大……保持一颗上进的心，做一个努力的人，才是最彻底的历练，走出一条属于自己的人生之路，这就是“做好自己”。

新的起点开启新的希望，新的希望承载新的梦想，期待我们石羊河实验站的未来更加美好！

石羊河实验站纪实

黄冠华①

甘肃武威市是镶嵌在我国“一带一路”(古丝绸之路)——河西走廊上的一颗明珠,然而其所处的石羊河流域是我国西部旱区水资源短缺、供需矛盾和生态环境问题突出的三大内陆河流之一。农业用水占流域用水总量的85%以上,实施农业节水是流域社会经济可持续发展和生态环境保护的关键措施。多年来,石羊河团队始终围绕我国西部旱区农业与水问题的重大战略需求,建立了中国农业大学石羊河实验站,以此为依托开展了广泛而系统的田间试验、布局合理的区域监测和特色鲜明的科学研究与技术示范应用。经过20多年的努力,石羊河实验站已成为我国西部旱区开展高水平农业与生态高效用水科学研究、人才培养、社会服务与国际合作的重要平台,并成为农业部作物高效用水科学观测实验站。

在建站的过程中,石羊河团队的广大师生,发扬艰苦奋斗、吃苦耐劳、勇于奉献的精神,先后从民勤小坝口灌溉试验站,薛百农技站,辗转搬到武威沙漠公园,最后(2007年)落户于武威市凉州区东河乡王景寨村武威市中心灌溉试验站。石羊河团队克服了民勤小坝口、薛百周边人烟稀少、饮用水质差、风沙巨大等恶劣条件,战胜了沙漠公园生活条件艰苦、基础设施落后、实验条件不足等困难,一步步地将实验站打造成为我国西部旱区开展高水平农业与生态高效用水的科学研究平台,形成了独特的团队文化和优秀的实验站文化。

艰苦奋斗,吃苦耐劳,甘于奉献是优秀实验站文化的重要体现。在石羊河实验站建设之前,我先后到过甘肃多次,但从未去过河西走廊。2005年5月初,我与左强教授一起前往石羊河,经过2小时左右的飞行,又经过3个多小时的车程,到达武威后立刻前往实验站。此时,实验站已经从民勤的小坝口灌溉试验站搬到了武威沙漠公园,杜太生、李王成、夏桂敏等一批当时的博士研究生和硕士研究生都借住在公园管理处的一排平房内,生活条件艰苦到令人感到意外,尤其是得知公园管理处的食堂容量有限,研究生们经常吃不上饭,不得不以方便面充饥时,更加令人感到不安。但即便如此,学生们仍然干劲十足,不折不扣地完成好各项科学实验任务。在随后的时间里,杜太生陪同我们去石羊河中下游参观,在红崖山水库边,当我第一次看到温总理批示的“决不能让民勤成为第二个罗布泊”的大标牌时,我深刻地体会到了团队为何将研究区选在石羊河并在此建立实验站的初衷。在去往下游的路上,我们也参观了民勤小坝口灌溉试验站和薛百试验基地,这里的条件比沙漠公园更加艰苦,对从事实验的师生都是一个巨大的挑战,由于水源紧缺,经常不得不用马车拉水以完成灌溉实验,但正是优秀的实验站文化成为师生们在此

---

① 中国农业大学水利与土木工程学院教授,长江学者、国家杰出青年科学基金获得者,曾多次到实验站接待领导专家考察视察和指导研究生完成田间试验研究。本文作于2019年3月23日。

坚守多年的动力源泉。

脚踏实地，注重质量，积累数据是优秀实验站文化的另一个重要体现。多年来，石羊河实验站在国家和国际合作项目的支持下，开展了长系列、精细化、系统性的田间实验。在实验过程中，师生们不畏艰辛，脚踏实地，精心设计，持续观测，积累大量宝贵的数据，为相关项目研究的开展打下了良好的基础。自 2003 年以来，我有幸先后参加石羊河团队承担的国家自然科学基金重点项目“西北地区农业与生态节水应用基础研究”和国家自然科学基金创新群体项目“农业水转化多过程驱动机制与效率提升”的研究工作，同时承担国家“十一五”科技支撑计划课题《甘肃干旱内陆区特色经济作物节水综合技术研究与示范》专题“特色经济作物节水调质综合技术研究与示范”的研究工作，与课题组的李光永、唐泽军、杜太生以及北师大的刘海军等有关老师和博士研究生王军、郑建华，硕士研究生贾冬冬、张柯桢等围绕该地区番茄、甜瓜、洋葱、辣椒等典型的经济作物的节水调质、水肥高效利用调控与农田水文过程等在石羊河实验站开展了相应的田间实验，获得了宝贵的一手资料。同时，这些数据也为后来我们承担国家自然科学基金重大研究计划重点项目“黑河流域农业节水的生态水文效应及多尺度用水效率评估”和参与承担集成项目“黑河流域绿洲农业水转化多过程耦合与高效用水调控”研究工作的开展，提供了相应的数据支持。

同时，实验和数据的质量对科学研究至关重要。在实验过程中，我们会遇到田间管理不精细、野外监测不到位、数据采集不及时等一系列问题，这些都会严重影响到实验数据的质量和结果，甚至造成实验失败等后果。记得 2009 年，我们所开展的辣椒田间节水调质实验，因为田间管理不精细，造成辣椒苗移栽后的长势差的问题，康绍忠老师及时打电话提醒我，后经我和其他几位研究生的努力，及时改进田间管理措施，对后来的辣椒生长和产量没有造成太大影响。

互学互帮，团队协作，共同提升也是优秀实验站文化的一个重要体现。多年来，在石羊河实验站从事实验研究的几百位硕士研究生、博士研究生，他们不仅兢兢业业地做好自己的实验，完成好自己的研究任务，而且在实验过程中，他们互相学习，互相帮助，互相激励，锻炼了团队协作、无私奉献的精神，极大地促进了各项实验的开展，也提升了实验的效果和产出。博士研究生(现为宁夏大学教授)李王成在沙漠公园试验站就是当时的“活雷锋”之一，在沙漠公园试验站开展实验的几年里，他宁愿放下自己的实验也要出力为需要帮助的同学完成好他们的工作，他不是为其他同学打土钻、取土样，就是帮大家测定作物指标，赢得了大家的一致好评。高年级的研究生总是尽力帮助低年级的师弟师妹们，我所指导的博士生王军也是倾力为后来的博士研究生郑建华，硕士研究生贾冬冬、张柯桢等解决他们在实验和生活中遇到的各种问题，低年级的学生同样也在尽力帮助高年级的师兄师姐们做力所能及的事情。当然，有时总有一些小插曲发生，硕士研究生张柯桢 2009 年到实验站时，十分不适应，在我到实验站后，他告诉我说师姐郑建华安排他做的粗活太多，经我开导教育后，他认识到自己的问题所在，很快改变了自己原有的观念，与博士研究生郑建华通力合作，圆满地完成了番茄和洋葱的膜下滴灌实验。正是这种团结协作、共同提升的文化，使研究生们能够安心地在实验站开展工作和生活。此外，在实验的过程中，师生之间、同学之间都结下了深厚的友谊，有的甚至超过了一般意义上的友谊，成为日后工作和生活的伴侣，我所指导的博士研究生王军和郑建华就是其中一例。

20多年来，石羊河实验站形成的优秀实验站文化，激励着每一位在这里从事过科学研究的老师和研究生。当年从这里出去的几百位博士研究生和硕士研究生，很多已成为各单位技术和业务骨干，在他们当中有的已成为国家万人计划科技领军人才、长江学者特聘教授、国家杰出青年基金获得者、青年长江学者、优秀青年基金获得者等。这种优秀的文化不仅在石羊河实验站得到进一步传承和发扬，而且影响了其他的实验站和实验基地。在这些优秀文化的传承下，相信石羊河实验站的明天会越来越好！

石羊河随想

郭　萍[①]

我没有在石羊河实验站做过田间试验，但是我合作承担过一些关于石羊河节水研究的科研项目，前前后后去石羊河实验站也有十几次了，每次去都有不同的感受和感慨。

记得有一次去是陪外国专家考察，我们坐飞机到兰州，然后坐 4 个多小时的汽车去武威，请外国专家坐在车子的前部和中部，我和毛晓敏老师坐在最后一排座位，一路道路崎岖不平，车子经常是颠起来很高，我们的头撞到车的顶棚上，毛老师却特别开心，我们一路聊着天，漫长的路程不知不觉就过去了。我们第二天去实验站考察，学生们早早就等在田间地头准备为专家们讲解，在灿烂的阳光下映着一张张黑黝黝的脸庞，心里很是感慨。我一直以来都是在空调房里工作，上大学选专业时，我爸爸说你以后风吹不着雨淋不着，因为计算机房都有空调。这次出来看着这些把论文写在大地上的同学，敬仰之情油然而生。看着地里的小麦、玉米等庄稼，看着苹果园、葡萄园，看着实验站里那些先进的仪器设备，仿佛又进入了一个新的天地。我当时就想我后半生的工作就要和土坷垃打交道了。我熟悉的那些高大上的数学方法，多目标、多因子、不确定性等，用在水土资源的配置上能为当地做些什么呢？带着这些迷茫和想做点什么事的心愿，我来到了石羊河。考察完实验站，我们又考察了红崖山水库，当时站在红崖山水库岸山上的一个小亭子上，看着腾格里和巴丹吉林两大沙漠之中夹着的那片绿洲，觉着特别神奇，就是这片绿洲养育了民勤的人民，这片绿洲的形成就是从南向北，经武威，向民勤县流淌的石羊河水，深入腾格里沙漠、巴丹吉林两大沙漠之中，孕育和浇灌出的一片长 140 千米、最宽处约 40 千米的绿洲。外国专家也感慨如此神奇的绿洲，纷纷留影留念。此行的最后一站是青土湖，青土湖是流域末端，曾经自然蔓延成一个巨大的湖泊，从二十世纪六七十年代开始，由于人口和中上游用水急剧增加，青土湖逐渐干涸成为沙漠。我们去的时候漫天的风沙，张嘴说话都会感到有沙子进入嘴中，当地接待我们的人将好吃的水果用保鲜膜盖着，大家都没吃，因为实在不敢张嘴。看着地上的防沙网格和沙障袋子，还有那些种植不久、弱小的梭梭，真是很堪忧，这样的环境还有可能恢复和改善吗？一路上看着那稀疏的防沙植物在风沙中顽强地生存着，我还在想着如何在慢慢黄沙里种些固沙的植物，怎样利用沙漠等。我们还发现沙漠中的植物并不都是生长在低洼处，一个又一个疑问在脑海中盘旋。

因为石羊河流域水资源极度紧缺，为了控制流域用水总量，实施了关井压田调结构的战略，农民种的地减少了，但农民的收入却要增加，所以每户都要发展一个日光温室，我们的科研项目就是在温室作物产量和品质对水肥响应机理研究的基础上，建立作物产

---

① 中国农业大学水利与土木工程学院教授，曾带领研究生合作完成过石羊河流域温室作物节水调质技术研究与示范推广等多个科研项目。本文 2019 年 3 月 26 日作于北京。

量、品质与水肥的关系，根据多目标决策确定温室作物节水、省肥、优质、高效的灌溉施肥制度，当看到自己的研究能对温室生产起一定作用，少用水、少用肥，还能生产出更优质的蔬菜，心里也感到非常高兴和欣慰。

在中央政府的大力支持下，2007 年石羊河流域重点治理规划开始实施，国家投入 47 亿多元，经过了多年的努力，在当地政府的严格管理下，通过关井压田调结构，发展日光温室和推广高效节水灌溉技术，石羊河流域重点治理有效推进；2010 年，下游民勤蔡旗断面下泄水量由过去的 0.98 亿米^3 增加到 2.5 亿米^3 以上，基本实现六河水系中下游地下水采补平衡，地下水位停止下降，有效遏制了生态系统恶化趋势；2012 年，民勤蔡旗断面下泄水量增加到 2.9 亿米^3 以上，实现了民勤盆地地下水位持续回升，流域生态系统得到有效修复，民勤北部湖区出现了 3 千米^2 的水域面积，近几年水面和湿地面积持续扩大；2017 年形成了约 26.6 千米^2 的湖面，湖区植被逐步开始显现生机……这些在石羊河流域重点治理规划实施前听起来天方夜谭的目标都已经变为了现实。

当我再次来到青土湖，看着碧波荡漾的水面时真是感慨万分，康老师带着我们踏着水面走进了湿地，非常兴奋，这一切是那么的不容易，因为大家的付出和努力让生态环境得到了切实改善。愿当地的子孙能一直看到青土湖清澈的湖面，看到当地的经济发展和环境改善，不用因为环境恶劣无法生存离开自己的家园。我虽然没有做太多实际的工作，但是我为战斗在第一线的老师和同学加油喝彩！

我与石羊河实验站

黄兴法[①]

石羊河实验站的初始印象

我与石羊河结缘较晚，记得第一次到石羊河实验站是在 2015 年 6 月 19 日。当时我正在参与新疆农垦科学院党委书记尹飞虎研究员主持的农业部公益性行业专项“北方旱作农业滴灌节水关键技术研究与示范”中中国农业大学承担的“甘肃、宁夏小麦、玉米滴灌条件下需水需肥规律研究及其高产高效栽培技术研究与示范”的课题，课题从 2012 年初开始到 2016 年底结束。该课题由李光永教授主持，我主要负责宁夏试验区的试验和示范工作，而甘肃的工作主要由王凤新教授负责，试验和示范就在石羊河实验站进行。

2015 年夏天，为了检查项目各课题任务的完成情况以及为第二年的结题验收准备视频素材，尹书记带领其助手，新疆农垦科学院的何帅以及石河子电视台的年轻摄影师一起，走访了北方地区项目所涉及的各个试验区。2015 年 6 月 18 日我们在宁夏农林科学院农业资源环境研究所杨建国副所长的陪同下考察了位于宁夏永宁黄羊农场的试验区，然后我们一行第二天从银川坐火车到武威。记得当时是武威市水利技术综合服务中心胡铁民副主任亲自到武威火车站接我们，直接把我们从火车站送到了石羊河实验站，这样我第一次真正走进了心目中向往已久的石羊河实验站。

到了实验站，首先让我震撼的是高耸在田间中央的通量观测塔，在西北空旷的田野，显得特别醒目、高大，也是实验站的标志性建筑。其次令人震撼的是实验站的综合实验大楼，黄色外墙的 3 层楼房耸立在实验站的西南侧，成为实验站的老师和同学们的主要活动场所。参观实验大楼更加让我惊讶，各种新型、先进的仪器设备，许多是我第一次见到的，难怪石羊河团队连年取得丰硕的研究成果，这些从全世界来看都是很先进的仪器设备使我们的研究团队如虎添翼！

惊奇接连不断！当我们参观田间试验地的时候，看到整整齐齐的地块，每个地块上都竖立一块蓝底白字的标志牌，上面写明试验项目名称（中英文）、主要负责人、指导教师、试验供试作物、试验内容、观测指标等。一眼看去，田间标志牌摆放得整整齐齐，甚是规范！这反映出野外实验站标准的管理模式，甚是难得！

最让我惊叹的是实验站研究生们的精神风貌！我们一进实验站，不管以前认识的，还是不认识的，他们都会主动地停下跟我们微笑打招呼；同学之间也有说有笑，气氛十分和谐。晚上饭后去田间散步时，还能看到三三两两的同学们在田间忙碌着，直到天快黑了，才依依不舍地往实验大楼走；晚上整个实验大楼各实验室也是灯火辉煌，叮叮当当的

---

① 中国农业大学中国农业水问题研究中心教授。本文作于 2019 年 2 月 20 日。

十分热闹。忙了一整白天的同学们晚上又在实验室里忙开了。第二天早上早起出去散步，天刚蒙蒙亮，走到田间时，我又一次惊异地发现，试验地里早已有学生在进行试验观测了……

这一刻我充分理解了石羊河团队以及学生们取得如此辉煌成果的内在原因：勤奋刻苦、钻研好学、团结协作、礼貌待人……

还有一点让我关注和敬佩的是学生餐饮的自主管理。由于学校经费和编制紧张，实验站没有专人负责学生和老师的日常餐饮问题，而只能由学生组织成立自主管理委员会，就日常一日三餐的标准、饭菜菜谱、材料购买及运输等细节均有管理委员会参与。在学生的自主管理下，食堂运行井井有条，让人佩服！

这次石羊河实验站之行，给我留下了深刻的印象。

加入石羊河团队

十分庆幸2015年7月我参加了康老师主持的农业部公益性行业专项“河西走廊玉米小麦田间节水节肥节药综合技术方案”，并和王凤新老师一起承担了“河西走廊玉米小麦高效节水节肥灌溉技术优化与田间节水工程设计方案”任务，这样我也算真正加入了石羊河的研究团队。2017年7月我又参加了康老师的全国小麦产业技术体系麦田节水灌溉机械化岗位研究团队。这样，我去石羊河实验站的次数慢慢多了起来，最近几年每年去2～3次以上。每次去实验站都会有一些新变化，新气象。

我承担的农业部公益性行业专项任务是在石羊河流域下游民勤县，我的学生基本上都在那儿做田间试验和示范工作。2015年秋天在武威市水利技术综合服务中心董平国主任，韩万海、胡铁民副主任，武威市农业技术推广站曾爱国主任、民勤县农业技术推广中心梁立中主任和县水利局潘从新总工等人陪同下，我和王凤新老师一起去民勤县各地和农场进行了试验和示范的选点工作，并初步选定甘肃省水利科学研究院民勤灌溉试验站和重兴乡新地村荣腾农场分别作为我们任务的试验和示范基地（两者相距70多千米），并于2016年初派出研究生胡斌和欧胜雄进行试验和示范工作。甘肃省水利科学研究院民勤灌溉试验站试验条件比较好，在甘肃省水利科学研究院领导和民勤灌溉试验站站长王以兵总工的大力支持下，在民勤灌溉试验站丁林工程师等的大力协助下，试验和示范工作进展顺利。但在年底工作总结会上，有专家提出，试验和示范基地两者相距有点远，不利于成果的示范和推广。因此，从2017年开始，康老师提议我们的试验和示范工作均在荣腾农场进行。

2017年黄泽军、张洲笔、王洋等3名研究生在荣腾农场进行了近半年的田间试验和示范工作，2018年王洋、伍娟等在荣腾农场进行田间试验和示范工作，其间，作为2018级入学的研究生，孙旻昊和刘博在暑期去农场参与田间试验和示范工作，主要熟悉工作过程，为2019年的田间试验和示范工作做准备。说实话，荣腾农场作为试验基地，条件确实没法和民勤灌溉试验站相比，没有基本的试验设备，生活设施也很差，没有食堂。在民勤灌溉试验站，学生基本不用为一日三餐担心，有食堂提供。但在荣腾农场，学生除了田间试验工作外，还得自己解决一日三餐的问题，这对没有任何工作经验，一直待在学校的研究生们来说确实是一大挑战！还好，这两年下来，他们也基本练就了一手厨艺。另外，农场白天还好，有职工和学生们一齐干活，但到晚上就剩下他们两三个研究生在那，显得比较寂寞。

农场里基本没有什么技术员，就一个管理水泵的职工算懂一点灌溉系统。因此，从试验设计、材料购买、系统安装、田间试验布置等工作基本上全部由学生自己完成，同时试验和农场用水出现矛盾时，学生们还得去和农场协调供水问题……学生在试验过程中，确实遇到了各种书本上未曾提到过或出现过的问题，但在学生、农场、老师、董主任等大家的共同努力下，基本上都圆满解决了。所有这些困难，确实给在那进行试验和示范工作的研究生们增加了难度，但从另一个角度看，这也锻炼了他们的沟通、交流、与人谈判、团队协作等方面的能力，我相信这对他们以后走上工作岗位后，会是一笔巨大的财富。

这几年在民勤荣腾农场做试验和示范工作的研究生四五月份需要进行开题报告，他们和石羊河实验站的研究生们一起会在实验站进行。民勤荣腾农场距石羊河实验站有五六十千米，需要前一天坐公交车到实验站，开题报告结束后需马上赶回农场，没有休息的时间。看到他们这样辛苦地来回赶，我也会常常感到心疼。但是由于条件所限，不得不这样做，好在学生们也比较理解和支持，在此我要向他们表示深深的敬意！

农业部公益性行业专项任务中有一项培训当地农民和技术员的指标。2017 年 7 月 30—31 日石羊河实验站联合武威市水务局、武威市农业技术推广中心分别在石羊河实验站和民勤县水务局联合举办了滴灌水肥一体化技术培训班。武威市凉州区、天祝县、古浪县和民勤县及黄羊河集团农场的 210 余名基层水利技术人员及种植大户参加培训并在石羊河实验站观摩了试验示范区。在为期 2 天的培训中，杜太生、王凤新教授、我以及武威市农业技术推广中心陆祥生高级农艺师分别就滴灌水肥一体化系统设备与运行管理，玉米滴灌水肥一体化技术参数与模式，马铃薯、春小麦滴灌水肥一体化技术，玉米节水节肥提质农艺栽培技术等内容进行了具体生动的讲解。培训后，专家们带领学员参观了石羊河实验站的试验现场和水肥一体化技术示范基地，让大家在实地考察中进一步了解了水肥一体化系统的操作、管理、具体灌溉施肥制度与田间运行模式。通过这次培训活动，我感觉到实验站除了扎扎实实的科研工作外，也积极举办为当地周围群众宣讲先进的节水灌溉技术这种接地气的活动，真正做到了“顶天立地”。

石羊河畔试验情

董平国[①]

巍巍祁连山下，青青石羊河畔，孕育着一隅“人烟扑地桑柘稠”的富饶之地、丝路重镇——武威。

自古以来，农业主导着当地的经济命脉。然而，几个世纪以来，随着石羊河流域人口的增加，水资源严重短缺，过度开发水资源，使这个曾经的富庶之地面临着严峻的生态环境问题。

20 世纪 60 年代，我出生在石羊河畔的一个小村庄。生于斯、长于斯，使我自小就对水、对农村有了一种别样的情缘。因为这个情缘，我从甘肃农业大学水利系刚毕业，就和水打上了交道，成为景电工程一线的一名技术员。

1995 年，我从景电二期工程古浪指挥部调入武威地区农田水利管理处，被分配到灌溉试验站工作。从此，我又变回了农民本色，头顶草帽、脚踩黄土，穿梭于田间地头，与灌溉试验结下了不解之情。

试验站位于武威市凉州区东河乡王景寨村，距离武威城区 30 多千米。当时那里条件比较艰苦，四栋破旧的平房、一片没有围墙的农田、每天一趟进城的班车、一台与外界联系的无线电台，便成了工作、生活的全部。实验仪器简陋到只有几把土钻、一堆铝盒、几台天平和一些化验药品，测水用的是简易的三角量水堰。当时，试验站经费非常短缺，再加上工作、生活条件艰苦，刚去的时候，只有老站长范文智带着三位临时工坚守在试验站。尽管当时试验设备简陋，技术力量薄弱，但至少试验站为我们撑起了一片承载着梦想和责任的天地。那个年代，各个灌区都是大水漫灌，为了改变这种状况，我们决定在试验站开展各种作物需水量和灌溉制度试验。敬业和严谨——范站长血液里流淌着科研人特有的素质，在他的带领下，我们一边搞试验收集数据，一边搞多种经营筹措试验经费。通过几年的努力，我们初步总结出了武威市一些主要农作物的灌溉制度和小畦灌的技术参数，为推行节水灌溉提供了一些科学依据，对武威市的节水农业发展起到了一定的促进作用。

1999 年，武威地区农田水利管理处撤销，试验站划归武威地区水利技术推广中心管理，我担任试验站站长。当时的中心主任白映万对灌溉试验非常重视，在他的积极争取和上级部门的支持下，给试验站配备了技术人员，并先后投资 100 多万元，修建了围墙，改造了渠路林田，配套完善了自动化灌溉系统，试验站基础设施进一步完善，为更好地开展试验研究奠定了良好的基础。经过不懈努力，2004 年试验站被确定为全国 100 个重点灌溉试验站之一。

---

① 武威市水利技术综合服务中心主任，教授级高级工程师，2007 年开始与中国农业大学合作。本文作于 2019 年 3 月 9 日。

2006年农口资源整合，武威市水利技术推广中心变更为武威市水利技术综合服务中心，试验站并入水技中心，我成为中心负责人，中心由原来的正县级单位变更为科级单位，大部分专业技术人员调到别的单位，面对财务一穷二白，人员老化，专业技术人才匮乏的窘境，中心面临如何发展的问题。一方面我们积极争取项目，和省水科院合作，争取到高效节水示范项目资金100万元，解决了经费问题；另一方面，我们通过多种渠道，积极寻求合作，为试验站寻找更好的发展机会。

机会不仅留给有准备的人，也会眷顾执着坚持的人。2007年，武威市水务局经过多方努力，与中国农业大学建立了长期合作关系，在武威市中心灌溉试验站成立了“中国农业大学石羊河流域农业与生态节水试验站”，这为试验站带来了新的发展机遇。

历经艰难坎坷，伴我走过青春年华的试验站终于踏上了一条健康发展的“快车道”。中国农业大学建站以来，试验站的科研、办公和生活条件得到了极大的改善。以中国工程院院士康绍忠为带头人的研究团队紧密围绕当地产业结构调整和石羊河流域重点治理的技术需求，开展了旱区农业节水原理与新技术等研究，探讨了石羊河流域水资源合理利用与节水农业建设模式，并进行了示范推广，对石羊河流域的水资源合理配置与节水农业建设产生了巨大的推动作用。2011年试验站被命名为农业部作物高效用水武威科学观测实验站，2013年“干旱内陆河流域考虑生态的水资源配置理论与调控技术及其应用”成果获国家科技进步二等奖，并被水利部科技推广中心列为“绿洲农业高效节水技术推广示范基地”，2014年实验站首批入选农业部“100个国家农业科技创新与集成示范基地”名单。

为做好石羊河流域节水这篇大文章，一批批专家学者怀揣梦想，满怀豪情，从繁华的都市来到偏远的西北大漠，立足试验站这片热土，把他们的青春和汗水挥洒在武威大地，从高山雪域到戈壁沙漠，风餐露宿，辛勤工作，到处留下了他们的足迹。为更好地服务地方经济，做到产学研结合，中国农业大学科研人员和当地技术人员通过举办“现代节水灌溉技术”“温室高效节水技术”“水肥一体化技术”培训与现场示范观摩，创建农民节水技术田间学校，开展试点村生态环境和节水意识普及教育、举办试验站农民开放日等方式，开展了技术推广和培训，为推广应用高效节水技术进行了有益探索。

转眼一个生肖轮回。武威市中心灌溉试验站和中国农大的合作也走过了不断发展的12年。这十二年，我看到的不仅是试验站基础设施翻天覆地的变化，更看到了试验站的成长。通过项目合作，开阔了我们的视野，增长了我们的见识，培养了一批技术骨干。试验站先后引进1名博士，6名硕士，有4人晋升教授级高工，2人晋升副高级工程师。而我自己，也随着试验站的发展壮大，从一名普通的专业技术人员成为单位的负责人，肩负起更重的担子、更大的责任。在这十年里，依托中国农业大学石羊河研究团队的支持，试验站的科研水平得到了进一步提升。我们先后完成了“石羊河流域综合治理策略研究”“石羊河流域经济型生态环境建设与水利治沙模式试验研究”“石羊河流域春小麦喷灌灌溉制度试验研究”“石羊河河道生态环境需水量研究”“民勤县红崖山灌区水资源优化配置与灌溉模式转型研究”等多项科研示范推广项目，部分项目获得省部级、地厅级科学技术进步奖。我也被授予“甘肃省先进工作者”“武威市优秀人才”等荣誉称号，并获武威市“科技服务石羊河流域重点治理突出贡献”三等奖。

现今，蓬勃发展中的试验站，以国内农业研究领域中的最高学府——中国农业大学为技术支撑，越来越引起社会各界的广泛关注，西北农林科技大学、北京林业大学、西安理工大学、甘肃农业大学、黄河水利科学研究院、甘肃水利科学研究院等科研院校都和试验站建立起科技合作与交流平台，有 1 000 多人次的领导、专家、学者到站参观、考察、指导和开展学术交流活动，如今试验站已成为一个浓缩了多种高新节水技术的窗口、一个科技展示的平台、一个重要的科研示范基地。

20 年弹指一挥，岁月斑白了我的双鬓，但我心心相系的试验站却如青春少年，正散发着蓬勃向上的活力和激情。20 年，在石羊河畔、在试验站，一代又一代水利人为之发展付出了辛勤的劳动，做出了不懈努力，取得了丰硕的成果。我相信，随着石羊河流域重点治理项目的深入实施，试验站研究的领域将更加广泛、研究的层次也更加深入。我也相信，有了中国农业大学的深入合作，有了石羊河团队一大批专家学者的支持，实验站将会迎来更全面的发展，必将为加速高新节水技术的推广应用，促进科技成果转化和武威市节水型社会建设，实现石羊河流域社会经济可持续发展起到巨大的推动作用。

实验站的苦与乐

毛晓敏[①]

作为中国农业大学中国农业水问题研究中心的一员，去石羊河实验站就像家常便饭，若是哪位老师和同学在正常上班时间不在学校，十有八九在实验站蹲点呢。来到农大以后，我也每年安排研究生到实验站种地、采样、监测。但由于学校事情较多，自己亲自去蹲点的日子较少，大多数时候都是匆匆而来、匆匆而去。每每想起实验站，记忆中是清晨地平线上霞光染红天空，地里洒满露珠，几只野鸡在绿草丛中呢喃，若是听到人声，就嗖地一下拍翅而起；抑或是天边一抹夕阳，劳碌了一天扛着监测仪器晚归的同学们，背景是寂静而悠远的田野，一片片绿油油的庄稼沉寂在昏黄的暮色中。

实验站没有喧闹的超市、娱乐城，更没有美食，但是它以独特的自然朴实之美吸引着我，这也确实是一个幽静的、适合做学问搞科研的地方。尽管这里的科研和生活也不是一帆风顺的，一路走来，岁月里承载着很多的酸甜苦辣。

试验中的苦和甜

每次面试研究生的时候，必问的一句话是：来读研是要去实验站做试验的，地方很偏僻，去种地和经受风吹日晒的，这种苦你受得了吗？确实如此。在北京的校园胃口不好可以叫外卖，无聊了去逛街看电影，在实验站大师傅做啥乖乖地吃啥，没得选。出了实验站没村儿没店的，远方除了沙漠一无所有。遇到停水停电，几天都不方便上厕所、无法洗浴，而且是概率较大的事情。抡起铁锹挖测坑、筛土装土、安装各种试验器材，很难保持小手的柔嫩。而在正午烈日下，测作物光合的时候，既要担心被晒得爆皮、要穿上一层厚厚的盔甲，又捂出一身汗，身体自然不爽。但这些身体的疲惫还不是真正让人觉得苦的。不是有个段子说搞科研是个高风险的活儿，要靠天吃饭吗？这个用在我们大田试验上是挺贴切的。因为做大田试验不像室内试验可控性强，有时期待一个正常的水文年份，偏偏遇到个丰水年。风调雨顺庄稼丰收对农民本来是好事情，可是做水分亏缺试验的同学就傻眼了，因为不同的灌水量在降水的慷慨补给下作物的生长和产量根本看不出差别，一年的辛苦就这么泡汤了。还有其他各种情况发生得让人猝不及防：赶上作物遭受病虫害，产量大幅下降；赶上小动物青睐某种作物，当作自己的盘中餐；赶上倒春寒的一场大雪或盛夏的干热风……更有甚者，有些自动监测和数据采集的仪器在试验过程中不打个招呼就悄悄罢工了，直等到试验结束下载数据的时候才发觉，那个时候真是欲哭无泪！

但是当试验数据发挥作用，发现某种规律，有成果出来的时候，心中的甜蜜也是其他

① 中国农业大学中国农业水问题研究中心教授，NMSU-CAU 水科学与工程联合研究中心副主任，长期指导研究生在石羊河实验站从事博士和硕士论文试验研究。本文作于 2019 年 2 月 25 日。

东西不能取代和填补的。记得有一年结合灌区节水改造的项目研究渠道在不同衬砌条件下的渗漏规律,我们设计了四种不同衬砌形式的渠道进行静水渗漏试验。按照我们的设想,衬砌渠道的渗漏量应该小于不衬砌的渠道,试验结果可以量化出不同渠道衬砌形式的输水效率。结果出来后让我们大跌眼镜,因为试验数据表明其中不衬砌的那个渠道反而比某些衬砌渠道渗水量更少!这是怎么回事呢?我们仔细核对渗水数据和周边土壤水分变化的数据,进行水量平衡的校对,发现事实确实如此。百思不得其解之际,我们了解到这片区域的未衬砌渠道那段土壤历史上曾经做过道路、受到碾压。是不是因为碾压导致渠床以下的土壤密实渗透性降低,而导致这段渠道渗漏量减少的呢?这又是否表明渠道渗漏受到了衬砌和渠床土质的双重控制,甚至渠床土质的影响会起到关键作用呢?带着这个疑问,我们补挖了渠床土壤剖面,进行土质分层分析。通过模拟量化了衬砌和渠床土质双重影响下的渠道渗漏规律,结果发表在了本领域的知名期刊 *Journal of Hydrology* 上。由此可见,科研中的甜蜜不一定是按照设计思路一帆风顺取得的,也可能在痛苦和疑惑中经过了反复的思考摸索和钻研,这种先苦后甜才最值得回味啊!

在实验站发生的几则故事

实验站虽然地处遥远的西北荒漠,但也并不是与世隔绝,经常会有一些参观访问的活动,遇到不同的人经历不同的事情,在科研之外带给我们另一种体验和感悟,留下快乐的回忆。

最小的"水利专家"

2008 年的夏天,我参加的"十一五"国家科技支撑计划课题年度汇报在实验站进行。正好我孩子的爸爸也参加其中的另一个子课题,而我们的孩子只有 8 个月,尚未断奶,于是全家出动开始一次漫长的旅行。从兰州到武威有 4 个小时的汽车车程,车上载着几位专家,大家一路说笑,一点也不寂寞,孩子月儿也很配合,没出现什么意外状况。实验站还是一排排小平房,绿树红墙,莺声燕语。我们在前排的房子里汇报工作,孩子就在后排学生宿舍的床上睡觉。我刚汇报完,就有学生悄悄过来告诉我孩子醒了,哭着到处找妈妈。于是后面全程带着她参观试验场地和参加座谈,她还荣幸地被框入了我们项目组的合影。后来我和她爸常常调侃她:"你不到 1 岁就开始参加各种课题汇报和国内外专业会议,有照片为证,以后不懂点儿专业知识可实在说不过去啊!"

在实验站遇到研究生导师

2010 年的夏天,中国农业水问题研究中心的教育部创新团队项目验收暨石羊河实验站发展规划咨询会在武威召开,当得知研究生期间的导师雷志栋老师和副导师杨诗秀老师也作为专家前往时,我非常高兴能在自己的工作岗位遇到他们。第一次向导师们介绍这几年的工作成果,很激动很兴奋。雷老师很有兴致地听我介绍自己的试验,也提出自己的建议,并嘱咐我在工作岗位上踏踏实实工作(写到这里,忍不住泪目。那时他身体还好,而今已天人相隔)。副导师杨诗秀老师则更关心我的生活情况,我俩在房间里一起聊家庭里的琐事,她教导我平衡好工作和生活的关系。非常庆幸在学术生涯中,能遇到两位好导师，他们学术作风的严谨和对学生的关心，都深深影响着我。

给研究生开题

每年春天，由于不少研究生待在实验站不能回校园，老师们会在研究生开题的阶段过去给他们开题，也顺便和课题组同学讨论一下正在开展的试验进展。记得有一年我和郝新梅老师同行去开题，在忙碌了一个白天之后，俩人难得偷来半日闲，晚上溜进二楼学生的活动室，一个多功能厅去唱卡拉 OK。以为关上门就没其他人听得到，我俩扯着嗓子吼了一晚上，把 20 世纪八九十年代的老歌狠狠复习了一遍，到第二天才知道实验站的隔音不好，我们的鬼哭狼嚎早已传遍全楼，人民教师的光辉形象就这么毁了，汗！

陪外专访问的日子

随着实验站的影响扩大，也吸引不少外国专家到实验站考察参观。我们这些有海外留学经验的老师们就义不容辞地做了陪同人员。印象最深的是来自澳大利亚科学院的院士 Graham Farquhar 来访。他像一个天真的大男孩，完全不通世故人情，却有一双擅于发现的眼睛。在兰州到武威的汽车在中途加油的时候，他惊讶于加油站的清洁工跳广场舞；在石羊河实验站参观时，他着迷于自拍杆的功能。也许就是这样的性格，才可以不被日常的规条拘束，能够在科学理论上有所突破和创新。而另一位不同类型的科学家是来自英国兰卡斯特大学的 Bill Davies，他身材高大，神色凝重。他常常带着某种悲悯和思考的神情，他也确实是有这样的情怀。他常常关心科技的发展是否带给民众特别是穷人真正的实惠。所以在看到我们实验站在农业节水方面的科技成果时，他会走访当地的农民询问这些节水成果是否得到应用、他们的生活是否得到改善。当看到农业节水确实产生了巨大社会效应时，他非常兴奋，专门拍摄了视频，说要把这些经验介绍给世界其他地方的人。

又是一年春来到，研究生们已经开始计划今年的行程。刚才学生过来找我，讨论下个月去实验站布置试验以及联系购买 Trime 管、安装调试监测设备的事。希望今年天遂人愿，试验数据可以漂漂亮亮地支持我的研究生们撰写论文和毕业，并且能为石羊河的水资源高效利用出点力，也希望在今年的出行计划里，我能多安排几次实验站的行程。实验站，我来啦！

石羊河琐记

郝新梅[①]

在中国农业大学工作7年，石羊河实验站应该是我最频繁的出差目的地了。留在记忆里的是一个个的片段，像电影里一个一个不连续的镜头在我的脑海里闪现。

第一次去是在2011年的夏天，那时我来到中国农业大学后还没有正式报到。康老师对我说去石羊河看看的时候，虽然我答应着说好啊，但对于石羊河在什么地方、实验站什么样子、康老师为什么叫我去，都不清楚，更不会想到未来我的2个基金项目会在石羊河实验站完成，并且有好几个研究生会在石羊河实验站完成他们的论文。现在回想起来，对第一次去石羊河印象深刻的竟然是从兰州到武威的火车上，当时我和姜娜老师没有座位，站在车门口，身体随着火车的节奏晃晃悠悠的，一路听着一个20多岁的业务员跟周围的人聊天，聊天的具体内容记不清楚了，留在记忆里的是他对工作热情和负责的态度，还有我的感慨。到了实验站，我和姜娜老师住在站内的平房里(那时还没有盖实验站大楼)，听她讲实验站的历史和各位老师的付出，特别是康老师对实验站，还有对她个人工作的支持。当时的我并没有意识到从无到有建立一个实验站的困难程度，直到我在实验站开展研究项目，直到我见证了实验站一点一滴的变化……

之后，我多次去石羊河出差，亲身见证了石羊河实验站的变化。住宿从平房到楼房，实验室从简陋到仪器齐全，也有了明亮整洁的食堂，还有新建的人工气候室、遮雨棚和测坑……现在坐在北京的办公室，搜寻有关石羊河的记忆，浮现出来的画面里既有大楼大厅里那一张张照片和一本本论文，还有同学们全身武装(遮太阳)、骑三轮车、测各种数据及和参观人员侃侃而谈的场景。尤其记得我参加学生开题，听普林斯顿大学Kelly博士和王立新老师关于同位素水文学的讲座，还有国外专家访问实验站时的情景。闲下来的时候，我和同事在凉风习习的实验站散步，在沙漠公园听杜老师和佟老师讲他们当年在石羊河开始试验的事情。毛晓敏老师在试验大楼房间时的背影是我的第一条微信朋友圈，我发自内心地羡慕他们，因为他们有一段可以自傲和炫耀的开拓者经历。另外，我还依稀记得废弃的农房、带着纱巾的西北妇女、民勤治沙博物馆里震撼的沙尘暴以及青土湖从荒芜的沙漠到一片水面；有吃过的最甜的西瓜和油桃，美味的水煮羊肉和面片汤……

我听过多场学术报告，最近一次听的学术报告是2018年7月底去石羊河参加第三届"石羊河论坛"。这次听报告的收获堪比很多大型学术会议，没有实验站这么多年的积累就不会有如今的"石羊河论坛"。在可预见的将来，石羊河可能仍然是我最频繁的出差目的地，我的研究项目也会在石羊河继续进行，也会有更多的研究生在石羊河实验站完成他们的论文，那就让我们一起继续见证石羊河一点一滴的改变！

---

① 中国农业大学中国农业水问题研究中心副教授，多次到石羊河实验站指导研究生试验，带领外国专家考察。本文作于2019年3月19日。

路的一边是农田，另一边是沙漠

胡笑涛①

其实我们每个人的生活都是一个世界，即使最平凡的人也要为他生活的那个世界而奋斗。

——路遥《平凡的世界》

虽然1995年我作为康老师的助手留校工作，但直到2009年我才第一次踏上石羊河这片热土。那时实验站在王景寨已初具规模，自己没有亲身经历过艰苦的建设岁月，内心深感不安。1995年大学毕业留校工作的时候，康老师当时是西北农业大学最年轻的教授，我很荣幸可以作为康老师的助手跟随他工作，虽然之前康老师已是学校三位著名的青年学者之一，但在懵懂的上学的日子里对没有给自己任教的老师，我了解并不多。离校手续办完，我去见康老师，康老师安排我和他一起到内蒙古赤峰市蒙牛特旗偏坡营子村，让我去协助1993级硕士研究生张书函做试验。从西安坐火车，在北京西直门火车站转车，到赤峰市，赤峰市水利局派车送我们到乡上，乡上送到村子，已经是第三天了。在协助张书函做试验的一个多月里，正值夏季，北方的小山村虽然孤寂，但气候景色还算宜人。书函师兄告诉我，他是3月由康老师带他到了赤峰。那时风沙很大，天气很冷，康老师和他一起做试验，住了半个月才回去。我们除了每天进行常规试验数据监测，为了测定不同水土保持措施下不同坡度和坡长的坡面降雨产流，每当下暴雨的时候，村里的农民赶着牛羊往家奔，我和书函师兄却抬着TDR水分测定仪向山坡的径流小区冲去，闪电和雷鸣就在头顶，虽然穿着雨衣，但浑身还是淋得透湿，满身泥水也是常有的，但我们一直在那里坚持着。书函师兄在那里坚持做了2年试验，后来利用这些观测资料在《水利学报》和*Pedosphere*等著名期刊发了好几篇论文。不经历风雨，怎么见得彩虹！

从1997年开始，康老师领导团队在甘肃石羊河流域开展农业节水与水资源研究和示范推广工作，梁宗锁、潘英华、杜太生等历届博士硕士研究生不断被派驻到那里做试验，而我一直留守在学校。那时康老师团队还在西北农业大学灌溉试验站、山西洪洞霍泉灌区国家“九五”攻关项目试验区、中国科学院长武黄土高原农业生态试验站、新疆沙湾乌兰乌苏、山西汾河灌区中心灌溉试验站等地有试验和研究任务，我经常听到从石羊河返回学校的研究生诉说那里的艰苦，同时也分享他们试验成功的喜悦，但自己没有那种在民勤小坝口、薛百艰苦环境试验的切身体会。2004年，中国农业大学、西北农林科技大学和武威市水利科学研究所合作的“石羊河流域农业与生态节水试验站”在沙漠公园建站，2005年8月还举办了第一届“石羊河流域水资源合理配置与节水农业建设”学术研

① 西北农林科技大学水利与建筑工程学院副院长、教授，曾多次到石羊河实验站指导研究生试验和参加学术交流活动。本文作于2019年2月15日。

讨会，由于没有工作需要在那边做，虽然多次邀请我参加，但还是与石羊河失之交臂。2009年，康老师主持的第二个国家自然科学基金重点项目“西北旱区特色经济作物节水调质高效灌溉理论与模式研究”获批，作为参与者之一，2009年10月，我和课题组一起前往石羊河实验站进行试验选点。第一次坐火车到达武威站是夜里11:00，候车楼正在建设，脚手架和挡板隔出来一个小道是出站口，武威水利技术综合服务中心韩万海副主任到车站接我。穿过南城门楼，第一次见到了古西凉城，但一切都在夜色中，看得并不清楚。白天的武威市和其他城市差别并不大，只是高楼少一些，街道人不多。第二天，大家乘车沿着武威到长城乡的公路前往清源乡凉州区沙产业暨循环农业示范园，日光温室特色作物节水优质、高效灌溉试验点就选在这里。从车窗仔细打量这个早该来而没有来的地方，路的右边是村庄和农田，路的左边是沙漠。虽然并没有自己印象里面的大沙漠辽阔，远处沙丘上还有几株灌木在微风中晃动，但荒凉的感觉油然而生，而且对康老师之前拍的沙进人退、村庄废弃的图片景象有了更加直观的认识。我们在农民承包的日光温室里做试验，种植蔬菜的行家里手王师傅和家人很开心，因为收入还不错，他们脸上洋溢着幸福的笑容，看不出对不远处就是沙漠的担心。一方水土养一方人，幸福更多是一种感受，祖祖辈辈生活在这里的人们，并不一定会感觉到生活在山清水秀的南方人就比他们更幸福。课题组随后到达了位于王景寨的石羊河实验站，那时候是几排平房，科研设施和设备已基本完备，干净卫生、井然有序，展现出勃勃生机。

随后的2010年，我又参加了杜太生主持的水利部公益性行业科研专项计划项目“石羊河流域温室节水调质高效灌溉技术研究”，由于项目启动、中期检查、参加学术研讨会、布置试验等，之后几年频繁前往石羊河试验站。2010年5月，按照康老师和杜太生安排，我为武威市300余名技术人员进行了现代灌溉技术培训；2010年6月，又参加了康老师主持的教育部“农业节水与水资源高效利用”创新团队验收暨石羊河流域农业与生态节水试验站发展规划咨询会……2018年8月参加了第三届石羊河论坛暨水与绿色发展学术研讨会。我的研究生殷邵梅、王磊、乔源、张亚军、周世威、于庭高、王凯飞等也陆续在石羊河实验站开展研究工作。2012年实验站综合实验楼落成，大量先进仪器设备购置到位，逐步成为国内外知名的先进研究平台，实验站的生活工作条件也有了显著改善，加之良好的学术氛围、强烈的求知欲和多学科交叉互动，学生在实验站乐不思蜀。

这里多年平均年降水量160毫米，没有灌溉就没有农业，来自祁连山融雪水汇集而成的石羊河河水对沿岸农田的浇灌支撑着“银武威”的历史荣光。由于过度开发和不合理用水，石羊河河水已难以为继。绿色是希望，水是绿色的保障。把实验站建在这里意义重大：一方面，它能为石羊河流域科学用水和生态环境改善提供科技支撑；另一方面，可以为整个干旱区的水资源绿色高效利用提供示范借鉴。最近这些年，实验站把国家重大需求与国际科学前沿相结合，多方争取资源，建立团队，矢志不移，艰苦创业，在人才培养、科学研究、社会服务和文化传承等方面发挥得淋漓尽致，做出了让国内外专家刮目相看的成绩。我相信实验站团队多年来打造出的“艰苦奋斗、乐于奉献、勇于创新、追求卓越”的石羊河精神一定会在一届又一届的新同学们身上发扬光大。

人勤春来早，奋蹄赶秋实。石羊河实验站的明天一定会更加美好！

我心中永远流淌的这条河

王素芬[①]

人的一生中会有很多的遇见。有了遇见，才有了亲情、爱情、友情、真情，我与石羊河就是一个命中注定的遇见。2000 年 12 月，我来到中国农业大学工作，2003 年 9 月，开始在职攻读博士学位，有幸成为康绍忠老师在中国农业大学招收的第一批研究生中的一员。那一批博士研究生有杜太生、夏桂敏和我，硕士研究生有刘杰、郝治福和粟容前。除了粟容前的研究课题在山西汾河灌区外，我们几个的研究课题都在甘肃石羊河。当时考虑到我是在职攻读，孩子又小，不方便长期在外，康老师建议我的研究方向为石羊河流域水文模拟，这样的话，就不用长期在野外做试验。说实话，水文模拟对我来说是一个全新的领域，当时也有朋友和我说，最好选择康老师最拿手的研究方向，这样更容易出成果，我也纠结过，但最终还是选择了康老师建议的水文模拟。现在还清醒地记得，当年康老师给了我很多的资料，让我一定要好好学习。其中有一本澳大利亚 CSIRO 内部的水文模型 WAVES 介绍，没想到，这本书一"读"就是 16 年，2018 年才还给了康老师。

一直认为，遇见石羊河是非常幸运的！攻读博士学位 5 年期间，我为心中的这条河哭过、笑过、自豪过。我经常和我的研究生们讲述起这段难忘的经历，也告诫他们：撰写学位论文会影响自己的一生，要做就做好，不给人生留下遗憾。当时我的导师这样说时，我也不太理解，后来才真正明白了导师的良苦用心。因为有导师在，你会觉得自己永远都是学生，有时候可以任性一点，也无惧犯错，有困难找导师是下意识的，在我这个年纪，还能有这样的任性，感觉真的很幸福！岁月不居，时节如流。心中的这条河见证了我戴上博士帽时的激动，也见证了我晋升职称时的喜悦。回首来时路，感恩与石羊河的遇见。

初识石羊河

第一次去石羊河是 2004 年的暑假，在从兰州到武威的路上，怀着无比激动的心情望着窗外："金张掖、银武威、玉酒泉""葡萄美酒夜光杯，欲饮琵琶马上催。醉卧沙场君莫笑，古来征战几人回？""马踏飞燕"……脑子里浮想联翩，闪烁着不尽的期盼……以前虽没来过，但并不陌生。"石羊河流域是我国西北河西走廊人口最多、用水矛盾最突出、生态环境问题最严重、水资源对社会经济发展制约性最强的地区。"这段话，经常在文章中看到过，也曾引用过，石羊河的山山水水早有印记，下垫面、气象条件、土壤类型……读博士研究生以来，我对与自己研究领域相关的内容分外敏感。汽车每过一处，康老师都要给我们做详细的介绍，经过 3 个多小时车程，终于到达了武威。在沙漠公园，第一次记住

① 2008 年中国农业大学博士研究生毕业，现为中国农业大学中国农业水问题研究中心教授。本文作于 2019 年 3 月 3 日。

了沙漠公园立着的一个木头牌子上写的“Stone Sheep River”，第一次看到了Diviner、植物茎流计、波文比—能量平衡测定系统、涡度相关仪等实验设备，第一次认识了梭梭、花棒、柠条这些沙生植物。最难忘的是，在这里还结识了爽朗大方的武威市水利科学研究所杨秀英所长。杨所长带着我们去武威市场品尝了地道的“三泡台”，那是我记忆中最甘甜最难忘的茶。几天的实验站生活让我感受到了实验的不易，感受到了科研的艰辛。从2004年起，几乎每年的暑假我都会到实验站，从沙漠公园到王景寨村，从平房变成了楼房，有了人工气候室，有了通量观测塔……实验站的条件越来越好，曾经的“干旱”与“宁静”，有了研究生的“乐园”，处处洋溢着青春和活力。一批批学生虽然从这里走向全国各地，走向世界各方，但实验站永远是我们在武威的家。

走近石羊河

我的博士论文题目是《杂木河出山径流对变化环境响应的研究》，为了所建模型能够代表杂木河实际的水文系统，2006年7月，康老师特意邀请了澳大利亚CSIRO水土所张橹老师来到武威，把脉论文。两位老师冒着酷暑，不辞辛劳，带领我实地考察了杂木河。杂木河是石羊河上游八大支流之一，人类活动对其干扰较小。我们在杂木寺水文站了解一些基本情况后，水文站的张工陪着我们沿着杂木河，对这里的植被覆盖、土壤类型、种植结构、地形地貌和产汇流类型等进行了详细的考察，在考察中，康老师和张老师对我博士论文中模型构建和模拟提出了建议，这对论文的撰写起到了关键性作用。这次杂木河之行，让我切身感受到了两位科学家严谨认真的治学态度，他们用自己的言行告诉我如何当好一名导师，如何开展科学研究。我的第一篇SCI论文，就是《关于杂木河出山径流对变化环境的响应》，在康老师反复修改，李伏生师兄帮助翻译，张橹老师严格把关下成功发表。当收到杂志同意接收的信息时，康老师发来“祝贺”短信，那一刻，我心里真是五味杂陈、百感交集，这篇论文凝聚了太多人的心血。说实话，在读博士研究生期间，很多个瞬间我都想过放弃，现在想想，正是康老师的不抛弃不放弃成就了我的今天，让我真心体会到了幸福靠自己奋斗，成功靠团队力量。

筑梦石羊河

石羊河承载了我和我的学生们太多的梦想。这条河为什么让我们如此魂牵梦萦？因为我们深沉地爱着这条河。16年来，我的研究从石羊河的上游到下游，从来水用水到水肥耦合，依托不同的课题，我和研究生的足迹从石羊河流域遍布整个河西走廊。发放问卷、定位试验、实地调研，一张张青春的面庞，一幕幕幸福的画面，一篇篇精彩的论文，石羊河的一草一木已是我们生命中的“印记”。我的博士论文是通过建立分布式水文模型对上游来水进行模拟；我的第一位研究生刘鑫同学完成了题为《石羊河流域典型灌区机井布局优化研究》的论文，提出在不同情景下，中游的永昌灌区和下游的红崖山灌区机井优化布局方案；薛函同学完成了题为《农业管理措施对清源灌区水循环的影响研究》的论文，通过构建旱区分布式水文模型，模拟了不同农业节水措施对清源灌区水循环的影响;黄好思同学完成了题为《区域作物耗水时空格局优化技术研究——以石羊河流域为例》的论文,主要作物分布式耗水模型和基于智能优化算法的区域作物耗水时空格局优化模型,得到区域ET最高产出效益的分配方案;户广勇同学完成了题为《河西走廊玉米小麦分区水肥管理模式研究》的论文,以河西走廊旱作耕地区作物水肥高效利用为研究目标,确定春玉米春小麦种植的适宜区,并优化不同分区的水肥管理模式;包建霞同学完成了题为《区域耗水空间格局优化——以黑河中游为例》的论文,基于GIS和元胞自动机模型构建了作物耗水空间格局优化模型,实现了不同情景下作物耗水空间优化;于波同学的《河西走廊玉米小麦水肥优化模拟》的论文即将出炉;我的第一位博士研究生何柳月同学的《河西走廊典型区域耗水时空格局优化研究》正在进行当中……

在心中这条河的滋养孕育下,大家的梦想都已生根发芽,逐梦路上,我们并肩前行!没有比脚更长的路,没有比人更高的山。石羊河,是我心中永远流淌的这条河……

我与石羊河实验站

霍再林[①]

2005年夏天，还是博士研究生的我与康老师、冯老师等团队的老师一起来到了当时地处武威“沙漠公园”的石羊河试验站。由于在学校久闻几位师兄、师姐在石羊河开展试验，也几次听康老师、冯老师谈到石羊河缺水的故事，一到沙漠公园我就迫不及待地寻找这片开启大家梦想的场所。最先映入我眼帘的是在沙丘上立着的熟悉的“石羊河流域农业与生态节水试验站”牌子，在康老师的几次报告上我见过这个牌子。不曾想到，这个普通的实验站牌子伴随我一路走来。

尽管我的博士论文课题是《石羊河流域下游民勤绿洲地下水模拟研究》，但由于调研农业用水及收集相关资料的需要，沙漠公园试验站也成了我在博士研究生阶段常来的地方。杜太生师兄的酿酒葡萄试验田是大家最乐意去的试验田，记得在收获的季节，师兄几盆葡萄放在院子里，为了确定节水灌溉对葡萄品质的影响，请大家尝看哪种灌溉处理的葡萄好吃。酿酒葡萄在我们这帮学生眼里成了鲜食葡萄，等大家你一串我一串吃完后，师兄才能得到答案。小小的葡萄满足不了大家的胃口，刘晓志开展的苹果梨调亏灌溉试验田也是大家常去的地方，以至于后来每次路过沙漠公园都会吃到美味的水果。当然，对于没有实验任务的我无法真正感受到试验站建站初始阶段在生活工作条件上的不便，但在帮助李王成师兄开展试验的闲暇之余我感受到了大家积极乐观的态度。高于30℃气温的炎夏，清一色身着迷彩服的他们会穿梭于各个试验田，测定土壤含水率、土面蒸发等。让我印象深刻的是大家的团结友爱、互相帮助的氛围，这也是石羊河试验站发展壮大的原动力。当然，从一开始，石羊河试验站的定位不仅仅是田间灌溉试验研究，沙丘上一棵棵沙生植物，路旁的各种人工树木都成了大家研究的对象。甚至整个石羊河流域，上至八条山水河，下至民勤地下水都是师生们关注的科学问题。然而，我心中仍有个谜，到底是什么吸引整个团队来偏远的石羊河流域开展研究。由于开展博士论文研究的需要，我去民勤县水务局开展了几次调研，包括2006年带领美国专家到青土湖考察，深深被其缺水而震撼，深刻理解到了老师们那一代农业水利科学工作者为这里农业灌溉缺水的担忧。

2008年，石羊河试验站搬迁到位于王景寨村的武威市中心灌溉试验站园区。国庆刚过，已毕业留校工作的我和博士研究生胡萌来到新站址负责新建测坑群填装土工程。测坑群是试验站新建的第一座试验设施，也成为我对现在的试验站的第一个记忆。记得当时测坑填土时我坚持要按一定容重准确称重分层装土，当地合作单位武威市水利技术推

---

① 中国农业大学水利与土木工程学院教授，水利工程系主任，曾多次在石羊河收集博士学位论文研究资料和调研，负责建设了实验站第一批测坑群和自然补光人工气候室。本文作于2019年2月。

广服务中心董平国主任认为工作量太大，可能工程会拖到地冻，影响来年实验研究的进行。白天大家在现场争辩讨论，晚上围着火炉继续沟通，有时会打打牌以缓和气氛。时至今日，早已成为合作伙伴的我们还会提起当时不打不相识的场景。多少年来，每次一到试验站，我就会直接到亲眼见证艰难装填土的测坑群看看，尽管在众多高、精、尖的科学设施面前，测坑群显得有些传统，但普通的设施承载了大家的梦想。随着新的试验站生活工作条件的大大改善，试验站常驻师生逐年增加，试验内容愈加多样，每年春播季热闹非凡。几乎每年的4月，康老师都会带几位年轻老师在试验站帮助学生们布置试验。站在不平整的田埂上，大家看着布置整齐、点缀着各类仪器的试验田，谈笑风生，像农民朋友展望秋季丰收一样在畅想着一年的实验成果。每次来试验站，大家都会与学生同吃、同住、同劳动一段时间。印象最深的一次是在2009年，康老师带领大家实验站住了10多天，白天借用研究生的学习室在一起修改书稿（2009年出版的《西北旱区流域尺度水资源转化规律及其节水调控模式——以甘肃石羊河流域为例》），晚上一起谈论过去、畅想未来。也是在那段时间，从康老师那里我了解了我国农业水利工程科学研究的发展过程。现在每次看到这本已获得"三个一百"图书出版工程奖的著作或整理相关材料提到这本书时，就不由自主地回忆起10年前在石羊河试验站的这一幕。

2012年开始，石羊河实验站的发展进入快车道。实验站综合大楼拔地而起，各类大型试验装置应运而生。自然补光人工气候室、称重式蒸渗仪、大型水转化模拟测坑群、水热碳通量塔、同位素水文原位测定仪、现代化温室等。由于自然补光人工气候室是建在站区院内，每次一到实验站，我第一眼看到的是参与建设的这一科研利器。当时康老师召集大家讨论建设实验设施规划时，我脑子里闪现出在以色列见到的自动控制温湿度、二氧化碳浓度、光照的自然光型人工气候室。后来团队成功申请水利部"948"项目"自然补光人工气候室多功能灌溉试验系统"得以建设该系统。该系统建设过程中，遇到了水电系统等一系列困难，但大家都有一个信念：一定要为实验站装备一流的研究设施。特别是由于气候室用电负荷大，原有电力容量难以满足需要，需要更换变压器，以及当地电压不稳定影响气候室正常安全运行。经过大家历经近2年时间反复讨论优化方案，加之合作单位董平国主任的全力配合，解决一个个问题、克服一道道难关，终于在2015年完成了这一梦寐以求的大型试验设施。每当看到研究生在给国内外专家介绍基于这些先进的研究设施所开展前沿科学研究时，老师们都不由自主地会心一笑，幸福感油然而生。近年来，石羊河实验站进入了农业部野外台站建设序列，各类大型科研设施紧锣密鼓地建设着，每一件设施背后无不凝聚了团队各位老师的心血。特别是团队带头人康绍忠院士，总是亲力亲为，为了实验大楼的局部防水与装修与施工人员据理力争；为了称重式蒸渗仪廊道的整洁度与负责人员、现场人员激烈讨论。也正是这种持之以恒、精益求精的精神成就了如今石羊河实验站的辉煌。

如今，石羊河实验站已成为国内外农业节水研究重要的平台基地，每年来自全国十多家高校及科研院所的师生正在这块装备优良、生活便利的科研圣地实现自己的理想。实验大楼门厅展板上的一串串名字记录了曾在这里挥洒青春，热血奋斗的身影；站区内一段已多年未用的实验渠道诉说着实验站艰苦奋斗，一路走来的历程。蓦然回首，我在石羊河实验站的印记已到了第 15 个年头。15 年来,改变的是往返于学校与实验站的时间与频率,不变的是对石羊河乃至西北旱区农业高效用水关注的初心。尽管这几年在实验站开展的实验工作有所减少,每年去往实验站的次数由以前的六七次减为一两次,但抹不去对站区内那一排排柳树的思念,对实验大楼建设启动时每一位师生脸上洋溢着的幸福感的记忆。如今,即将竣工的全自动蒸渗仪测坑群等新一批实验设施不免使大家对未来产生更多期许,石羊河实验站必将向更加现代化、更加国际化的方向发展,团队也必将继续在这一追梦的道路上越走越远!

我们是石羊河的游击队员

佟　玲[①]

第一次去石羊河是2001年的春天，康老师带我们几个本科毕业设计的同学去调研。现在回忆起来，有些场景还历历在目。经过20多个小时的火车我们到达武威站。然后马不停蹄地坐汽车赶往民勤。那时去民勤的路还是土路，一路颠簸，一路扬尘，我们一个个灰头土脸，头晕目眩。在这里我经受住了平生最严重的一次晕车考验，也是在那里，我第一次遇到了只是曾听说过的沙尘暴。还是在这里，我居然遇到了和当地人语言交流障碍的难题，虽然大学宿舍有两位甘肃舍友，但是当地人讲方言我还是听不懂，每到一个地方，康老师都会拿出小本子认真地记录着，我只能记下懵懵听懂的几句，然后再借阅康老师的笔记补充。对于当时处在学生时期的我来说，第一次接触石羊河，我感受到淳朴、自然，当然还有艰苦。

读研究生后，我去石羊河的次数就多了起来，有时跟着康老师，有时跟魏晓妹老师、粟晓玲老师，也有时自己独行，到各单位调研并收集资料，次数虽多，但每次时间并不太长。印象深刻的2次石羊河之行是实验站的"游击队任务"：一次是2002年暑假与贾宏伟、姚立民一起去开展全流域土壤采样与入渗参数测定试验，因为大家做水循环模拟都需要这方面的基础性试验参数；另一次是2008年暑假带领社会实践小分队在全流域宣讲节水与实验站研究成果。如果把王景寨、沙漠公园、薛百、小坝口比作战场的话，那我们就是活跃在不同地方的游击队员。

2002年差不多2个月的土壤入渗试验得到了武威市水科所杨秀英所长的大力配合，经常陪同我们一块开展试验。有一个试验点选在青土湖，砂层太厚，土钻经常取空，水入渗的也很快，姚立民不停地去远处提水，几个来回下来，已是大汗淋漓。接近中午，温度骤升，炙热的阳光下，我们汗流浃背按部就班地各自忙碌着。突然间，风沙又起，马氏瓶顶部的橡皮塞掉到沙子里，瞬间即被风沙所掩埋，无处可寻，我们只好用宽胶带暂时替代，顺利地完成了当天的试验。记得那天中午的午饭就是传说中的西瓜泡馍，被风沙吹得蓬头垢面的我们能够坐在桌前从容地吃上一顿午饭，这对于我们这些"游击队员"来说，就已经很知足了。几日后我们坐班车去另一个试验点，试验结束后，已是夕阳西下，我们三个人带着仪器和几袋土壤样本挤不上最后的班车，只能望着班车渐行渐远，当时真有点"叫天天不应，叫地地不灵"的感觉。常言道，天无绝人之路，正当我们愁眉不展，手足无措时，一位卖西瓜的大哥开着拖拉机经此路过，我们向他说明情况，大哥爽快地让我们上了他的拖拉机。我们三个人坐在后面有说有笑，记得当时贾宏伟对我开玩笑地说道："还是敞篷车好吧，不晕车"。望着天边那一抹淡淡的夕阳，我想到，是啊，有拖拉机

---

① 2007年西北农林科技大学博士研究生毕业，曾多次在石羊河进行试验、科普宣传和调研收集资料。现任中国农业大学中国农业水问题研究中心教授。本文作于2019年2月。

坐，能够按时赶回去，已经是最好的结果了，即便是真的晕车了，也是值得的。8月的古浪山区已如冬日般寒冷，寒风夹杂着尘土向我们袭来，打在额头，打在脸庞，打在身上，无处躲，也无处藏，但是我们三个人依旧一路说笑着，没有抱怨，没有牢骚，也许这一切就应该是我们这些“游击队员”所应该承受的。

我们做试验的流域风沙大，降水少，到处可见土坯房子和土墙，农户家里常年挂着厚门帘，玻璃柜里放着干干的馍。我们的午饭大多是在试验点周围的农民家里吃，由于当地的土壤、气候、水文等原因蔬菜种植面积很少，蔬菜在这里显得弥足珍贵。我们常常就是一碗碱面条，七八个人共享一小盘凉拌青辣椒丝，有时运气好还会有一小碟辣椒炒茄子，大家都不舍得大口吃菜，都要先互相谦让一番，夹上一点点辣椒丝放在嘴里，慢慢地咀嚼着，再就上一口面条，这简直就是人间美味啊。古丰水管所的职工花了半天时间给我们做的中秋节大月饼仍记忆犹新。从那时候起，我才似乎感悟到“解民生之多艰”的含义。也感受到了自己肩上的责任与义务，也懂得了我们之所以在这里呕心沥血所做的一切到底是为了什么！我们就是要用自己的知识改变这里，终将使这里绿树成荫，蔬菜成行！

工作后，我到石羊河的次数少了，康老师经常教导我们：“做石羊河的研究，不经常到当地深入实践，坐在办公室电脑旁怎么能把工作做好？”随着石羊河重点治理工作的推进，为了提高当地农民自我节水意识，了解并使用我们的科研成果，助力流域重点治理工作推进，2008年，在武威市水务局魏志荣工程师的陪同下，我和研究生田磊、本科生杨晓慧、啜瑞媛、王雅娟、刘宝磊、孙庆宇、潘贺，还有西北农林科技大学的2位研究生，在石羊河全流域宣讲了节水技术与实验站研究成果并进行调研。我们自己编写了宣传小册子，定制了文化衫，带了笔记本电脑和小型投影仪，还带了一些武威市水务局编写的节水技术材料。我们宣讲因地制宜，时间不定，地点不定，有时在田间地头，有时在农户家里，有时在村委会，有时在水管所，总之哪里人多，我们就出现在哪里，时隔数年，这一次我们又充当起宣传教育的“游击队员”。为了调动农民参与的积极性，我们还准备了小奖品，同学们自编的文艺节目也给宣传活跃了气氛。其间，同学们还参与了农作体验，参观了几处水利工程及治沙工程。望着茁壮成长起来的同学们，满眼都是2001年第一次来石羊河自己的影子，时间过得真快，如今这批“小游击队员”已然悄悄地成为各工作单位的主力。

石羊河，一个我曾经战斗过的地方，在那里，我留下了青春的印记，留下了欢声笑语，也留下了汗水与泪水。如今那里的实验站发展得越来越好，石羊河流域也伴随着时代的脚步不断发展着，作为一名科研人员，我知道，我的工作战场不只是办公室，还有我魂牵梦绕的石羊河，在不久的将来，我必将无数次踏上石羊河这片我深爱的土地，我也将永远是这片土地上的“游击队员”。

我是“8858”人才培养模式的受益者①

丁日升②

2018年9月6日，因康老师、杜老师和思恩要到哈尔滨参加我们申报的石羊河实验站人才培养模式研究生教学成果奖答辩会，所以由我代表团队到甘肃兰州参加中国灌溉排水发展中心组织的“全国灌溉试验成果应用培训班”，给200多位国内同行介绍实验站的工作进展。我们的报告从基本情况、目标定位、科研进展、人才培养、技术推广、工作成效等6个方面较全面系统地介绍了实验站20年中在旱区水资源高效利用与农业绿色发展中的一些工作和进展。报告后，水利部农村水利水电司调研员程骏、中国灌溉排水发展中心处长张绍强、河北灌溉中心试验站李会昌以及全国同仁们对实验站在科学研究、人才培养、技术示范的成绩给予了高度评价，纷纷表示有机会一定到实验站参观学习，要借鉴石羊河模式开展相应的工作，特别是实验站的“8858”人才培养模式具有很强的示范推广价值，很羡慕在实验站试验的同学们能有如此好的机会经过这种科研训练。该模式在康老师他们参加的答辩会上也获得了评委们的高度肯定，荣获“第三届中国学位与研究生教育学会研究生教育成果奖”唯一的特等奖。回想在石羊河实验站的试验、学习和工作的经历，我正是石羊河实验站“8858”人才培养模式的受益者！

第一次石羊河之行播下了我的科研人生种子

2005年硕士研究生毕业后，我在一家水利信息化公司从事信息系统研发工作一年多，参与开发了一些水利信息管理系统。个人感觉这些工作较多的是偏重技术应用或工程实践方面，创新性不是很突出。2006年11月，我回到中国农业大学从事科研助理和实验室管理工作，偏向于日常事务管理。2007年之前，我的知识背景基本停留在技术层面，与科学研究基本无交集。由于我们开发了一个适合于北方地区的非充分灌溉管理信息系统，属于国家“863”计划课题，偏向于技术研究层面的内容，它与通过试验探究科学规律和回答科学问题的思路不同。因此，在2007年夏天，康老师便安排我第一次来到了我们的科研圣地石羊河。当时来试验站一方面是帮大家做试验，另一方面也是学习试验仪器的使用和数据测定方法。当时分别到民勤的薛百农技中心试验站、凉州的沙漠公园试验站和王景寨的实验站新址，参观学习了大家的试验研究工作。记得薛百试验站有王振昌、杨磊、王若水、韩江江等，沙漠公园有刘晓志、胡萌、许小燕等，王景寨有张宝忠、李思恩、王春梅等。他们按照试验站确定的4个研究方向开展了不同作物的田间观测和小区

① “8858”模式指在站每位同学试验期间通过参加“8项规则”“8项举措”“5个环节”和“8项活动”的锻炼，提高研究生综合能力的一种人才培养模式。

② 2012年中国农业大学博士研究生毕业，2009—2010年在石羊河试验站开展“干旱内陆区玉米田水热传输机理与蒸散发模型研究”。现任中国农业大学副教授。本文作于2019年2月。

控制试验，利用许多先进仪器设备测定了包括作物、土壤和大气的很多指标，尝试回答和验证他们提出的科学问题和假设。虽然本科毕设期间我在康老师和龚道枝师兄的指导下做过一点试验（测定了苹果树液流），但其后就没有再做过试验，对应用到的仪器设备和想要解决的科学问题没有很深入的了解。

这次试验站之行播下了我的科研人生的种子，使我萌发出从事科研工作的想法。试验站同学们通过试验观察科学现象和探究问题的研究方式对我这个科研门外汉全部是新鲜的，感觉既新奇又高级。这次实验站之行使我第一次对科学研究有了一点了解，通过和开展试验同学们的进一步交流沟通，萌发了我从事科研工作的想法。回校后经过和康老师的沟通以及对团队研究方向的更多了解，决定报考 2008 年博士研究生。考博之路比较坎坷，但机会来之不易，我终于成为中国农业大学水利与土木工程学院 2008 级的一名博士研究生，开启了我的科研人生之旅。

在站试验培养了我应用多学科知识解决问题的能力

从读博的第一天起，康老师要求我在团队研究方向的框架内多想想博士研究生学位论文具体要研究什么，想解决什么科学问题。经过查阅文献，并和康老师多次讨论，初步确定博士论文研究方向为玉米耗水机理认识与量化模拟。尽管很多前辈和实验站师兄师姐们对耗水机理和模型做了大量研究，并取得了较多的研究成果，但因耗水过程较为复杂，涉及农田水利学、土壤学、生理学、生态学、气象学等多个学科和多个时空尺度，包含土壤、植物和大气多种介质和多个非线性交互作用过程，依然缺乏完善的理论加以充分描述，需要对有关理论和模型进一步完善。因此，从博士研究生学位论文选题开始就要求我学习多个学科知识。

顺利开展和实施试验需要以多学科知识为基础，促使我必须学习一些跨学科知识。确定了研究方向后，就要考虑如何实施的问题。我很幸运地使用了 2008 年刚建成的 2 台价值百万的大型称重式蒸渗仪和李思恩博士期间购置的涡度相关系统于 2009 年和 2010 年对玉米耗水进行了两年长期系统的监测。这两套仪器价值近 150 万元，当时试验站同学戏称我的试验"含金量"最高（最贵）。蒸渗仪原理相对简单，技术成熟，只要田间管理一致，不要出现晾衣绳或孤岛效应就是公认的农田耗水监测标准方法。涡度相关系统属于微气象方法，通过高频测定大气涡动的风速和水汽脉动，计算它们的统计协方差得到作物耗水；对下垫面和风浪区有一定要求，测定原理有很多假设，采集的数据需要一些后处理和质量控制和评价，才能得到较为准确的耗水数据。学习试验仪器涡度相关系统促使我学习了气象学和大气湍流方面的知识。由于没有气象学基础，我刚开始阅读仪器说明书和原理时很多内容不理解，特别是看到论文中提到仪器直接采集的 30 分钟数据对于工程应用可满足要求，对科学研究需应用原始的 10 赫兹数据经过较多后处理校正和质量控制才能得到较准确的耗水数据。通过查阅相关国内外文献和在试验站 3 个多月每天 10 多个小时的学习，基本理解了仪器工作原理和校正的具体步骤和技术操作，获得了质量较高的玉米耗水数据。同时，依托实验站平台提供的各种机会和条件，并和其他同学讨论，学习了一些生物微气象和大气湍流等理学以及土壤物理和植物生理等方面的知识，拓展了研究思维和科学视野，为进一步研究农田耗水和水热传输奠定了坚实的基础。博士论文中的多层耗水模型考虑了冠层辐射传输、能量平衡、生理调控、湍流输送和土壤水热等多个过程，耦合了多学科知识，培养了我应用多学科知识系统分析解决问题的能力。

这种能力也给了我勇气和信心继续学习和利用多学科知识解决更为复杂的作物高效用水问题。博士研究生毕业留校后，除了继续开展作物耗水方面的研究工作外，结合团队和实验站定位需求，我做了一点作物高效用水方面的工作。作物高效用水除了耗水过程的复杂性外，还与更为复杂的作物生产代谢过程关联，受气孔生理、水力传输和光合生化等过程调控，涉及我没有学习过的生物物理学、生理生态学、生物化学等多个学科。有了这种交叉知识背景，使我有自信进一步学习多学科知识，并通过学科交叉融合解决作物高效用水领域的一些复杂问题，并于 2018 年第一次为农业水利工程专业本科生开设了一门交叉学科味较浓的“作物生理生态学”。

参与试验站管理锻炼了我的组织管理能力

作为试验站研究生参与管理光荣传统的传承，2009 年我作为在站学生有幸参与了试验站管理工作。实验站自 2007 年迁往王景寨新址以来，在站试验人数逐年增加。2009 年，除康老师团队的研究生外，来自中国农业大学、西北农林科技大学、北京师范大学的冯绍元、黄冠华、张富仓、李光永、王凤新、杜太生、刘海军等老师团队的 42 位博硕士研究生在站开展试验工作。当时已经确定李思恩留校管理实验站，但他上半年要在学校写博士研究生论文和准备答辩；由于我在读博士研究生之前有几年工作经验，又年长几岁，大家选举暂由我负责试验站管理。在康老师等几位老师的指导下，借鉴学校实验室的一些管理制度，自 2009 年 3 月来站之初，我与胡萌、王峰、姚立民、张彦群、王振昌、刘春伟、于海燕、陈峰、张赟、张鑫、郭维华、邱让建、孙庆宇、高云、陈任强、刘军淇、郑睿、燕辉、杨建房、周宏民、蒋静、王军、郑建华、杨会颖、褚立云、顾小小、杨文斌、寇文平、冯磊磊、孙斌、贾冬冬、方亮、俞深彦、贾斌、刘祥超、薛宣、孟伟超、刘宝磊、关芳、张鹏、吴立峰等经过多次民主讨论商议，制定完善了一些试验站管理制度，包括石羊河试验站管理制度、仪器设备管理与收费办法(试行)、试验站管理细则等涉及实验站日常管理、仪器设备管理、科研资料与档案管理、固定资产、安全和卫生管理等方面。同时制定和完善了试验站日常管理条例、食堂管理人员职责、试验站卫生管理细则等，细化了每位同学在站期间的试验用地、伙食、住宿、原始数据、成果标注、资料使用等内容。同时，试验站和每位开展试验的同学签订“试验合作协议”和“仪器使用承诺书”，明确每人职责、权利和义务。我们统计分类了试验站仪器设备，建立每件仪器的档案，大型仪器由专人负责登记记录使用情况、日常运行维护和资料下；设计了带有试验站仪器水印的不同面额食堂饭票，成立了食堂管理小组，初步建立了同学们参与集中采购伙食用材、成本核算和饭菜定价的民主制度；清点了厨房用品清单，并和厨师签字确认，避免厨房物品和财产丢失的问题。2009 年初，康老师为试验站同学购置了一些专业书籍，我们对这些图书按照国家《中国图书馆图书分类法》编号分类，存放于平房的站长办公室，并建立借阅归还制度。这些工作事无巨细，相对琐碎和耗时，但正是这些经历锻炼了我的团队协作、组织管理和自我约束能力。

我是试验站研究工作知行合一的受益者和践行者

由于试验站在国内外同行中的影响越来越大，2009 年在康老师带领下或独立接待了一些专家学者和国内同行的参观访问。参观者中既有澳大利亚科学院院士、西澳大学的 Neil Turner 教授，美国俄勒冈州立大学的 Shock Clinton 教授，英国牛津大学的 Mike Edmunds 教授，中科院地理所的刘昌明和陆大道院士，中国农业大学的张福锁教授和校内兄弟院系、兰州大学、长安大学和甘肃农业大学等学术“大咖”和一线科研工作者，也有来自水利部、甘肃水利学会、张掖水务局、武威市日光温室建设现场会相关单位等行业主管部门领导和生产实践者，他们来站参观关注的问题和视角有很大不同。科研工作者会询问每个试验想解决什么科学问题、研究目标是什么、创新点是什么、测定指标如何解释和验证科学假设，属于“格物致知”探究科学规律范畴。生产实践者关心研究有什么用处、具体技术细节是什么、如何应用到所需地区以及如何服务行业和区域发展或地方经济，属于“学以致用”解决生产实际问题范畴。虽然他们的关注点和出发点不同，但每次接待完参观后通过和他们交流以及他们的反馈中，了解到他们都能从我们试验站工作中找到答案或获得一些启示。为了让参观者全面系统了解试验站工作，在接待前期需备课熟悉试验站发展历程、研究方向、科研进展、社会服务和当年开展试验的具体内容等工作。通过 2009 年参与的近 20 次接待以及 10 年来对试验站各项工作的参与和深入了解，我更清晰地认识到试验站很多工作实际上已经做到了“知”与“行”有机结合，践行着知行合一理念，并且我们做得更进一步，做到了以知促行、以行求知，并把这种做法融入石羊河人才培养模式实践中，促进了研究生瞄准国际学术前沿与服务祖国大地的能力有机融合，我也是其中的受益者。从博士研究生论文开始，我的所有科研工作都在践行着实验站这种研究理念。

长风破浪会有时，直挂云帆济沧海。回首 2007 年第一次到石羊河至今的 10 多年过往，我觉得自己非常幸运亲身参与了且未来还将继续参与实验站各项工作。我相信只要继续把我们实验站工作有机融入国家旱区水资源高效利用与农业绿色发展大事业中，一步一个脚印，以水滴石穿、坚韧不拔的精神和百折不挠的进取意志，一定会在实现中国梦的伟大实践中成就石羊河人的一番事业，创造出自己的精彩人生。

唱响新时代，开启新征程，石羊河明天一定会更好！我们石羊河人正在用奋斗的青春书写将来石羊河更多美好回忆的青春。

石羊河精神，永远激励我前行

李思恩①

岁月不居，时节如流。转眼间，从踏上石羊河的土地起，至今已有十五载。原以为只是匆匆的过客，未曾想到这片土地留下了我对青春的深刻记忆，承载了我的人生理想，也见证了我的不断成长。每一个夜深人静的晚上，抬头凝望星空，总会想起，曾经的我，看着远方祁连山的皑皑白雪，在田间地头认真地观测科学数据，思索着其中的奥秘，那样的画面，有艰辛、苦难，却是那样的美妙。

现在还清楚地记得第一次到石羊河，那是 2005 年 3 月 29 日，我的导师康绍忠教授带领刘晓志、张宝忠和我一起乘坐 K43 次列车从北京到武威，帮助我们布置野外实验。第一次到大西北，沿途看见浩瀚无边的沙漠，很多地方几乎寸草不生，感受到了这片土地的荒凉、空旷。唐朝诗人王之涣的名句“羌笛何须怨杨柳，春风不度玉门关”，不仅描述了西北荒凉的情形，更表达了诗人对士兵驻守边塞、保疆卫国的赞美之情。而我们也是满怀激情，准备在这块热土上，完成我们的革命事业——研究西北农作物的耗水特性，解决农业生产干旱缺水的难题。

从 2005 年开始在实验站开展野外试验，到 2009 年博士毕业，每年大部分时间都是在基地度过。当再次回首那些青春岁月，忍不住将最深之处的记忆回味出来。

在石羊河的历练，增强了我吃苦耐劳的品格，提高了我的野外生存能力。人们常说，吃苦耐劳，是优秀品格的第一素养。孟子就说：“天将降大任于斯人也，必先苦其心志，劳其筋骨，饿其体肤，空乏其身，行拂乱其所为，所以动心忍性，增益其所不能。”我出生于 1982 年，那时候农村条件已逐渐好转，我的家乡湖北荆州号称为“鱼米之乡”，物产丰富，因此我的童年几乎没有遭受过上辈人遭遇的粮荒、饥荒，乃至后面上了初中高中后，学校条件虽然艰苦，但离家较近，生活经常得到改善。而到了石羊河，才有了苦心志、劳筋骨和饿体肤的亲身经历。

到武威后第一道关就是要适应西北的饮食方式。在我的家乡，面食只是早餐的一个选择，中晚餐必定是米饭。而西北人把面食当作一日三餐的主食，这对于刚到武威的我来说是无法忍受的。西北人做的面条名字很好听，比如转百刀、臊子面、行面、拉条子等等，可吃起来却不是那么回事。起初我买了一个电饭锅，想吃米饭就自己煮一点，但工作忙的时候就没时间做了。看见别人吃面食，自己不想吃、不喜欢吃，但为了填饱肚皮，强迫自己吃下去。久而久之，慢慢发现面食有面食的好，也就习惯了。到了现在，一周不吃牛肉拉面、凉皮，就会非常想念这种味道。如果没有西北的工作经历，而我可能永远停留在过去的饮食频道上。

---

① 2009 年中国农业大学博士研究生毕业，2005—2008 年在试验站进行博士学位论文试验研究。现任中国农业大学教授，实验站副站长。本文作于 2019 年 2 月 28 日。

第二道关就是要学会自己下厨。在家里，父母总是待你如座上宾，怎么会让我走进厨房去锻炼；学校里有食堂，也不要自己动手；但在实验站，却给了我锻炼的机会。2005年，去武威做实验的人不多，我们可以在沙漠公园的餐厅吃饭，但沙漠公园是一个负责接待游客和政府机关人员的单位，去的人一多，我们就没饭吃了。记得有一次，凉州区领导去沙漠公园考察，去的人多，餐厅师傅忙不过来，我们从中午等到晚上也没等到饭。与其挨饿，还不如我们自己来做，所以 2006 年我们十几个人就分了几个小组，每天 2 个人做饭。刚开始不会做，打电话请教家人，边学习边摸索，厨艺也逐步提高。通过亲自下厨，我才领悟到母亲每天给一家人做饭洗衣，是多么的艰辛！

第三道关就是对洗漱和卫生条件要有足够的忍耐心。那个时候我们好几个人住在一个大屋，旁边就是一个堆放煤块的料场。夏季天气炎热，晚上我们就拿上一盆凉水直接往身上浇灌，女生们只能每周去城里洗澡。但是我们也没觉得有多么艰苦。卫生间是那种非常原始的农村茅坑，里面苍蝇满地飞，条件极其简陋。到那里我就想明白了，淘粪工人时传祥为什么会成为劳动模范，干最脏最累的活，才能体现出与常人不同寻常的地方，才能得到人们尊重。

石羊河的经历培养了我们团结协作的精神。那个时候做实验，都是靠大家相互帮助完成的。我们一起打土钻，大家轮番上阵，谁的力气大谁多打一点。为了给晓志那块苹果园布设 Trime 管，我们打了连续一周的土钻，每天从早到晚，体力消耗极大。你帮我测株高，我帮你量光合，正是在这种相互帮助的环境中，才加深了"战友"的革命情谊。时至今日，回想起实验站的青葱岁月，仍然历历在目，与杜老师、夏桂敏、屈艳萍、刘晓志、周青云、张宝忠、鲍兴、王春梅、张霁、苏兴礼等同志的这种"战友"情谊，是在一锤一锤的土钻声中培养出来的。2005 年 8 月，团队在沙漠公园举办石羊河论坛，那个时候我们组织会议的人不多，但是大家劲往一处使，最后把论坛办得有声有色，给专家和领导留下了深刻的印象。时至今日，我们团队始终保持着团结协作的精神，大家从来没有因为任务的多少而计较，待遇的厚薄而苦恼，只要是团队安排的事情，大家都是尽心尽力地做。包括武威的战友董主任、韩主任、胡站和陆权等，每次实验站一有重要工作任务，大家都是满怀激情地投入工作。我们站之所以这些年发展较快，与武威地方的大力支持和团结协作是密不可分的。

石羊河的经历让我看到了一个个乐于奉献的鲜活案例。先说我的导师康绍忠教授。在我本科刚毕业准备读研究生时，就听到系里老师说了康老师的事迹，我就下定决心，要么去康老师门下读研，要么就去工作。倔强的我很幸运得到导师青睐，有机会跟随他学习先进的知识和理念。对于到石羊河投入大量人力、物力、财力做长期基础性工作，我是带有疑问的，石羊河距离北京遥远，交通不便，每次往返需要耗费很大精力。我曾经问导师，为什么不把点选到距离北京近一些的河北、山东等地？他是这样回答的，已有很多单位在华北开展工作，而西北地处偏远，缺水的问题又是如此严重，我们不去谁去？我们要以天下为己任，哪里条件最艰苦，哪里就最需要我们，我们就应该往那里去。是啊，就是这种胸怀天下、以解民生之艰为目标的满腔报国之志，激励着他从 20 世纪 80 年代就开始驻扎石羊河那片艰苦、荒凉、干旱的土地上一直到现在。而现在，他又把一部分研究目光放到祖国的南疆地区，那里缺水的问题、盐渍化的问题更为严重。他在一次野外考察中患上严重的风寒，发热难忍，如果是一般的人员，就会考虑马上返京治疗，而他凭着过人的毅力坚持到考察完成。从他的身上，我看到了一个时刻心忧天下、一生为民的知识分子形象，而这种精神时刻激励着我、感染着我！我在实验站的同事陆权，多少年来拿着微薄的薪水，为了实验站的发展，不计荣辱得失，一心为公，帮助和指导了一届又一届的毕业生，完成了一次又一次的重要任务，实验站的每一本毕业论文，每一个进步，都凝聚了他的心血。同学们都亲切地称呼他为"陆哥"。从他的身上，我看到了一个爱岗敬业、勤恳奉献、把工作当事业干的光辉形象。

石羊河的经历还培养了我们做研究要不断创新的精神。创新精神对于研究人员来说是一种极其重要的素质。在我刚涉足通量观测的时候，国际上开展农田通量长期定位观测的站点还很少，所以与作物耗水相关的一些基本规律类文章还比较容易发表。但是随着站点的增加和类似研究的不断涌现，对基本规律描述的成果很难再获得认可。于是我们开始研究农田蒸散发模型。针对西北地区采用节水灌溉和栽培引发的地表非均匀性，来发展传统的蒸散发计算理论，取得了一批代表性成果。随着工作的推进，发现只考虑水循环的问题，很难回答农田生产力如何提升的问题，所以我们的研究视野转到了水热碳循环研究，乃至现在的水热碳氮耦合循环研究，期望通过更加深入和系统的理论研究，探索农田生产效率的提升途径和干旱区农业可持续发展道路。而这些就是要求我们不断学习、不断突破、不断创新，才能做出更好的研究成果。

石羊河的经历伴随着我的青春年华，在我的人生旅程上刻下了深深烙印。这些年，我们过得很充实、走得很坚定。在接下来的日子，我们还会努力奔跑，追逐自己的梦想。石羊河的精神将永远照耀我的前行之路！

一顶帽子承载着我与外国专家的石羊河友情

牛　俊[1]

自 2015 年起,每年暑假我都会陪同几位国际专家前往石羊河实验站进行参观考察。几年来已先后有来自法国、美国、英国、澳洲、瑞士的外国水问题专家共计 30 余名,其中也包括 2018 年暑期与美国密苏里大学教授同往的 7 名博士后和研究生。因为负责陪同和安排接待,每次去石羊河时都是精力高度集中,尽力安排好每一步行程,唯恐有些许怠慢和疏忽。例如,在飞机上需要考虑着陆后如何联系前来兰州机场接机的司机,如何带领专家们不绕路而顺利上车;在考斯特的车上需要考虑几点安排大家共进晚餐合适;参观时如何规划路线能最好地展示出实验站最具代表性的野外试验,同时还不耽误大家的就餐等问题。现在想来,团队之所以这样小心翼翼,周到安排,是因为师生们心中对西北农业充满着无限的眷恋,而石羊河实验站正是凝聚着这种情感的结晶。因此,每次到访都期待着国际专家们能看到这颗西北土地上璀璨的明珠,期待着他们先进的思想能与我们的研究成果交映生辉。

虽然与自己外出学习和访问不同,每次并没有太多的时间去感悟行程中云山风草撩动的思绪,但总有一些特别的场景,让我印象深刻,印绘了每一次行程的色彩。其中与美国密苏里大学的 Vice Chancellor Prof. Christopher R. Daubert 的交流回味最浓。

那是 2018 年暑假,中国农业水问题研究中心举办"111"学科创新引智基地项目 Workshop。在 2018 年 3 月,我已经开始着手与美国密苏里大学和加州大学分校教授进行一系列联系安排工作。此次前来访问和交流的 16 人外专团中包含了副校长、教授、博士后和研究生,想来着实是一次两所大学之间的交流互动。

从兰州机场到实验站所在地的武威市共有 3 个小时的大巴车程,我坐在 Prof. Daubert 校长旁边一路陪伴,介绍了甘肃这一西北省份的气候和经济概况,也回应着他的一些发现和好奇,有时也聊起他的故乡和他的家人,而当日是他继北京学术研讨会后访问行程的第四天了。时至下午,车行自南向北,开始有些西晒,我替靠窗而坐的 Prof. Daubert 拉上了窗帘。车程过半,大家似乎都有些困顿,我努力打着精神,但不知不觉也耷拉着脑袋,直立的车椅背让上身失去了重心,总在一个突然的倾倒中惊觉,调整好姿势又瞬间闭眼。因过道在右,下意识的人向左靠,数次头触 Prof. Daubert 的右肩膀,警觉之后赶紧归位。但睡意不得减,一个耷拉,歪头,加上车行变速的助力,突然向 Prof. Daubert 猛撞过去,这一撞毫无保留,彻底惊醒了自己,尴尬之下,急忙致歉。Prof. Daubert 侧视一笑,左手轻拍起他强壮的右臂肱二头肌,示意我没问题,可以继续。

外专一行下榻武威市。当晚我们俩开始用双脚丈量起这座西北古城。武威,古称凉

---

[1] 2003 年西北农林科技大学本科毕业,2010 年香港大学博士研究生毕业。现任中国农业大学副教授,2015 年起参与石羊河实验站国际交流工作。本文作于 2019 年农历正月初八。

州，雍凉文化的发源地，是丝绸之路自东而西进入河西走廊新疆的东大门，自古有金张掖、银武威的美誉，张掖以"张国臂掖，以通西城"而得名，而武威由汉武帝为彰显军队的军威而得名，曾经是西北的军政、经济中心，中国的第三大城市。穿过街道，我们信步走向南城门楼，走过这一始建于隋代的城门，是一个 4 万多米^2 的城门广场，曾经御敌入侵的城池如今已成为市民载歌载舞、休闲观光之地。这位美国的大学校长新奇于眼前之景，请市民将那一刻的我们和凉州城墙上的三层重檐歇山顶式建筑留在了他的手机相册中，发送给了他在美国的家人。返回住处时，Prof. Daubert 提起想给儿子买一件当地的 T-shirt 作为礼物，这件 T-shirt 没有什么档次的要求，只希望能反映当地的文化风情。我想这应该不是一件难事，便与他一家家服装店去找，路道旁、十字路口、地下商场逐一搜寻，找到了 Adidas，Levi's，Snoopy，印有凯旋门和 James 23 号的以及印有各种网络笑脸和动画人物的，而这些都是他在美国熟悉的图色，十几个服装店下来，并无收获，计划择日再寻。翌日，在石羊河实验站，康老师赠送了一件石羊河实验站的文化衫。Prof. Daubert 非常高兴，认为这是送给他儿子最理想的 T 恤。在北美的哥伦比亚，一个美国帅小伙身着石羊河实验站的文化衫在密苏里大学校园里行走，定是一道特别的风景。

美好的相聚之时总很短暂，Prof. Daubert 要离开实验站了，因为他的行程稍短，要先于加州大学和密苏里大学的几位专家和美国研究生离开。当晚要到达北京，第二天出发，返回美国。而我则需要陪伴大部队次日去往石羊河流域下游的民勤地区，参观因多年来节水灌溉的推行、种植结构的调整和区域水资源的优化配置，使干涸的青土湖重现碧波荡漾之景。至此，我与 Prof. Daubert 已到了告别之时，他和我走到了实验站大楼前的篮球场旁，那日下午，天蓝云静，夏风微热，也许此时的一张合影胜过过多的言语。以中国农业大学石羊河实验站的大楼为背景，戴着太阳帽的 2 个人，一个太阳的影子。拍完一张后，Prof. Daubert 侧身示意我别动，摘下他的帽子，将我的遮阳帽戴在他头上，把他的帽子戴在了我头上，又拍了一张。我以为他是逗趣，正要归还他的帽子，他赶忙说："不，你戴上这个帽子，这是我送给你的礼物。"那是一个印有密苏里大学的 Logo，以及他们学院缩写"CAFNR"的帽子。我说："戴上这顶帽子，我也就是你们中的一员了，"他说："You are indeed a member of our center"。

我们都是石羊河的追梦人

田　菲[①]

在2018年年底工作总结大会上，康老师对2019实验站工作计划做出安排，并表达了编辑出版《石羊河印记》的决心和信心。由于我实在不擅长玩弄文字和表达，所以一直逃避这个任务。拜读了实验站前辈们在实验站建站之初经历的各种石羊河故事后，我更加难以提笔。这些故事于前辈而言好似过去挥洒汗水的艰苦岁月又经历了一遍，于我，却十分感叹我们能在这样一个快速发展期在实验站开展实验，基础设施和实验条件得到充分改善，坐享其成的感觉，很不好意思，感觉无从下笔……

2017年的暑假，是我入职后第一次去实验站。那一次，陪伴我的是我7岁的孩子。当初去的目的很简单，因为做大尺度遥感监测需要地面资料的验证支持，想在生长季赶紧布置一点地面遥感监测试验，顺便看看通量观测塔数据能否支持我们的卫星监测结果，另一个就是发现孩子一直成长在温室，认不得五谷杂粮，想着趁此机会让孩子磨炼磨炼，吃吃苦，流流汗。因为我的博士论文也是在西北干旱区完成的，读着屈艳萍和周青云等师姐们的故事，在临泽、张掖、民勤荒漠做热红外遥感地面监测的情景又浮现于脑海，雷打不动的方便面、那么爱美的年龄每天只能灰头土脸、荒漠50多摄氏度地表高温下的汗流浃背，对于胆子特别小的我而言，那时最头疼的其实不是没法洗澡，而是，野外有好多红色的类似血吸虫的长虫，不小心会被钻到腿上，幸亏有司机师傅一直点着香烟熏着，才让我们心宽了一点点……小师妹感叹我们真是用生命在做实验，然而10年过去，再来回忆那段灰色经历，一点点的苦，却又一丝丝的甜，非常感恩，特别珍贵。本着这样的一种情景浮现和对实验站环境的一种猜测，我想，在都市太久再有一点点这样的艰苦经历也是好的……谁知，刚下车到实验站门口，就感觉特别震撼。首先映入眼帘的是红得非常有范儿的大门，然后是实验站大楼、宿舍、餐厅等基础设施，虽算不上豪华，但相比我们做实验的时候真是好太多了！还有篮球场、排球场……与我预先的假设和想象完全不一样，迎面而来的还有我们热情的同学们，记得当初他们正在准备搞一次庆祝活动，晚上要烧烤，因为刚入职不久，很多事感觉还都不适应，然而由于与孩子们年龄相差不太多，很快就玩成了一片，虽然做实验特别辛苦，但大家依然热爱生活，每天过的欢天喜地精神抖擞，因为在艰辛的科研路上，大家不是一个人在孤独前行，而是有这么多一起并肩作战的战友们……孩子已经开心地雀跃了(也就是这次经历，孩子已开始憧憬和向往大学生活了，石羊河是很多人梦想开始的地方)。做好入住安排后，逛了逛实验室，同学们在认真的整理白天取回来的土样和观测到的数据，实验站里的仪器特别丰富，涡度相关通量塔、波文比系统、大型称重式蒸渗仪……看完后当时非常激动，我一直顾虑的问题好像找到

---

① 2012年北京师范大学博士研究生毕业。现任中国农业大学副教授，2017年起在石羊河实验站参与实验。本文作于2019年2月20日。

了解决途径，得益于这么好的平台建设，我在几天就安排好了生长季的地面监测试验。

我所了解的石羊河实验站的科研和生活条件相比之前真是大大的改善，或许还有更多改善的余地，但我认为石羊河是最滋养情怀的地方。它好像有一种天然的魔力，提供了一个完美的实验场，每年吸引接近上百名师生来实验站工作。随着学校配套的科研经费的启动，2017—2018 年，我们分批逐步购置了手持式红外热成像仪、大疆无人机、机载热红外传感器，地面遥感和航空无人机遥感监测逐步进入了空地一体化监测的探索阶段，三名硕士也纷纷积极主动的入驻实验站参与野外实验。航空监测和地面监测有特别大的区别，最让我忧心的是孩子们的安全问题，虽然大家都已熟练操控，但最初实验的一个月总是有各种奇奇怪怪的梦，我甚至很怕听到学生的电话，生怕听到不太好的消息……也就从那个时候开始，我深刻理解了我导师的那句：儿行千里母担忧。在我们野外实验时那一通通电话和短信的问候牵挂，让我至今一直心怀感恩。这期间，其实发生了挺多让我感动的事儿。研二的梦杰从一个最初说话都害羞的小女生在实验站磨炼得俨然成长为一个铁打的“女汉子”，安排师妹们的生活和各种难题，不仅能主动布置好自己的实验，还特别热心的帮助师妹们安排实验监测，分享心得，基于石羊河实验站两年的地面航空遥感监测，发表了一篇 SCI 论文，另一篇也进入审稿修改阶段，3 个小女生互相帮扶的一幕幕场景，或艰辛或温馨，我们几个人都在拥抱着成长。若干年后回想起这段经历，他们会不会也会莞尔一笑，将这段石羊河青春记忆深深珍藏……

2018 年 5 月，我第二次去实验站。那一次是陪同澳大利亚科学院和工程院院士 Ian White 教授及 CSIRO 首席科学家张橹教授。当时记得已经给 Ian 和张老师定了武威的宾馆，他俩坚持不住在外面，觉得实验站既然能提供住宿再住外面就比较费钱，我告诉他们实验站那几天可能洗漱洗澡不方便，然而他们并不 Care 这些细节，更希望在有限的时间里能在实验站与学生们进行更深入交流和讨论。这让我非常感动，导师的教育一直是润物细无声。在实验站的两天，Ian 对石羊河实验站给出高度评价，他除了高度赞扬了实验站的美味饭菜和新颖有效的人才培养模式，他还认为我们的石羊河实验站是一个“It is a world-class field station, an ideal place to do irrigation research and a wonderful opportunity for graduate students”！张老师也表示计划拿出两三个月的时间，来这里集中做一些科学研究。实验站的国际合作交流非常密集，吸引无数国外知名学者来实验站指导工作和进行学术交流，*Agricultural Water Management* 主编 Brent Clothier 及美国 USDA-ARS 的 Claire Baffaut 教授跟我反复强调下次来华一定要给安排预留出足够时间去我们的实验站看一看，正是团队前面这么多可爱的石羊河人这么多年在实验站挥洒辛勤汗水及四融合高素质人才培养模式，石羊河实验站才得到国际一流水准的学术界认可。作为实验站的一员，虽然参与比较晚，总有坐享其成的感觉，但真的是非常开心和自豪。同时，更多的是压力。从康老师建站到各位老师同学们的深情参与，他们都已在石羊河发展史上留下深深的足迹和浓厚的一笔，每个人都在诉说着非常精彩的石羊河故事，有时也惴惴不安地问自己，在这么好的平台上，我，又能为实验站做点什么，在不久的将来是否也能讲出一个美好的故事……

习主席说过：“撸起袖子加油干，幸福是奋斗出来的，我们都是追梦人……”

石羊河小坝口节水研究的往事

梁宗锁[①]

遥远的试验站

时光如梭，转眼20多年过去了，1997—1998年在石羊河研究节水的往事，至今难忘。我于1995年9月入学，博士论文的前期研究工作在西北农业大学北门外的灌溉试验站进行，经过一年多的实验，室内水培玉米和人工气候室盆栽的根系分区交替灌溉试验基本完成，导师康绍忠教授创新性提出的将植物干旱传输信号理论应用于节水灌溉的思路被证明具有良好的效果，下一步就是去大田试验。经过导师的多次指导与讨论后，试验安排在武威地区民勤县小坝口灌溉试验站进行。当时没有高铁，只有非常缓慢的慢车。早晨从杨凌小镇上车，经过10多个小时到兰州火车站，等4个小时后再换乘去武威南站的火车，由武威南站到武威城区18千米，没有公交车，等呀等呀，来了一辆挤满人的三轮车。背着价值30万元的光合仪和其他试验用品，还带着书籍和一些文献资料，好不容易挤进了三轮车里。这是读书以来第一次去那么遥远的地方，心里紧张，设备昂贵，导师的嘱咐和充满希望的眼神告诉我一定要成功地把试验做好！忐忑的心情现在想起来记忆犹新！到了武威就好了，虽然还有70多千米路程，好在有康老师的老朋友，当时武威地区水科所石培泽所长的接待和安排，就不再那么紧张了。石所长非常热情地安排车送我到了民勤县小坝口灌溉试验站，当时试验站有3～4位员工，住的土房，吃饭自己做，距离县城还有大约10多千米，没有交通工具，但做试验非常方便，出门右转20米就是试验地，有烘箱、土钻、铝盒、天平等基本条件，我一路忐忑不安的心情和各种顾虑就一下放下了，急切地去试验地看看。试验地在康老师和石所长、试验站何站长的安排下已经布设好了，玉米已出苗，我一看太高兴了，非常规范，非常标准，玉米株距行距很统一！开心得不知道说啥了，心里高兴不知道怎么表达，那就帮助他们干活，打扫卫生，帮助做饭。

早餐在哪里

记忆最深刻的是第二天早晨起来。由于昼夜温差很大，洗脸水很凉，洗完脸去灶房吃饭，拿着碗筷去看看有没有稀饭和馒头，结果试验站工作人员告诉我，早餐是把干馒头拿来泡在开水里，加点盐就好了。他们还告诉我早晨的盐汤胜过参汤，晚餐的盐汤超过砒霜，直到现在我还记着这句话。早餐盐多点的咸菜可以吃，晚餐就不能吃了。

---

① 1999年西北农业大学博士研究生毕业，在石羊河小坝口灌溉试验站进行博士学位论文试验，现任浙江理工大学生命科学学院院长、教授。本文作于2019年1月。

1997—1998 年每年暑假我都会去试验站，记得 8 月份的早餐很特别，在切开的半个西瓜里，泡馒头然后再吃，西瓜很凉。工作人员说，你们陕西有羊肉泡馍，我们甘肃有西瓜泡馍，至今难以忘记。试验站工作季节性比较强，每年 3 次，每次去 20～30 天，取样、测定，连续去了 2 年。1997 年上半年我一个人来到试验站，后来师妹潘英华、师弟杜太生等过来，大家互帮互助，试验站就热闹起来了，试验进展也快了。除了做试验外，想逛逛街都没法去，只能周末坐很少有的大巴去县城，买点必需的生活用品。不需要做试验的时候，康老师给了我好多香港浸会大学张建华团队关于干旱下根系信号对气孔控制的论文，在试验之余我就阅读这些文献，当时的阅读理解能力很差，没有办法就逐句翻译，每次去石羊河就翻译这些文献，前前后后翻译了 30 多篇论文，不仅系统学习了根源信号理论，也记住了很多英文句子，学会了英文写作。那个年代大多数人还不知道 SCI 论文怎么回事，我们能在《水利学报》《生态学报》《中国农业科学》等国内顶级期刊发表论文也就非常高兴了。在民勤小坝口灌溉试验站开始了我的 SCI 论文学习与写作之路，导师给予了许多指导。在和康老师交谈时，我表达出了自己的想法，后来康老师安排我去香港浸会大学张建华实验室学习了一段时间。当我得知可以到香港浸会大学交流的时候，激动了好一阵子！

如此干燥的环境

在民勤县小坝口灌溉试验站的日子，虽然条件艰苦，没法洗澡，但气候非常干燥，影响不大！这里是全国空气相对湿度最低(18.6%)的地方，大多数时候在 20%～30%，蒸发量很大。方便的试验地和良好的试验条件使得这里非常适合做研究。由于这里空气干燥，出现了很多令我新奇的现象，比如晚餐蒸的馒头第二天早晨就干到无法掰开，再比如，我们老家的小麦收获后要在太阳下暴晒 3 天才能入仓，而试验站的小麦收了就直接入仓库了。干燥的空气也加速了土壤的干燥，玉米一生要灌水 8～10 次才可以。我理解了这些之后，非常佩服康老师把试验点选在了这里，对于路太远，路上耗费时间太多，生活条件太差的那些抵触情绪一下子就没有了。原来根系分区交替灌溉试验就要在这里做，必须多次灌溉，蒸发量大，天气晴朗气孔明显地在一次次灌水后的变化，多次灌水后根系的表现，才能进行研究。我们的关中地区玉米一生最多灌溉 1～2 次，没有根系分区交替灌溉试验的条件。我和小杜即使晒黑了也没必要在意，那时候也没有防晒霜，没有遮阳伞，在那样万里无云的大太阳下，我们美丽的小潘师妹虽然有帽子，但也晒黑了。如果那个年代有遮阳伞，估计我们小师弟会去给小师妹买好的，毕竟那个年代师弟师妹们和亲兄弟姐妹一样！不知道当年的民勤小坝口灌溉试验站还有没有，2019 年能不能再去看看试验站，在新闻中看到康老师投入大量心血建设的石羊河试验站已经成为国际著名的研究基地，有机会我一定要再去一趟，多少回梦到了当年试验站的人和事！

开启青春梦想的地方

在这里，我积累了研究经验，学习到了科学研究的精神，学会了如何把最先进的理论应用于实践，培养了社会实践能力，学会了做研究、写论文。博士研究生的四年研究，部分试验在石羊河进行，虽然累计只有几个月时间，但在那个艰苦的年代，发生的事情历历在目。转眼之间20多年过去了，石羊河实验站已经成为一个具有国际影响的大平台，正像中国农业大学原校长柯柄生题词中所写的那样，发挥了“科研平台、育人基地、示范窗口、造福西北”的重大作用，吸引了无数国内外学者的目光。在那里留下了我们的青春年华和大太阳下的身影；在那里我们记录下了灌溉节水的效果，记录下了玉米成长的植株高度、叶长叶宽、根系生长，记录下了光合速率、蒸腾速率、产量、水分利用效率；也就是在那里，培养了我们吃苦耐劳的品格和严谨求实的科学精神，开启了我们献身科学的青春梦想！

石羊河,我们共同的母亲河

粟晓玲[①]

读过的文学作品中,母亲河这个称谓,曾被无数的文人墨客所引用。她,可以汹涌澎湃如长江黄河,也可以恬静淡泊如浅水小溪,有时会被作为人生的港湾用来寄托浓浓的乡愁,有时会被作为心灵的驿站存放疗伤的鸡汤。生命中的各种纠结与不舍,喜怒与哀乐,或从容,或迷茫,如此等等,皆可以在这个被称之为"母亲河"的广袤空间中得到升华。

然而,有这么一条河,既不在诗情画意的江南水乡,也没有承载过大家年少记忆中的丝毫童趣,却让一个由九州精英八方才俊所构成的科研团队魂牵梦萦几十年！对于这群人,这条河虽然不是文人墨客笔下的母亲河,却胜似母亲河。这条河,就是发源于祁连山北麓,消失于大漠深处的石羊河。

我很荣幸,也成了这个群体中的一员。

首次近距离感受石羊河,是在 2002 年的暑假。当时,康老师接待一个中日据点大学交流项目的日本代表团考察石羊河,我和杜太生、佟玲一起陪同。我们在兰州同考察团汇合,然后坐大巴穿过祁连山到了武威,沿石羊河考察了西营河水库、红崖山水库、小坝口试验站、民勤青土湖区。印象最深刻的,是看到号称亚洲第一座沙漠水库的红崖山水库干枯无水,曾经碧波荡漾的青土湖湖区不见水面,民勤至武威的民武公路,漫天的黄沙障眼,沙进人退之后的断垣残壁、一望无际的戈壁荒漠以及盐碱地。从小在南方长大的我,被眼前的景象完全震撼了,古诗文中所勾勒出的一幅幅关于大漠的浪漫与奇妙统统消失的渺无踪迹。作为一个从事水资源与水环境问题研究的专业技术人员,我第一次体会到了违背自然规律盲目无序的水资源开发,以及不合理的流域水资源配置与管理所带来的生态环境问题的严重性。

从那以后,因为研究工作的需要,去过石羊河很多次。我的博士论文题目是《石羊河流域面向生态的水资源优化配置研究》,需要经常性的收集社会经济、生态环境、水资源等各个方面的资料。收集资料的过程所经历的各种感动和各种无奈,现在回想起来却是那么的有趣和美好。

在武威市水利局,当时年逾 80 岁的左凤章教授级高工,为了帮助我们提高资料的完整性与可靠性,千方百计找到并提供了他们最原始的潜水蒸发试验资料。我和魏晓妹教授以及她的两个研究生,在张掖收集石羊河流域地下水资料时,由于资料不能公开外卖,我们只有通过校友们的间接联系获取。记得给我们提供资料的同志是从资料室借的,按规定只能借一天,天黑时他用黑麻袋扛了两大袋到了我们住的宾馆,要求第二天必须归还。30 多本资料,有的一本就有几百页,要一页一页的复印,担心一天复印不完,于是我

---

① 2007 年西北农林科技大学博士研究生毕业,曾多次到石羊河流域及实验站调研。现任西北农林科技大学教授。本文作于 2019 年 2 月 11 日。

们四人在张掖分别找到了当时仅有的四家复印店，每人盯着一家，检查复印得是否清楚，对不清楚的又重新复印，加班加点总算复印完。终于拿到了梦寐以求的基础资料，我们非常兴奋，如获至宝，高兴之余又担心通过邮局邮寄有可能丢失，我们就用纸箱子装好，一路坐火车随身带了回来。

大概是 2004 年的暑假，我和佟玲在武威收集资料，在武威市水利局石培泽副局长和武威市水利科学研究所所长杨秀英所长的帮助下，我们在中午 12:00 又意外地收集到了武威市最新的水利统计年鉴，非常高兴，但当天下午 3:00 的回程车票已买，我和佟玲就都没有吃饭，赶着在复印店复印资料，最后看时间来不及了，匆忙回到宾馆收拾了一下行李接着去继续复印，等复印完了资料，刚上车，火车就开了。回到家里才发现新买的一件在当时算比较昂贵也比较喜欢的衣服落在了宾馆，虽然也懊恼了几天，但收集到资料后工作如期顺利开展的喜悦很快就替代了那些许的懊恼。

曾经有人总结科研工作的 3 个境界：其一，“昨夜西风凋碧树，独上高楼，望尽天涯路”；其二，“衣带渐宽终不悔，为伊消得人憔悴”；其三，“众里寻他千百度，蓦然回首，那人却在灯火阑珊处”。我的博士研究经历，让我非常佩服这位高人的独到与精辟，总结得太到位了！

我在做博士论文期间，完完整整地经历了这三个境界。开题前也曾迷失在众多文献中；研究中学语言、写程序，梦里也在修改程序，半夜醒来想的还是论文，往往半夜的思维还出奇清晰并逻辑严密，为此在床头放了一个笔记本，醒来不敢先翻身，唯恐翻身就忘了，赶紧记下来。多年的经验与教训告诉我，论文研究进行到关键阶段，千万不能急躁，越急越出错。记得 2007 年博士研究生论文答辩前的“五一”节，先生带着女儿去游玩，我独自在家修改答辩前的博士论文，忙了近乎一整天，也许是打开文档太多，不知按了哪个键电脑突然死机，一天的工作白费了，当时急得直掉眼泪。

光阴似箭，时光如梭。毕业后我主持的几项国家自然科学基金项目的研究区依然是石羊河流域。博士研究生毕业 10 年后的 2017 年 6 月，我应民勤县水利局的邀请，参与民勤工业园区规划的咨询，再次考察民勤青土湖区，发现昔日的荒漠已经发育为湿地，水草茂盛，水鸟悠悠，一派生机盎然的景象。在人们的不懈努力下，在科学治水理念的指引下，千年绿洲再一次被人类唤醒。此刻，正值 2019 农历猪年春节的假期，难得的闲暇，静下心来，回忆近 20 年追随导师从事石羊河流域问题研究的许多片段，并逐一串接起来，感觉就像一曲如歌的行板，浪漫而优雅，激动而又美好。

那一年那些人那些事

潘英华[①]

从我第一次到小坝口试验站起，21 年过去了，不知不觉间已经过了这么久。我努力地搜刮着记忆的残存，用拙劣的文笔写下那一年去过的地方，遇到的那些人，经历的那些事，以及带给我的人生感悟。

初识小坝口

1997 年 7 月初，我从中国科学院研究生院学习一年后回到水土保持研究所，康老师为我指定了研究方向和内容，试验地点就在甘肃武威民勤县的小坝口灌溉试验站，我的科研生活从此开启。当时，也没有想到能为石羊河做多大贡献，只是觉得这是导师给的任务，必须好好完成。大概是在 1998 年 4 月，在导师的带领下，蔡焕杰老师、韩娟和我一行 4 人到石羊河考察并安排试验工作，那是我第一次来到小坝口这个地方。试验站以砖墙围着，外墙糊着黄泥，围墙内外都有排水沟，沟边栽着杨树。试验站的办公区和生活区都在一起，从站长到员工的办公室都兼做宿舍，还有一个会议室，也是实验室。站上的院落很大，大概有 200～300 米^2。人行道路都是红砖铺就，紧挨着房间的外墙，其他地方都是自然的土质地面。院子的很大部分是菜园，站上职工吃的蔬菜一部分自带或购买，还有一部分是自己种植，喝的水都来自院里的一口水井，水井里的水与我们饮用的自来水不同，天生地带着咸味儿，矿化度较高。院子西边的人行路边还有几棵枣树，已经高过了房顶，枣子很小，但是很甜。试验开始的那一年，我让站内的员工帮我在当地买了一些枣子寄回东北老家，远在东北的家人也品尝到了西北的特产。第一次到试验站只是简单地了解了一下情况，见了一下站上的负责人。真正的试验从 1998 年 5 月持续到 9 月玉米收获。

试验开始啦

1998 年 5 月，做好了前期准备工作，独自一人乘车前往小坝口做试验，在武威地区水科所石培泽所长和杨秀英工程师的帮助下，来到试验站。那时已按康老师和石所长讨论的方案安排好了试验处理，玉米已经种好，长到高 20～30 厘米，小坝口的试验生活紧张而有序地开始了。

试验站上常驻员工有 5 人，何立绩站长、老徐（副站长）、老马（会计）、小潘（潘长斌）、

---

① 1999 年中国科学院水土保持研究所硕士研究生毕业，在石羊河小坝口灌溉试验站完成硕士学位论文试验。现任鲁东大学资源环境学院教授。本文作于 2019 年 1 月。

厨师，粮食都是员工从家里带的。每天谁在站上用餐，都由老马做记录。我刚到试验站的时候，前任厨师不干了，都是由员工们客串。后来，徐副站长找她的侄女小徐来站上做饭。小姑娘刚开始什么都不会做，还是老徐教会她做饭。小姑娘倒也聪明，没几天，饭菜也就做得有模有样儿了。站上只有我们两个女孩子，有时我也和她聊聊天。虽然有些方言真的听不懂，但是，聊得还挺愉快。

试验紧张的时候，站上没有闲人。每个人都得下地劳动，灌溉，取土，测生长指标，收获，每个人都是一把好手，试验做得很认真，很仔细，也很像样。

小坝口试验站的外面就是当地居民点，居民点的外围就是腾格里沙漠，气候干燥多风沙。刚到试验站的时候，经常会流鼻血，尤其是晨起的时候，鼻子都不能碰。后来采取的办法就是先润湿鼻孔，再去碰它，再就是多喝水，因水有点咸，所以一般会喝茶解渴。因为地处沙漠边缘，风沙的出现司空见惯，但是像站上人说的吃的米饭里都有沙的情况，在站上还没有碰到过。

试验站的特色饭

试验站的早餐一般都是白面馍，他们的馍是自然发酵，因为不加发酵粉，有时候会带一些酸味，蒸好以后再晒干，硬硬的有很多孔洞，吸水能力很强。来到试验站，在西瓜下来的时节，我终于吃到了传说中的西瓜泡馍。一个 2～3 斤的小西瓜，一切两半或者用手敲成两半，用小勺把瓜瓤捣烂，干干的馍掰成小块放进去，用西瓜的汁水把馍泡软，一顿早饭就解决了。很简单！

午餐一般会吃拉条子，用辣椒炒茄子拌上拉条子，再加上一盘凉拌韭菜，韭菜焯水后，加上盐、醋，醋一般会多一些，调调味儿，也蛮好吃。偶尔有客人来访，还可以吃上一顿手抓羊肉打打牙祭。站上的员工们个个都是做饭的好手，做的手抓羊肉很简单，但是很美味，让人回味无穷，至今无人超越。四五个月的面食吃下来，我的体重从 45 千克一下子升到 50 多千克，整整胖了一圈儿。

有个靠谱的师弟很幸福

1998 年 7 月，我在试验站待了 1 个多月后，小杜师弟来试验站帮忙，梁大师兄也开始测定他的作物光合作用等水分生理指标。每次都是从杨凌带来光合仪，主机加配件要一大箱子，一般都是石所长和杨工他们帮助送过来。每次灌水前后，我和师弟都一起测土壤含水率，观测灌水沟中的水位变化。沉甸甸的中子仪和土钻，每次都提在师弟的手里，真的很感谢他在试验期间给予的帮助。梁师兄、小杜、我在试验期间，都会互相帮助，谁有活都是一起干。干完活，坐在会议室里看看电视，聊聊天，又或者走出试验站，到周边转转，散散步，看看风景。生活简单、宁静且充实。

每次灌完水后，因为要观测灌水沟中的水位变化，碰到水分入渗快的时候，观测早早就结束了，但有时水灌得晚，渗的又慢，就得持续很长时间，甚至到第二天早上才能渗完。一次灌水后，我和师弟观测到了零点，小杜说再出去观测让我叫他，我一看都半夜了，也没打算再叫他。凌晨两点的时候，自己一个人拿着手电筒，悄悄地出了宿舍门，去玉米地里观测沟中水位。说不害怕是假的，人在地里，脑子里已做好了各种突发情况发生时的预案，战战兢兢地完成了一次观测，再到四点的时候，天也快亮了，胆子就更大了一些。在师弟的协助下，几次灌水，我们都很顺利地完成了测定任务。8月底时，师弟要入学报到，梁师兄也完成了他的生长期测定任务，暂时回学校了，试验站上又留下了我一个人。感谢师弟两个多月无怨无悔的坚守相助，让我顺利地完成了试验任务。

夜捉偷玉米贼

简单的生活中也有乐趣，因为采用的分根交替灌溉，试验站的玉米长得很高很茂盛，结的棒子又大又结实，一天半夜，我和小杜正在地里测土壤含水率，忽然听到“咔嚓、咔嚓”掰玉米的声音，前几天刚听何站长说会有偷玉米的，今天就来了？我和小杜对视了一下，“偷玉米的！”，我们俩人一边喊叫一边冲着声音发出的方向跑，师弟跑得快，偷玉米的人吓得赶紧越过排水沟，扔下玉米骑着车跑掉了，我和师弟很有成就感。拎着玉米棒回到站里，那天中午我们吃到了煮玉米棒。从此，我对安排保护区的目的有了另一种理解，就是可以防止盗窃影响产量。

人鼠大战

9月下旬，玉米开始收获了，忙了大概2天时间，除了灌溉制度试验小区都收完了。地里的玉米棒变成了院子里的玉米棒，因为只能存放在院子里，这给一种小动物提供了美食。堆成小山的玉米棒散发出的香味儿，吸引了野地里的老鼠，给我的感觉是，四面八方的老鼠都在向试验站进军，晚上睡在房间里，能听到老鼠的叫声、打架声，真的很折磨人的神经。何站长让人从县里买了老鼠药，在院墙四周和院子里都撒了很多。于是，那天晚上，摸黑儿去WC，我踩到了一个软绵绵的东西。第二天早上，我看到何站长拿着铁锹，在院子里收尸，不是亲眼所见，很难相信老鼠的品种还真是不少，个头也差别很大，大的大概有0.5～1千克，小的只有几十克的样子。不知道何站长搓出去多少锹，只看到试验站大门外的灌溉渠里多了一堆灰色的老鼠尸体。

试验结束了

梁师兄在灌溉制度小区玉米收获时又回到了试验站，我们一起考种，取植株测生长指标和产量。取玉米根的工作比较繁重，每个小区挖一个1米×1米×1米的坑，分层把所有根系都取到，挑拣并清洗干净。一个小区通常要取几麻袋土，挑选出来的根系可能只有几十克甚至更少。试验做到最后，也是很着急回学校，真的是拼着力气在做试验，洗根洗到想趴在壕沟边上。在全站人员的共同努力下，我们圆满地完成了试验任务，顺利地回到了水土保持研究所。再次回到小坝口灌溉试验站时，我已经硕士毕业，做完了最后的试验，拿到试验数据就再也没有回去过。再后来，与站上的联系就是与何站长通了一次信,要了我们需要的试验数据资料编写报告。此后,与何站长再无联系。

二十几年的时间过去了,小坝口灌溉试验站现在是什么样子？何站长、老徐、老马也都该有70多岁了,当时站上最年轻的小潘也该50多岁了,不知道他们现在都在哪？生活怎么样？对我这个当年的小姑娘还有记忆吗？如果有机会,一定会再去小坝口看看,如果有可能,再去看看老熟人。感谢他们当年对我的帮助和照顾。

虽然在小坝口灌溉试验站的时间很短,也没有什么惊天动地的大事。但是,感觉那几个月的时间,自身能力和素养却在发生明显的变化。几个月时间是在做试验,也是在修身修心。初到小坝口灌溉试验站,各种不适应都会显现出来,毕竟和自己生活的环境太不一样,心情也有十分烦躁的时候。唯一的办法就是让自己忙起来,人一忙,就不会那么矫情。在小坝口,看到了当地人所处环境的恶劣,但从他们的生活状态上,我能感知到当地人对待环境和生活的积极向上的生活态度、勤劳本分的品格。对比之下,我们所处的环境已相当优越,至少我们拥有适宜的生存环境和良好的水源。他们可能一辈子不会离开家乡,一辈子生活在恶劣的环境中,而我们只是过客,就在这里生活一段时间,那还有什么可抱怨的？既来之则安之,自己好好地做点对当地有用的工作才是正事。另外,从试验的整个过程中,我也深深地体会到,互助和团队协作在科研工作中是多么重要,如果没有同门师兄师弟的帮助,没有小坝口灌溉试验站员工的大力协助,试验任务很难顺利圆满地完成。非常感谢他们!

那一年的经历终生难忘,再次由衷地感谢老师。愿导师及团队在石羊河的各项工作进展顺利,为旱区人民做出更大贡献!

我终生难忘的石羊河岁月

夏桂敏[①]

提起在石羊河沙漠公园试验站的经历，是我记忆中最深刻、最亲切、最值得骄傲、更是最难忘的经历！

2019年1月17日晚上10:22，收到康老师发来的准备编辑出版《石羊河印记》的信息，心情无比的激动，同时也感慨时间的脚步真的太快了，转眼间我离开石羊河已经14年了，但那两年博士论文试验的经历却历历在目，就如陈年的老酒一样，时间越久，心底的感悟愈加深刻，记忆尤为清晰！

我是2003年9月入学的博士研究生，也是康老师在中国农业大学招收的第一批研究生。由于我是在职研究生，康老师说："你的论文可以回到你的工作单位沈阳农业大学开展。"可我的想法一是要在博士研究生期间提高自己，想真正学点东西，如果回去做，这些想法是很难实现的，所以我克服了工作中的各种困难，选择在中国农业大学开展博士论文试验。就这样，康老师根据他当时主持的国家自然科学基金重点项目需要，给我布置了"沙生植物耗水量监测与估算"的研究工作。

记得是2004年的4月21日，我、杜太生和李王成（冯绍元教授的博士研究生）3位2003级的博士研究生，从北京出发，乘坐的是K字开头的绿皮火车，车行时间大约是15个小时，到达西安。首先，我们去了西安理工大学，在宋孝玉师姐的帮助下，从张建丰老师那里取回了土壤入渗仪。随后，胡笑涛老师接我们到了西北农林科技大学，在杨凌停留了2天，主要是准备带去武威做试验的仪器及托运，当时看到西北农林的旱区农业水土工程教育部重点实验室及试验基地，真的是特别羡慕，那时候他们早已经有了称重式蒸渗仪、涡度相关仪、光合仪等先进的测试仪器；同时，也更坚定了选择在石羊河进行博士学位论文试验研究的决心，一定要充分利用好这两年的宝贵时光，别怕辛苦，多学、多看，增长知识，拓展眼界，学有所成！也是在那时候开始认识了佟玲、龚道枝。

2004年4月24日，最早一批"石羊河流域农业与生态节水试验站"的开拓者（我、杜太生和李王成）以及帮助我们的李志军老师和龚道枝乘坐武功至武威的火车出发了，大约经过11个小时，在晚上7:00左右到达武威。

第一次踏上大西北4月的武威城，内心里还是有那么一点点的微澜，说不清楚是什么：可能是它的荒凉，也可能是远离2 000千米外的北京的无助感！

我们很快进驻了武威沙漠公园，在武威市水利科学研究所杨秀英所长的协助下，沙漠公园给我们腾出了办公区的2间房子。沙漠公园办事处是一个典型的四合院，正房是办公室，分布两侧的东厢房和西厢房，我们的2间房子是东厢房，加上院子里有树木，可

---

① 2008年中国农业大学博士研究生毕业，2004—2005年在石羊河试验站进行博士学位论文试验研究工作。现任沈阳农业大学副教授。本文作于2019年3月5日。

以说是一年四季见不到阳光，夏天房间里很凉爽，也要盖被子。东厢房最南面一间是杜太生和李王成住，隔壁是我住，同时，我的房间也是仪器设备存储室，所以说，这两间房既是我们的学习室、卧室，也是仪器设备的存放间，一屋多用，功效超高。而西厢房是沙漠公园管理处的食堂，我们也有幸跟管理处的工作人员一起就餐。

我们刚到沙漠公园的时候，这里的试验条件一点也没有，有的是我们的热情，不畏困难的决心。在接下来的1个多月里，我们开始确定试验地、布置试验，逐渐进入观测的阶段。随后的几个月，师妹屈艳萍、蔡焕杰老师的研究生孟毅也来到了试验站，与我们一起并肩作战。2005年师弟刘晓志、李思恩、张宝忠、鲍兴、师妹周青云、冯绍元老师的学生王为和左强老师的3位学生也来到了试验站，帮助我们解决了很多问题，试验站也越来越有活力，规模逐渐扩大，影响力也与日俱增！

两年的试验很快结束了，但有很多人、很多事是终生难忘的！

打3米深的Trime管

自从进驻沙漠公园，我们三个人就开始布置试验，选择小杜的葡萄园、我的沙生植被沙丘及李王成的几十眼测井，这是最简单的工作。工作量大的是布置试验地中的测管，我的沙丘打的是3米深的Trime管，难度可想而知。只靠我们三个人很难完成这么大的工作量，幸好有从我们进站开始，就与我们一起奋斗的武威市水利科学研究所的张霁、小苏及王工，杨秀英所长更是隔三岔五就到试验站看望我们，帮助我们解决生活中及试验中的困难；还有在民勤试验站的师弟王锋、庞秀明，在我们布置试验时付出了辛勤的汗水。3米深沙地的测管打起来比想象的要更艰难，时刻要小心，一不小心打的孔就塌下去了，所有努力就前功尽弃，而且沙子特别不好打，旋转的钻头经常带不出来沙子，每个人汗流浃背，但进度很慢。时不时还要趴在地上，像呵护“小婴儿”一样，小心翼翼地下不同深度的管，就怕管打歪了或者塌掉。我清楚地记得，我的试验沙地布置的第一根测管是选择在沙丘的底部，有一定的土壤，可就是这样的条件，我们从早上7:00打到晚上7:00多，但我们依旧很高兴，毕竟我们成功布置了第一根3米深的测管。这一天，大家连饭都没有及时吃。就是这样的3米深测管，我的试验小区中布置了24根，忘记了我们打了多少天。

我们的饮食

沙漠公园的一日三餐时间基本是固定的：早上7:30，中午12:00，晚上5:30。早上是一成不变的酸馍和稀粥，没有小菜；中午大多是西北特色的臊子面、一周一次的配有羊汤的面；晚上常规还是面，少数时候是米饭和炒菜，这是我们最奢望的“美食”了。试验期间的每一天，我们基本都是早上6:00出发，到时间回来吃饭。可有的时候手头的工作没有完成就回来迟了，结果就会没有饭吃。记得是刚到沙漠公园的1个月内，那天应该是布置我的沙丘上的Trime管，由于打得慢，又需要耐心，中午时候我们四个人（杜太生、李王成、孟毅、我）回来就晚了，食堂已经没人了。我们几个拿着饭盒推开空荡荡的食堂的门，锅是盖着的，打开来看，是稠稠的如糨糊般的“汤”，旁边的桌子上餐盘里是糊了的酸馍。此时，我们几个没有一个说话的，都默默地打了点糊糊在饭盒中，拿起糊了的酸馍低着头坐在餐桌旁，只听到嚼着酸馍的声音，世界好像停滞了。此刻，我的眼眶是湿润的，根本不敢抬头，不知道那时候他们三个男生的表情是什么样子。这时候，小杜开口说话了：夏书记，你是不是觉得委屈了？听到这话，我的眼泪顿时止不住了，我拿起饭盒，低着头，跑回了宿舍。那天中午，饭也没有吃。自此以后，我们也学乖了，每每有回来晚的时候，一定会安排人回去把所有人的饭打回去，至少大家不会饿肚子了。还有最让我难受的是每周一次的羊汤面，由于我不吃羊肉，每次吃这顿饭的时候，我都只能吃方便面。

由于早餐没有小菜，我们都是每两周去武威采购一次，主要是咸菜、老干妈、牛奶。在那时候发现牛奶加在稀粥中也挺好吃的，老干妈陪伴了我们 2 年的时光，是我们那时候的最爱，有米饭的时候，几乎人人都是老干妈拌米饭，这就是我们每周一次的美味，很喜欢吃。

洗　澡

说起洗澡，您可能会觉得这有什么可说的，洗澡不是随时都能实现的吗？可是，在 2004 年 7 月之前的沙漠公园试验站，洗澡是一件最奢侈的事，没地方洗澡。而我们几个每天都行走在野外试验地，一天是几身汗，衣服的后背都是白色的盐碱，但没有地方洗澡，我们只能用盆打点热水，在房间里简单擦洗一下，最长时间差不多 2 个月没有洗过澡。现在想来，那个时候时间安排得特别紧，每天都有做不完的试验，可怎么就不能去武威采购的时候，洗一下澡呢？就是这样坚持着，大约在 7 月，经过与沙漠公园管理处张主任、王主任的多次协调、沟通，关系也慢慢理顺了，同意让我们每周在沙漠公园的公寓楼里洗一次澡。大家知道后，别提多高兴了。到现在我还清晰记得，在院子中间的小亭子里，多次与张主任、王主任沟通，他们也慢慢了解我们所做的事，在后期的试验中也给了我们很多方便。

厕　所

我们住的是沙漠公园的东厢房，在它的北头有一个侧门，出去是一个旱厕，白天还好说，可是晚上一个人上厕所，在这荒郊野外的地方，着实心里不安稳。在师妹屈艳萍还没有来这里之前，每次上厕所，我心里都很紧张，晚上的时候，就喊上小杜或李王成，在外面帮我“站个岗”，特别是在睡觉之前，一定要去个厕所，担心晚上起夜，自己不敢去。有个别晚上起夜，又不好意思喊隔壁的小杜和李王成，只能自己硬着头皮，拿着手电筒，小跑去，小跑回来，还得回头看看，那真是害怕。因为晚上这里没有人，只住着我们三个人，漆黑的夜里，可以想象我的害怕。

悬着的心

要说 2 年的试验中，让我最担心安全的事有 2 件事情：一件是李王成每周一次的观测地下水的水位;另一件是2004—2005年在我试验沙丘挖3米深的沙地剖面。

关于李王成观测地下水位的变化,有时要下到十几米深的井下,后来我们强烈要求他买上安全带,同时请小王师傅每次骑着摩托带上他,陪他一起观测,总算大家可以放心了。

试验期间,记忆最深刻,也是最提心吊胆的一天是2005年9月20日,这一天在我的试验沙丘上开挖3米深的剖面。进行开挖工作的有李王成、王锋、王为、屈艳萍、我以及从旁边村雇的一个大爷。从开挖的第一锹开始,我的心就一直提在嗓子眼,因为担心体积含水量只有2%左右的沙坑会突然坍塌。除了挖沙子,李王成还要承担在每10厘米的深度取样,他一直在沙坑下,每下挖10厘米的深度,我都在祈祷千万别塌,连走路都不敢靠近坑的边缘。可是,怎么小心,也没有逃过沙坑轰然塌陷的"劫难",瞬间沙子就把李王成埋到了齐腰深,我吓得尖叫,生怕继续塌陷,那会有生命危险的。我们几个人赶紧将塌陷的沙子一点点全部掏出来,然后小心翼翼地继续开挖、取样,直到晚上6:00左右3米深剖面的取样全部完成,我的心才放下。

感　悟

用葡萄园管理者小王的话说,你们这些博士研究生、硕士研究生们干的活比农民还累,可是,在试验站的每一位同学,都乐在其中,大家都没觉得有多辛苦,没有抱怨,没有攀比谁干得多,谁干得少,有的只是大家互帮互助,包容理解,共同克服困难,更铸就了我们亲如兄弟姐妹般的感情,这种情怀是一辈子最值得珍惜的、最值得骄傲的情怀,也是很多人不可能拥有的情怀!

在沙漠公园试验站的2年,有太多难忘的事,难忘的人,更有很多的感动!在这个集体当中,每一位成员都是一个集体,你分不清哪一个试验是他(她)自己的。因为你能在每一个试验地中看到他(她)的身影,无论谁临时有事,都会有人接替上相应的试验观测,不会缺测任何一次数据,也正因为有了这种团队合作的精神,我们的成果不断诞生,影响力越来越大,以至于国内外的同行都相继来这里参观学习。

我们的努力,也给当地的人留下了深刻的印象。在2018年5月中旬,应康老师的邀请,我回到了实验站与师弟师妹们进行了一次交流。时隔13年,我特别想回当年的试验地沙漠公园看看,在武威市水务局张霁的陪伴下,我又来到了当年的试验沙丘、小屈的人工林试验区及小杜的葡萄园,仔细看看,当年打的测管还在田间,看到了葡萄园边上的草莓地,想起当年中午测定地温时候,我们几个偷尝草莓,把地里仅有的那几个草莓摘得干干净净。看着当年园区管理员小王住的小屋还在,走进一看,门虚掩着,我推门进去,看见小王夫妇、一个小女孩和一个大爷正在吃饭,喝着小酒。他们抬起头看着进来的人,我说:还认识我吗?让我很意外的是,时隔13年,小王竟然脱口而出,这不是夏老师吗?真的是太感动了,与他们拥抱,互相问候。当年在这里做试验的每一个人,他们都记得。当年离开的时候,他们的儿子只有6岁左右,现在已经上大学了,这个漂亮的小女孩是他们的第二个孩子,真的为他们高兴,由衷地祝福他们幸福美满!还有很多值得述说的事和人,几天几夜都说不完。静下心提起笔难,当提起笔后,又不舍得收笔了。这里留下了我们的欢歌笑语，这里留下了我们的意气风发，这里留下了我们不悔的青春，这里留下了奋发向上的石羊河精神！

如今的实验站，已经是现代化集聚一身的国际一流实验站，配备有专门实验室、学习室、宿舍、网络、浴室、娱乐室和食堂，是国内外同研究领域的老师、学生所向往的实验基地。尽管离开沙漠公园试验站已经 14 年了，但因为自己曾经是这里的一分子而感到自豪，为自己曾经为这里的建设献出了一份力而欣慰无比！

谨以此文，致敬我们一起战斗过的兄弟姐妹，也祝愿我们的实验站发展越来越好！

石羊河民勤试验站记事

来剑斌[①]

“来双环”,这是恩师任理老师对我的戏称。故事源于甘肃石羊河民勤试验站。

日历翻回到2004年仲春的一天,康绍忠老师主持的国家自然科学基金重点项目“西北旱区农业与生态节水应用基础研究”启动。康老师多次动情地强调“石羊河流域是我国典型资源型缺水区,农业科学用水太重要了,我们必须要为这里做些事情”。作为项目的骨干成员,任理老师对我分析说:“土壤入渗参数是科学指导节水灌溉的重要依据,我们的研究任务是石羊河流域农田土壤入渗参数的尺度问题。”怀着“为这里做些事情”的使命感,带着前沿科学问题,我来到了甘肃石羊河民勤试验站。

甘肃民勤薛百农技站,这是石羊河试验站建立之初众多试验点中的一个,位于河西走廊东北部,属于石羊河流域下游。试验区周围为面积大小不等的耕地以及一些徒留残垣断壁的院落。实验区向南距离约200米即为一废旧河道。据资料记载,该河道在20世纪70年代中期之前一直淌有河水,河道附近区域存活有大片沙枣林,有时河水泛滥常常淹没两岸包括试验区所属区域。但是随着上游用水量逐渐增加,河水流量逐年减少直至断流,原有的沙枣林逐渐消亡,当地农民开始开荒开地,发展灌溉农业,形成了目前的土地利用格局。2004年夏天和2005年的夏天,我在这里度过了无数个难忘的日日夜夜,但有些记忆却历久弥新。

在试验过程中,我们用到了由大到小共四组不同直径的双环入渗仪。其中,直径为1.2米的铁制入渗仪可以说在国际上都是最大的,而它还有一个相同大小的有机玻璃材质的内嵌环,同时还配有高1.8米的PVC材质的供水筒。这些仪器设备是既笨且重还易损。而且这些仪器设备是在西安加工完成,长途货运只到武威,试验使用是在民勤。而在当时,我只负责在试验点等待接收试验仪器设备,尚意识不到这些事背后涉及很多环节,需要考虑很多细节。但是在杜太生师兄与武威市水利科学研究所杨秀英所长的积极联系、协调和组织下,仪器设备完好无损被如期运送到了试验点。博士研究生毕业,走上工作岗位后,特别是在野外科学试验过程中,自己需要亲自设计和安排试验,再次回首往事,才能真正体会到正是由于当时众多老师和人员的默默付出和贡献,保障了我们科学试验的顺利开展。

试验阶段每天需要把笨重的双环入渗仪搬到田间,安放在试验点,砸入土中,接通管道开始供水,然后读数、记录。入渗试验过程用水量大,需要用水桶往返多次提水,而试验点到取水点还有相当一段距离,特别是每次入渗试验初期用水很急。所有这些对一个人而言是不可能完成的任务。石羊河实验站及时调派了武威市水科所的张霁等工程师

---

① 2007年中国农业大学博士研究生毕业,曾在石羊河民勤薛百试验基地完成博士学位论文田间试验研究。现任中国科学院地理科学与资源研究所副研究员。本文作于2019年3月29日。

和技术人员进行协助，从而保证了在7个试验点历时近半月用4组入渗仪高质量地完成了一系列入渗试验。试验结束，将所有入渗环收回去，摆放在院子里。看着4个不同大小的入渗仪，我萌生了给它们拍一张在一起的对比照的想法。但是由于入渗仪体积较大，几个角度拍下来，效果始终不理想。没有无人机航拍，我们就用“房拍”。于是翻墙上房，站在房顶上给4个入渗仪拍了一张正面俯视照。正是这一张照片，登上了国际土壤学旗舰期刊 *Soil Science Society of America Journal* 的当期封面；正是在石羊河薛百试验站的这一系列试验，成就了我学术生涯中的第一篇 SCI 收录文章。

由此及远，正是石羊河试验站这一平台，培养了我们团结协作、刻苦钻研的科学精神，也正是在石羊河试验站的这一段经历，磨炼了我克服困难、求真探索的科研品质，为我学术生涯的顺利发展奠定了坚实的基础。

撰写此文时，有感而发，附打油诗一首：十五载峥嵘岁月稠，多少人汗洒古凉州；解民生之多艰在吾，石羊河又绿青土湖。

我在石羊河锻炼与成长

贾宏伟[①]

2001—2004年，我在西北农林科技大学读硕士研究生，毕业论文题目是《石羊河流域土壤水分运动参数的空间分布研究》，需要开展大量试验测试工作。在导师康绍忠老师的引导教诲下，在石羊河这个研究平台的锻炼下，我跨入了科学研究的大门，并迅速成长起来。研究生阶段的学习和生活是我人生中的一个重要阶段，至今难忘，特别是在石羊河流域开展试验研究的点点滴滴。

2003年，在和导师确定好试验测试方案与野外测试准备后，佟玲、姚立民和我，踏上了去武威的列车。武威水科所杨秀英所长热情地接待了我们，对我们试验测试进行了妥善安排，有时间的情况下也尽可能陪同我们开展测试工作。我们横穿整个石羊河流域，从沙漠边缘、绿洲，一直到山口，踏过了民勤县、凉州区、古浪县和天祝县，进行了30个点位的土壤入渗野外测试和土壤剖面采样。

佟玲是我们的组长，承担试验测试外，还负责对外联系。为了提高效率，佟玲和姚立民进行土壤入渗试验，我负责土壤剖面采样，两组同时进行。考虑野外点的代表性，入渗测点往往离水源比较远，要远距离抬水，这项工作由姚立民和我两个男生负责，姚立民默默承担了更多。入渗测试时间长，中午太阳光线很强很热，躲无可躲，佟玲和姚立民都在坚持，认真观测记录。土壤测坑开挖比较辛苦，但是挖好后取样比较快，时间充裕的话，在佟玲和姚立民还进行土壤入渗观测的时候，我就可以到周围走走看看，了解周围的地形环境和作物植被情况。挖土壤剖面也很有意思，沙漠绿洲交错地带，土壤分层比较多，很容易了解当地群众和沙漠化抗争改造的历程。

土壤入渗试验要测初始土壤含水量，我们一般现场采样，当天晚上回住的地方称重、烘干、再称重。我们住的地方经常换，土样烘干只能采用酒精燃烧法，刚开始我们用的是砝码天平，晚上经常要测到很晚，有一次住在古浪县一个偏远的水管站，很晚了还没有测完，佟玲让我和姚立民先回去休息，她自己一个人坚持测完了。后来，康老师让李志军老师专程送来一台电子天平，效率提高了很多。

野外测试期间，康老师也专程赶到武威，陪我们进行了一整天的试验测试，了解我们试验进展情况，对技术细节给我们进行了详细指导和鼓励，还记得当天中午，康老师陪我们在一家农户家里吃面条，蔬菜很少，晚上就带我们到城里改善伙食。我们刚到武威不久，张富仓老师也在陪日本考察团间隙，对我们野外试验操作进行了详细指导。试验测试期间，李志军老师、师彦武和龚道枝师兄也来武威，陪我们了很久。

下雨的日子，不能外出测试，我们就到处转转，尝尝当地特色小吃。我们去过武威夫

---

① 贾宏伟，2004年西北农林科技大学硕士研究生毕业。现在在浙江省水利河口研究院从事农村水利技术研究工作，教授级高级工程师。本文2019年2月作于浙江杭州。

子庙、古浪县残存的一段土长城和不知名的古庙，民勤县的沙米面条给我印象很深。沙米是长在沙漠上的一种谷类野生植物，当地人在地上铺一张毯子，用竹棍敲敲这种植物，像小米样的沙米就落在毯子上了，应该是绿色食品了。武威的牛羊肉比较好，有一次早上，我和姚立民起个大早，专门赶到一个菜市场去吃羊杂汤。

石羊河试验测试和土壤采样完成后，从武威托运回杨凌 100 多袋土样，武威火车站托运的工作人员还好奇，怎么托运这么多土。后经大量的室内试验测试，在康老师和张富仓等老师的指导下，顺利完成了研究任务，后来还在《水利学报》和《水科学进展》各发表了一篇文章。

石羊河的研究经历培养了我，脚踏实地的科研态度和刻苦铭严的科研能力。在石羊河这个学术自由的平台上，我快速成长，为以后工作和科学研究打下了坚实的基础。老师们历经 20 多年的心血，搭建了石羊河这个研究平台，师兄、师姐、师弟和师妹共同学习、共同进步成长，培养出了一大批在国际、国内有影响力的专家学者。感恩老师，感恩石羊河这个研究平台！

在民勤薛百试验的日子

庞秀明[①]

2002年，我从山东农业大学毕业，考入西北农林科技大学攻读硕士学位，师从康绍忠老师从事节水灌溉研究。一年后又奔赴甘肃省武威市民勤县开展“干旱荒漠绿洲区西瓜耗水规律与调亏灌溉模式”试验研究。

民勤县地处河西走廊东北、石羊河流域的最下游。由于特殊的自然地理条件，当地出产的瓜果品质闻名远近，特别是西瓜皮薄、肉实、汁甜、籽少，深受男女老少的青睐。我的试验点设在位于薛百乡的县农技中心农场内，这儿紧邻腾格里和巴丹吉林沙漠，气候干燥，降水稀少，蒸发强烈，昼夜温差较大，日照时间颇长。

薛百农技站的门很小，住的是几间土墙房，上面覆盖着厚厚的茅草，远远看去就像一座土地庙。不到500米开外，就是著名的腾格里沙漠。每到晚上，阵阵呼啸的风声，夹杂着飞沙走石的哗啦声，让初来乍到的我毛骨悚然。为了给自己壮壮胆，我在床头放着手电筒，才敢用被子裹住全身蒙头睡下。半梦半醒地忐忑不安状况，直到第二天天亮后场站工作人员上岗时，整夜紧紧揪着的胸口才会长吁一口气。

农场仅有一口井，吃水浇地全靠它，并由专人看管定时放水。农技站院落里备有两个用来存水的大缸，水面上漂浮着几片小树叶，偶尔还能看到游来游去的小虫子。听场站的职工说，水烧开后小虫子就不见了，他们一直都吃这“民勤水”。我只好客随主便，吃了两个西瓜生长季节的“民勤水”，居然也没见拉肚子。现在想想，那时候身体真棒。民勤干旱温度高，太阳晒到身上像针刺一样，但回到小土房子里，却又特别的凉快，浑身的汗很快就会下去，身上并没有发黏的感觉。所以，对于奢侈的洗澡来说，我通常是3～4个星期到县城去洗一次，一来为了干净清爽，二来享受一下身心放松的惬意。

民勤有一种“小吃”叫西瓜蘸馍，就是把西瓜从中间砸开，啃完瓜瓤后再用馒头蘸着壳里剩下的瓜汁吃，这味道啊，虽比不上陕西的“肉夹馍”，但在当地却是有名的特色小吃。导师为了解决我的工作和生活困难，特意把师弟王锋也提前派来了。师弟是南方人，天生擅长做饭。所以每到周末，我们就到县城买些大头菜、西红柿、茄子等，回来美美地做顿干拌面或者油泼面。有了他，我不再寂寞，吃饭的问题也得到解决，而且生活上有了很大的改善。

民勤很适合搞作物节水灌溉试验。前期，场站职工已帮我平整好土地，我们又一起打垄、刨沟、播种、覆地膜，一起打土钻插测量土壤含水率的PVC管子和安装水表。其间，最担心的是“老天爷”不好琢磨的脸。每到灌溉的前一天，我都要默默祈祷老天不要下雨。一旦下雨，就必须重新调整工作方案，这也是露地试验的最大弊端。但2004年，

---

① 2005年西北农林科技大学硕士研究生毕业，曾在民勤薛百试验基地完成硕士学位论文试验研究。现任陕西省水利厅水电处副处长。本文作于2019年3月29日。

民勤的降水比往年明显偏多，害得我对实验方案做出了多次调整。实验要对瓜苗、瓜茎、瓜叶和土壤含水率进行定时测量监测，时间一般都是在中午，正是太阳辐射最厉害的时候，没几天我就被晒得“皮焦里生”。这时我才了解到，当地人为啥都用毛巾把脸罩住，为的就是防止紫外线晒伤了皮肤。后来，我也不得不戴上了草帽。

“七下八上”正是西瓜成熟的时节，也是我最操心的时候。一是看瓜。民勤到处是瓜，当地人有随便摘瓜吃的习惯。为了保证实验数据准确，我要尽力做到西瓜“一个都不能少”。二是摘瓜。按照试验方案，结束期需在一天内把瓜全部采摘，然后按品质分类测重，但大田西瓜不可能同时成熟，为此我和场站人员发生了争执。出于经济效益的考虑，最后达成了妥协意见，尽可能在最短时间内采摘完西瓜。试验结束后，在县城卖完最后一批西瓜，我们找了个饭馆美美地喝了一顿，庆贺试验取得预期成果，也恭喜群众收获了一季满意的好收成。

从5月播种到8月收获，西瓜的生长周期一般为4个月。看到乡亲们的幸福笑容，我的内心也感到无比喜悦。经过1年的西瓜节水试验研究，在不同亏水阶段、不同亏水度，对西瓜产量影响程度也各不相同。如果适时适度亏水，西瓜产量非但没有减少，反而会有一定幅度的增加。即使大多亏水处理的产量低于正常灌溉情况，但其减产率相比节水效率来说要小得多。经过亏水处理的西瓜其品质有明显改善，尤其是在全生育期进行亏水处理，除果酸比正常灌溉情况高之外，瓜皮的厚度、果肉硬度、瓜子个数、可溶性固形物、有机酸和维生素C等方面，西瓜质量均明显高于正常灌溉情况下的品质。

民勤缺水，也正因为缺水，使得当地人更加视水如命。民勤只是石羊河流域一个县，大而广之整个石羊河流域甚至西北旱区，像民勤这样缺水的地方还有很多很多，所以老师们志在民勤开展节水研究十分必要且紧迫。通过节水研究，探索出新的节水灌溉模式，使有限水资源发挥最大生态和经济效益，去尽心竭力服务和促进干旱地区的繁荣振兴。通过节水技术的推广，可以让旱区农作物抗御自然灾害的能力更强，或许老百姓选择种植的作物品种更多，综合收入也会迈上一个新的更高的台阶。

有幸结缘民勤，让我顺利完成了2年的试验研究，但更给我后来发展和不断成长，积淀了难忘的人生历练，积累了宝贵的精神财富。

记忆中的那片葡萄园

周青云①

2005年4月，从北京出发，26个小时的火车，我来到了甘肃武威沙漠公园的中国农业大学“石羊河流域农业与生态节水试验站”，开启了我的博士论文《葡萄园根系分区交替滴灌条件下土壤水分动态变化规律与模拟》的野外试验研究工作。

武威的天气是如此的与众不同：即便是夏天，待在房间里也会觉得凉；4月底天气也可能突然变冷甚至下雪；春天更是沙尘暴频发……尽管出发前做了充足的思想准备，也带了自己以为充足的生活用品，但还是无法立即适应这里奇特的环境条件。还好这里有我可爱的“家人”：师兄师姐师弟师妹们。

试验站的研究项目有很多，站内的每个人都有自己的“一亩三分地”需要忙活。夏桂敏在沙坡上的梭梭和柠条，隔三岔五就得拿尺子量量是否长高了；屈艳萍的新疆杨，她踩着梯子都要与树叶亲密接触；刘晓志的苹果梨园内，生长监测系统准确记录着他心爱的苹果梨每天微米级的变化；鲍兴的玉米地，总听他念叨秸秆覆盖、要灌水了；张宝忠和李思恩的酿酒葡萄园，拥有当时最先进的2台设备——波文比和涡度相关仪；我和杜太生师兄的鲜食葡萄园，杜师兄每天都要用Diviner 2000测遍99个测点的土壤含水率；王春梅天天祈祷着卫星过境时天气晴朗，好去沙漠公园外的小麦地进行地面观测……

试验站的观测项目每天都在紧张而有序地进行，每次降雨或灌水后，是大家最忙碌的时候，土壤含水率加测一次、叶水势加测一次等，很多项目都要集中观测，大家也会根据实际情况互相帮助。有一次，夏师姐托我照看她的地温计，并叮嘱一天3次进行记录。下午13:50装备好防晒护具，出发，赶在下午14:00读取地温，正午的阳光最是灼人，沙子反射的阳光让我睁不开眼，我赶紧飞奔到沙坡上。梭梭树下地温计的值使我惊呆了，59℃的气温！后来师姐说这是正常情况，这么高的温度我只帮忙测了两天就有点受不了，而师姐却坚持每天都在观测。

我的试验在葡萄园进行，葡萄品种是里扎马特，这对于我们来说简直是美味，特别是早晨8:00点测土壤含水率的时候，现摘的葡萄吃起来冰甜冰甜的。转眼间，我的试验也到了关键时刻，确定葡萄树的根系分布，也就是说需要破坏性的挖开一棵葡萄树。我硬着头皮去找“地主”王大爷，没想到王大爷欣然接受，为了不产生任何麻烦，再次跟王大爷确认要挖掉一棵葡萄树，王大爷说：“没问题，挖掉后我再补栽一棵就可以了。”准备好一切，开挖。第一天进展非常缓慢，原因是土太硬了，准备的土钻派不上用场。我们重新设计了一个取土装置，找附近的焊接人员将钢板焊接起来，并保持一面是锋利的，回来一试，还是不太理想，再改。多次改良后，终于能开展工作了。开挖时，基本上实验站的同

---

① 2007年中国农业大学博士研究生毕业，2005—2006年在石羊河试验站进行博士学位论文试验研究工作。现任天津农学院水利工程学院副教授。本文作于2019年元宵节前夕。

志们都参与了进来，这实在是个体力活，刘晓志、张宝忠、李思恩、鲍兴轮番上阵，分块取样，我和屈艳萍负责将土样装袋，花了 3 天时间，才算完成，我们的取土装置却也被砸弯了，算是完成了它的使命。胳膊震麻了，手也磨破了，但大家毫无怨言，在完成的那一刻，看着大家带着草帽、流着汗、笑弯眉眼的样子，心里一股暖流，这哪里还是北京来的大博士们呀，分明就是朝着一个目标努力的一家子兄弟姐妹啊！166 袋土样凝聚了我们多少汗水啊！后来我将处理完的葡萄根系带回北京，同年“十一”利用七天假期，在闫博远的帮助下，完成了所有根系扫描与分析工作。

看着葡萄园一串串的果实，内心渴望着自己能有所成长、有所收获。2006 年 7 月，康老师、李伏生老师，还有佟玲、王素芬师姐等来到试验站，给我们带来吃的、喝的、用的，他们仅在这里待几天的时间。每个试验现场康老师都亲自去查看，当然也包括我的葡萄园。当天康老师就问我关于葡萄园的论文修改得怎么样了？康老师看后提了一些修改意见，当时想着等康老师回北京后我再慢慢修改，吃晚饭的时候，从康老师的言谈之间感受到一点点督促感，我赶紧回宿舍修改论文，当晚修改到凌晨 3:00，转天早上拿给康老师看，修改到凌晨 2:00，隔天又修改到凌晨 0:00、1:00，经过 4 天的论文修改，终于在康老师离开试验站的早上得到了认可。4 天的论文修改和提升，对于我来说简直可以用神奇来形容。心里暗下决心，我需要更加努力。康老师的指导润物细无声，没有严厉的话语，没有华丽的词语，点点滴滴，悄然改变，促我成长。

除了试验，我们也会采一采沙坡上的沙葱，骑一骑沙漠公园的骆驼，尝一尝武威的三套车，聊一聊西汉大将卫青和霍去病开疆拓土的故事，知道了中国旅游标志——马踏飞燕，就是从这里出土，知道了武威这个城市名字的来由……我也更加明白了水资源对于西北干旱地区经济发展和生态环境的重要性，使我更加坚定了在节水技术研究与应用上继续走下去的决心。

2 年的试验站生活是充实的，认认真真、心无旁骛地做试验、观测数据、整理数据、写论文，圆满完成了我的博士论文试验研究工作。2012 年我再次来到甘肃，早晨酒店花园里新疆杨泛白的树干和树叶沙沙作响都是那样的亲切，冰甜冰甜的里扎马特还是那熟悉的味道，我想，石羊河试验站的经历是深深地刻在了我的心里，时时感受，刻刻不忘！2018 年 8 月，我参加了“第三届石羊河论坛暨水与绿色发展学术研讨会”，再一次回到石羊河实验站，先进的试验设备、窗明几净的科研工作环境，宣传片里轮番播放着的近几年取得的各项成果，都展现了石羊河实验站的发展历程及获得的辉煌成就。“我们都要努力奔跑，我们都是追梦人。”开启新时代，踏上新征程，石羊河实验站明天会更好！

石羊河试验的点滴记忆

刘晓志[①]

清晨的阳光柔和地撒在乡间崎岖的小道上，一位农民猫着腰用尽全力拉着身后那辆吱吱扭扭的载了满桶水的平板车，身旁农妇和两个孩子跟在车后用力向前推，一家四口就这样迎着朝阳在崎岖不平的土路上渐行渐远。这是我刚到石羊河实验站时邂逅的一幕，然而恰恰是这对于石羊河当地人来说再平常不过的一幕深深触动了我，感慨当地严重缺水、交通闭塞、贫穷落后的同时，我不禁被这一家四口人的顽强和坚韧所打动，我迫切地希望自己能够为当地这样普通的家庭做些什么。在我的记忆中，石羊河就是这样一个条件虽然艰苦，却又暖人暖心的地方，这更坚定了我作为一名农水人服务百姓的使命感，也更加明白了自己在实验站进行科研工作的意义。

2005—2006 我在沙漠公园"石羊河流域农业与生态节水试验站"进行博士学位论文"石羊河流域苹果梨树液流变化规律与调亏灌溉机理研究"的相关田间试验，我的试验地就在沙漠公园一进大门右侧的苹果梨园。2005 年 3 月底至 4 月初，康老师带着我和李思恩、张宝忠一起从北京乘 K43 次火车到武威，在武威市水科所杨所长和沙漠公园管理人员的协助下，在苹果梨园内划定了试验区，选择了茎秆液流测定的代表性苹果梨树，然后开始试验布置，打土钻、埋测管、安装热脉冲探针等，在试验布置过程中看到满园苹果梨花盛开，洁白如玉，景色如画，也给自己紧张辛苦的工作带来了一份轻松的感觉，第二年杜师兄和夏师姐他们离开了实验站。由于我是硕士毕业以后考博士的，所以年龄比其他人大两三岁，生活阅历丰富一些，所以康老师让我作为试验站的学生站长临时负责站上的一些工作，当时我们一起的有许小燕、周青云、屈艳萍、胡萌、鲍兴、王春梅、李思恩、张宝忠、闫博远、刘晓东等十多名硕士研究生和博士研究生。在试验站的 2 年我体验到了集体生活的快乐和丰富，当时我们住在沙漠公园的集体宿舍，大家一起打井水，烧土灶做饭，定时定点轮流到田间地头监测数据，一起讨论疑难技术问题，我充分感受到团队精神带来的巨大动力，良好的团队合作能够使我们在艰苦的试验和孤寂的生活中享受快乐。我们除了日常的试验外，也协助了一些试验站的重大活动，如 2005 年 8 月下旬在试验站举行的第一届"石羊河流域水资源合理配置与节水农业建设"学术研讨会，水利部农水司副司长姜开鹏、甘肃省水利厅副厅长康国玺、清华大学雷志栋老师以及兰州大学、香港浸会大学、兰州交通大学、甘肃省水利科学研究院、甘肃省地矿局水勘院等 20 个单位的近 70 位代表参加，会议开幕的那天还举行了篝火晚会，我们既是参与者，也是服务者；我们还接待了日本岩手大学藤井克己教授一行、澳大利亚 CSIRO 水土研究所首席研究员张橹博士以及甘肃省水利厅副厅长康国玺等在试验站的考察；我们也参加了赴河西走廊张

---

① 2008 年中国农业大学博士研究生毕业，在石羊河试验站完成博士学位论文试验。现在在中国水利水电科学研究院水电中心任高级工程师。本文作于 2019 年 2 月 15 日。

掖、酒泉、嘉峪关、敦煌等地考察活动。通过这些活动，我们不仅对河西走廊的水资源利用情况和生态环境问题有更深刻的了解，还接触到了一批国内外的著名学者和行业领导。

在石羊河试验站学习和工作的2年当中，我和同学们在老师的指导下通力配合，业务能力、沟通能力和团队合作精神等多方面得到了锻炼和提高，老师们严谨的治学精神和谦虚待人的品质都是我们学习的榜样。我仍然清晰记得在田间试验时不幸被狗咬伤，到当地卫生所打了狂犬病疫苗。康老师听说之后非常关心我的状况，多次询问我的伤情，我内心非常感动和温暖，老师在忙碌的工作之余还惦念我这个毛头小子。

在石羊河试验站的2年试验经历，锻炼了我吃苦耐劳的精神和坚持不懈的毅力，让我至今仍然受益匪浅，这是我人生中难忘而又宝贵的一段经历。

汗水挥洒石羊河

王春梅[①]

像命题作文一样，当接到通知为《石羊河印记》写一篇关于石羊河实验站的一点经历时，我不由地就写下了这个题目。就像当年亲自带我们科研实验的康老师说的那样，我们每个人都曾经在石羊河撒下了辛勤的汗水。忆往昔峥嵘岁月，过去越是艰难困苦，忆苦思甜就越是美好。

2005 年，我还是一名中国农业大学在读的博士研究生，由于课题需要，我的导师左强教授安排我前往石羊河做农田土壤水分研究的大田试验，当时仅仅想去做个试验验证，没想到一去就去了 3 个月，而且后来连续去了 3 年。第一次听到石羊河这个地方，作为一个出生在沿海城市，从来没有干过农活的人，即将要去大西北做大田试验，内心感到十分的忐忑和新奇。

当时是石羊河试验站组建初期，各方面的条件还比较简陋。但当我们从北京坐了一夜绿皮火车，又坐了 1 个多小时小面包车到达试验现场时，现场条件之艰苦还是超过了我们每一个人的想象：首先，住的地方很小。当时住在沙漠公园管理处的宿舍，房间很小，上下铺摆放了四张床，除了生活用品，还摆满了很多的试验仪器。其次，吃的饭菜种类很少。吃饭的时候跟着公园管理处食堂吃，没有炒菜，印象中只有面条，一天三顿吃各种面条。因为大田试验都是体力活，本来女生大家都想去减肥的，结果最后把大家都给吃胖了，话说回来，西北的面条确实味道不错。最后，吃和住都还好克服，对女生来说，去厕所和洗澡是个大问题。房间里没有厕所，厕所设在树林里，女生每次去都是集体出动，结伴而行，这也成了一道靓丽的风景线。试验站没有浴室，当地夏天很热，白天大家做试验都是体力活，一身汗、半身土，只能用水简单擦一下，坚持半个月左右，然后趁租车去城里采购东西的机会，集体去洗澡，这个是我们女生最高兴的时候。

白天大家在大田里干活、做试验，晚上除了处理试验数据，交流试验心得外，就是聚在一起谈天说地、一起八卦，因为没有电视，没有网络，没有娱乐，但正因为如此，我们一起结下了深厚的师生同学情谊。在那个年代，大家做试验、做科研都非常认真，每天的大田试验都很自觉，按时去做试验研究，尽管周边很多景区，但大家都没有拿出一天去游玩。中午最热的时候沙漠周边酷热难耐，挥汗如雨，但大家从不喊累，而且还相互帮忙，互相帮衬。

当地风景很美，当地人也非常淳朴。我们在野外做试验，从没觉得害怕。有一次，赶上农田收割，因为晚上凉快，当地都是晚上收割，但是我们仪器还安装在农地里，大家怕损坏仪器，就晚上熬夜蹲守保护到凌晨，站在地里一边看着收割机，一边保护设备，弄得

---

① 2008 年中国农业大学硕博连读获博士学位，2005—2007 年在试验站进行博士学位论文田间试验研究。现在在中国科学院空天信息研究院任副研究员。本文 2019 年 2 月 25 日作于北京。

身上都是尘与土。我们的日子就是天天和土地打交道，日日与数据较高低。数据不对了就去地里核实，地里仪器有结果了赶紧去处理数据。同时，我们也看到了沙漠刺猬、沙漠胡杨，还知道了沙漠里的沙米、沙葱……

虽然生活条件艰苦，但我们也感受到了大西北大漠孤烟直，长河落日圆的山河壮美！虽然试验工作繁重，但一起做试验的我们恰同学少年，风华正茂，其乐融融！

致敬我们一起奋斗过的青春，更感谢帮助过我的亲爱的老师和同学们！

忘不了石羊河的三件事

刘　杰[①]

2004年暑期，我和郝治福拖着2个大箱子，开始了石羊河之旅。这次去石羊河有2项任务：一是去收集资料和实习，二是去送“福利”。因为买不到直达武威的火车票，我们只能先从北京坐火车到兰州，再从兰州坐汽车到武威，然后打车来到沙漠公园试验站。这两箱子“福利”是老师千叮咛、万嘱咐托我们给站上的同学们带到的“面伴侣”：各类辣椒酱、火腿肠和小咸菜等。虽然我在试验站待的时间不长，没有杜师兄、夏师姐和小屈他们刻骨铭心的体验，但在石羊河有3件事留在了我的记忆深处，永远不会忘记。

忘不了沙漠公园的那碗“面”

由于我学位论文的课题是《石羊河流域水资源管理信息系统的研究与开发》，不用做野外试验，所以仅仅在石羊河待了1个月。但这一个月，我吃了至少30种面。一日三餐，顿顿是面，但顿顿是不一样的面。面条的形状、面条的长短、面条的粗细、面条的做法都不一样，浇在面里的卤，拌在面上的菜，飘在空气中的味儿也不一样。印象最深刻的是“武威转百刀”，大师傅沿着擀的圆圆的面饼的边儿，“哒哒哒”的一溜烟儿切过去，一条条小鱼儿一样的面条就齐刷刷地摆在一边儿了。据说武威人只喜欢吃面条，吃米饭吃不饱。

忘不了“决不能让民勤成为第二个罗布泊！”的那块大牌子

我们调研收集资料那时候，石羊河流域上下游用水矛盾十分突出，中国两大沙漠即将在民勤绿洲握手，沙进人退，村民因无水可用而被迫移民，留下残垣破壁的村庄。石羊河特别是下游民勤的生态环境问题引起了党和国家领导人的高度关注，时任国务院总理温家宝曾多次指示：“决不能让民勤成为第二个罗布泊！”所以在红水河畔的民武公路旁，特别是在红崖山水库库岸山坡上耸立着“决不能让民勤成为第二个罗布泊！”的大牌子。我在看到这些大牌子的时候，深深感到这不仅是共和国总理和人民的期盼，更是我们水利人的责任。这时我更加明白了老师们为什么带着大家从北京来到这遥远的西北大漠的初衷。2004年，“中国农业大学石羊河流域农业与生态节水试验站”挂牌成立，试验环境非常艰苦，但是配置的却是从澳大利亚、美国、欧洲引进的最先进的仪器设备。同学们前赴后继，驻扎在石羊河，热火朝天地干了起来，日出而作，日落而息。

---

① 2006年中国农业大学硕士研究生毕业，毕业后一直从事水利信息化工作，参与国家防汛抗旱指挥系统一期、二期、国家水资源监控能力建设一期、二期，国家地下水监测工程等项目建设。本文2019年2月15日作于北京。

我当年的课题和大多数同门做田间试验不一样，是要开发一套水资源管理软件，收集石羊河流域长系列的历史资料，收集试验站平日做的原始试验数据及成果数据，转成结构化数据进行集中的存储和管理，方便用户查询和使用。毕业之后，我延续了这项工作，在水利信息化领域一做就是十几年。近几年信息化发展特别快，大数据、云计算、物联网、移动互联、虚拟现实等技术日新月异，水利信息化也步入快车道，尤其是一大批国家级项目落地后，带动整个水利行业管理水平和决策能力的大幅提升。信息化正在颠覆性地改变着我们的生活，能够跻身这场变革的洪流，我很庆幸自己的坚持。

忘不了石羊河精神

在那里，我看到了老师们坚毅的眼神和攻坚克难的决心；我看到同学们吃苦肯干的精神和内心希冀的火种；我看到地方引入科学技术的殷殷期盼和孜孜以求。石羊河的高效节水研究之火，有熊熊燎原之势。十几年过去了，我们共同打造的石羊河精神像一种信仰，始终感染着我，鞭策着我。

走过石羊河，我身上有种力量叫“坚毅”。究竟是“爱一行，干一行”，还是“干一行，爱一行”，我已经模糊了，但石羊河精神告诉我：“只要想做好，就一定能做好！”

走过石羊河，我心里有个企盼叫“优秀”。在石羊河见到太多优秀的老师和同学，优秀得让我自卑，但石羊河精神告诉我：“不要着急，静待花开！”

走过石羊河，我脑中萦绕着一个词叫“使命”。曾经的一张照片“土地龟裂和导师的背影”在若干年后让我顿悟：我们是社会上的人，每个人都肩负着使命。无论从事什么职业，只有勇于承担起各自的使命，这个社会才能和谐、持续、健康地发展下去。

岁月不居，时节如流，十年光阴，转瞬即逝。让我们一起珍惜当下，携手共进，用汗水挥洒青春，用奉献诠释生命，不忘初心，砥砺前行！

那些年，在石羊河挥洒青春的岁月

屈艳萍[①]

回首过往的30多年，竟然发现记忆中印象最为深刻的岁月是在武威沙漠公园试验站度过的那两年。那里没有大都市的喧闹繁华，也没有家乡小县城的安逸舒适，但就是在那片干旱缺水的贫瘠土地上，留下了青春的汗水和足迹，收获了一辈子的师生情和“战友”情，敲开了我的梦想之门。

初来乍到的新奇和茫然

2004年4月底，北方乍暖还寒，刚刚结束硕士研究生课程学习的我独自坐上了从西安开往武威的绿皮火车。一路上，心中充满了好奇，河西走廊到底是个什么样的地方，到底有怎样的魔力，才能让老师们如此醉心研究。当然，也对自己将要开始的生活忐忑不安。虽说是来做试验，但到底做什么试验，研究什么问题，心里是一片茫然。就这样带着好奇和茫然，懵懵懂懂地开始了两年的试验生活。

刚到试验站的时候，站里只有杜太生老师、夏桂敏师姐和李王成老师。说是试验站，实际上就是沙漠公园管理处的两间房子，一间里面住着杜老师和李老师，另一间就是由我和夏师姐住。当然，这两间房除了是我们的宿舍，更是我们的设备室、室内实验室和学习室，我们把它们的多功能发挥到了极致。初来乍到，对这个坐落在公园之中的试验站，对房间里各式各样的实验仪器，都满是新鲜和好奇。那时候的我是个完完全全的科研小白，只知道通过土钻取土、烘干可以测土壤水分，怎么在地下埋根管，就可以测定土壤水分？怎么夹片叶子，就可以测定植物的光合和蒸腾？诸如此类的问题很多，一边不厌其烦地请教师兄师姐，一边自己实践和摸索，慢慢地对这些试验仪器的原理、使用方法等有了了解。

然而，新奇之后，一些让我困扰的问题也接踵而至。首先，暴露出来的是一些生活上的问题，比如，每天雷打不动的洋芋和面条，让我这个号称适应力很强的南方人也招架不住了，实在吃不下的时候，都是靠着那些泡面和红油榨菜撑过去的。最烦恼的问题还不是吃饭，而是洗澡的问题，因为吃饭的问题至少还有替代的办法，大不了也就是少吃一点。其次，就是没有洗澡的地方，每天灰头土脸、汗流浃背，只能用盆打点水象征性地擦一擦，实在有点难以克服。但很久以后，经过和公园管理处的多次沟通和协调，公园管理处同意每周给一个晚上让我们在他们客房部洗澡，这也成为我们每周最期待的一天。一到那天，大家都早早地准备好洗漱用品、衣物等，排着队，轮流去洗澡，每个洗完回来的人

---

① 2006年西北农林科技大学硕士研究生毕业，2004—2005年在石羊河试验站进行硕士学位论文试验研究工作。现任中国水利水电科学研究院教授级高工。本文作于2019年元宵节前夜。

都是一脸轻松惬意。相比于这些生活问题，更让我感到困扰的是我的论文方向。当初康老师让我来先跟着夏师姐做试验，所以最初几个月的主要任务也就是帮忙和学习。3个多月之后，我开始感到茫然，我的论文研究方向是什么呢？如何开展呢？就在这种茫然和不安中，迎来了康老师一行来试验站检查和指导工作。那是2004年7月底的一天，印象特别深刻，因为于我而言，终于等来了康老师为我指点迷津。那时候，其实和康老师还不太熟悉，因为保研的时候康老师就已经去中国农业大学，所以之前和康老师也仅见过几次面。由于涉及论文方向，我鼓足勇气找康老师谈了近几个月的收获，更道出了自己的茫然和困惑。康老师认真地听完我的感受后说："你夏师姐做天然条件下的沙生植被耗水，你就做人工种植条件下的沙生植被耗水吧。"于是，就这样开始了我与长穗柽柳、柠条锦鸡儿和新疆杨亲密无间的日子。

试验期间的艰辛和温暖

2004年，沙漠公园试验站正式启动试验研究，所以我有幸见证并亲身经历了试验站建站初期最艰难的时期。那时候，主要的试验布设包括夏师姐位于沙丘上的沙生植被试验区、杜老师位于葡萄园的试验区和我位于植物园的人工种植条件下的沙生植被试验区。时隔15年，再次回忆起当年的经历，有这么几幕景象还深深地烙在脑海中。

第一幕是4员大汉甩开膀子打土钻埋Trime测管的场景。为了监测沙生植被土壤水分变化状况，需要在夏师姐和我选择的试验样木周围打土钻布置Trime测管。对于一个从事农田水利研究的人来说，打土钻一定不陌生，但是这一次却是异常之艰难。我和夏师姐的试验样木将近20棵，每棵样木周围要布置3根测管，这样算算就是将近60根测管。虽然夏师姐和我也不算娇弱，但干这类力气活却是心有余而力不足，实际上出力的只有杜老师和李老师，加上武威市水科所杨秀英所长派来帮忙的张霁大哥和小苏，真正的壮劳力也就4个人。如此一算，任务量之巨大，但这还称不上艰巨，更艰巨的是不仅需要在坚如磐石的土地上打钻，还需要在随时有坍塌风险功亏一篑的沙地上打钻，而且是3米之深。但是，尽管这并不是他们的试验，尽管任务如此之艰巨，大家谁也没有退缩，谁也没有怨言，唯有一次次拼尽全力旋转着手中的土钻直至青筋暴起，一次次用沾满尘土的衣袖拭去脸颊上的汗滴，最后换来一点一点慢慢往下挺进的测管。

第二幕是李老师匍匐在地打Sapflow探针的场景。为了采用液流计监测沙生植被蒸腾耗水状况，需要在夏师姐和我的试验样木上打探针。相比于其他试验设备，Sapflow液流计属于昂贵而精细的仪器，所以我们也都特别爱惜，为我们的试验中能够用到这样的仪器设备而兴奋不已。然而，如何把这个设备安装到我们的试验样木上，这却不是件简单的事情。通常来说，这类设备最好是厂家来安装比较好，但是因为我们远在大西北的沙漠边缘，只能自己动手。打探针要求兼具力量和技巧，李王成老师主动承担了这项任务。试验设计是在柠条等植被的根部4个方向打探针，所以为了能够不偏不倚地将探针插入树干，李老师只能整个身体趴在地上，呈匍匐状，然后两只手稳稳地端住电钻，眼睛始终瞄着钻头。而且在电钻一点点深入的过程中，李老师还一直保持这种姿势，全然不顾晨起时地面上的露水早已湿透了工服，或是正午时分地面四五十摄氏度的高温，快要把人热晕过去，还有那端电钻端麻了的双手。

第三幕是夏师姐和我弓着背抱着蒸渗仪的场景。夏师姐的试验地在沙坡上，我的试验地在旁边的低地，所以不论刮风下雪，我俩每天早上起床后的第一件事就是飞奔着去测土壤蒸发，连刷牙洗脸都顾不上。为了给电子天平提供电源，我们需要先拎着缠有100多米电线的插座架子，从葡萄园管理员小王家一直放线到我和师姐试验地的中间位置。暂且不说这100多米的电线有多沉，单单是多次放线时因电线破损而触电的经历就已经让我永生难忘。之后，我和师姐轮流把近60个蒸渗仪搬到天平处。记得最开始的时候，我是一次拎一个，之后学师姐一手拎一个，再后来为了节省点时间少跑点路，我和师姐又用自制的纸盒一次搬3个。2004—2005年，在那条洒满晨光的小路上，如果你看两个弓着背、弯着腰不停挪动着的身影，那一定是我和师姐。尽管身影并不挺拔，但却透着坚毅。

第四幕是我自己坐在梯子连轴测光合的场景。为了搞清楚人工种植环境下沙生植被树干液流速率和叶片蒸腾速率的关系，我选择了几个晴好的日子进行光合日变化测定。所谓日变化就是每2个小时用光合仪测定一次(7:00～19:00)。因为我同期要测柠条、柽柳和新疆杨三种植物，再加上大家都在抓紧开展相关的试验，所以相当于这12个小时我要一直不停歇地测。除了需要这样连轴转，因为我的研究对象新疆杨和柽柳都比较高，特别是新疆杨有七八米高，所以我需要借助梯子来完成。想象一下，炎炎烈日之下，有个小人儿坐在甚至站在三四米高的梯子上，脖子上挂着光合测定仪，一只手小心翼翼地扯着树枝，另一只手高高举起叶室。这个场景不仅深深印刻在我自己脑海中，也烙在大家的心中，以至于到现在还被老师和师兄弟姐妹们提到。

除了一幕幕的试验场景，还有很多其他场景同样让我终生难以忘怀。这么多年过去，我不曾忘记老师们来看望大家时围坐在一圈说着、笑着；不曾忘记在难得的闲暇时光，杜老师带着我们一众骑着自行车穿行沙漠公园到达那片金灿灿的油菜花；不曾忘记和周青云师姐在完成葡萄园Diviner管测定之后，在试验地旁的一小片野生草莓地肆意扫荡时的惊喜；不曾忘记在一个夏日的夜晚，一群小女生在宿舍里互换衣服群魔乱舞；不曾忘记在公园管理处食堂中，大家给我过的24岁生日……

其实，在我们的试验站上，这样的一幕一幕有很多，而且每个曾经在石羊河做过试验的同学，心中都有属于自己的一幕又一幕。这些场景，或艰辛，或难忘，但自始至终都透着暖暖的味道，因为你从来都不是一个人在战斗，而是一个互帮互助、不分你我、吃苦耐劳、勇往直前的团队在共同奋战。

听闻大家说起如今的实验站，配备有专门实验室、学习室、宿舍、网络和食堂的现代化综合实验大楼早已拔地而起，每年固定有五六十名来自中国农业大学、西北农林科技大学、甘肃农业大学等的同学在这里书写着他们的青春梦想。尽管早已离开试验站，但心中仍满是感恩和自豪，自己曾经也是这里的一员。谨以此文，致敬曾经那段共同奋斗的青春岁月，也祝愿我们的实验站如同我们的国家一样更加美好和繁荣！

最深的记忆

张晓涛[①]

忙碌和嘈杂，很难让人静下心来写点东西；几次辗转，当时的记录本也不知被搁置在了哪里，被老师催促了2次，所以赶紧找寻记忆……

选择去做试验，一方面是想给自己的模拟补充些验证数据，另一方面是更想去了解和体验身边师兄弟姐妹们的试验工作和生活。因为每当10月他们结束了试验工作，带着黑黝黝的皮肤凯旋归京汇报时，自己好像总有点置身其外的感觉，不知道他们的数据是如何获取的，更不懂得他们那完美的规律是如何分析得到的。于是在2007年4月，修完博士阶段的必修课后，我随小分队(大部队已先行抵达)来到了当时的甘肃省武威市中心灌溉试验站。

一天一夜的火车再换汽车，一路颠簸，到达试验站时，天色已晚，但眼前的一切却让人心中明亮和温暖：宽阔的水泥路，整齐的试验田，整洁的排房以及屋里那干净的被褥。鸡鸣破晓，清早推门，清新的空气扑面而来；阳光明媚，抬头便是那久违的湛蓝的天空。所以当我2007年12月到澳大利亚堪培拉学习，同伴们赞美那里日日都有蔚蓝的天空时，我告诉他们，中国西北的天也这么的蓝。但仔细观察，蓝天很少晴空万里，总缀有形状各异的云朵，那年试验季，每当卫星过境的日子，早上还是蓝色的天空，过境时刻几乎总是“被白色(灰色)的云覆盖”。云的存在会影响卫星影像的应用，有些丧气，却也心存希望——祈求“天神”能在下一次过境时刻“蓝天乍现”。如果现在要我再次设计试验，一定会更周密地做好“地上的工作”。

北方吃面食多些，尤其是西北，为了照顾南方的同学，中午大多吃米饭，那时候大家围坐一桌一起吃菜，我的验证数据都是上午10:30左右采集，等做完试验回来，已过中午12:00，再去食堂吃饭时，却只剩残羹冷炙，只能等待下一顿饱餐。为了适合大家的口味，食堂的厨师在不停地更换，只记得一位市里来的姓董的师傅，大家很满意，但没过多久也离开了，因为离家有点远，而且没有休息日。

生活和学习都在同一间屋里，倒也方便，但对我而言，却感觉有点散漫。2008年5月31日试验站建房典礼，“中国农业大学石羊河流域农业与生态节水试验站”终于有了自己的基地，很快试验站里便新建好了学习室、浴室、餐厅和多功能厅。连上了网络，可以不用“远赴”市里的网吧发电子邮件，“暖暖远人村”终于与“世”相通；也终于不用“远赴”市里洗澡，再裹着一身尘土返回；多功能厅里还可以唱歌。

在200米×380米玉米地里布设的验证点，当玉米越长越高时，犹如穿越丛林，经常迷失方向。单凭一个人的力量很难完成观测(在试验田里，大家都结下了深情厚谊)，大

① 中国农业大学2006级博士研究生，2010年毕业并获博士学位，2007年3—10月在试验站开展玉米地耗水量遥感估算试验研究。现在在中国科学院青藏高原研究所工作。本文2019年4月8日作于北京。

家试验都很忙的时候，我会叫上“一教就明”的“陆哥”一起去寻找那几根被掩藏的 Diviner 管，在他家的地里，数不清踩倒了多少株玉米。

试验站是避暑胜地，酷暑时，在北京没有空调的宿舍里，夜里真是辗转难眠；而在试验站的夏夜，却可以盖着被子，舒服地睡到天亮。试验站有特色美食，端午节时第一次吃到了用油饼包的粽子，虽然没有粽叶的香味，但也很美味；那地道的水煮羊肉，香而不腻，让人垂涎；那营养又好吃的“烩面”，触动了儿时对于幼儿园的美好记忆。也是在试验站，习惯了“饭来张口”的我学会了捏包子那漂亮的褶。

如今的实验站更加现代化，配套设施也更加完善。“中国农业大学石羊河流域农业与生态节水实验站”不仅是培养科学工作者的摇篮，也给那片质朴的村落带来了生机，带来了遥远的北京城的气息……

民勤的几点记忆

王 锋[①]

2004年我第一次到民勤，在民勤县薛百农技站度过了3个试验季。如今一晃10多年过去了，许多事情已模糊，但有些记忆，总在脑海里浮现，而且愈发想念，也许这就是民勤的魅力吧。

当时的条件比较艰苦，实验站没有冰箱，经常是每隔几天骑着农技站唐哥的摩托去乡里买菜，茄子、辣椒、土豆、西红柿之类便于存放，就成了常备的蔬菜。当地人有一道茄子炒辣椒的菜（茄辣），茄子、辣椒切条或切片，放入当地特有的麻子油爆炒，再加入西红柿炖煮，汤汁浓郁，味道鲜美，成了我们几乎每天都吃的菜品。再好吃的东西，天天吃也会腻味，离开民勤的最初几年，我基本不吃茄子、辣椒。直到几年后的一天，单位福利发了一箱蔬菜，纸箱上印着甘肃民勤，打开一看，新鲜的茄子、辣椒、黄瓜、西红柿，还有白兰瓜，晚上立刻又做了一次茄辣，然而再也没有当年的味道。也许只有在民勤那种艰苦的条件下，才能品出茄子炒辣椒的真正美味。

2005年的某天，别的同学去凉州沙漠公园帮忙，站里只剩下我一个人。当天大风，我便早早关上院门、房门，钻进被窝。屋外一片漆黑，只有风声大作，久久不能入睡。半夜，忽然听见外面“哐当”一声，似乎是院门被人撞开，然后声音由远及近，直到房间门口。我吓得赶紧起床，抓起床边土钻，开灯开门，一个巨大的黑影在门口晃荡。仔细一看，原来是陈老爹家那头夜不归宿、又渴又饿的驴子，撞开了院门，跑到房间门口，喝着院子地上脸盆里的剩水，啃着瓜皮。呼！虚惊一场。那个场景，依然记忆犹新。

2006年8月的一天，红崖山水库放水，我们和甘肃农业大学的同学一行八九人前往参观。看完了水库，一行人顺流而下，在沙漠中顺着一条水流而走，也是别样的感觉。走了大约一半路程，忽然发现一个积水潭里似乎有什么东西在跳动，再一看，竟然有鱼。于是大家发动，各想办法，不一会儿工夫，便逮了十几条野生鲫鱼。那天晚上，我们的饭桌上多了一道红烧鲫鱼。如果有人跟你说当年我在沙漠抓过鱼，千万不要怀疑，因为这是在民勤真实发生过的事情。

离开民勤10多年后，我们几个同学在今年又和当地陈新民大哥一家取得了联系，看着嫂子微信朋友圈忙得热火朝天的网络售货，知道他们都过得很好，由衷地感到高兴。如今，我经常跟我的孩子说，等你再大点，开车带你去民勤，去薛百，去那个当年爸爸生活和战斗过的农技站看看。

民勤，十分想念你！

---

① 2007年西北农林科技大学硕士研究生毕业，在试验站民勤薛百基地完成硕士学位论文试验。现在在水利部机关服务局房产处工作。本文作于2019年1月。

感谢石羊河

张宝忠[①]

印象之初

时光如潺潺流水，时而奔腾，时而停歇。转眼间已经毕业10多年了，也许是上了年纪的缘故，抑或是厌倦繁重工作的缘故，最近总是怀念石羊河的青春往事。时间是记忆最好的刻刀，过得越久，越能将记忆中的往事精简地刻画在最让人印象深刻的事件上。

2004年，K43次列车，硬座，北京11:40出发，次日13:47到达武威。第一次踏上石羊河的征程，我异常兴奋，以授课为主基调的4年本科生活让我对充满科研气息的远方心生向往。“大漠孤烟直，长河落日圆”是我对西北苍茫景色的最初印象。然而，第一次到沙漠公园试验站的时候，还是被眼前的景色惊艳到了，与印象里不同，这里的景色更加婉约又充满了生命力，公园里生长着梭梭、柽柳、柠条锦鸡儿等敢于与沙漠抗争的绿色战士，保卫着整个公园，像一颗光芒四射的绿宝石，安稳地镶嵌在金色大漠之中，会让每个生活在这里的人都充满着青春气息。

心头之惑

再美的景色也会被日出而作、日落而息的重复生活磨灭而归于平淡。试验生活是枯燥无味的，每天重复着一样的步骤，吃着一样的饭食，看着一样的面孔，会让人充满困惑。“我来这里是为了什么？天天做这样的试验又有什么意义？难道将来我的生活就是这样日复一日的重复吗？这就是我心之向往的生活吗？”各种疑问和困惑充斥着我的大脑，无数个夜晚我都会这样重复问自己。

很多事情，不是冥思苦想就会有答案，有时候答案就隐藏在简单的生活之中。那时我主要协助夏桂敏师姐做试验，她每天早上6:00左右，天刚开始亮就要去试验田测叶水势，上午8:00开始每隔2小时又要测一次光合作用的日变化，每天夜里还要整理数据。身为女生但她的工作强度一点不比男生小，日复一日地重复着每天的工作，却从未为此抱怨，相反每天脸上都挂着幸福的笑容，还有杜太生老师、李王成师兄、屈艳萍师姐、刘晓志师兄……也正是他们的言传身教，让我领会到有些工作不是时刻充满了惊喜和乐趣，很多时候能够将简单的工作不停地重复下去本身就是一种生命的奇迹。

---

① 2009年毕业于中国农业大学，获博士学位，2005—2008年在试验站完成博士学位论文试验研究，曾任试验站学生执行站长。现任中国水利水电科学研究院水利研究所副所长、教授级高工。本文作于2019年2月。

初出茅庐与人情世故

2007年是我成长最为快速的一年，那一年我们的试验站点从沙漠公园迁往新址——武威市凉州区东河乡王景寨，在康老师的信任和支持下，我负责新站的管理工作，统筹试验设计、试验器材购置与安装以及大家的衣食住行，等等。这一年是对我科研能力、业务能力和管理能力的全面考验，现在回想起来也能感受到当时身上那份沉甸甸的压力，但也正是这样的压力让我有了飞快地成长，那些经历也为我今后的工作打下了坚实的基础。

小有所成

记得马云说过："复杂的事情简单做，你是专家；简单的事情重复做，你就是行家；重复的事情用心做，你就是赢家；伟大的事就是无数平凡重复单调枯燥地做同一件事情。"对于科研工作来讲，用心重复单调的工作是所有可靠成果的基础。付出终有回报，2007年收获了我的第一篇SCI收录论文，此后也陆续发表了其他相关学术论文，在蒸散发研究领域小有成就。

除了学术成果之外，在石羊河的青春岁月也让我在各方面有了足够的成长，那段经历对我今后的工作、学习和生活有着非常特别的意义，每每思之，都会有不同的收获。

在这里，我收获了知识，收获了人生，收获了最真挚的战友。感谢石羊河，感谢你在我的人生画卷中填上的最浓重一笔，若有来生，我依旧选择在青春的年纪遇见你！

难忘的石羊河岁月

刘小刚①

2007年元宵节刚过，我便怀着兴奋和忐忑的心情踏上了西去的列车，准备到甘肃武威石羊河流域农业与生态节水试验站开展春小麦调亏灌溉试验。傍晚，绿皮车窗外寸草不生的戈壁连绵不绝，我注视着一轮血色残阳斜挂在天际尽头的山边，回忆起唐代诗人王维的名句"大漠孤烟直，长河落日圆"，只觉得眼前的一切瑰丽壮观而又荒凉寂寥。

在单调的火车与车轨碰撞声中，我们抵达武威火车站。师弟田育峰与我同行，人生地不熟的我们一到站就开始四处打听去试验站的路(那时还没有导航)。好不容易打听到一辆面包车过去，我们便搭车来到试验站附近。只见看不到尽头的黄沙中零星散布着一些纤弱而枯黄的沙漠植物，寒风抽打在脸上生冷地痛。本来满心期待的我们，看到这荒凉的景象只觉得心往下沉，但也暗暗安慰自己我们所做的工作就是为了使这些地区的农业生产和生态环境能够有所改观，于是便更加急切地希望尽早安顿下来开始试验。可是经过联系才发现，因为武威地理位置偏西北，节气还未到春耕时，我们来得太早，根本无法开展试验。而且其他同学还未到，我们还不能进入石羊河流域农业与生态节水试验站(武威市沙漠公园内)，这就意味着我们现在无家可归了。

眼看着在这前不着村，后不着店的地方无处可去，本来满心欢喜的我们手足无措了。看着天色越来越晚，我们也开始越来越焦急。经过打听找到了家住武威市的一个师妹，经她介绍我们住在她的亲戚家中。不过他们家里也条件艰苦，住房拥挤，无法安排我们住宿，但他们帮我们找了一个废弃的旧房子，总算是有了遮风挡雨的地方。我和师弟累得筋疲力尽，随便搭了一个床铺倒头就睡下了。

第二天一早，我们开始琢磨着能否去附近的老乡田里做试验，找了几户人家以及村长，得到的都是否定的答复。虽然没有找到试验的地点，但也并不是一无所获，我们仔细考察和了解周边的风土人情，农业生产情况，同时也结合了解到的新情况，不断思考完善试验方案。就这样在漫长的等待中，我们一边进一步完善实验设计，一边焦急地等待着与大部队的会合。

2007年4月底，随着康老师的研究生们的陆续到来，我们终于与来自中国农业大学的大部队会合。经康老师协调，我们离开老乡家的房子搬进了沙漠公园的试验站。试验站渐渐热闹起来，开始的寂寥气氛也慢慢消散。开始我们住的是大通铺，七八个人挤在一个房间里，虽然条件艰苦，却有助于大家加深了解，建立感情。同学们在一起交流试验方案设计，谈人生，谈理想……形成了良好的学风和研究氛围。虽然大家刚来到，很快就各自进入角色，一切井然有序展开。试验站生机盎然，一片紧张而繁忙的景象。试验站

---

① 2009年西北农林科技大学博士研究生毕业，在沙漠公园试验站完成博士学位论文田间试验。现任昆明理工大学教授。本文作于2019年2月17日。

管理也相对规范，张宝忠总体负责，李思恩负责科研仪器借领，胡萌负责大家的伙食。

随着春耕时节的到来，我也进入了紧张的试验阶段。试验初期的准备有大量农活需要完成，一个人根本无法独立实现。幸好试验站已经形成了团结协助的良好氛围，李思恩等几位同学主动提出帮忙平整土地，铺设管道，开展田间灌溉，这些大大减轻了我的工作量。等管道基本铺设好，大家也都累得筋疲力尽。

一切都按照试验方案平稳推进，借助于试验站的各种科研仪器，测定土壤水分、光合速率、叶水势、分析数据……一切繁忙而充实。试验站的研究生们相互帮助，团结协作，很快建立了深厚的友谊，很高兴结识了中国农业大学的张宝忠、李思恩、许小燕、蒋静、韩江江、刘春伟等。例如，5 月正是春小麦灌溉关键期，水泵却毫无征兆地坏掉了，我急得如同热锅上的蚂蚁，幸好胡萌同学帮我们拿到武威市修理，保证了试验的顺利进行。大家基本每天都很忙碌，没有停歇过。一起帮助许小燕测定林下土壤蒸发量和根系生长动态，帮助胡萌培育沙生植物——梭梭树等，帮助田育峰测定玉米叶面积……

当时没有智能手机，试验站也没有网络，查找资料非常不容易。从学校带来的资料远不能满足研究所需，我曾多次去武威市找网吧获取新的资料或者打电话向导师咨询。在学校里面很容易解决的事情在这里却变得如此困难，我曾一度迷茫。

夜晚，我穿越在没有人烟的回程路上，仰望夜空，点缀在湖蓝色夜空中的点点繁星璀璨异常，让人不禁惊叹于大自然的雄壮，感叹自己的渺小无为；前方万籁俱寂中试验站摇曳的灯光如同一盏心灯，照亮了我的所在，瞬间觉得心里的迷茫与无助都一扫而空，更加坚信自己的价值和人生意义所在。

平日生活用品去武威采购回来，大家轮流做饭，简单的饼子或是面条。康老师和张老师也会经常来到试验站，对试验进行指导，同时帮我们解决生活上的一些困难，给我们好好改善下伙食。每到这时我们就会欢天喜地的，因为感觉不是自己一人在这条路上孤独地行进，而是在师长和同学们的帮助和鼓励下前行，在后面的路程中充满力量，满怀信心地向前奔跑。

2007 年 7 月中旬，我的试验圆满完成了。站在金黄的麦浪中，小心托起手中金黄的麦穗，我仔细端详着饱满的麦粒，心中欣喜而又感慨。一个季度的辛苦劳作，挥汗如雨，总算是圆满完成试验，达到预期的试验结果。10 多年过去了，现在回顾这段过往，明白这是人生加减法中对我重要的一次历练。在石羊河的春小麦节水实验的经历让我对科研有了真正的理解，并从此热爱上农业节水领域的科学研究，一直坚持至今。

美丽的石羊河，感谢与你邂逅！你所给予我的不只是一段经历，更赋予我执着、坚毅和顽强的品质，支持我在农业节水研究这条路上义无反顾，风雨兼程！

沙漠公园试验站琐事二三

鲍　兴[①]

青春永远是生命旅途上的一抹绿，大学时光总是那么匆匆，咀嚼起来羞涩又美味。十几年过去了，有些片段仍萦绕心头。

2005年康老师安排我们那届学生在武威沙漠公园试验站做试验，公园有沙丘、湖泊、园林，风景不错，游客又少，除了晚上比较瘆人外，真是挺不错的地方。那时我负责一片玉米地，主要开展不同覆盖模式对玉米水分利用和产量影响的研究。刘晓志师兄的试验对象是梨园，夏桂敏师姐是沙丘梭梭与柠条，小宝、思恩伺候通量观测仪，屈艳萍师姐是人工种植长穗柽柳、柠条锦鸡儿和新疆杨，杜太生师兄主要是葡萄园，李王成是水平衡和地下水观测，王锋是民勤的西瓜，一年四季自产水果不断，加上公园的面片，整个试验下来，除了晒黑点，都能胖好几斤。每天早上迎着太阳起床，我们分2拨：一拨测作物光合作用，另一拨测土壤含水量，一般是早、中、晚3次常规测。如果是测定日变化，2个小时一次就比较累了，尤其是钻土取样，是个体力活，必须得3人配合轮换来，上练胳膊肩，下练腰和腿，终身受益不得肩周炎。记忆比较深刻的片段就是刘晓志每天早上打养生拳，屈艳萍每天晚上蒸汽熏脸，李王成甲亢晚睡早起身体还特别棒，洗漱用水透彻冰凉，李思恩还常常淋冷水浴，王为的关公脸和小宝爽朗的笑声。

因为试验站偏僻交通不便，出行得提前几天约辆三轮车，所以每个月组团进城都是欢乐的时刻，采购薄膜、水管、蜡烛、方便面、理发加餐火腿肠，刘师兄那时候是CFO，对武威大十字商圈相当熟悉，带着大伙逛逛商场，杜师兄不在试验站的时候，夏师姐就是试验站站长，她不仅关心试验站姑娘和小伙子的日常，还对试验田承包户的家庭内部矛盾进行安抚，对公园的胖主管及服务员关系都门清，是个知心大姐。

试验站的早晚都特别美丽，早上空气冷冽，大伙一块起床洗漱，拿着仪器结伴出发，就像军营生活，傍晚时候公园日落红霞漫天，唱着歌儿回营地。真是让人怀念啊。我们的青春，回想起来没有野外试验的研究生人生是不完整的。曾记否，沙生植物园的落叶雨，满园黄绿天如洗；曾记否，试验归来满身疲倦喝着果啤畅想人生的羞涩；曾记否，漫天星辰大伙吼着狼叫嘻嘻哈哈穿过梨园；曾记否，那一夜的篝火晚会和白杨夜话；曾记否，长满柠条的那个山坡，挥洒汗水的地方，其实风景如画；曾记否，那片玉米地，从稀稀疏疏到青纱帐满。就像那首歌写的，昨天在记忆里生根发芽，爱情滋养心中那片土地，绽放出美丽不舍的泪花。

北京早些年的沙尘特点是黄沙漫天，武威的沙尘暴更有意思，有次大家正在拿着饭缸吃饭，突然风停云压，一片寂静，师兄说沙尘暴来了，赶紧关窗回屋，然后天突然就黑

---

① 2006年中国农业大学硕士研究生毕业，2005年在石羊河沙漠公园试验站完成硕士论文试验研究。现在在中国船舶重工集团国际工程公司工作。本文2019年2月4日作于北京。

了，伸手不见五指，过了几分钟才恢复，桌子上一层沙。汉武帝时武威人口不到 10 万人，新中国成立时武威人口为 87 万人，现在人口将近 200 万人，有限的水资源支撑不了人口的快速增长，从人进沙增到沙进人退，区域生态环境恶化，所以在该区域进行水循环观测和节水技术的研究具有十分重要的现实意义。记得 2006 年硕士研究生毕业的时候康老师说过，以后十几二十年甚至更长时间就扎根石羊河流域了，转眼 14 年过去了，当年在试验站做试验的研究生都成了教授，有的还成了国内外著名的专家学者。至今石羊河团队还在大西北石羊河这片热土孜孜不倦，上下求索，真所谓：千年大泽泪早涸，百里黄沙催人缩，师生上阵战不辍，敢叫河西换新貌。

难忘的邓马营湖试验经历

吕廷波[①]

邓马营湖是我和石羊河亲密接触的第一站，位于腾格里沙漠西南，是古浪河的终端，属武威市民勤县辖地。

记忆是那么的鲜活，回想起当时的试验情景，历历在目，宛如昨日。2004年，我有幸成为中国农业大学的硕士研究生，当年7月还没有办理入学报到手续前，在导师的安排下，到石羊河协助2003级研究生师兄郝治福到邓马营湖进行土壤入渗分布实验。虽然邓马营湖名字里带个“湖”字，但实际是一片红柳、梭梭丛生的沙化土地，在1990年前后又逐渐变成了新垦的农田，地下水位也开始急剧下降，没有一点“湖”的影子。当时邓马营湖所在乡镇是南湖镇，我们以镇政府所在地为大本营，每天到邓马营湖预定的试验点做土壤入渗实验，并进行抽水井水位观测，向导兼驾驶员、后勤保障员是武威市水利局协助安排的南湖水管站水管员马伟民，我和师兄都亲切地称呼他为“老马大哥”。试验点大多是在邓马营湖区周边，沙漠的边缘，离我们的驻地较远。每天早上迎着朝阳，老马大哥开着他心爱的拖拉机，我和郝师兄坐在车斗，轮流抱着试验的宝贝疙瘩仪器——马氏瓶。马氏瓶有部分是玻璃制品，专门从两千里之遥的西安定制，要是有点损坏，试验就没法进行了，必须要小心翼翼保护好。田间小路很是颠簸，拖拉机只能把我们带到大致方位的路边，师兄用从民勤县水利局借的手持式GPS进行试验点位的精准确定，试验点位往往距路边一两公里远。试验点位确定后，我们要徒步把马氏瓶、入渗铁环、水桶、量筒、土钻、铝盒等实验仪器和工具带到试验点，把马氏瓶、入渗铁环安装好，水桶打满水，一切准备就绪，我们3人各按分工开始野外原状土壤的入渗试验。试验开始的半个小时内土壤入渗速率变化较快，观测间隔很短，记录的数据较多，等入渗逐渐稳定，观测间隔1～2个小时的时候，我们再用土钻另取土样，做返校后室内试验用土。邓马营湖土壤沙性土质居多，但是一次完整的土壤入渗试验也要七八个小时之久，所以每天试验结束，我们经常是看着夕阳，伴着星光返回。回到驻地，没有其他的试验条件，只能用酒精燃烧法测定土样的含水率，等整理好试验数据，录入电脑，休息的时候一般都是晚上12:00。

在邓马营湖做试验期间，时间紧张而忙碌，但也有品尝美食放松休闲的时候。早饭有时是当地名吃“西瓜泡馍”，西瓜是老马大哥房前屋后自家种的，当地品种，个头不大，两手张开就能握全，瓜皮很薄，沿西瓜中间方向用大拇指甲随便掐几下，就能轻松掰开，一分为二；馍馍也是老马大哥自家做的，纯天然绿色食品，馍馍比较蓬松，经自然晾干，泡馍时掰上几块，直接泡到沙甜的瓜瓤或者掏空点瓜瓤泡进香甜的瓜汁里，一顿“西瓜泡馍”管饱、解渴还清新爽口。有一次为了节省时间，提早完成第二天的试验，我们特意在

① 2007年中国农业大学硕士研究生毕业，2004—2007年在石羊河进行野外试验和资料收集调研工作并完成硕士论文。现为石河子大学副教授。本文2019年2月18日作于新疆石河子。

下一个试验点附近的老乡家借住一宿。夜晚星空灿烂，银河清晰可见，这是我第一次，也是为数不多的一次肉眼看到浩瀚广阔的银河。老乡家地里种的是打瓜(一种专门生产食用瓜子的瓜)，经常有野兔前来啃食，老马大哥建议趁机打个兔子，也好给我们打打牙祭，改善下生活。当天晚上在野兔经常出没的打瓜地边架起了打兔子的设施，第二天一早还真打到了 2 只野兔，我们带回去 1 只，老马大哥为我做了一顿美味可口的红烧兔肉大餐，现在一想起来就口舌生津。

在老师的指导协调下，在武威市水利局石培泽副局长、武威市水利科学研究所杨秀英所长等的帮助下，我们的实验进展非常顺利，特别是在试验快结束的时候，康老师来到沙漠公园试验站，还特意在杨秀英所长等陪同下，到邓马营湖的试验点上看望我们，让我们既感到激动又感到有些惭愧。

邓马营湖美丽的绿洲风景，独特的大漠风光，勤劳质朴的老乡们都给我留下了美好而深刻的印象。在经历邓马营湖试验后，为了测算石羊河流域灌溉水有效利用率，我先后几次到武威市凉州区、古浪县、民勤县、金昌市金川区、永昌县等地进行灌区用水与作物种植情况调研。对金昌市一点也不熟悉，老师亲自带我去金昌市水利局。金昌市水利局的领导热情地接待了我们，并派专人陪同去永昌县水利局调研，使我非常顺利地收集到了相关研究资料。2006 年 9 月，在石羊河流域灌溉水有效利用率测算有初步结果时，老师又专程带我来到甘肃省水利厅，与相关领导和专业技术人员就灌溉水有效利用率测算方法、结果等进行了深入的交流、探讨，这些都让我受益匪浅。

毕业之后，虽然远在几千里之外的新疆，但是石羊河团队取得各类硕果的喜讯，也时刻感动和激励着我。特别是在与石羊河流域环境相类似的新疆塔里木河流域下游挂职 2 年兵团 31 团的副团长后，我对科技创新驱动地方经济社会发展的重大作用有了更深入的认识。深深地感到在西北旱区这片广阔的土地上，需要更多的像石羊河一样的实验站来支撑区域地方经济社会可持续发展。

在石羊河的这片热土上，老师们从青年时代开始就一直扎根大漠，默默耕耘，在科学研究上始终紧跟和引领学科研究前沿、热点，始终围绕服务流域实际需求和行业发展重点，在科学研究工作上真正做到了“顶天立地”。有这样享誉国内外、世界顶端水平的科研团队在石羊河流域进行科学研究，开展科技示范和服务，石羊河流域一定会达到山清水秀、物阜民丰的境界！

石羊河沙漠公园试验站之二三事

许小燕[①]

风景篇

相对于我未曾去过的民勤小坝口灌溉试验站、去过一次的民勤农技中心薛百试验基地和现在的王景寨试验基地来说，沙漠公园试验站有一个区别于其他站点的地方，它是设在一个享有“沙海第一园”美称的国家4A级风景区内。公园日常对外出售门票，所以如遇老师们、石羊河其他试验站的“站友”或者亲友来访，除了可以参观我们的试验，还可以顺便感受一下西北大漠的特色风情和动植物。植物除了我们试验区里面的梭梭、柠条锦鸡儿、新疆杨、柽柳，还有金银花、沙枣花、马兰花、白刺花、花棒等；动物有大漠骆驼、马、野鸡、野兔等。当然，还有一些公园必备的游乐设施，比如卡丁车、游船等。

我每天去试验地的路径是这样的，从住处出来，先穿过挂满绿藤的拱形长廊，越过一小段沙丘，然后进入沙生植物园。植物园里，左侧是沙生植物，右侧是葡萄园。我是向左拐，路过一片沙枣林、皂角林、柳树林，穿过一个小休息亭，就来到新疆杨林了，然后路过一片金银花地，到达柠条锦鸡儿丛，再路过红柳林，就到达长穗柽柳林了。至此，沙生植物园也基本上逛完。这样的野外试验环境，怕是国内少见的！

试验篇

2006—2008年，我在石羊河沙漠公园试验站进行试验。虽然，我不是试验站的开拓者，但却经历了其重大变化的过程。2006年，沙漠公园还是主要站点，大部分人员和重要的试验仪器均在此；2007年，试验基地就开始转移至如今的王景寨试验站，沙漠公园只有4个人留守，我住上了自在的单人间；到了2008年，我们就整体搬迁至王景寨试验基地，唯有我一个人的试验还需要到沙漠公园采集数据。

常言道：好的开始是成功的一半，因此，每年我们都是在植物生育期开始前到达试验站，进行准备工作。其中，打管应当是难度之最了！西北地区地下水埋藏较深，测土壤水分的TDR管可以深达3米，1米的Diviner管已是最浅的，还有观测根系的2米管，都不是件容易的事，至少需要3名男性同胞共同合作才能完成！并且打管质量好坏直接关系到测量数据的精确度。如果辛苦采集的数据不准确，那将是一件令人沮丧的事！

要说试验项目观测难度之最，怕是要数植物光合日变化的测定了！在盛夏之际，选

---

① 2010年中国农业大学博士研究生毕业，在石羊河沙漠公园试验站完成博士学位论文试验。现在在合肥工业大学土木与水利工程学院任教。本文作于2019年2月。

择一个晴空万里的天气，每2个小时测定一次，需要几人通力合作、万分小心谨慎，不然如此精密的仪器，怕是经不住！其又是诸多试验地需要的仪器，影响试验进度兹事体大！

生育期结束后，会有一个破坏性试验，那就是取根，然后洗根，扫描根。潘师姐讲到她当年洗根洗到想趴在壕沟边上，而对于我们来说，因后来搬到王景寨试验基地，试验条件有了极大的改善，可以用带压力的自来水冲洗根，且有众多的师弟师妹来帮忙洗根，他们给了我极大的帮助！其实不仅仅是洗根，科研路上不管是做试验，还是处理数据等，我都得到众人的帮助，真是非常感谢所有帮助过我的人！因此，我常常觉得，试验站的情谊就跟部队上军人间的情谊类似，那是跟共同作战的战友一样的情谊，永生难忘！

生　活　篇

沙漠公园试验站的伙食是经历了几番变化的，最初，我们是和沙漠公园的工作人员一起吃他们的食堂，每天早上稀饭、中午和晚上面条。对于爱吃面条和土豆的人来说，可能会觉得伙食比较单一；而对于吃大米长大的南方胃来说，就会比较想念米饭。幸好从沙漠公园去市里，交通还算方便，我们可以偶尔去武威市里解解馋。后来，经过多番努力，我们有了自己的小厨房，可以自己开火做饭，吃自己想吃的食物，伙食一时间丰富了很多，再也不用去市里解馋了！尤记得开火之初，康老师一行来到试验站，老师们也纷纷下厨一展厨艺。不知道那年吃过康老师做的西红柿炒鸡蛋的人，还记得当年的味道吗？

沙漠公园里面有野鸡、野兔。对于这样的野味，捉来打牙祭不仅可以丰富伙食，还能丰富业余生活，实在是一举多得！捉野兔的话，可以在兔子日常活动的路线上设一种铁丝做的绳扣套，偶尔会有不幸的兔子撞上；而野鸡会飞，捉它难度要大一些，需要几个人合作甚或用上网套才能捉住。有一次康老师一行来到试验站，李思恩和当地小伙一起捉了一只野鸡，兴奋得要给老师们加个野味，冯绍元、李伏生老师因此笑谈许久！

一点感慨

从准备加入康老师团队之初，我就做好去甘肃武威做试验的打算。3年的野外试验站生活，我在科研道路上成长了许多，也非常感谢康老师为我们提供了如此好的学习平台！在这里，我学习到了前沿的专业知识、严谨的治学态度、吃苦耐劳和团队协作的精神，以及满满的爱国情怀！

如今，我自己成为一名教师，有时也跟学生们聊起我的学习生涯。学生因此对石羊河试验基地充满向往，愿意去那里挥洒青春，这也是一种精神的传承！

梦回石羊河

胡　萌[①]

2018年，谷歌(Google)地图又能用了，用卫星地图模式，很快就找到了武威沙漠公园、王景寨试验站，新盖的试验大楼清晰可见，温室、蒸渗仪、气象站，还有我亲手种下的梭梭与柠条，都能一一分辨出来。看着看着，眼前就是那些和老师、同学、当地朋友伙伴一起奋斗的场景，试验生活历历在目，仿佛就在昨天，仿佛就是梦境。

沙漠公园篇

2006—2009年，每年有6个多月的时间我都在石羊河做试验。2006—2007年在沙漠公园，2008—2009年，试验站搬到了王景寨新的试验基地。每年去石羊河都是在春天，3月底或是4月初。江南百花尽，北国春来迟，三四月的武威还是冬天的模样，花草未萌发，梭梭柠条颜色像沙漠里的沙子一样是灰色的。石羊河春天来得晚，“五一”下雪也是常有的事情，作物生长期短，国庆节后就可能下霜，草木开始枯黄。我们的试验周期与植被的生长周期基本一致。因此，我们必须在4月底前完成试验准备与仪器布置，一旦气温回升，植物会迅速苏醒，快速生长，我们就要按照试验方案观测采集数据了。

我的试验是研究2种沙漠植物(梭梭、柠条)的水盐胁迫响应，第一年种好后，以后每年的前期准备工作就比较少了。在沙漠公园的2年，前期主要是帮助师兄、师姐们布置土壤水分观测管、根系观测管、植物茎流计等。在试验中，大家相互帮助，一起工作是试验站的一个传统。我就是在师兄、师姐们的帮助下学会了使用观测仪器，学会了使用专业软件，学会了与同学相处，学会了与当地人沟通，这些都是不可能在教室里学到的。试验站的优秀传统很多，有一个印象深刻的传统是“严谨”，不仅观测的时间、精度都要精益求精，冒着烈日、忍着饥渴也要采集、记录好数据，而且在试验准备、布置阶段就要力求分毫不差，我们用游标卡尺计将植物茎流计的探针位置精确到了0.01毫米。其实，这些优秀的传统不是刻意安排、有意追求的，都是在共同的试验、生活中潜移默化形成的。有一次，康老师来沙漠公园，在试验田里发现一些白色的粉末，当地人告诉他是春季土壤返的盐，结果康老师蹲下身子，很自然地用手指蘸了一点放进嘴里尝尝。

我在沙漠公园的另一个收获是学会了做饭。刚去沙漠公园的时候，与那里的工作人员一起在他们的食堂吃饭，早饭是粥和馍(一种看着很像面包，却很硬的馒头)，午饭和晚饭雷打不动的是面条。武威的面条挺好吃，但沙漠公园的食堂蔬菜太少，基本是青椒、土豆的天下，经常吃得我口舌生疮。2006年下半年开始，我们另起炉灶，自己做饭，我现学

---

① 2010年中国农业大学博士研究生毕业，2006—2009年在石羊河试验站进行梭梭和柠条水盐胁迫试验研究，完成博士研究生论文《干旱荒漠区两种典型沙生植物对水盐胁迫响应的机理与模拟》。现在在青岛市水资源办公室工作。本文2019年2月作于山东青岛。

现炒，煮出第一锅米饭、烧出第一盘菜，味道、口感实在对不起大家，好在大家都不挑剔，做出来什么吃什么。而好多老师、同学身怀绝技，把饭菜做出了专业水平。尤其是李思恩师兄，作为地道的湖北人，不仅每天面条没有吃腻，还学会了做出很好吃的臊子面的好手艺。

我在沙漠公园采用的是盆栽试验。2006 年 4 月，刘晓志师兄帮我买了 130 个直径 40 厘米的花盆，送来花盆的那天下着小雪，周青云、王春梅、侯晓燕在雪中帮我抬花盆的照片不仅存在我的电脑里，也经常清晰地浮现在眼前。说是花盆，其实就是一个小型的缸，每一个都很重。由于路窄，卡车进不去，我用三轮车把花盆从大路运到小路，她们再一个一个帮我抬到布置试验的沙丘上。种好梭梭和柠条后，就每天盼着他们发芽、长大，盼着能尽快开展数据观测。天气转暖后，有几株柠条率先露出了绿芽，然而没高兴两天，整株树苗就齐根消逝了。问了在附近种地的王大爷，原来是园子里的野兔作案。我找来木棍，在试验区周围做了一圈 1 米多高的篱笆，隔离出一片安全区。王大爷不仅帮我破案，找出解决方案，还教给了我捉野兔的秘籍。此后，我们的餐桌上偶尔又能多一道美味。

2007 年，王景寨的试验基地开始使用，有些同学的试验陆续搬到那里。我和许小燕、刘小刚、田玉峰 4 个人继续在沙漠公园做试验。同时，我也开始了搬到王景寨的准备工作，在新试验基地修建一组非称重式蒸渗仪。下半年，我每周都要来往于王景寨与沙漠公园之间。2007 年 10 月，本年度的试验结束后，我将梭梭、柠条连同花盆一起搬到了王景寨现在的试验基地。

王景寨篇

雁无头不飞，人无头不走。我们在试验站的领头人是大师兄，也有人称为“掌门”。我在石羊河第一年的大师兄是刘晓志，第二年的大师兄是张宝忠，第三年我就成大师兄了。其实，这三年张宝忠师兄都在试验站，第二年刘晓志师兄也在试验站，但他们在那里的最后一年都以写毕业论文为主，兼顾着做试验，没有太多精力做管理工作。与其说是管理，不如说为大家服务更确切，我们一年之中有大半年时间在试验站常驻，对于培养我们的自我管理能力和自律能力非常有益。

这样的安排也利于过渡衔接，有上一任“掌门”坐镇，也是现任“掌门”最好的顾问。我“掌门”试验站的一年，张宝忠师兄给予了我很多帮助和支持。那一年(2008 年)是试验站挂牌的第二年，民勤、沙漠公园的试验都集中到了这里，前后有 30 多位同学在这里做试验、做调查；我们改建了浴室、食堂，划分了试验室、宿舍、生活区。由于新建设的试验站各方面都处在磨合期，杜太生老师基本每个月都去，具体指导试验站建设和运转。与其他“掌门”不同的是，我在任期间，有 2 位得力助手帮助工作。一位是田磊“书记”，与我来自农村不同，田磊是大城市里长大的，在外面刮风屋里漏沙的环境里，坚持做水土试验已经很不容易了，她还投入了非凡的热情到试验站的管理工作当中。我的性格内向，言语不多，试验站的凝聚力与田磊活泼性格的影响是分不开的。另一位是陆权，我们都叫他“陆哥”，陆哥是当地农民，在试验站承包土地、果园，承担了试验站的用工、环境卫生、日用品购置维修等大量工作，同时也是我们农作物种植方面的现场顾问，随时解答我们遇到的具体问题。田磊组织大家活动，为大家生活做好服务；陆哥作为试验站与当地的“桥梁”，为大家安心试验提供后勤保障；在试验站的同学发挥各自特长，群策群力；就是这样，试验站的各项试验、工作有条不紊地开展起来。

新试验站成立伊始，我们首先要解决的是吃饱肚子。2008 年初，试验站还没有建食堂，我们早去的几个人在王哥家临时搭伙吃饭，有一天曾勰婷和武威水务局司机李师傅外出调查回来晚了，没有饭了，让他们饿了肚子，对此我一直耿耿于怀。后来，试验站专门拿出两间屋改造成了食堂、餐厅，配备了专职厨师，我们可以不用自己做饭了。再后来，我们在试验田的旁边开辟了菜园，吃上了自己种的新鲜蔬菜；为方便管理、方便用餐，印制了饭票，大家根据自己的饭量、口味选择饭菜搭配，减少了浪费。

经常有专家、客人到访试验站，环境卫生直接影响着试验站的形象。那时住宿条件有限，三四个人共住一个宿舍，房间紧张地时候甚至五六个人同住一屋，大家在一起，生活习惯各不相同，而且野外试验都是体力劳动，做了一天试验，满身泥土，满身疲惫，能做好个人卫生就不错了，稍一放松，宿舍卫生、公共卫生就惨不忍睹。于是我们划分了学习室和试验室的值日生，大家轮流打扫，遇到重大活动或来访，大家一起动手，集中开展大扫除。对于宿舍卫生，我们定期开展评比，表现好的挂上流动红旗，以至于宿舍整洁成了试验站最光荣的事情，成了试验站的一个亮点。每当有老师、客人来访，表现好的同学拉着他们去参观自己的宿舍，给他们留下了很好的印象。

2008 年国家发生了许多大事，对我来说也是意义非凡的一年。我确定了水盐胁迫与风沙动力学参数关系的研究方向，有种豁然开朗的感觉。2008 年 5 月 12 日，四川汶川地震，汶川距离试验站 700 千米，我们几次有震感。对于位于灾区周边的我们来说，地震的可怕在于心理的压力，5 月份汶川发生了几次大的余震，王景寨村连续几天传来消息，乡政府提醒防震，有一天我们通宵没有脱衣睡觉，准备随时撤到屋外避震。5 月 14—18 日，康老师陪同英国专家 Bill Davies 和香港浸会大学的张建华教授在石羊河考察，为了减少恐慌，做好接待工作，我只能故作镇定，尽量安抚大家的情绪。2008 年 7 月，康老师安排我和曾勰婷到德国汉诺威大学交流，近 1 个月时间不在试验站，邱让建、陈峰、郭维华、张鑫、王峰、张彦群、蒋静、康敏、刘春伟……大家帮我照顾试验、记录数据，并和田磊一起维护试验站有序运行。2008 年水院 50 周年院庆时播放了试验站做的 MV，背景音乐用的是《我们是一家人》，非常应景，试验站这种互助互爱、温馨融洽的氛围，多年以后回想起来依然感到非常亲切温暖。

睹景思人篇

石羊河的美是大漠孤烟直，长河落日圆的那种壮阔。沙漠公园里面就有连绵的沙丘，细软的沙子赤脚更适合，当然夏天中午是不能在室外赤脚的，因为地面温度可以轻松达到 50℃以上。由于空气干燥，夏天太阳虽晒，但太阳照不到的地方很凉爽，晚上睡觉是要盖薄被子的。那里空气很好，晚上的星星多到只有童年的记忆可以相比，离开石羊河就再也没有见过了；白天，远处祁连山上的雪峰与蓝天相映，望一眼，再多的烦恼也就烟消云散了。可能这也是为什么那里的人性格普遍开朗、乐观吧。

石羊河不仅景美，人更好。去石羊河，最早认识的是武威市水利科学研究所杨秀英所长，我的试验材料——梭梭和柠条树苗就是她联系当地苗圃送来的。苗圃的主人叫杨虎，后来我又几次去他的苗圃拿树苗，说“拿”是因为他都没有收钱，并对我说，你们做好试验就行。杨所长不仅帮我们协调与当地的一些重要事情，每到端午、中秋等重要节日，还亲自到沙漠公园，带来大包好吃的，请我们吃饭，改善伙食。后来，又陆续有董平国主任、韩万海主任、胡铁民、栾元利、陆权三兄弟、王哥王嫂、蔡哥蔡嫂、侯姐夫、王大爷……他们大多是与我们同吃同住同劳动。陆志宝则是帮我们打管子、捉兔子的小伙伴，我离开石羊河后还一直和他联系，直到他结婚、有了孩子。

除了因做试验而认识的以外，还有一群人和一个人让我印象深刻。一群人是旁边监狱的武警，他们与我们年龄相仿，有些甚至更小，刚刚高中毕业，与我们一样都是远离家乡，都是青春岁月，他们那儿有篮球场，我们常过去打友谊赛；我们温室种的好，他们派人来观摩学习；他们首长说这是军民共建。一个人是民勤的老乡，经常听在民勤做试验同学说起她，因为她丈夫经常去民勤薛百乡农技站帮助同学们，大家叫她“嫂子”。嫂子是地道的农民，却非常喜欢读诗，有一次我和王振昌去民勤，王振昌专门去看望了他们夫妻俩，她对我们说“海子写的诗：面朝大海，春暖花开，写得真好啊！”我只见过一次嫂子，但她说这句话的神情我一直记得。

番　外　篇

在试验站的时候，经常想象着毕业后会找什么样的工作，想象着工作时的样子。现在，坐在办公室里，经常会想起在石羊河时的点点滴滴，经常会幻想着时光倒流，再回到读研、做试验的过去。

如果能重新回到过去，我一定少看几部电影，多读几篇文献。研究生入学不久，康老师就给了我一本《生态水文学》。由于没有利用试验的空余时间好好研读，导致 2 年后才找到课题的切入点，浪费了很多时间。

如果能重新回到过去，我一定及时处理数据，抓紧时间撰写论文。在试验站的时候，总是各种借口，观测数据记录下来就完了，等到一年试验结束后回到学校再分析处理，留给写论文的时间就很少了。结果是有些想法还没有来得及写成论文发表，我就毕业了。

如果能重新回到过去，我一定少一些空想，多准备一下未来，挖几百个比特币……

如果能重新回到过去，我一定少宅在屋里，多参加一些集体活动，跟大家打打篮球……

在石羊河 4 年时间，收获很多，感悟很多，从收到老师的约稿开始，写写改改，总是感觉还有好多人、好多事没有写出来、没有写深写透，没有把内心涌动的感情表达出来。离开试验站已近 10 年，感谢互联网，感谢老师和同学们经常在微信群、学校网站发布近况，我能够经常看到试验站的信息、样子，经常在梦里遇到沙漠公园、雪山、梭梭……现在试验站的仪器设备更齐全，人员更多，知名度更高，影响力更大，相信经过时间的积淀，有这么多老师同学的热心奉献，试验站的明天会更好！

薛百试验站杂忆

王振昌[①]

2005—2007 年，我在甘肃民勤薛百农技站试验站做试验，虽然时间过去了 10 多年，但好多事情还历历在目。

沙　尘

到民勤之前，早对当地的沙尘暴有所耳闻，但没能亲见其“尊荣”。记得与沙尘暴的第一次邂逅发生在 2005 年的夏天。2005 年本科毕业典礼结束不久，我就跟随王锋师兄坐十几小时的绿皮火车到武威，再坐汽车到甘肃民勤薛百试验站，协助他和杜太生老师做西瓜调亏灌溉以及棉花的隔沟交替灌试验。2005 年 7 月的一天，天空碧蓝、晴空万里，是测光合指标的好日子。顶着烈日测光合的间隙，我无意间抬头向南望了一眼，只见远方一堵褐色的墙慢慢向我们移动。我问道：“师兄，南面那是什么啊？”王锋抬头一看，大喊一声：“快跑！”说时迟那时快，我跟着他扛着光合仪急速奔向薛百实验站中的小屋。刚到屋内，屋外就立刻暗了下来，只听见“呼呼”的风声以及沙尘敲打玻璃发出的“沙沙”的声音，屋内也顿时充满了沙尘和土腥味。第一次和沙尘暴的邂逅竟是如此地惊心动魄，之后的两年在民勤也多次碰到沙尘暴，但都没初次见到时的震撼！2007 年春天，因为要赶在棉花出苗之前布设好试验，我和李培岭、贾运岗、杨磊、韩江江、王若水等就要争分夺秒地将几百根测定土壤水分含量的 Diviner 管打进田里。民勤四五月份沙尘暴发生得最为频繁，但为了 Diviner 管能顺利布置下去，我们就跟沙尘暴“打游击”。沙尘暴来时，我们就匆匆撤回试验站内的小屋，沙尘暴刚结束但还有扬尘的时候，我们又早早出去布设管子，以至于现在一回想起那年的春天，就想到了 Diviner 管，想到了耳边“呼呼”的风声，想到了周遭黑黄的风沙以及不足 3 米的可见度以及满嘴的沙粒和满鼻腔的土腥味，更想到了大家齐心协力打 Diviner 管时的阵阵欢笑！

做　饭

薛百试验站人少，没有专门请师傅做饭，因此吃饭的问题需要我们自己解决。去民勤前，我是没进过厨房的，所以做饭炒菜的事情基本都是王锋师兄来料理。后来，在师兄的帮助和鼓励下，我也渐渐学会做一些家常菜。现在我还清楚地记得第一次炒土豆丝的情景：先是笨拙地将土豆切成大小不等的“土豆条”，等锅里油热后要放菜时，又害怕热油

① 2008 年和 2012 年在西北农林科技大学分别硕士研究生毕业和博士研究生毕业，2005—2007 年在民勤薛百试验站开展硕士学位论文试验研究。现在在河海大学工作。本文 2019 年 2 月 12 日作于江苏南京。

溅到身上，我就设法躲到远处“投射”，只听“哐”的一声巨响，土豆条成功入锅了！师兄形象地比喻这套动作为“扔炸弹”，现在回想起来，我还忍不住笑出声来。2006—2007年，由于试验站上做试验的人多了，我们做饭也进行了分工：侯晓燕负责煮早饭，杨磊负责去10千米外的民勤县城购买蔬菜，贾运岗负责洗菜和洗碗，李培岭和韩江江负责切菜，我、王锋师兄和王若水负责炒菜。在田里忙了一天的试验后，大家回到院子里又开始忙碌着做饭了。由于没有自来水，吃喝及洗漱用水需用平板车从几百米外的机井中取用。井水几十米深，潜水泵电闸的保险丝又经常熔断，取一次水，一般要折腾大半个小时。现在每每想起取水的事情，脑中就不由闪现黑夜中推电闸时激出的蓝色电弧和保险丝熔断时的焦皮味道。洗菜，切菜，炒菜，一阵忙碌后，大家终于可以围坐在试验站院子中的饭桌吃饭了。静谧的夜晚，满天的星光下，忙碌了一天的我们围坐在梨树下，说笑着吃着自己做的饭菜，觉得格外的香甜！

离　站

俗话说：“天下没有不散的筵席”，试验站也如此。2005年，因为要回西北农林科技大学上研究生课程，8月末我就先行回杨凌了，只留下王锋在站里值守。2006—2007年，因为棉花试验需等到10月中旬才能测产，我都是薛百试验站最后走的那拨人，眼看着大家陆续离开试验站，百感交集，特别是2007年的那次感觉尤甚。2007年上半年，试验站中的人数多达十几个，除了西北农林科技大学、中国农业大学的研究生，甘肃农业大学的学生也在那里做甜瓜试验。忙忙碌碌、吵吵闹闹中，时间过得也很快。从2007年7月中旬开始，大家的试验陆续都结束了，人员也随之开始撤离。其间一位师弟生病住院了，我们在站的几位同学除了做好自己的试验外，还要轮流到民勤县医院陪护他。师弟病情好转后，等我们送他坐上返京的火车后，才猛然发现之前热闹的试验站只剩下4个人了。记得那年民勤的九十月出奇的冷，沙尘天气也多，大家陆续都生病了。开始时，杨磊发烧、咳嗽，我们还能派出一个同学去薛百乡卫生所照看他输液，后来我也发烧了，刚好我和杨磊就可以互相“照看”对方的点滴了。后来杨磊因为公务员考试也先行离站，站里就只剩下李培岭、贾运岗和我。除了要完成棉花试验，我们仨还要完成薛百试验站点的“撤站”任务。那天当我们坐着满载管件和仪器的机动三轮车开出试验站时，望着熟悉的院子和试验田，除了完成试验的喜悦外，更有些许的留恋和不舍！

毕业后，大家都找到了自己理想的工作：王锋在水利部工作，杨磊去了内蒙古水利厅，侯晓燕在北京市海淀区水务局任职，我、李培岭和王若水在高校任教，韩江江和贾运岗也都去了自己心仪的设计院。大家开玩笑说，民勤薛百试验站是块“福地”，在那战斗过的人都能心想事成。而我认为与其说它是福地，不如说它是成才的“训练营”。在那里，我们学会了艰苦奋斗；在那里，我们学会了团结合作；在那里，我们学会了互助互爱；在那里，我们学会了坚持坚毅！有了这些品质，有了这些素养，还有什么困难不能克服，还有什么事情不能做成呢！

薛百试验站，我很想念它！

民勤记忆

侯晓燕①

在收到康老师要组织编写《石羊河印记》,收集大家当年在试验站的生活和感悟的通知时,心情万分激动,鼻子酸酸的,我立马下床找出移动硬盘,开始搜索我当年的各种记录,开始构思我的“民勤记忆”,也开始着手修理坏掉许久的当时试验时用的笔记本电脑,那里尘封了当时所有的照片与日记。

初到武威

2006年3月底,王凤新老师带着周青云、刘晓志、张宝忠、李思恩、胡萌和我一行7人乘坐北京—武威的绿皮车历时26个多小时来到石羊河这片神秘之地。记得在途中我发信息给正在读本科的弟弟,炫耀我能跻身于这个博士团队里的自豪感。从河北农业大学考入中国农业大学以来,我没想到自己能成为康老师科研团队中的一员。这种幸运感一直延续至今,时常会有等孩子长大后,再去考读康老师的博士研究生的念头,重温石羊河大家庭的温暖!

到达武威,查收完火车托运的地温计、负压计、水表等试验仪器后,刘晓志和张宝忠师兄带领我们到义乌商业中心买上被褥、迷彩服等生活用品,到小鞋店买上草绿色军用鞋等。每一种商品都挑性价比高的买,尽可能节省科研经费。每一笔开销都入账本,票据整理保存好。两位师兄非常认真细致,我也跟着学,到民勤以后就该我自己记账过日子了。

初见民勤

2006年4月2日,武威市水利科学研究所张师傅开车穿过民武公路,再下一个土路,杨秀英所长亲自送王凤新老师和我来到民勤县农业技术推广中心薛百农技站的试验站——一个坐落在荒野中的四方土院。杨所长把站长小唐介绍给我们,然后带我们到将要种土豆的地里去看了一下,考察了周边地形和土质、水源情况后,又到镇上买了安家的日用品:被褥枕头床单及大米油盐等。中午杨所长请我们吃了当地的大盘鸡,但是我当时因初到的懵懂,基本上没吃几口。镇上三三两两坐着一些老翁,深深的皱纹、黑黑的皮肤,像西方的油画,也令我想起西游记里唐僧师徒来到火焰山前看到的当地人的画面。唐站长告诉我们说,在这里,因为太阳辐射强,很少能见到皮肤白的人,妇女都戴着头巾。于是我又补买了一条头巾。

---

① 2007年7月中国农业大学硕士研究生毕业,2006年4—9月在民勤薛百试验站开展西北旱区马铃薯滴灌技术及覆膜效应研究。现在在北京市海淀区水务局工作。本文2019年2月13—17日作于北京。

当天晚上，站上有人敲大门，黑乎乎中走进来一个人，到了小唐站长的屋里才看清脸。这人满脸通红，头发支炸着，刚开始都有些害怕，唐站长告诉我们他是这里的生产队长，以后遇到困难时可以找他。因为当时就我一个女孩，还是有些害怕。他好像看出了我的心思，操着浓重的本地口音说："放心吧，我们这里的民风很淳朴的。"他就是后来每天都来农技站的陈兴民，下地时经常在站上歇歇脚，有时帮着我们打土钻，接保险丝，到机井上放水。第二天找来我们的地主小王埋下薯种，铺上滴灌带，覆上白膜，埋上地温计，装上负压计，安上水表，接通水管。在地头处挖了个 2 米深的大水池，作为滴灌水源，买了水泵从水池里往地里抽水。把试验田布置完毕，因其他研究生还没来，我又回了沙漠公园试验站。

至今令我记忆深刻的还有站里男女共用的原始露天土厕所。四面土墙，后墙上还有一个通风四方洞，露出后面的农田。前面是一个破旧的木质栅栏门，用铁丝拴着，在风沙中嘎吱作响。厕所没有灯，夜里黑咕隆咚。每次去时，都得刻意咳嗽两声，以确认里面无人。

我的战友

还记得王锋师兄——我们当时的掌门人。他是浙江人，给家人打电话时，叽里咕噜，一口浙江话跟说日语似的，我们一个字也听不懂。他肤色白皙，经当地日照辐射后，还是特别白，一双小眼睛滴溜乱转，透露着浙江人特有的聪明。他经常给我们看她母亲经营的百亩茶园照片，各种茶花，还有他家的小别墅，让我第一次领略到南方农村的美。当时最期待他测西瓜品质，这样，我下午 2:00 到地里测地温看负压计读数完毕，走到他地头就可以抄起他测完品质的瓜，用拳头一砸，立裂两半。民勤的瓜，个小、皮薄、汁多、味甜，炎炎烈日下，满满的幸福感！

王锋给我们贡献了沙漠绿洲上最甘甜的水果，当然我也贡献了粮菜兼用的马铃薯。待到测产后，成堆的马铃薯存放到厨房里，也省得劳烦小唐哥从城里捎菜了。记得 7 月底有几天连降大雨，农技站院里院外全是积水，唐哥无法从城里骑摩托车过来，多亏了我的马铃薯，既当菜又充饥，炒着吃、蒸着吃、煮着吃，最令我吃惊的是杨磊竟然用煮熟的马铃薯蘸醋吃，我至今还是享用不了这种吃法。

王振昌，一位河南小生，个子不高，一笑两排小白牙，还有两个小酒坑，脸膛晒得红黑，一双炯炯有神的小眼睛，佩戴着一副小眼镜，浑身透着文艺范儿。当时属他勤奋好学，试验之余还要备考 GRE、托福，拿着小本本记诵着一个个单词。他说他在家里排位老小，什么也没干过。但在站里，做饭刷碗抢着干。每每杜太生老师去看望我们时，他总会很热情地将他从王锋那里学到的厨艺展示一番。最成功的一次应该是将王锋带领我们去红崖山水库里捕捞的野生鲫鱼做成了红烧鱼，味道之鲜美，至今香味绕鼻。他善于钻研，王锋和杨磊总是亲切地调侃他为王教授。

杨磊，一位出生于内蒙古赤峰市的小伙，家中的独生子，虎头虎脑，还有两颗小虎牙，说话时右手时而摸摸后脑勺，略显羞涩与憨意。种着陈老爹家的两亩苜蓿地，灌水时，裤腿挽过膝，穿着一双拖拉板，双手捋着管子，脸上身上溅着泥点子。陈老爹家的驴经常去偷啃苜蓿，影响测产，以至于经常他慌里慌张地去赶驴。民勤的嫂子回忆杨磊时，说他经常趴在绿汪汪的苜蓿地里盯水表，像只青蛙。

李培岭，内蒙古赤峰市人，黝黑的脸膛，话语不多。试验之余，拿着个小黑匣子听听新闻，关心下国家大事。总爱紧锁双眉，两只大眼睛深邃地凝望远方，好像在思望前途与未来。站里人最少时，就剩我和李师兄两个人，每次从地里测完数据回来，我们就一起拎着水桶推着手推车到几百米外的井里去打水。试验期间李师兄给予我的帮助最多，测株高，打土钻，摘叶片，测鲜重，测产，浇水，观测地温日变化，他总会慷慨相助。这些年来，对于李师兄，常怀感恩之心。

贾运岗，山西孝义人，一口浓重的地方口音，身着一身迷彩，时不时给我们来个冷幽默，解除我们一天试验的乏困。说起来世界真小，他竟然是我对面宿舍的研究生同学李文霞口里经常提起的她在西北农林科技大学的憨厚男友。他总是跟着他的师兄李培岭在棉花地里进行膜下滴灌棉花水氮耦合对产量与水分利用效应的大田研究。他身材瘦小，最不扛饿，每次试验归来，各个手忙脚乱，准备做饭，他总说饿得肚子咕咕叫，直喊胃疼。

韩江江，甘肃天水人，白面书生，文质彬彬。当王凤新老师告诉我要给我派名师弟过来时，我天天等，夜夜盼。当时我的试验田是 3 亩土豆地，2 亩滴灌，1 亩沟灌。我每天早上 6:00 起床，去地里观察土豆生长情况后，再回去做早饭，然后就开始了一天的试验，经常是早出晚归忙不过来。师弟到后，很快就成为我的得力助手。记得无论是黄沙漫天，还是烈日炎炎；无论是田间试验，还是拉水做饭，他总是一脸灿烂的笑，真羡慕他那怎么也晒不黑的皮肤！

王若水，湖北宜昌人。他与我们做的都不同，在农田最北面的温室大棚里做温室作物节水调质高效灌溉模式方面的试验。白白胖胖的一个壮小伙，在干旱多风沙的气候里皮肤易过敏，腿上起了好多红疙瘩，挽着裤腿，测着数据。有次都流了脓水，我急忙找了块碎布，帮他包扎。王若水读博士研究生期间他离开了中国农业大学，到了中科院地理所，又被那边的康跃虎老师派到新疆克拉玛依进行大田试验，始终与大西北有缘。

我的民勤老乡

还记得每天骑摩托车往返于站上和民勤县城的小唐哥和他一对可爱的龙凤胎儿女，民勤农技中心的梁主任、陶所长、小侯哥、小王哥，还有当时在那里租种站上农田的身材瘦小王哥、小王嫂，热情好客的薛百乡上新村队长陈兴民大哥，他家的陈阿嫂、陈老爹、陈老妈，还有来农场干活的好多嫂子们。男子们都晒得黝黑，嫂子们都裹着头巾，烈日下裹得严严实实的，只露两只眼睛。陈老爹和陈老妈的方言最重，开始只有来过 2 年的王锋能听懂，但等我们离站时，都能够无障碍地和这两位老人沟通了。

每逢播种与农耕及收获季节，农技站的院子里就热闹起来，农忙的人把西瓜和干馍都存放到这里，以便于中午从地里回来充饥。最简单的就是西瓜泡馍，把干馍泡到西瓜里，既充饥又解渴，也有的嫂子带了面到这里就着下地新采的菜做揪面片子。非常特色的甘肃面片，配着辣子、茄子、土豆和西红柿，他们总会很热情地给我们盛上一碗。其中有位嫂子非常有心，看到我每天下地穿的黄球鞋磨得露出了脚趾头，下次再来时竟然拿出她自己亲手做的布底方口鞋送给我，说换上这鞋吧，穿着耐磨不捂脚汗，至今我还收藏。

这些人中，陈阿嫂(陈兴民的媳妇)每天都来地里劳作，与我做伴。她照顾她的葵花、辣子，那是她的劳动成果，就像我看着我的土豆出苗、长大、开花、坐果，也会自己偷着傻乐半天。她说，默茹，她的名字，正如她的人生，默默地承受，默默地做活，逆来顺受；白天在地里干农活，晚上偷偷地看书，偷偷地写诗，不曾有过读者。与她聊天才得知，在民勤的农村，女子无才便是德，丈夫和婆婆生怕她看书耽误了农活。我非常吃惊，一边摘着叶片称鲜重，一边听她念她写的诗，认真地当她的读者。她写了好多诗，野云，是她的笔名。当时，我们除了一日三餐，基本上享用不到水果，她经常会从家里摘些鲜枣和酥梨送给我们吃。

“那是谁家的娃？这么大的风还在地里干活？”

“大学生。”

“大学生来这干什么？”

“做实验呢！”

嫂子也会把当地农民问她的话说给我听。我离站前，她经过婆婆和丈夫批准，干完农活后到站上留宿陪我，掏出两张红格子信纸，上面写着《赠小燕——有一个女孩》。字迹清秀，至今珍藏：

“早晨在第一声鸟叫中醒来上地，
中午在太阳下流着汗珠干活，
黄昏在晚霞中疲惫归来，
夜晚在桌前打开电脑做记录，
………”

2018年，我们又联系上了陈大哥一家，得知嫂子现在已是民勤县的名人，边写文章，边做微商，收集本地的葵花籽、南瓜、西瓜、人参果、自制油泼辣子酱、手工面、猪、牛、羊等各种土特产远销到全国各地及国外，带着本村妇女奔小康。在他们当地的文学刊物《胡杨》上发表了《在常庄》《青土湖之行》等长篇小说，还开通了微博，取名“田鼠大婶”，拥有近5 000名粉丝。在微博里曾做文召唤我们：愿你们离开10年，再来仍是少年……

石羊河精神照我心

非常感谢康老师给予我们这次机会让我能潜下心来重拾记忆碎片。

如今看到中国农业大学石羊河实验站已稳居扎根、建功立业，并获得诸项殊荣，吸引国内外各界知名学者、领导前来参观考察，访问学习；实验站为学生们更是提供了从基层到国外名校，从书本到田间再到实践等多方位的锻炼。这些提升自我的机会真是令人羡慕不已！不断有石羊河的一些人、一些事等很多好消息传来，振奋着我的内心，激励我拓宽专业知识，默默做好手头工作。

期待石羊河的明天会更好！

民勤是我梦想起航的地方

王若水[①]

回顾我的科研生涯，算起来已有13个年头，虽然未来路漫漫，有太多的高峰待我攀爬，但这条路的起点总让我记忆犹新。回想起来，应该就是从那一天开始的——2006年7月1日。这一天我踏上了从北京开往甘肃武威的K43次列车，与我同行的，还有两位师兄，张宝忠与李思恩以及与我同一届入学的曾繐婷。

当时的我刚本科毕业，对科研实践活动一无所知，只在做本科毕业设计的过程中知道武威和民勤，知道康老师的学生中的许多师兄师姐的科研活动都在这两个地方进行，而且还知道此次同行的人中，其他3个人要去武威，而我要去的地方是民勤。除了这些，我对自己所要进行的相关科研试验都毫无概念，只是出发之前听说民勤的条件比较苦，但当时在我心里根本不知道什么是苦，因为从小也没吃过什么苦，不知道即将到来的苦是什么滋味。其实现在回想起来，那时候的我只是一个尚未跨进科研大门的小孩，根本无法知晓未来科研过程中要面临的困难和需要具备的能力。但万幸的是，当时康老师的学生中有太多好的榜样树立在我面前，让我去学习，让我去模仿，让我去体会，其中就包括与我同行的两位师兄，他们那时的许多言行，都对我后来的工作和学习产生了正面的影响，现在想起来，这些应该都是我科研生涯中不可或缺的财富。

到武威后，我见到了当时民勤试验点的学生负责人王锋师兄，现在依然清晰地记得第一次见到王锋的场景：从马路对面向我们走来，上身红色短袖T恤，袖口一直翻到了肩膀，下身蓝色牛仔裤，洗得发白，一手扶着肩上挎的单肩包，另一只手向我和张宝忠打着招呼。与王锋会合后，我们3个人便一起奔赴民勤试验点，一路上张宝忠与王锋在前排聊天，而我则一直望着窗外，心中不断揣摩着即将到达的地方是啥模样，而窗外的风景也逐渐由绿色的农田变成黄色的沙地，当再次看到一片农田的时候，我们已经到达目的地了。下车后，张宝忠告诉我，这个目的地唯一的标志就是马路旁公里计数牌上的数字——11，这也是自那以后一年半的时间里，我每坐上从武威到民勤的班车上都会对司机说的一句话："在11千米的牌子那下车"。我被他俩领着，沿着路边的田埂，朝着远离马路的方向走了约10分钟，到一面土夯的院墙外，张宝忠指着墙里面对我说："到了！"

是的，他指的这个院落就是我心中一直揣着的民勤试验站，当时第一眼就给我留下深刻印象的有两样东西：一是进出院落的大门，两扇木门，中间的锁扣上面耷拉着铁链，门一推开，木头的吱吱声混杂着铁链碰撞木门咣当的响音，到今天依然清晰地印在我脑海里。但这扇木门已经在2007年底我们离开民勤之后拆除了；另一个就是院里的那口大水缸，约有1米多高，当时我们3个人刚进到院子里，王锋便指着这口大缸对我说："洗

---

① 2008年6月中国农业大学硕士研究生毕业，2012年6月中国科学院地理科学与资源研究所博士研究生毕业，2006—2007年4—9月在民勤薛百试验站开展西北旱区温室作物耗水规律研究。现任北京林业大学水土保持学院副教授。本文2019年3月21日作于北京。

漱用这里面的水，吃的水用厨房水缸里面的。”当时我看着这口缸，心里犯嘀咕：这可怎么洗澡啊？后来才知道，洗澡得回到刚才下车的路上，搭乘去往民勤县城的班车，去县城里洗澡，每次洗澡要花 5 元，算上来回的车票，要 20 元，这对于当时的我们来说，可不算便宜，且来回的时间至少是 3 个小时，到那时候，我才开始意识到水的珍贵，而正是这宝贵的水贯穿着我们在民勤每一天——无论是每一天的生活，还是每一天的科研都离不开它。院落里面北侧与东侧是两排平房，学生住其中的 3 间房，房间里是简陋的上下铺和几张木桌，只记得匆匆放完行李张宝忠便带我到试验地去看了。从我们住的地方到试验地会经过一段石头铺的路，路两侧的小树后便是一块块的试验地。也就是在这条路边的土豆地里我见到了将与我并肩科研的师兄师姐——李培岭和侯晓燕。当时见到他们的第一感觉是吃惊：站在地里的他们衣着打扮与当地农民无异，只是晒得黝黑的面颊上写着一丝稚嫩。我实在不敢相信一直在我耳边提及的做试验就是在地里干活。其实，现在回忆起来，当时我有这样的想法并不奇怪，因为从小到大我们从周围长辈口中听到，从媒体里看到的科研活动要么是披着白大褂在实验室里摆弄烧杯和显微镜，要么是坐在电脑前面打字，从未想过搞科研会跟干农活扯上关系，但从事科研工作时间长了，回想起那时的想法，确实又有些可笑。

或许是所见所闻与自己想象间的距离太大，抑或许是路途的劳累，只记得我当时回到院子里后话语极少，师兄师姐们向我介绍试验和这边日常生活安排的时候，我也只是下意识地应答着。当晚与父母通电话向他们介绍了这边的情况，没想到他们的反应比我还强烈，母亲甚至还劝我再换个专业重考一次研究生，但可能是与生俱来的倔强，那时候我从未想过放弃二字，只是感觉条件肯定会逐渐改善，慢慢习惯就好了。第二天一早，张宝忠给我交代完试验后，便离开去往武威了，看着他远去的背影，想着这个孤独的院落，我心中难免泛起一丝惆怅——不知还要在这里待多久。但很快，这样的顾虑开始逐渐消散，因为试验点又多了 4 个人，也是在未来一年半时间里与我并肩的“战友”——王振昌、杨磊、韩江江、贾运刚。尽管当时这个院子周边人烟稀少，尽管当时我们的通信工具仅仅是手中的蓝屏手机，但在我的印象中，从未或极少感觉到空虚和无聊，这除了因田间试验的忙碌以外，还有身边这样一群和我并肩“战斗”的战友们，他们的存在，给枯燥的试验生活增添了不少乐趣，让孤独的院落充满生机。

接下来的时光，便是我与民勤的战友们共同奋斗在我国节水农业第一线的日子。尽管这段时光对于当时的我们来说充满了酸甜苦辣，尤其因我自身敏感体质导致在生活上的诸多困难，但现在回想起来，我的脑海中只会闪出两个字——幸福。因为我们克服了种种困难，在民勤完成了科研试验，把精彩的论文写在了祖国的大地上，让自己的科研梦想开始起航，更为重要的是，我与民勤的战友们在这一年半时间里协作互助，惺惺相惜，在共同完成试验的过程中建立起的友谊，成为我这一生的宝贵财富，至今难忘。还记得 2006 年我腿受伤后，王锋每天骑摩托近半小时带我去周边乡里的诊所换药；还记得 2007 年李思恩专门从武威来到民勤，教我们在地里埋水分监测管，当时恰巧赶上民勤常见的沙尘暴，我们一起在黄沙漫天的地里喊着号子夯土，干完活回去后都成了“土人”(当时每人在院子里拍了张照片留作纪念)；还记得 2007 年 4 月我们在大棚里打土钻，大棚外天气虽然冷，但里面高温高湿的环境让我们每个人衣服都湿透了；还记得 2007 年 8 月，韩江江生病住院，我们轮流去县城的医院照顾；还记得一到下雨天，外面没法干活，我们便聚在一起包饺子，那种其乐融融的气氛和欢愉的心情至今依旧清晰地印在我脑海……

其实在民勤的日子过得很快，试验结束后，我便踏上了回京的列车，离开民勤试验点的时候，我与诸位战友在那扇木门前一一合影，尽管当时满心欢喜，因为终于完成试验可以回去了，但没想到的是，那次与民勤的一别竟是至今为止的最后一面，2007 年底，民勤的所有试验均搬到了武威新建的试验站，民勤试验点也正式成为历史，而我也在 2008 年 6 月毕业，离开了当年的研究团队。时光飞逝，从到民勤算起，我已追随着科研梦想到第 13 个年头了。当年与我一起并肩的战友们也早已踏上了工作岗位，而我也从一名坐在台下的学生成为站在讲台上的老师，也经常带着我的学生们去野外做试验，教他们去追寻各自的科研梦想，也会时常向他们讲起我在民勤的那段日子，告诉他们所在的试验站条件与当年的民勤是何等的天壤之别，告诉他们更应该有动力去努力追逐自己的梦想，告诉他们当年我的导师如何激励我们去进行科研创新。

虽已离开民勤多年，但总有一股看不见的绳系在我心里，让我总想去看看它现在的模样，不知变化会不会很大？也不知还能不能找到我们当年留下的痕迹？可不论怎样变，终究改变不了它在我心中的位置——梦想起航的地方！

石羊河试验站往事

江冠军①

前段时间，忽然接到在校工作的师妹的信息，要我写一点关于石羊河试验站的记忆，体裁不限，回忆录、散文甚至诗歌都可以，一周以来，一直未敢下笔，主要担心写不好。不过经师妹提醒，几天来往事不断浮现。不管水平了，写就写吧，想到哪就写到哪，想到什么就写什么。

我到石羊河试验站的时间大概是2007年初，试验站位于祁连山脚下，离武威市区有一段距离，依稀记得试验站门口有一家小商店，离商店不远就是试验站的铁门，铁门两边是高围墙，有一段围墙还不是砖砌，而是夯土墙，这夯土工艺历史悠久，听小陆绘声绘色描述过。小陆是经常在试验站帮忙的当地村里的一个小伙子，年纪与我相仿，肤色与思恩师兄相当，个头比小宝师兄高，中等身材，平时试验地块开垦、测土壤含水率需要挖剖面或拿实验仪器人手不够时，都会找他来搭把手帮忙。他带我摘过杏子，摘过苹果，还去他家吃过饭，坐过他家的炕，也听他讲过自己的愿望，他想南下广东打工，挣钱后回家娶个漂亮媳妇过日子。

进大门后，经过几片试验田，左拐就到了生活区，生活区位于试验站西南边，由几栋红砖砌成的平房组成，包括厨房、食堂、宿舍、室内实验室等。记得当时试验站请了一位当地的大姐负责我们的伙食，吃得最多的是白菜土豆炖面条，当然也吃过记忆犹新的美味——手抓羊肉，参加工作后也去过不少地方，吃过多种口味的羊肉，但都没有试验站那样的味道。生活区有一口水井，这口井可不得了，听说当地能保持常年有水的井不多了，我们试验站的这口就是其中之一。虽说当地严重缺水，但也许因为这口“不断水”井的存在，我们对节水的重要性认识还有所欠缺。但老猫（王若水）和江江（韩江江）的认识肯定要比我深刻全面，因为他俩有切身体会。这俩不仅是我的研究生同学，还是我的本科同学，那时他俩在民勤薛百“种土豆”研究膜下滴灌技术和温室黄瓜节水调质灌溉技术。民勤，条件艰苦之地，从地图上看就像一把楔子楔在腾格里沙漠，当地居民不仅要与沙漠化做斗争，还要饱受缺水带来的影响。

2007年我去看过他们一次，也是仅有的一次，他俩带我吃了很甜的西瓜，并倾其所有请我吃了顿饭，逛了圈沙漠。我生平第一次见沙漠，兴奋至极，沙漠地带昼夜温差大，晚上又裹着被子谈了一夜理想。同窗之情，至纯至真；同窗之谊，永驻心间。在试验站的那些日子，无论是生活上，还是田间试验、数据分析，全靠小宝师兄、思恩师兄和晓涛师姐指导和照顾，我主要以卖体力为主，晓涛师姐要测蒸发蒸腾量，我就帮她搬梯子、拿仪器；师兄们要测土壤含水率，我就帮他们挖坑，并做好拿环刀取土的工作。

---

① 江冠军，2008年中国农业大学硕士研究生毕业，在石羊河试验站完成硕士学位论文试验研究。现在在广东省惠州市水利局工作。本文作于2019年3月14日。

十年风华岁月，弹指一挥间，毕业后，各自散落天涯，成家后，又各自为家奔波，大家在各自人生道路上虽难再有交集，但同窗之情、同学之谊永在，无论何时，只要相见定能如故。

最后，祝恩师唐泽军老师和为石羊河试验站付出巨大心血的康绍忠老师身体健康、桃李满天下，祝所有在石羊河试验站奋斗过的师兄、师姐、师弟、师妹们家庭幸福、事业有成，愿石羊河试验站继续为国家培养更多的栋梁之材，为祖国繁荣昌盛贡献力量。

在民勤薛百的那些日子

韩江江[①]

出差回昆明的动车上收到康老师要组织出版《石羊河印记》，收集民勤试验站生活点滴的消息，思绪又飘到了老家西北部那个荒凉偏僻的沙漠覆地……2007年春，我因硕士论文需要做试验，坐20多个小时火车从北京一路向西辗转到达甘肃武威，然后转汽车到民勤，在薛百桥头处，师兄们带我进了一个破旧的院落，大家叫它“试验站”，也就是位于巴丹吉林沙漠和腾格尔沙漠环抱中的民勤薛百乡农技站。

记得当时试验站住着中国农业大学、西北农林科技大学的七八个学生和甘肃农业大学的三四个学生。我在老师、师兄师姐们的帮助下，设计田间试验，查阅文献，观测试验数据，撰写论文。租种着当地小王家的两亩土地，种植了马铃薯，在不同覆膜和不同灌水率条件下进行田间的对比试验，观测记录地温、株高、干物质等指标的变化。

田间试验的过程总是漫长的，试验站种植的作物也不尽相同，有的师兄是种植西瓜，有的是种植棉花，也有种植苜蓿、建造温室大棚的。试验站没有厨师，每天做完试验后大家一起动手做饭。记得王锋师兄炒得一手好菜，是我们这锅的掌门人，王锋师兄毕业了后，掌门换了王振昌和王若水，我、杨磊、李培岭、贾运刚负责洗菜、洗锅碗打下手，现如今我的切菜水平都是拜当时王锋师兄所赐。由于条件所限，每天的蔬菜只有茄子、辣椒、西葫芦、土豆等比较好储存的，一年四季轮番混搭，天天如此，后来实在吃不下去了，就买点老干妈之类的拌饭。以至于工作多年后，我都不吃茄子和西葫芦，但奇怪的是，这么多年还是喜欢吃土豆。这是不是也间接证明土豆是主食之一，菜可以吃腻，但主食是可以长期吃的。

试验站常常电压不稳，我们的试验仪器和电脑等用电量也较大，晚上老是跳闸，跳闸之后我们就跟师兄们打着手电去院子外面接保险丝，村庄离我们试验站还有点距离，出去外面黑漆漆的寂静一片，接完保险丝合上闸，“唰”的整个院子亮起来，试验站就像是一个独立的世界，像沙漠边缘中一盏孤独的明灯。

当时试验站没有网络，也没有洗澡的条件。遇到下雨天不用进行田间灌溉的时候，我们就集体坐车去民勤县城网吧上网，去澡堂洗澡。记忆中民勤县城不大，但进城可以吃顿好的，比如，炒面、羊肉、凉皮，感觉进城就很幸福。

印象最深的是有一个晚上试验站附近出现了小偷，甘肃农业大学一位同学种的试验甜瓜被偷，大家立即检查自己的物资，不幸的是，我种土豆抽水的水泵也被偷走，只好又跟师兄去民勤县城买了一个水泵。虽然以前听到过小偷因为无知偷走经济价值巨大的科研试验成果的报道，但这次发生在自己身上的小事让我意识到，在资源匮乏的条件下，

① 2008年中国农业大学硕士研究生毕业，在民勤薛百农技站试验站完成硕士学位论文试验研究。现在在中国电建集团昆明勘测设计研究院有限公司工作，任移民工程规划设计院副院长。本文2019年2月作于云南昆明。

生存是第一位的。对于他们来说，能偷走几个甜瓜或者一个水泵或许可以解决他的燃眉之急，能提高他一家人的生活质量，但他不知道这些东西对于试验的意义，当然他来不及去听你描述你试验的重大意义。这也让我想到要社会能做到路不拾遗、夜不闭户，除了提高人的素质之外，更应该满足人的基本生活保障。

在试验后期、土豆快要收的时候，由于自己生病住院，在民勤县人民医院住了快 1 个月，其间，除了检查和治疗外，每天看火影忍者，后续试验是由老师和其他师兄帮忙才完成了，麻烦了那么多人心里很是愧疚。出院之后就到了毕业季节，试验站很多师兄们都已经走了，北京这边学校的很多同学也都已经毕业回家了，后来就再也没有机会去过试验站。

随着时间的流逝，虽然试验站的很多的细节已经记不清了，但总会时常想起那段时光。虽然条件艰苦，但每天干着自己喜欢的事情，精心地照看着自己的土豆，看看文献，分析数据，写写论文，日子过得充实而快乐。我从试验站出来就再没有从事与学位论文研究直接相关的工作，工作之后就再也没有像在民勤那样潜心做过自己的事情，总觉得在日复一日的工作中丢掉了梦想，磨灭了激情。但在记忆的深处，总会想起民勤，想起那些岁月，想起那些人。

会想起 10 多年前那群年轻的面庞，在薛百试验站、红崖山水库和民勤沙漠中，我们一起挥洒汗水和放肆狂欢……

会想起民勤凛冽强劲的沙尘暴，瞬间让人窒息，万物在黄沙之下显得那么无力，让人觉得世间的渺小……

会想起在沙进人退的沙漠深处，有勤劳的民勤人民和孤独的农水人在坚持，将节水灌溉的理论实践到了田间地头……

会想起飘荡在试验站上空的校园民谣和摇滚歌手的呐喊……

会想起陈老爹的驴车，夕阳西下，带着一天耕作的疲惫，吆喝着悠扬的调子，载着老伴回家，或许那就是一种幸福……

会想起在试验期间帮助过我们的淳朴的民勤人，唐哥、陈哥、嫂子……你们还好吗？

会想起在民勤住院期间陪伴我的战友们，看望我的老师和师兄们，谢谢你们！

……

很多时候在想，为什么那段岁月让人怀念？为什么 10 多年过去了还依然记得那些片段？……

因为我们在最美好的年龄，与一群怀着共同目标的人同甘共苦，并为此付出了汗水……

因为我们当初为了一个目标聚到一起，并在艰苦的环境中共同奋斗过，所以会记忆深刻……

因为那段岁月让我们看到了青春年少的自己，看到了充满朝气和梦想的自己……

10 多年过去了，当初在一起的那群人，你们都还好吗？你们还记得当初试验站的故事吗？想念你们，想念民勤……

追梦的路上你不孤单

陈　平[①]

转眼间离开石羊河试验站已经10年了,白驹过隙,翻开之前的相片,感触良多,很多场景都历历在目。我在石羊河试验站待了大概1年的时间,从2007年7月至2008年8月,令我最难忘的就是石羊河试验站的那个冬天。

2007年7月,我从杨凌坐火车到了武威,那个时候从武威到试验站的交通不是很方便,要从武威火车站到一个菜市场的地方,那边有小面包车到试验站。武威给我的感觉是真的缺水,因为从武威到试验站路上到处可以看到节约用水的标语。刚到试验站,我就感受到了大家庭的温暖。那时候试验站有三排砖房:第一排是会议室和浴室,第二排是宿舍,第三排是试验室和仓库。试验站被师兄师姐们管理得井井有条,生活上基本不用我们个人操心,已经达到拎包入住的标准,我们要做的就是尽快布置试验。

那个时候试验站的人比较多,男同学有胡萌、张宝忠、李思恩、刘小刚、江冠军、孙振华等,女同学有许小燕、蒋静和张晓涛等。我和王峰博士住一个房间,一起做温室作物试验,其他同学们都是做大田作物试验。大田作物试验在11月之前基本就结束了,而温室作物试验这个时候刚刚进入高峰期。试验站有两个温室,都归我们使用,一个温室种西红柿,一个温室种辣椒,就是因为温室作物试验,让我在石羊河试验站度过了一个难忘的冬天。

冬季将至,未雨绸缪

考虑大部队要在10月之前离开试验站,所以在他们离开之前必须学会相关试验仪器的使用、故障排查、数据下载和处理,当时我们试验涉及的主要仪器包括光合仪、HOBO气象站、Diviner2000、压力式测定仪、叶面积指数仪等。我的思路是多听、多问、多练,在空闲之余多帮师兄师姐们做试验,为自己创造学习的机会。记得那个时候我经常跟在胡萌、李思恩和张宝忠师兄后面,就这样在各位师兄的帮助下,我学会了试验站相关仪器和设备的操作,并将常规故障的处理进行整理,为温室试验的顺利过冬提供保障。

渐入初冬,友情相伴

那一年不记得大部队是什么时候离开的,在我的记忆中,大部队离开后,试验站就剩下了我、王峰博士、江冠军和甘肃农业大学的刘冠。其中,江冠军是做地下水位观测试验

---

① 2009年西北农林科技大学硕士研究生毕业,2007—2008年在石羊河试验站开展硕士学位论文试验研究。现在在中国电建集团华东勘测设计研究院有限公司工作,项目管理室主任,高级工程师。本文2019年3月5日作于浙江杭州。

的，刘冠是做冬小麦坐水种试验的。在那段时间里，我们几个人相互帮助，除了做试验以外，我们经常自娱自乐，最喜欢去的地方就是会议室，因为那里有个简易卡拉 OK，可以唱歌，尤其是在晚上，关上会议室的门，打开音乐，充满激情地高歌一曲，会让你忘却外面的世界。再后来江冠军和刘冠也离开了试验站，那个会议室里我一个人去过一次，我还是那个我，音乐还是那个音乐，但空旷的会议室，总感觉缺少些什么。

寒冬腊月，激情似火

2008 年 1 月 12 日，我们在试验站迎来了第一场雪，整个试验站白皑皑的一片。我记得 13 日那天早上，我和王峰博士都比较兴奋，一大早就起来扫雪，到处拍照留念。那个时候温室西红柿和辣椒也进入了收获的季节，试验的工作量也逐渐加大，除了土壤含水量指标、地温、植株生态指标等日常试验指标测定外，还需要测定果实的物理指标和化学指标等。由于天气比较冷，我们在宿舍生起了炉子，自己做饭，我们日常吃的蔬菜就是西红柿和辣椒。家常菜有西红柿炒鸡蛋、辣椒炒鸡蛋、西红柿炒肉、辣椒炒肉，那个时候我们感觉特别满足，因为冬天的西红柿和辣椒还是比较贵的。为了节约时间，缩小活动范围，我们把试验室里能搬动的仪器都放到了宿舍，能做的试验都在宿舍做，把宿舍变成了厨房和试验室。那年的冬天真的特别冷，温室外和温室内冰火两重天，室外最低温度达到－21℃，温室里中午温度达到 30 多摄氏度，每次我们都是穿着棉大衣去温室，到温室里将棉大衣脱掉，穿着短袖开展工作，那时才真正感觉到什么叫挥汗如雨，激情似火啊！

独对寒窗，充实无悔

春节前大概半个月时间，王峰博士有事要先回去，我一个人在试验站待了一段时间。那段时间对我来说确实是一种考验，那是体力上和心理上的双重考验。由于只剩下一个人，为了方便试验，我自己也不做饭了，就和承包温室的老蔡一起搭伙，白天就在温室那边吃饭和测数据，晚上回到宿舍整理数据，每天都过得很充实。那时候我最害怕的就是晚上 8:00 去温室读地温计，从宿舍到温室大概有 300～400 米，一路上黑漆漆的什么也看不见，我只能唱歌给自己壮胆，到了温室后，我就叫上老蔡一起陪我读地温计，因为温室里光线也不太好，一个人心里还是有点害怕，读完地温计我会在老蔡那里看看电视，然后再回自己的宿舍睡觉。有时候当地的小陆和陆哥晚上会过来找我聊天，虽然很多时候也不知道聊什么，但是我依然很开心，因为那是一种陪伴。

后来那年的冬天出现了极端天气，我们的西红柿发生了冻害，2008 年春天又重新种了一茬西红柿。那个冬天我学到了很多，学会了开拖拉机、开摩托车、开三轮车，学会了抓野鸡和野兔，学会了与不同人相处，同时还温习了足球小子、灌篮高手、老友记，但最重要的是让我知道了追梦的路上你永远不会孤单，有老师的指引，有朋友的相伴，有知己的相识，有知识的相随。

感谢那段难忘的青春岁月

王　峰[①]

2007 年 6 月底，我第一次来到了位于甘肃省武威市凉州区东河乡王景寨村的中国农业大学石羊河试验站，从而开启了我在那里为期 2 年的博士论文野外试验工作。在这之前和之后，已有众多老师和学子为解决我国西北旱区的农业缺水和生态环境问题执着坚守、辛勤耕耘，在石羊河这片热土留下了青春的印记。我作为一个其中的亲历者，从中得到了什么，过了十余年后，镌刻在记忆中的又是什么？也许今天我不能用文字把它们完全表达出来，但留下一点光影也好。

西域严冬不觉寒

2008 年元旦前夕，我在学校完成博士必修课程后，返回试验站，与之前蹲守在站上的陈平师弟合作，一起进行试验工作。在这之前，虽然我已两次来到试验站，对温室种植有一定了解，但真正开始试验，我才对于温室种植的烦琐、天气的寒冷以及冬天试验的不易有了真切感受。与大田种植不同，日光温室是利用太阳能营造作物适宜的生长环境，从而实现反季节种植。我们的温室是传统夯土墙型温室，采集日光和调节温度要依靠顶部的草帘与风口实现。当上午太阳升起，气温升高时，把草帘拉开，接受阳光，之后随温度情况调节风口大小，保持温度不致过高或过低，下午再放下草帘，天天如此。由于无自动卷帘和温控装置，这一切都要人工完成，种植的农户经常忙不过来，我和陈平除了做试验外，也经常帮忙。除此之外，那年冬天的气温特别得低，达到－28℃，由于试验站没有供暖系统，我们就采用煤炉取暖，与陈平以及试验站流动岗管理人员陆权大哥三个人合住在一个房子，集住宿、做饭、试验于一体，至今还记得在房檐下做饭和室内拥挤的场景。有一天下午，当我们在温室给西红柿测产与取土样时，我不经意患上了感冒，一开始，我并没有太在意，心想区区感冒，不足挂齿，结果到了晚上 10:00，突然发起烧来，我浑身滚烫、头痛，支撑不住。经与陆哥和陈平商量，决定当晚就去附近村上的卫生所看病。可是此时刚刚下了一场大雪，道路积雪覆盖，湿滑难走，怎么去呢？经过联系，借用了种植温室农户蔡大哥的摩托三轮车，由陆哥带我到附近乡村诊所去看病，陈平要和我们一起去，但三轮车太小，天气太冷，我不忍心，没有让他去。就这样，陆哥骑车，我坐在车斗里，向诊所开去。对于生活在城里的人们来说，晚上 10:00 多可能还算早，但在冬日的西北农村，已属深夜。当我们进入村庄时，家家户户都已关门休息了，看不到灯光，只能听到摩托三轮马达的轰轰声和杂乱的狗吠声。大约半个小时后，我们到了一个类似农户的村医

---

① 2011 年中国农业大学博士研究生毕业，2007—2009 年在石羊河试验站进行博士学位论文日光温室试验研究工作。现任中国农业科学院农田灌溉研究所副研究员。本文作于 2019 年春节。

务室前。只见大门紧闭,看不到灯光,我们敲了好大一会儿门,里面才有了灯光和应答。可能是出于安全考虑,在问清楚我们是哪村的,叫啥名字,来干啥后,里面的人才给开了门。一个40多岁的中年医生接待了我们,医生给我量了体温,说有40℃了,需要输液,问我输不输?我们觉得时间太晚了,天气又冷,输液需用时间太长,最好不输。经过沟通,医生把输液改成打针。我至今还记得那是满满一针管褐色的药水,当我们抓了药,最后回到试验站时,已经是凌晨了。陈平没有休息,一直在等我们。他关切地询问情况,给我倒开水,等我吃了药,体温下来,大家才各自休息。整个冬天的试验任务虽然繁重,条件虽然艰苦,但是我们都没有抱怨,没有退缩,而是相互鼓励,相互帮助,努力克服困难,以苦为乐,才使得在这个寒冷的冬天,我的内心是温暖的、充实的。

印在脑子里的橡胶塞

毛主席说,世界上怕就怕"认真"二字。的确是这样,有了认真,就没有干不成的事。我对科研工作中认真的重要性的领悟还要从老师帮我盖土壤水分测管的橡胶塞说起。那是2008年3月底,初春的试验站,春寒料峭,冷意袭人 ,但此时,老师已经带领北京的大部队早早地来到试验站。老师对我们每个人的试验都非常关心,每次到站上,视察每块试验地,了解试验进展都是他特别重要的工作。那天他刚到站上,就来到温室,查看西红柿遭遇低温灾害后又重新补种的情况,详细询问我们的试验测定和研究进展,我们都一一做回答。但当老师看到土壤水分测管的橡胶塞都散落在地上,没有盖好时,就问我们为什么会是这样。当时我也没多想,随口说,这样测起来方便一点,估计对测定结果影响不大。老师听后,立即严肃起来,脸上闪过一丝不悦。我马上意识到自己的错误和冒失,正想说些认错的话时。老师已经走过去,弯下腰,捡起一个橡胶塞盖了起来。我和陈平非常惭愧,赶忙去盖其他的橡胶塞。这时,老师才用他浓重的湖南口音和不失批评的语气讲道:"这样不太好,我们做学问与做人一样,都要严肃认真,科学严谨,不能老想着图省事,走捷径,想当然,马马虎虎,那样做事不可能得到真知,也不会有所收获的。"随后,老师讲了橡胶塞对于保证水分准确测量的原理和极端重要性。就是这样,导师用他的言传身教向我们展示着一个科研工作者的严谨作风。毕业以后,由于工作需要,我曾安装过不同的土壤水分测管,每当这个时候,我就想起老师俯下身盖橡胶塞子的情景,从此再也不敢马虎对待了。

哪堪十月伤离别

温室试验除了上面提到的管理烦琐外,就是试验周期长。因此,当其他同学在10月完成试验返校时,我还要继续留守,这也是让人难过的时候。记得陈平曾向我说过他在2007年10月送走大部队后回到试验站时的感受,他说,在进城送走大部队最后一拨同学后,返回试验站,当从线路车上下来的那一刻,看到偌大的试验站院子空荡荡的,只有自己孤零零地走向宿舍时,感到特别的凄凉。当时他对我说时,我还没啥感觉。但在2008年10月15日,当几乎一样的场景发生在我眼前时,我才对陈平说的情形有了同感。那天是胡萌师兄要回学校的日子，他是大部队中最后一个离站的，由于行李较多，经我们商量，决定由我送他进城到车站。在路上，我俩与往常一样，并没说什么离别和嘱托的话，可能是很熟了，又都是大老爷们，当面也说不出口吧。就这样，一切顺利，他上车走，我返回。但当我回到试验站，独自到了宿舍之后，一种强烈的凄凉与寂寞感几乎填满了我的心胸，出去在院子转了一圈后，心情还没有好转，再加上那天天气阴沉，似乎要下雪了，心里就更加低沉和悲凉。再次回到宿舍，我不由自主地拿起手机，给胡萌打了电话，我问他到哪里了，他说车到乌鞘岭了，而且乌鞘岭正在下雪，问站上下了没有，我说没有。他可能从谈话中觉察到了什么，就对我进行了叮嘱，让我做好试验，照顾好自己，经常与老师交流，想大家了就打电话。这些朴实无华的叮嘱，不但在当时温暖了我寂寞的心，给了我莫大的安慰。即使在 10 年后的今天，每当我想起这段往事，还能深切地感受到兄弟之间那真挚的友谊和浓浓的暖意。过了两天，建设蒸渗仪的西安理工大学张建丰老师公司的工人就来了，再有王毅一家与陆哥的照顾和陪伴，我也就很快适应了，试验按部就班，继续开展。2009 年春节，我和小邱都没回家，在试验站过年，除了因为春节期间试验内容多确实走不开外，还是怕出现意外，留下来更放心些。年后，随着大部队返站日子的渐渐临近，也让我们觉得时间过得快了不少。2009 年 3 月中旬以后，随着做小麦试验的蒋静和其他同学的陆续到来，试验站又恢复了往日的人气与忙碌。

2 次"遇险"趣事多

提起温室的 2 次"遇险"，在后来的我和知道真相的同学看来，它根本不是啥险情，只不过是一个误判和阴差阳错的笑话罢了。但当时，它着实让我心惊肉跳。那是 2008 年春节过后我刚返回试验站不久，由于当时陈平还没回来，观测地温的事情就由我一人完成。在年前测晚上 8:00 的地温时，我俩都结伴而行，以免害怕。而此时，要我独自在晚上进入漆黑的温室中观测地温，内心不免有点忐忑。不过，转念一想，一个男人，有啥怕的，快快测完回来就是了。于是拿上笔、记录本和手电筒，骑上自行车出发、开门，进入温室，到地温计旁边，读数、记录，起身返回，一切自然而流畅。可是就在我准备返回，沿着温室内的边道向大门口走去时，有个外形酷似狗的物体出现在靠近大门口的边道上。不对啊，记得刚才进来时，边道上什么也没有啊，怎么会有狗呢。我把手电筒对准，再仔细看，还是条狗。如果真是狗，应该动一动啊，为啥一动不动，不会碰到啥怪物了吧。想到这里，我一下子紧张起来，心也提到嗓子眼了。脑子在紧张地思索着如何赶快离开，沿水泥支柱爬到房顶，从风口逃走和打电话求救，这些乱七八糟的主意闪过我的脑海，可是风口早关了，摸摸口袋，又没带手机。这下可怎么办呢。我把手电筒打开再关掉，关掉再打开，害怕地做着思想斗争。大约在原地待了近 10 分钟，实在想不出办法，最后只好横下一条心，决定硬着头皮出去，不管那么多了。我鼓足勇气，轻手轻脚地向门口挪去，一步、两步、三步……当离"狗"还有三四十米时，我才一下子看清了它的真面目，紧张的身心也顿时松弛下来。原来这根本不是什么狗，而是一个蜂窝煤炉子上边放个烧水的铝壶，是前些时为了抵抗低温天气，给温室加热用的。我刚才只想着快快测完数据回去，匆忙之中就没有留意它，结果闹了这个笑话。

如果这次“遇险”发生在晚上还可理解，那么第二次“遇险”却是发生在白天。那是2008年12月的一天，大雪过后的试验站，银装素裹，空旷寂静。由于需要给温室增装温湿度传感器，与往常一样，午饭后，我就来到温室，把温室的两个门锁打开，进入缓冲房，弯腰通过低矮的拱形过道，掀开棉布门帘，闪身进入温室后开始干活，大约10分钟，我就安装好了种植辣椒温室的传感器，然后出来进入种植西红柿的温室，可是就在我弯腰通过拱形过道，掀开门帘进入，将要直起身还没有站好的瞬间，听到了一个低沉但清晰的声音“你来了”，天啊，我本能地“啊”了一声，激灵灵打个冷战，全身的汗毛都要竖起来了，身体不由自主地往后退，但身后有棉布帘子和低矮的拱形过道，无路可退。我惊恐的开动一切感觉器官搜寻着眼前的一切，想要探明白是怎么回事，但除了强烈的阳光照在一排排密密麻麻一人多高的西红柿外，看不到任何人影，听不到任何声音，此时我感觉空气就要凝固了，我屏住呼吸，脑子在快速地思索着是怎么回事，温室的门锁是我刚打开的，现在又是午后，温室内气温高达35℃，农民不会在这时干活，里面没人，怎么会有声音，而且内容还这么诡异。大约过了半分钟，正当我毫无头绪，心惊肉跳地准备转身回去时，负责管理温室的王毅家嫂子从距门口七八米远的一行西红柿植株中走出来，疑惑地看着我，好像她觉察到了什么，就问我怎么了。我这才稍微镇静地说：“没什么，你啥时候进来的啊？吓死人了。”她笑着说道：“你没看见我吗？刚才你从那个温室出去找东西，我从东边道上走过来。”此时我才恍然大悟，原来刚才在安装西边温室的传感器时，中途我出去找东西，但当时只顾找，也没抬头看远处，她以为我看见她来了，我以为温室内没人，闹了这么一个阴差阳错的“险情”。再后来，我们就商量了，不管谁到温室，如果开着门，就喊一声打个招呼，以免再出现这样的“险情”。

没齿不忘感深恩

在石羊河试验站生活工作的2年，时间并不算长，但对我的影响是深远的。虽然在这里我们的试验任务繁重，条件艰苦，生活有过孤寂，但我的内心是充实的，精神是饱满的。它不但使我获得了论文所需的珍贵科研数据，圆满完成博士研究工作外，还磨炼了我的意志，培养了吃苦耐劳的精神，懂得了团结协作对科研工作的极端重要性。尤其是老师们那种为事业执着的精神、为科学创新的干劲、为工作严谨的态度以及同学之间真诚的友谊、无私的帮助、温暖的叮嘱。即使在多年以后的今天，仍在深深地感染并激励着我，助我进步，照我前行。感谢石羊河团队的每一位老师，感谢同学，感谢石羊河试验站，也感谢那段难忘的青春岁月。

石羊河是我成长的温馨摇篮

蒋　静[①]

记得初入师门，老师和师兄师姐们就经常和我提到石羊河，于那时的我而言，石羊河是一个遥远且艰苦的地方。时光荏苒，现在回忆起来，在石羊河试验站的这段辛苦并快乐的岁月，是此生最宝贵的经历，也是我成长的温馨摇篮。

第一次去武威是2007年3月，也是印象最深刻的一次。当时去的总共不到10人，队伍却甚是壮观，大家携带了一些重要的仪器，我们上下火车和进出站浩浩荡荡，大家各自分工，女生负责照看行李仪器，男生负责搬运。实验虽未开始，我已体会到科研路上的不易，也强烈感受到了大家的团队精神和坚韧不拔的意志。很快，康老师和冯老师也来到武威，并带领大家到试验站考察情况并采集土壤样品。至今还记得当时，由于我没有准备好采集土壤的用品，冯老师对我的严肃批评和康老师的谆谆教诲，我也开始从心里明白，作为研究生除了会写论文，更要具备分析问题、处理问题和解决问题的能力，在为人处世和团队合作方面更需提升自己。试验正式开始之后，在试验站长期驻扎。当时的条件和现在相比算是艰苦的，记得刚住在试验站的时候，房门和窗户关不紧，每次刮起大风，咣咣作响，生活用水每天需要从井里打出来，最害怕的是夏天房间里面巨大的蜘蛛。这一年张晓涛师姐对我的支持和鼓励特别大，经常在睡觉之前和我讨论试验方案，给我提建议，白天还经常帮我捉虫子，我也向师姐学会了细心和勤奋。张宝忠师兄和李思恩师兄往返于皇台葡萄基地，同时还要管理试验站的各项事务，也令我十分钦佩。最快乐的事莫过于去沙漠公园和胡萌师兄、许小燕师姐、刘小刚师兄小聚，顺便和胡萌师兄探讨咸水灌溉方面的研究方法。

2008—2009年，试验站人数剧增，生活条件和试验条件也有了巨大的改善。其中，2008年对我来说是最艰难的一年。试验站的18个非称重式蒸渗仪刚刚建成，需要灌水沉降并在上层填土，并且要在试验正式开始前完成。记得当时天寒地冻，我一次次地灌水填土，好几次崩溃绝望，担心试验无法正常开展。霍再林师兄、王凤新老师和胡萌师兄在我最无助的时候给予了我莫大的支持和鼓励，记得有一次给霍师兄打完电话，我就蹲在试验地里抱头痛哭，哭完了还是继续拿起铁锹，努力把坑填好，王老师路过，鼓励我不要放弃，问题总会解决；胡萌师兄也多次安慰我不要悲观，一切问题都要积极面对。试验站的陆哥更是雇人加班加点帮我做好实验准备。最后试验终于能够顺利开展，但是由于测坑的填土含盐量较大，出苗率不高，很多需要补种，有一天我在地里工作到晚上8:00多，在试验站帮忙的侯姐夫路过，关切地问我吃饭了吗，说天黑看不到让我先休息，第二天会帮我补种，回去后又怕我错过晚饭给我拿了好多吃的。第二天早晨我再去地里的时

---

① 2011年中国农业大学博士研究生毕业，2007—2009年在试验站进行博士学位论文试验研究。现在在太原理工大学工作。本文作于2019年3月。

候，发现侯姐夫已经早早起来替我补种好测坑内所有的缺苗，已经去别处干活了，看到眼前的一切，我既喜悦又是感激，至今想起此事仍热泪盈眶，由衷地感谢这些帮助过我的人。2 年中，冯老师和康老师多次在实验上给我提出了宝贵的建议，王永胜、赵志才、秦俊桃、贾斌、武秀侠、杨文斌等同学都在实验和生活上给予了我莫大的帮助，试验站的其他同学也在生活上给我带来了无限快乐和动力。坚持不懈、吃苦耐劳、团结互助、乐观积极是在试验站最大的收获，更让我终身受益。

3 年的试验经历，5 年的硕博时光，我从一个懵懂的本科生，顺利毕业成为博士生，至今毕业已近 10 年，时常关注试验站的动态，也期待着能再到试验站重温那段青春时光。祝愿试验站培养出更多的人才，孕育出更多的累累硕果。

片段凝成永恒

曾勰婷[①]

一个故事

在老师门下，听老师讲的第一个关于石羊河试验站的故事是“龚道枝师兄和火腿肠”。故事大致讲的是龚师兄当时在试验站的时候条件特别艰苦，刚到试验站遇上停电，食堂做不了饭。4月的武威早晚的天气还很冷，房间又没有暖气，只能待在被窝里。带到火车上吃的其他食品已吃完，仅剩下一根火腿肠，只能把这根火腿肠和同房间的杜师兄一人一半，但他把半根火腿肠拿在手上怎么也舍不得吃，一会儿拿着舔一舔，闻一闻，因为不知道什么时候才能来电做饭。

回想起来，试验站的伙食一直在改进，每到吃饭的时候，是大家一天中最最开心的时光，从来都不会有人抱怨菜做得不好，还没有肉吃，有的只是大家在天马行空的开着各种玩笑，“我不是被厕所的味道熏出来的，我是被苍蝇挤出来的”(出自陈锋)，我现在一去村里上旱厕就不自主地想笑；“屋后那边果园真的是有白影……”(出自王峰师兄)，绘声绘色吓得张鑫师妹真的信，哈哈哈。在试验站的日子，心像武威的蓝天一样，纯洁又美好。还有，大家心里都有一盼，从来没人在嘴上提起，就是希望老师来看我们。

2018年，我参加了农业农村部百乡万户调查，为期一个月，这是农业农村部组织的第一次驻村调研。在宁夏的一个小村庄，和农民们同吃同住。很多次，我偷偷在面里找肉吃。晚上饿的时候，就想着龚师兄的火腿肠渐渐入睡。

虽然现在吃不到肉的艰苦的日子很少，但是我仍然一直记得龚师兄和火腿肠的故事，可能在内心中，那是一种信念。在工作和生活中，没有那么多如意的日子，遇到了就要学会坚持，能够吃苦。

一块试验地

我是一个没做过试验的石羊河人。在我眼中，试验站的试验地和普通农田没什么区别，只是地上会埋一些或立上一些仪器，大家会告诉农民进行何种种植栽培措施，然后定期采集数据，随机选取植物的部分回实验室测样。夏桂敏师姐和周青云师姐的葡萄地、刘晓志师兄的苹果梨园、张宝忠师兄的波纹比、李思恩师兄的涡度相关……占地面积都不大，外表看着也没那么高大上，我敢打赌，不懂行的，根本想不到在这样看似普通的实

① 2011年中国农业大学博士研究生毕业，曾在试验站实习和在石羊河流域调研收集资料。现在在农业农村部规划设计研究院工作。本文作于2019年1月。

验条件下，取得了多少好的论文、精准的理论和有用的节水技术。

“80后”的我们从小被老师、家长教育的是未来要成为一名科学家，科学在很多人眼中是不可触碰的。老师带领我们一步步认识科学，学会科研。细细想来，不知悟得对不对，老师教会我们发现一个机理，构建一个模型，订正一个参数等科研的创新其实始于上百篇文献的精读，始于每次实验的认真细致，始于日日的冥思苦想。

毕业后，没有从事科研工作。其实每个行当要做好都不容易，每个领域中都有牛人。要想更优秀一些，必须做到如老师教的做每件事都要更细心，每个问题都要弄得更明白。科研精神不局限于科研，毕业了，会更加想念老师，想念石羊河。因为教会了我如何工作，如何行事。

一份坚守

现在我依然记得2006年的武威试验站还只是沙漠公园的2间房屋：男生住1间，女生住1间。如今的石羊河试验站已不是当初青涩的模样，虽然还没去过，但已经被他人问过好多次，已经成为水科学与农业领域很多学科带头人在试验站建设方向的榜样。第一次见老师，我问过一个问题：为什么我们要去甘肃做实验啊？老师回答得很坚定，因为那里缺水啊。

我想，石羊河试验站的成绩和荣誉源于那份执着的坚守，这样的坚守影响和鼓舞着一批又一批石羊河人。我喜欢和同门在一起，因为他们都是如太阳一般的存在，温暖和鼓舞着我前行的道路。

石羊河是放飞我们青春的地方

刘春伟[①]

初　见

初闻石羊河是在2007年的春天，跟康老师做本科毕业设计，张宝忠师兄讲起石羊河试验站。当时只是觉得甘肃的石羊河距离北京很遥远。转眼本科毕业，暑假期间，康老师派田磊和我一起到石羊河试验站实习，初到试验站的时候，王景寨的基地才刚刚建立，沙漠公园和民勤薛百仍有师兄、师姐在做试验。最初王景寨驻站有做葡萄波文比—能量平衡监测的小宝师兄，做小麦耗水试验的王春梅师姐，做玉米涡度相关测定的李思恩师兄，做苹果园调亏灌溉的康敏师姐等。我每天的任务是熟悉试验环境，帮助小宝师兄和康敏师姐开展试验，学习一些仪器使用和测定方法。

王景寨西北方向大概5千米是沙漠公园试验站，在这里驻站的有许小燕师姐、胡萌师兄、刘小刚师兄等。田磊和我到沙漠公园试验站进行了两周的实习。当时3个试验基地共享仪器，因为我还没有具体的试验任务，所以经常负责取送仪器。一次骑自行车从王景寨到沙漠公园送仪器，返程时天已经慢慢黑下来，许小燕师姐怕路上黑不安全，劝我第二天早晨再回去，但因为王景寨基地还急着有事，所以我还是决定夜里返回王景寨，在夏天的微风中，我一路摸着黑，穿过一片核桃林，经过武威市第二监狱周围坑坑洼洼的羊肠小路，心里也多少有点紧张，当我在很远看到实验站大门的时候，才感觉轻松下来。

由于要取仪器，我也到过民勤薛百试验站，当时王若水、韩江江和江冠军师兄等在薛百试验站做试验，站内没有网络，没有自来水，生活条件十分艰苦。距离薛百试验站不远处就是农田和沙漠的分界线，当时跟着师兄从试验站出来散步，走了不远就是茫茫的腾格里大沙漠，当看到沙漠边缘一块块刚刚沙化的土地时，心里感到非常震撼。由于水资源紧缺和不合理利用，造成了地下水位下降和沙进人退等环境问题，深深感到石羊河水资源的高效利用确实刻不容缓。

科学试验

2008年开春我正式到试验站开展自己的试验研究，我的研究题目是《苹果园水分传输机理与耗水模拟》，正好与康敏师姐的苹果树调亏灌溉试验一起进行。我一到试验站，就赶紧跟着康敏师姐铺苹果树下的防渗隔离膜、灌水管道，平整小区，完成苹果试验区的

---

① 2012年中国农业大学硕博连读，博士研究生毕业，2007—2010年在石羊河试验站进行苹果园水分传输机理与耗水模拟研究，曾负责试验站摄影。现在在南京信息工程大学工作。本文2019年2月22日作于南京。

基础建设。从2008年开始，我在试验站进行了3年的试验研究，每年的3月底4月初我就随着大部队到实验站进驻，这时苹果树还没有发芽，最初的几天主要是安装仪器，试验田里往往好多融雪水，一般需要花3～5天检查每一根深2米的Trime土壤含水量测管中是否有水，如果管内进了水，要用纱布一次一次地把水吸净和擦干；然后是安装植物生理生态监测系统和茎流计，埋设土壤蒸渗桶。首先，我学会了如何使用电钻安装茎流计，记得电钻的钻头只有一根2毫米的原装钻头，长10厘米，市场上买的钻头都是5毫米的，所以用原装钻头的时候要特别小心，生怕把钻头弄断。

试验准备工作做好后，就开始了日常的试验观测。一般傍晚6:00左右，我们会在苹果园来回穿梭，查找编号，检查蒸渗桶的状况，将30个蒸渗桶分别称重，一丝也不能马虎，称完天就已经黑了。另外，5～7天要测一次土壤含水量，每个月要打一次土钻，这都是试验中比较重的工作，苹果树根系较深，土钻和Trime管都是深2米，土钻要加长2节才能打到2米。当时还没有自动Trime测定仪，还是老式的管式TDR-Trime，每次深度下降10厘米，按下测量键，等待10秒钟左右，再继续下一个深度，我和康敏师姐总共在苹果园布设了30根测管，2个人搭档测定一轮，大概要花半天时间。2009年康敏师姐毕业，新来了关芳师妹，继续2个人在一起测量。后来自己测的也熟练了，独自一个人也行。在安静的苹果园里，在不断重复测量的同时，偶尔也会想想为何在这里坚守，西北地区地广人稀，水资源贫乏，果树的水分管理一直处于粗放状态，农户的经济效益也在不断下滑，果树节水调质试验，不仅可以明确水分传输的机理，也可以为果树的水分管理提供依据，每当这样想的时候，也就把苦和累忘记了。

水势是反应作物水分状况的重要指标，3年试验期间，记不清测定了多少次黎明前叶水势、叶水势日变化和茎干水势。水势的测定要用氮气罐配合压力室，一开始见到氮气罐的时候还比较紧张，它的样子太像炸弹了。跟着胡萌师兄学习氮气罐各个部件的操作，明白了原理，可以安全放心使用，后来也越用越熟练。黎明前叶水势，需在太阳升起之前测定，所以每次测定前，要给自己定一个特别早的闹钟，借好实验室的钥匙，天不亮就去取叶片，然后立即回实验室测定。黎明前的试验站，我应该是出现最频繁的人了，当然有时还会碰到姚立强通宵做入渗试验，在黎明前刚刚结束从地里归来。

每年试验结束前的作物品质测定试验是比较开心的，大家会互相帮忙，辣椒和西红柿的品质平时经常测，但苹果和葡萄的品质测定就集中这么几天。四五个人围坐在试验台前，刷试管的、配药品的、测物理品质的、测化学品质的、滴定管滴定的、分光光度计测定的，分工明确，配合默契。在这种环境中也锻炼了大家团队协作的精神。

丰富多彩的生活

经常有人到试验站考察交流，有当地培训班的技术人员和农民代表、各部门的领导、国内的同行专家和国外的学者。无论是农民和技术人员的观摩，还是领导专家的考察参观，我们每个人都会认真准备，尽可能把自己的试验在最短的时间向大家介绍清楚，通过试验站的这种交流活动，我们在亲身参加的过程中也收获很多，专家们的一言一行给我们留下了深刻的印象，在介绍自己的试验和回答问题的过程中，也提升了自己的综合能力。

篮球一直是试验站同学们的传统运动之一，缓解繁忙的试验压力，以郑睿（毛毛）为队长的篮球队很活跃，技术不高，重点在于锻炼身体。篮球场上总是欢声笑语。经过持续的训练，大家的球技也提高了不少，我们还曾经到隔壁的武警驻地与他们切磋技艺，在毛毛的带领下我们还获胜了。在紧张的试验之余，我们每一个试验季也会组织一两次烧烤。第一次在沙漠公园烧烤，一起动手，陈峰自制的烧烤架，大家一起进城采购烧烤食品，小陆带上网去追野兔，一群人最终还真逮到一只野兔。

试验站的风景也是难以忘怀的，忘不了那蓝蓝的天、雪白的云。那时不时就冒出来的五彩祥云，苹果树开花，满园飘香，碧绿的青草地、金黄的油菜花和向日葵，美丽的景色令人流连忘返。

石羊河是放飞我们青春的地方，在这里的 4 年，是我人生中的一段宝贵时光，不仅遇见了最好的大家，而且我在这里获得了成长，感谢石羊河试验站！

石羊河试验站之恋

张彦群[①]

2008年7月，我硕士研究生毕业刚刚毕业，来不及参加毕业典礼就来到了北京，对于一个在哈尔滨生活了7年的人来说，北京的热真的是无法忍受。好在短住几天跟康老师商量试验方案后，就赶赴石羊河试验站开展试验了。初到试验站距现在已经10年有余了，从在试验站开展试验研究到博士毕业再到工作，从单身到成家再到有了孩子，工作和生活经历的很多，但是石羊河的记忆片段还总时时浮现在眼前，尤其在收到导师通知准备编写《石羊河印记》之后，试验站的往事更是历历在目。

初　恋

2008年7月，我和另外几个师弟师妹一起踏上了去武威的火车，尽管我是师姐，但其他人或多或少都参与过团队的研究，而只有我还是新来的，因此，心里还是充满了期待和好奇。经过20几个小时后，火车抵达武威，我们从武威换乘开往大河东河的城乡公交去实验站，我出身北方农村，之前又有过野外试验的经历，因此一路颠簸的公交和尘土飞扬的农家院落对我来说是"意料之中"的。到达试验站大门口"中国农业大学石羊河流域农业与生态节水试验站"几个大字映入眼帘，给我眼前一亮的感觉，进入大门是宽阔平坦的水泥路，跟从武威过来的坎坷颠簸的土路形成鲜明对比。沿着水泥路拐一个弯穿过路边的葡萄园和春小麦田，来到一个小的篮球场地，北面是三排漆成红色的平房，南面是一面墙，房前和墙边是绿色的龙爪槐。初来乍到，试验站郁郁葱葱的田间作物和整齐别致的红墙绿树还是让我看一眼就恋上了！

相恋是为了更好地相处，我需要尽快了解这里，确定博士论文试验方案并取得相关基础数据，因此我急切地适应着，找当时在站负责的胡萌师兄聊了几次，知道了我做试验的葡萄园不在院子里，是在需要骑自行车半小时左右才能到达的皇台葡萄园。

根据研究需要，2008年主要是统计葡萄直径和田间土壤水分的空间变异性，来确定最终液流测定植株和土壤水分测点。因此，在量取了几百棵葡萄的直径，打了几十根Diviner土壤水分测管后，确定了试验所需设备的探头型号，我跟康老师说，这套设备要花十多万元，可能需要两套，康老师说，买吧。大气！我当时还担心设备这么贵，导师可能不会给买呢！康老师的一句"买吧"消除了我的担心，同时也让我觉得责任重大，不能让老师花重金购置的设备发挥不了应有的作用。康老师在硬件条件上的大力支持使我信心倍增，试验站已有的许多设备也满足了我的试验所需。工作后，也看过一些其他的

① 2012年中国农业大学博士研究生毕业，2008—2009年在石羊河试验站开展"西北旱区葡萄园耗水规律和冠层水碳耦合模型研究"。现在在中国水利水电科学研究院水利所任高级工程师。本文作于2019年2月。

试验站，没有一家的设备条件能比得上石羊河试验站，我的工作单位硬件条件应该算是不错的，但是再也没有石羊河试验站那种用什么仪器都方便的优越感了！

2008 年 9 月中旬，我要离开试验站回北京，开始博士研究生入学报到了。在试验站虽然短短的一个多月，这一个多月经历很多，也感悟很多。像初恋的伙伴一样，留恋这里的平静，这里的简单，这里的淳朴，我恋恋不舍地离开这里，期待着来年的再见。

再　相　见

2009 年 3 月底，再次来到试验站，这次一切都轻车熟路，来到暂别一个冬季的试验站，开始热恋般的试验。大部分人的试验是安排在实验站院子里的，像胡萌师兄的梭梭柠条儿耐盐试验测坑、姚师兄的盆栽沙生植物和导水率测定试验、王振昌的盆栽玉米、丁师兄的蒸渗仪和玉米田……我当时的试验要去离试验站几里地以外的皇台葡萄园开展，很是羡慕这些不用出院子就能完成自己试验的人，不仅是因为距离，还主要是因为自己不擅长跟农户沟通。由于我们做试验的葡萄园是皇台葡萄酒集团的，我们开展的试验内容都需要事先跟负责的农户沟通。我是个内向的人，跟陌生人打交道是我觉得最为难的事儿，幸好团队一起试验的有张鑫、小郭，大家商量制订出一个方案再去沟通就好一点。工作后遇到各种需要沟通的人，现在回想起来，那时和我们打交道的当地人算是非常淳朴的了。除此之外，都是热爱。

布置试验

根据我的论文构架，需要首先确定葡萄园的耗水量，主要采用液流测定蒸腾量＋蒸渗桶测定蒸发量经尺度外推的方法获得，并与水量平衡法、波文比法比较验证各种方法的准确性。为此，我选了 2 个地方各安装了一套液流计、分别在行间各处安装了蒸渗桶，还和张鑫、小郭一起安装了波文比和涡度相关测定系统并布设了 36 根 Diviner 土壤水分测管。

还记得布设 Diviner 测管完工的那天，我和张鑫以及帮忙的小陆干到很晚，天已经黑了，只有小陆的摩托车是唯一的交通工具，需要先让他把取得的土样送回试验站，再回来接我们。我俩坐在地头等，4 月初的傍晚，还是有些凉意的，我俩穿着迷彩，企图用白天遮阳的帽子来遮严脑袋御寒，却无济于事。有以前在野外试验的经历，这样的条件对我不算陌生，而来自城市的张鑫也毫不娇气，没有怨言，小姑娘还跟我提议合影留念呢。等小陆回来，我们俩和他挤在一辆摩托车上，真是温暖，后面就是开始取土校正测管数据和日常的测定了，根据这些测定，我们了解了葡萄园的土壤水分状况，并以此计算了葡萄园的耗水量，作为其他方法耗水量的重要参考。

去皇台的路

开展试验过程中，记不清多少次往返在试验站与皇台葡萄园的路上，用了能用到的几乎所有交通工具：自行车、三轮车、电动车、摩托车……还记得去皇台路上经过一片金黄的葵花地，让我们禁不住停下留影，也还记得路边几棵白杨的叶子从绿到黄，安静的竖立在湛蓝的天空下；还记得和张鑫一起，在路上一边骑车，一边高唱各种歌曲，《丝路》《人说山西好风光》，都是张鑫的擅长，也还记得跟帮忙的小陆或陆哥一起，乘坐他们的摩托车，一溜烟儿奔着葡萄园去了。虽然是乡间土路，这里很少下雨，倒也算好走。说起雨水少，我还有过一次狂风大雨中从这条路上骑回试验站的经历呢。

一天我看天气晴好，就背上天平去测蒸渗桶，测完后，又开始将液流计拆下维护，刚拆完，感觉天色变暗，不一会儿竟开始下雨。我以为这个地方雨下不大，就想着将拆下的探头带到葡萄园边废弃的棚子避雨，过后再装回去。结果雨越下越大，由小雨变成大雨了，眼看中午吃饭的时间过了，雨还没停的意思，由于没带伞，回去的路又远，只好请人来送伞。感谢陈峰！他带了两把伞过来，给了我一把然后跟我说，师姐，咱们走吧。一路风雨交加，小路变得泥泞不堪，回去的路刚好顶风，骑车很是费劲儿。我一手打伞，一手掌控自行车把，尽力地往回骑，仿佛回到十几年前中考时遇到暴雨，我拼命往家赶的情景。回到站上，衣服湿透了，胳膊也酸了，腰也疼了……那时年轻，裹上被子，睡了一觉就又元气满满了。

光合测定

在皇台的葡萄园里，有时候我们细数着枝叶数目和量测枝长，有时候用电脑连上数采，实时查看液流数据，有时候一个个称量测定土壤蒸发的小桶，还有时候用探头伸到一个个测管中读取土壤水分数据，但我印象最深刻的是光合测定实验。

我的论文涉及水碳耦合，除了耗水测定外，还需要测定光合参数。去皇台测光合有两大难题，一是把光合仪运到葡萄园，便携式光合仪是不太便携的，连仪器带箱子共30多斤，每次测定需要请人用摩托车送过去。二是光合仪供电问题，需要有人往返试验站和葡萄园给电池充电和送来充好电的电池，即使这样也不能满足供电，因为光合曲线测定是不间断的测定，耗电量大。后来我决定用蓄电池供电，一块儿20多斤的蓄电池，虽然仪器更加不便携了，但这样满足了供电需求。基于上述两大困难，测光合的日子是不回实验站吃午饭。丁师兄说中午他替我测，但我自己的试验是不太放心由其他人来帮我测定的，因此，便让他回去吃饭，然后给我送来午饭，我在葡萄架下一边看着仪器屏幕，一边享用着午饭，的确格外美味！

为配合分析光合数据，光合测定当天需要在黎明前和正午取叶片进行水势测定，黎明前是需要凌晨4:00多起来测定，水势测完后开始光合测定，一直测到下午5:00左右。即便有点熬人，但我还是很期待这样光合测定的日子，安排一次光合测定是需要天时地利人和！经过多几次测定，才能获取我论文模型所需的参数和验证数据。

暂　别

不知道从什么时候起，我有了腰椎间盘突出的毛病。6月的一天，忽然病就犯了，走不了路……丁师兄和其他几个师弟师妹把我送到武威市医院，CT 检查后，有医生通知要我手术治疗，后来我选择保守治疗住院治疗。其间，康老师多次打电话过来细问我的情况，让我回北京治疗，我感动得流泪！

这样住了大概一周的院，感谢张鑫、陈峰和春伟等几个师弟师妹的陪护，我可以下地走路了，但仍不能久站，丁师兄他们几个劝我回北京检查一下，免得耽误病情。正好姚立强回京办事，我和他一趟火车，可以请他照顾我。不过还是因为住院躺的时间过久，身体十分虚弱，低血糖，在火车上厕所的时候晕倒了……小强过来找我，扶我回到座位，后面就不敢再动了。到了北京，晓志师兄从校医院借到轮椅去车站接我。在北京检查了一下并无大碍，养了几天后就返回了试验站。离开的日子，一直在想念石羊河试验站，想念我的试验，想念一同作战的师弟、师妹！不过在北京的时候有幸听到了张宝忠和李思恩的博士学位论文答辩！2 位师兄的博士论文都是在石羊河试验站开展的，清华大学雷志栋院士对他们的论文中基于常年野外试验的模拟给予高度评价，极大地鼓舞了我，我又踌躇满志地返回试验站。

结　　语

平凡的人生，总会有一些不平凡的瞬间值得留恋，回味绵长。回首试验站的过往，也是回忆自己沉淀在试验站最好的年华！一份相遇的浪漫，一次驻足的回眸，一句拨动心弦的话语，一个步履翩翩的背影，都是久旱后的甘霖，肥沃的土壤，滋润我心中科研的种子，生根发芽，茁壮成长。

工作之后，很难找到当年试验站那样优越的试验条件，也很难遇到一同试验的一群人之间那样单纯和快乐的关系了！如果说在石羊河奋斗过的人都能有所感悟，大家回忆的片段可能有所不同，但共同的感悟必然是试验站的精神！团结协作，以苦为乐，立足试验，大胆假设和小心求证！愿一起奋斗过的我们都能用自己所学服务“三农”，把文章写在祖国大地上！

石羊河的奋斗岁月

姚立强[①]

2008年3月，我跟着大部队坐着绿皮火车从北京出发，第一次走进位于甘肃省武威市凉州区东河乡王景寨村的中国农业大学石羊河流域农业与生态节水试验站。我是一个农家子弟，农村的景象于我而言并不陌生，老师们的热情倒是实实在在震撼了我。康老师饱含深情地给我们讲述试验站的历史，杜老师生动形象地描述着老师们和师兄师姐们以前艰苦的试验条件，冯老师和黄老师到宿舍帮我们一起固定上下铺，等等，让我深深觉得自己很荣幸加入了这个温暖的大家庭。

3月的地里还没有完全开冻，这次我们是过来分地的，同学们有的需要开展土豆、甜瓜、玉米、小麦、温室西红柿、葡萄等与当地种植结构紧密联系的农作物相关试验，少数同学则需要开展梭梭、柠条、新疆杨、柠条锦鸡儿、长穗柽柳等防风固沙的沙生植物相关试验，也有少数是和我一样需要开展土壤水分运动规律方面的相关试验。当时感触比较深的就是那里的风沙天气，沙土时常会调皮地沿着门缝、窗户缝隙迅速入侵并占领宿舍的每一个角落，每次风沙天气过后，宿舍的被子上、桌子上、碗里都是一层沙土，所以当时觉得胡萌师兄的梭梭、柠条对水盐胁迫响应的机理研究和许小燕师姐的新疆杨、柠条锦鸡儿、长穗柽柳蒸发蒸腾与根系吸水研究都很有意义，真心希望他们的成果可以对恢复石羊河流域的生态植被做出贡献。现在想想，老师们对每个学生的试验规划都有良苦用心，根据大家的试验需求，老师们现场查勘和现场丈量，把每个人的试验地分好了就都返回了北京。我的试验地紧邻宿舍区，后来证明那是一块“风水宝地”，特殊的土层结构让我的渠道渗漏试验具有了特殊的意义。

我需要在试验站开展渠道渗漏试验，首要任务就是自己修建渠道。2008年4月，我早早地第二次入驻试验站，其他很多做农作物相关研究的同学还没有来，我们那一批学生的“带头大哥”胡萌师兄也早就来了，做温室作物研究的王锋师兄也在。因为试验需要，王锋师兄没有回家过年，一直坚守在试验站，还听他讲过试验站就剩他一人的时候晚上从宿舍区走到温室试验区去的路上被吓到的情景。也是从那时起，我才慢慢意识到，原来也有比过年与家人团聚更值得我们去追求和奋斗的别样生活，奋斗者的这种价值追求同样可以让你倍感充实。

安顿下来后，我打开之前设计的图纸和施工安排表，根据实际情况做了一些调整，在试验站管理员陆哥的帮助下找到了一个施工队，热火朝天地干起来了。修建不衬砌的土渠和黏土衬砌渠道时，开挖非常困难，我还是习惯性地一有困难就给远在北京的毛老师打电话请教。毛老师不但负责我大后方的“粮草”调度，还耐心地给我支招。后来才知道

---

① 2012年中国农业大学博士研究生毕业，2008年在试验站开展博士学位论文试验研究。现在在长江科学院工作。本文2019年3月9日作于湖北武汉。

那片地以前是一条马路,压得很实,之后的剖面试验也验证了这一点,坎坎坷坷,历时11天,一条120米4种不同衬砌的渠道总算建成了。看着自己亲自参与建设的第一个工程,兴奋地给毛老师打电话汇报了,现在想想那个时候真是天真无邪,毛老师可能也只能无奈地把我当成还没长大的孩子。修建渠道期间结识了后来一直帮助我开展试验的两个朋友:一个是小陆,一个是陆叔。陆叔力气大,我总是调皮的称呼他"鲁智深"。在等待渠道硬化的过程中,我搭乘王景寨村的班车到武威市采购了试验所需器具,那时候班车趟数很少,因为试验站的影响力,班车会特意经停试验站门口,每次有人出门,我们都会调侃一下"进城去了"。随着地里完全开冻,来到试验站的同学也越来越多了,大家来自五湖四海,不同的家庭背景使得每个人个性鲜明,热闹的试验站俨然成了一个不那么复杂又别具特色的小社会,同学们也都慢慢互相熟络起来了,准备试验的同时,大家经常会相互学习、一起讨论问题、一起打球锻炼,时间过得很充实,向毛老师请教的频次也降低到了正常状态。

2008年6月25日早上5:50,在同学们的帮助下,我的第一次试验开始了。首先是紧张的初次放水,其次是定时读取水位读数和补水。由于刚开始渗漏得较快,所以初始频次比较密。第一天试验需要通宵监测,我忙得不可开交,好在有很多同学帮忙,团队协作使得各项工作有条不紊地进行着。当时正好赶上康老师带领几个老师到试验站进行专著统稿,第二天天蒙蒙亮,康老师就起来走步了,我的试验地紧邻宿舍区,康老师首先就到了我的试验区,永远也忘不了康老师俯身帮我读取水位的那一刻。尽管通宵监测让我身体有些疲惫,但那一刻我所有的倦意都消失了,康老师把我们都当成了他自己的孩子一样呵护,我们还有什么理由不努力呢?永远也忘不了康老师走步中间,不断驻足每个试验田查看。他真的把试验站当成了自己的"孩子"一样在照看,生活从来不缺五彩斑斓,但在我心里,康老师驻足试验田查看的背影永远是最亮丽的风景。

我的第一次试验持续了将近5天,到2008年8月15日,在老师们和同学们的帮助下,4个不同衬砌渠道2次静水试验依次圆满结束。还记得当天晚上为了感谢"鲁智深"和小陆经常陪我守夜,请"鲁智深"和小陆去东河乡吃了大盘鸡,还喝了一点啤酒,大家都非常开心,当晚和小陆一起就住在"鲁智深"家里,我们到他家的时候,他的两个儿子已经习惯性地在门外的拖拉机里睡着了。"鲁智深"的家很简陋,家具和铺盖都很陈旧,灯光很昏暗。他的夫人一直笑脸相迎,很热情,但话不多,看得出来这个家主要靠"鲁智深"支撑。他说两个儿子都还小,他在试验站做工补贴家用,兼顾种地,那里的土地不够肥沃,种地收入不多,没有其他更好的收入途径,等孩子再大一点,他得去外面打工,才能供养得起两个小孩上学。那是我第一次走进河西走廊农民的家里,当时贫穷和落后的程度还是出乎我的意料。第二天天还没亮,就依稀听见"鲁智深"和他夫人在忙活早餐了。这是我至今难忘的一顿早餐,好几种东西混在一起,还特意放了一个自家的土鸡蛋,蛋清和蛋黄肆意地躺在表面,根本谈不上色香味,非常难吃。小陆在边上说这是"鲁智深"凑的家里最好的东西,让我顿时觉得很不好意思。也许是我们的到来给他们增添了很多麻烦,打扰了他们原本平静的生活,可是我真的是难以下咽,勉强吃了两口就回到试验站了。

那一天我思考了很多,记得还写了一篇随笔,只是现在找不到了,震惊于河西走廊的农民兄弟还过得那么的艰苦,也懂得了康老师带领一批又一批的老师和学生千里迢迢来到河西走廊石羊河流域做科学研究的良苦用心和真正意义所在，也深刻理解了中国农业大学的校训“解民生之多艰，育天下之英才”的内涵，也希望自己可以依托试验站这个平台，为河西走廊地区的农民兄弟做一点点事情。

虽然已经离开石羊河团队7年了，但又似乎从来都没有真正离开过，往事历历在目。参加工作以来也一直都在默默地关注着试验站的发展，试验站盖起了大楼、试验条件日益完善，杜老师、霍老师、李思恩师兄等先后获得各种国家层面人才称号，土豆博士王老师建立了特色马铃薯优质高产示范基地等。每次听到试验站的好消息，我都由衷地高兴和自豪，感恩自己有幸成为石羊河团队的一员，感恩团队老师们的指导和关怀，感恩团队师兄师姐和同学们的帮助，感恩老师们创建这个试验站平台，让我恰逢青春年少时有机会走进河西走廊，结缘石羊河流域，深入了解和认识西北干旱区。通过这个试验站平台我学到了很多知识，结交了很多良师益友，领悟了团队协作的重要，成长了很多。回忆往事是为不忘初心。我理解的老师作为共产党员的初心就是解民生之多艰，为天下的农民兄弟谋幸福，他们作为人民教师的初心就是育天下之英才，培养一批又一批的优秀人才造福社会。从中国农业大学石羊河试验站走出来的我，会不忘初心，继续前进。

石羊河试验站往事

燕　辉[①]

时光荏苒，岁月如梭。在石羊河试验站学习与生活的往事已经过去了整整10年。在这十年里，多少如烟的往事已消散在记忆的长河，但在石羊河试验站学习与生活的场景至今还历历在目，令我难以忘怀。

2009年夏，我来到石羊河试验站，在姚立民和胡萌二位师兄带领下开展沙生植物耐盐试验，同时也试着构思自己以后可能开展的试验。我是跨专业的学生，对农水专业使用的仪器设备不熟悉，师兄们不但教会了我使用各种仪器，还发给我各自开展研究所阅读的文献。遇到困难时，我也曾在晚上跑进姚立民、胡萌与王峰三位师兄的宿舍，探讨研究思路、询问试验方法。他们总是不厌其烦地帮我分析思路、寻求方法，谈论多次在哈欠声中结束。除了做试验、看文献之外，远离大城市，没有任何娱乐场所的实验站也不乏欢乐。收获的季节，师兄师姐测定产量后的玉米，都成了我们餐桌的美食；师弟师妹测定品质后的甜瓜，也成为大家饭后的水果。我还记得陈峰师弟的拿手菜可乐鸡翅，那真是让人看着都垂涎的美味。更令人欣喜的是收获科研成果时的喜悦，哪位师兄师姐的论文投出去了，已经返修了，被接收了，总能得到大家的敬慕和祝贺。我们在分享他们成功喜悦的同时，心底也暗下决心，自己也要努力把试验做好、把论文写好，争取也发表高质量的学术论文。2009年8月，试验站举办了烧烤晚会，那是当时最让大家兴奋的事情了。晚会前几天，无论是歌神还是菜鸟，都精心准备着，以期在晚会上为大家一展歌喉。到了聚会当天，我从一早就盼着天黑。完成了当天的试验，炭火终于点燃了。大家一边吃烧烤，一边欣赏表演，其乐融融，好不开心。我还清楚地记得于海燕师妹在主持晚会时说过的话："人生就像一列火车，试验站是大家人生中重要的一站。从这一站汲取更多的知识，大家以后会走得更远……"2个月很快过去了，由于植物抗逆生理指标测定等试验条件的限制，我的博士研究生论文试验最终没有在实验站开展。我把石羊河的梭梭和柠条幼苗带到杨凌开展试验，但在试验站学习和生活的往事深深地印到了我的脑海中。在石羊河实验站有一种不畏艰辛、以苦为乐的精神，激励着每一个人向着科研高峰前进……

博士研究生毕业参加工作之后，无论是在江南都市，还是在北国圣城，我都曾听到过业内同行对试验站的赞誉。2018年夏，我有幸参加"第三届石羊河论坛暨水与绿色发展"学术研讨会，再一次故地重游，来到我曾经学习和生活过的石羊河试验站。如今的试验站，让我感到既亲切又陌生，一栋崭新的大楼平地而起，替代了当年的瓦屋；我

---

① 2012年西北农林科技大学博士研究生毕业，曾在试验站实习。现在在河南科技大学工作。本文作于2019年2月。

们昔日的宿舍和自习室，已经成了库房。试验站还建成了大型人工气候室，添置了流动分析仪、自动凯氏定氮仪、同位素分析、超低温冰箱等一大批仪器设备。更加完善的生活设施和更加先进的试验条件必将有助于高质量成果的产出，最重要的是，一届届新人接过了师兄、师姐们的接力棒，在老师的带领下，在试验站扬起了他们遨游科研海洋之帆……

祝愿石羊河试验站明天更美好！

十年回首石羊河

张　赟[①]

每每想起石羊河试验站，我都是心潮澎湃、思绪起伏。不经意间数一数，我离开试验站已经10年了。回首看去，仿佛响指之间。时光飞逝，随着我们年龄的增加，时光貌似走得更快了。

比起很多同学，我在试验站的阅历很不起眼：2008年和2009年两个生长季做滴灌条件下调亏灌溉对酿酒葡萄产量与品质影响的实验。虽然我在试验站工作学习的时间不算很长，但毋庸置疑，此次学习经历为我后来的求学和工作打下了坚实的基础。在石羊河试验站里，我第一次体验到了真正地被"扔到"农田里做试验，而且是跟当地农民一起合作做试验是怎么样一回事。想到这里，我真心佩服康老师和其他试验站奠基者的眼光和远见；真的是胸怀农业、真情为当地农业做贡献，才会将试验站的地理位置定在这里。在石羊河试验站里，我第一次跟葡萄，尤其是酿酒葡萄打交道，很多关于葡萄的栽培和生理知识我之前都不知道；从最开始的零知识到后来越学越带劲，决定去更深入地研究植物生理，到最终取得奖学金去美国读园艺/酿酒葡萄栽培专业的博士研究生，这一路都是要归功于我在石羊河试验站的锻炼。记得我刚刚来到美国之后，第一个学期就是在华盛顿州立大学的实验站灌溉农业试验和推广中心(Irrigated Agriculture Research and Extension Center)度过的。试验站在一个农业小镇边，这个小镇的规模比武威还要小，人口不到五千，周围都是农田。很多美国学生刚来到这里都觉得有文化冲击，不适应。我却觉得没有什么大不了的；反而是这里的环境气候常常让我想起在武威的日子：蓝蓝的天，可能有一丝丝白云，空气湿度低，早晚温差大；整个夏天每天太阳都是足足的，上午八九点钟光合有效辐射就已超过光饱和点了，几乎没有任何有效降雨。我跟人们介绍我以前工作学习的经历时，也常提起这两个地方的相似性，这也让我对武威作为一个优质酿酒葡萄产地充满了信心。

石羊河试验站有一种无形的凝聚力。在这里，团队合作绝对不是嘴皮子工程，从生活到学习的方方面面我都体会到了大家庭般的温暖。在这个大家庭的氛围里，即使是辛苦的测量和枯燥的数据采集，都变得很好玩、很带劲。比如，玉米地需要摘穗了，陆哥张罗着我们一堆学生一起去，一边玩，一边把活干了。比如，去葡萄园的路上，有一块向日葵地，每次我从旁边骑车过去的时候，都向里张望，期待着向日葵开花。采收季节测量葡萄果实品质时常常熬夜到很晚，多亏了有同学们的陪伴和鼓励，让每一个长长的夜晚不那么难熬。试验学习之余，我们也会自己找乐子。每每有特殊日子时，晚饭后大家就会

---

① 西北农林科技大学2007级硕士研究生，2008年和2009年曾在石羊河试验站开展试验研究，2009年秋赴美国华盛顿州立大学攻读博士学位，并在华盛顿州立大学进行博士后研究，主要研究果实成熟、水分生理、葡萄园灌溉管理。现就职于圣米歇尔酒业公司(Ste. Michelle Wine Estates)，并在华盛顿州立大学兼职(Adjunct Faculty)。本文2019年3月18日作于美国华盛顿州。

在一起唱个卡拉 OK。2008 年夏天,变形金刚电影正在热映,林肯公园唱的片头曲尤其火热,我还记得跟着小郭一起吼这首歌。武威的夏天天可长了,每天吃完晚饭,我这个女生也不害羞地跟着一堆男同学一起打打篮球,谢谢你们的容忍。有人过生日了,大家一起张罗着跑到旁边果园里搭个小火堆一起烤个肉,吃个 BBQ。小伟头发长了,陈峰和我吵吵着让我给他剪头发;小伟人特别好,把外套反披上就让我们开始动剪刀了。我也不记得剪到最后他是不是满意,记忆中只记得有好多的笑声……类似的记忆举不胜举。

一回首 10 年过去了,很多当时一起流汗、一起嬉闹的“战友们”都已为人父母,我也不例外。都说人生难以预测,我也没料想到自己会在美国小镇安下家。不过无论我今后在哪里工作、生活,都不会忘记那两个夏天石羊河给我留下的印记。我很期待未来的某一天带着我的小家庭,再访石羊河试验站,回首这份难忘的记忆。

这里有我们共同奋斗的欢乐时光

陈　峰[①]

王景寨，位于甘肃省武威市凉州区东河乡，是我国数百万村庄中一个不起眼的小村庄，却因石羊河试验站的存在而铭刻在我的心底，这里承载了我青春岁月中的许多美好回忆。自石羊河试验站建成以来，数百名怀揣着科研梦想的研究生争先恐后地来到这里，忙碌于农业节水实验研究，他们不畏严寒酷暑穿梭于沙漠田间，记录了一组又一组的野外实验观测数据，取得了一项又一项科研成果，也留下了一段又一段的青春凯歌。每一位来过王景寨的研究生，都能体会到农业节水实验的艰辛历程，同时也都会为试验站取得的每项成绩而骄傲。

武威，是除了张家口和北京，我待过时间最长的地方。虽然离开试验站已有10年，但每次听到这个名字，我都会不自觉地回忆起跟同学、师兄、师姐、师弟、师妹们在石羊河试验站共同奋斗的欢乐时光，脑海里自然浮现一张张熟悉的面孔。

初到武威

2008年初，通过硕士研究生入学考试后，我有幸成为康老师的学生。第一次去见康老师请教今后的研究方向时，康老师就耐心地给我介绍试验站和团队的基本情况，建议我没事的话可以先到试验站去接触一下团队，提前了解研究试验工作，寻找适合自己的研究方向。这是我第一次听到石羊河试验站这个名字，从此就开启了我的武威之旅。

第一次去武威是在2008年3月的最后一天。当时由张宝忠和李思恩师兄带着我一起坐上火车，在经历近30个小时跨越了小半个中国后，我们来到了传说中的武威。在火车上就听师兄们说，今天有另外两位师兄进城接我们，然后包车回试验站。下车后，如果不是小宝师兄和李师兄介绍，我绝对不会相信眼前的姚立民和王峰会是我师兄，会是研究生。我一定会把他俩当作地道的农民大叔。两人都是黝黑而又多褶皱的脸庞，身穿同样的迷彩服，据说他俩是来城里洗澡顺道等我们一起回去的。后来我才知道武威海拔高、紫外线强，人总会晒得黑一些；而大家都喜欢迷彩服是因为这衣服耐脏、耐磨，实属野外实验之必备神器；至于进城洗澡是因为当时试验站的3月还很冷，而且用水也极为不方便，更不要提用热水洗澡了。

和师兄们汇合后，我们找到了早已等候我们多时的专车——那是一辆微型面包车，具体是昌河还是五菱也早已不记得了，唯一记得的就是那个车竟然没有挡风玻璃，听说是来的路上过河的时候颠碎了。就这样，我们坐在没有挡风玻璃的面包车里，颠簸了

---

① 2010年中国农业大学硕士研究生毕业，2008—2009年在石羊河试验站皇台葡萄基地开展酿酒葡萄节水调质灌溉试验研究。现任北京市水利规划设计研究院高级工程师。本文2019年3月14日作于北京。

1个小时才到达试验站。

试验站四周都是农田、果园，环境优美，充满了田园气息。我们到的时候正好赶上开晚饭，试验站吃的是桌餐，大家在一起边吃边聊，很快就熟悉了彼此。晚饭后试验站的必选活动必须是篮球，试验站的所有人基本都会在饭后到篮球上活动一番，这也是试验站一天中最热闹的时刻。因为与北京有一定的时差，这里夏天的晚上一直到 9:00 才会完全天黑。这里的夜晚是非常的安静，而且因为少了城市喧嚣与灯光显得格外的黑。每当这个时候大家都会自觉地来到学习室静下心来整理一天的实验数据、阅读文献、构思自己的论文。

武威的沙尘暴

武威的沙尘暴与北京的沙尘暴不一样，它属于短历时、高强度，来得比较迅猛，比较有气势，说来就来，说走就走，起风时天昏地暗、飞沙走石，风一停一切又归于平静。

2008 年 5 月 1 日，李师兄叫我帮他到皇台葡萄园安装涡度相关，提前一天他就和我说这个东西比较难装估计得装一整天。一早我们准时坐上陆哥的东方红 150 装好仪器就出发了。下午 3:00 前我们安装非常顺利，完全按照计划进行。而到了下午 3:00 突然刮起小风，陆哥抬头看了一下，北侧天色微黄，感觉不对，告诉李师兄估计要来沙尘暴了，赶紧准备收拾东西走吧，明天再装。李师兄正安装到关键的时刻，坚持要装完再走。虽然我们以最快速度进行安装，但是沙尘暴还是在我们收拾工具时就到来了。先是由小风夹杂着尘土，然后变成大风带着沙尘，随之变成狂风大作，漫天黄沙飞舞，卷着沙砾打在脸上，眼睛完全看不到前方，四周一遍昏暗。我们只能一边抱着脑袋，一边满地找东西往拖拉机上扔，差不多全了，我和李师兄趴在拖拉机斗里，陆哥一只手抱着脑袋，一只手熟练地驾驶着他的大铁牛摇摇摆摆地在狂风中前行。到皇台葡萄园的大门口，陆哥叫我们去把大门打开，我先下去试图一只手拉开，发现平时踢一脚就开的大门竟然在大风中纹丝不动，于是双手一起拉拽也只能拉动一点。没办法，我只能向师兄求救，最后我们两人四手才能把大门拽开一个拖拉机能过去的空间。就这样，我们顶着狂风趴在拖拉机斗里，不知道脑袋撞了多少次拖拉机斗才回到了实验站。到宿舍后才发现自己的手也磨破了，脑袋也撞晕了，骨头都在拖拉机斗里颠得都快散架了，恢复好几天才好转。

后来李师兄查阅了涡度相关中的记录，才知道那次沙尘暴最大风速达到了 13～14 米/秒，当时我还埋怨李师兄应该听陆哥的话先回来，可他却一笑和我说这也是一种磨炼。不过也正是李师兄这种坚持的精神才使他有了今天的巨大成绩。

武威的雨

夏天下雨可能是一件再平常不过的事情了，而在干旱的武威下雨就是一种奢望。武威年平均降水量仅有 160 毫米，有时候终年也不能保证下两场像样的雨。就在这样一个地方，我们竟然还曾被瞬时的大雨淋成了落汤鸡，这简直堪比中彩票一样的概率。

那也是个“7·21”，不过和房山的那次“7·21”不同，既没有看海，也没有成灾，甚至我们回到试验站时连地面都看不出下过雨。当天下午，我和宝师兄像往常一样骑着自行车去皇台葡萄园测蒸渗桶。去的时候完全没有下雨的预兆，回来的路上却风云突变，下起了大雨，而且大的叫人惊讶。从实验站到皇台的道路两侧除了农田就是农田，唯一能挡雨的地方只有路边的两排大杨树，但想想淋雨总比被雷劈的强吧，而且能在武威被雨浇一次也算是非常幸运了，于是宝师兄和我两个人推着自行车继续走在雨里。短短几分钟的大雨就把我俩浇的透心凉，回到试验站，陈平看到我俩被雨淋透的造型，还特意拿出相机给我俩拍了个照留念。

葡萄品质测定

我的研究课题是不同灌水模式对葡萄品质影响的研究，研究不同灌溉方式以及不同生育期、不同灌水量对酿酒葡萄品质的影响。试验做了分根交替和调亏灌溉共 19 组处理，每组处理 2 个重复，每次要通过生化实验测定 38 组葡萄的可溶性总糖、可滴定酸、单宁及花青素 4 个品质指标。每次品质测定都像一场战役，需要霸占整个实验室至少 2 天才能搞定这些指标的测定，而最叫我郁闷的是这四个品质指标中只有花青素可以使用分光光度计测定，其他 3 种全部需要进行显色滴定，对于色盲的我来说这根本就无解。好在有实验站兄弟姐妹们的鼎力相助，我才能顺利把实验做完，取得实验数据，完成毕业论文。想起那些兄弟姐妹们，我至今都特别感动。由于实验检测样本多、测定方法复杂、实验历时较长且不能间断，为加快实验进程大家分工协作、流水作业，连中、晚饭都只能在实验室里将就一口，有几次全部测完都已经到后半夜了。但是每次测品质的时候大家都会随叫随到，从来没有任何怨言，让我体会到实验站大家庭的温暖。

石羊河团队扎根在干旱少雨的西北地区开展了 20 多年的野外试验观测。20 多年来，团队始终围绕着农业节水课题开展研究，真正做到了始终如一、不忘初心，厚积而薄发，取得了令人瞩目的成绩。20 多年来，实验站培养了数百名优秀的博士生、硕士生，很多人都已经成为农业节水领域的专家，引领者中国农业节水事业研究的前沿。

毕业后，我进入了北京水利规划设计院工作，从事的工作也远离了研究生阶段的研究课题，但是研究生期间从老师和同学们身上学到的专心做事、踏实做人的精神会不断推动我在新的岗位上把自己的学习、工作做得更好！

成　长

张　鑫[①]

时光荏苒，岁月如梭。自第一次与石羊河相遇至今，已经10年了。10年间，很多事情渐渐被遗忘了，但是在石羊河考察、试验、学习、生活的日子却深深地印在脑海里，历久弥新。这里见证了我的成长，影响了、并将继续影响我的工作与生活。

弥足珍贵的调查实践经历

2008年，我的本科毕业设计选择了“西北内陆干旱区石羊河流域农业节水模式调查与分析”课题。3月底，借课题组布置试验的机会，我与曾緦婷师姐跟随康老师和大部队，从北京启程来到甘肃武威，踏上了西北的土地。我们乘坐的车子径直开进了试验站，门口的大牌子“中国农业大学石羊河流域农业与生态节水试验站”一闪而过。没想到这一面竟开启了我与石羊河的不解之缘。

西北春寒料峭，站在试验田砖砌步道上，远望祁连山山顶冰雪覆盖，在远山白雪映衬之下试验站格外动人，那一幅美丽的画面至今仍清晰地映在我的脑海中。宿舍里没有取暖设备，我和师姐蜷缩在被子里整理从北京带来的资料，随行携带的大杯子成了我们的临时暖水袋。康老师安排好大家的试验后，召集师姐和我交代这次调查的背景和安排。为了“决不让民勤成为第二个罗布泊”，国家计划投入47亿元。多位师兄师姐已经在石羊河开展了多年的试验研究。这次调查就是要搞清楚目前节水技术在实际应用中存在的问题，以及什么样的节水模式适合石羊河流域。随后，康老师带着我们在武威市里见到了石羊河流域管理局、武威市水务局的领导和技术骨干。在石羊河调查的那段时间里，我和师姐几乎每天都会接到康老师的电话，询问我们调查的进展，关心我们的生活情况，叮嘱我们注意安全。

节水模式调查包括实地访谈和现场调查。为了便于去流域的各个灌区，我和师姐住在凉州区一个旅馆里，房间非常紧凑，仅能放下两张床，中间夹着两掌宽的过道。这个旅馆成了我和师姐的临时根据地，后来也成了实验站女学生来武威城里的据点，因为这里有个好处，能洗澡。按照事先准备的采访提纲，师姐带着我采访了石羊河流域管理局沈清林局长，武威市水务局石培泽副局长、市水利技术综合服务中心董平国主任、市节水办公室杨秀英副主任、部分灌区水利股长，示范区技术员、农民用水户，并发放不同类型的调查问卷。师姐比我高两届，比我大一岁，做起事来特别细致、周全，总能把第二天要访谈的事情安排好，访谈时还不忘安排好第二天的实地考察。我们先后去过西营灌区、杂

---

① 2010年中国农业大学硕士研究生毕业。2008年在石羊河流域开展农业节水模式调查，2009年在石羊河试验站进行石羊河流域葡萄园三种耗水测定方法的比较与评价试验研究。现就职于北京市南水北调东干渠管理处。本文作于2019年3月8日。

木灌区、清源灌区、红崖山灌区。每到一处，独特的风土人物、工程的建管情况、作物的种植类型、节水技术的应用情况等都让我这个从城市里长大的研究生倍感新鲜、印象深刻。白天，师姐带着我马不停蹄在路上奔波；晚上，我们回到旅馆分头整理白天的录音材料，修改访问提纲和调查问卷，等忙完，不觉已经凌晨了。

皇台葡萄酒基地是这次调查的重点。张宝忠师兄在皇台葡萄酒基地做试验，但是我们调查的时候他并不在武威，我和师姐去皇台是师兄通过电话联系的。访谈那天，天空意外下起了脓包雪，我和师姐还在嘀咕着访谈行程也许要泡汤了，可是在皇台，我们受到最热情的接待。踏着泥泞的土路，技术人员带我们看了渠首，讲解了水肥一体化设备及应用情况；管理人员带我们来到办公室，围着火炉取暖，喝着热茶，耐心地向我们介绍葡萄酒基地运行管理情况。言语中，听到最多的是对师兄的肯定和认可。作为石羊河的一分子，听到这些，我感到无比自豪。

10 年前，这次调查对我来说是一次有益的社会实践经历。现在回想起来，曾经见过的人，经历的事对我思维模式产生了深远的影响，不断地塑造、修正我待人接物、思考问题的方式。这次实地访谈与调查，让我深切的感受石羊河团队对旱区农业节水现实难题的关注，让科研成果落地的关切，“不驰于空想，不骛于虚声”，脚踏实地，干事创业的热情与实干精神。

回到北京后，向康老师汇报调查成果时，我非常坚定地争取再次回到石羊河开展硕士研究生阶段的研究。两个月后，课题组佟玲老师、田磊师姐带领另一组社会实践小分队开展了石羊河农业节水技术宣传，再一次印证了我们团队为推进石羊河综合农业节水模式落地做出的积极尝试。我想这就是石羊河团队的“初心”。

互帮互助的试验研究生活

2008 年 7 月，我如愿再次来到石羊河。我和其他研究生们乘坐的巴士停在试验站大门口，同学们早已守候在那里迎接我们的到来，热情的帮助我们搬运行李箱子。走在实验站的小路上，空气清新怡人，作物生长茂盛，一派生机盎然的景象。这次来试验站，我没有明确的研究任务，主要是实习。整个夏天，我不停跟随开展各种试验，过得很充实。每项试验研究都要监测作物耗水量，采用的方法和仪器有所不同，有土壤水分监测仪 Diviner，小型蒸渗桶、大型蒸渗仪，涡度相关仪、波文比仪器等。此外，还有监测作物生理和生长的试验：光合作用测定，果蔬品质测定，作物生物量测定等。

2009 年 4 月，第三次来到石羊河。我有了明确的研究任务——石羊河流域葡萄园三种耗水测定方法的比较与评价研究，在皇台葡萄园通量观测与节水调质灌溉技术研究基地开展试验。受硕士开题时间的影响，我来到试验站时，郭维华已经把我研究需要用的涡度相关仪器和波文比仪器安装调试好了。整个生长季，这两个试验仪器都是郭维华帮忙调试维护的。张彦群师姐带着我查阅了统计学方面的文献，最终确定利用水量平衡法测定葡萄园试验区土壤含水量需要 12 个取样位置、36 个测点。我们商量好共用这 36 组测量结果，去往皇台的路上，总能看到我们结伴而行的身影。

试验站不能下载学术论文，张宝忠师兄和李思恩师兄给我拷贝了他们积累的国内外论文，还细心挑出重要论文，嘱咐我打印好带来试验站。由于专业知识欠缺，很难掌握文献精髓，同一个问题会反反复复请教。两位师兄耐心、细致为我解答，推荐相关论文和书籍帮助我进一步深入理解。张宝忠师兄手把手教会我波文比数据处理方法，并做好 Excel 插值模板表格给我使用。大多数参考文献都是英文的，专业词汇特别多，看起来特费劲，但李思恩师兄会抽查我的学习进展，督促我学习进步；有时还会进行现场教学，带着我和郭维华，搬着爬梯，指着涡度相关仪器上的每一个探头，讲解仪器构造和测量原理。

石羊河试验站没有专职教师站长，2008 年和 2009 年分别由胡萌师兄和李思恩师兄负责试验站的日常工作。他们在完成自己试验任务的同时，还要跟当地打交道，协调各个试验安排，操心我们这些研究生的衣食住行，需要处理的事情纷繁复杂，非常辛苦。在这两位“站长”的操持努力下，我们的试验和生活条件有了很大的改善。试验站有了自己的食堂，安装了太阳能热水器，新添置了仪器设备，增设了试验研究项目，迎接了来自国内外相关领域专家学者的参观考察。在大家的提议下，试验站还建立了一个小型图书室，共享图书资源。大家提出书目，我负责统计、汇总，采购了第一批图书，大概三四十本。对于已经不再版的老版经典图书，我们向康老师和师兄师姐借来复印，装订成册。之后又根据图书分类代码为每一册图书编号，将编码贴在书脊上，裹上胶布以便长期保存使用。图书室就设在站长室。图书室受到同学们的极大好评，由于图书不多，又很抢手，不得不规定每位学生最多借 2 本，只能借阅 2 周。

在试验研究过程中，有老师们精心指导，有师兄师姐解答疑惑，有同门们倾心帮助，我的试验研究和数据处理工作开展得非常顺利。在野外做试验，没有人能独自完成，同门们艰苦朴素、团结友爱，在科研试验和生活上相互帮助、相互关照，让我至今仍难以忘怀。

同甘共苦的宿舍姐妹情谊

张彦群师姐、于海燕和我住在同一个宿舍，在同一片试验地做试验，一同监测葡萄园耗水。

我们 3 个人在葡萄园里奔忙，主要是用 Diviner 测量土壤含水量，我和张彦群师姐共用 36 个测点，于海燕布设的测点有 120 多个。不但数量多，还需要绕着整个园子跑。为了保证测量的准确性，需要阶段性取土校准。一次取土下来，试验站的土盒全部被我们征用都不够。我和张彦群师姐测一次折腾两三天，于海燕测一次结结实实需要一周时间。在地里蹲了一天回来之后，还要称重，准备第二天用的土盒，一直持续到凌晨两三点，我们仨人和其他帮忙的同学们测量、记数，忙得眼冒金星。我和张彦群师姐的测点相对集中，和一户人家沟通好就行，生长期内测管损坏较少；于海燕布设的测点遍布大半个葡萄园，虽然反复跟农户沟通，还是会因为各种原因损坏折断，需要重新再打测管又是新一轮的折腾。

张彦群师姐患了腰椎间盘突出，在武威市住了几天医院。稍微好转就回到试验站，自己买了牵引带，找来砖头做配重，在宿舍治疗。每次都疼得汗如雨下。也许是对西北严酷环境的不适应，几乎是同时，乐观开朗的于海燕头晕目眩，不住作呕，脸色惨白，去医院检查没有明确诊断结果，只能靠吃药缓解病情。我的 2 个室友都不得不暂时离开实验站。稍微恢复之后，她们俩又赶忙回到试验站。与两位师姐相比，我算是十分幸运了，只是隔段时间拉次肚子。生病的时候，我们相互关心照顾，不觉就到了 10 月。葡萄园降霜之后，我们的试验顺利收官。在试验站的日子，也不乏甘甜和美好的记忆，在祁连山，我们在藏区帐篷里欢歌笑语；在武威城里，我们隔段时间吃砂锅解馋；在皇台基地，我们吃着被太阳晒得温热的葡萄；在试验站小广场上，我们打羽毛球锻炼身体；在清爽静谧的早晨，我们相约诵读英语……

张彦群师姐是用茎流计测定单株葡萄耗水量，再结合蒸渗桶测量的蒸发量，测定葡萄园耗水量。我是用涡度相关和波文比仪器测定试验区内葡萄耗水量。于海燕是用 SWAP 模型模拟整个葡萄园的耗水量。我们的研究对象分别为单株、群体、景观，研究尺度各不相同。此外，我们课题组另有学生研究叶片耗水机理和流域尺度耗水；并研究不同尺度耗水量之间的转换。毕业之后，我没有直接从事农水领域设计研究工作。随着时间的推移，学到的知识越来越模糊，甚至还有一部分还给了老师；但是“尺度”思维模式对我影响非常大。同一个研究内容，有相对微观、细小的方面，也有相关宏观、远大的方面，都有着非凡的意义。微观与宏观影响因素不同，着力点也不尽相同；微观与宏观研究重点虽然不同，但可以相互补充、相互转化，见微知著、窥豹一斑。这种思维模式使我在日后工作中格外注重研究问题的角度，有层次的处理问题。

试验站的同学们在开展科研试验的同时，还需要克服对环境的不适应，这种坚持、坚强精神值得称颂。正是数年如一日的坚守，克服浮躁，苦中作乐，才获得了西北旱区农业节水研究第一手宝贵资料。在与同学们共同完成试验任务的同时，我也收获了许许多多宝贵的终身友谊。

在石羊河的日子里，有太多的优秀的人和正能量的事对我产生了深远的影响，催促我成长。在那里，我收获了实事求是、严谨扎实的作风，同甘共苦、彼此信赖的友谊，艰苦奋斗、干事创业的热情和实干精神……

如今，在石羊河试验站已经建设起一栋配套齐全的现代化综合实验大楼，有更多的学生、科研人员可以在这里开展试验研究。我心中充满了骄傲与自豪，期待有一日再次回到试验站，我永远是石羊河团队的一员。

祝愿石羊河团队的旱区农业节水事业蒸蒸日上！

好想再回石羊河看看

秦俊桃[①]

2008年，经过一年的考研复习，我终于考上了冯绍元老师的研究生。怀揣着对科学研究工作的憧憬，坐了20几个小时的绿皮火车从北京来到了武威，来到心之向往的科研圣地——石羊河试验站。

在这里，跟着蒋静师姐钻到玉米地测土壤含水率，一待就是一上午，玉米花粉时常让我们"鼻涕一把，泪一把"，但一点都不觉得闷。这个时间，蒋静师姐会传授她的宝贵经验，耐心细致地告诉我试验设计方法、做大田试验的注意事项、试验数据分析处理方法、科研方向的选择和论文的写作技巧，当然还有试验站发生的一些有趣的事儿。

在这里，跟着王永胜、赵志才师兄测不同灌溉方式处理下土壤盐分分布的变化，在田间取了数不清的土样，配了数不清的蒸馏水，洗了数不清的试管，但一点都不觉得累和无聊，这个时间，实验室里做实验的人很多，大家有说有笑，秩序井然。在这里，都是同龄的小伙伴，大家既热情又好学，和他们相比，总觉着自己懂得太少，知道的太少。我会默默地把不会的东西记下来，及时查，及时学，这个习惯一直保持到现在。在石羊河试验站，同学们相互帮助，相互协作，一个人试验忙不过来时，其他同学抢着帮忙的这种团队精神，让我受益颇深。

其实，最开心的还是老师们来看我们。老师们会邀请国内外知名专家们指导我们做实验，亲自给我们讲课，让我们开阔眼界，换个角度搞研究，给我们极大的鼓舞。老师的到来，也给我们带来了很多关怀和温暖，哈哈，也给我们带来一顿丰盛的晚餐。

离开石羊河试验站10多年了，我们的工作生活发生了很大的变化，但每每回想起这段时光，还是觉着美好可爱，充满感激。感谢老师们，感谢一起在石羊河奋斗过的每一个小伙伴。

好想再回石羊河看看，看看亲爱的老师，看看试验站的大门，看看那里的一切……

---

① 2010年中国农业大学硕士研究生毕业，2008年在试验站进行实习和调研。现在在北京市工程咨询公司工作。本文2019年3月14日作于北京。

石羊河是我科研梦想启航的地方

王　军[①]

哲学家萨特曾经说过:"世上有两样东西是亘古不变的,一是高悬在我们头顶上的日月星辰,一是深藏在每个人心底的高贵信仰。"2008 年 4 月 18 日,我和我的研究生同学、师弟师妹们怀揣着为我国西北内陆干旱区农业节水做贡献的崇高理想,踏上了从北京到武威的 K43 次列车,辗转 25 个小时,来到位于甘肃省武威市凉州区东河乡王景寨村的中国农业大学石羊河试验站。

那时的试验站揭牌已有 4 年,展现在我们面前的生活区也不过是三排低矮的砖瓦房,其中一排是会议室和餐厅,一排是宿舍,还有一排是实验室和学习室。在东南角不远处有一间茅厕;铁栅栏围起来的生活区外是我们即将开展田间试验的试验区,光秃秃的、广袤的原野正等待着我们去耕耘。试验站大门外有一家供销社式的小商店,可以解决我们平时小部分的生活日用品,其他大宗的试验材料需要我们提前从北京邮寄过来,或者到市里购买。相对于首都的快捷便利,这里的生活节奏似乎慢了很多,但不方便程度也大幅度增加。不只是水,一切物质上的东西,我们都需要节约使用。对于在长江边上看着了滔滔江水长大的我来说,第一次深刻地感受到西北缺水状况的严重性,虽然这里的试验环境和生活条件十分艰苦,但为了肩负的使命,既来之,则安之,我暗下决心,一定要在有限的时间里为这里做点什么。

2008 年,我和研究生同学王洪源、师妹郑建华等作为同一个课题的参与者,在田间分别开展了 3 项试验:甜瓜沟灌水肥调亏试验、甜瓜膜下滴灌调亏试验和洋葱地面灌耗水试验。经过 1 年的艰苦摸索,2009 年我们再接再厉,带领黄冠华老师课题组的师弟师妹们增加了番茄、辣椒和洋葱的膜下滴灌调亏试验。还记得,当年试验站去离子水生产设备产水量相对较小,无法满足我们试验需求,我们需要去武威汽车站旁边的小商店购买,每次只能买两桶。对于需要开展大量土壤氮素测试试验的我们来说,去离子水的量太小了。后来想到医院会用到去离子水,我和郑建华先后跑遍武威城里的大小医院,多次碰壁,如凉州区人民医院、凉州区中医院、武威市人民医院等。每次不厌其烦地跟那里的工作人员解释我们使用去离子水的目的。最终我们找到了武威市人民医院的药剂科,他们了解到我们在王景寨做节水灌溉试验,非常支持我们,价格很优惠,是外面小商店的 1/5,而且还能随时大批量购买。2009 年,武威市人民医院出于管理规范的需要,不再给我们提供去离子水。但是他们告诉我们可以去武威的制药厂买,那里的规模更大,我们试验用去离子水不足的难题被解决。最囧的是 2008 年,我们需要测 2 000 多个土壤氮素试样,那会儿还没有购置连续流动分析仪,纯人工测样效率非常低,每天从早到晚 18 个小

---

① 2013 年中国农业大学博士研究生毕业,2009—2011 年在试验站进行博士学位论文试验研究。现在在中国水利水电科学研究院水利研究所工作。本文作于 2019 年 3 月 10 日。

时也就测2批共100个样品，每次灌水前后取的土样需要每周花三四天的时间耗在实验室检测。2010年，实验站购置了连续流动分析仪，原来需要一周完成的任务后来在一两天内就可以测完，这为我们的实验提供了极大的便利。

总体上看，这些试验都是成功的。在烈日炎炎汗水的浇灌下，在无数个日夜坚守下，试验田里的甜瓜发芽、开花、坐果，最终黄澄澄地铺满了大地。番茄和辣椒也都结满了丰硕的果实，膨大而均一的洋葱头整齐地摆在田间。最重要的是，经过辛勤的耕耘，我们获得了宝贵的试验数据，并借此发表了多篇高水平论文，真正地把论文写在祖国大地上。同时，这些宝贵的数据也将会为农业节水技术的实践和推广提供强有力的支撑。

如今，回忆起在试验站奋战的那两年时光，仍旧是美好的。我结识了诸多走进试验站的学子，他们在生活和试验方面给了我很多帮助，我们一起度过了无数难忘的岁月。如发生在5月的沙尘暴，漫天的沙尘黑黝黝的席卷而来，等我们从田间回到宿舍已然灰头土脸，据说那次沙尘暴将路边不少大树连根拔起，当然我们的田间试验也少不了重新规整；2008年5月12日汶川地震时，试验站震感强烈，我们一起在会议室前的小操场度过，还有同学家属在震区，大家也都不约而同以各种方式表达慰问和关切，幸运的是后来取得了联系，悬着的心终于可以放下了；2008年8月8日在北京举行的奥运会开幕式，虽然小有遗憾因为试验不在北京无法感受那种空前的盛况，但大家围坐在会议室的电视机前观看直播依然开心；2009年除了认真做好科研工作外，我们的精神生活也得到了极大地丰富，在秉承上年度集体为在站同学庆生外，我们还集体参观了马踏飞燕的出土地——武威市雷台汉墓；在“七一”建党节石羊河流域管理局沈局长邀请全体在站学生赴武威市天祝藏族自治县小三峡调研，同属武威市管辖，那里的山清水秀使我印象极为深刻，再一次让我深深感受到西北内陆干旱区水资源空间分布不均带来的差异。还记得，试验期间，康绍忠老师经常会来试验站指导我们的田间试验工作。每次康老师的到来都是我们的期盼，康老师、杜老师来了之后会给大家改善一下伙食，有时还会与同学们联欢，我们也可以在繁忙的试验中短暂放松一下。

在试验站的2年，让我学到了很多东西，学会了如何与人沟通，学会了遇到问题如何去解决，学会了如何安排时间完成多进程的任务。最重要的是，我收获了这一辈子最宝贵的爱情。我和郑建华的感情就是在一起艰苦奋斗的过程中慢慢萌生的。回忆起来，那是一段非常美妙的旅程。犹记得我们为了赶时间进度，一起在实验室通宵测土壤硝态氮和铵态氮含量，测甜瓜品质指标；犹记得为了获取灌水后的土壤水分数据，我们一起在夏夜的星空下打着手电筒用Trime测土壤含水率；犹记得我们一起在炎热的夏日午后的阳光下打土钻取氮素土样，用LI6400观测甜瓜叶片的光合作用速率。这些艰苦的磨炼终将会成为我们一生最宝贵的财富。

离开试验站已经10年，时不时地还想回去看一看年轻时我们奋斗过的地方，每当迷茫、彷徨、失意时都会想起那段令人难忘的时光。想起石羊河团队严谨的科学精神和科研报国的情怀；想起试验站从野外试验点一步步发展壮大的奋斗历程；想起试验数据从田间走向国际高水平期刊的漫长旅程；想起我们的研究成果从实验室走向农田，让绿色的小叶子和五颜六色的小果子们笑脸常开；想起农业节水技术因我们深入人心，西北内陆干旱区从此换新颜。石羊河试验站，你是我梦想起航的地方，无时无刻不在激励着我。

翻看过往的照片，10 年前，照片里稚嫩的被西北的大太阳晒得黑黝黝的脸庞一张张浮现在眼前，那些曾经唱过的歌，流过的泪和欢欣的笑也再次出现在脑海，而今那些脸庞早已被时光打磨得更加刚毅、自信与从容，他们也大都学有所成，成为各自领域的精英和翘楚。试验站也在 2012 年有了综合试验楼，相信变化是翻天覆地的，而那里的一草一木、每一条道路、每一块田以及父老乡亲那淳朴的音容笑貌仍历历在目，试验站管理人员陆哥、王哥以及打土钻时拿着山寨手机听音乐的陆老大等。至今想起，心中总是涌出一股股暖流，这份深情将永远埋藏在我的心底。

试验的成功不是靠运气得来的，这得益于试验站为我们提供的优越平台。在这里，我们有国际先进的实验仪器可以用来取样、测样，来获得可靠的试验数据，同时，我们还经常受到国际知名学者对我们试验的指导，不定期举行的学术交流会更增加了我们的国际视野。这些在无形之中对我们来说都是宝贵的财富，为我们在后续的科研旅程中增添了不少色彩。

忆往昔峥嵘岁月，看今朝石羊河试验站硕果累累。在此由衷地感谢石羊河试验站和石羊河团队的老师们为我们农业节水科研梦想的启航提供的平台和各种便利。衷心祝福石羊河试验站产出更多科研成果，为石羊河流域、西北内陆干旱区以及我国农业节水事业做出更大的贡献。

春华秋实——记忆中的皇台葡萄试验基地

郭维华[①]

萌　芽

在石羊河试验站的同学们中，有一群相对特别的学生，他们对饭菜的味道格外宽容，对饭菜的种类和质量从不挑剔。因为他们结束试验时，饭菜已所剩无几，只要可以果腹，在他们眼中都无异于山珍海味；同时，他们也是试验站中为数不多的“有车”一族，人手一辆的自行车或电动车让他们可以风驰电掣地穿梭在起伏不平的泥土路上。这些同学和其他人不一样但也一样，他们就是在距离试验站 3.5 千米外的皇台葡萄园试验基地进行实验的“葡萄一族”。

我初次加入这一族是在 2008 年，我和张赟以及于海燕从西北农林科技大学赶到武威后，试验站来了好几位同学到车站迎接我们。这是一种仪式，也是一种传承，只要你来到了试验站，你就是家人，你就在中国大西北多了许多兄弟姐妹。

来接我们的同学中给我印象最深的有三位，他们是陈峰，王永胜以及圆圆。后面这两位是因为首次见面他们就用不俗的酒量来欺负我这个菜鸟，而陈峰，完全是由于他的造型：头发干燥毛糙，长至肩膀；衣服邋里邋遢，不修边幅；最可笑的是居然还斜背着一个三轮车外胎，甚至一度我认为看到了哪吒。不过事后我才得知，他身上背着的是当时“葡萄一族”最重要的仪器运输三轮的备用外胎，没有这个外胎的话，我们没法把重要的仪器由实验站运到 3.5 千米外的葡萄园。

初到试验站，康老师给我的安排是全面了解实验站的所有试验项目，等待李思恩和张宝忠两位师兄回到试验站后，具体安排我学习使用相关仪器和测定方法。于是，在当时试验站的研究生执行站长胡萌师兄和田磊的协助下，我开始了自己的菜鸟试验季。

现在回想起来，了解整个试验站正在进行的试验对我的帮助是十分巨大的。第一，让我对大田以及室内的各项试验项目有了最直观的感受，并且我也亲身参与到了其中，可以实实在在地学习如何开展科学的试验方案设计；第二，让我快速地融入实验站的大环境中，和每位同学迅速熟络了起来。

一个星期后，李思恩和张宝忠师兄结束了外地的一个会议，回到了试验站。此时，2008 年的“葡萄族”全员到齐，他们是李思恩、张宝忠、张彦群、陈峰、张赟、于海燕、张鑫以及我。

① 2014 年中国农业大学博士研究生毕业，曾在试验站完成博士学位论文试验研究。现在在河海大学工作。本文作于 2019 年 2 月 26 日。

新梢生长

陈峰和张赟先来到葡萄园，所以当我和张鑫还在向两位师兄请教的时候，他们两人就开始讨论和设计实验方案了，这就为后面我上了这两人的“贼船”埋下了伏笔。李师兄和小宝师兄两人性格迥异，但都是实验站同学们学习的榜样。在我印象中，他们最大的特点都是极度的自律和认真。每天早上5:00，李师兄会准时起来进行晨跑，风雨无阻；至于小宝师兄，我记得当时由于正值北京奥运会期间，大家都被比赛吸引而围坐在电视前，但是小宝师兄却还是背起了水分探头，骑上的他那辆专属“飞鸽”，踏上了去往皇台的路途。从他们身上我学到了太多太多，虽然我没法和他们一样优秀，但他们对我的影响却十分深远。

我跟张鑫当时都在啃一本李师兄推荐的地表通量观测方法，有一天，陈峰鬼头鬼脑地来到学习室，对我和张鑫说：“你们俩来了不短时间了，葡萄园也没去几次吧？我和张赟都转得很熟了，我带你们俩去转转，你们要做试验，不熟悉地形可不行呀。”三言两语，我们就被陈峰和张赟说服了，连同跟我一个宿舍，最乐于助人的刘春伟，一行5人骑着2辆自行车、1辆三轮奔赴皇台葡萄园。等到了葡萄园我才察觉这是一个“圈套”，陈峰、张赟两个人已经设计好了初步的试验方案，想进行管道布置，苦于没有足够的壮丁，就把我们“骗”过来打短工。既来之则安之，废话不多说，我们开始了他们进行灌溉试验的干管及支管布置。田间试验不同于室内试验，除了需要机敏严谨大脑，还需要强健的体魄，布置管线的时候，每根管最少有20千克，有的则更重。不过这个时候就无所谓男女了，2位巾帼英雄也没有半点迟疑，使尽全身力气在帮忙架设。经过近3个小时的工作，管线布置初具雏形，尽管我们所有人身上全是厚厚的一层黄土，小伟厚厚的手掌都磨掉了一层皮，但是看着我们的成果，所有人还是说不上的高兴。

当我们披着晚霞的外衣驾着叮当作响的坐骑回到试验站时，才发觉已经过了晚饭时间。这是我们原来没有留意，但确确实实是葡萄一族面临的第一个大问题：由于葡萄园距离试验站有一定的距离，而且道路十分难行，我们当时的交通工具又有限，来回往返就要花去很长时间，再加上试验，所以当我们结束试验时，基本都错过了食堂的饭点。当我们所有人以为要晚上饿肚子的时候，胡萌师兄从屋里出来，并告知已经为我们留下了足量的晚饭。这就是家人般的感受，不管你在哪，在干什么，当你回来的时候，你会很安心，因为这里就是家，这里到处都是家人。

跟随2位师兄学习，我也渐渐掌握了一些基础的知识，并且通过李师兄不厌其烦的讲解，我对涡度相关观测系统这套设备也有了全面的认识。同时，在帮助陈峰、张赟他们进行试验的基础上，也帮助我拓宽了视野。刚到实验站的这半年是我研究生生涯里最难忘的时间。我的知识在增长，我的能力在提高，更重要的是我收获了许多的兄弟姐妹。实验站的生活单调但不乏味，所有人在一个简单的环境中从事灌注了自己巨大心血的事情，相互帮助学习，可以有学术上的争论和探讨，基本没有鸡毛琐事的劳心费神。康老师帮我们把基本的生活和试验条件构建完成，剩下的就是靠我们自己来向前探索。在这样一个如同武威的星空版纯粹的环境下，我得到了极大的提高和锻炼，当然也包括我的体格，在抬了多次陈峰的管子和涡度相关系统的水泥墩子后，我的体重从刚到站的 55 千克飙升到了 64 千克。

花　开

试验站的娱乐活动相对有限，但是由于有一个整场水泥篮球场，所以在试验站的同学不论男女，饭后基本上都来活动一下。我们葡萄组的篮球阵容比较奇葩，所有的男同学都是外线球员，坐镇内线的是身强体壮的张赟，有的同学回到学校后可能对篮球运动根本不感兴趣，但是在试验站，所有人都是篮球运动的参与者。各自平时的试验都很繁忙，饭后的篮球时间是所有人最好的交流和放松时间。如果我没记错的话，康老师参加过的体育运动，除了乒乓球就是在试验站打篮球了。

李师兄是个极其认真的人，这一点也体现在他的篮球运动中。他经常跟我们几个人灌输身体是革命的本钱、球品及人品等观念，并且把他这种不断探索、不断进步的性格进一步体现在篮球中，我的球技就是在无数次跟李师兄及陈峰等人的单挑中磨炼出来的。这种适时的集体活动，使我们整个试验站的同学既是独立科研的个体，又是团结向上的队伍。

试验站当时的另一大娱乐活动就是 K 歌了。在当时条件很有限的情况下，试验站仍然为学生们在会议室安置了一套卡拉 OK 设备。每当有同学过生日，或者有集体活动时，我们都会挤进会议室，没有人会在意你唱得好还是坏，因为相聚在一起，高高兴兴地度过一段时间才是真正的意义。

在忙忙碌碌中，我的第一个试验站半年时光即将接近尾声。有一天，李师兄找到我说："小郭，接下来有个最重要的任务——拆仪器，你要事先和陆哥沟通好。"陆哥，是的！陆哥——这个称呼从我第一天到达试验站就听到了，等我真正见到陆哥的时候，这个人给我的第一感觉——踏实。陆哥可以说是试验站的一个管家，从雇人干活，到翻地整地；从仪器架设，到材料购买；无论同学们的大事小情，第一时间肯定会想到找陆哥来处理。陆哥是当地人，受雇于试验站，来帮助同学们的试验可以顺利进行。每次见到陆哥时，他都会用他那略带口音的甘肃普通话跟你打招呼，并露出憨厚的微笑。如果你认为陆哥就是帮忙出力的，那就大错特错了，陆哥是一个有智慧并且能把想法转换为现实的人。我们很多试验中的异想天开，需要陆哥来帮我们落到实处，这样一个人是全站的红人。由于葡萄园距离试验站较远，加之仪器设备比较贵重，所以在葡萄园设备拆装的时候，我们葡萄组可以单独享受陆哥的半天帮助。

对于涡度相关系统而言，在生育期的结束以及下一年的初春是拆除和安装的时刻，也是对负责仪器设备的我们的最大考验时刻。当时这套设备造价高昂，安装和拆除都比较烦琐往往需要 2 天的时间才能拆除或者安装完毕。李师兄下一年就要准备毕业了，所以我要跟随他学习拆除的过程，并准备明年的安装。在跟李师兄和陆哥确认好所有拆除工具后，已经不知不觉过去了 2 个小时，李师兄再三叮嘱我要做好准备，明天的拆除过程一定要认真学习，并且要有足够的应对各种困难的思想准备。果不其然，第二天是一个雨天，无法进行拆除。等雨完全停止，已经过了快 3 天。当我们到达葡萄园时，由于连续的降雨，园内有些泥泞，这给拆除带来了很多困难，其中就包括要爬上 4 米多高的梯子拆除仪器上端的探头。由于地面松软，梯子摇摇晃晃，我和陆哥在下面牢牢地扶住梯子，李师兄爬上去来一一拆除，一边拆除一边帮我详细讲解，我们整整花费了 2 天才将所有的设备都拆除并包装放好。在整个过程中，陈峰、张鑫、张赟为我们轮流送饭和提供帮助。当我们终于结束了所有的事情，坐上陆哥的拖拉机，披着星光赶回试验站时，感到无比轻快。虽然身体疲劳，但是我学到了很多，也感受到了很多。

我们的试验站就如同葡萄的花朵，你看不到它的姹紫嫣红，也看不到它的千变万化，你甚至可能有时都感受不到它的存在，但是，其实它是花开无声，为丰硕和甜美的成果在慢慢酝酿。

结　果

在李师兄和小宝师兄毕业后，我开始负责涡度相关系统的维护和试验数据研究。当我第一次独自开始安装的时候，其实真的是惴惴不安，不知道自己能否像李师兄一样将试验站的这套珍贵设备架设好，但是当我看到拖拉机上的陈峰、小伟、小邱等以及把拖拉机开的像赛车般的陆哥，心里就又踏实了很多，这就是康老师带给这个试验站的文化。在科研的道路上肯定会如同通往皇台的路一样，满是荆棘和坎坷，但是只要你肯努力肯思考，总有道路可以探索出来。更难能可贵的是，在你探索的路途上，有着无数热心并且认真负责的师长和兄弟姐妹，你需要帮助的时候，他们绝不会吝惜援助的双手。

我第一次作为负责人安装仪器的过程可以用惨烈来形容，好几位同学的手磨出了鲜血，脸晒掉了一层皮，我从 3 米高的梯子上不慎滑下。还好大家已经经过了一段大田试验的历练，都皮糙肉厚，钢筋铁骨。最后历时一天半的时间，终于有惊无险地将涡度相关系统成功安装完毕。当我们顶着 5 级的大风往试验站回撤时，陆哥还给我们表演了一下拖拉机漂移。

后来葡萄园又迎来了几位重量级选手：丁日升师兄，郑睿以及李涛。随着试验站条件的改善，我们葡萄园组的待遇也得到了提高，因为有两辆自行车实在没法使用了，站里为了方便我们来回试验，为我们配备了 2 台电动车。这在当时简直就是站里的法拉利了，电动车极大缩短了我们往来的时间。在这段时间彦群师姐突然患了腰椎间盘突出，去医院看病是件痛苦的事，不过彦群师姐、丁师兄也收获了爱情，我们看着丁师兄将看病归来的师姐轻轻地背下车，陪师姐进行恢复训练，而且在恢复训练的同时，还不忘讨论试验中数据的问题。这给我们树立了鲜活的学习榜样，在即将成熟的酿酒葡萄中，他们爱情的果实更加香浓。

葡萄园试验基地作为石羊河试验站的组成部分，继承着石羊河精神，同时，还拥有着葡萄园组自己独特的精神。作为其中一员，我感到无比骄傲，虽然个人的成果十分有限，但是我也是葡萄园研究组的一分子，有责任帮忙将葡萄园的科研精神传承下去。从葡萄园走出的李师兄现在已经是中国农业大学的教授，不仅获得了“国家自然科学基金优秀青年科学基金”，而且被评为“教育部青年长江学者”；小宝师兄的论文获得了“全国百篇优秀博士学位论文”奖和他本人也获得了“国家自然科学基金优秀青年科学基金”，现在已经是中国水利水电科学研究院水利研究所的副所长；张赟和于海燕都已在国外著名大学进行进一步的深造；彦群师姐和丁师兄这对“神腰侠侣”也都有着各自光明的前景；还有很多英才正在葡萄园中耕耘着，将来必将有更多英才从石羊河试验站走出来！

有太多感人和励志的事情发生在石羊河试验站，发生在葡萄园试验基地，碍于文笔水平和时间的限制，我只能把其中的沧海一粟粗略地写出。转眼，我也已经 35 岁了，而且也有了自己和爱人的小果实，我们将她的小名取为元元，为纪念曾经在葡萄园奋斗过的日子，也希望她将来到石羊河试验站走一走，学一学，亲身感受这个充满向上和蓬勃精神的科研家园！

难忘的那段温室时光

邱让建[1]

时光荏苒，转瞬间已工作 5 年，每每忆起在石羊河的点点滴滴，仍历历在目，记忆犹新，仿若昨日。

与温室结缘

与温室的结缘要从大四说起。考研十分幸运，得到康老师的青睐，从而有幸加入石羊河团队。本科毕业论文选题选定了胡萌师兄的沙生植物耐盐性试验，大四下学期开学不久便去试验站做毕业论文，开启了"石羊河初体验"。

随着火车向西一路奔驰，窗外风景越发荒凉，山都是光秃秃的，与南方的风景截然不同。这里实在太缺水了，内心油然产生一种使命感：我能为这片土地做点什么。到了试验站，一切都是新鲜的，初具规模的试验站也一片欣欣向荣。张鑫同学提醒我，在这里只要多帮忙做事，多积极主动，就会学习到很多课堂里学习不到的知识。每逢逮到师兄师姐们，我都会主动问他们需不需要帮忙。温室位于试验站的北边围墙边缘，具有极强的神秘感和魔力，对我产生了莫名的吸引力。这期间，我多次跟随师兄们出入温室，摘果子，测单果重，磨辣椒、西红柿，多了一份本科毕业论文外的"副业"。

那时由于刚接触科研工作，在论文完成过程中，经常遇到诸如数据处理和格式的问题，好在之前与许多师兄师姐已结识。尤其是王峰师兄经常给我"开小灶"，演示他快速处理大批量数据的技能，并教会我使用各种办公软件技巧，让我深为折服。学到的办公软件和数据处理的好多技巧至今受用，我也把这些"技能包"传授给师弟师妹们。王博士让人印象深刻的还有他的记忆力，经常找不到仪器问他总能给你指出具体方位，百试不爽，如"在大实验室西面往北数第三个抽屉下面的柜子里"。

这一切李(思恩)师兄都看在眼里。"小邱喜欢做温室"，在确定研究生的方向会议上，康老师提到我时，李师兄的这句话让我与温室正式结缘，从此开启了与温室相关的研究生涯。

温室桑拿浴

温室以其独具的"日光浴、自加热、自来熟"风格，征服了一个个走进它内心的访客。其中，免费桑拿浴是冬季时节温室的特色之一。晴天时，室外寒风凛冽(零下十几摄氏

---

① 2014 年中国农业大学博士研究生毕业，2008—2012 年在石羊河试验站日光温室开展博士学位论文研究。现任南京信息工程大学副教授。本文 2019 年 2 月 18 日作于南京。

度)，正午前后通风口关闭的温室为 30℃、湿度 100%。为了配合桑拿浴的“流程”，进温室前的首要操作，是褪去厚厚的棉衣。揭开门帘，进入到温室，最先享受桑拿浴的是鼻梁上的那副眼镜，不一会眼镜就雾蒙蒙的，不出几分钟，额头上的汗珠子就开始哗哗往下流，随后全身就汗流浃背了，慢慢就有点透不过气，内心不由自主地想逃离这个空间，也会闪过下次再也不想进来的念头。

根据采集数据的需要，每次桑拿浴时间为 30 分钟至 2 小时，很多时候一天会多次享受蒸桑拿。在灌水和测光合日变化的时候，则可以大半天处于“神魂颠倒”状态，每个毛孔与空气的 VPD 都接近于零。有时候蒸的实在受不了就出来透透气，然后接着进去。一开始还不太适应，需要鼓足很大勇气，到后来就习以为常，轻松加 Easy。不过蒸的次数多了难免想暂停，所以临近晌午我们就喊：“王哥什么时候开通风口?”“王哥这个温度可以开通风口了吧”。王哥总是回答：“温度还不够高，稍等等”。开通风口是我们最开心的时刻，但辣椒、西红柿们倒是很享受每天蒸桑拿，长的又高，枝叶又茂密，果子又多。我们不得不时常给它们盘下腿，修修枝叶，卸卸果子。

当然蒸桑拿的温度不能过高。记得有次种植温室的王哥中午由于某种原因忘记开通风口，温室内温度一下窜到零上 50 多摄氏度，西红柿们蒸着蒸着就“晕”过去了——大部分蔫了，耷拉着脑袋，果子也失去了光泽。过了 1 个多月才慢慢缓过劲来，长出新头和侧枝。这段时间我们的心情有些沉重，好在补救管理到位，心情也和叶片一样慢慢舒展，明朗起来。虽然也超高温“洗浴”，但辣椒们依然坚挺，似乎还非常不屑：“这点温度还不够我出汗”。

桑拿浴从 10 月底一直持续到翌年的 4 月初，北京的大部队到站里的时候还能享受段时间，我们也是极欢迎大家来温室体验桑拿的。夏季温室外采集数据时，同样要接受“类桑拿”的“洗礼”，但此时的湿度大大降低，皮肤毛孔也能透透气。每次回想这些温室内的桑拿浴，并和试验作物共同沐浴在高温、高湿环境下，总能深切体会到作为科研人的热爱和坚持。

陪着温室过大年

“大部队开拔吾坚守，大部队归来吾犹在”是温室试验周期超长的写照。温室一大茬辣椒生育期一般都是 280 天，所以我们的战役从深秋开始，正是“枯藤老树无昏鸦，日光温室一两家，借问蔬菜何处有，且看温室深处”。

温室坚守需要耐得住寂寞，10 月底大部队基本全部“班师回朝”，就剩下开展温室试验的二三人。有段时间甚至是一人“独占”偌大的试验站，俨然是个“大地主”。记得 2009 年我在站上当过 2 个多月的“大地主”。晚上屋外静谧漆黑，偌大的站上就一盏灯亮着，出门远眺只能依稀看到门卫陆叔家透出的几丝光线。好在晚上陆权经常会过来探望，还问要不要陪护，都被我婉拒。白天出门去温室，路上总能惊起草丛中的野鸡，落叶的垂柳树枝在风中摇摆，像是招手。到了温室，总算能遇到种植温室的侯姐夫了，而他仍然在忙碌。测完试验指标，终于可以和他聊聊天，有时候还能蹭碗面吃。至今仍记得那碗转百刀面的香气和土豆丝的脆爽。在北京的老师时常牵挂着远在西北的我，打电话发短信关心、鼓励我并指导我的试验，还号召同门给我送温暖，让我倍感鼓舞，顺利度过了难熬的独自坚守时光。老师还很关心我们的生活，冬天取暖让我们用上了更加安全的电暖气取代带“烟嘴”的烧煤的炉子，让我们温暖安全过冬。

这一年温室更改了生产模式，温室的生产销售我“大权在握”。所以每次采收让人既喜悦，又有点头疼，想着要用最好的价钱把蔬菜卖出去。刚开始还比较顺利，但由于温室夜间温度不够高导致辣椒畸形果特别多，给温室试验和生产带来了些许麻烦。独具特色的褶皱且又长又大的陇椒变成了小而没褶皱的普通辣椒，“凤凰变成了麻雀”，价格自然卖上不去，还要侯姐夫带着我到处去推销，各个收购点讨价还价销售。后期亏水严重的小个“樱桃”西红柿也比较难卖，虽味道比较甘甜，营养丰富，但消费者还是倾向于大个的西红柿。如何卖出这些受影响的蔬菜，成为完成试验研究前提下的一个小难题。于是跟着侯姐夫和陆权到各个卖蔬菜的小摊推销。夏季经常卖菜给试验站的蔬菜小卖部也没逃出我的“魔掌”，由于亏水处理后西红柿口感较好，他们也不得不“心甘情愿”地接受我的推销。虽然这一年尽心尽力地售卖，但由于试验用工多，加之亏水处理影响产量，最后温室还是亏损了，没有顺利完成温室盈利或自负盈亏的任务。但自己在这个过程中也增长了见识，锻炼了能力，也深知温室种植者们的不易。

做着试验，日子过得也很快，转眼就快过春节了，谁留守是经常讨论的话题。2008—2009 季硕士研究生上完课，我就直接去试验站跟着王(峰)博士做试验。王博士把试验安排妥当。虽然我想在后勤保障上尽一份力，但在尝试着煮粥却煮得太稠后，王博士就没再让我掌过勺，现在想想我这个南方人一冬天没吃过米饭，每天都是东河大饼伺候。临近春节也正是试验任务比较紧张的时候，西红柿每 3～4 天收获一次，辣椒 15 天收获一次，品质测定试验随采摘同期进行，但品质指标的测定周期一般需要三四天，经常是上次的西红柿果子刚测完下次的又要开始了。王博士不放心试验因此他决定不回家过年，让我回家。考虑到距家又远，这边试验又这么忙，我也不忍心让他一个人在这边过年，跟爸妈商量了下也就留下来辅助王博士做试验。虽然这年的春节没有老家鞭炮和烟花的喧嚣，没有亲人的陪伴，但有沉甸甸的果实和满满的试验数据及王博士媳妇过年炸的糯米圆子，这个年过得更加有意义。

第二季试验在独自坚守 2 个月后，我终于迎来了陈任强和刘军淇。3 个南方人在一起吃饭总是有些共同点：米饭管够，大饼和面条基本没再吃过。这一年春节，父母远在深圳，于是我还是决定坚守试验站，而劝说 2 个小家伙回家过年，但出乎意料的是两个人都决定为温室的节水试验而留守。虽然春节试验站里静悄悄，但我们 3 个看着春晚，吃着火锅，举着酒杯，接听着老师的春节慰问电话，顿时有了在家的感觉。陆权和门卫陆叔吃过晚饭以后也来看望我们，让我们感受到了西北人民的热情。这个春节我们并不孤单。

虽然温室试验周期超长，冬天比较难熬，但更像是个炼钢炉，把我们一个个淬炼成钢，磨炼了我们的意志，培养了我们吃苦耐劳、团结合作、互帮互助的精神。在这么艰难的环境下我们都能坚持下来，以后的人生中再难的困境都能克服！

怀念温室度过的时光，怀念试验站，怀念石羊河，更加怀念曾经在温室共同奋斗的你们。

石羊河试验站日记

刘宝磊[①]

2019 年 2 月 24 日，天津，阴

忙碌是最近很长一段时间的总体状态，每天工作回家后甚至没有力气休闲娱乐，始终没能抽出整段时间收拾整理床下的箱子。康老师要组织编写《石羊河印记》的通知让我每天都惦记着那个箱子，那里满是当年在石羊河试验站的痕迹和回忆。今天，我怀着激动而期待的心情翻看当年的笔记、数据和报告，那一段宝贵的经历中的无数片段涌上心头，算算已经是 9 年之前了。

2010 年 4 月 8 日，武威，小雨

今天北京的天气真好，心情也特别好。老孟、新来的大师妹、晓东、亮哥，大家就要去武威开始属于自己的试验之旅啦。已经是第三次去武威，但仍然特别期待。这次再过去不再是帮师兄打打下手，不再只是简单的帮助测定土壤含水量，我要自己设计试验方案与工作计划。26 个小时的行程充满了欢声笑语。坐上卧铺，大家打打牌、聊聊天，时间很快就过去了。回想两年前可是硬座过去暑期实践的，那个晚上激动得根本没睡，一个天津人从没坐火车去这么远的地方。

叮咚！火车到站啦。外面下着小雨，与北京温暖的天气比起来，武威的气候可是差了好多。小雨中的寒风并没有这么友善，吹得脸生疼。迎接我们的仍然是那一排砖房，人已经冻得够呛，赶紧找个屋子钻进去。分配了房间，分发了被子，安顿了行李。被子有点儿薄，感觉晚上非得冻醒不可，可是只有这么多。眼前满是大写的凄凉，所有的兴奋一扫而空。困难肯定是有的，怕什么，人家能做好的咱也一定能做好。

2010 年 4 月 21 日，武威，阴

今天做饭的师傅请假了，换成了鹏鹏哥、程静师姐当大厨，我和老孟帮厨。吃上早饭都 9:00 多了，西红柿炒鸡蛋真不错，自己动手丰衣足食，吃下去的都是满满的幸福味道。

下午和亮哥约好去我们的试验田，骑上新配发的电动车非常拉风，从试验站过去一趟大概需要 18 分钟。我们选做试验的地是当地张师傅家地里的一部分，当时选这一片

---

① 2011 年中国农业大学硕士研究生毕业，在试验站进行硕士学位论文试验研究。现为天津市委创建处主任科员。本文作于 2019 年 3 月。

地也是商量了好久，听说张师傅对于我们在他承包的地里做试验很勉强，幸亏已经协调好了，我们好言好语争取他的支持。地里还是光秃秃的，试验葡萄品种为当地主栽酿酒葡萄品种梅鹿辄，这名字非常雅致，感觉自己走了艺术范儿试验路线。走的时候我们坐在电动车上和皇台集团葡萄基地的牌子合影留念。

2010年5月1日，武威，晴

大西北的太阳真是毒辣啊，早上起来就感觉晒得人不舒服。今天是五一国际劳动节，计划是避避日头，不去地里劳动了。上午10:00左右，亮哥喘着大气说张师傅来电话了，漫灌的水流到试验田了。我们戴上草帽和手套，骑上电动车，10分钟就到了试验田。幸好到得快，水只流向了保护区的一部分，我们借了铁锹赶紧堵上。这大水流真是厉害，一会儿工夫试验区又裂了个口子，一人用铁锹堵住，一人铲土压实。小裂缝此起彼伏、前仆后继，20几行的试验田来回跑了不知多少趟。不知过了多久，张师傅家的葡萄喝得饱饱的，太阳照在沟渠里的水面上，水光一闪一闪的。直到水慢慢渗下，这心终于算踏实了。坐在地上任凭太阳晒着，已经没有精力再想更多，这个劳动节一定会终生难忘！

2010年6月25日，武威，晴

今天的任务是开题。我研究的课题是《干旱荒漠绿洲区酿酒葡萄小管出流调亏灌溉试验研究》，开题重点介绍了研究背景、研究目的、国内外研究进展、试验方案与安排以及预期的研究进展。老孟的课题是《西北旱区玉米隔沟交替灌溉灌水技术要素试验研究》，小强的课题是《调亏灌溉下温室蔬菜土壤氮素运移规律研究及模拟》……能供这么多人进行多种试验研究，我们的团队真的很了不起。大家研究方向不同，却共同谱写了实验站的百家争鸣。

2010年8月20日，武威，晴

今天要去测葡萄的枝长、果径和含水量，这些基础工作早就熟悉了。今天又有新人加入了我们的团队，镇华帮了好多忙。最近葡萄进入了转色期，这个时期是葡萄糖分和酚类物质累积的关键时期，酿酒师们偏爱这个时间段去葡萄园转悠，通过持续观察浆果的颜色变化、果粒的硬度变化等大致判断当年葡萄品质，进而判断葡萄酒的品质。转色发生的过程是快速而戏剧性的，并不是所有的浆果同时发生转色，过几天这种变化应该就结束了。第一次看到这种变化很兴奋，葡萄们也为自己的华丽转身而变得愈发可爱。在这短暂的时间里，我要多给它们留几张照片。

2010年9月24日，武威，晴

今天是第5次也是最后一次品质试验了，在晓东的帮助下一天应该能妥妥地搞定了。2个月前可不是这样的。第一次测品质，我把同门们全部请来帮忙，结果是大家都不知所措。因为书上的方法我也没有试验过，不知道大家应该怎么分工协作，即便再多的人也无济于事。可溶性固形物的测定最简单，可溶性总糖、可滴定酸和单宁的测定需要协调配合才能节省时间并提高试验数据精度。晚上不到6:00，大家已经开始张罗晚饭了，记录好数据，收拾好试验台，美美地吃上一顿。晚上好多人一起打篮球，这算是实验站最主要的体育活动了。

2010年10月12日，武威，晴

今天的任务是测产量。经过的几个月的努力，紫玛瑙一样的葡萄挂满了葡萄藤。我们和果农们一起拿着剪刀剪着一串串葡萄，满心丰收的喜悦。面对此情此景，怎能不让人激动得泪流满面，我竟哼唱起了《打起手鼓唱起歌》，这时我才知道农民伯伯收获时真的会笑得合不拢嘴。葡萄试验三人组里，我的平均产量是最高的，哈哈哈，真是笑得合不拢嘴，容我再傲娇一会儿。

2011年5月30日，北京，晴

《干旱荒漠绿洲区酿酒葡萄小管出流调亏灌溉试验研究》"针对石羊河流域农业灌溉用水紧张的现状，将小管出流和调亏灌溉结合在我国优质酿酒葡萄栽培基地——甘肃武威开展酿酒葡萄灌溉试验研究，具有重要的理论意义和实用价值……论文技术路线合理，数据完整可靠，撰写认真，文字通顺，图表规范。答辩表述清楚，回答问题正确。表明作者已掌握了本学科坚实的基础理论和系统的专门知识，具有独立承担专门技术工作的能力……"答辩委员会无记名投票表决，5票一致同意通过论文答辩，并建议授予刘宝磊工学硕士学位。

2019年2月24日，天津，阴

当年的笔记和电脑上的照片让我穿越到了9年前，一张张面容至今仍记忆犹新。试验站是百家争鸣的大舞台，是百炼成钢的大熔炉，更是相亲相爱的大家庭。在那里，每个人都经历了兴奋与失落，经历了期待与失望，经历了无助与彷徨，也经历了丰收和喜悦。经过岁月的沉淀，那些与生俱来的朴实纯真、助人为乐的暖心品质、细致严谨的做事精神也潜移默化地融入每个人的血液。时光匆匆，感恩过往，我要把这份宝贵的记忆财富永久珍藏。

曾经走过石羊河

孙庆宇[①]

可能和大多数同学不同，我的石羊河经历不是始于试验田，而是开启于农业节水技术的科普宣传和推广。石羊河有太多感人的瞬间，而我也有3次造访石羊河的经历，虽然短暂，但回忆却是永恒。

第一次是2008年奥运会前1个月，不经意间从同学那听到中国农业水问题研究中心招募暑期社会实践学生的消息，对于每年参加暑期社会实践的我，自然兴趣十足，很快参加了报名，经过紧张的面试，有幸成为中国农业水问题研究中心暑期农业节水科普宣传和推广社会实践小分队的一员，我们的主要任务是在石羊河流域展开农业节水技术科普宣讲与推广及相关调研。经历了26个小时的长途旅程，我们顺利到达武威。

在连续9天的农业节水科普宣传和推广中，有太多美好而又充实的回忆。在佟玲老师的带领下，我们深入民勤县红崖山灌区和环河灌区东河乡、韩佐乡、黄羊镇等20个乡村，把石羊河试验站多年试验研究得出的、适合在当地应用的隔沟交替灌溉技术、调亏灌溉技术等农业节水技术进行宣传与推广，除此之外还参观了红崖山水库、参与农田劳作、友情演出等，但感触最深的还是民勤县的治沙纪念馆，沙尘暴的视频短片尤其触目惊心，让我深感水利人的责任重大。当时读大三的自己正处于是否转行的迷茫中，直到自己在这次实践的最后一站——石羊河试验站里见到康老师，他几句话就点开了迷茫的自己，我当即决定坚持学水利，经过认真复习，我终于以专业第一的优异成绩考取了康老师的硕士研究生，所以石羊河在我的人生中有着太多不同的地位。

第二次是2009年的暑假，研究生入学前我按照康老师的安排，去试验站历练并熟悉农业节水科研。一开始还是觉得不太适应，我就跟着丁日升师兄做了玉米蒸发蒸腾量的基础数据收集工作，每天测六遍数据，特别是中午饭后要在烈日下跑到试验田的地下室去记录数据。还记得有一次发烧去镇上跑了好几个地方才找到诊所打针，扎了三针才扎进去，疼得我哇哇叫。但是一个多月下来，不仅体格得到锻炼，心智水平也得到了提高。现在回头想想虽然当时条件较为艰苦，但是学到的东西也多，对我以后的人生道路大有裨益。

首先，这是一个综合试验站，有不同科研小组布置的不同作物的各种试验田，也意味着有很多不同的人在做不同的试验。对从事农业水利的科技工作者，这是非常好的现场学习与交流平台，有人研究玉米，有人研究葡萄，各取所长，相互帮助，对于以后的为人处世、与人合作都有非常重要的意义。

其次，更难得的是在这里可以切身体会到西北干旱地区农民生活的不易。在北京可

---

① 2011年中国农业大学硕士研究生毕业，2008—2010年曾3次在石羊河进行节水科普宣传和实习。现在在水利系统工作。本文2019年3月2日作于北京。

能从没有考虑过节约用水，可在这干旱的石羊河流域，特别是民勤有些村庄，洗澡都存在困难。在这片四周除了甘肃第五监狱几乎没有什么大的建筑物的空旷田野中，有这么多人在为我国的节水事业做着最基础的试验，任劳任怨，其实这和20世纪60年代科学家们在西北大漠研究原子弹没什么不同，都是非常伟大的事业。

最后，印象深刻的是石羊河水利人的乐观与豁达。大家一边日复一日地积累数据，一边调味生活，从未觉得枯燥，更多的是其乐融融。现在还清晰地记得学习之余，大伙结伴在大门口等长途汽车去武威市区改善生活，买只烧鸡带回来，一路欢乐，至今难忘。

第三次是2010年夏天，刚好中国农业大学校长柯炳生一行到石羊河试验站考察，作为研一菜鸟的我承担起了考察服务保障的工作，借此机会再近距离接近石羊河，接近民勤，接近试验站。我也看到各方面对石羊河的重视，从学校的校长，到武威地方的市长，再到很多的院士及专家，我就认定石羊河试验站会越来越受关注，发展会更快。

时光飞逝，现在翻看着过去那些青涩的戴草帽、披毛巾的试验田照片，犹如昨日发生一般，让人沉思，让人感动。近9年没有去石羊河了，但一直在关注石羊河。令人欣慰的是，身边关于石羊河的喜讯从未间断，石羊河的治理逐步见效，试验站的实力大幅提高，作为曾经的石羊河一分子，从心里感到由衷的喜悦和自豪。

那些年的青春岁月

魏镇华[①]

初春的午后，和煦明媚的阳光照耀在这个安静得只能听见敲击键盘声音的书桌上，此时的思绪也随着这柔和的光线飞出窗外，划过天空，在残存的记忆里搜寻那不能忘怀的情结。蓦然回首，不知不觉中已在石羊河实验站走过了5个年头，从青春懵懂的菜鸟逐渐成为有些许经验的老司机，在成长的道路上得到了历练，收获了许多，也受益了许多。

实验站之初体验

2010年暑假第一次来到实验站，我主要是帮师兄、师姐们做玉米、葡萄和苹果树的节水试验。向师兄师姐们学习如何做试验和熟悉实验站的基本条件和环境。从开始不知道为何取土到后来对整个实验的内容与目标有了一定的了解，这与师兄、师姐们的关心与帮助密不可分。他(她)们让我对这个陌生的实验站有了家的感觉，同时也对这里的试验、生活有了一定的了解，结识了来实验站的新同学们，对实验站有了一个初体验，一个朦胧的认识。其间还赶上学校柯校长第一次来参观考察实验站，柯校长非常感慨在这偏远的大西北还有这么多老师与研究生为祖国的农业节水事业默默无闻地贡献着自己的力量，奉献着自己的青春。他当即决定给实验站建一栋综合实验大楼，改善我们的生活与试验条件。大家非常激动能在实验站见到我们的柯校长，合唱的校歌让柯帅热泪盈眶，也让我们心潮澎湃，回味至今。

实验站之番茄缘

每当春暖花开的时节，我们就踏上西行的火车，来到这片承载着绿色希望的实验站。初来时只有书本上些许的理论知识，没有实践中宝贵的经验，只能摸着石头过河，在实践中探索。虽然走了一些弯路，做了不少无用功，可是渐渐地清楚了如何布置试验，如何安装与使用仪器，如何照顾管理好番茄，如何合理地安排时间点与工作量；试验结束后也明白了该如何高效、科学地做实验，如何将理论与实践相结合，如何将试验结果转化为成果。

7月老师们带领我们参观了民勤的治沙防沙展览馆、红崖山水库和老虎口荒漠治理示范区等地方。第一次切实地了解了西北的水资源短缺的现状和保护生态环境的必要性以及当初老师们做实验时的艰辛，内心感慨一定要好好珍惜现在拥有的来之不易的生活实验条件，尽自己的微薄之力。试验期间得到过众多师兄师姐们的指点与建议，同学

---

① 2012年和2018年在中国农业大学分别硕士研究生、博士研究生毕业，2010—2015年在石羊河实验站进行硕士和博士学位论文试验研究。现在在西北农林科技大学水利与建筑工程学院工作。本文作于2019年2月24日。

朋友们的鼓励与帮助。有一次番茄地取土大家齐上阵,说笑间帮我弄完了这体力活,让我甚是感激,内心无比激动与温暖。记得当时是住在后面的平房,前面的平地类似于一个小院子,暑假时迎来了热闹的师弟师妹们,给实验站注入了新鲜的血液与活力,大家在忙碌后一起聊天、娱乐,建立了深厚的革命友谊,就像一个温馨的大家庭,度过了一段让人无忧无虑、同甘共苦、难以忘却的青葱岁月。

2012 年硕士研究生毕业后暑假来时新的大楼已经拔地而起,矗立在眼前,孕育着新的梦想与未来。看着蓝天、白云、沃土,清澈的灌溉水,绿油油的庄稼,鲜红的番茄果实,一丝温暖、慰藉与期待涌在了心头,也是一种惬意与舒适。而我也对试验有了比较客观、清楚的认识与感知,也能静下心来去想一想、做一做自己的试验研究。2013 年住进了期盼已久的实验大楼,兴奋不已。番茄实验由我和师妹一起做的,我也学会了如何更完善、合理、科学地布置不同类型的试验设计。

实验站之国际情

2014 年很荣幸,很高兴能有这次机会和英国 Lancaster 大学 Bill Davies 教授的研究生 Paul Cambre 一起做番茄田间试验。Paul 年长我几岁,不仅在实验研究中是我的战友挚友,而且在人情世故上是我的益友良师,是善良真诚的国际友人。他的中文很好,算是个中国通,中文交流无障碍。在实验站的点点滴滴里,我们讨论试验,聊聊国内外差异,说说自己的观点,乐在其中。与比我年长、有丰富经历的朋友一起聊聊未来,想想人生,谈谈理想,可以让我这个年轻人从中受益匪浅,开阔自己的眼界与视野,了解更多的风土人情,也有助于对不同的人和事能够学着去明辨是非,随机应变,灵活处理,对自己未来的人生有个正确的方向与选择。

2015 年 9 月 3 日大家在一起用大屏幕观看了抗日战争胜利 70 周年大阅兵,爱国之情油然而生,内心不由得波涛汹涌,慷慨激昂。9 月 20 日,Paul 和几位 Lancaster 大学的学生过来交流,时隔一年后再相见,感慨万千,和他们一起参观了民勤的生态治理地区和实验站的试验,还和当地小学里的学生互动交流了一下,在小朋友们身上感受到了久违的朝气与活力。短短的几天让我对科研学习有了更深入的认识,锻炼了自己的交流与表达能力,也是对自己综合素质的一种提升。

实验站之青春结

年年岁岁花相似,岁岁年年人不同,一届新人换旧人,我也早已岁月增。离别后,心中仍旧依依不舍。非常感谢老师、同学、朋友和实验站,让我在这段阳光灿烂的日子里积累了宝贵的人生财富。在这时光荏苒,岁月如梭的感慨中,只希望再回忆时,能记起这里有你我的理想之梦,幸福之花,有你我的硕果累累,是你我共同的家。还记起你的青春,我的笑容。

衷心祝愿我们的实验站明天会更好!

西北角拾遗录

陈任强[①]

石羊河实验站位于西北内陆干旱地区，站里的 4 座日光温室又处在西北角，我的博士研究生毕业论文试验就在这西北之西北角开展。从 2009 年本科毕业的暑假第一次到实验站，到 2013 年 9 月底试验结束离开实验站，我在站上度过了研究生期间的重要时光。我见证了那几年实验站的快速发展壮大，在实验站的温室里也留下了我的足迹，每想起那些在实验站的日子，心中依然会展开一幅幅唯美写实的画卷。每个人的生活都是一本厚厚的书，扉页上往往镌刻着那些不随时间褪色的印记，在岁月河流淌过之后越发闪光和耀眼，石羊河的日子就是这样发生在我的生命里。

初见石羊河姣容

所有的初识总是历历在目，所有的心动总是刻骨铭心。如果实验站可比做一位女生，她不一定有盛世容颜，但她肯定会时常保持着动人且温暖的微笑。每个人第一次到实验站的经历和感受不一，即便是时隔多年，和实验站初次见面的场景仍会第一时间映入脑海。除了当时我对实验站抱有的极大好奇外，还有那次终生难忘的相会。

本科毕业的那年 7 月，告别了闷热的北京，我和刘军淇、高云、孙庆宇出发去往有"避暑胜地"之称的石羊河实验站。临行前，康老师已经给我们布置好任务，我是协助姚立民师兄做梭梭盆栽试验。订票时没有卧铺因而乘坐硬座，第二天早上，火车行至中卫站后，我们才补上了卧铺票。长途乘车难免疲乏，快到武威站我才醒过来，遗憾没领略到沿途车窗外的戈壁草甸。而那时的武威火车站，和现在的宽敞宏大不同，显得比较破旧。去王景寨的路上，公交车扬起的尘土和路边简易的土房子，都在无声地诉说着这里最需要的就是水。

当时从东河乡到实验站的柏油路还在修筑，经过一路颠簸后，傍晚我们到了实验站。当天站里的绝大部分人去了天祝县考察，站里只有王峰师兄和厨师。虽然已经给我们安排好了宿舍，但是他们都还没回来，我们被"拒之门外"。晚饭过后不久，他们都疲惫地回来了，部分人还稍有高原反应，因为天祝的"小三峡"海拔在 3 000 米左右。随后我们也各自正式入住实验站，安置妥当后就去拜见各位师兄师姐了。姚师兄当时回陕西了，过了两三天我才见到他。

姚师兄的研究内容是水盐胁迫下梭梭苗的根系吸水模型，我从他这里学会了如何研究作物根系，也深刻体会到试验研究并不是轻轻松松的。那时梭梭盆栽试验有 100 多

---

① 2016 年中国农业大学博士研究生毕业，2010—2013 年在石羊河实验站开展博士学位论文试验研究。现在在河北农业大学工作。本文 2019 年 2 月作于河北保定。

桶,每桶有30多千克,几个壮汉每次拎桶称重就需要接近1个小时。称重结束后,走回生活区的路上往往会遇见刚从地里出来的“战友”,大家的脸上都带着一种淡淡的喜悦,这是一天收获后的表情。根系研究最烦琐的环节在于获取尽可能完整的根系,于是姚师兄在洗根的时候随时注意筛网上的细根,不让一根“漏网”,我按住水管出口控制好水压,避免过多冲坏梭梭根系。扫描时,根系的摆盘要很细致,粗细一致的根要摆放一起。这些试验方法和技术至今受用,我也将其传授给了师弟师妹。

从7月初至8月底,我除了跟姚师兄学习梭梭根系水分传导研究外,还时常穿梭于其他师兄师姐的试验地和实验室,逐渐了解他们的研究内容并学习了多种仪器设备。记得有一次,我去皇台葡萄园给张彦群师姐称蒸渗桶,因为失误,我把2个蒸渗桶的位置放错了。第二天再次称重后,师姐发现了这个错误,但她没有责怪我,而是给我详细讲解试验基础知识,也让我明白科研工作中的严谨。从那以后,这种严谨精神在康老师的指导下不断深入我的试验和科研过程中,使我受益匪浅。

缘定温室启征程

2010年再去实验站时,我是和刘军淇一起,他做的是节水调质研究,而我则是研究节水灌溉下灌水均匀性与土壤养分分布的关系。西红柿和辣椒的试验在2009年10月就布置上了,这期间一直是邱让建师兄在照看着。刚开始做温室研究,我有点不知从何入手,好在有康老师的指导和邱师兄的指点。那年温室的运行管理和往年不一样,我们对温室生产安排有绝对权,雇用侯姐夫负责温室的日常种植管理,这样防止了种植户自行采收而不提前通知影响试验。

当时2座温室采用草帘子保暖,冬春夜间气温低时需要把草帘子交叉覆盖在棚膜上,遇到大雪大风天气还要再覆盖上一层旧棚膜。有一次傍晚,我们刚测完数据回到宿舍就接到侯姐夫的电话,突然下大雪了。由于草帘子需要逐个下放,且要完全覆盖住温室,要是放慢了就会影响温室内气温。也算是巧合吧,当时我和刘军淇刚好学会拉放草帘子,正好派上用场。在我们四人的齐心协力下,很快就把两个温室盖住了。但在最后一个温室铺完旧棚膜要用绳子绷紧的时候,发生了一点意外。

那时雪越下越大,还伴随六七级的西北风,迎风时眼睛很难睁开。邱师兄蹲在温室墙缘上侧身拉拽绳子,突然绳子断了,他就从两米多高的墙上掉了下去。我赶忙下去扶他起来,并叫侯姐夫过来帮忙。好在墙根上摆放了接近一米高的砖块,他掉落过程中用右手撑了一下砖,掉到地上时手撑地后顺势滚了一下。也得亏那天穿得厚,除了手掌挫伤和轻微扭伤外没有明显受伤,不过着实让人揪心。从那以后我们就更加注意安全防范了。

2010年的春节,邱师兄、刘军淇和我是在实验站上度过的。当时刚好赶上西红柿和辣椒进入采收阶段,果实品质和其他指标测定的工作也相对较多,再加上我家路途遥远,跟父母说明情况后就留在实验站里过年,直到第二年春节才和他们团聚,这是当时没有预料到的。2010年春节的下午,我们3个还在实验室磨辣椒测品质,终于赶在除夕夜前把品质指标测完了。然后我们就开始准备年夜饭,大厨刘军淇开始展示厨艺,我们跟着打下手。春节来临前，武威市水利技术综合服务中心的董主任等领导送来了一些慰问品，表达对站上学生的关怀。

晚饭前，康老师给我们打了电话，老师特别关心我们并发来了慰问，让我们深切感受到温暖。天黑之后陆权来站里，叫上侯姐夫去王哥家里做客。王哥是当时站里的工作人员，长期驻扎在站里。我们在王哥家里打牌聊家常，好不热闹。正是有了他们的陪伴，才使得我们在外过年不那么冷清和孤单。如果当时再放两串鞭炮，可能就会更显得热闹和喜庆。大年初一下午，我们受侯姐夫邀请去他家做客，第一次感受到炕的热度，也更多地体会到家的温暖，拉近了我们和侯姐夫一家的距离，也为以后的再次合作埋下了伏笔。

测氮专业户的自白

2010 年春夏之交，实验站新进了流动分析仪，刚接触时就被其精准取样和快速出结果惊喜到了，对于要测定许多土壤样品含氮量的我来说如获至宝。流动分析仪的测样速率是传统分光光度计法的 4～6 倍，省去了很多时间，但刚开始却摸不清它的脾气。它脾气不好的时候，会出现诸如进样管内的小气泡跳脱，比色管显现的颜色不对，增益不出峰值，等等。经过两年时间的相处和摸索，我从简单的管道清洗，到更换透析膜，乃至清洗内部漏液，最后摸透它的习性。不过现在回想，当时自己也是很胆大，敢对这么贵重的仪器“下手”。可能正是因为对这些仪器的某种自来熟，后来光合仪也“惨遭”我拆卸清洗，好在都顺利解决问题了。

在冬天钻取的土样暂时没法测定，都会冰冻起来留待翌年 4 月。经过三五个月的冷冻后，一个个身影矫健的土墩从冰箱里被提溜出来，摆放整齐地躺在地板上享受春风的沐浴。它们不知道等待着的是真正的浸泡和振荡，然后透过滤纸变成小清新的浸提液。这些透亮的浸提液转移至特定小杯中，流动分析仪的取样针在机械臂的精准指引下开始有序工作。实验室内也忙忙碌碌的，许多师弟师妹都帮我称土洗瓶子。配试剂、加溶液、称重等较轻的工作一般是安排给师妹们，而洗刷瓶子自动就被师弟们承包了。他们还会记得那些个被我“征调”洗瓶的日子，而现在他们都已经或即将博士毕业了。土壤氮含量的空间变异性也在大量测样之后被逐步揭示，伴随着在实验站时光的流逝和沉淀积累。

2013 年 4 月初的清晨，一声声欢快的爆竹声后，在杜老师的带领下，我们乔迁到新大楼里。许多仪器在这里找到了新家，流动分析仪就有了专门的实验室，它欢喜地为不同的“主人”服务，比如，谷丰、卢亚静、冉辉、郭秀伟等。然而那也是它们和我最后相处的时光。在 9 月离站之前，我归置好了试验仪器，开始一一和它们告别，陪着我度过难忘时光里有它们重要的位置。为了能让后来者尽快掌握流动分析仪，我把全部所学和积累的经验讲解给他们，并留下了一些影像资料。虽然在离开之前我哭过，但好像这次告别也没有显得那么沉重，这里已经成了我的第二故乡。

我们只能是暂别

仲夏时节，站上苹果园里不时出现一两个男生在摘苹果，那是一种名唤嘎啦的果子，早熟味香皮薄肉绵，得趁九月到来前采摘，否则它们就都得去觐见土地爷了。前辈们会将这几棵树的具体位置透露给师弟师妹，有男生爬上树去采摘，树下女生负责给树上男生指明最靓的那个红果。而这时，梨树也刚好成熟，但也到了温室人的暂别时刻。因为温室要趁夏天高温天气进行消毒除虫，以待九月到来的重新“开张”。

进入新一个周期的温室，冬天时我们偶尔会盼望着能下场大雪，覆盖住每个草帘子，像是给温室盖上厚厚的棉被。当然，此时屋里几个温室人也可以借此偷懒闲歇半天或去城里购置试验药剂和生活用品，顺便改善一下伙食，打打牙祭。夏天时盼望着能下场大雨，在清爽的天气里舒展每一个毛孔，让他们呼吸雨水的恩惠，无法下田测数的小伙伴们也会找出前辈们留下的二三副扑克牌，给紧绷的脑袋放放松。而不管刮风下雨，还能下地测数据的，也就只属温室了，风雨无关。

在站上夏天傍晚时分，忙完当天田间或室内试验任务的男生们，最惬意的是换上球鞋，投入篮球运动中去，在球场上挥洒着汗水。由于在站男生人数众多，故而可以容易地组起两三个队伍在球场上肆意驰骋。不过，球场上经常地传出类似铁匠铺的工作节拍，我们于是化身为“打铁侠”或“篮板怪”，旧的木质篮球架就是经不住长时间的捶打而光荣退役。除了在站上的学生外，还有三五个当地的小伙，偶尔也来站里和我们切磋切磋球技。虽然他们大部分比较内向，但在球场上却是激情满满。其中，陆至宝与大部分学生年纪相仿，又经常做我们的“雇佣兵”，帮我们打土钻挖剖面，因此和我们比较熟悉，多次去他家做客。

与男生们为争夺一个篮球的控制权相映成趣的，是围绕着站内的水泥大道遛弯散步三五成群的女生。当然，有时候还会有一两个男生屁颠地跟着。闲暇时，我有几次也加入这个队伍里，感受着晚风吹拂的惬意，边散步边闲谈聊天，也会针对某些学术问题展开有趣的讨论。这段散步的最后一站往往是向实验站门口的小卖部，毕竟那句“吃饱了好减肥”至理名言在站里还是很流行的，远超“苍蝇也是肉”的戏谑之语。

或许是因为西红柿本就是爱情果的别称，据说它就是冒险家将其赠献给爱人以表达爱意的礼物。与种西红柿的人发展出美好的故事，据悉已有 6 对以上，大多也已经修成正果。虽然有的故事可能不再继续了，但依然流传着他们的佳话。西红柿浑身散发芬芳，色彩喜人酸甜可口，尤其是经过精心水肥调控或者经受住逆境锻炼的果实，极具诱惑力和美学价值。虽然会有少部分西红柿天生不好的卖相，但果农和科学证据都会告诉你，只需轻轻咬上一口就会爱上那股酸中透着浓郁香甜的滋味。这些时间酿造的美味和丰富的内涵，往往会与独具慧眼之人相识相知，产生美好的人生体验，或甘之如饴，或如痴如醉。

所有的离别都是暂时的，都是为了下一次更好的相聚。2013 年回校之后，我 2 次短暂回到站里：一次是 2013 年 11 月底，另一次是 2014 年 8 月初。后一次是去检修流动分析仪，也是一次老友的重聚，因此，我欣然往之。完成检修任务后，我并没有许多时间与这里认识的人和物再多相聚，又匆匆回校了，这一次暂别至今。多少次梦回纵身千里归，勿须等云开月明时，思绪又在实验站转了三五圈了。西行漫漫无黄沙没路，东归徐徐踏雪寻梅香，枝上红点破春光，皆是烟雨雾起月笼纱美。梦境和回忆的风筝已经飘向那千里之隔的实验站，站上的一花一草一木清晰地浮现在眼前，我珍藏着在实验站度过的美好的春夏秋冬，依旧挂念这里的一切，而我依然还在路上。

天下哪里会有不变的事物呢？但是在实验站上就存在着不褪色的奋进拼搏的情怀和对这片热土的挚爱，这里不仅是培育成百上千有志于解民生之多艰仁人的沃土，也是新时代青年人谱写生命和青春华美乐章的舞台，更是传承农业节水人胡杨千年不倒的坚韧精神的平台。

寒冷冬日里同甘共苦的珍贵记忆

陈金亮[①]

时光荏苒，岁月如梭，告别与同伴们奋斗4年的石羊河实验站已经有6个年头了。回首往事，2010年暑假和王峰师兄第一次到达实验站的情景仿佛就发生在昨日。

当时实验站的宿舍已经满员，我和王峰师兄临时住在用来看守苹果园的小平房里。相比于北京夏天晚上的烦躁闷热，实验站宁静清凉的夜晚最是让人向往。繁星夜空下，果香飘洒，远处人家不时传来几声狗吠，我本期待着在这美好如田园诗般的果园里度过在实验站第一个夜晚。然而，随着"嗡嗡"声在房间里响起，我和王峰师兄与那些无孔不入的蚊子"战斗"了一个晚上。随后的几个夜晚，我们虽然点了蚊香，但面对偌大的果园，那点蚊香显得有点杯水车薪。2013年4月，石羊河实验站综合大楼正式投入使用，我清楚地记得搬入大楼那天凌晨杜太生老师让王金涛放了一串鞭炮。在微微的晨光中伴随着鞭炮声，大家开始从平房里往大楼里搬运东西，那天大家伙都异常的高兴，干活也特别带劲。大楼投入使用后，实验站的住宿生活条件得到了极大的改善，果园里的小平房也在大楼修建过程中拆除了，我和王峰师兄成为在那里住过的最后两个学生。

2009年，武汉大学水利水电学院承办了国际水资源可持续发展高峰论坛，当时作为学生志愿者的我在论坛上第一次见到了康老师，而康老师在大会上做的报告就是关于西北旱区特色果蔬节水调质的研究。当初从教科书中学习的关于优化灌溉制度的制定都是以最大化作物产量为目标的，而不考虑农产品品质。当时本科四年级的我对康老师的精彩报告内容产生了浓厚的兴趣，所以毅然决然地报考了康老师的研究生。因此，当康老师在组会上提议让我从事节水调质的研究时，我立即欣然地接受了，从此我便与实验站结下了不解之缘。

2010年暑假，我在实验站第一次参加了康老师学生的组会，也是在那次组会上康老师提议让我承接王峰师兄的工作，继续关于西北旱区特色果蔬节水调质优化灌溉决策方面的研究。

回望在实验站4年的时光，虽已过去多年，那些刻骨的记忆依然浮现脑海。日光温室内外"冰火两重天"的体验至今难忘。深冬里的实验站寒风刺骨，举目荒芜，而在日光温室里却是热浪滚动，绿意盎然。在温室里进行试验观测时，身穿单衣也让人汗流不止，如同在热气弥漫桑拿房里一般，邱让建和陈任强师兄乐观地称之为"免费桑拿"。观测结束，走出温室，寒风立马冷却了刚刚还冒着热气的汗水，让人不禁地打起寒战。裹上棉

---

① 2016年中国农业大学博士研究生毕业，2010—2013年在石羊河实验站开展博士学位论文试验研究。现在在法国国家农业研究院(INRA)从事博士后工作。本文2019年3月作于法国波尔多。

衣，待汗液逐渐风干，接踵而至的不是疲惫困乏，而是一股舒爽清透之意，或许这就是辛劳付出的馈赠。每次番茄采摘季的来临意味着真正忙碌的开始，除了常规的观测任务，另一项重要的实验是测量番茄果实品质指标。果实品质测量烦琐、费时，为了保证实验顺利进行，时常熬夜加班。寂静的夜晚，黑夜包围着偌大的实验站，灯火通明的实验室里飘着驱赶寂寞的歌声，实验站仅有的 3 个人，陈任强师兄、谷丰师弟和我在里头紧张有序地忙碌着，配制试剂、研磨样品、提取溶液、测量记录。半夜 12:00 到凌晨 1:00 那段时间最是难熬，困极了就趁实验间隙轮流眯一会儿。凌晨两三点走出实验室，抬头仰望夜空，繁星点点，深邃无垠，远离城市喧嚣的夜空是如此的静谧美好。当然，万事无常，实验站的夜空也有狂暴冷酷的时候。2012 年 12 月底的一个傍晚，温室卷帘机突发故障，用来温室夜晚保温的帘子无法正常落下，只能手动把一个个草帘子放下。黑夜逐渐笼罩了实验站，凛冽的寒风像刀子一般刮在脸上，不出几分钟，手掌、鼻子和耳朵便冻得失去了知觉。大概半小时后，冻得全身麻木的我走在从温室回宿舍的路上，身后的夜空犹如一头黑色的猛兽，在肆虐的寒风中张牙舞爪。

石羊河实验站的 4 年时光中，除试验任务外，日常生活中也留下不少美好的回忆。从 4 月开始逐渐迎来一批批做试验的同学，冷清的实验站随着春天的到来也渐渐地热闹起来。在试验工作之余，文体娱乐活动让实验站的生活变得更加的丰富多彩。傍晚吃完晚饭，一帮男孩子都会准时地聚集在实验站水泥空地上开始打篮球。我第一次到实验站的时候，当时的水泥空地上只立了一个简易的篮筐，但大家依然热情高涨。实验大楼建立后，在大楼前面的空地上建起了一个正规的户外篮球场，并且在大楼顶部装了照明灯。当地有几个喜欢打篮球的年轻孩子，我们称之为“王景寨小分队”，也时常到站里头跟我们打友谊赛。我们也曾经到隔壁看管监狱的武警支队打过友谊赛，武警官兵过硬的身体素质给我留下了深刻的印象。2011 年夏天，在康老师的组织下，实验站篮球队和武威市水务局篮球队进行了一场友谊赛，面对水务局球员的强硬球风，比赛打得异常艰难，最后在大家的团结合作和当时在实验站做研究的美国俄勒冈州立大学的研究生 Mark 的出色发挥下，实验站篮球队取得了比赛胜利。

除了娱乐活动，实验站的美食也让人难以忘怀，油饼、肉夹馍、排骨冬瓜汤、土豆红烧肉等。当然，站里的伙食也有让人吐槽的时候，2013 年年初还没找到合适的厨师，门口的陆嫂临时帮忙做饭，她给我们做了半个多月的汤面条，最后有些人实在吃不下去，只好到门口小卖部买些零食充饥。康老师每次来看望在站的学生都会请大家吃一顿好吃的，2010 年暑假在实验站我人生中第一次吃手抓羊肉，用白水煮熟的羊肉，蘸着盐巴，就着大蒜吃，那样的美味至今难忘。然而，我最难以忘怀的实验站“美食”是邱让建师兄炒的黄豆和陈任强师兄煮的挂面，那承载着寒冷冬日里师兄弟们在实验站同甘共苦的珍贵回忆。

2016 年 6 月，我陪同在法国联合培养期间的老师参观实验站，蓝天白云下，综合实验大楼安静地矗立在苹果园的前面，远处温室的棚膜闪耀着反射的阳光，穿着迷彩服脸庞晒得黝黑的师弟师妹们在田间穿梭忙碌，这一切仿佛又回到了当初在站里头的日子。我抬头望向曾经多次仰望的天空，她曾经看见过石羊河下游青土湖的“碧波荡漾，野鸭成群”，也经历了民勤绿洲的黄沙肆虐，生灵凋敝；她见证了20多年前康老师带领着一批师生在石羊河流域辛勤奔波，劳心劳力，至今仍在殚精竭虑，只为“不让民勤成为第二个罗布泊”；如今她也正在见证着石羊河实验站践行着“解民生之多艰，育天下之英才”的神圣誓言。我一直在想是什么驱使着一批批师生远离繁华热闹的大都市，扎根在条件艰苦的大西北农村，而且一干就是几年，十几年甚至几十年，是为了完成项目任务？是为了获得学位？或许会有这些方面的原因，但我更愿意相信他们是一群有理想和情怀的人，他们相信生活不止眼前的苟且，他们心系民生，胸怀天下，梦想远方！

永不褪色的石羊河记忆

宋金涓[①]

2011年秋天，我和几位师兄坐着咣当咣当的绿皮火车第一次来到了祖国西北大地——甘肃武威，来到了此前一直有所耳闻却未曾目睹的石羊河试验站，一个自小在南方长大的女孩自此便开始了她在西北大地的生活体验，一直到那一年年底。虽然只在那度过了仅仅数个月的时间，却也足以让我用上一生的时间去怀念，感念那里的山高云阔，感念那里的淳朴善良，感念那里的一草一木、一人一物。

情牵温室

或许是上学早、年纪小的缘故，我在同一届学生里总是显得傻傻笨笨的，学习新东西也慢，所以到了试验站之后便无所适从，就干脆做起了师兄们的跟屁虫，尤其是一同做温室实验的邱让建和陈任强师兄。2位师兄在我之前就已经做过很多试验了，那时已经具备了很多经验，加上老师曾交代，要多向他们请教和学习，我便磨着他们教我，2位师兄也是非常实在的好人，几乎知无不言，便带着我去温室，教我怎么使用仪器，怎么测数据……想来那个时候也不害怕也不觉得怎么艰苦，还是多亏了这两位师兄帮衬，让我一直都觉得很有安全感。

当时的试验站有2个女生宿舍，之前在试验站生活过的师姐们把她们觉得有用的东西都清洗干净留在宿舍里了。比如，迷彩外套、劳保鞋、太阳帽等，感谢如此贴心的师姐们，让我到站之后无须现买。换上衣服跟着小邱师兄从实验站学习室往北走，就能看到两排温室，像几个半隆起的小土坡，外面盖着厚厚的塑料膜，左右两座温室连在一起，中间用墙隔断，进温室的时候要先把厚外套脱下来，以免在里面被“蒸熟”。打开门一进温室就感受到了一股潮湿的热气，仿佛在蒸桑拿，小邱师兄的眼镜瞬间蒙上了雾气，再待上一会儿，大家的额头上就都溢出了小汗珠子。

我当时做的是秋冬茬温室西红柿的试验，温室里面有微型气象站和净辐射仪可以自动监测一些数据，其他的则要自己去测量，比如，整个生长周期西红柿植株的株高、茎粗等以及后期果子成熟后的内外在品质、数量等。几个月下来，我与两位温室师兄互相协作(准确来讲应该是他们帮我更多)，也多了几分默契。让我一直印象深刻的是小邱师兄打土钻时那汗流浃背的样子和小强师兄宠辱不惊、干什么都慢条斯理的性子。当然最让我敬佩的是他们和其他师兄、师姐一样，对科研的那一份坚守和执着。

---

① 宋金涓，2012年中国农业大学硕士研究生毕业，2011年在石羊河试验站日光温室开展硕士学位论文研究。现就职于中国长江三峡集团。本文2019年2月28日作于北京。

试验站三两事

试验站的女生不多，虽然大家出入站的时间不一样，但基本上也不太有落单的时候，由始至终，我一共换了3任舍友，前期是关芳师姐，中期是小陶（陶丽佳），后期是小丽（李友丽），中间还穿插着有杨慧师妹跟我们住了一阵子。后期，还多了一位新朋友——“阿黄”。“阿黄”是侯姐夫养的小狮子狗，脖子下面挂了个铜铃，走路的时候铜铃声分外的清脆悦耳。自从“阿黄”被侯姐夫带到温室，便跟我们成了“好朋友”，整日跟着我们前后来回地转，略带沉闷的生活于是多了很多乐趣。有一天见它太脏了，我冒出了要给它洗澡的念头，便和小丽在温室用大水盆给它洗澡，结果它实在是不喜欢水，硬着头皮刚洗完，就去地里撒欢，滚了一身泥巴，反而更脏了，害得我们哭笑不得……后来过了两三年，听说它死了，我们聊及往事，还伤怀了许久。

说起试验站的食物，因为不大爱吃羊肉，所以我能想到的大概就是每次进城能吃上的肉夹馍和站里厨娘大姐做的臊子面了。我从小就爱吃糯米制品，虽说入乡随俗跟着也吃起了馍馍，但实在也是想念南方的美食。后来有一次进城，居然发现了芦苇叶子，随即兴冲冲了买了几扎，再买上糯米、蜜枣，乐不可支地回站里包了一回粽子，没有压力锅，只能用电饭锅煮，煮了很久还是有夹生的，虽然如此，我和小陶还是把它们当宝贝似的放冰箱里存了起来，留着日后慢慢享用。后来有一次我不在，试验站停电了吃不上午饭，小陶把剩下的粽子全拿出来贡献给大家了，得知我小小的粽子发挥了这么大的作用，我这个幕后“小英雄”偷偷地自豪了很久。

那时的试验站还并未盖高楼，只有三四排红砖矮房子，取暖也是靠那种带“烟嘴”的烧煤炉子，自小没碰过煤球的我自然是不会烧煤了，有一次煤烧灭了，我便想试着重新燃上它，又害怕又不得要领，最后灰头土脸地喊来了师兄帮忙才给弄好。自此以后，我就学乖了，尽量让煤炉一直烧着别灭了，免得又要受那“吸煤灰”之苦。

武威的冬天，天在很早就开始黑了，而没有了阳光的温暖，夜里的冬天也变得格外的寒冷。大家在学习室埋头处理完数据之后，便各自回到宿舍来洗漱、睡觉。那时候试验站就剩我和小丽2个女生同屋相伴，每到夜晚，我和小丽就围着炉子，喝着水、吃着城里买回来的小零嘴、聊一聊实验进展，当然也有各种八卦，虽然只有我们2个人，哦，还得加上“阿黄”，那也算得上是围炉夜话了吧，红红的炉火，暖烘烘的气息，听着炉子“呲溜呲溜”的声音，仿佛与屋外的寒冷分作两个世界——身心平静却温暖，2位南方的人开始享受这份北方冬天的宁静。

继往开来

在站里的岁月如白驹过隙，我出站了，完成了我的硕士研究生的学业，又参加了工作，直到现在有了自己的家庭，生活波澜不惊。一晃8年，匆匆而过，过往的记忆仿佛开始模糊，然而，关于实验站的喜讯一个又一个的传出：试验站盖了楼房，改善了环境；团队里出色的同志又发表了高级别的文章；老师主持的课题又获得了国家级重奖……让我不禁回想起那段青春岁月，再一次唤醒了自己的记忆。

在这个试验站，多少师兄、师姐、师弟、师妹们前赴后继，面朝黄土背朝天地在田间摸爬滚打，为测验每一个真实数据而挥汗如雨，一篇篇科技论文、一项项实验成果如雨后春笋一般涌现……石羊河流域的节水治理也已经取得了令人瞩目的成就，未来，我相信祖国人民会记得这个不平凡的试验站，和那些在这里为农业节水事业呕心沥血的领导者和科研工作者们。在这个充满故事和温暖的试验站里，还会不断地有师弟、师妹们不远万里的前来，攻坚克难、砥砺前行，为坚守心中的绿色梦想而奋斗。而我也要将一份宝贵的回忆珍藏，将它变成一轮明月，时时刻刻地照亮我的心房，引着我迈向人生的远方。

试验站的温暖与感动

李友丽[①]

在青山绿水环抱中长大的我，曾无数次想象大西北的样子，但从未想过大西北的生活与我有关。在2011年8月初，我首次踏入了西北大地，来到了甘肃武威石羊河试验站，并在这度过了毕生难忘的一个冬季，也让我有幸成为第一位在实验站过冬天的女学生。这4个多月的日子，我的科研能力和素养得到提高，更让我收获了一份质朴而又独特的温暖和感动，每每想起，就觉得十分幸福。

试　验　篇

2011年8月初，我和导师高丽红教授一起来到武威，因高老师有其他安排，我必须独自去试验站。对陌生地方具有恐惧心理的我，面对导师的信任，只能壮胆前往。在颠簸的公交车上，看着荒凉的戈壁滩，心里非常不安，怕上错了车、怕坐过站、怕错过接我的同学……还好，只是想多了，下车见到陈任强和郑睿博士(第一次见)，立马踏实了。陈任强骑着三轮车带我到站里，仔仔细细地给我介绍了站里的环境，包括宿舍、实验室和学习室等，随后我们到西北角的日光温室去看试验地，跟侯姐夫他们沟通试验管理和要求。初次听西北方言，印象中一个字也听不懂，陈任强就耐心地一句一句翻译给我，让我清楚地了解到试验场的情况、当地栽培管理习惯等信息，于是后面试验的启动很顺利。

正式开始试验站征程的日子是2011年的中秋节。那天早上，我带着行李和师弟李阳一起赶往北京站，与素未谋面的博士生邱让建汇合。火车上，邱博士给我介绍了实验站的生活，特别是冬季日常生活，以及武威的风土人情，拉近了相互间的距离，让我有勇气请他帮忙看试验方案。到试验站的那天晚上，邱博士就仔细地帮我修改试验方案，并提出了不少好的建议，告诉我试验站里有哪些仪器设备可以帮助监测相关指标。短短的几天时间，我就跟邱博士学到了水量平衡计算公式等理论知识，认识了多种仪器设备，并学会了使用。这不仅使当年的试验进展顺利，对我现在的水肥一体化研究工作仍有很大帮助。在试验进展中，邱博士和陈任强等严谨的科研素养、吃苦耐劳的精神和乐观积极的态度感染了我，直到今天也是我给学生讲述的榜样例子。

生　活　篇

水是生命之源。对于江西籍的我从不知道缺水的滋味，直到来到石羊河试验站。当

---

① 2012年中国农业大学农学与生物技术学院硕士研究生毕业，2011年9月—2012年1月在石羊河试验站开展温室西瓜节水灌溉试验。现在在北京市农林科学院北京农业智能装备技术研究中心工作。本文2019年3月12日作于北京。

得知要到试验站来，我的几个好朋友和同学都表示很担心："你有这天天洗澡、洗头的习惯，到那边去了怎么办，还能生活吗？" 9 月那次，临行前我装出很乐观的样子说："你们放心吧，我适应能力还是可以的，入乡随俗，大不了两天一次也可以。"在来的路上邱博士得知我是江西人，也特别告诉我试验站冬天用水的情况。但实际情况比朋友的担心和邱博士和我描述的还要困难。记得当时试验站就剩几个完成大田试验收尾工作的学生和我们开始布置温室试验的学生。因为新办公楼施工，试验站平房区 5 天左右才有一次供水，也就是说我们需要用桶和盆储备至少 5 天的水。这样，我就要学会制定用水计划，让有限的容器储备的水量可以满足供水间隔期内我的用水需求。天天洗澡、洗头已是奢望，连洗脸水都必须留着洗手。记得有一次断水期延长，我只能用半杯喝的水来刷牙，其他就顾不上了。这段计划用水的日子一直持续到 10 月底，陆哥在收苹果的忙碌中挤出时间清理了储水池并储备好满池清水（冬天生活用水的水源），帮我做了简易的取水装备，然后教会我怎么取水。虽取水不易，但终于不用提心吊胆的用水了，非常感激陆哥，现在还能记得当时有多开心。计划用水的日子让我深深体会到了节水的价值，这冥冥之中引我走上了设施蔬菜节水灌溉研究的道路，更让我明白了"滴水之恩当涌泉相报"的意义。

8 月去试验站的时候，途经天祝，刚好是阴雨天，感受了一次西北夏天的冷，也提醒我那边的冬天比北京来得早，也比北京冷。9 月再次踏上征程，邱博士告诉我晚上温度低，要加衣服，还特别提醒我需要提前准备过冬取暖的东西，比如电热毯、煤炉、块煤和玉米芯等。这些东西对我来说太陌生了，一脸蒙，所以他和陈任强回京前特意嘱咐陆哥帮我买炉子和块煤。10 月 26 日，陆哥电话告诉我他去帮我买来了新煤炉和块煤，让我回宿舍他帮我安装、教我生火。看到那个黑黝黝的煤炉，发现它既可以取暖又可以做饭，感觉挺有意思的，兴奋地跟陆哥说："好想买一个寄回家给我奶奶取暖用。"当然，现在我的家乡已经也有这样的取暖炉子了。兴奋归兴奋，正经事情还得干。陆哥拿来了废纸、玉米芯和块煤，他先点火烧了下炉子，然后把玉米芯放进炉心底部，放了几小块煤，再把废纸点着放进炉子里引火。"烧着的废纸引燃玉米芯，玉米芯再引燃煤，这个过程中保持通风，否则不仅烧不着还会被烟呛，"陆哥一边做一边叮嘱注意事项。说实话，看着陆哥操作挺简单的，可我还是有点犯怵。当时和我一起在试验站的还有西北农林科技大学的小虎，他是山西人，会使用这种炉子，看我一脸愁容，说道："小丽，不用担心，你要烧不着的话，我来帮你弄。"有他这话我心里踏实多了。从那天后，我就过上了天天早上起来烧炉子的生活，不过后来在邱博士和陈任强的指导下，我做到了只要不是离站回京，炉里的火就一直燃烧着，屋子里就暖暖的。说起烧火取暖，发生了几件让我感动流泪的小事情。

一件事情是，刚开始，我的烧火技术还不行，如果在温室两小时之内没回宿舍加煤，火肯定就灭了。记得有一次，在温室取土，由于灌水间隔期长，且侯姐夫他们要回家，就早早放下保温被，导致我从下午 2:00～6:00 整整 4 个小时才完成（其中有 2 个小时是摸黑取土），抱着沉沉的铝盒一边往温室外面走一边想"炉子灭了，晚饭没着落……"。然而，惊喜接二连三。走出温室，耳房桌子上有侯姐夫留下的一碗炒面片，面片还有余温，吃大米长大的我，狼吞虎咽地把这碗面吃完了，这是我吃过的最好吃的面条，心里一遍遍说："侯姐夫真好！"吃饱了端着铝盒回宿舍，想屋里肯定跟冰窖似的，可打开门的瞬间感受到的是一股热气，发现书桌上有一张小纸条："姐姐，你别感动哦，我看你这么晚都没回来，炉子又灭了，怕你回来冷，就帮你把炉子烧好了——小王。"眼泪控制不住地落下来，打湿了纸条。只身他乡感受这份最质朴的温暖，足以让我回味一生。

另一件记忆犹新的事情是，深冬，试验站停电成了家常便饭，不仅给生产和试验带来很多麻烦，还让做饭花费的时间成倍增加。那段日子，试验站里有侯姐夫、陈任强、小虎和我4个人，我们基本每天都能享受"烛光晚餐"，小虎打水、洗菜，侯姐夫帮擀面，我和陈任强掌勺，晚饭是我们最放松、最开心的时候。有一次，忙着做饭忘了回屋添煤，等晚饭后回到宿舍，炉子的火灭了。我添上煤，但没有引火的玉米芯，试验站原有的那点用完了，陆哥说从家里拿点给我，可他太忙没顾上。我用废纸去引火，结果弄得一屋子烟，还没把炉子烧起来。正束手无策、绝望的时候，小虎过来帮我送煤。他叫上侯姐夫去门口油松树下雪堆里扒落下的松针，陈任强在屋里陪我说话，3个人一起帮我把炉子烧着，点燃新蜡烛，聊开心的话题，让我低落的情绪很快就消失了。现在回忆起来，跟当初一样满满的幸福。

日光温室派的学生在试验站过冬天，不仅要认真地做好试验，更要学会生活的基本技能，例如，做饭。邱博士作为在实验站越冬的"前辈"，给我讲述了他们男生"独特"的饮食方式，那就是吃整冬天的煮挂面，这对我来说十分困难。所以在站里只剩四五位学生的时候，我就开始自己做饭。虽然厨艺有限，但不管我炒什么菜，其他的学生都会说好吃，让我信心倍增，从开始简单的清炒蔬菜到红烧鸡翅、蛋饺、鱼等。其实，在温室这种特殊环境下，干半天活，特别是取土回来后，感觉很累，做饭就成了负担。侯姐夫看我弄到中午12:00还没回宿舍的话，就会主动说："小李，你出来吃点油饼、果子(苹果)，晚点我做面条，你干完活在这吃了再走。"往往这时候我都会厚脸皮留下来，美美地享受一顿西北面条。侯姐夫看我瘦小，还特意加点肉，他自己平时舍不得吃，12月我回北京的时候，胖了一圈。这4个月里，侯姐夫都会在耳房的抽屉里放上自制油饼或苹果，干活期间到试验温室来提醒我吃点东西别饿着。陆哥他们常说，侯姐夫像对自己孩子一样照顾我，一点不假。有段日子，和宋金娟一起，我们一起做试验、一起看书、一起聊天，空旷的试验站有了小伙伴陪伴显得格外温暖。其间，我们为了加快测番茄、西瓜品质的进度(实验室实在太冷了)，形成了很默契的合作，测番茄品质时，我辅助试验并做饭；测西瓜品质时她辅助试验、负责做饭。我想，这除了投缘，更多是石羊河试验站里一份珍贵的关爱吧。

2012年新年前，我带着不舍离开了试验站，距2018年8月再回到实验站已有6年之久，但在实验站经历的点点滴滴从未忘记，包括李站长的关爱、同学的帮助及侯姐夫、陆哥、小王等工作人员的照顾。实验站给予我的成长、温暖和感动，是我一辈子受用的财富。感谢能成为石羊河实验站的一员，并有机会表达我对实验站及实验站团队的想念和敬意。祝实验站发展越来越好，实验站团队不断壮大！

那些年青春正好

姜雪连①

时光如白驹过隙，从青春里打马而过，散落一地的记忆碎片。2011 年那个夏天初到石羊河，我还只是初入师门的小师妹，在师兄的羽翼下充当着一个快乐简单的试验小助手。这个特别的夏天，我经历了若干的第一次。第一次坐过夜的火车，第一次看草原的日出，第一次欣赏戈壁的辽阔，第一次领略大漠的风光，第一次获得沙漠逮野兔的经历，第一次了解节水责任的重大，第一次接触严谨的科研试验，第一次了解科研的神圣，第一次了解枯燥试验中的快乐……

2012 年再到实验站，已经是有自己试验田的硕士。那一年深刻理解了大漠风沙，风沙中布置试验小区、覆地膜、种玉米，当然也有风沙中沙漠公园游玩的趣事；也深刻地体验了西北丰富的光热资源，对于爱美怕晒的姑娘，长袖长裤，大沿的帽子还要加一个口罩，每一个有效的防晒措施都会兴起流行风，然而烈日炎炎也挡不住姑娘们灌水、测株高、叶面积、光合日变化的热情，在试验田中形成了一道道独特的风景。实验站的姑娘比的不是美丑，而是谁更汉子，扛得起自己的试验。而这一年也对科研有了新的定义，7 月康老师带大家参观了民勤——红崖山水库——小坝口实验站——沙漠公园实验站。西北的缺水环境、一代代科研人艰苦的奋斗史扣人心扉。科研不仅仅是一个试验，更应该解决实际生产问题，为社会贡献力量。科研是孤独而艰苦的旅程，需要科研人坚韧不拔，甘于奉献坚持。科研也是神秘而有魅力的，吸引着一代又一代的科研人前赴后继，而我也下定决心读博，在这条路上越走越远。

2013 年三到石羊河，这一年是转折过渡的一年。经历了近 2 年硕士生涯，对于试验的开展与各项指标的测定都已熟练掌握。然而 2013 年也是惊心动魄的一年。“五一”的一场小雪伴随着温度的骤降，对已经发芽的玉米苗无疑是一场致命的打击，慌乱中的我们除了祈祷，也启用了备用方案。好在虚惊一场，玉米苗靠自己坚强的意志力扛过了这场天灾。然而，当玉米苗茁壮成长，试验开展如火如荼的时候，7 月份一场沙尘暴袭来，天昏地暗，路边的柳树被连根拔起，那一刻有种绝望的感觉，大家只能在楼门口眺望远方试验田，不断地祈祷互相安慰度过漫长的下午。风暴稍小，大家各自跑到自己试验田查看灾情，神奇的是玉米竟然一颗没倒，整个实验站如同过年般欢快。9 月是丰收的季节，可连续的干旱引发了几年来最重的红蜘蛛的病虫害，尽管想尽办法防治保产，可最终还是造成减产和后期实验数据的偏差。2013 年深刻地认识到农业不易，农民不易，科研人员更应该努力，减小农业风险，造福于农民。

2014 年是告别的一年，试验到了最后一年的重复。没有攻坚克难，一切驾轻就熟，试

---

① 2016 年中国农业大学博士研究生毕业，2011—2014 年在石羊河进行制种玉米耗水监测及模型模拟试验，完成题为《西北旱区制种玉米父本母本耗水特性及模型模拟研究》的博士论文。现在在山东潍坊学院工作。本文 2019 年 2 月 22 日作于山东潍坊。

验之余还可以帮助新人解决试验难题，培训仪器使用，参与站内管理，也颇具当年师兄师姐的风范了。2014 年也是孤独的一年，送走了一个又一个熟悉的小伙伴，迎来了一个又一个新面孔。一个个新的故事正在发生，一段段鲜活的经历正在谱写，也一次次提醒我在试验站的故事也终将画上句号。这一年是风调雨顺的一年，伴随着大丰收的喜悦，我也完成了我的试验。打包了所有的行李，封箱陪伴我 3 年的仪器，盘点了留给师妹的装备，开始了一一告别：万能的陆哥，技术娴熟的小陆，知心的侯姐夫，取土打管的熟练工大小汪叔，门口的陆哥陆嫂，还有门口小卖部的陆叔。拉着行李箱走出站门，回望实验站，这里曾经承载了我们的喜怒哀乐，承载了我们的艰辛汗水，记录了朋友情、同学情，见证了我们最好的青春年华。

2018 年再次回到实验站时，岁月在流逝，她却依旧保持着原来的样子，而我在实验站的故事也就此结束。怀念那个时期，怀念那个石羊河，并不只是因为怀念年轻的自己，而是因为那里有同学们的青春、朋友们的青春和我所有爱着的青春。如今对已经逝去的东西，对再也无法回去的时间，说一句迟到的问候。再见，那些年我们的青春！再见，石羊河实验站！

我与试验站的故事

许 彬[①]

始于初见

因为毕业设计的需要，2011 年初独身一人坐上前往武威的火车，第一次有机会去大西北，满怀着激动和期待，沿途的风光还记得。似乎是一路的小山丘，山上没有树全是草，当时就想以后有时间一定要踏上这些山丘，看看草原的自然风光之美。后来经过的是一片荒凉的土地，一些废弃的洞坑，不知道曾几何时那里也有文明。快到武威的时候，看到的是一片平原，零星的枯树丛点缀着辽阔的平原，有着大西北的壮阔和苍茫。经过二十多个小时的长途跋涉，到了武威站，师兄过来接我，带我去了武威市区，看到了古城墙，才知道小时候课本上的马踏飞燕就来自这里。初见石羊河没有乍见之欢，给我的感觉是大西北特有的空旷和荒凉，有着历史的沧桑。

实验站记忆

从武威坐班车到王景寨已经是晚上了，天黑之后看不到试验站周边的情况，只看到一排小平房当中的一间屋子里面，有着微弱的灯光。去的时候还比较冷，4 个人住在一个屋子里，屋子里有火炉，厚重的大军被很暖和，屋子外是一个冬天用水的水窖，还有一个孤零零的乒乓球台。到试验站的第一晚，师兄去大棚摘了黄瓜和西红柿，亲自下厨做了热气腾腾的面条，让我在冬夜的冷风中倍感温暖。

那段时间整个天地绿色不显，唯有大棚里的蔬菜。我的毕业设计任务是协助师兄做温室蔬菜的调亏灌溉试验，隔三岔五去温室大棚摘番茄统计产量，白天在温室和师兄测土壤含水量、作物生理生态指标，晚上在实验室和师兄测番茄的各项品质。去试验站之前，我没有接触过大田和温室试验，去了之后学到了很多，并完成了自己的毕业设计。当时一直承蒙几个师兄照顾，在生活上和学习上给予很大的帮助。这是我在试验站的第一段经历，时间不长，至今历历在目。

后来我又去了试验站，去了距离实验站 3.5 千米的皇台葡萄园做实验。每天骑着葡萄园专属的电动三轮车行走在田野上，沿路两侧有玉米、辣椒、甜菜等农作物相伴，偶尔还会碰到放牧的羊群，一路凉风美景，抵达皇台葡萄园。初到葡萄园还是很震撼的，以为是一望无垠的葡萄藤，结果是遍地的石柱子，后来才知道大西北的葡萄冬天是要埋起来的。

---

① 2013 年中国农业大学硕士研究生毕业，2011—2012 年在石羊河试验站开展本科和硕士学位论文研究，完成题为《西北干旱区荒漠绿洲区酿酒葡萄小管出流节水调质试验研究》的硕士论文。现在在上海市政工程设计研究总院第六设计院工作。本文 2019 年 3 月 3 日作于安徽合肥。

经过几轮协商，与皇台酒业集团达成一致，与当地农户合作试验，我拥有了 4 亩葡萄地的使用权。我要做的是酿酒葡萄小管出流节水调质试验，而葡萄园一直采取的都是沟灌，需要自己完成水电搭建的工作。在试验地外小心翼翼地埋设好电缆，接好总开关，在葡萄地严谨认真地铺设好管道，装好紊流器，经过反复的研究和调试，最终将储存在地窖的水输送到田间。当第一股水流出现在葡萄地修好的环沟里时，我兴奋地奔走在试验地里每个角落。

忙活在自己的葡萄地，有太多的惊喜和感动。老师到葡萄园的看望，大家在葡萄园的相助，葡萄萌芽时的新绿，第一次看见的葡萄花，第一个转色的浆果，这些经历使我更加热爱这片土地。作为一个耕耘者，在自己的地里，满怀希望，等待自己的葡萄从萌芽到成熟，给自己带来了收获的喜悦，也为石羊河的未来贡献自己的微薄力量。

当南方仍是绿树成荫的夏日景观，祁连山依旧笼罩着皑皑白雪时，试验站却已呈现出秋天的色彩缤纷。田间黄色的玉米、金灿灿的向日葵；温室红火火的辣椒，红彤彤的西红柿；果园紫莹莹的葡萄、红通通的苹果，还有青色的梨。

在试验站待的时间长一点，往外走的远一点，还能看到更广阔的景色。不仅能看到 6 月飞雪、沙尘暴、沙漠水库等奇特自然现象，也能欣赏到小时候才能看到的满天繁星和银河。

试验站的生活就变得更加精彩丰富了。篮球场上的比赛、进城的班车、餐厅的聚餐、果园的身影、仓库的烘箱、实验室的仪器、学习室的讨论、试验田里的笑声，都丰富了我的实验站生活。

大西北的天气会越来越冷，但试验站却从来不缺温暖。某天晚上，出乎我的意料，在站的学生们居然在当地陆哥家给了我一个终生难忘的生日。香喷喷的可口饭菜，浓浓的师门情谊，温暖人心的画面，随着年龄的增加，时间的久远，记忆越来越深刻。

记忆中的石羊河是五颜六色的，有很多值得感谢的人，很多值得回忆的青春，很多值得怀念的故事，也有不懂事的些许遗憾。

离　开

2012 年 10 月做完最后一次品质实验，我收拾行装准备离开。走的时候没有太在意，以为还有很多机会过来，不曾想这次离开后，一些人、一些事、某个地方就成了回忆。

去试验站的时候自己还很年轻，离开的时候渐渐成熟。后来从事水利规划相关的工作，更深刻、更全面了解了水资源，也体会了当初在实验站的意义。试验站是自己成长的地方，自己曾在那里挥洒青春的汗水，在那里追逐人生的梦想。一别多年，经历了社会的洗礼，成长的我还是很想回去看看，那些曾经奋斗过的地方、品尝过的美食、走过的道路、记忆中的人，是否还和以前一样。

一直在默默地关注试验站，知道它在石羊河有了很大的变化，在茁壮成长，设施更加完善，团队越来越强，平台越来越大，成绩越来越好。

还记得最初到石羊河，知晓那里是曾经的河西走廊，石羊河试验站人对绿洲心存希望，肩上的使命和责任一直在传承，积淀的文化和精神一直在延续，或许多年过后，新的绿洲就会出现。

我们做推广的那些事儿

吴　迪[1]

所谓的农民田间学校

自2011年开始在石羊河做农民田间学校的推广项目至今，也有8年的时间了。但有很多东西，似乎是深入骨髓地影响着我，忘不掉也抹不去。回忆起来也都是历历在目，似乎就发生在昨天，我们一群孩子还蹦蹦跳跳地去做基线调研，去给小学生做生态环境教育。

我们在石羊河实验站所做的研究，目的都是服务于农民，老师们也总是说，我们的研究一定要做到"顶天立地"。所谓"顶天"，要作为一个科研工作者，解决科学问题，发表高水平论文；所谓"立地"，要作为一个农业工作者，做有益于农业，服务于农民的事情。我们的研究要推广给农民，因为他们才是农业生产中的主力军。

自2011年初，水院常驻石羊河实验站的老师们、人文与发展学院参与式发展的专家们和武威市水利技术综合服务中心的工程师共同搭建了节水技术培训与推广平台，从武威市20个村子进行考察调研中确定了包括武威市凉州区东河乡王景寨、民勤县重兴乡扎子沟、古浪县黑松驿镇萱麻河等15个村子，创建了15所农民节水技术田间学校，进行了节水技术的田间推广。

最初，我觉得农民田间学校很有意思。像我们这种从九年义务教育开始，一直读到硕士、博士的人来说，潜意识里就会觉得，学校就是要有课桌、课本、黑板，至少要有个教室。但是"田间学校"是要做什么呢？在跟随老师专家们推广和学习的过程中，慢慢地接受了"田间学校"这样的理念。所谓"农民田间学校"，在形式上就是一种没有校舍，没有专职教师，利用农民生产季节和农闲时间，在田间地头开展技术示范和推广的田间课堂，是一所农民自我组织和自我管理的田间学校。所以说，没有教室很正常，因为要"实习"，农闲的时候，大家聚在地里，参观种植大户学习经验，看看收成不好的地块，吸取一下教训，互相取经，互相学习。

推广中的那些事儿

还记得当时一起参与了整个过程的学生大概有本科生和硕士生十五六人。包括作为技术推广人员的杨慧、张娟和我，人发学院负责推广事宜的吴洁霜师姐和郭超男，人发学院负责宣传和记录的梁植睿，还包括一些人发学院的本科生。我们这个小团队，在人

---

① 2011年和2013年在中国农业大学分别本科毕业和硕士研究生毕业，2013—2015年为中国农业水问题研究中心科研助理，现为中国农业大学2015级博士研究生，目前在美国科罗拉多州立大学联合培养。在石羊河实验站完成本科论文、硕士论文，并进行博士学位论文试验研究。本文2019年3月9日作于美国科罗拉多州柯林斯堡。

发学院刘林老师、李凡老师，我的导师杜太生老师以及武威市水利技术综合服务中心的董平国主任、韩万海副主任的带领下，进行了1个月的调研和推广。由于我们技术员只有3个人，所以分了3队，由老师、专家们带领着奔赴不同的村子。

那时候最爱做的就是下村调研，村干部会召集来很多的农民伯伯婶婶、大哥大嫂。有真的感兴趣的，有看热闹的，还有人是来看我们这些大学生“表演”的。有时候会坐一屋子，所有角落都用上了，板凳、马扎、条凳；有时候会站一院子，大家围在一起，听我们或者领队的老师们聊天。按照流程，我们会做基线调研、季节历调查、小学生环境教育，宣读农民田间学校章程，成立“农民田间学校”，制定农民田间学校的农民自主试验计划，举办“农民开放日”。最初每一项都是挑战，然而接触多了，就会觉得每一项都很有趣。

首先要做的是基线调研，收集市、县、村三级的基础数据。市级和县级数据还好，主要依托于市县提供资料和机构访谈。我们最喜欢做的也最具备挑战性的是村级调查，包括村干部访谈、残疾人和家庭健康成员访谈及发展意识和能力面试。其实就是面对面访谈，五六个人一组，每人拿着一摞问卷，“抢”那些面善的农民学员访谈，调研他们的种植偏好、农作习惯，还有生产中面临的问题。先不说农民们面临的问题，访谈的第一天，我们就发现了我们面临的问题——语言不通。甘肃武威的方言真的很难听懂，如果遇到会写字的还好，有听不懂的内容，被访谈的农民伯伯可以帮忙写，但是遇到婶婶和嫂子就不一样了，能听多少听多少，反复确认后才能记录，大大降低了我们访谈的速度。不过后边听得多了就习惯了，说的人是连说带比画，听得人是听说话看口型猜意思，颇有一种共同努力克服困难的意味。

其次是季节历调查。季节历是指农民根据祖祖辈辈的和自己积累的种植经验归纳形成的一年四季的气候特点。调查季节历的整个过程要与农民们一起完成，可以更全面地了解当地农民种植的作物偏好、农忙农闲时间、用水情况和农作物的收成情况等。在这个过程中，一方面农民们积极地参与调查人员的交流互动，更全面直观地看到自己的农事活动，另一方面，调查人员也能了解他们对农民田间学校的看法以及发展方向的建议等。季节历调查要求调查人员把控全场，也能把握和了解农民们的想法。记得我第一次做季节历调查，看到在场的一屋子农民伯伯婶婶大哥大嫂，张口就说，大家知道今年的“中央一号文件”吗？农民伯伯们一脸懵，我一脸尴尬。站在旁边的韩主任看不下去了，说要不还是我来吧。韩主任直接开门见山地说：“我们这次来，就是想跟大家了解一下咱们平时是怎么种地的，习惯种些什么？浇多少水，施多少肥？收成怎么样？”说完这些，伯伯婶婶们开始活跃起来，也愿意张口去表达自己的想法。于是后边的工作中，我们也开始有样学样，学着慢慢去调节气氛，最大限度地获取自己想要的信息。

然后是制定并宣读农民田间学校章程。章程的基本内容是我们提前一天在下榻的宾馆写好了的，用记号笔写在一开的大牛皮纸上，发挥了从小学到中学写黑板报和宣传栏积累的“工作经验”，满满两页纸，每次写起来也还是很有成就感的。在做完了季节历调查和基线调研后，趁着参与者们还很有劲头儿，顺势再召开一次农民学员大会，主要向农民学员明确农民田间学校要学习的技术，要做的事情和要达到的目的；田间学校学员享有的权利和应尽的义务，明确用于运行田间学校的资金的管理和使用方案；由田间学校学员及代表大会选举出田间学校的校长和协调员，用于管理田间学校的运行及联系专家到现场为大家进行技术交流并解决实际问题。最后，在场的所有人经过举手表决通过农民田间学校章程，愿意加入农民田间学校并按照章程所要求的项目去执行的村民，在章程上签字。农民伯伯们很喜欢这种表决的方式，也会踊跃的表达出自己的想法。宣读教程和修改章程的过程，也拉近了我们与农民伯伯们的距离。令我感动的是，2012 年 11 月我返回武威做调研后期工作的时候，看到他们还把章程或是贴在村委会的墙上，或是专门做了一个板子糊在上面，没有敷衍和不理睬，很珍惜我们的工作，也认真对待这样一个活动。宣读完章程，大家都签好字表决完后，就算成立了农民田间学校了，要做一个小牌子，立在示范田地头。由于我们所做的是农业节水田间学校，根据田间学校的技术需要和推广要求，要协助农民伯伯们设计一个简单的节水实验，他们会在自家的地里，拿出一分或两分地，采用我们推广的节水技术来做实验。按照要求做完了以后，不管减产还是增产，要将自己所得的实验数据与田间学校的其他成员分享，互相交流在田间试验过程中的经验教训。当然，进行田间试验的学员，有权利得到田间学校的参与式试验补贴。

说了这么多，都是在说针对农民伯伯们的推广。还有一部分人群很重要，那就是祖国的花朵，未来的希望——村里的小学生们。于是我们进行了小学生生态环境教育。最初我理解的小学生环境教育，就是支教那种类型吧。我们设计了一些用于针对项目村小学学生的课程，包括环保、节约用水等相关的问题，并且印发了五颜六色的材料和抢答用的小礼品给孩子们。课后作业呢，就是把这些节水的材料念给家长们听，并通过他们来监督自己的爸爸妈妈和周围的叔叔阿姨们节水。做了几次环境教育，感觉与自己以往做的支教不同，因为授课内容有针对性，孩子们很感兴趣，争先恐后地举手回答问题，拿着我们发的节水小册子爱不释手。记得做完一次环境教育，几天后再次路过那个村子，在村里遇见听过我们课的孩子们，他们还会远远地冲我们喊："老师！""讲节约用水的老师！"我们也远远地向他们招手，好像真的遇到了自己的学生一样。这让我感触很深。节水应该是一种从小养成的习惯，俗话说的，从娃娃抓起吧。成年人的生活习惯已成定式，仅仅依靠一两次的宣传怕是很难改变。而孩子们还是一张白纸，对于新知识的接受能力也更强。通过这种新颖的方式宣讲节约用水，尽管一知半解，但也已经向他们打开了一扇新世界的大门，他们也会愿意走出这扇门去探索。另一方面，我们对于孩子们来说，虽然只有一面之缘，讲的也不是太好，但是也成了他们亦师亦友的人，成了我们成长过程中共同的美好回忆。

最后的重头戏，当然就是举办"农民开放日"。从 2011 年开始，石羊河实验站前后共组织了 3 次大规模的农民开放日，前后共有约 600 人次的农民朋友来参观试验田，也与教授和学生们交流自己的种植经验，提出自己在种植中遇到的问题，解决问题。站里的学生们做实验，写文章，努力完成自己"顶天"的实验任务，而实验站也在这一次次的农民开放日中，打开大门，迎接农民朋友们来参观，完成"立地"的使命。

我收获的那些理儿

絮絮叨叨地说了这么多。从 2011 年开始到 2013 年最后一次农民开放日，3 年断断续续地参与到农业节水农民田间学校的运行中。而我相信和我一起的那十几个同学，也与我一样在这个项目中受益匪浅。

首先，学会了尊重别人。在与农民伯伯的交流中，感受到“三人行，必有我师”的深刻含义。我们本来是带着技术来做推广，因为农民田间学校这样一种互动式和自下而上式的交流，农民在学习技术的同时，我们也了解到了很多当地的种植经验和偏好，互相学习，经过两者的融合，最终达到更好的效果。

其次，学会了表达自己。有了这样几年的推广经验，我不再是那个张口就问农民伯伯们知道不知道“中央一号”文件的小孩。我学会了换向思维，想他们之所想，站在他们的角度去思考，去交流，来完成自己的调研推广任务。这些经验使得我在做博士论文研究过程中，单枪匹马地去调研时，也能快速而准确地获取自己所需的信息和内容。

“解民生之多艰，育天下之英才”，校训时时在耳边回响，对于我们这些每天坐在办公室电脑前，喝着咖啡，看着洋文，搞搞研究的农业大学的研究生们来说，田间试验和实践教育是促进我们成长的最好方式。作为一个农业工作者，最重要的不就是走进田间，走近农民，脚踏实地的工作吗？虽非英才，但亦愿尽自己的一分力量，去解民生之多艰。

那年凉州，梦在路上

杜少卿[①]

2012 年 3 月，参加本科毕业设计的我，第一次踏上了祖国西北这片热土。还记得列车一路向西，城市的钢筋混凝土和绿水青山渐渐化作黄土和苍凉。虽是头一次深深体会到《凉州词》里那句“春风不度玉门关”的沧桑感，但心中对这片昔日张骞西行、玄奘取经途经的土地，对这座作为边陲重镇、天下要塞而成为唐诗热门打卡地的城市，也充满了些许好奇。

第二天下午时分，列车抵达凉州，在市区稍做停留，采买完生活试验必需品后，伴随着一路颠簸终于在傍晚时分顺利抵达实验站。刚到的那些日子还有些不习惯，但紧迫的试验渐渐绷紧了我的发条，忙碌之余也逐渐习惯了这片土地和这边的风土人情。在康老师和师兄师姐的指导下，近 50 天的温室番茄试验圆满画上了句号。

初夏之际，为尽快投入研究生阶段的学习，做好来年试验的准备，我再次来到凉州。与上次不同的是，我开始探索苹果树的奥秘。来到试验田间，展现在我面前的是占地十多亩的苹果园。树上早已结满了累累硕果，青涩饱满。但田间杂草丛生，落叶遍地。整理试验场地的环境，迅速打开一条通往试验场地的通道，成为从来没有参加过田间劳作的我的第一个挑战。除草、平地、修垄、剪枝，模仿着经验丰富的当地农民的动作，聆听着他们的指导，一个个步骤进行得井井有条，我手中的铁锹也挥得更有劲了。经过整整 3 天的劳作，苹果园焕然一新，我虽已疲惫不堪，却方知稼穑之艰难。

这项试验对我而言，是一个全新的领域。刚开始，茫然不知所措，看的文献资料找不到方向，试验设备也不会使用，生活学习显得有些“兵荒马乱”，思路不太清晰，感觉可测的指标都想测，可以布置的设备想全部布置上，可是忙碌过后，才发现这根本不能消除我的忧虑。虽然康老师常说“心中要有想法，试验要有创新”，但我好像还是丈二金刚摸不着头脑。一个夏天的时间过得飞快，临近开学时，我带着困惑和不解回到了学校。经过康老师的点拨，通过理论方面的学习，以及向已毕业的师兄师姐当面讨教，我方才“开了窍”。

第二年开春，我又一次踏上凉州的土地，又一次见到了我心心念念的果树。4 月，不觉中苹果树已悄然开花，彰显着蓬勃的生机。水分稀缺，黄沙漫天，果树却在一次次春暖花开中苏醒，在吸取养分的同时，也孕育着大自然最珍贵的礼物。一晃到了 9 月，收获的时节到了。苹果或红或黄，满满地压弯了枝头，果香四溢，洋溢着丰收的喜悦。当沉甸甸的枝头恢复轻松，一抹抹绿色开始变得金黄，半年的试验接近了尾声，留给我们的，便是满满的收获和来之不易的数据。

---

① 2017 年中国农业大学博士研究生毕业，2012—2015 年在石羊河实验站开展博士学位论文试验研究。现在在江苏省南通市苏通科技产业园区管委会工作。本文作于 2019 年 2 月 22 日。

回顾4年试验的历程，总有一些记忆犹新的事情：还记得，每当夜幕降临时，和三五小伙伴们拿上天平，一起前往苹果园、玉米地称重蒸渗桶。近百个桶也经不住人多力量大，称完桶的一瞬间，疲惫仿佛瞬间消失；还记得，偶尔在文献中迷失了自我时，想起繁华的都市生活和美味珍馐，虽然世界的绚丽多彩显得黯然失色，但小卖部、向日葵地、长城遗址却成了我们最好的去处，静心科研成了那段生活的最真实写照；还记得，有几次从凉州返回的时候，许久未见的家人、朋友，笑称我这个江南小伙俨然成了西北大汉。的确，大西北的阳光风雨，让我能够更加成熟和冷静地面对人生的种种考验。

如今的我，已回到家乡南通工作一年有余，单位位于城市的最南端，离家30公里，和武威市区到实验站的距离一模一样。同样的距离，不一样的场景，时常让我回想起当年的那些人，那些事。单位周边没有浓厚的钢筋混凝土气息，入夜时眺望星空，夜空中的星星和7年前刚到实验站那一晚的似乎一模一样。

如今的我，工作中与水利的交集并没有那么多，偶尔参加水利项目评审或研讨，我都倍加珍惜。尽管工作再忙，我还是每年创造机会前往凉州，奔向实验站，看看当年的那些“老朋友们”。或是在苹果树下寻觅当年的痕迹，或是在当年学习的办公桌前坐一坐，或是在田间的小路走一走。

如今的我，已从“象牙塔”走向丰富多彩的工作和生活。再回首，实验站的日子真的是一个让我蜕变的4年。知道如何学习和思考，是西北、是凉州、是实验站给予我的、受用一生的品质。多少次，梦回凉州，西北的印记越趋清晰地把我追回，尘封的记忆从模糊到清晰。

那年凉州，我们青春刚好，梦在路上。

石羊河开启我的科研梦

冉 辉[①]

2012年7月我第一次到石羊河实验站，开始在站实习并跟师兄师姐们学习一些基本试验技能。2013—2015年，在实验站开展自己的博士学位论文试验研究。连续3年的田间试验经历对我的锻炼很大，是开启我科研梦的地方。

记得夏桂敏老师在我离开沈阳农业大学去往实验站时特意叮嘱我，要"谦虚谨慎、戒骄戒躁、与人为善"。在实验站的这3年，我对这几句话有了更深的体会。第一件让我感到有压力的事是我们那一届康老师招了4名研究生，其中两名是中国农业大学本校保研，本科阶段均已发表EI收录论文且拿奖拿到手软；另外一名是武汉大学毕业，只用了2个月边工作边复习考研，名副其实的学霸；而我来自一个非985、211的学校且无一技之长。这种配置用游戏里的专业术语讲叫作3个王者带1个青铜，那一刻我懂得了谦卑和幸运。当然作为一个青铜，也有自己的追求和小心思。所以后来为了C位出道，拿奖学金证明自己，我在研一就基于师兄师姐的数据写了一篇验证AquaCrop模型的小论文。在实验站的一次学术交流会上我将论文交给老师，老师看后觉得还很不成熟，知道我这么着急发论文时，老师批评道你拿奖学金就一定优秀了？你现在将这个不成熟的论文发出去，后面你想撤都撤不回来，等你哪天也当教授了，别人看到这篇文章时会想冉教授当年怎么会发那样差的论文？那一刻我知道了什么是大格局，什么是系统性。在实验站做试验的研究生来自国内外不同高校，从某种意义上说实验站就是一个小社会，所以人情世故也在这里得到了些许体现。根据我的观察，凡是善于团结协作的，试验就做得顺利，成果就出得快；凡是独来独往的，试验就做得艰难，文章就出得慢。因为同时测定的处理和重复多，试验工作量大，一个人无法单独完成自己的试验，那一刻我懂得了与人为善，干事情需要团结合作。

读博是一条孤寂的路，无法重复前人的脚步，所以必须有自己的坚守和目标。在实验站的时候很多人不理解我取那么多生物量干什么。别人取生物量每个生育期取几株，而我是每10天都要取装满1辆三轮车的生物量，风雨无阻。现在想想，如果没有高频率的生物量实测点，就无法捕捉到生物量随标准化蒸腾量的非线性变化规律，那也就没有*Field Crops Research*上发表的那篇论文。当然我也有盲目跟风的时候，在实验站最得宠的仪器当属作物光合仪，不管有用没用先测上再说。因此，这就导致我花了大量时间测了很多与我博士学位论文关系不大的数据，实属多余的工作。说到仪器，实验站有一条永恒的定律：没有先进仪器的人永远在骚动，有先进仪器的人有恃无恐。将仪器连续观测节省的时间用于阅读大量文献，这本是一场不公平的较量。但是学术归根结底是创

① 2017年中国农业大学博士研究生毕业，2013—2015年在石羊河实验站开展博士学位论文试验研究。现在西北农林科技大学工作。本文2019年2月16日作于陕西杨凌。

新，是 idea，只要有好的想法依然可以一把土钻行天下，一个烘箱定乾坤。那时的我满脑子都是试验数据，记得有一次深夜，我突然被人叫醒说我烘的生物量着火了，大家都惊慌地灭着火，我当时也很惊慌，因为烘箱里有我两次的生物量，我立刻意识到这两个实测点是永远无法再补回来了。

在实验站的 3 年让我有幸认识了知识渊博的师长和一些著名的专家。记得那时时常盼望着康老师来实验站，因为每次见到老师都给我如父般的底气，山重水复，柳暗花明。还有杜老师、佟老师、丁师兄、李站长等对我试验过程中的指点都让我少走了很多弯路。当然还有来站交流的外国专家，让我感受到实验站虽然偏远，却是与世界接轨的大平台，我们在这里可以大有作为。

在实验站的 3 年让我有幸结识了一群风华少年。“恰同学少年，风华正茂，挥斥方遒。”那时我们没有太多杂念，也没有太多杂事。记得那时我和金涛师兄在地里比赛测株高叶面积的速度；记得同门给远在皇台葡萄试验基地测样吃不上饭的阿鹏送饭的背影；记得大雨将至大家一起帮忙抢收晒场上的小麦；记得那时白天下地做试验累得疲惫不堪，浑身骨头像散了架似的，但是一旦到篮球场上又浑身充满力气，满血复活……怀念在实验站的那段日子，怀念那时无忧无虑的自己，当然还有晚上璀璨的星空。没有轰轰烈烈的故事，却是刻骨铭心的经历。有时候我也在想，要是这一切都是坐在田埂上的梦，梦一定是被师妹的声音打断的，想什么呢师兄，该灌下一个小区了。

在实验站的 3 年也让我与当地人建立了深厚的情谊。农忙时节，披着面纱骑着电三轮浩浩荡荡驶入实验站的“嫂子们”是记忆里的一个符号；抡着铁锤在地里汗如雨下帮忙取根取土的西北大叔也是一个符号。这些符号其实已经深深根植在我的记忆里。有一次我接待武威市水利技术综合服务中心董主任一行到杨凌调研遮雨棚建设与运行状况。见到他的那一刻，我感觉仿佛见到了家里亲戚一般，那一刻我才意识到，实验站已经成为我潜意识的某种归宿。如果某一天，我在杨凌或在其他某个地方见到陆哥、侯姐夫或是小汪叔，那一定会很奇妙。

人生就是一次又一次的经历。作为“青铜”的我能够进入石羊河团队，用复旦大学陈果教授的话说这不是你足够优秀，而是你足够幸运。如果没有在实验站锻炼的 3 年经历，也许我的博士学位论文没有那么顺利通过，也没有现在的这种笃定和自信。我通过努力，力求一步一个脚印，以在实验站 3 年获得的这些宝贵试验资料为基础，先后在 *Field Crops Research*、*Agricultural Systems*、*Agricultural Water Management*、*Journal of Arid Land*、*Frontiers of Agricultural Science and Engineering* 等期刊上发表了 5 篇学术论文。在实验站的 3 年也让我从实践的角度感受了一个试验方案从理论层面制定后，如何落地完成，最终如何转化成科研成果这整个链条，使自己具有了独立从事科学研究的能力。

每一代人都有每一代人的使命和作为。康老师他们那一代人创立了实验站，开创了石羊河流域农业高效用水与水资源调控的研究。有人说康老师他们那一代人太勤奋，把农水领域能做的基本都做了，导致后面的人很难有所突破。确实，在农水领域再想提出“分根交替灌溉”“节水调质高效灌溉”“面向生态的水资源配置”等理念很难，传统的田间试验研究也很难再在国际上发表文章。因此，康老师近来提出了“农业水土工程路在何方”的命题。我们年轻一代可能暂时无法回答这种大命题，但我相信，随着高新技术的蓬勃发展，以及绿色发展和乡村振兴的国家需求，“农水”必有自己的出路和生机，我们年轻一代农水人也会有自己的作为。

3 年的石羊河经历使我懂得科研不是一种“自娱自乐的游戏”，做学术要“穷理以致其知，反躬以践其实”，要把论文写在大地上，写入改善人们的生活环境中。实验站地处西北旱区，定位于解决西北干旱缺水问题，符合国家战略需求，具有极大的社会价值。从实验站走出来的一批又一批的研究生在这里实现了自我价值与社会价值的统一。我为自己曾经亲身参与到且今后还继续参与到实验站所服务的伟大事业中而感到幸运和自豪。

挥洒青春汗水

吴友杰[①]

"大风起兮尘飞扬，石羊河站白茫茫；恰看同学半遮面，风风火火种田忙。"

2012年4月，我初到实验站，百感交集，听到两位师姐对起这首打油诗，此般恰到好处，深有同感。

当时我还是一名大四本科生，到实验站完成自己的毕业论文。初来乍到，懵懵懂懂，对"试验"的概念还停留在中学的认知水平。自以为是农家孩子，能吃苦，会种地，没什么不可以克服的。西北风大、干燥，来自南方的我到站刚两天，手皮脸皮都变成了"树皮"，嘴唇鼻子干裂出血。乘兴而来的我变得有所沮丧。在地里布置试验，忙了一整天，一身尘土夹着汗臭味，让人坐立不安。当时我们住在平房，6人一间，房前有一口地窖，是我们所有生活用水的来源。我们买来一热水壶，每天从地窖打水，烧开后在宿舍里"洗澡"，舍友们看不惯我这种"矫情"行为，于是我成为大家的笑料。他们都来自北方，习惯了几天甚至半个月不洗澡，通常十天半个月到城里洗一次，所以，宿舍里的空气质量不言而喻……4月初的西北还是相当冷的，夜间北风呼啸，寒气袭人，冰凉的被窝让人难以入睡。这个时候往往想给家里打个电话，尽情地述说自己的"委屈"，然而电话拿起又放下了，怕家人担心。白天一边忙于自己的小试验，一边帮忙师兄师姐，挺累，但很充实。在这一点上我还是过得开心的，至少大家认可我这点"能力"：挖剖面、打土钻、起垄打埂……都体现了自己的"价值"。然而，只知道埋头干活的我却不懂向师兄师姐们请教，不及时看文献，以致两个月后我的试验做得一塌糊涂，本科毕业论文不堪入目。

毕业后的那个暑假，我又重返实验站，这次到站的心情相对平静和轻松。没有了试验和论文的压力，没有了凄风苦雨，荒凉萧索，实验站变得葱翠景气，成了避暑的好地方。晚饭后到隔壁监狱里和士兵们打篮球也是相当令人神往。

2013年3月底，怀揣一颗期待的心，我又来到实验站。这一次虽然有同样的风暴沙尘，同样的干旱缺水，但我不再感到沮丧，习惯了这种生活方式，心里想的只是自己的实验。吸取了2012年的经验教训，今年的试验布置得相当顺利：拉线划实验小区，挖沟起垄，覆膜播种……一切井然有序，试验地看起来也整洁美观，心里感到踏实。4月6日，杜老师到站看望我们，带领我们十几个学生入住新楼，也就是现在的实验楼。还清楚地记得，当天上午6时6分，响起了鞭炮，大家争先恐后地冲进了大楼，这里成了我们的新家，我们成为入住新家的第一批成员。楼前广场上建起了篮球场，对于我这个篮球爱好者来说，真是一大幸事！每天晚饭后，我们在操场上尽情地挥洒着汗水，拍球声、呐喊声、欢笑声洋溢在这乡间小田园。

---

① 2017年中国农业大学博士研究生毕业，在实验站进行本科毕业论文和博士学位论文试验研究。现在在湖南农业大学工学院工作。本文作于2019年2月。

2013年的试验是辛苦的。试验小区总面积5.3亩，即使可以雇佣工人，我只需做收集数据这种主要工作，但从整地平地、播种、到最后的收获都是自己完成。研一的新生到实验站都踌躇满志，一腔热血，我也不例外，每天早出晚归，在试验地里收集各种数据，能多收集的就尽量多收集，看见师兄师姐们测量这那，自己也照猫画虎，先不管对自己有用与否。就说测量蒸发，自己打了四十几个蒸渗桶，还分封底的不封底的，铁皮封底的和塑料封底的，三至五天换一次土，把自己累得倒床就睡个死沉。现在回想起来都会不自觉地发笑，当时也不顾师兄师姐们的劝说，每天埋头干，不出一个月，被太阳晒得很黑了。不过当时的确感到快乐和充实。

实验站里往往会有一些感人的故事。5月下旬，西北的沙尘暴还在肆虐着，八九级的大风，能见度在10米以内。然而这一天，我偏偏在给玉米灌水，晚饭时间已经过了，但这时我必须在地里读水表，饥寒交迫，田野里空无一人……此时，一阵声音把我惊醒："吴友杰，你怎么还在地里！快回去！风太大了，小心被东西砸到！快回去！"我迎声望去，只见一个矮小的身影，她用头巾捂着脸慌张地向我跑来，凭借声音和身影我能认出是一位师姐。"我还得看水表呢，你先快回去吧师姐！"我应声答道。"我帮你读，你快回去！快！快！"……那一刻，我感动得说不出话。当然，我不可能让师姐冒着风暴在地里帮我实验，但她的这番举动从此深深地印在我的心底。

试验真正的开始是在6月份，最忙最累在7月份和8月份：频繁地测株高叶面积、光合日变化和取土，最重要的是收集同位素样品等。试验结束于9月中下旬。总之，这一年就在紧张、慌忙和欢快中度过。这一年里，我还做出了一个重要决定，也是杜老师给予的一大好机会：硕博连读。

2014年，我以一个过来人的身份再次来到实验站。今年的试验不再紧张和慌忙，但欢快还是常有的。经过半年的数据整理分析，查阅文献，自己的思路变得清晰一些，工作分清了主次，知道哪些数据对自己是重要的，所以，今年的试验相对轻松，基本是在自己的计划中完成。除了试验，我还担任了学生代表，参加实验站日常管理工作。说到这里，我感到非常惭愧，因为我并没胜任这个工作，新闻宣传、管理网站对我来说实在太难了，中学时期最令我头疼的就是语文，尤其是作文，现在让我写新闻稿，好似赶牛上树。我虽然用心尽力了，但结果还是很不乐观，令大家失望。但对我个人来说，从这个过程中我学到了很多，了解到很多以往所不知道的，在一定程度上提高了自己的思维高度和为人处世能力，还提高了自己的拍照水平。实验站经常有专家、领导来参观视察，包括一些国外有名的科学家，让我们有机会近距离接触到他们，甚至与他们交流，大家紧张忐忑中有种追逐明星的感觉，与他们握手、合影令人兴奋不已，最重要的是让我们开阔了视野，对我们的学习和研究有很多启发。

这一年里，实验站举办了几期学术讨论会，其中有一期我做了报告，受益匪浅。8月中旬，到河南新乡参加了两年一次的全国农业水土工程学术研讨会，从专家学者们的报告里了解到我们研究领域的科学前沿动态，开阔了眼界。两天的会议中，我有幸做了报告，得到了专家学者的点评和指导，收获颇丰。也就是在这个会议上，我发表了人生第一篇学术小论文，虽然只是一篇水平较低的文章，但为我后期的论文写作打下了基础，提高了我学习和研究的热情和信心，同时这篇小论文还给我带来了一个小惊喜：学业奖学金。

2015年,我再次来到实验站时,已经成为站里的“元老”人物,是大多数同学的师兄了。所以,自己不自觉地也变得“老成”,不再那样的朝气蓬勃、满腔热血,干劲也不那么足了。当然,需要想的东西多了,每天脑子里的弦绷得紧紧的,想着怎么收集到最好最有用的数据,查漏补缺;想着如何写文章,规划自己的博士论文。

年初在北京时写了一篇英文文章初稿,这一个月是非常痛苦的,由于自己的准备工作不到位,急于求成,写写停停,忽而找材料查数据,忽而删除一段或者补充上几句,时而唉声叹气,焦头烂额……修改的过程更是历经折磨,费尽千辛万苦写出来的东西,自我感觉良好,甚至沾沾自喜,却被师兄和老师们说得一无是处,很受打击。修改过程删删减减、增增补补持续了近半年时间,到了5月中旬终于投了出去,等待结果的过程也是煎熬的,7个月过去了依然杳无音讯,结果如何只能默默祈祷了。不管怎样,这个过程是充满价值的,是刻骨铭心的。说到这儿,我非常感谢导师杜太生老师和李伏生老师,他们不厌其烦地修改文章让我无以回报。

现在,从师弟师妹们身上仿佛看到自己当年的影子,充满活力,积极向上,一个个从细腻白嫩变得黝黑发亮,从慌忙紧张变得沉稳冷静,乘兴而来,满载而归。他们中一部分和我一样继续读博,来年再踏上这片田地,其余的成了实验站匆匆的过客,到实验站几个月就回校写论文毕业了,但他们在实验站也留下了深深的印记。

青春不只是汗水和泪水的挥洒,更是理想和信念的追逐,相信这段记忆会照亮我们前进的方向。希望我们在回忆这段往事的时候,能够因自己在这片土地留下的足迹而感到自豪。

梦里，常回石羊河种玉米

漆栋良[①]

岁月如歌，时光荏苒，转瞬间离开石羊河实验站已5年，参加工作1年有余。每每忆起在石羊河的点点滴滴，仍历历在目，记忆犹新，仿若昨日。

与玉米结缘

2011年3月份，我正在硕士研究生二年级学习，部分课程还没有结束。有一天，接到自己导师胡田田教授的电话，说到她的办公室去一下，讨论一下研究的课题。带着忐忑的心情，去了胡老师的办公室，得知老师考虑派我到武威去做玉米大田试验。当时心里合计，去武威也不错，路过兰州，想回家还近，在外面还少受学校的各种约束，便欣然答应了。

胡老师怕我人生地不熟，特委托张富仓老师的研究生张鹏师兄带我过去。张鹏已在石羊河实验站开展了一年试验，是第二年去开展试验。记得从杨凌出发大概坐了12小时的火车到了武威，由于火车晚点，到时已近凌晨1:00点。我们住在了武威市里的宾馆里。第二天，从客运站坐上了去王景寨（实验站所在地）的车。一路上，黄沙漫漫，兴奋的心情减失。第一次意识到，虽然同属甘肃，但武威和我的家乡渭源相比气候差异还是很大。心里默念，希望自己能尽快适应。

汽车在乡村公路上一路颠簸，大约在中午12:00到达了实验站，刚好碰上实验站食堂开饭。张鹏师兄已提前给厨师打过电话，所以也给我们两个预备了午饭。我高中同学杨晨飞在中国农业大学读研，当时已在实验站做试验。吃过饭后，他热心带我参观了实验站，给我讲了许多实验站的人和事，让我甚为感动。

接下来几天，我开始准备做试验的材料，先后购买了玉米种子、化肥、地膜等，划分了试验小区。这期间，陆权帮了我不少忙。与我一个寝室的郑睿和郭维华师兄也给了无私的帮助，特别是对试验小区的划分提出了建设性意见和建议。李思恩老师很关心在站学生的安全，每次见到我总问我生活是否习惯，试验进展如何，令我倍感温暖。真正富有挑战的事情还是试验的实施。虽然自己生在农村，但由于常年求学，加上父母主要做些小本的药材生意，我对种地的学问了解不多，特别是玉米，更是一无所知。很清楚地记得播种那天，艳阳高照，我去了地里和工人一起干活。可是，没干多久，我的鼻血直流不止，吓得跑回实验站寝室休息了半天。当地一起干活的人说是因为太干了，建议我喝些菊花茶，可以降降火。

---

① 2017年西北农林科技大学博士研究生毕业，2011—2014年在石羊河实验站开展硕士和博士学位论文研究，现在长江大学工作。本文2019年2月23日作于湖北荆州。

与玉米相伴

武威的夏天炙热炙热的，但由于我做的是分根区交替试验，灌水特别麻烦。别人灌水把阀门打开，过一会儿去记下流量即可。我的试验每次灌水需要及时移动水管，每次灌水沟的位置还不一样，所以不管是骄阳似火还是沙尘天气，灌水时我都要守在地里，一守少则一天多则两三天。这时，经常会望着玉米发呆，心里琢磨这农民真不好当，可以说从播种到收获都是汗水和辛酸。

远在杨凌的胡田田老师很关心我在实验站的生活，经常给予我关心和问候。在播种和收获季节，胡老师怕我一个人忙不过来，会委派同学过来帮忙。从 2011 年到 2014 年，先后有周振江、牛晓丽、刘亭亭、赵世翔、吴雪、宋雪、冯璞玉等同学过来帮忙，每个人在实验站都度过了一段难忘的时光。记忆犹新的是周振江师兄帮我给玉米地里灌水。由于第一次做试验，也没什么经验，我买的水管太粗了，结果灌水时水管注水后变得死沉死沉的，挪动起来非常吃力。当时还请一起从西北农林过来的同学——薛冯定和索岩松帮忙，加上周振江共 4 个人移动水管。水灌完时，4 个人都累趴下了，周振江开玩笑说这跟打仗似的。我们痛定思痛，后来换了直径较小的水管，从总阀门处控制并减小流量，灌水可以自己一个人搞定了，当时觉得蛮开心，觉得自己解决了实践中的难题。

实验站有时停水，有时停电。停水的日子里用矿泉水煮过方便面，告诉高中同学时，他开玩笑说好奢侈啊。其实只有自己知道这是没有办法的办法。在水电都停的情况下，去当地老乡家里蹭饭吃也是时有的情况。每每遇上这样的情况，又恰逢同学过来帮忙，内心就会觉得很不安。最最致命的是，这种情况对试验的影响，有时正在试验中，竟然停电了，数据又得重新测。

收获的喜悦

经过 2011 年漫长的暑假，转眼到了金秋 10 月，不知不觉到了玉米的收获季节。望着金黄色饱满的玉米果穗，内心的喜悦之情溢于言表。实验站的汪如山是经常帮我干活的工人，他是王景寨村的农民。他说的话很朴实，我至今记忆犹新。他常说“庄稼就像庄稼人的娃，庄稼长得好不好主要看庄稼人会不会带娃”。也许是长期种庄稼的缘故，庄稼的成长与收获已经与千千万万像汪工一样的农民的幸福紧密地联系在一起。这种情怀，随着我做玉米试验时间的延长，也渐渐浸入了我的心田。我慢慢不再排斥种地，甚至喜欢上了那种纯粹。原本不想读完硕士的我竟然申请读了博士。也许环境会改变好多东西，为一件事长期的坚守与付出会潜移默化地影响自己的选择。特别清楚地记得 2014 年试验结束，我将彻底离开实验站时，心里充满了不舍。实验站的蓝天白云、淳朴善良、美酒佳肴、欢声笑语……注定永远刻在我的心里，挥之不去。

除了种玉米的实践外，知识和科研能力的提升是石羊河实验站带给我无尽的财富。康绍忠院士会不定期地来实验站看望大家，了解大家生活和试验中有哪些困难，给大家加油鼓劲。杜太生教授作为实验站的常务副站长，经常主持召开实验站的重大会议，为实验站的发展倾注了大量心血。在站学生自发成立自行管理组织。我们有生活组、学习组、文体组等小组长，把实验站生活搞得有声有色。最令人难忘的是，每逢重大节假日，实验站都会组织活动，有时是篮球比赛，有时是去武威市里聚餐，有时是文艺比赛……武威市水利技术综合服务中心的董平国主任、胡铁民副主任都是很热心的人，非常关心大家的学习和生活。总之，实验站就像一个其乐融融的大家庭。慢慢地，大家虽然来自天南海北，但都相互照顾，就像一家人一样。有些南方来的同学刚到实验站时不大适应北方的气候和饮食，到后来竟然慢慢喜欢上了面条，喜欢武威夏天清凉的夜晚。离开时，好多人都充满了不舍。

后　记

离开实验站有整整 5 个年头了，但从来没有再回去过。内心时常想起实验站的人和事，充满了感恩和感激之情。为什么呢？源于实验站的纯粹吧！蓝天白云的纯洁当然是一个方面，更为重要的是每个人都在纯粹的为自己的理想而奋斗。大家彼此之间也没有什么利益冲突，一种对知识渴望的缘分把每个人聚在一起。老师们的渊博知识和慈爱可亲融化在实验站的每一寸土地，给我们每个学生树立了非常好的榜样。

相信每一个在实验站待过的同学，都会难忘她，难忘石羊河！青春和泪水、辛勤与收获、创新与驱动、友情与爱情、敬业与奉献……无一不被那不大不小的实验站深刻诠释着。可以这样说，在实验站的日子是有限的，但实验站带给自己的精神财富是无限的……梦里，常回实验站种玉米！

在石羊河实验站的美好时光

徐淑君[①]

工作以后,回想起石羊河实验站的那段奋斗岁月,却是最充实、最自由的。

当时由于我的男朋友是甘肃的,我对甘肃有一种特殊的亲切感。所以当我得知要去石羊河实验站做试验时,没有一点点抗拒和不悦,甚至很欣喜。怀着我要为建设大西北贡献自己一分力量的豪情,坐上了北京至武威的K43次列车,来到了石羊河实验站,在这里完成了我的本科毕业论文和硕士学位论文试验研究。

难忘奋斗时光

难忘刚开始布置大田试验和盆栽试验时,每天和魏师兄面朝黄土背朝天,划分试验小区、打Diviner测管、移栽番茄苗、铺设滴灌带等撸起袖子加油干的奋斗场景。

难忘番茄苗移植到田间后的一次霜冻,生怕这些可爱的小生命夭折,半夜跑到地里生火为它们驱寒。

难忘盆栽试验破坏时三天两夜的不眠不休,采集完最后一个样品把试验田收拾干净后的如释重负。

难忘利用真空抽提系统抽取水样时爆管突然"嘭"的一声,然后捂着同样"砰砰砰"直跳的心脏,再拿出一个新管安上继续抽取。

难忘用浓硫酸测西红柿品质时,把迷彩服烧了几个洞,每次做试验时都战战兢兢、小心翼翼,用口罩、脖套、手套把自己包了个严严实实,生怕浓硫酸会溅到自己脸上导致"毁容"。

难忘欢乐时刻

难忘试验任务不重时,早晨6:30起床围着实验站美美地跑上10圈,为了减肥也好,为了保持身体健康也罢,听着鸟叫,闻着花香,呼吸着新鲜空气,一整天都神清气爽。

难忘每次打钻取土测完土壤含水率后大家围坐在一起边擦土盒,边玩谁是卧底游戏的欢声笑语。

难忘老师每次来实验站看我们,我们的伙食都能大大地改善。晚上老师带我们开联欢,难忘莎莎师姐动听的英文歌曲响彻整个实验站,小强师兄唱歌时专注陶醉的"跑调"让人忍俊不禁。

---

① 2012年和2014年在中国农业大学分别本科和硕士研究生毕业,在石羊河实验站完成本科毕业论文和硕士学位论文。本文作于2019年2月20日。

当然也难忘测番茄红素时，经历各种试验步骤成功测得一个指标时的成就感，开心到飞起。

难忘同学情谊

难忘薄晓东和魏镇华2位师兄对我试验的指导，尤其是魏镇华师兄，试验进程中每天和我并肩作战。

难忘张娟、吴迪、杨慧这“3朵金花”师姐对我无微不至的照顾，实力宠我这个师妹；我和张娟师姐做同一个项目，张娟师姐做试验测各项指标时的严谨认真不服输画面历历在目，至今深深地鼓舞、感染着我。

难忘纪莎莎师姐亦师亦友的帮助，不厌其烦地给我讲解如何操作光合仪。

难忘吴友杰和谷丰两位同门对我的无私帮助和陪伴。

难忘郭秀伟、薛景元和陈庚3位师弟师妹帮我测株高、叶面积等指标时的麻利，一个个都是得力助手。

由于个人原因，我当时没能继续攻读博士学位，这成为自己人生中的一件憾事，如果再给我一次机会，我想我会继续回到甘肃武威石羊河实验站这份热土，播撒自己的激情与热血，完成自己的博士学业。

回忆起在实验站的点点滴滴，满满的都是感恩。感恩导师的治学严谨，受益终身；感恩能在石羊河实验站这样的优秀团队里，见识了更高深宽广的学术世界；感恩遇到的各位师兄师姐师弟师妹，他们给予的无私的帮助让我终生难忘！

在实验站的那些日子

谷 丰[①]

2012 年 3 月 31 日，我和寇丹师兄在吴迪师姐的带领下，乘坐 K43 次列车，经过 26 个小时的颠簸，第一次来到了凉州城下。清楚记得我和吴迪师姐是卧铺，寇师兄由于买票较晚是硬座，其间问寇师兄累不累，他说不累，看会儿书的功夫就到了。26 个小时硬座，看会儿书的功夫就到了，真佩服！

本次来实验站的目的是完成本科毕业论文试验，主要是参加杨慧师姐的温室蔬菜水氮优化与品质响应的研究。刚进实验站的景象已经模糊了，只记得杨慧师姐宿舍的炉子还没撤，炉筒子还在冒着青烟。师兄师姐还要带着我们从门前的水窖里面用塑料桶提取生活用水，够艰苦！接下来就是在杨慧师姐的带领下到王景寨几个村子的温室大棚里面调查，取土，测氮，完成本科毕业论文；5 月底返回北京，答辩，毕业。在这里要特别感谢杨慧师姐在实验站对我的照顾，并尽心尽力指导我做试验，凌晨 4 点还在帮我测氮，我却在宿舍睡着了，太惭愧！

2012 年 10 月 20 日，我和陈金亮、陈任强师兄再次来到实验站，此次进站的目的是进行硕士论文试验研究，直至 2013 年 7 月底返回北京。天气越来越冷，10 月的武威早已天寒地冻、大雪封站。我在 2 位师兄的带领下，每天三点一线，宿舍、实验室、温室，循环往复。早上起床是最痛苦的，起来太冷，不起更冷。起床后先去玉米地里捡一些玉米芯，回来点起炉子，压上煤，煮上粥，然后我们三人会去篮球场投一会儿篮球。陈金亮自诩为库里，陈任强自称是格里芬，而我就是他俩晃来晃去的障碍物，陪 2 位博士生潇洒一番后回宿舍喝粥吃早餐。

3 个男人的冬天，无数的碎片化回忆沉淀在脑海里，永远也忘不了。忘不了测土壤含水率时 Diviner 测量杆碰撞管壁的欻欻声；忘不了榨汁机连续打碎西红柿后电线过热冒出的刺鼻气味；忘不了大风天的深夜里和侯姐夫一起修理卷帘机时的无助感；忘不了数次借进城购买蒸馏水和化学药品机会大吃一顿的兴奋感；忘不了做试验时一次次被浓硫酸灼坏裤子时的恐惧感；忘不了守着病死西红柿秧苗哭泣时的悲伤感；忘不了陈金亮博士在夜深人静的院子里引吭高歌时的苍凉感……太多的忘不了，艰苦、快乐与成长交织的 9 个月！

2014 年硕士毕业后，我进入一家市政设计院的海外部门，从事海外工程的开发与执行工作，常驻于贫穷且多疾病的西非赤道几内亚和酷暑炎热的中东阿联酋迪拜。工作之余，我会经常给黑人朋友和阿拉伯朋友们讲起中国西北丝绸之路上的重镇——凉州城，以及我在那里的种种美好经历。无论是在多么艰苦的工作环境中，石羊河实验站带给我

① 2012 年和 2014 年在中国农业大学分别本科毕业和硕士研究生毕业，在石羊河实验站完成本科毕业论文和硕士学位论文。本文作于 2019 年 2 月 18 日。

的积极向上的人生态度、百折不挠的拼搏精神和艰苦朴素的生活作风都一直激励着我奋勇直前，勇攀事业高峰，把她赋予我的优良品质和品德带向世界各地，感染着周围的每一个人。

中国西北大漠有一种树，名为胡杨，传说中胡杨树生而三千年不死，死而三千年不倒，倒而三千年不朽，具有极强的生命力，被誉为“沙漠守护神”。愿石羊河实验站像胡杨一样，站似胡杨三千载，根深百尺留芳春！永远屹立于大西北，成为祖国西北地区节水事业的“守护神”，培养出更多的栋梁之材。

虽然毕业已经接近5年了，但我仍经常在梦里回到实验站，站在成百上千的西红柿果实堆里，惆怅着不知道该测哪些指标……

葡萄园的日变化

赵　鹏[①]

人有悲欢离合，月有阴晴圆缺，万物皆在变化。

人们日出而作，日落而息，自然界的生物亦如此。

黎明时分，太阳渐渐出来了，看似平静的大地开始活跃起来，植物气孔打开、光合作用开始，土壤接收辐射给予的能量，水汽开始蒸发返回大气，地下微生物经过一夜的休息，也开始工作了，各种生化反应在黑暗中进行，生产出许多有趣的气体，在黑暗土壤空间中穿梭并寻找出路，最终穿过土壤表面进入大气，到达一个全新的光明世界。正午是它们的中年，精力达到顶峰，慢慢各种活动开始减弱，傍晚它们开始陆续下班，从容、有条不紊永远是它们的节奏，夜晚进入睡眠，养精蓄锐，迎接明天新一轮的路途。就这样，日复一日，永不停歇。

请原谅我一个工科男用这看似文绉绉实则不通的语句做开场白，实在来讲，亦颇为难。好了，下面回归一个工农科种地直男的语言模式。

太阳、植物和土壤白天干活，夜晚太阳下班了，植物和土壤却还在呼吸。我们很关心它们，所以得时不时地盯着它们的一举一动。例如，上午它们如何表现，下午的表现有没有不同，中午它们有没有因为太热而打个盹午休呢，晚上它们是否完全停止了活动，或者还在暗中做着一些不为人知的事情，这些未知的东西，就需要日变化来解决。

百度百科上说，日变化是体现每日变化的数据，大致如此。

我的实验是观测葡萄园与大气间的水汽、能量和 CO_2 交换，包括土壤蒸发，植物蒸腾、光合作用、呼吸作用(包括土壤呼吸)等，这些东西都可以通过仪器测得。在试验站，我测日变化算是比较多的，有叶片光合蒸腾日变化、土壤呼吸日变化、土壤蒸发日变化、地表辐射日变化等。虽然是通过仪器观测，但并不是自动的，所以需要人来操作各种仪器。测日变化有时候还是比较累，不过也很有意思，能获得有用的数据，从数据中能看到很多有趣的现象。

用 Licor-6400 光合仪测植物叶片光合蒸腾日变化，这是实验站大多数人都干过的，一般要两个人配合完成。光合仪一直是个香饽饽，只有一到两台，想用的人有好几十个，所以它的档期总是排得很满。我每年会用几次，一般是早上 6:00 左右起床，由于葡萄园比较远，起床洗漱加上准备仪器上车到开进地里，差不多得 1 个小时。把仪器架上调试好就开始测，这时候可以吃点干粮了，就这样每 2 个小时一个轮回，一个轮回大概一个多小时，这样的话当中还有半个小时能休息一下。就这样几个轮回过去，也就到了傍晚，终于能收工了，把仪器搬上车后启程返航的那一刻，很满足，觉着这一天很值得。其实葡萄

---

① 2019 年中国农业大学博士研究生毕业，2012—2016 年在实验站进行博士学位论文试验研究。现在在瑞典农业大学做博士后研究。本文作于 2019 年 2 月。

园测光合比别的地里要舒服一些，尽管没有一个遮阴的地方，但是地方宽敞所以行动自如，不像其他试验田那般空间狭小行动不便；葡萄叶片很大，不像大豆或番茄那样会因为叶片太小而难以找到合适的观测对象；葡萄枝藤柔韧性好，不像玉米叶片那般脆，动不动就断了罢工。中午一般有人给送饭，他们是我的恩人（下同）。在炎热的夏季，他们送饭时有时会带了冰冻好的西瓜，吃完饭来上几块，别提多带劲了。偶尔傍晚收工后，并不急着回去，去附近的小卖部买点啤酒，坐在地上靠着葡萄树，吹着凉风喝着酒，惬意的很。测叶片光合蒸腾一般是从日出到日落，但有一次我想看看夜间的数据如何，就测了一组连续24小时的数据。那是6月，白天已经有点热了，我和冷栋都不知道晚上的温度，所以只穿了一个薄外套，到了凌晨实在冻得不行，正当不知咋办的时候，突然想起附近堆有去年冬天葡萄剪枝留下的残骸，就去弄了很多枯枝条，烤起火来，舒服的很。后来看看数据，我们得知原来叶片在夜间还有蒸腾，这个晚上值得了。尽管接近于零，而光合速率是负值（因为只有呼吸而无光合），气孔导度尽管很小但并不为零，尽管这些知识书本上有，但看到自己测的数据心里更踏实。由于白天葡萄园太晒，导致后脖子晒脱皮，我的防晒装备也在慢慢升级，从刚开始的帽子，到雨伞，最后弄了一个卖瓜大叔用的大遮阳伞。在此感谢在我测光合时帮助我的同学，他们是吴友杰、冷栋、纪莎莎、郭秀伟、陈霞、肖欢、秦淑静。

土壤呼吸日变化一个人就能搞定。由于测点较多（12个），相邻测点的间隔时间较短（大概8分钟），所以从早到晚一直得弯着腰把土壤呼吸仪搬来搬去，相对来说比较累，往往一天测下来，腰疼得很。不过有个好处，就是在每个测点的测量过程中，只需要把仪器安装并设置好后，然后就可以坐着等它测（大概4分钟），所以每8分钟内有4分钟是自由的。由于我有四个土壤呼吸试验处理，有时候需要测它们的24小时连续日变化，这样的话就需要连续测四天。出发那天的早晨，要带的东西就多了，土壤呼吸仪、毛巾、牙膏牙刷、一箱矿泉水、零食、几包烟、天平、土钻、铝盒、被子、帐篷、遮阳伞等，搞得像逃难一样。连续四天日变化观测其实不累，只需要每天定点观测一个测点，意思就是早上把仪器安装在某个测点上，就可以不动，一直到第二天早上再换一个测点继续。因此，剩余的时间可以干别的活，例如，取土测含水率，一般我还会同时测土壤蒸发的日变化，蒸发桶不多，只有18个。不过这时要麻烦恩人们了，早上、中午、晚上三顿都得送饭，有时候没水了还得送水。常常当我还在睡觉时，他们就已经把早饭送来了，我醒来后发现饭已经挂在葡萄树上了，在此感谢为我提供粮草的恩人，他们是吴友杰、秦淑静、冷栋、纪莎莎、郭秀伟、李燕婷、耿张要、魏镇华、陶雪（人太多，还有一些记不住了，抱歉）。由于有了上次夜间测光合时受冻的经验，第一次测连续四天时我带了一床破被子，不过晚上才发现还是失策了，只能裹着被子坐在地上，奈何被子太小，裹住上身就裹不住下身，就这样挨过了一个晚上，第二天忙叫恩人又带了一床被子，这样剩余的几个晚上就能下面铺着被子，上面盖着被子。不过问题又来了，晚上是昆虫们的活动时间，会爬来爬去，眼睛能闭上、耳朵能用卫生纸堵上，鼻子咋办呢。想到以后还有很多的连续四天昼夜变化观测，我果断买了帐篷，所有问题都搞定，防风防雨防虫，睡得相当踏实，一觉到天亮。

有时候需要同时测叶片光合蒸腾、土壤呼吸、土壤蒸发的日变化，还要取土，这时候就需要很多恩人来帮忙。那一次有郭秀伟、纪莎莎、冷栋、陈霞、吴友杰、肖欢，他们有的是帮我做试验，有的是中午帮送饭。在我们吃饭时，来送饭的恩人就代替我们观测。感谢他们！

还有很多的事情，平时虽不常想起，但都历历在目。感谢石羊河实验站，感谢葡萄园的人与物，感谢老师们，最要感谢的是那些给我帮助的恩人们，感谢！

我赶上了实验站的好时代

罗安荣[①]

提笔石羊河，思绪便飞到了几年前第一次来实验站时的情景。对比早一代实验站的开拓者们，我们应该说是赶上了好时代，现在优越的试验条件，完善的试验仪器，稳定的后勤保障，在当时的年代里那就是一种奢望。

我是2015级的博士研究生，很荣幸加入石羊河团队，时至今日我仍然庆幸作为一名在职的普博生，能够在农业水土工程领域，加入最优秀的团队，结识志同道合的朋友，这得需要多少年人品的积累和爆发，或许是我人生中最重要的一个转折点。第一次来到武威是2015年7月，武威的夏天没有烁玉流金却清爽宜人。周师妹接到我以后，带我到劳保店里购买了迷彩服，当时较为疑惑。记得上一次穿迷彩服还是在大学军训的时候，后来我明白了这是实验站不可或缺的标配，在站做试验的同学都穿迷彩服，从实验站建立之初就有这样的传统，抑或是石羊河实验站文化的一种延续，激励着一届又一届的同学把青春和汗水播撒在这片土地上。经过1个小时的车程，“中国农业大学石羊河流域农业与生态节水试验站”跃入眼帘，似乎在告诉我这里虽然是偏安一隅，地处东河乡王景寨村，却是“山不在高，有仙则名”，真正静心修炼之所。正所谓“前人栽树，后人乘凉”，初到实验站，站内软硬件设施已经日趋完善，看到的都是大型仪器设备、涡度相关系统、波文比能量平衡观测系统、流动分析仪、气相色谱仪、现代化的人工气候室等，处处体现着与地理位置卓尔不群的高大上。当然在仓库里你也会不经意发现一些已经不常使用的仪器，它们似乎已成为尘封的往事，斑斑锈迹下映衬着曾经辉煌的过往，帮助同学们在这里完成自己的科研论文，实现科研梦想，成就自身价值和家国理想。

由于硕士阶段我从事的是温室大棚樱桃番茄研究，自然而然，对大棚番茄有着较为熟悉的知识构架。然而在正式介入试验以后，才发现一切都需从零开始，有太多的技能是书本上学不到的，例如，管道的架设，出水管的安装，大棚通风口的设置等等，这些试验中的具体细节不再有老师现场的督促和指导，更多的是同门间的传帮带，需要充分发挥主观能动性去学习试验的各种技能，也许独立思考解决问题的能力就是从这个时候开始培养起来的。当然，如果你遇到无法解决的事情时，也不用担心，万能的陆哥可以随时为你答疑解惑。人们常说如果一个人在一个行业里做8年，那么他就是专家了，从实验站成立起，陆哥就一直协助实验站的各种生产工作，以他丰富的农田实践能力，似乎可以出一本类似田间实验指导的书了。实验站确实是卧虎藏龙，这里不仅有实力超然的学霸，也有看似平淡无奇却身怀绝技的工人师傅，不禁让我肃然起敬。由于实验站的广袤，看到的都是忙碌的身影，或三五成群，或形单影只，脚步匆匆地穿梭在田间地头或实验室之

① 中国农业大学2015级博士研究生，2015—2017年在实验站日光温室开展博士论文试验研究。本文作于2019年2月24日。

间，那充满活力的迷彩绿与作物相互映衬，可谓“落霞与孤鹜齐飞，秋水共长天一色”。当然丰富的站内文化生活也是必不可少的，不定期的乒乓球比赛、宿舍卫生评比、排球和篮球比赛等。

一天之中，实验站最喧闹的时刻莫过于晚饭后了，三五人的篮球对抗，乒乓球室的欢呼声，排球场上的喝彩声，处处展现着朝气蓬勃的动力；此外，也有拿着 Diviner 管游走于试验地的凌波微步。于我而言最享受的莫过于迎着夕阳，漫步在站里的阡陌小道上，抑或是走出站外，游走在马路上，享受着微风拂面，时不时地飘来路边向日葵花的清香，似乎也能忘记一天的疲惫。实验站最忙碌的时候莫过于每年在站里举办的各种会议了。国内外知名专家学者到访实验站，仿佛让这个远在西北边陲的实验站在做着与世界接轨的大事。这样的际遇让我们实验站瞬间低调、奢华、有内涵，大家做的不再是种玉米、种土豆、种番茄这样的基础劳作，而是做着科学前沿的项目，也许这就是我们赶上的好时代吧。做试验的两年里，我得到了很多人的帮助，特别是武威市水利技术综合服务中心董主任积极帮我联系药品检验检测中心学习高效液相色谱仪的事情，让我感受到在站里遇到的困难已经不是个人的问题，总会有人挺身而出给你提供帮助。我们就像是行驶的列车，有人负责驾驶，有人负责添燃料，大家朝着一个目标，互帮互助的努力。实验站的日子看似平淡清苦，山陬海噬，远离繁华，日常与土钻烘箱为伍，但却让我们变得不再浮躁，能静下心来沉淀自己，做着平平淡淡的事情，砥砺前行，耐得住寂寞，才能守得住繁华。似乎所有在石羊河实验站的前辈们，都坚守着这份执念，“看庭前花开花落，宠辱不惊；望天上云卷云舒，去留无意”，因而能够繁花似锦，硕果累累。

回顾读博士的这几年来，如果问我博士阶段最大的收获是什么，我想是站在了一个更高的平台，有幸和优秀的人从事着自己感兴趣的事情，明白了什么是做科研，该如何做好科研，结识了为农业水土工程学科发展而呕心沥血的科研人员，开阔了视野，增长了情商。与热爱学习的人在一起，会增长知识；与心胸宽广的人在一起，会放大格局；与有远大格局的人在一起，会有远见和希望；与勇敢的人在一起，会越来越坚强。我很荣幸在这个好时代下，身在优秀的团队，与一群出色的人在一起学习、积累，无论将来我身在何处，都能够为成为石羊河精神的传承者而自豪。

大漠孤烟直，凉州苜蓿情

陶　雪[①]

西行凉州

天马故乡，大漠绿洲，夕阳西下，又见炊烟。宁静的夏夜，不再有灰黄暗淡的路灯拖着我长长的身影，也不再有南方小镇的片片蛙声。此刻，唯有天上明月照亮我的背影，夜深人静，背影渐渐被拉长直到明月消失背影也消失。无数个夜晚，陪着我入睡的不再是都市里的车水马龙，也不再是南方小镇的温情烟雨，而是窗外忽大忽小的风声。慢慢地，我成了听风者，习惯在深夜的风声里思考存在的意义。离开了繁华帝都，也离开了风景如画的南方小镇，来到想象中沙尘暴肆虐的戈壁，想象中或许还会偶遇《东邪西毒》里欧阳锋等出没的无人区，从此，不问江湖事，便隐居于此，更或是在一片凋落已久的桃花林，继续等待迟迟不肯归来的恋人。但现实的大西北并非真的如此苍凉，14 个月的西北生活让我相信了那句话“没去过大西北，就不知道中国有多大；去了大西北，你才能体会到哪里有多么壮美”。

是的，如今回想起来，那里留给我太多的不舍。不舍热情的当地人，不舍互助的师兄师姐，不舍晚饭过后球场上挥洒汗水的背影，不舍那片不会说谎的蓝天，更不舍那凉爽的夏夜。中国那么大，真心感谢生命中的几次偶然让我来到了这里，让我感受到了这里的温暖和壮美。其实我们的生活每天都充满着各种偶然性，确切地说是人与人、人与事之间的偶然，预料不到的人或事遇到一起就叫作巧合。例如，一档江苏电视节目让我巧合选择在南京上大学，一次北京旅游让我巧合选择在北京上研究生，一次研究生面试让我现在的导师选择了我，最后因课题需要来到了这里。感谢生活中遇到的偶然，让我有了更加丰富的人生体验。人生如同谱写美妙的乐章，在生命时间的轨道上，偶然事件一次又一次地成为主角，变成一个主题将我们的命运进行没有彩排的直播，最后记录在我们的墓志铭上。

我的试验是在甘肃武威进行的。武威，亦称凉州，是全国历史文化名城和对外开放城市，是“中国旅游标志之都”“中国葡萄酒的故乡”“西藏归属祖国的历史见证地”和“世界白牦牛唯一产地”。地处甘肃省河西走廊东端，历史上曾是丝绸之路的要冲。公元前 121 年，因汉武帝派骠骑大将军霍去病远征河西，击败匈奴，为彰其“武功军威”而得名。武威历史悠久，人文荟萃，曾是五凉古都、西夏陪都，有中国旅游标志——铜奔马。

---

① 2016 年北京林业大学硕士研究生毕业，2014—2015 年在实验站做试验。现在在北京林业大学读博，目前在美国西北大学联合培养。本文 2019 年 2 月 2 日作于美国埃文斯顿。

在实验站的日子

农业部作物高效用水武威科学观测实验站，因附近有一条石羊河，故又名石羊河实验站，该站位于甘肃省武威市凉州区东河乡王景寨村。我在实验站的工作是不同灌溉方式对西北旱区紫花苜蓿生长、产量及品质影响的试验研究。实验站的院落很大，有一栋实验站综合大楼，楼前有篮球场，晚餐过后常会有10来个人出现在这里，试验上的不顺与疲惫，会在球场消失得无影无踪。实验站有2个大学习室分别供博士研究生和硕士研究生使用，为我们的研究生活提供了便利。

我做试验的苜蓿地，返青前一片荒凉，一丝生命的迹象也没有。看到这般景象，片刻的寂寥和苍凉倍感而生。4月初下了一场大雪后，大雪掩盖了所有荒凉的瑕疵，此刻的心愿再简单不过了，祈祷瑞雪兆丰年，苜蓿健康生长，试验一帆风顺。终于苜蓿茂盛时，春意盎然，而小区外的景象就暗淡了不少。喷灌也已成了试验站一大亮点。90°角散射喷灌喷出的雾状水滴，时而会有彩虹出现。炎热的夏季，站在喷灌小区旁，还能感受一丝丝清凉。经常看到地里个别苜蓿长得高大，一枝紫花独秀，尽显生长魅力。苜蓿叶片叶绿素，将生命的颜色用另一种方式呈现，也可以多姿多彩。在试验期间，实验站时常有国外专家参观考察，我们在这偏远的地方也能聆听大师报告，接触世界科学研究前沿发展，拓展自己的研究思维。

从实验站向南远眺，便是平静的祁连雪山。那雪白的景象，无声地诉说着几千年来大自然在这里留下的印迹，美丽的皑皑白雪，横亘在山的尽头，一路指引着你，当走近，却发现好像永远也触摸不了。骑行寻找河西走廊的古城墙，茫茫戈壁上会掠过一段段古长城的残迹，那夯土堆成的土堆，似乎在默默诉说着很多年以前的故事，除了我和一阵又一阵刮起的风，便再没有听众。收获的季节，葡萄园里采摘葡萄，望着那一串串水灵灵的葡萄，诱人的香味扑鼻而来，使人迫不及待地想一口吞下去。夏去秋来，葡萄由小变大，由翠绿变成紫色，又变成紫黑色，葡萄终于熟了，只需静候片刻，苜蓿也将收获。

离开实验站的前一天下了一场大雪，每年试验时间里都会赶上两次大雪，而我的名字也带雪，也许这就是一场关于雪的不期而遇的缘分。实验站大楼前被雪积压的树枝，依然挺立着，无所谓风雨雪，在科研试验的道路上，只有像这些树枝一样才可以战胜困难，坚持到底，取得好成绩。飘雪后的试验地，仿佛只有雪最理解我，不愿让我看到丝毫的荒凉，更像是在告诉我，一切都是在轮回。

告别的狂欢夜，小伙伴的陪伴无疑是命运赠予我们人生旅途中最宝贵的礼物。

说给师弟、师妹们的话

在实验站14个多月的科研之路在不知不觉中就走过了。在这段时间里，我经历了很多，参加了很多次报告交流，利用闲暇时间去了几个地方旅游，真真正正地学到了很多，也懂得了很多。从当初对试验一无所知到如今有所了解，毕竟也开始了我研究生生活很重要的一步。对于做试验，早在南京读大学时接触了很多，包括在南京农业大学、南京土壤研究所、南京师范大学等，但是这一次在真正自己去设计去实施后，我才对试验有了很深的认识。从不知道怎么布置试验，从不认识灌水管件名称，从不会使用光合仪、分光光度仪、叶面积仪，从不会用专业数据软件分析数据等，一步步地，经过十四个月的学习和实践，我学会了独立完成一篇论文的前前后后，包括设计试验，记数据，分析数据，画图，写论文等等。在实验站的日子，我不仅在学习上收获了很多，在生活上也有很多感受，认识了很多优秀的研究生，有的后来成了关系很好的朋友，其中一位朋友后来去了美国做研究。

从事野外大田试验研究，我作为过来人有几点体会想奉告给继续在实验站传承的师弟师妹们：

一是要有坚持不懈的精神。成功的意义不在于你取得多大的成就，也不在于你有多么的伟大，因为，成功总会与努力过的人握手。在现实试验中，刚开始试验时，遇到很多难题，如管道铺设，各种指标测定等，每一件事都必须细心，不然灌水时常常出现漏水或管道爆破，或是测出的指标数据没有规律可言。

二是要有勤劳、任劳任怨的心态。爱迪生说过："有些人以为我之所以在许多事情上有成就，是因为我是'天才'，这是不正确的。无论哪个头脑清楚的人，都能像我一样有成就，如果他肯拼命钻研。""天才就是1%的灵感加上99%的血汗。"勤劳是做人的根本，也是做学生的根本。我们还是学生，还处在学习的阶段，所以勤奋才能让我们学得更多，懂得更多。做试验时许多事情特别琐碎，特别繁杂，所以我们必须静下心来，任劳任怨，不问巨细，把每个过程都踏踏实实地做好，尤其是当天测的数据一定要整理记录下来，不然时间一久，再想回忆当初的场景就会很困难，这与艾宾浩斯记忆曲线是一样的道理，也是我最尊敬的苏德荣导师经常给我们师门说的话。

三是要有严谨求实的做事态度。试验过程的每一步，每个环节、每个细节都要精益求精，任何一个环节、细节被忽略，出了错，势必影响整体工作质量和效率。"千里之堤溃于蚁穴""差之毫厘谬以千里"，由于马马虎虎，粗心大意，而功败垂成的例子也数不胜数。对于试验本身，我们更要实事求是，得到真实的试验数据，才能得出可靠的规律和正确的结果。我相信，在实验站的这十四个月里，学到的严谨求实做事态度为我以后在工作中严谨做事的风格打下坚实基础。

在实验站的日子，说长不长，14个月里有喜有忧，最重要的是我觉得每个夏天过得很充实。作为一个南方人，起初吃馒头和面食有点不习惯，但后来吃多了也就慢慢适应了。实验站的师兄师姐很友善，平时经常和他们聊天、打篮球，了解他们在经历的故事或生活。慢慢发现实验站是一个团结的集体，所有的人都很认真努力，严谨求实，这是一个有太多值得我去学习的地方，也会是我今后一段美好回忆的经历。这些日子磨炼了我的意志，开阔了视野，增强了我做事的责任心，让我喜欢上了我的课题，也让我开始怀恋这片美丽天空和这里的人，更让我在面对今后的工作、学习、生活时多了一份从容和自信。带着这份体验，我的人生路继续前进着。

短暂的一点石羊河经历

邹民忠[①]

假期,与朋友驾车驰骋在美国历史悠久的66号公路上,电台里放着 *Route 66*,一种莫名的寂寞和孤独随之而来。公路两旁散落着二十世纪五六十年代66号公路辉煌时期的小镇,那些报废的老爷车、加油站、小木屋,那些奇特的小酒馆、霓虹闪烁的汽车旅馆,西部的传奇逸事在眼前一一上演。不知不觉中,66号公路所营造的气氛激发了我内心单纯而柔和的往日情怀。当亲眼看见一望无际的沙漠、广袤无垠的干旱草原、零星散布于广阔黄土之上的仙人掌时,祖国西北旱区河西走廊东端一条无畏流向两大沙漠的凉州生命之河——石羊河,清晰而又亲切地映入眼帘,心中不禁泛起阵阵波澜。

乘坐时光列车,时钟拨回到2014年3月底,那是我人生中第一次踏上石羊河这片土地,跟随姜雪连师姐前往实验站进行本科毕业设计实习。坐在武威前往王景寨实验站的车上,眼前一幕幕的景象惊呆了我这个来自福建山清水秀古城的小伙。一望无边的荒凉大山,蜿蜒沟壑,汇集成了当地主要的特色格调;植被覆盖稀疏不均,走不完的尘土"公路",勾勒出当地生态环境的恶劣。在这里,少有现代都市的车鸣声,只有三轮车与摩托车;在这里,没有江南美丽富饶的水乡景象,有的只是狂风、沙漠以及干燥的空气。沿途的景致瞬间令我集齐了西北苍凉、贫穷、落后的色调,年少无知的我只想匆促走过,不愿做更多的停留。

初到实验站,包裹着头巾骑着电三轮的"嫂子们",抡着铁锤打土钻的"大叔们",头戴草帽穿着迷彩服的"博士们"悉数进入我的视野,编织出实验站一连串特有的标符。虽然心中难掩失落,也极度渴望早点回京,但看到同行前来的小伙伴迅速适应实验站生活,抱着不让女生们嘲笑的幼稚心态,我也逐渐习惯适应并积极融入集体生活当中。由于师姐进行的是制种玉米耗水监测试验,试验工作量相对较小,加之小伙伴们互帮互助以及师姐对我的照顾,我的实习生活十分"滋润"。当时白天主要跟随师兄师姐们学习基本的试验技能,熟悉试验流程,掌握仪器使用等,晚上则查阅文献,撰写毕业论文。实验站气氛十分欢快融洽,至今仍然十分怀念那段简单、纯真、美好的时光。

时光荏苒,结束毕业论文答辩之后,于当年暑假再次前往实验站进行了2个月左右的实习锻炼,记忆中流淌着的依旧是日夜欢快的奔流。再之后,由于研究生期间参与的是国家自然科学基金委"黑河生态——水文集成研究"重大计划集成项目"黑河流域绿洲农业水转化多过程耦合与高效用水调控",从事区域水碳耦合研究,与石羊河实验站的交集变得很少。我深知,自己没有同门师兄弟姐妹们长达几年的试验锻炼经历,也没有遭受过风吹雨打、日晒雨淋的洗礼,对于团队师生扎根20多年的石羊河印记没有太多的发

① 中国农业大学2014级硕博连读研究生,曾在实验站完成本科毕业论文试验和实习,现在在美国北亚利桑那大学联合培养。本文2019年2月17日作于美国亚利桑那州 Flagstaff。

言权，唯有虚心学习请教、默默点赞。

随着研究的推进与认识的加深，我越发体会到石羊河团队立足西北旱区缺水困境，为解决干旱区农业与生态可持续发展所做的创新性工作，以及对促进国家农业绿色发展战略所起到的关键科技支撑作用，也清晰认识到缺乏试验机理认识将对区域模型的发展产生很大的限制作用。在生态水文研究领域，主要的研究方法之一是自下而上(Bottom-Up)，即利用对生理生态、农业气象等机理过程的清晰认识，构建模型并使模拟更符合实际观测，从而达到理论上的解释。但还有一种截然相反的方法，那就是自上而下(Top-Down)。它首先从宏观尺度上了解哪些生物地球化学过程是重要的，然后看模型是否准确刻画这些过程，再进一步改进、提升。我的研究方法往往趋向于 Top-Down，以致对于许多研究结果不能做出很好的机理解释。我清楚地知道，这其中很大原因归咎于自己研究生期间没有参与水资源短缺和气候变化背景下作物生理生态、地表通量监测等方面的控制性试验，缺乏对相应机理过程的认识。我们的石羊河实验站，拥有大田制种玉米、酿酒葡萄、马铃薯、苜蓿、小麦和温室番茄等水热碳氮通量定位监测与作物节水调质高效灌溉技术试验以及田间通量塔、超高精度同位素分析仪、大型人工气候室等仪器设备，以作物生理生态、长期水热碳通量观测和区域水循环为研究目标，在提高作物水分生产率、改善作物品质、优化流域水资源分配与管理等方面取得了许多重要成果，享誉海内外。团队在石羊河拥有如此深厚的研究基础，自己却没有好好学习利用，内心感到十分遗憾与懊悔。我想，在接下来的研究过程中，需要重新梳理相关的理论研究成果、生理生态知识，与区域模型相结合，考虑西北干旱、大面积覆膜节水等特殊性，提升农业生态系统水碳耦合过程模拟精度，在变化环境下做出相应预测，提出调控措施，为农业水资源绿色高效利用尽一份微薄之力。

人们常说，只有穿越 66 号公路，才能见识到真正的美国。而我认为，只有领略过石羊河的真实风貌，才能听懂她无声地诉说，才能回味她的芳香，才能守得云开见月明，走上科研道路上的追梦之旅！

一亩马铃花争开

孟潮彪[①]

7 000 年前，当黄土高原上的半坡氏族开始收割成熟的粟米，长江流域的河姆渡人正在水稻田里劳作，远在南美洲大陆安第斯山脉的喀湖畔，一群印第安人则在田野里，刨掘一种类似马铃铛形状的草本茎块。这种植株上开着白色或蓝紫色花朵的农作物，就是马铃薯(Potato)，中国人称它为土豆。作为一个从小爱吃土豆的人，我从未想过我会和马铃薯结下这么深厚的情谊。

2015 年夏天，作为一个科研小白第一次踏进了石羊河实验站的大门。那时候的自己对实验站的一切都充满着好奇。一块块方正的试验地，一套套高端的试验仪器，无不向我展示着实验站的生命力。同时，这也是我第一次近距离地感受到实验并没有想象的那么遥不可及，小时候成为科学家的梦想，似乎伸手可及。就是怀着这一份实现梦想的憧憬，我开始了 3 年的独立野外试验。从起初的不了解马铃薯怎么种植，到后来可以指导师弟师妹进行试验，无不体现着自己的成长；从起初的遇到困难不知所措，到后来的提前预判情况的走向，也都证实着自己能力的提升。

在实验站的试验是辛苦的，但是实验站的生活却是丰富多彩，并承载着我很多美好回忆的。实验站的生活节奏总是以马铃薯生育阶段为控制变量，我们一次次为着每一次生育阶段末的高工作量而犯愁，我们也一次次在每一次的辛勤劳作后慷慨地为自己狂欢。约上三五个人，去吃上一顿羊肉，去打上一次牌，是对我们最好的犒赏。

傍晚的排球时间，是一天最释放的时候，我可以肆无忌惮地喊着"Come on"，肆无忌惮地向网对面扣球。每个人都默契地敞开心扉的大笑着，似乎一天的劳累已经不算什么。

伴着日出，吃一顿早餐；随着夜幕降临，洗个热水澡；躺在床上听几段音乐。也许在那样的环境中，我们对生活有了新的理解。虽然我们的试验很辛苦，但是我们依然用最灿烂的笑容面对着每一天。我想，如果让我重来那三年，我想我还是会去这个地方，种着最甜的马铃薯，为自己的未来奋斗。我会感谢自己的坚持，感谢一切的美好。

---

① 中国农业大学 2015 级硕博连读研究生，在实验站进行博士学位论文试验研究，曾任实验站学生执行副站长。本文作于 2018 年 12 月。

实验站·冬记

刘俊洲[①]

每年金秋,我们总是伴随着作物与数据双丰收的喜悦,踏上返校的列车。一批人的试验结束,一小批人的试验正刚刚开始,我们303课题组的王峰、邱让建、陈平、陈任强、宋金涓、刘军淇、陈金亮、纪莎莎、李晓婕、周惠萍等师兄师姐都曾在冬季的实验站开展过试验。从2016年开始,连续3年的冬季我也在这里守护人工气候室的玉米茁壮成长,记录从破土到收获的点滴。

冬季做试验的人不像其他季节那样多,稍显冷清。如果给冬天的实验站来张全景照,你便会发现动物比人还多而且更活泼。今年意外地下了好几场雪,田间和路面上到处都是飞鸟、野鸡、野猫等留下的爪印。同学们忙碌的身影只会出现在温室、实验室和宿舍,因为外面实在是太冷了,2018年12月袭来一股寒流,白天的最高温度在很长一段时间里也只有零下十几度,太阳都仿佛被冻住了。对比夏天实验站的热闹场景,冬天的生活是单调的,没有一周一次的学术交流报告或电影小剧场,更没有篮球场和排球场上的英姿与欢笑。不过单调和寂寞可以让我们更专心于自己的试验研究,做起试验来也少了很多等候仪器排队的烦恼,作物光合仪和烘箱随时可用。玉米在冬季略显矫情,外界温度低、光照弱,虽然人工气候室内有温度控制和补光,但它们还是明显长势不如夏茬,还容易感染红蜘蛛,需要更精心地照管才能保证其正常生长。人工气候室在冬天也更容易出故障,经常需要修修补补。我在处理这些问题的过程中锻炼了自己,积累了经验。

冬季住平房,打水烧火当大厨,体验别样人生。大楼没有通暖,为防止水管冻裂所以停了水,每年11月底我们都会从大楼里搬到食堂后排的平房宿舍。男生宿舍小小一间房被塞进3个架子床,最多的时候宿舍住进4个人,男生向来是不太注意收拾的,宿舍里拥挤不堪,想想张亮单独在平房住单间就好气。生活用水需要从平房前的水窖里提取,2016年的时候还是用绳子拴住桶后靠人力提,2017年装了个水泵,2018年更是接了个按钮开关,取水越来越方便了!搬到平房后就开始烧火取暖了,这里晚上动辄−20℃,用炉子生火比空调要暖和得多,刚开始烧火总是不得要领,每次早上起来火都灭了,又得重新生火。大部分时间是大家一起生火做饭,我们非常幸运,因为每年冬天都有一位特别会做饭的同学。例如,2016年最会做饭的是樊雅琼同学,招牌菜是肉末意面,所以在实验站的冬天我们还能有幸吃上西餐;2017年则是纪莎莎师姐,不仅做菜好吃而且也喜欢做菜;2018年就是张现波师弟了,最普通的西红柿炒鸡蛋也可以做得非常美味。食堂里面非常阴冷,所以有段时间我们在做好饭后,都是走到食堂外面,在太阳下或站或蹲端着碗,边聊天边吃饭。这段"自力更生"的生活非常有意义,更是一段美好的记忆。

---

① 中国农业大学2015年硕博连读生,在实验站进行博士学位论文试验研究,曾任实验站学生执行站长。本文作于2018年12月。

冬天人少，大家有事都会相互帮助，不仅是在试验上，更是在生活上。今年年底我不小心摔了一跤，之后大半个月都行动不便，不巧还赶上试验最繁忙的时段，那段时间从早到晚都在测玉米的水势、茎干水力导度等指标，还好有张现波师弟包揽了宿舍里的所有杂活，吃饭也是其他人做好后我再过去吃现成的。赵青师弟是个很积极热情的小伙子，知道我今年冬天试验忙，所以在课程考试结束后主动从北京赶到实验站帮我做试验。这些帮助就像驱散寒冷的阳光，令我十分感动。

“做研究要有好的 idea 和 hypothesis”“你文献还是看得太少，平时要多看文献”“写论文就是讲故事，把故事讲好了文章才能发得出去”，这是康老师时常提醒我的，这 3 年试验下来越来越领悟到这些话的含义。2016 年是第一年做试验，当时文献看得还不太多，康老师问我是否有别人在之前做过这个试验，我说没有。虽然之后查找了大量文献发现确实是没有，但当时嘴里回答的时候却不是那么有底气。而且这个试验做完后要讲一个什么故事，写篇什么文章，在当时还没有完全想清楚，但还是草草地上马了试验。结果可想而知，做试验时累得要死，之后写文章的时候却发现测了的数据好多不能用，想要的数据又没有，实在是费力不讨好。试验开展前康老师就不止一次提醒我，试验不用着急做，先想好一个引人入胜的故事以及科学研究上的假设是最重要的。可惜当时没听进去老师的忠言，一方面自己的科研观太“朴素”，以为从结果中发现个规律就能写篇文章了，另一方面看着别人的试验都开始了而自己什么都没做，内心也有些着急。吃一堑长一智，有了第一年不太顺利的经历，之后会更注意：基于科学假设的试验才更有目的性，对试验结果能够有一个预期的判断，是有的放矢而不是盲目的探索；而要想讲出一个别人没讲过的好故事，并且对试验预期的结果有准确的判断，则前期需要阅读大量的文献做准备。搞清楚了这些问题后，今年冬季做试验时自己内心也更为踏实。

偶尔会有一丝恍惚，好像自己穿越到五六十年前，成为一名知青。当年知识青年们按照毛主席的指示，从城镇出发，上山下乡，艰苦的环境让他们体会了血泪辛酸，但是也得到了其他时期所得不到的磨炼。我们从首都北京来到祖国辽阔的大西北，虽然没有当年知青们那么艰苦的环境，但是我们跟他们一样含着饱满的热情，勇往直前，战胜着生活和试验上的困难。我是城市出生长大的孩子，来石羊河实验站之前，虽然见过农村，但是没有农村生活的经历，虽说是农业大学的学生，但对农村的面貌与农业的发展没有太清晰的认识。驻扎到田间地头，才发现原来我们的节水灌溉农业已经有了翻天覆地的变化，但依然任重道远；自己亲自种上一茬作物，才体会到农民的不易，知道水资源是这么的宝贵；过上一段需要自己挑水生火做饭的日子，才发现生活中原来有更多的细节之美，学会更加热爱生活。

听说实验站的供暖工程已经提上日程，条件便能够更加改善，之后实验站的冬天会越来越热闹。从 2014 年初次到实验站实习，几年来我亲眼见证了实验站的快速发展。伴随着实验站日新月异的变化也有我的成长，3 年的科研训练对我是弥足珍贵的财富，尤其是在实验站度过的 3 个冬天，更是人生不可多得的磨炼。衷心祝愿我们的石羊河实验站越来越好！

实验站的大叔大婶[①]

刘俊洲

都说大学是个象牙塔，在这里我们可以充分地汲取知识而不用考虑外界的干扰，但是我们最终都是要走向社会服务大众的。在石羊河实验站独立开展试验的这段经历，对我来说不仅仅是一次科研训练，也让我学会更加接地气，是以后走上工作岗位的一次宝贵锻炼。

因为老师们的信任，我有了在实验站学生管理委员会锻炼的机会。虽然是叫"管理委员会"，但我们更多的是为同学们服务，带着大家一起解决问题。管委会的工作涉及方方面面，在这里我想谈谈同学们试验中劳务雇工方面的一些事。

在实验站开展田间试验，体力活自然少不了，随着我们科研工作的日益深入，工作量也越来越大，一个人往往没有精力亲力亲为所有的工作。每年我们的试验能够顺利开展，总是离不开当地村民的协助。来实验站帮忙的村民中青壮年很少，他们基本上跟我们父辈年龄相近，在打招呼时，我们总会亲切地叫他们一声叔或者婶儿，学会处理与这些大叔大婶们的关系成为这里每个学生的必修课。雇佣大叔大婶们需要支付其固定的劳务费用(一般工作为每天 80 元)，涉及钱的地方就容易产生矛盾，而我们学生管委会免不了要做一些协调工作，处理一些稍微复杂的局面对我们来说是极好的锻炼机会。

每年的 4 月中旬和 9 月中、下旬，实验站周边的葡萄种植基地和黄羊农场会雇佣大量的工人进行春播和秋收，不可避免地使实验站面临用工紧张的局面。实验站几十号同学在这个时期同样也要雇佣大量的大叔大婶进行试验地播种或收获，但无奈僧多粥少，供不应求。在这样的背景下，一度产生过大叔大婶们借机哄抬劳务价格的情况，小部分同学也主动提高工资来抢夺劳力。虽然说这是"市场经济"的价值规律，但这样的秩序混乱不利于实验站整体的雇工管理，劳务工资上涨之后再下降可就难了，将会为之后的劳务价格节节攀升埋下隐患，同时还会让同学们之间引发猜忌，产生矛盾。

我们管委会在发现问题苗头后，迅速召开了座谈会，每个课题组的代表都积极发表意见，实验站负责对外联系雇工的陆权也对雇工难问题的前因后果进行了一些说明。针对雇工难的问题，我们管委会提出了若干对策，例如，建议以课题组为单位与一些村民达成较长期的协议，这样就能避免劳动力在农忙时期都流失到周边其他单位；同时各课题组也要注意提高劳务用工的效率，有些同学把工作交代完后就当起了甩手掌柜，这是非常糟糕的，适当的监督很有必要，自己跟着大叔大婶们一起干活是显著提高劳动效率的一个办法。对于劳务价格的抬高是坚决禁止的，我们管委会重新编写了详细的劳务用工制度，对于同学和村民抬价的行为都有相应的惩罚办法。这样一些应对措施对解决农忙时的雇工难和抬价问题起到了较好的效果。

---

① 本文作于 2018 年 12 月。

在雇工时,同学们与大叔大婶们偶尔会发生一些小的不愉快,我们管委会也会做一些协调工作。在原则问题上我们据理力争,但是在小问题上尽量灵活变通。3年的试验下来,个人有一些感受:虽然大叔大婶们是拿钱替我们做事,但我们还是应该怀感恩之心来对待,千万不能因为自己研究生或者雇主的身份而觉得高人一等,相互理解能减少很多不必要的矛盾,平等积极的交流也能让大叔大婶们心里更舒坦,他们心里舒坦了给你干活时自然会卖力气。总之,学会与大叔大婶们接地气的沟通很重要。

雇工是试验繁忙的无奈之举,按理来说这些工作都应该由我们亲力亲为来完成,深入认知试验的细节才会有新的感悟和收获。康老师多次给我们分享他去丹麦奥胡思大学访问的一些所见所闻,他告诉我们那边的研究生从筛土、种植到收获,试验基本都是由自己一人完成,课题组根本就没有雇佣劳务的这个预算。之前在实验站开展试验的师兄师姐也是我们的榜样,那时候基本没有雇工,忙不过来的话大家都是相互帮忙,想必他们之间的革命友谊也更为深厚!现在我们在石羊河实验站能够有这样的便利条件是幸福的,但"纸上得来终觉浅,绝知此事要躬行",对于试验的每个步骤细节我们都不应该因为偷懒而忽略。

"两耳不闻窗外事,一心只读圣贤书",一不小心我们研究生群体就会让人误会成这种形象。但是在石羊河实验站,一方面我们针对农业生产中的实际问题,在农业生产的第一线收集第一手的资料,经常需要与当地村民打交道,另一方面我们战斗在世界旱区水资源与节水农业研究的最前沿,研究成果向国际一流的期刊看齐。所以我们石羊河人始终脚踏实地却又仰望星空,朝着"风声雨声读书声声声入耳,国事家事天下事事事关心"的方向努力奋斗!

学术交流催生的仲夏夜之梦

王玉丰①

2018年的夏天，是我记忆中最充实丰硕的夏天。整个8月都在紧张有序中辗转，从实验站出发去镇江参加“第十届全国农业水土工程学术研讨会”，然后回到北京准备在“111”引智项目Workshop上的报告，与来自澳洲、美国、英国的众多专家交流后随同他们参观考察实验站的行程返回武威。多道学术交流的盛宴接踵而至，让我在兴奋之余也有些难以消化，亟待“反刍”一番。

想起5月来自澳大利亚的科学院院士、工程院院士Ian White教授和CSIRO水土研究所的首席研究员张橹博士到站进行学术交流，我们热切要求留宿一晚。第二日早起在周边散步，渐渐远离整齐有序的试验地后看到了一片凌乱而勃勃生机的农田，也显露出了乡村独有的朴实和广袤。张老师突然回忆起自己少年在家乡的生活，从儿时亲手一层层垒起的土墙到青年第一次离家求学、去繁华陌生的城市中拼搏奋斗。在暮春清晨微寒的雾气里，他很轻却又很深地感慨了一句：这里太好了。这句浅浅的叹息却瞬间劈中了我当下的混沌，明白自己何其有幸。

记得5月玉米刚出苗时Ian White教授和张橹博士分别以“Changes in the Hetao Basin, Yellow River, Inner Mongolia: an Australian perspective”“Modelling responses of Lucerne to changes in shallow water tables and salinity using an eco-hydrological model (WAVES)”为题做了精彩的学术报告，详述了农田水盐过程及对变化环境的响应、气候变化对土地利用与旱区水质和水安全的影响、流域水热平衡理论等问题，让我们对自己要做怎样的研究有了更深入的思考；记得6月玉米拔节期里的暑期学校，美国新墨西哥州立大学Shukla教授给大家开设了“Sustainable management of soil water”“Sustainable management of soil salinity”的短期课程，生动细致地讲解了自己在土壤水的运动机制、土壤水分特征曲线、灌水技术参数确定、土壤盐渍化的形成、溶质在土壤中的运移机制及其对作物的影响等方面的研究，让我们懂得如何做更严谨的科研人；记得7月玉米抽穗期末迎来的第三届石羊河论坛，英国赫瑞-瓦特大学和国内20余家高校与科研单位的60余位专家学者在实验站济济一堂畅所欲言，让我们目不暇接斗志满怀；记得8月底玉米灌浆的时候来自美国密苏里大学和加州大学洛杉矶分校的Daubert教授一行15人，其中7名博士后和研究生与我们进行了1+1的交流，在考察访问中始终与我们交流试验与研究内容，虽平日远隔重洋，却因为做着相似的研究而感到亲切与默契，激励我们向更高、更远、更深的领域努力飞奔。

如果读博注定是一条只能独自行走的寂寂长路，那么前人的指引就是照亮道路尽头

① 中国农业大学2015级硕博连读生，在实验站从事博士学位论文试验研究，曾任实验站学生执行站长。本文作于2018年12月。

的火光。我知道这条路上的每一步都要用自己的双脚去丈量，但是每一次交流和讨论、每一句建议和指导都让我们的步伐更有力量。

所以才说，这里太好了。好在完备、前沿、精密的各项仪器为每一颗科研种子的萌发提供了温暖的土壤；好在沉静、简单、规律的田间试验生活为浮躁的心提供了远离纷繁喧嚣的停泊地；好在无保留地慷慨接纳了一群在学术道路上刚刚起步的年轻人，我们懵懂但充满热情，我们在这里见到了广阔天地，才更明白自己今后要踏上怎样的旅程。

小时候都有过英雄梦想，以为自己会永远年轻，永远热泪盈眶。后来才明白，这世上没有一蹴而就的成功者，多的是努力奋斗的追梦人。我会一直记得石羊河的这个夏天，不只回忆，更是感激，并让这份感激变成鼓励，融入将会持续终生的奋斗里。

我的实验站学生自管会经历①

王玉丰

“为了推动中国农业大学石羊河实验站(以下简称实验站)学风及精神文明建设,给在站学生创造一个积极、有序、开放、舒适的学习生活环境,增强实验站的团结互助精神,形成‘自我服务、自我管理、自我监督’的学生组织,根据实际需要,设置实验站学生自管委员会(以下简称‘管委会’),机构及职责如下”。2018 年实验站规章制度总共 13 页,6 000 多字,这是第一句话。语气很努力在朝着严谨、正式等所有这类官方的形容词靠拢,但其实这份制度完全是出自站内青涩的研究生之手,并且实行得很不错。3—9 月这半年的时间里,这个完全由学生组成的管委会,辅助一个常驻研究生达 53 人的实验站维持内部的日常工作生活以及对外的交流和访问,也让参与的每个人收获了踏实的责任感与成长。

说起来,管委会很像是实验站这个子女众多的大家庭里的长兄长姐。我以一名本科生的身份来站实习的时候并没有很明确的学生站长或者流动党支部书记的说法,但是年长的博士生早已承担起了很多费力然而不可或缺的工作。研究生都是有着独立思想的成年人,但完全脱离师长的帮助而安排好自己的生活想必也都是头一遭,尤其是在许多城市孩子陌生的野外环境中,过大部分独生子女没经历过的完全集体生活。在当时初来乍到的我眼里,有被戏称为“一哥”的王金涛师兄负责跟田间有关的包括雇工等各项工作,还有心细如发的杨开静师姐监管着食堂卫生、进菜这些容易被我们忽略的日常生活,有摄影技术绝佳的吴友杰师兄“神出鬼没”地拍摄站内的大小活动,而每一个熟悉仪器的人都自觉负责起实验室日常的管理。还有许多为实验站的建设、管理耗费精力的师兄师姐,我都没有见过,但我们完成的每一次试验、发表的每一篇论文都建立在他们曾付出的努力上,他们将经验传了下来,更将建设实验站的责任感和热爱实验站的精神留给了我们。

参与到实验站管委会的工作中,如果只用一个词来形容,那就是“幸运”。身为一名研究生,能在大规模、高水平和具有国际视野的平台工作和学习已经非常幸运,更不用说还可以亲身参与到这个平台的日常运转中去。

今年印象深刻的活动太多,姑且举两个。一是康老师一直建议的站内研究生学术交流会,今年正式开始每周举办一次。之前总是怕给繁忙的试验日程造成负担,也很少有同学对这个活动给出积极或期待的反应,但其实无论从组织者还是参与者的角度来看,都是惰性在作怪。一旦开始举办了,博士们细致谨慎,硕士们热情满满,除了试验安排确实紧张的同学外,每次差不多 2/3 以上的学生都会到场。学术部部长高磊在试验初期就收集了所有人的研究课题,然后根据研究方向的相似程度将一个博士和一个硕士分为一

① 本文作于 2018 年 12 月。

组。这样做的好处一是使交流内容变得更全面了，博士往往更关注数据的分析以及模型模拟与结果讨论，而硕士多处于研究进展的综述、观测项目的选取、具体试验方法的确定等基础学习的阶段，二者互为因果，在交流中可以起到查漏补缺以及拓宽思路的作用；二是所有在站同学来自不同的学校也有着各自不同的侧重点，围绕相似的研究内容使得大家可以每周对一个特定的方向进行较深入的了解和思考，我们预期的 1.5 小时的交流时间常常会因为现场踊跃的提问和讨论而延长到 2～2.5 小时。还有一个活动是 6 月下旬的作为“111”引智计划传统的暑期学校，今年不仅有来自美国新墨西哥州立大学的 Shukla 教授为我们做学术报告和短期课程讲解，还有后续 3 天的在站时间与同学们一对一交流。每次有参观活动时安排同学们做英文试验介绍大家都嚷嚷着紧张，我一度很担心 Shukla 教授在站的 3 天会陷入门庭冷落的尴尬局面。但是当我们在与教授交流并制定好日程安排后，毛遂自荐的人数完全超出了之前的想象，有讨论试验的，也有请求修改论文的，时间安排得满满当当，晚上所有人还一起准备了户外烧烤！紧张或许有，但是每一次交流后的收获和进步更加真切。管委会在其中的角色说是组织，更像是一个引导，给所有藏在心里跃跃欲试的念头、科研的热情和积极进取的愿望找一个渠道，让大家在实验站宝贵的平台上更加淋漓地挥洒自己、绽放自己、实现自己。

经历了半年里 11 期学术交流会、10 余次专家访问考察、5 次以上的社会实践活动，简单将其总结为成长实在太过笼统。我们接触到了来自国内外一流学者敏锐前沿的思想，更锻炼学术的精神；我们深入到了真正有需求的人群中更明确自己的初心和目标；我们在不断地交流和讨论中，从同行的身上映射出自己的不足，更增强努力的动力。

在实验站，见天地之大，而看清自己。

院庆60周年石羊河节目诞生记[①]

王玉丰

大道如青天，最难是表演。在中国农业大学水利与工程学院60周年院庆中负责石羊河实验站节目的编排真的是一个光荣又艰巨的任务，过程中峰回路转柳暗花明，恰似一首行路难。

停杯投箸不能食，拔剑四顾心茫然——选节目、定演员

一直在心里盘算着院庆节目，但因为这次是60周年华诞，自古一甲子象征着天岁循环，过去的10年又是我们石羊河实验站发展最快、成果最丰硕的10年，太重要了反而一直拿不定主意。杜老师也早跟我们炫耀过，50周年院庆时实验站出的节目是诗朗诵，情真意切惊艳四座。于是越发拿不定主意，单人歌舞太过单薄，合唱选歌又是个大难题，相声小品都是逗乐的好像不太切合主题。更何况我们有这么多在站的研究生，好容易赶上个抛头露面的机会，似乎不让谁上都不太好。就这么为难着，院庆的日子要来了。

最开始收到通知的时间是2018年9月下旬，这时又碰上了一个难题。从8月底开始大家的试验陆陆续续都结束了，到9月底有的人已经回了北京，有的人则忙着试验收尾，还有些已经提早回家过国庆，三三两两人都凑不齐。记得最早和文体部长王宁还商议成立过一个院庆节目筹备小组，由文艺特长突出、舞台经验也比较丰富的焦泽豪担任导演，节目形式交给她来负责。但9月研一的新生都要回校报到，导演就这么离开了。9月27日学院就要对节目进行第一次审核，分团委书记王胜男老师也很理解我们野外试验的为难之处，为我们争取到不参加一审的“特例”，但是具体节目内容是一定要报上去的。当时已经确定有教师合唱、艺术团舞蹈、歌曲联唱等节目，语言类还是空白，于是我们想，那就排一出舞台剧吧，演实验站的发展历程，展示我们的石羊河精神。

欲渡黄河冰塞川，将登太行雪满山——突生变化

舞台剧的剧本在一审前完稿，时间跨度从1997年的民勤小坝口一直到现在，15分钟内要换5个场景，导致每一个阶段性的时间点都只能选取一两个场景，而每个场景就只能三五句话一笔带过，整体显得有些凌乱而重点不突出。我心里也直打鼓，却也只好硬着头皮，先排练看看效果。

万分感谢黄泽军、李浩、刘俊洲、王宁、王正男，还有研一的所有同学，在收到我的鸡毛信之后都在国庆假期结束的第一时间回到学校热情地投入排练。王正男因为本科有

---

① 本文作于2019年2月。

参加话剧排练的经验，所以义不容辞地担任起场务的工作，同时对剧本的可行性也给出了很多重要意见；王宁搜集了很多背景需要的声音，比如风吹过荒漠的呼啸声、同学们在食堂打饭时碗筷碰撞的声音、取土打钻时当当的敲击声；黄泽军承担了旁白和衔接的工作；李浩则负责了每一次排练时场地的借用，从最开始中以楼的党员之家到后来的公主楼 3 层学生招生就业办公室；还有刘俊洲，订制站服和朗诵用文件夹的时间也很紧张，但他二话不说就着手购买，最大限度地保障了后勤供应。大家白天都是有课的，所以排练的时间都要从晚上挤出来，每每过程中有了改进的意见就要重新排演，导致结束时间总是一拖再拖。像焦泽豪连续两天回到宿舍已经错过了浴室开门时间这样的情况比比皆是，但全体同学毫无怨言，分组练习时就热情投入，集体彩排时就认真观看其他部分的表演并提出意见。就这样，我们赶上了 10 月 9 日的第二次不带妆审核。

出席第二次审核的有院党委副书记华博老师和学生教育管理科的黄振翔老师、王胜男老师。他们在观看完我们表演后肯定了大家的努力，但也非常诚恳地提出了要提升舞台表现力、要更全面更深刻地展示出石羊河实验站的风貌的意见。但其实关于修改剧本内容和提升表现力等我们已经到了瓶颈期，王胜男老师也替我们着急，还提供了一个现任我校话剧社主演的学妹的联系方式供我们参考，却还是有种心有余而力不足的感觉。心里很是沮丧，便去求助于我们最坚实的后盾杜老师。杜老师指了条明路，我们人多，就搞朗诵，绝对气势磅礴。

所以在距离正式演出 4 天的时候，实验站的节目从舞台剧改成了 50 多人的朗诵。

长风破浪会有时，直挂云帆济沧海——正式排练

排练石羊河颂歌的日子在我的脑海里像是一场蒙太奇电影，各种片段来回切换就像是我那几天往返于水院楼和中以楼的路上一样频繁。

写朗诵稿反而是最简单的，因为这 10 年的成果实在是太多了，挨个列出来就是一首通篇排比的叙事长诗。还有杜老师慷慨提供的五十周年实验站节目视频，让我们能果断决定采用十年前的保留形式，以一首《明天会更好》作为升华和收尾，但让人发愁的是排练。

朗诵节目需要靠人数来烘托气势，所以我们几乎通知到了学院里所有来过实验站的学生。上到已经进入博士后流动站的纪莎莎师姐，下到刚刚大三曾来站参加暑期社会实践的本科生黄航行，最终参演人数达到了 67 人。人多带来的困难第一个就是大家很难凑齐，凑齐了也不知道该去哪里排练。再次感谢李浩帮我们借到了带舞台和话筒的排练场地，这样排队型和试音色的工作就可以顺利进行，但这样好的场地能使用的时间很有限，不得已只能选择牺牲午睡时间来排练。记得第一天排练为了赶时间，在朗诵稿定稿之前就通知中午 12 点半到下午 2 点集合排练，然后一边改稿一边在心里忐忑，不确定能来多少人。当时的心理预期是能来 60 个人就好，毕竟集体活动其实全在心意，如果有人以有事外出或者身体不适的原因请假是没有任何理由拒绝的。可是那天在排练厅，还没到约定的时间，就看到大家三三两两的进门，连赵鹏师兄、李栋浩师兄这样马上要毕业有着沉重的论文压力的大师兄们都没有任何托词地来了，签到表上的空白被一点点填满，

最后除了1人因为参加学术会议而请假、2人没有回复外，全员到场。难以形容第一天排练带给我内心的触动与满足，没有“精致的利己主义”式的考量，大家出现在这里都是因为对实验站真挚的责任感、荣誉感以及归属感。排练过程是枯燥而有些疲倦的，但所有人始终散发着高昂的情绪与勃勃的生机，这种状态也感染了我，让我发自内心的相信在接下来的两天里我们可以拍出一台精彩的朗诵，更相信这样一个集体是可以努力战胜所有困难的。

为了让朗诵的气势与情感并重，我在齐诵的基础上选出了四名领诵：纪莎莎、袁宇森、黄泽军和姚沫男。他们为了代表整体的精气神付出了格外多的努力，排练队形的时候他们在背稿，集体排练结束后他们加练，甚至彩排当天曾宪梓报告厅外面灌风的小走廊里他们也在一遍又一遍地练习。还有在朗诵结束后领唱《明天会更好》的8位同学，在那两天里单曲循环了无数次，据说连晚上睡觉前脑子里都在不由自主地回响着这首歌的旋律，到了表演当天因为下午就换上了烦琐的舞台装不便走动，所以从下午彩排到晚上正式演出8个人就一直窝在舞台旁的小换衣间里。当然大部分同学的戏份没有这么重，但是他们同样积极出力。像刘彦铄，他的声音低沉厚重故而一开始自荐了领诵，但因为语调过于平缓而起伏不足便换成了领唱，后来领唱有了更合适的人选他便被安排到了齐诵的方阵中，在方阵里他仍是兴致勃勃地为话筒的摆放位置献计献策，从始至终热情饱满。一定要提的是幕后工作者刘俊洲，朗诵时要根据朗诵内容在背屏上播放相关的视频，这需要将已有的实验站纪录片重新剪辑并补充一些素材进去。找专业剪辑人员帮忙当时已经来不及，最后是院庆晚会的前一天晚上我们简单地自学之后自己剪辑完成的，我按照时间长度将素材挑选好发给他，他再补充照片、添加特效、增加转场后合到一起。重新剪辑完已经是半夜三点多，他还细心地将一整条视频分成了五六个小段落，以防止朗诵的节奏变化导致与视频内容不对应。

终于我们上台了，表演了，结束了。在全场雷动的掌声里，我终于敢让自己有困意了。

闲来垂钓碧溪上，忽复乘舟梦日边——“导演”手记

我一向认定自己没什么文艺天赋，说学逗唱声台形表没一个擅长的，但其实做一件事能不能成功和有没有天赋并不是完全挂钩的关系。当然不是说这次院庆节目完美无缺大获全胜，只是能取得这样的效果以及在过程中收获的许多意外之喜，也算是交上了让人满意的答卷。回顾整个筹备和排练的过程，我想把整体的努力之路总结为3步。

首先要有坚定的求胜之心。排练演出节目对于一群理工生来说绝对是舒适圈以外的内容，演是一定要的，而演到什么程度其实是一个自己可以把握的内容。但从一开始硬着头皮准备唯一的语言类节目，到后来紧锣密鼓地练习朗诵，我从来没有想过要把这件事凑合着应付过去。对实验站的感情和在实验站学习工作的经历滋养了我的责任心，而我对实验站的归属感使我确实能从努力完成这件事中获得自我认同。当然还有私心，就是不想让康老师失望，他总是在言传身教地追求尽善尽美，想方设法地为学生提供良好的科研条件，在演出前晚的彩排时还来探班调动大家的积极性，所以绝不能在这个可

以展示和传播团队多年努力成果的时候掉链子。求胜不是好胜，不是一定要争第一，而是逼自己不后退，在每一个过程中都能踏踏实实给自己一个交代，这样的决心才能支持我们不骄不躁不卑不亢地面对困难和沮丧，达到最终的目标。

其次还要珍惜来自前辈的建议。反思整个节目准备过程，有几次错过了老师们的宝贵建议。杜老师年中提醒我们要提早准备院庆节目时如果立刻着手，后期排练时间就会充裕一些；黄振翔老师来站拍摄祝福视频时如果敏锐地及时拷贝所有素材，在朗诵背景视频制作时就可以有更多挑选的余地；如果在排练伊始就听从康老师的建议采用朗诵的形式，就可以少走排练舞台剧的弯路……无知使人骄傲，骄傲使人落后，当有建议可以参考借鉴时一定要仔细思考慎重对待，老师大浪淘沙后的经验是最好的指引，每一句都应当倍加珍惜。

最后要有坚决的执行力，切忌拖延。还好在这次节目排练里没有出现我们平日最爱犯的毛病——拖延症，写稿、通知人、找场地，节奏非常紧凑。时间仓促反而效率更高，就像让一个正在滚动的轮子继续滚下去比推动一个静止的轮子开始滚动要容易得多。我深切体会到，一直等待一个完美的想法不如在实践中逐步臻于完美，立刻果断地执行自己的念头，即使错也能错得更早一点。

行路难，行路难，多歧路，今安在？或许前路崎岖、障碍重重，但既然要做努力奔跑的追梦人，就要学会正视困难，正视自己，将愿望化为努力，将困难变成成长。这次排练院庆节目的经历和在石羊河实验站的日子一起，成为我今后不断前行路上的激励，也让我更有信心期待我们的实验站、在实验站奋斗过的所有人，下一个更精彩的10年！

在社会实践中锻炼与成长

姚珍珠①

2018年,我作为中国农大石羊河实验站的学生流动党支部书记,和支部党员一起对实验站所在地王景寨村进行了3次社会实践与调研活动。活动期间发生了很多印象深刻抑或啼笑皆非的故事,印象最深的莫过于以下这件事儿了。

还记得,那是一个月明星稀的夜晚,我刚刚在温室大棚测完土壤含水量,踏着月光回到实验楼门前,实验站集电工与会计于一身的"亮仔"(张亮,实验站流动岗管理人员)、号称实验站异域美男子的"国庆"(郭庆,中国农业大学农学院博士研究生)和实验站佛系少年"成功"(玄成功,中国农业大学水利与土木工程学院硕士研究生),早已在实验站主楼前等候我上车前往王景寨村村支书家中,一起商议明日进村社会实践活动事宜。我三步并作两步跨过楼前三个台阶,直冲102实验室放下数采仪,撒腿就奔向三蹦子的副驾座,"启程,出发!",就这样我们四人满怀憧憬地借着皓月驶向村支部书记的家中。

刚进村,一个身影站在道路旁边向我们挥手。作为女汉子的我,虽然属于无神论者,内心坚信唯物主义,但此刻心里着实有点犯嘀咕了。我放飞的手掌顿时握成拳头状,强装淡定。随着车慢慢驶近,一个声音打破我所有的胡思乱想,"亮仔,直接开到我家,书记在我家等你们呢",原来是我们的"陆哥"(陆权,王景寨村民,实验站流动岗管理人员)。因为担心我们晚上开车不安全,"陆哥"早早站在村口等我们,心中的暖意油然而生。车开到"陆哥"家门前,安全熄火后,我们4人跟着"陆哥"走进家中客厅,村书记热情地起身同我们一一握手,嫂子早已泡好茶水,切好西瓜让我们赶紧上座。

简单介绍了自己后,我打开随身携带的笔记本,首先向村书记说明此次的来意,告诉他本次社会实践与调研活动分为3期,第一期推选学生党支部内不同研究方向的党员代表,与村中种植典型农户及相关村干部进行一场面对面交流,旨在了解当前农业生产中所存在的实际问题,以便进行第二期专题报告会的开展,即针对所收集到的问题,结合实验站建站以来所取得的先进成果对其进行解答及现场指导。第三期将安排学生党员到农户的田间地头,与农户直接面对面交流生产技术及种植经验,同时走访村中种植大户及典型小户,进行更深入的了解。

当我满怀信心地讲完笔记本中早已写好的工作内容后,自以为村书记应该会根据我的安排给予我相应的方案,本次活动就此顺利进入轨道,我们按部就班完成即可。但是村书记缓缓地将手中的烟头掐灭,清了清嗓子,对我说:"姚书记,你的计划做得很好,很充分。只是,我想看看明天的交流会,你们重点想了解什么内容,我好安排村委会相关干部及村民代表,有针对性地交流。"顿时,我一脸蒙圈。此次活动,我仅仅想好总体框架,

① 中国农业大学2017级博士研究生,在实验站从事博士学位论文试验研究,曾任实验站学生流动党支部书记。本文作于2019年2月。

具体到细节上我完全忽略了，总以为跟人打交道全靠临场发挥就行。正当我准备回答村书记的问题时，“陆哥”起身借着给大家杯中添水的机会，打破了尴尬的局面：“我觉得，要不我们就从节水技术和作物种植两方面先交流，明天会前姚书记给个纸质版提纲，会上大家交流围绕这两个方向应该没问题。”此时，国庆也跟霜打的茄子一样，用眼神传递着尴尬，但因本身具备过人的“怼功”，借着“陆哥”的东风，瞬间开启源自灵魂深处的呐喊：“咱们村有没有农户种花生？我看到大家重点种玉米、小麦、娃娃菜、甜菜、辣椒、番茄。”村书记笑了笑，放下手中的水杯，对着身旁的“陆哥”说：“其实，我们老百姓种什么都跟市场行情直接相关。当前村里大面积种植制种玉米，是因为农户和种子公司签订合同，农民仅需提供管理成本，种子公司提供种子及解决销售。现在又兴起大面积种植娃娃菜，但是目前娃娃菜市场价格波动很大，遇到价格好了就赚了，但赔了可就赔惨了，所以大家还是选择稳妥的种子公司。当前，农民的节水意识相比以前好很多，基本都采用膜下滴灌设备，但也是照猫画虎，仍旧靠多年种植经验种地。所以，我个人希望咱们农业大学的学生能够经常来我们村子里走走，把你们的研究成果跟我们农民分享分享。农民就指着种地生活，授人以鱼不如授之以渔嘛。”听完村书记一番话，我们在座的三位都若有所思。但由于时间关系，我们简单寒暄之后，就打道回府了。

一路上，我思考着村书记的话，不由得联想到自己所雇来帮忙管理温室的王师傅。说起和王师傅的合作，我深刻认识到自己“莽夫”处理方法的弊端。王师傅自 2015 年到站主要帮助学生管理温室大棚内作物正常生长，包括打药、授粉、打岔等。凭借多年管理经验，王师傅总是“帮助”我科普很多“常识”，奈何我属于自我主见非同一般强悍的人，俩人经常因为“何时打岔”“要不要打掉一穗果实下侧枝叶”“纤绳是否需要拉紧”等一些管理措施等方面的问题争执不下。因此跟王师傅的相处非常不顺利，无数次都想解雇换人。但有时候看到王师傅默默地帮助自己做一些工作范围之外的事情，我就开始慢慢地学着理解他的想法。有关番茄种植管理措施方面，我只是“纸上谈兵”，而王师傅属于“实践出真知”，毕竟多年的种植经验着实远胜我一筹；但针对措施背后的原因，我又能够帮他解释。如此一来，本着求同存异的原则，我找到了与王师傅和谐友好沟通的方式，王师傅也渐渐地接受我的直言不讳。一次温室中工作休息时间，王师傅问我“同样灌水，我自己种的番茄灌水量比你们的多，施肥量翻倍，但还是没有你们种的好，这是为什么？”我笑着对他说：“其实，想要种出既好吃，卖相又好的番茄，可真不是您照猫画虎跟着我们学就成的。就像您看我们种的番茄产量高，以为是用滴灌灌水的原因，就自己默默地从沟灌变为滴灌，结果呢，看看您棚里的番茄对比这个棚里的番茄，一目了然嘛。”虽然，我嘴上“嘲笑”了王师傅，但是内心很佩服他。孔子曰：“知之为知之，不知为不知，是知也”，王师傅属于此类。“番茄需水量在不同的生长阶段差异很大，我们需要根据它需要多少水来进行灌水，包括肥料施用量也是同样的道理。我发现，你种番茄有个问题，出现旱的情况较少，大多数问题是灌水太多，导致根区土壤过湿，温室顶端风口开得不及时，导致整个温室内部湿度过大，最终根系不能有效吸收水肥，尤其果实膨大期。所以以后你可以参考我们的灌水施肥技术及相应的栽培管理措施，尝试一次对比一下结果，就知道其中的道理了。”听完我的解释，王师傅豁然开朗，黝黑憨厚的脸上绽放出满意的笑容，“行，下一茬我采用你的种植方式，学习学习。”

无论是与“村书记谈话”抑或为“王师傅答疑”，我都深刻体会出“态度决定成败”这句话的内涵。同村书记那次合作，让我深刻意识到自己工作上的短板，在今后的工作中要学会既能统筹全局，又能细致入微。同时，通过为期3次的社会实践与调研，我改变了自己以往对农民靠天吃饭纯粹经验主义的古板形象的认知；亲身经历了与王师傅由“敌”到“友”的转变过程，我深刻明白农民是具有大智慧的一个群体，兢兢业业、勤勤恳恳、朴朴素素，只是大智若愚，在不了解真实情况的前提下，我们很容易对他们产生误解。最后，作为一名在石羊河实验站开展农业节水方向科学试验研究的学生党支部书记，我真切感受到所学知识对解决农民生产过程中所遇到实际问题的重要性。借着实验站得天独厚的条件，未来党日活动可以直接进驻周边乡村，既发挥我们学生党支部“脚踏实地为人民服务”的作用，又能实现科研成果落地生根开花，真正做到解民生之多艰！

我的石羊河学生临时党支部书记经历

史碧娇[①]

在石羊河实验站的那些日子，是非常值得我回味和铭记的求学经历。我是团队中一名坚定追随老师们从事科学研究的实践者，也是一名在老师们引领示范作用下，践行时代责任感的当代研究生党员。是老师们的追求和奉献，让我更加坚定共产党员艰苦奋斗的信念，在党组织的凝聚和带动下，团结大家，共同面对挑战，共同解决难题。

“纸上得来终觉浅”，半年科研实践，让我们一个个稚嫩的脸庞逐渐变得黝黑，但作为当代水利接班人的信念却在艰苦的磨砺中得到了一次又一次的升华。每一篇学术论文的发表，都是科研一线同学们的心血结晶。作为年轻学子的我们应当传承团队脚踏实地、精益求精的科研作风，认真对待每一次试验和每一组数据，用实际行动把论文写在西北旱区的大地上。要坚持兢兢业业、埋头苦干、无私奉献的精神，这就需要我们党员在现代化建设的实践中，继续发扬“老黄牛”精神，勇挑重担，任劳任怨，全身心地投入进去。

我在站期间曾担任过石羊河实验站学生临时党支部书记，老师们对于支部的建设给予了许多具体帮助和支持。多年来坚持举办的以“传承艰苦奋斗精神”为主题的系列主题党日活动也成了我支部的一大传统特色。党日活动的过程也是老师同学们凝聚共识、统一思想的过程，老师们不仅仅会在策划过程中指导我们，还会亲自带队，为新老党员们讲述石羊河的节水故事。当我看到碧波荡漾的青土湖水面面积正在以肉眼可见的变化连续递增之时，当我看到亚洲最大的沙漠水库——红崖山水库在巴丹吉林沙漠与腾格里沙漠的夹击下为当地人保留了一片绿洲时，身为一名水利专业研究生党员的时代责任感油然而生。我深知，正是因为站在巨人的肩膀上，所以我们才能看得更远，我们应该更加珍惜今天这样宝贵的机会，坚持理想，脚踏实地，将自身的不懈努力与良好的研究条件转化为更多的科研成果，用实际行动在自己的专业领域发扬艰苦奋斗精神，践行绿色发展理念。

2018 年，我们石羊河实验站学生临时党支部建设和实践的成绩也得到了中央相关媒体的集中报道，我还有幸接受了中国教育网络电视台(CETV)的采访，在“涉农高校：扎根大地办党建，‘三农’使命有情怀”节目中介绍了我们党支部的一些做法，充满了自豪感。通过临时党支部的相关活动，不仅使自己的政治思想觉悟和服务三农的家国情怀有了提升，而且也锻炼了自己的综合能力。

作为一名已经毕业步入工作岗位的原石羊河实验站学生临时党支部书记，当看到 2019 年 1 月 18 日《人民日报》上的《让党的旗帜在高校高高飘扬——高校党的建设与思想政治工作综述》的通讯中，再次报道石羊河实验站的党建新模式，我感到无比兴奋和激

① 2018 年中国农业大学硕士研究生毕业，在实验站进行硕士学位论文试验研究，曾任实验站学生临时党支部书记。本文作于 2019 年 2 月 18 日。

动。我很荣幸能够有机会在石羊河团队中学习，于我而言，学习到的不仅是知识，更多的是一种值守一线的科学家精神。正是在老师们的先锋模范作用下，一批又一批的水利学子扎根石羊河，开展农业与生态节水的系列研究，二十几年如一日初心不改，用实际行动践行着“解民生之多艰”的校训，履行着“做合格党员”的坚定誓言。我不会忘记从石羊河学到的精神，不骄傲、不停步，继续发扬不畏艰难、顽强拼搏的艰苦奋斗精神，时刻谨记一名中共党员应有的模范带头作用，以更加饱满的工作热情，继续砥砺前行，开拓创新！

在石羊河实验站的日子

胡燕哲[①]

自小学习的课本里，西北地区在我的印象大致皆为一句“西北地区气候干旱，地广人稀，畜牧业发达”，大学之前我对西北地区的认知也一直停留在此。后来我在杨凌这座安静的小镇里度过了自己四年的大学时光，西北的印象又变作西安般繁华热闹的街道和杨凌小镇般质朴醇厚的底蕴文化。2016 年 5 月，还是一名大四学生的我有幸跟随王文娥老师一起踏往更西的方向，甘肃武威。

乘车初到实验站，映入眼帘的便是大片绿色的农田，整洁的大路以及干净宽敞的院子与挺拔的实验站大楼。一下车便有很多穿着迷彩服的人走出实验站大楼迎接我们，彼时我还惊讶不已，难道当地的农民都住这大楼里吗？那我们实验站的学生又住在哪里呢？然而定睛一看，一身身迷彩服里却是一张张年轻活泼与我年纪相仿的面庞，当时我还小小地吃惊了一下，原来大家做试验期间都做这般打扮吗？直到后来的自己也变成了迷彩服大军的一员，被初来乍到的师弟师妹瞪大眼嫌弃，才体会到冬暖夏凉的迷彩服才是试验人的归宿啊。当时的我走在队伍靠后的位置，土豆大豆傻傻分不清楚；想走到田里看看灌排课上学过的灌水畦长什么样子，旁边随行的师姐连忙提醒我小心不要破坏了试验作物，小心谨慎的样子让我感受到了试验对于大家的重要意义。当时的我对老师们的讲解内容不甚了解，也不大听得懂，却懵懂地意识到虽是在土埂田块之上，实验站的师兄师姐们做的却是踏踏实实严谨科学的学问。

宋冬野在歌里唱：爱上一匹野马，可我的家里没有草原。2017 年和 2018 年，陌生的人没有给我一支绿洲，也没有野马，我却拥有了一片小草原，开始了自己的试验。试验的开始总是辛苦和繁杂的，没有经验，即使有师兄师姐不时提点，也时常感到灰头土脸，手忙脚乱，总是抓不住重点。见过凌晨 4:00 的星空，一个人洗瓶子到凌晨 2:00，也有跟师兄请教问题到凌晨 1:00。知道苜蓿是当地人经常吃的美食的时候，还担心了一阵会不会一觉醒来自己的苜蓿被不知道羊、麻雀、兔子、虫子还是嫂子们吃光了。与坐在办公室面对电脑阅读文献不一样，真正开展试验的时候是对自己体力、毅力、沟通及解决问题能力的多重锻炼。2 年的试验带给我的收获不仅是一大堆试验数据，更是沉甸甸的感悟与思考。试验更需要的是我们在测量、收集数据和经费问题考虑之前的思考思考再思考。在试验期间，有幸接触到了来自很多国内外学者，还记得第一次介绍自己试验的磕磕绊绊，被问“So, what's your hypothesis?”的慌乱，想来自己当时竟是连做试验的目的都紧张到忘掉，甚至开始自我怀疑；还记得老师和一些外国专家来参观实验站的时候老师单独提醒了我几句，试验地周围的杂草应该提前除一下，有专家学者来参观，我们更应当时刻

① 中国农业大学 2016 级硕博连读研究生，2017—2018 年在石羊河实验站开展博士学位论文试验研究。本文 2019 年 2 月作于北京。

保持严谨认真的态度对待自己的试验，展现实验站严谨有序的科研形象；也记得大家前前后后忙里忙外齐心协力接待外宾的努力，学术交流、食堂服务、文体活动、参观交流，大大小小的活动令我们获益良多。

试验之外的生活是多姿多彩的，想来自己的乒乓球和排球都是在闲暇时间跟大家切磋锻炼出来的，为数不多的休息时光也是充实有益的。连续 2 年在实验站度过春夏时光，体验过别的专业经历不到的辛苦和乐趣，吃过露天烧烤，听过几十人 KTV，体验过在寒风中瑟瑟发抖的 9 月，实验站全都是行色匆匆的要收获的同学，大家又仿佛是海子口中只关心粮食和蔬菜的人，有一片田地，面朝祁连山，单纯安详又忙碌，辛苦却也有试验结束收获成果的开心。而我也会等待下一年苜蓿的春暖花开，是站里一抹不一样的紫色风情。

身边的朋友或是家里的长辈偶尔会问起“你的试验是研究什么的?”，研究生刚开始的时候我也不知道怎么跟大家解释我的专业和在做的事情，总是告诉他们不是育种、不是单纯种地，也不是田间调研，是跟灌溉和作物有关的事情。约莫自己也是不知道怎么解释的，总是感觉解释起来稀松平常，不怎么有高大上的科研形象。2 年的科研生活倏然而过，北京和武威的交替生活，我也在科研的道路上磕磕绊绊一步步走着，成长着。其间，我也有幸参加老师主持的国家自然科学基金重大项目，2017 年夏天在为准备基金项目申请书整理一点点材料的时候，我才认真审视了自己研究的研究背景、研究目的及意义，西北旱区、新疆地区、水资源、盐碱化土壤、粮食问题、灌溉，这些字眼读起来有了一些不一样的理解，心中的西北或许又多了很多复杂的味道。以后有人问起的时候，我能多些自豪地说出我们团队解决的是有关水资源和作物的问题，做的是有利于资源粮食问题，关乎国家稳定和人类可持续发展的事情吧。

有付出才有收获，不经历风雨怎么见彩虹，团结就是力量……简单朴素的道理在实验站每条都得到了印证。在石羊河实验站，我真正体会到了“纸上得来终觉浅，绝知此事要躬行”的道理；体会到了众多老师和师兄、师姐身体力行将论文写在西北辽阔大地上的决心与努力；得以理解一些老师跟我们讲述的我们应怀有的“家国情怀”。与石羊河实验站的相遇是奇妙的经历和珍贵的锻炼，在石羊河实验站和大家一起度过的日子一定会成为我人生里一份闪闪发光的回忆。这些年见证了石羊河流域大小变化的实验站，依然静默不语，但我想她的内心应该是充满欣喜和希望的！

实验站点滴

王　宁[①]

2018年是我来实验站的第三年，也是进行自己试验的第二年。有了一年适应和学习的时间，本以为开展试验时自己会非常从容，但是事实上困难总是源源不断地出现，即使是自己最熟悉的工作环节也会常常出现没有意料到的新问题。虽然现在看来自己算是都解决了这些问题，但是当时面临困难时的心态还是十分复杂的。回过头来看看自己是如何解决这些问题的，主要是要积极面对问题，能解决的通过询问他人、查阅资料解决，而解决不了的也会加深对这些问题的理解，将损失降到最低。

一年的时间转瞬即逝，尤其是我们在实验站只有半年时间，时间飞逝的感觉更加明显。看着自己种的作物一天天长大，意味着我们距离开的时间也一天天接近。在实验站的生活很简单，就是那么大的地方，那么多的东西和那么些人。在这里我们常常会出现很多问题，但实验站是一个成熟的实验基地，我们在实验站的学生、老师和工作人员是一个团结的集体。相比2017年，学生管委会增加了一些人，分工清晰、责任明确，目的就是在实验站通过我们学生自己的力量去协调、解决问题。而今年的管委会也做到了，在某段活动集中、问题突出的时期成功帮助老师克服困难，让实验站每天都能井然有序的工作。在这里要感谢管委会的各位同学，他们花了大量的时间和精力为同学们服务，理应获得我们的感谢。

虽然一年的时间转瞬即逝，但是实验站未来还会有更多个一年，而确保实验站能够每年正常运行的就是我们敬爱的老师们。实验站地理位置比较偏远，从北京来实验站需要整整一天，舟车劳顿，老师们平时工作忙、任务重，身体常常得不到充分的休息，十分辛苦。即使如此，每一位老师来到实验站都是非常开心的。这种精神是鼓舞我们前进的动力，也是我们学习的目标。在这里我想感谢每一位帮助过实验站的老师，正因为有他们的付出，实验站才会有越来越精彩的未来。

最后，希望实验站明天会更好，能有更多的成果，能在世界学术舞台上有更高的知名度和号召力。

① 中国农业大学2016级硕博连读研究生，在实验站进行博士学位论文试验研究，实验站学生管理团队成员。本文作于2018年12月。

平凡的一天

郭　慧[①]

有一晚，我做了一个梦。我与一个陌生的老者，走在一片荒漠之中，说说笑笑间，竟不知不觉来到一处绿洲，到处莺歌燕舞，流水潺潺，就像画里的仙境一般。那时的太阳已经下山，黄昏薄暮，苍苍茫茫间，忽然老者消失了，我到处寻找呼喊，却怎么也寻不见他的身影。模模糊糊中，耳边传来一阵嘈杂的声音，偶尔有叮叮当当清脆的金属碰撞的音响，忽然又听到了人群交谈的私语声。我便循着声音继续向前走去，抬眼望去，远处似乎有几幢黄色和红色的屋舍，像是有人烟的去处，脚下的泥土路不知不觉变成了水泥路，只见宽阔的房屋前的空地上，三三两两的年轻人相拥着走进了屋内。我想与他们一起交谈，却怎么也靠近不了，他们也不理会我的喊叫，惶急中忽然醒了，我看着周围熟悉的一切，原来这只是个梦。

早晨7:00的闹钟一响，我与往常一样，洗脸刷牙后，带上帽子，拿上迷彩服，抱着天平与笔记本，一头扎进玉米地里，玉米的叶子越发茂盛了，划过我的脸只觉得生疼。穿过几行玉米后，快速地找到了我那又爱又恨的几个小桶，调平，拎桶，读数，已经重复了快5个月的动作，也随着玉米的生长越来越熟练了。还记得刚来的时候，自己一次只能拎两个小桶，之后为了节约时间，变成了一次3个，到现在竟可以一次拿4个了。这一系列的动作结束以后，我原路返回，出来之后才发现自己的鞋子和衣服有点湿了。8月的石羊河竟开始有露水了。太阳已经开始慢慢地露出头来，一阵饿意袭来，快速走进那间满足自己肠胃的小屋，阿姨已经将早饭做好了。在喝了满满一碗粥，吃了大半个馒头和一个鸡蛋之后，不由得感叹道，实验站的满足来的也太容易了吧。

在这慢慢苏醒的清晨里，在这充满清新的泥土芬芳的乡间小道上，偶尔可以看见身着运动装的师姐，匆匆忙忙拿着试剂的师兄，还有刚刚结束试验一身疲惫的小师弟，每个人都按照自己的计划在有条不紊地工作。翻看自己的试验计划，又到了取干物质的日子，这个我虽不喜欢又不得不做的事情。拿起手机，快速翻到师弟的电话，拨出，把我那有点可怜的师弟从温暖的被窝里拉出来。估摸着师弟起床下楼还有几分钟的时间，我来到我们称之为百宝箱的库房，翻找出剪刀、卷尺和铁锹，这时师弟已经下楼打来了电话。我便同师弟一起走进试验田，取干物质就是将整株的玉米连根挖起，带回室内，将其根茎叶等各个器官分类，剪碎之后分别放入对应的纸袋，再将其放入对应的烘箱，简单的动作，却十分耗费时间，常常需要一天甚至更久。与前几次一样，我用剪刀将玉米从根部剪断，放进已经编号的袋子里，师弟用铁锹把残余在地里的根挖出来，这项工作并没有持续很久，很快我们便结束了，拿着试验样品返回室内。在实验站第一排平房后面有一个水

---

① 中国农业大学水利工程专业2018级博士研究生，2018年中国农业大学农业水土工程专业硕士研究生毕业，在实验站完成硕士学位论文试验。本文作于2019年2月。

池，那是我下一项工作进行的“操作台”。刚从地里挖出来的根，还带着大地母亲的馈赠，我要做的就是将根上裹挟的泥土冲洗干净，为了防止堵塞下水道，我找来几个脸盆与水桶，浑浊的泥水一盆一盆倾倒到道路对面的花坛之中。收拾完这一切，抬头看了看一尘不染的天空，似火的骄阳在炙烤着大地，实验楼前空旷的场地上，三三两两的同学不紧不慢地赶去食堂，原来已经中午了。午饭过后，我独自一人来到那间背阴凉爽的“212”，仔细地将叶片从玉米茎秆上剪下，剪成碎片，这主要是为了缩短烘干时间，提高烘箱的使用效率，茎、穗和果实也按照这样的处理，分门别类放入对应的纸袋里，最后放入闲置的烘箱里，这项工作就算完成了。

我做完这一切已经下午 5:00 了，站起来，脑袋有点晕，肚子提醒我又到了补充能量的时间。距离开饭的时间还有点早，突然想起前几天维修过的仪器，应该再去检查一遍了。还是那条每天不知走过多少遍的小路，此时路上的人多了许多，大家互相打着招呼，互相吐槽试验中的小意外，这一幕幕总是那么新奇而又熟悉。每次晚饭过后，楼前的空地总是格外的热闹，男生们总是你招呼我，我喊上他，抱着篮球从屋内冲进操场，把一天的疲惫在篮筐下释放；还有的同学聚集在排球场上，在充满激情的吆喝声，新手球员们跃跃欲试，仿佛每天用力地挥动臂膀，就可以给自己加油鼓劲一般。而我，每天的例行公事，拿上天平，再一次走进玉米田里。

石羊河的夜晚总是格外的美，可以清晰地看到缥缈的银河横贯在黑色的夜幕之中，一颗颗珍珠般的星星散落周边。仰望星空，漫天的星斗，它们尽着自己的力量，把点点滴滴的光芒融汇在一起，虽然比不上太阳的辉煌，也比不上月亮的清澈，但它们梦幻般的光，洒到了人间，照亮了人们的心头，把大地变得奇异，给人们带来美好的梦想。

在黑夜的温柔里，在灯火通明的学习室内，我要用一种忧郁的甜蜜，为石羊河写诗写歌，写一首带着泥土芬芳的小诗，每个音符都在打动着彼此心灵的颤动，留下刻骨铭心的回忆，在黑夜的风中，听落叶与断枝的脆响，夹杂着风的诱惑，在这午夜梦魇的鼾声中。

我在民勤的日子

王　洋[①]

从我接到录取通知的那一刻起，就注定了甘肃省民勤与我有了不解之缘。记得那是2017年4月，我收到了研究生被录取的通知，就被派去民勤帮师兄师姐做试验。这是我与民勤初遇。我怀着高兴和新奇的心情，踏上了这趟人生列车。这是我学业的转折点，也是人生的转折点。

记得刚到时，我对一切的一切都充满了新奇。"天为什么这么蓝，空气为什么这么清新？"，这是蓝天白云的好地方。7天的时间，说长不长，说短也不短，但足以改变我对民勤这个地方的认识。那时，我不禁自问："为什么天这么冷？"在北京穿春装，这里仍然羽绒服。"为什么空气这么干燥？"每天早上起来鼻子都会破。"为什么沙尘这么大？"当西边的乌云覆盖天边，转眼沙尘暴就来到。我生平第一次见识到如此大、如此多的沙尘。天是黑黄的，风是无情的。我们只有蜷缩在屋子里等到沙尘暴的结束。怎么会有这种地方？！

随着时间的推移，我逐渐地适应了这种环境，毕竟我不能撂挑子不干了，路是自己选的就要自己走下去。天冷就多穿衣服，空气干燥就吃个人参果，到这我不得不提一下民勤的人参果真的是好吃，甘甜可口，生津解渴。在试验的过程中，我当时扮演的角色是参与者，就是帮师兄师姐做试验的，不能说自己不动脑，但是也差不多。师兄师姐让我干啥就干啥。人总会有偷懒的时候，那是7月的一天，我没有早起，我记得在我熟睡时，师兄喊我起来打土钻，我当时想着还有师姐帮他就没有起床。上午快11:00了看他们还没有回来就去地里看看吧。这一看，只见师兄自己在干活，一手拿钻，一手拿锤，正在汗流浃背地干活。后来我才知道师姐身体不舒服去看病了，师兄就自己在那里干活。当时那"凄惨"的样子，现在想来有点好笑，也有点触动。当然，我们大家在一起也有其乐融融的时候，那就是我的搭档毕业答辩完，去民勤帮我们的那段时间。一辆电车，两把土钻，四个人在夕阳的余晖下回农场的场景。

转眼又是一年，又要去民勤了。但这次不是去帮别人，而是自己的试验。由于有了前一年的磨炼，我感觉自己已经做好了充足的准备，完全可以去适应民勤的环境了。但遗憾的是，我在当天去民勤的火车上就失眠了。在列车上，我看着一排排后退的车轨，不知何时才能回北京。到了民勤，我本想按照我去年的经验有序地开展工作，奈何天公不作美，农场那边的问题不断。今天工人罢工，明天水利局贴封条，后天农场停电停水，总之麻烦不断。现在细细想来这也锻炼了我的处事能力，要协调各方，解决问题。试验有序地开展了，可我有点后悔了，后悔的是去年跟着师兄师姐没有好好学，有的地方虽然自己做了笔记，但不明白要干什么，为什么这么做，只能再次打电话向师兄师姐求教。今年

① 中国农业大学2017级硕士研究生。本文作于2019年2月。

的体验和去年也大相径庭，自己要设计布置试验田，自己要安排雇工，各种问题都需要自己解决，再也没有那个能解决问题的师兄了。让我明白了，这可能就是男人的责任吧。在我还没有成家立业之前，民勤给我上了人生中重要的一课。随着试验进度，我和我搭档的矛盾也不断，我以为能避免像我师兄师姐经常发生的矛盾，但是实际上当自己真处于那种环境下，时间长了，总会发生各种各样的问题。在学校里大家基本每天笑脸相向，没有太多的问题，但当两人在一起做 7 个月的试验时，大家不同的性格，不同的思维，不同的想法，都会成为矛盾爆发的导火索。现在自己想想这些矛盾有些可笑，有些幼稚。总结这两年，试验过程难免出现矛盾，最重要的是要相互谅解，相互包容。7 个月时间过得也是相当快的，临走时，看着这片灰蒙蒙的天，反而没有第一次走时那高兴的心情，有点压抑，有点惆怅。

两年的民勤生活，让我适应了民勤的环境、风俗、生活。这毕竟是我们生活了两年的“家”。民勤的气候环境，造就了水果的香甜；民勤的风俗人情，造就了当地农民的淳朴；民勤的广袤土地，成就了我们的科研。我不得不感谢这个地方，尽管这个地方条件确实是艰苦，但让我们学习到很多的技能。第一年在民勤农场吃得饭大多是师姐做的，在当时师姐做饭可能都做腻了，但是这一年我师姐的厨艺大涨。第二年在民勤农场吃得饭大多是我搭档做的，我偶尔也会做几次饭。岂不知我在来民勤之前从没做过饭的，我学到了人生另外一项重要技能。当然，我还学到了很多很多，这些都是宝贵的人生经验。现在细细品味，温馨和谐。

我想我不会忘记这世界有一个地方叫——民勤。

石羊河畔我的家

安　通[1]

2018年，在我心里永远是难以忘记的一年。这一年，我经历了许多以前从没有经历的事情：第一次以硕士研究生的身份前往遥远的西北内陆干旱区开展试验，第一次亲手栽种培育马铃薯。虽然我是农村走出来的孩子，但是田间劳作对我来说很近，却也很远。我第一次在田间，在我自己规划的试验小区里挥洒汗水，那种内心的充实感让我感到身心舒畅。不论是每日早起观察土壤负压计读数，还是每两天一次的灌水，内容虽然机械，但是在我心里却从不枯燥乏味，因为我真正体会到何为"解民生之多艰"，因为我真正热爱这片土地！

虽然满怀热情，但是困难也接踵而至。第一次做试验的经验不足，让我总是在细节上处理得不够完善，但师兄师姐总是对我谆谆教导，不遗余力地帮助我，鼓励我；老师们也心系我们的试验，总是在百忙之中抽出时间千里迢迢来实验站鼓励我们，慰问我们，并在我们的试验的基础上积极提出改进意见。我感受到实验站就是一个大家庭，是为了中国的农业绿色发展事业挥洒汗水的地方。大家为了同一个目标共同奋斗，师生协力，肩负我们水院，我们中国农业大学的使命，那就是"解民生之多艰，育天下之英才"。

我爱我们的中国农业大学，我爱我们的水院，更爱这个我挥洒汗水的石羊河实验站。多么庆幸我的人生能够拥有这段经历，它锤炼了我的意志，升华了我的精神，它永远是我回忆的银河中一颗最耀眼的星！

---

① 中国农业大学2017级硕士研究生，在实验站进行硕士学位论文试验研究。本文作于2018年12月。

我眼中的实验站

杨其锟[①]

2017年初春随着两位师姐第一次到实验站，那时天气还冷，路边积雪仍在，玉米都还没播种。站外不远就有两家小卖铺，第一次去是因为要买御寒的电热毯，临走顺手买了一支冰棒，当时心里还窃喜，这里地方不大倒挺时尚，冬天也有冰棍吃。后来感觉味道不太对，才发现我在2017年的春天享受了一支2015年夏天产的雪糕。从此，实验站满是欢趣的日子也就开始了。

去实验站首先要完成的还是科学任务，完成任务的前提当然是保证试验对象一切正常。记得刚接手试验田播上玉米种子的时候，那几天心里边儿紧张得不行，早上去地里看，中午去地里看，傍晚还要去，看看别人的再看看自己的，生怕出苗有问题。后来刚出苗的时候，天气突然返寒，怕晚霜冻坏了苗，那一晚上整个实验站"放烟"保苗运动开展得也是轰轰烈烈，前半夜到处找来成捆的秸秆堆到地边上，因为秸秆有限，还要等到后半夜降温的时候再去点火。点火的时候不能有明火，四四方方的秸秆堆只能点燃一个角角，再用沙土压灭明火，只让冒烟儿，这样试验田上边飘着一层烟雾，就能防止冻苗。那是在实验站第一次熬夜做事，好多同学、师兄师姐三五一伙儿，你拿着灯我扛着锹，你点火我压土，忙里忙外，有说有笑的，倒也不觉得已经是后半夜了，最后还不忘围着火堆合个影儿。那时起，跟我一样新到实验站的同学就已经开始慢慢融入石羊河实验站这个大家庭了。以后的日子里，不论操作还是理论，试验中遇到的难题向师兄师姐们请教总没错儿，也深深地感受到实验站互帮互助、共商共享的和谐氛围。

另外不得不说的还有实验站的食堂，让人切实感受到了西北地区的饮食文化。中国农业大学公寓二食堂号称是"京城第一高校食堂"，不同于学校食堂的精致、多样，实验站食堂更凸显了朴实二字：2只手大的馒头、挡得住脸的酱骨头，隔三岔五1只羊，天天离不开炖牛肉，有时候还有集体火锅、烧烤。虽然在实验站的日子每天都要到试验田去，但是在大师傅的努力下，半年多来还胖了几斤。实验站位于甘肃武威，周围是一片几万亩的葡萄园，从宿舍后窗外就可以看见连绵的祁连山脉，天似穹庐，笼盖四野，苍苍茫茫，一片好景儿。这也激发了同学们的运动热情，干净的柏油路上追风逐电，有时还能碰见做完活儿回家的乡亲聊上两句，也能感受到当地乡亲对实验站的友善、尊重以及对我们科学试验的认可。

除了个人的科学任务，我还负责一些实验站摄影和编写新闻稿的工作。每逢有专家、学者来实验站交流考察，都要跟随拍摄，收集图片资料，记录实验站的各项活动。前前后后拍遍了实验站每一个人、每一块儿试验田，不过有些遗憾的是我没能出现在任何

---

① 中国农业大学2017级硕士研究生，2017年在实验站完成本科毕业论文试验和实习，2018年在实验站开展硕士学位论文试验研究。本文2019年3月作于北京。

一张合影里。有人把实验站留在手机里，有人把实验站放在电脑里，我选择把实验站记在心里。

先后 3 次到实验站，总共近一年的时间。慢慢地从陌生到熟悉，依靠实验站，才能顺利开展试验任务，把理论知识应用到实践，磨炼自己的本领。山水一程，衷心感谢实验站对我的培养；风雪一更，祝愿实验站砥砺前行，再创辉煌！

我在石羊河的那段日子

武竹青[①]

人生是一场漫长的修行。我们孑然一身地来到世上，遇到不同的人，经历不同的事，然后变成一个完整的自己。每一秒对于前一秒的自己来说都是未知的，而人生恰好是由无数个未知组成。对于我来说，在石羊河的岁月是一段奇妙的有关成长的旅程。

2018 年 6 月 20 日，是一个神奇的日子，在这一天，我怀揣期待，第一次离开家人，一个人去千里之外的地方，那天阳光很明媚，天空是我喜欢的清澈的蓝色。第一次一个人坐火车，而且要在火车上过夜，其实还是蛮害怕的，尤其是同车厢下铺的两个大叔全程都在喝酒抽烟打牌，让我只敢蜗居在上铺瑟瑟发抖。但是幸运的是，虽然大叔吵吵闹闹睡觉还打呼噜，人还是很不错的。带着一路小心翼翼与期待，我终于抵达了石羊河。到石羊河的第一天，实验站里的一切对于我都是很新奇的，让我印象最深刻的是师兄师姐们统一的迷彩服，让我有种仿佛置身于军训地点的错觉，身着迷彩服忙碌在田间的师兄师姐，有一种莫名的帅气。其次就是那一块一块的试验田，以及实验站外面的葡萄园了。这些茂盛生长的作物，让我对于试验内容更感兴趣了，在师兄给我介绍了他的试验以后，我感到很开心，因为明年我也可以自己拥有一块地，在这块属于我的试验田里，我可以看着我选择的作物一点点的按照我的计划去生长，我参与了他们的生命，他们也丰富了我的经历。亲自去参与自己的试验，看着作物的成长，最后在整理得到实验成果的时候，了解数据的每一次变化，一定会是一件很有成就感的事。

在慢慢适应了实验站的生活以后，岁月变得很安静，甘肃的天空与我之前见过的都不一样，是一种随便拍几张照片就可以当背景图的天空。我们每天都生活在诗意的风景里：在晴天的时候，天上会有大块大块的白色的软软的棉花糖般的云朵；阴天的时候，就仿佛谁家的墨水池打翻了，竟莫名画出了一幅山水画；最神奇的是，当听到阵阵雷声传来的时候，看一看远方，你会惊讶地发现云朵不知被哪个淘气的孩子戳了个洞，于是委屈地躲起来在哪儿偷偷哭泣，那不时传来的阵阵雷声是她不小心漏出来的哭声。

实验站远离城市，夜里没有彻夜长亮的路灯，也没有无穷无尽的汽车的鸣笛声，每天晚上睡觉都很安静，往往都可以一夜甜睡直到天亮。远离城市，我们的生活很简单，快乐也很简单。每天早起吃过早饭，一天就开始了，忙时去试验田里帮师兄做试验，或者在实验室里测量得到数据，闲时就在宿舍或者学习室看看文章，或者和几个好朋友吃过晚饭走在乡间的小路上去散步闲聊，一个笑话可以让我们不顾形象地在鲜有人迹的路上笑很久，偶尔我们也会去看看师兄师姐打篮球、打乒乓球，惊叹于大家优秀的运动细胞。在实验站时我常常会想起一句话“从前书信很慢，车马很远，一生只够爱一个人”。岁月仿佛被甘肃的日落拉长了，我们有更多的时间去思考、去想自己真正的追求。

---

① 中国农业大学 2018 级硕士研究生，在实验站进行硕士学位论文试验研究。本文作于 2018 年 12 月。

在实验站发生了很多有趣的事情，也发生了很多伤心的事儿，但是给我留下印象最深的是去石羊河下游民勤的经历。实验站附近都是农田，所以我对于西北盐碱地的感觉并不深，总感觉甘肃跟家乡一样，没什么太大的区别，而去民勤的路上，当真正看到沙漠的时候，我为人类的生存能力感到深深的震撼。在沙漠里，我看到了一块一块的，虽然很少，虽然叶子都在变为枯黄，但仍在努力生长的玉米地，有很多地方，都是前面是正常的农田，但是隐藏在农田后面的是明显的沙漠。民勤这么多人祖祖辈辈在沙漠里生活，他们通过自己的努力，让这沙漠也发生了改变，能够为人类提供粮食、水。我突然感觉自己能生活在中国，生活在不是盐碱地的地区，是一件很幸运的事。同时，内心深处产生了一种很重的责任感，我想尽我所能为这个地区做些贡献，让他们能够生活得容易一些。我想，这就是为什么我们要来到石羊河做试验的初衷。

"纸上得来终觉浅，绝知此事要躬行。"我想，在实验站的岁月，是对这句诗最深刻的解释，希望今年我可以在试验站收获更多的知识与快乐。

第二篇

散文篇

石羊河是一个美丽的地方

唐泽军[①]

祁连山下，石羊河旁，中国农业大学石羊河实验站就坐落在那里，像祁连山的松树一样，悄悄地茁壮成长，根深叶茂。

从2005年起，我曾有幸与我的几个研究生先后在这里断断续续地开展过一些与水资源有关的试验和研究工作。前前后后十几年，到实验站有十几次，不过每次时间不长，看看学生做的试验，与学生一起讨论相关问题，回想起来似乎没有什么印象特别深的经历，平平淡淡，如同石羊河的河水在那绿洲上缓缓流过一样，波澜不惊，然而今天细细想起来，完全不尽然。来中国农业大学后，我相当一部分的科研工作是在石羊河进行的，我和我的学生们都得益于石羊河流域那得天独厚、适宜科研的大自然环境：我的教学和科研工作顺利进行，学生们的学业顺利完成，师生相得益彰，自身的科研素养和能力得到提高，共同成长和进步。谢谢你，石羊河，你不仅有蓝天、白云、雪山美景，也有激发我们探索自然的灵感。

石羊河流域是一个美丽的地方，也是一个科学试验的好场所，从水文地质角度看，更是一个教科书式的典型水文地质单元。西南边是高高的祁连山，往东北方向发育山前洪积扇，中部是形成的平原区，东北部是沙漠荒漠化区。在漫长的地质时期中，石羊河将祁连山岩石风化后形成的细小颗粒带到平原区沉积下来，它就像一个技术高超的工匠一样，将黏土、细沙、粗砂、砾石等分层，平铺在那里，构成了我们今天看到的巨厚沉积层。雨水和雪水在祁连山汇入石羊河，再入渗补给地下含水层，然后渗流到东北的沙漠区蒸发、排泄。简单吧，就这样简单：补给、径流、排泄。事情要真这样简单就好了，大自然太复杂了，以至于我们无法想象。我们不能确切知道石羊河流域有多少水资源，不知道地下水是如何从补给区渗流到排泄区，不知道地下水在渗流过程中与岩石相互作用时又会产生一些什么现象，不知道人类活动—水—生态是怎样一个联动关系……然而，我们与过去、现在或将来在石羊河流域工作的众多科学家和研究人员一样，希望知道或尽可能地知道这些问题的答案或接近真相的答案。

尽管学识和能力有局限，我们仍然穷尽所能去思考和探索石羊河流域这些相关问题。因此，我们去调查了解大量前人的研究成果，阅读相关文献，借鉴他们的智慧，收集石羊河有关的资料和数据，继而设计一些试验，观测、采样、化验、分析，试图获得石羊河流域水资源状况的真实情况。我们甚至想变成天空中的一颗水滴或一朵雪花飘落在祁连山的松树上，然后顺着树叶树枝树干流到地表进入径流中或渗入土壤，汇集到石羊河

---

① 中国农业大学水利与土木工程学院退休教授，曾多次到石羊河实验站指导研究生试验和进行科学考察。本文作于2019年3月14日。

水中，再渗入地下含水层中，去看看那些地下水究竟是怎样在孔隙中运动的。

我们第一个做试验的硕士研究生是江冠军，他是我的湖南老乡，忠厚又不乏机灵，现在是广东惠州水利方面的技术骨干，这个试验是试图研究农业灌溉时的深层渗漏对地下水的补给。他先于我到实验站，当他在田间看到我时，他那晒黑的脸突然绽放出灿烂的笑容，我看得出来，他有点兴奋，是发自内心的激动，那一刻，我想到我下乡时父母来看望时的情形。第二个做试验的是王丽霞，一位内蒙古女孩，也是硕士研究生，人就如同她的名字，现在中国水利水电科学研究院牧区水利科学研究所工作。她在收集钻孔资料基础上，通过 GIS 系统模拟石羊河流域水文地质单元的空间结构。当我们野外观测走在田坎上时，她不时地搀扶着我的手臂。多少年过去了，冠军的笑脸和丽霞的搀扶依然让我深感温暖和做老师的荣耀。第三个做实验的是悦琳琳，硕士研究生，山西女孩，乐观而又充满阳光，现在中国水利学会工作。她在收集石羊河流域地下水历年水位数据和农业生产的数据的基础上，研究人类活动对地下水水位的影响。第四个做实验的是白研丽，硕士研究生，甘肃女孩，人如玉一样温婉，现在甘肃水利水电设计院工作。她借助 GIS 和遥感，研究地表植被与地下水水位的关联性。我们这些试验和研究关注的核心就是地下水水位，它是地下水最直观的表达，就像血压计里的汞柱一样，汞柱的高低反映了人的身体状况，水位的高低则反映了流域生态系统的健康状态。第五个做实验的是博士研究生王利书，河北女孩（尽管她们都已为人母，但在我心里，还是孩子），小巧而又聪慧，现在是河北工程大学的教师。她是通过地下水同位素和化学物质成分特征，研究地下水运移和水资源更新的速率。

好了，我们总算有了一点点成果，学生们的硕士研究生毕业论文或博士研究生毕业论文的评议书上都有类似的评语："试验设计合理、周密，数据完整、可靠，讨论详细、深入，结论可信"，多少有点令人惶恐的词语，我深知我们的研究结果远没回答或近似回答我们想知道的真实答案，我只是希望我们的研究结论能成为他人试错或迭代的工具，使研究成果能逐步收敛和逼近石羊河流域水资源的真实情况，真能这样，善莫大焉。

写到这，脑子里总是隐隐约约的有一丝阳光在闪现，我知道，那是祁连山树林里阳光，美极了。那天我与学生王利书到石羊河的源头取水样，在 GPS 导航下，我们到了祁连山的脚下，抬头望去，绿色绵绵的草甸，散落的羊群和牦牛，白色的毡房，毡房前身穿红色藏服的悠然少女，毡房后是郁郁的松树林，再往上就是蓝天。我静静地站在那，不忍前行，唯恐多一丝不协调。GPS 显示，我们必须经过毡房后的松树林，进入松树林，暗淡了一点，内心有点恐惧，万籁无声，静悄悄的，麻着胆子，低着头继续向上爬行，地上是厚厚的松针落叶层，如同毛毯，踩着软软的，但踏实。闻到了松树的清香，沁人心脾。太静了，只听了飒飒的脚踏落叶层的声音、自己心跳和呼吸声，突然看到一线阳光，抬起头来，直立身子，平息一下，再看过去，斜阳！穿过松树叶层，穿过松树干，斜阳里可以看到薄薄的缕缕水气，没有了恐惧，也好像没有了思维，这就是自然，我觉得我融入了自然。

最后来到了 GPS 显示的石羊河源头，岩层、裂缝、巨石、大小砾石、晶莹剔透的冰块、冰块下哗哗的水流，站在源头往下远远地看去，我突然明白了石羊河这个美丽名字的来由，石羊河河水把这些大的砾石搬运下去沉积在沿途，不就像一只只羊吗，石羊成群的河流就是石羊河。

石羊河的水是纯洁的，滋润着这片绿洲，我希望我的学生也会像这石羊河水一样，流向全国各地，用石羊河水滋润自己，进一步成长。

衷心祝愿石羊河实验站更深扎根于这片土壤，长成一棵参天大树，做出更多揭示石羊河奥秘和世界奥秘的好成果，作为一个退休的教师，我会默默地关注着，并祝愿着。

记忆中的“黄魔怪”

胡铁民①

小时候我生长在腾格里沙漠的南麓，那里曾是古代丝绸之路上一颗明珠——古浪大靖。记忆中，遮天蔽日的“黄魔怪”每年都要光顾几次，那时不知道“黄魔怪”叫沙尘暴。每次它“来”的时候，阳光明媚的白天，一下子就变成了漆黑的夜晚。我家的煤油灯都吓得不敢发亮，本就暗淡的灯光更加昏暗。听着外面“黄魔怪”怒吼的声音，老辈人都合起手，祈祷神灵的庇佑！伴着这“黄魔怪”会吃人的噩梦与老一辈人的祈祷声，我度过了孩童时代。

20 世纪 90 年代初，四川、陕西、甘肃率先开展了退耕还林试点工作，地方政府发动广大群众开展义务植树种草活动，一行行梭梭、一簇簇柠条、一排排胡杨从无到有，农田得到了有效保护，有好几年“黄魔怪”再没有出来“作恶”。

随着经济的快速发展，人口激增、过垦过牧和水土资源过度利用等因素使流域内的生态环境逐渐恶化，梦中的“黄魔怪”似乎又要卷土重来。每年 3 到 5 月，就要刮上几场沙尘暴。印象最深刻的是 1993 年 5 月 5 日，那天本是个风和日丽的好天气。到下午，一场突如其来的沙尘暴翻滚而至，直扑武威大地。猖狂的风裹着黄沙铺天盖地般地袭来，顿时白昼变黑夜，飞沙走石，仿佛世界末日到来。沙尘暴所经之处，房屋倒塌，沿途的树木、电线杆被摧毁，满目疮痍，更为惨重的是有 87 人遇难，31 人失踪，260 多人受伤，直接经济损失约 6 亿元。沙尘暴来袭的 5 月，正值春耕备耕时期，遇难的大多为七八岁的孩子，他们被大风刮到路边的水渠里就再也没有回来。这一天，“沙尘暴”三个字，开始进入公众的视野，1993 年 11 月 29 日国家科委召开汇报会，决定将沙尘暴研究列入国家“八五”科技攻关项目。至此，我国开始对沙尘暴进行科学系统的研究。

参加工作后，我来到了腾格里沙漠的东南边上，每当面对滚滚而来的沙尘暴甚至是黑风暴，心中翻腾着万般的滋味，默默体会着沙尘暴过后吃完饭碗底锅底一层沙的工作环境。年复一年的春天，看到在沙尘中劳作的农民，看到顶着黄风艰难行走的学生，看着面对黄风深深发出无奈叹息的人们，心里顿时沉甸甸的。

这样的环境中，我们实验站迎来了中国农业大学团队，他们放弃优越的工作、生活条件，不劳辛苦、奔波千里来到石羊河，来到环境最恶劣的沙漠腹地，来到“黄魔怪”的老巢。建立了石羊河实验站和农业与生态节水示范基地，他们的足迹踏遍石羊河的山山水水，满腔热情扑在石羊河节水生态治理研究上。一篇篇生态告急的建议报告、论文成果见诸报端，见诸世界顶尖学术刊物，他们为武威、为石羊河、为祁连山、为西北旱区生态危机一次次发声，为节水农业的发展建言献策。

---

① 武威市水利技术综合服务中心副主任，长期驻守在石羊河实验站，负责实验站后勤保障工作。本文作于 2019 年 3 月 12 日。

而今，在专家、学者以及社会各界的支援下，勤劳而又顽强的石羊河人民顽强拼搏，牢固树立绿水青山就是金山银山的发展理念，认真践行生态美，产业优、百姓富的发展路径。每年春秋，全市的所有干部群众会走向沙漠腹地，用麦草方格固沙植树，用双手种下一株株梭梭，成千上万名治沙英雄打退了“黄魔怪”，它“捣乱”的次数越来越少了。

想起黄魔怪，它是我童年的噩梦。因为它，多少无辜的人死于非命，又有多少人背井离乡；因为它，多少先辈呕心沥血，奉献了青春年华；也正是因为它，成就了一批科学用水的研究者和守望者。或许再过若干年，可恶的“黄魔怪”成为我儿时的记忆，也必将成为历史的记忆！

武威试验站的猫①

王振昌

不知不觉中，已经在武威试验站待了半年多的时间了。从风沙弥漫的春天到人满为患的夏天，再到人去楼空瑟瑟寒风的秋天，一路走来，个中滋味，冷暖自知。这半年中，一群野猫不离不弃伴我们左右，平添几许乐趣，资以此文，以示纪念。

春天刚到站上那会儿，一只警觉的老猫带着一群懵懂的小猫，经常徘徊在餐厅门前的草皮上，我们给它们些碎骨头、剩菜，它们飞快地抢过去，叼走，躲得远远的，慢慢享用。渐渐地，它们和我们熟络起来了，从开始的只敢在学习室门前玩耍，到时不时地钻进学习室找个盒子当猫窝美美地睡一觉，印象最深的是，当我在傍晚打电话的时候，总有一只黄棕色的小猫跟着，甩都甩不掉，还不时地在你裤角边蹭啊蹭的，有的时候为了引起你的注意还打上一个滚，调皮地扒拉两只前爪，狡黠地看着你。这还罢了，有时它还会在早上爬上你的床铺，躺在枕头上美美地眯上眼睛睡上一阵子，完全忽视你的存在，真拿它们没办法。当然除了蹭饭玩耍，小猫也会干点正事，它们也会时不时地逮上一只小耗子，叼起来，放下去，再叼住，这样乐上一阵子。一晃几个月过去，这群小野猫也一个个出落成了小肥猫了，一个个看起来都鼓囊囊的，我们都怀疑它们还能不能抓上老鼠了！在我们离开试验站的那几天，由于人员较少，剩饭、剩菜也不多，这些猫咪可能饿得有些受不了，见了我们，弓起背来直吼，看来真是被我们惯坏了。

我们要回学校了，只剩下小邱、王博士和那里的野猫还要继续留守，试想在凄冷黯黑冬季的晚上，偌大的试验站上只有一间宿舍还亮着灯，不免有些凄惨，然而，遥想一群猫咪懒洋洋地趴在门边露着灯光的罅隙处和屋里的主人一块儿守夜，又给这个试验站的夜晚平添了几分暖色。

衷心祝福小邱、王博士和试验站的猫咪平安而又充实地度过这个冬季，和谐相处，相安无事！

---

① 本文 2009 年 10 月 13 日作于陕西杨凌。

石羊河颂歌

马黎华[①]

有这样一个地方，有雪山峻岭，沙漠荒原，绿洲阡陌，水波涟涟。一条奇迹一般的河流在沙漠间蜿蜒而来，带着繁荣和希望。

有这样一个地方，良田在被废弃，河流正在消失，再也寻不到碧波荡漾，再听不见沙沙胡杨；耀眼炙烤的太阳下面，那声声临近的是死亡。

有这样一群人，远离城市的喧嚣繁华与诱惑，根植这片苍凉寂静的土地。他们有黝黑的面孔，朴素的灵魂。他们用粗糙的手掌扶过一根根嫩绿的葡萄枝，他们稳健的脚步穿过一个又一个田埂，他们搭起朝向天空的一个又一个的触手，他们埋在地下如蛛网一般交错的管子，他们寻求这片土地上埋藏的一个又一个关于绿色的秘密。最执着的坚守在最明亮的眼眸里。

用最少的水换最多的绿色，用更多的绿色挽回所有的生机和希望。这就是一代又一代的石羊河人，在这里流下的汗水、勇气和力量。没有移星换月的神迹，改变正在悄然发生，一个更好的未来就在不远处，等待着，盼望着。

---

① 本文2018年作于重庆西南大学。

记忆里的石羊河

马黎华[①]

王之涣《凉州词》有云："黄河远上白云间，一片孤城万仞山。羌笛何须怨杨柳，春风不度玉门关。"悲壮苍凉的景色里，透出一股波澜壮阔的慷慨之气，正是我记忆中石羊河的样子。

石羊河试验站位于甘肃省武威市凉州区，东临腾格里沙漠，南靠祁连山，北接巴丹吉林沙漠，自古就有"通一线于广漠，控五郡之咽喉"之称。因其独特的干旱环境，石羊河试验站在作物节水调质高效灌溉理论与模式，旱区农田生态系统水热碳通量监测与模拟，旱区考虑生态的水资源调配研究等方面独具特色。那是2007年的一个春天，我开启了一段石羊河之旅。

那时的杨凌草长莺飞、杨柳春烟，武威大地上却还是一片荒芜景象。印象里武威的太阳比别处大，天空清冽高远。牛肉面汤头鲜美，干果蜜饯一应品质好。试验站里一排平房，安置着上下铺。我和师姐系着头巾，装束与附近妇女并无二致。试验田的面积很大，田里那时还空着，几个师兄正来来回回在田里布置着仪器，不远处的梭梭林，紧挨着的就是一大片戈壁滩。试验站的饭菜简单却美味，让我食欲大开。要打一盆水来洗漱，院子里漫天的星星闪烁迷人。

石羊河流域管理局并着几家单位，都在一个楼里。抱着一摞资料在街巷里寻找复印机的自己，似乎是有点儿狼狈。在去往民勤红崖山水库的路上，有塑料覆膜的农田，有活水流动的水渠，有如霜似雪的盐碱。沙漠中的那一片汪洋，引来多少声的惊叹和不可思议。一侧山上立着一块巨大的牌子："决不能让民勤成为第二个罗布泊。"

石羊河试验站远离城市，条件艰苦。在简单的环境里，人与人变得更近，心性也同环境一样变得简单而纯粹。同门在谈笑风生里满满的是阶级情谊，成果展示里满满的是指点江山的豪气。我庆幸在自己人生经历里有这样一段记忆。有些地方，你去过，看过，待过，就很难将那里忘记，甘肃武威石羊河试验站就这样永远留在了我的记忆里。

---

① 2012年西北农林科技大学博士研究生毕业，曾短期赴石羊河调研收集资料和在试验站实习。现在在西南大学资源环境学院任教。本文2019年2月1日作于荷兰瓦赫宁根。

石羊河记

汤　博[1]

20 世纪末，吾师门开拓于石羊河。至如今，桃李芬芳，绿树成荫。乃修石羊河印记，继往开来，集师门子弟文集于其上。今作一文以记之。

予观今实验站胜状，在石羊一河。倚雪山，贯大漠，黄沙百战，孤城遥望；长河落日，气象万千。此则实验站之大观也，师门之述备矣。然则，北至荒漠，南接祁连，莘莘学子，多会于此，览物之情，各具神韵。

若夫昏黑墨墨，八月飞雪，狂风怒号，百木尽折；飞沙蔽日，草树潜形；千里黄云，冰封百丈；惟余莽莽，鸟绝猿灭。登实验站也，则有苦其心志，千磨万击，及时勉励，感极而奋者矣。

至若仲夏夜短，开轩纳凉，明月别枝，星垂平野；皎皎河汉，盈盈一水；四下俱寂，清风鸣蝉。而或长云远上，烈焰千里，漫卷诗书，白日放歌，青春做伴，此乐何极！登实验站也，则有一览苍茫，睥睨天下，上青天揽月，西北射天狼之志也。

嗟夫！予尝求强国之梦，或解民之艰辛，何哉？吾非古仁人，不免喜悲，喜国之强盛，悲民之艰辛，然则尽己之力，恪守尽职，胸怀天下，喜悲有度，以天下之忧立自身之志，以强国之梦尽自身之事。

---

① 2012 年中国农业大学博士研究生毕业，曾到石羊河试验站实习。现在在北京市南水北调办公室工作。本文作于 2019 年 2 月 1 日。

甘甜的回忆　力量的源泉

杨　磊[①]

工作已经10多年，每次出差经过祖国大西北，特别是甘肃河西走廊，脑海里都会掀起那尘封的记忆，那条河流、那片绿洲、那些人、那些事，还有那些酸甜苦辣的经历、那些甘甜的回忆……

记得在祁连山下，在腾格里与巴丹吉林两大沙漠边缘，由于石羊河水无私地滋滋补给，润泽抚育了勤劳的凉州人民，形成了河西走廊上神奇的绿洲——民勤绿洲，建成了沙海明珠——亚洲最大的沙漠水库红崖山水库，重现了碧波荡漾的青土湖。进入21世纪，滋润这片热土的母亲河——石羊河又承载起了解决我国干旱区水资源高效利用、优化配置与生态修复的科研示范重任；在那被誉为中国“沙海第一园”的沙漠公园——我们科研的主战场，一棵棵求知欲渴的小树苗正沐浴在阳光雨露中茁壮成长；在一位位德高望重教授园丁的精心呵护关怀指导下，一代代怀揣着梦想的科研工作者，在这里挥洒着青春的汗水，实现着心中的梦想。

还记得2003—2008年，每逢3—10月，在民武公路11千米处的薛百农技试验站及田间地头，都会出现一群说农民不像农民、说学生不像学生的青年学子时常传来他们为了一项项测量指标、一组组试验数据的交流与辩论声；都会不定时响起那熟悉的做饭炒菜声；都会不时传来大家围绕在饭桌前谈论一天收获的欢歌笑语与寂静无语；都会经常传来那拉水时候的号子声……

在这里，有呼啸的疾风、漫天的黄沙；有骄阳的烈日、炙热的大地；有广阔的沙漠，也有坚守的绿色；有智者谆谆的教导与学子求知的渴望；有群众不解的目光、更有农民对水的期盼……

在这里，有丰收的喜悦：雪白的棉花、香甜的瓜果、沉甸甸的葡萄、绿油油的牧草，还有那靓丽的土豆；有淡淡的遗憾：测数据时才发现光合仪没有充上电、Diviner管里全是水，让每个人都头疼与郁闷；有淳朴的友情：杨所长、小唐哥、陈老爹、陈大哥、嫂子一个个熟悉的名字，更有那些和我一起战斗过的兄弟姐妹，王锋、王振昌、侯晓燕、王若水、韩江江、李培岭、贾运刚。在这个大家庭里，我们同吃同住，一起挥汗如雨在试验场，一起为彼此的试验相互助力，一起为今天安排什么伙食而发愁，一起行走在那神秘沙漠的探索路上；有顽强的毅力，那些与沙漠斗争的治沙勇士民勤人、固沙卫士梭梭、柽柳、沙拐枣，还有铮铮铁骨千年铸的沙漠英雄树胡杨和一群探索真理的科研工作者和让人佩服的“女汉子”。

在这里，有着酸甜苦辣的各种经历，有欢声，有笑语；有郁闷，有流泪；有付出，有收

---

① 2008年西北农林科技大学硕士研究生毕业，2005—2007年在民勤薛百试验站进行硕士学位论文试验研究，现在在内蒙古自治区水利厅工作。本文2019年3月25日作于内蒙古呼和浩特。

获。记得初次来到石羊河是2006年的3月，坐着绿皮火车一路向西，经过宝鸡、天水、兰州，进入河西走廊，给人的视觉冲击急剧变化，那时的陕西关中平原到天水一线已经春意盎然，到处充满绿色的生机，过了兰州，黄沙漫野、光秃秃一片，与我从中小学历史中学到的对河西走廊的朦胧印象形成天壤之别，看到如此荒凉的景色，心里说不出的酸楚。每年的3—5月的民勤，是沙尘暴最肆虐的时候，从早刮到晚，能见度不到几十米，空气中充满土腥味，饭菜里夹杂着沙尘，就在这样的环境中，我们的试验田均完成了种苗补苗，几百根1米多深的Diviner管打进田里，看到这些阶段成果每个人脸上都洋溢着笑容。6—8月，沙漠边缘的太阳出奇的炙烤，经常可以看到烈日下，在棉花地里一个背着光合仪，一个夹着叶片，在瓜地里三五个学生熟练地打着土钻取着土样，在苜蓿地里刚灌完水的泥泞中测着Diviner；经常有周边的村民从此经过，很不解的询问到，“你们来这干吗的，是来找矿的吗?”当得知我们是博士、硕士之后，眼光里充满了质疑，会问我们这学咋上的？怎么又回到了田地、好好的学不上来这受罪，面对这些质疑和询问心里常常酸溜溜的。8—10月，是收获的季节，王锋师兄笑着说“从现在起要给瓜测品质了”，我们每个人心里都美滋滋的，能吃到味甜、汁多的瓜了，测品质的头两天，几十个瓜刚被取完样，就瞬间被我们消灭光了，接下的几天大家都上火了，不敢吃甜瓜，只能多吃西瓜，但又忍不住甜瓜的诱惑，确实太香甜了，偶尔还会忍着溃疡偷吃个甜瓜。陈老爹的驴车是我们运瓜的主力，到后来取完样的瓜大家是实在吃不动了，只能任由瓜被吃瓜主力——陈老爹的驴消化了。我们经常调侃，陈老爹的驴估计会得糖尿病。每当吃瓜的时候也都是我们最惬意的时刻，在薛百农技小院，葱绿的果树下，大家围坐在桌子旁谈古论今，王振昌给我们讲解着从收音机听来的BBC新闻，望着丰收在望的田地绿野，遥望着远方的蓝天和大漠，再有几只鸿雁与苍鹰掠过，一天的疲惫瞬间消散。

薛百试验站需要自己做饭，3任王大厨都有拿手绝活：王锋师兄的江淮菜美味可口；王振昌放菜时标准的扔炸弹动作现在还脑海浮现；若水的湖北菜也是一绝。其他人员采购、刷锅、洗碗分工明确，配合得有条不紊。这里最大的困难就是吃水、用水问题，要到几百米外的农用机电井取水，井的保险丝经常熔断，闸板没有防护，铜片裸露十分危险，大家一天的试验下来都十分劳累不想动弹，还要去危险处取水，都心里有些苦闷。试验忙的时候，为了减少取水频率，大家经常好几天不洗脸，这也有好处，“厚脸皮”能有效预防民勤的紫外线辐射和沙尘暴。在试验的攻关期，江江病了，能看得出躺在医院病床上的他，眼神中流露出的那种对科研的执着和病倒的无奈。有一次我们需要灌水了，发现水泵电线莫名其妙地被偷了。还有一次我们打了一天土钻，取了几百个铝盒后，试验站却停了电，让烘箱也郁闷得有力无处使；偶尔还会发现趁着我们不注意的时候，陈老爹家的驴会到我的苜蓿地里潇洒走一回，每个人都经历过无数次不能按照预期的既定试验方案去实施的苦闷。这段时光中的甘甜回忆一直是永恒的话题，老师们来看望我们内心的欢喜；进城洗澡，改善生活吃碗炒面，大盘鸡的幸福感；蓝天白云、广袤沙漠探险的心情舒畅；红崖山水库捉鱼的喜悦；在公务员考试网报最后一天，陈大哥半夜骑着摩托带我进城上传审核资料的感动；看着绿色盎然的农田，紫花苜蓿中翩翩起舞的蝴蝶，沉甸甸的棉桃压弯了枝头，成熟的果实丰收在望，一本本厚厚的试验数据记录，大家心里幸福感成就感爆棚。

在这里,更有一份坚守与初心、一项使命与承诺、一份责任与担当、一丝信念与希望、一股力量与绿意。为了不让巴丹吉林和腾格里两大沙漠"握手",保住民勤这片绿洲,为了确保实现不让民勤成为第二个罗布泊的嘱托;为了石羊河奔流不息,为了青土湖碧波荡漾,为了民勤绿洲赖以生存发展的水源,为了实现绿水青山及群众的期盼。在恩师们的带领下,我们科研团队扎根大西北石羊河流域,挥洒着汗水,舞动着青春,默默地立下那献身旱区节水与生态修复的初心与誓言;在恩师们悉心指导下,我们这些小树苗通过三五年的石羊河历练,经住了风吹日晒雨打的考验,茁壮成长,均已成材,并硕果累累。

如今,每当听到恩师们的学术演讲与会议发言,都心潮澎湃;每当获悉师兄弟们的捷报频传,都心中充满无限喜悦;每当闻讯石羊河流域的一点一滴变化,都十分向往。在恩师们的关怀下、在石羊河的培养下,我们一代代石羊河科研人已逐渐成长、成材,很多都已经成为践行绿色发展、实现乡村振兴的主力军,在科研院所、在高校、在田间地头、在河流山川、在生态最脆弱、在祖国最需要的地方,都有我们石羊河科研人的身影,"艰苦奋斗、团结协作、勇于创新、追求卓越"的石羊河精神激励着我们不断前行。

如今,离开石羊河试验站已经有十几个年头,但试验站培养出的吃苦耐劳的顽强毅力,一丝不苟的认真负责态度,始终是我一生受益匪浅的财富,始终是我前进的动力。毕业后回到内蒙古大草原,在自治区水利厅从事农牧水利工作,才深刻领会到水资源的弥足珍贵,对干旱、半干旱等生态脆弱区的重要意义;习近平总书记强调,要保持加强生态文明建设的战略定力,加大生态系统保护力度,守护好祖国北疆这道亮丽风景线,这使我更加深刻地体会到节水与生态的重要性,也更加理解了我们在石羊河从事农业节水与生态保护科研攻关的重大意义,使命光荣,责任重大;为祖国北疆生态建设添砖加瓦,在石羊河学到的理论、培养的能力、掌握的技术、锻炼的意志将始终是我做好本职工作的动力,是我成长的力量源泉。

如今,石羊河流域变绿了,民勤沙尘天少多了,生态美、大雁飞……一幅幅宏伟的蓝图正在实现!

师恩难忘,友情难忘,石羊河精神不断,回忆不断……

期待石羊河的明天更美好!

忆满凉州

田 磊[①]

不久前的一天去参加一个活动，活动现场有很多照片，其中有一张照片拍摄的是广袤的沙漠上稀稀疏疏的几棵植物，恰巧旁边有人问道："这是沙漠上的干草吗？"我随口答了一句："这是'梭梭'。"这个简单有趣的名字，突然那么深刻地把我带回了2008年。

如果在百度搜索条中输入"2008年"，那一年发生了很多大事，北京奥运会、汶川地震还有漫及全球的金融危机。而那一年我的经历，也让2008年成为我人生中极为特别的一年。

2008年是我的硕士研究生的第一年，刚刚完成专业课程的学习，开始寻找未来学业的研究方向。过完年，回到北京不久，根据工作安排，老师宣布我和几位师兄、师姐以及同学一起，去甘肃武威做实验。虽然现在已经不太记得当时的样子，但可以想到，那时的我一定是非常不情愿的。原因很简单，那就是去过那里的人，都被晒得特别黑，一想到自己黑黝黝的样子，心情就极度郁闷。于是，在准备行装时，我带着好几种市面上能找到的防晒倍数最高的防晒霜，踏上了石羊河那片土地。

初　见

和同学们一起，坐了20几个小时的火车，终于到了武威这一站，这是我第一次在一个过路站下车，火车只停几分钟，大家要早早收拾好行李，火车一停就赶紧跳下车来。武威火车站很小，很快大家就出了站，站在路边才几分钟，就来了一辆小巴车，载着我们去试验站。一上车，大家就开始跟一位迷彩服装扮，戴着鸭舌帽的黑黑的男子聊天，上车很久，我才发现这位男子居然是陈平师兄，斯文帅气的陈平师兄，当时已经被武威的大太阳晒成了咖啡色。

从小巴车里下来，映入眼帘的是整齐的几排房子，这些房子都是刚盖好不久的新房，非常漂亮，也是附近村庄中一道亮丽的风景。如果把目光望向远处，可以看到大片的农田和温室，再往远眺，隐隐约约地还能看到远处的雪山。在这奇妙的风景中，我们与试验站初识。

做 实 验

刚到武威不久的一天，突然我接到了爸爸的电话，在电话中爸爸笑得上气不接下气。

① 2009年中国农业大学硕士研究生毕业，2008年在试验站完成硕士学位论文的试验研究。现在在MetLife北京分公司工作。本文作于2019年3月18日。

原来，家里人看到我传回的照片，刚开始都没有认出我，转而全家老小看着我的照片都笑了起来。那张照片是我在葡萄园，穿着中国农大的校服，戴着宽檐帽，脸上也都裹满了东西，在一个作业井下背着一捆绳子向上爬梯子的照片。在试验站，大家做实验都是互相帮忙的。我有个测量半透膜渗水的非常大的容器，里面的土需要过筛，基本上都是陈峰和王洪源筛的，浇水时常也是许小燕师姐帮忙；我在果园的苹果树浇水，也经常是刘春伟提着桶帮我去浇并进行记录，而我和康敏师姐也会帮着他们挖坑、打管、铺膜并且测量数据。大家就这样互相帮忙，一起实验，在很短的时间里建立了深厚的友谊。现在翻看照片，有时候看起来实验过程还是有些辛苦的，可不管是当年还是现在，大家提起这段往事，好像并没有谁觉得做实验苦，反而脸上露出的都是幸福的笑容。

过 生 活

2008 年 3 月底到试验站的时候，武威的天气还没有春的气息，自来水系统因为天气太冷了没有办法运行，站里的深井也还结着冰，所以那段时间用水成了站里的大问题。力气大的男生会打水放在一个大桶里，女生再拿着自己的盆子去接，喝的水肯定是能保证的，但洗澡可就麻烦了，于是周末大家成群结队坐车进城去洗澡，成了当时一道特殊的风景。那年试验站的学生执行站长是胡萌师兄，师兄在我眼里充满了神力，他的脑子里总是有各种办法帮我们解决问题。洗澡不方便，安上太阳能热水器；吃菜品种少，师兄和陆哥弄起了菜园子；业余生活乏味，晚上搞起 KTV。不管是实验上的问题，还是生活上的问题，只要问师兄，师兄都有办法。

2008 年还发生了一件大事，那就是汶川大地震。当时武威的实验室也有明显的震感，为了大家的安全，有一天我们都没有回屋睡觉，而是在院子里打了地铺，一群人围在院子里聊天打趣，开心得不得了。不过西北的夜可是和白天形成了极大的反差，夜越深，天越冷，大家慢慢都被冻回屋里去了，就留了姚师兄一个人在外面睡了一夜。

有时候我们还会去沙漠公园，沙漠公园好像不太需要我们帮忙，照片证明每次找借口去沙漠公园一定是去玩的。有一次大家想去组织一次“六一”活动，我提议我们去沙漠公园烧烤，没想到我们不仅准备了各种食材，还有手巧的同学自己做了炉子，我一直都怀疑这位同学的手艺是从北京牛街偷师而来的。

如果让我回忆武威最美的风景，那一定是路边的晚霞和向日葵，傍晚的时候从葡萄园回试验站的路上，会遇到一大片向日葵，我们会和向日葵合影，一个个黑黑的小脸在向日葵的映衬下都充满了生机。

吃 美 食

在我有限的想象力里，吃的肉都是去菜市场买的。实验站食堂开灶那天，大厨突然问我，想吃羊肉吗？我说想啊，他说中午就吃，这只怎么样？顺着他手指着的方向，可把我吓坏了，一只羊被拴在树上，等着做我们的盘中餐。原来，在这里吃羊肉，是可以现宰现吃的，有多么美味自是不用说了。除了常见的黄焖口味，白水煮羊肉，那一定是西北的特色了。白水中稍加些盐，把切好的羊肉煮熟、捞出，直接沾盐巴吃，味道是非常好的。

武威这里盛产一种特色水果——人参果，这是一种果实味道很淡的水果。很多人吃起来觉得没什么味道，可吃习惯了的人却非常喜欢吃。离开实验站后的前几年，我还经常会托人从武威给我寄人参果回来。工作后的有一年，刘春伟帮我带了两箱人参果回来，我去北京站接他，现在我还记着，他双手拎着箱子一摇一摆地在北京站前广场上慢慢悠悠笑呵呵的样子。

还有一种美食，恐怕是可遇不可求的，那就是王峰师兄抓的野鸡。温室里面总有野鸡不慎飞入，王峰师兄觊觎已久，有一天，他突然发现了一只行动不太灵敏的野鸡，于是行动也不太灵敏的师兄扑上前去，一下子就把野鸡捕获。师兄不仅抓野鸡的功夫好，居然还会杀鸡，还会烹饪，宰杀拔毛洗净到上桌，这全套服务恐怕只有王峰师兄在行了。

相遇与离别

有一年“五一”，我想回北京一趟，于是就和老师申请，虽然老师批准了，可票实在太难买了。据说每隔一天才有一趟来回北京的火车，一趟车也只有 4 张卧铺是给武威上下的乘客的。于是没有买到票的我，蹲在火车站售票大厅门口默默地流泪，正哭得伤心，突然有个人拍了拍我，问我怎么了。我如实相告自己想回家，但买不到票的事实，这时，这个人从口袋里拿出一张票，卖给了我。这个人就是当时火车站的一位主任。很多年以后，我还会在逢年过节的时候发一个信息给他，感谢那时的照顾。

武威水务局的领导们对试验站的工作都非常支持，对同学们也都非常关心；在试验站期间，我还参加接待了英国兰卡斯特大学环境中心主任 Bill Davies 和香港浸会大学张建华教授在试验站和武威的考察，陪同社会实践小分队的同学在民勤乡村开展了调研工作，陪同李佩成院士夫妇及很多兄弟单位的专家领导参观试验站，介绍了我们开展的各项工作。

2008 年 9 月底，研究生第二年不久，我从甘肃武威回到了北京。铁打的营盘流水的兵，据说后来试验站建起了高楼，一批又一批的学生和老师前往，组织开展了大量的试验，产出了大量的科研成果。

再回武威城

2015 年夏天，自驾去青海的途中，我专门带着爱人和孩子绕道去了武威城。武威的城市建设已经和多年前完全不同了，干净整洁的街道，夜晚灯火辉煌的城市，让我看到了这里多年的变迁与发展。我的后备厢塞满了人参果，带着家人去吃了手抓羊肉，还拜访了武威市水利技术综合服务中心的董主任，虽然这里已经和往昔不同，但那灼人的阳光，当地人说话的口音，隔壁包间传来猜拳的声音，却仍旧是那么熟悉。

前段时间和一位师弟聊天，我问他为什么会选择读博士，当老师做科研？他说做科研不像现在大家从事的一些职业可以得到很直接的反馈，做科研可能更多时候在别人眼里都是乏味枯燥的东西，而且看不到什么直接的结果，可正是这一点点的积累，才使得世界从根本上在改变。

原来，每个人心中都有改变世界的梦想，而石羊河这片土地上的科研者们正是怀揣这种梦想，单调而又坚韧地做着他们的事情。从这片土地上走出的人，无论现在在哪里，在做什么，在我们的内心，也都还住着那改变世界的心愿。

石羊河——一个魂牵梦萦的地方

郑　睿[①]

从2009年第一次踏入石羊河试验站到现在已有10年。我把4年的青春留在了石羊河，而石羊河给我的，是人生中最浓墨重彩的经历，是最值得书写的篇章，也是灵魂深处最深刻的印记。

初遇石羊河

第一次去武威是2009年的初夏。我跟着昌哥，从杨凌出发，坐了一天的火车到达武威市。看着窗外的绿色一点点地消失，夜幕降临，窗外已几乎看不到绿色。下车后，昌哥跟我说："今天到实验站的车已经没有了，我们要在市里过夜。"随后，他带着我打车前往武威市水利招待所入住。价格很便宜，几十元一间。

第二天一早起来，我们并没有直接前往试验站，而是跟着昌哥转遍了武威的商场、超市以及各类市场，就像小时候过年备年货一般采购了大包小包的"物资"，直到中午时分，我们才带着这些"物资"从武威汽车站坐公交赶往石羊河试验站。后来我才知道，由于交通不便，试验站里的每个同学，在开展试验期间是不太有时间进城的，而试验站周围又无法买到试验和生活中所需的所有物品。因此，每个进城或路过武威的同学就理所当然地成了试验站其他同学们的采购员，他们往往会拿着多个采购清单，在市里以最短的时间买齐全部物品，运回实验站。

从城里去试验站的旅途又是另一番风味。记得我在出发之前还专门在网上查过路线，从武威市到试验站仅仅30多千米，依照我的估计最慢1个小时也就到了。但实际情况远远超出我的想象。公交车出城后，路面就变得越来越坑坑洼洼，公交车车速越来越慢，也越来越颠簸，坐在车里左摇右晃，好像随时能被甩出去。记得后来真的有一次，在从城里回试验站的路上，因为我上车晚，坐在最后一排的中间位置，路途中，车子轧过一个大坑，我硬生生地被从座位上颠倒了三排之外的车厢地上，甚是狼狈。就这样，道路越走越窄，越走越坎坷，直到公交车走完了所有的柏油路，在一个满是石子的土路上继续颠簸了20分钟后，我们终于花了2个多小时走完了这三十多千米的路，到达了石羊河试验站，看到了刻有"中国农业大学石羊河流域农业与生态节水试验站"字样的大门。

至今让我记忆犹新的一幕发生在乘车前往试验站的路上，在刚出东河乡，路过一片开阔的荒地时，我惊恐地看到，和灾难电影中一模一样的，一堵"黄色"的"沙墙"从北边缓缓逼近，而我下意识地环顾四周后发现，同车的本地乘客并没有像我或者电影中的人们

---

① 2013年西北农林科技大学博士研究生毕业，2009—2012年在试验站进行博士学位论文试验研究，完成题为《河西绿洲农业区不同水氮条件对酿酒葡萄水分利用的影响及水碳耦合模拟研究》的博士学位论文。现在在长安大学工作。本文作于2019年3月1日。

那样显得惊慌失措,他们漠然地看着窗外,就好像什么也没有发生。甚至当“沙墙”撞上公共汽车,飞起的砂石打得车窗啪啪作响,大家也没有太多的反应。我忽然明白,这样的沙尘暴,对于河西走廊的人们来说,应该已经成为常态了吧。在这样恶劣的天气下生活一辈子,那是多么糟糕的事情。我不知是应该为他们敢于直面这种恶劣环境而感到钦佩,还是应该为他们时常面临这种灾难天气而感到悲哀。

与试验站外的荒凉不同,试验站内则是另一幅热火朝天的景象,并不是很大的试验田被分成一块一块的,种着不同的作物,而每块试验田里都有一个或数个身影在忙碌着。再往里走,就看见了几排平房,试验站总共有三排平房,最南边一排是食堂、餐厅、浴室和会议室,中间一排则是同学们的宿舍,最北边那排是学习室、仪器室和实验室。两排房屋之间还有花坛,比起试验站外,这里显然更有格调。就这样的三排平房,保障了试验站老师、同学们的全部生活、学习和科研需要。

我被安排在第二排的一间宿舍里,宿舍不大,比起学校的宿舍似乎还要小一点,但小小的宿舍里却摆进了3张架子床,最多时也能住进6个人。然而,这样的生活环境,在以后的日子里,成了同宿舍“战友”们培养深厚的“革命友谊”最理想的场所。每当忙碌一天后,舍友们陆陆续续返回宿舍,总会有一个适合夜谈的主题,不论是试验站发生的趣事,还是当地人在帮工时提及的逸闻,甚至是试验站的猫,都可以被我们充作谈资。只要有人起头,三两句话下来,就连最疲惫的人,都会加入这个热闹的夜谈会中来。最离谱的是,某位舍友,明明已经鼾声大作,我们其余几个已经压低声音照顾他的“美梦”了,而下一秒,他居然突然插句话进来,继续加入“卧谈”,颇为神奇!

通往“皇台”的路

“皇台”是我的试验田所在地,在试验站的东北方向。实际上,它是甘肃皇台酒业股份有限公司的一片酿酒葡萄种植基地,距离试验站大概3千米的路程。不知为什么,每当我回忆到试验站生活时,最先想起的,就是这条从试验站到“皇台”试验基地的路。

这条路不宽,也就能供两辆车并排通行吧,且最初几年一直是条土路,直到2011年,才有一半的道路铺成了柏油路。

试验站出门左转,道路沿着试验站围墙向东延伸,路的东南边是很大一片的玉米地。三五百米后,沿着试验站围墙的东南角转过一个弯,路继续向东北方向延伸。这时,路的北边出现了两排高高的,笔直的杨树。夏天的时候,茂密的树叶甚至可以遮住整条马路。在没修路之前,这段路应该算是最难走的路了吧,平时是此起彼伏的“波浪路”,骑着电动车经过这里时,一定要提前计算好行进路线,绕过那些沟沟坎坎,否则一路颠下来,那个酸爽。而一旦下雨,路上便会出现一个连一个的泥潭。稍有不慎,便会滑倒、抑或陷入泥潭,无法前行。这短短的几百米路程,让我们没少吃亏,动辄就是鼻青脸肿地回到试验站,就连电动车都摔坏了好几次。但每当做完实验,走到这里时,那种即将到家的心情总让我无比愉悦,连带着脑海里的回忆也带着淡淡的甜味,连记忆里路边的白杨树都显得那么地俊俏,风带起的树叶“沙沙”声是那么的悦耳。

再向前走一点,白杨树没有了,取而代之的是一片连一片的农田,这片农田印象中种的总是蔬菜，且每年的作物好像都不一样，在我的记忆里，地里种过洋葱，种过卷心菜，而且因为当地政府对农业节水的重视，不管这里种什么，始终都会拉滴灌管、覆膜，显得那么地与众不同。而在收获季节，东面的路口往往会有菜农竖起一个小纸牌子。我的记忆里，种卷心菜的那年，收购价很高，牌子上写的是“一元一颗，工费另算”，粗粗算来，菜农一亩地能收上万元了。而另一年的洋葱价格却低得离谱。可能是因为当年种植结构不合理，洋葱收购价格持续走低。即便菜农把洋葱收好，装袋整齐的码到地头，也卖不了多少。甚至最后洋葱的价格抵不上运输费，导致收购商已经不愿意来收了。最终，这些洋葱还是白白烂在地里，非常可惜。

路口直行向东不远，有一条明代的长城，不像北京的长城那样宏伟、壮丽，这里的长城实际上更像是一堵更厚一些的土墙。最初当地没有对其进行很好的保护，长城上的土被当地人作为建筑材料挖掉了许多，当然，后期当地政府在长城周边拉起了铁丝网，对其进行保护。有时候，试验结束得早，我也会顺便转过来，待在长城边上，想象当年长城内外的金戈铁马，感受这堵边墙带给我的历史厚重。

前往“皇台”基地要在路口左转向北走。路的两侧较为荒凉，甚至有部分地方因为无法耕种撂荒了，路边偶尔会看到一两棵半死不活的树，稀疏的叶子耷拉着挂在树上。晴天时，暴烈的阳光会晒得你抬不起头。但当你走过这段路，再抬头看时，会有一大片向日葵田映入眼帘，给这片荒凉画上了一个句号。回想起来，这片向日葵真的很漂亮！阳光洒落在向日葵花盘上，被揉碎了掺进花瓣中，让整片花海都泛着金光，在碧绿色叶片的点缀下，显得是那么有生机。如果恰好有微风拂过，花盘此起彼伏地点着头，就好像是在给每个路过的人问好。直到现在，说起拍照的最佳场景，我都始终认为这里就是不二之选。

向日葵田后面是一个村庄，道路就此向东，绕过向日葵田和村庄继续通往北方。此时，路的右手边就是“皇台”基地的围墙了，左手边的村口有一户人家。有意思的是他家的篱笆是用栽种的枸杞树修剪而成的。起初我并未察觉，只当是普通的“蒺藜”。直到某一天，我经过这片“灌木”形成的篱笆时，猛然间发现绿色的篱笆墙上挂着星星点点的红色果子，才恍然反应过来。

再往前，就到了“皇台”基地的大门口了。门房张师傅也是我那块试验田的“地主”，是一个非常好相处的人。进门后，满眼都是一排排的葡萄藤，在由混凝土桩固定的铁丝上整齐的攀爬着，仿佛一堵又一堵绿色的墙。再往前走，路边都是挺拔、高耸的白杨树的路，一直延伸到十字路口。路口西北角有一个机井房，被遮盖在周围树荫下。我心目中最惬意的事情，就是在葡萄园灌溉期，机井抽水时，坐在泵房边的树荫下了。尤其是在酷热的夏天，躺在树荫下，耳边传来水泵的轰鸣声，井水从管道中落入水池的轰响，混杂着身旁水渠中井水流过的涓涓水声，感受着身边飘来阵阵井水的清凉。水流顺着渠道奔涌不息，注入田间地头。仔细体会，似乎还能听到冰凉的井水接触炙热的土地时发出的“吱吱”声，能闻到混合着水汽的泥土芳香，还能看到葡萄树下水汽氤氲。这一刻，我似乎明白了地感受到了这片土地对于水的渴求和获得时的愉悦。

试验田就在这口机井旁边，也非常好认。很远的地方就可以看到这片葡萄园里零零散散的分布着数个高高低低的架子，当然，架子上都是用于监测各种试验数据的仪器。高一点的是涡动相关，稍微低一点的是波文比，还有几个只能看见数采箱子的架子，那是包裹式径流计的数采。这块葡萄田的科研历史也有不少年了，从张宝忠、李思恩师兄开始就在这里开展试验了。随后，张彦群师姐、张赟师姐、于海燕师姐、陈峰、郭维华、方亮、刘宝磊、李涛、许彬，实验站的师兄弟姐妹们前赴后继的汇聚到这片葡萄园里开展科学研究，获得了很多科研成果，同时利用自己的所学指导当地酿酒葡萄业的发展，然后毕业了，再次收拾行囊奔赴祖国各地，在不同的工作岗位上继续发挥自己的光和热。而这些葡萄树，依旧静静地立在这里，每年萌芽、卷须、长枝、生叶、长出一串串的葡萄，然后枯萎落叶，完成自己1年的使命。他们就那样扎在那里，附在铁丝架上，默默地看着我们这些"皇台"科研工作者们。他们比其他的葡萄树承载得更多，不仅承载者种植者们对丰收的期望，还承载着我们对数据、对论文的期许，更承载者他们和我们对改善当地人的生活，改善当地的环境，改变当地贫穷、落后面貌，共同的期望。

写在最后

在武威试验站的4个春秋，是我过得最充实的4年。在去试验站之前，听师兄、师姐们说起过这里。我本以为我会厌倦这里的生活，会想要逃离。但当时间从一天天的忙碌中慢慢流逝，当我在这个地方度过了一个又一个平凡又不平凡的春秋后，我突然发现，我居然舍不得离开这里了。这里的一草一木、一花一实，都充斥着美好的回忆。我喜欢这里的蓝天白云，喜欢这里的满目繁星，喜欢这里的人，喜欢这里的作物。一想到这里，脑海里闪现的全是美好的画面、欢乐的场景。这里有太多太多值得记录的人和事情，有太多太多无法用语言去描述的美丽事物和风景。很遗憾，最后一次离开是那么的匆忙，没有能够和他们一一道别。

是夜里，梦里，我又回来了……

葡萄美酒，醇甜回忆

方　亮[①]

不知不觉中已离开石羊河实验站近10年，但那一幕幕美好的回忆仿佛“皇台”基地梅鹿辄酿出的葡萄美酒，沁人心甜、纯真自然，洗涤了现在稍显浮躁的内心，留下一丝丝清凉。

记的2009年刚接到李光永老师通知要到石羊河试验站进行酿酒葡萄灌溉方式试验时，心底还是非常激动。但这种激动仅仅维持了几个小时，当被问到试验仪器准备和试验计划等情况时，顿时又哑口无言，殊不知要自己去思考和解决。做任何事情要有统筹规划和逻辑思维，这是学习之外第一个重要收获；具体到试验本身，即首先要对酿酒葡萄灌溉有充分的了解，特别是试验要达到的主要目的以及对应的测量具体内容、方式方法；由此向师兄、师姐了解Trime仪器的使用、向厂商购买流程及渠道，向老师请教试验方案的合理性等。

在经历刚到试验站的兴奋后，才真正地体会到实践出真知，“纸上得来终觉浅，绝知此事要躬行”。生活不是电视肥皂剧，不仅有理论上美好，更是点滴繁杂的累积。小到自己动手连接试验田滴灌带至手掌磨出血泡，联想农民要铺设大片农田滴灌设备的艰辛，更是体会到西北地区水资源的珍贵；大到看到异常试验数据的惊愕与不解，稍稍理解前辈大田试验的探索研究，是需不断地克服困难、发现问题、自我否定、修正改正、坚持直至开花结果的过程。前期的辛勤浇灌，都是为了最终的硕果累累；生活也是这样，最美的笑容就是对真心付出过、经历过后的收获和肯定。

试验站与老师们的共同学习生活也给我们带来了很多启发。依然清晰地记得有一天上午11:45左右，康老师到试验站学习室，看到我们其中一些同学没有到中午12:00即开始准备吃饭了或者在浏览网页，就隐晦地批评了我们，强调了要珍惜每一分钟时间去学习。这些小事情当时很是不理解，而现在这些遵守纪律、珍惜时间的观念使我终身受用，自律的人才可能取得成功。

其实试验站是来自各地同学组成的大家庭，有主体学习试验任务，也有生活的团结互助及悲欢离合。

“家庭成员”之间相互帮助。每当新同学到达后，都由学长帮助安置住宿，帮助熟悉试验田，了解风土民情，亲自介绍大门口那唯一的小卖部。每当女同学需早起测量光合作用、叶绿素时，均会由男同学早起陪同以保障安全。当时没有专职的食堂管理员，由大家业余轮值登记汇总食材买入情况，保障了试验站的日常运行。2010年时实验站也设计了自己的文化衫，传承凸显了节水理念。这些时刻彰显了我们大家是一个集体，要维护

① 2011年中国农业大学硕士研究生毕业，2009—2010年在石羊河试验站进行硕士学位论文试验研究。现在在长江勘测规划设计研究院工作。本文作于2019年3月10日。

共同的荣誉感。

年轻即有青春的活力。试验站定期组织与附近的武警部队开展篮球交流比赛，友谊第一的情况下也是每球必争，维护了中国农业大学学生积极健康的形象。夏日偶尔也会选择一个合适的时间，组织全员带上装备在沙漠公园游园并举行烧烤，晚上高歌一曲，谱写青春的乐章。“疯狂”之后即又投入新的学习生活中。

相聚当然也有离别。每当不同学校的同学完成实验任务即将要要离开时，都会像兄弟姐妹离别般的依依不舍，试验站也会利用晚餐时间为离开的同学举行离别宴会。记得当时海燕师姐即将出国留学的时候，正好是她生日前后，当她看到大家精心为她准备的生日蛋糕时，激动地流下眼泪；这一刻真正的如歌所唱：“因为我们是一家人，相亲相爱的一家人”。当然，离别预示着新生力量的加入，也意味着新的传承，不仅是试验数据与理论知识，也包括精神力量和实验站文化。

试验站承载着有枯燥的数据、不懈的坚持，也有难忘的瞬间、美好的回忆，更有成熟的果实和哭过累过的笑容。经过时间年轮不断的冲刷洗涤，留下的这些美好回忆和试验精神将会引导我们不断地完善自我。

心中也永远有一块这样的自留地，保留这份醇甜美好和灿烂笑容；畅想着休闲的下午，睡意蒙胧，端起高脚杯，细细地品来，在喧嚣的都市中独享一种安静。

踮起脚尖,我的青春在这里

关　芳[①]

回忆这东西,能让人前一秒忍俊不禁,后一秒湿了眼眶。也许现在不提笔,记忆真的会溜走,会逝去。总怕没有人会耐心听我讲完自己的故事,走过的那段路,抬头望望窗外,也许你听我讲完,会泯然一笑,会“呵呵”两声,但是我值得告诉自己的是,在最需要奋斗的青春岁月,我学到的是一生受用的道理,学到的是苦口婆心的真言,学到的是摔倒了再爬起来的教训,在这里,我找到了勇敢热爱生活的心,寻觅到了旁人不懂的梦。踮起脚尖,我的青春在这里,我的世界一片灿烂。

初次遇见你,莫名的紧张

初识你,是在还未入学的那个夏天,老师叫我去甘肃武威的石羊河试验站熟悉一下,跟着师兄、师姐实习。第一次坐 26 个小时以上的火车,在与同学们的熙攘打闹中,2009 年 7 月,我来到了那“传说”中的试验站。可我们的行程并不是那么容易,下了火车,有位师姐到车站接我们,我们乘坐蹦蹦车来到了汽车站,待发车时间到了面包车才缓缓驶出,车上人说话我是听不懂的,心里也有些莫名的紧张和害怕,不知道自己到底要在什么地方生活,到底都有哪些人,我一个人都不认识……

青春不是孤岛

这里的一切让我所有的坏情绪都消失殆尽,热情的师姐、温暖的师兄、同学的照顾,让这个浅夏那么令人怀念。好多师兄、师姐已经在这里待过好长一段时间,他们教我如何适应这里的生活,如何劳逸结合。他们带着我们周末搭着晃悠悠的车去城里逛,去周边玩。很快,大家相识了,熟悉了,做实验时大家互相帮忙,即使是黑夜,那天空中的星也用它独特的方式见证着、诠释着我们的友谊。

我们是一个大家庭,其他老师的学生陆续来到试验站后,宿舍热闹了,食堂热闹了,篮球场也热闹了。白天,我们各司其职,大家在吃午饭时会碰到,互相调侃一下,互相抱怨一下,今天的试验进程哪里出现了问题,哪里又失败了,在互相激励的言语中,那悲伤的情绪仿佛也随着那浅浅的几句鼓舞的话而抛诸脑后。现在想想,如果没有当时师兄师姐的引导,想想如果到试验站的第一天所有人都告诉我这里有多苦,这里有多枯燥,那么也没有我后面的故事了。

---

① 2011 年中国农业大学硕士研究生毕业,在试验站进行硕士学位论文试验研究,现为西安电子科技大学图书馆副研究馆员。本文作于 2019 年 3 月。

你喜欢清风醉酒，我却爱烈风自由

一个暑假过去了，2009 年 9 月份我正式迎来了研究生生活的第一个学期，这个学期被从早到晚的课程安排得满满的。随后在 2010 年的 4 月初，我们带着准备好的试验方案，再一次踏上了去往武威的火车。我心里知道，这次是真的要在那里待上半年了，试验的结果直接关系到自己是否能顺利毕业，可是结果告诉我这半年虽然试验还算满意，但过程是十分曲折的。

4 月的甘肃，寒冷的气息依旧，凛冽的寒风一点不输冬日，这会儿试验站并没有多少人，在我们到达之前有 2 位师兄在这里执着的坚守着他们的试验。我们在 4 月的甘肃并没有感受到温暖的春意，这里的人很少，从早到晚就是我们几个人的身影，由于我那不争气的腰，试验对象也从葡萄改成了苹果，随后试验站里的苹果园就变成了我这半年战斗的阵地。

烈风中，果树屹立，那昂然的斗志陪伴着我度过这初春寒冷的每一天。我和刘春伟师兄同时用苹果园里的果树做试验，师兄的耐心教导和试验过程中的帮助是莫大的，苦活累活师兄抢着干，还记得给苹果树灌水，师兄千叮咛万嘱咐千万叫我走路小心，掉到畦里可就不容易把脚拔出来了。

师兄是个慢热的人，无论发生什么他都很冷静，给人感觉很机智，特别有耐心，数据采集的有错误，处理的方式不对，仪器故障带来的耽搁等问题他都能够从容应对。他的鼓励和帮助不仅让我在试验过程中受益良多，更是在我性格的改变中起到了关键作用。不得不承认，急性子在有些事情上真的是费力不讨好的，半年的实验站生活改变了我的性格，以往毛毛躁躁的作风改变了不少，面对困难和挫折，我也有些许勇气去面对。

在这里，时间表由自己制定，自由是什么，在这里我们找到了暂时的答案。每个人都有自己的梦，清晨里，薄雾中，你没有从他身上看到懒惰的神情，那份专注是青春的凝结；阳光中，泥土里，拿着测量仪器的他，一蹲就是几个小时的他，你没有从他脸上看到疲惫的信号，那份坚持是青春的榜样；余晖下，沙堆中，默默记录测量数据的他，错过的晚饭一次又一次地成为习惯，年轻的执着让我抬头仰望的那一个瞬间，光芒温暖了我的眼睛；黑夜里，星空下，穿梭在田地里的身影，孤单的熬夜一次又一次地成为例行，年轻的勇气让我在轮回中看到他身姿矫健，一步步走向成功。

沙尘暴，沙石狂舞在苍穹

春日里的一派祥和被大家的一声怒吼打破了，在这里经历过春季的前辈们指着远处的那一幕喊道，沙尘暴来了。我们放下手中的活，抬头顺着师兄所指的方向望去，只见远处的蓝天突然出现了一片灰幕，灰蒙蒙的一片在不断地向前延伸着、变大着、变宽着，像夜神的毛毯般挡住了阳光，遮住了苍穹。疾风呼呼地吹着大地，卷起了一层厚厚的尘土；沙子、石子满天飞；有的树被刮得沙沙作响；空气里四处弥漫着一股呛人的土腥味。沙尘暴无情地袭来。整个天空黑沉沉的，一片灰暗。院子里，那一排排大柳树摇摆着它坚强的身躯，刚吐着嫩绿的枝条却折断了它脆弱的生命。师兄们喊叫着让大家收好设备，将仪器都搬回实验室，以免被沙尘暴损坏，大家全天就这样静静地躲在学习室里，看着窗外不断敲打着玻璃的飞沙走石。

不知道其他人如何想，我静静地想着，也许我的实验如果结果成功的话，可能会对甘肃地区的沙尘暴的治理起到万分之一的作用那也就算很有贡献了吧。这里的沙尘暴的严重程度只凭直觉是无法真正了解的。它阻挡了我们试验的进程，但是带给我们的却是警钟长鸣，我们的工作不是徒劳无益的，是真的对环境有很大贡献的，不管每个人的实验项目是什么，选择在石羊河进行我们的研究，最终的目的都是这里的环境能够有一天变得更好，沙尘暴终会退去。

揽一份清浅，安放在浅夏

初夏的美是有别于其他季节独有的另一种美。野花在田沟中的努力绽放，三叶草的层层叠叠，绿的让人心情愉悦。淡淡的，揽一份清浅，安放在浅夏，浅浅的生活，看山是山，看水是水，于清淡的岁月里，温润如初。我们是年轻的，年轻的日子是充满激情的。我们当然会注意劳逸结合，会议室变成了我们的练歌房，大家不用互相叫，只需要音乐一起，洗过澡穿着拖鞋的，实验刚结束就跑过来的，错过晚饭端着饭碗的，来不及脱掉脏衣服的……大家兴致勃勃地来到会议室，人人争着当“麦霸”，熟悉的旋律可以让大家齐声歌唱，欢快舞蹈。音乐在青春的日记里永远是主角，它是赶走烦恼的灵丹妙药，它是斩断情丝的利器，它是消除疲惫的夏日畅饮，也许在这一刻我们放纵青春的自我，是歌唱吗？也是只是发自肺腑的嚎叫，呵呵，没有人在乎，大家一股脑的将心底的压力和坏情绪释放出来，你能想象到大家在一起开心的样子吗？

青春是一首歌，让你用如火的精力唱出她的生命；青春是一个梦，让你抚去任何虚妄的痕迹，用坚实的足迹将她羽化为现实的辉煌；青春是仅属于你一次的花季，让你在幸福的时候要倍加珍惜，苦难的时候要倍加坚韧，悉心地采撷每一种花的标本，留住那永恒的生命的芬芳……

青春的汗水，激情的迸发

烈日下，看到了大家在试验田里忙碌的身影，有时他们一动不动，只为了心中那一点执念，有时他们在两地间快速穿梭，拿出了百米加速的劲头，这又是为了什么呢？也许只为了那日夕阳落下时能在试验日记上留下微笑吧。

这是我们努力学习的汗水。

夕阳下，余晖中，晚饭后完成当日工作计划的小伙伴们迅速换上球衣球鞋，大步地朝球场上走去，那篮球与地面有韵律的撞击声，让人激动不已，师兄师姐、师弟师妹都应声跑出来，人多了，篮球也有好几个，拍球声、呐喊声、加油声此起彼伏，如果让你说青春的声音什么，那么我觉得无疑就是这个了吧。男生们热火朝天地进行着篮球比赛，女生们啦啦队的气势也是不服输的，篮球在他们的手下前后左右不停地拍着，寻找“突围”的机会。加快步伐，一会左拐，一会右拐，冲过了两层防线，来到篮下，一个虎跳，转身投篮，篮球在空中划了一条漂亮的弧线后，不偏不倚地落在筐内。灌篮则是赚取欢呼声最精彩的瞬间了，个子高的师兄帅气的灌篮身影让我们这些女生激动地喊起来。试验站外的林荫小道上，几个小伙伴在跑步，大家就这样坚持着流淌青春的汗水，让青春的激情随着那呼喊迸发出来。我们好像回到了校园，虽然比校园小得多，但是这里充满了年轻的幸福与快乐，我们愉快地高喊，我们畅快淋漓地跳跃。

这是我们运动挥洒的汗水。

停滞的青春是死水，我们不要；单调的青春是萎靡，我们不要；偏激的青春是敌人，我们不要；无梦的青春是堕落，我们更不要……

雨幕中，我们追求梦想

夏日里的雨滴很调皮，总是躲着藏着，一旦探出了头就立刻聚集起来变成无数大大小小的水珠。甘肃省常年干旱少雨，如果遇到了下雨，大家都很开心，因为终于可以给试验田的禾苗减缓一段时间的旱情了。

雨幕中的景是一片迷蒙，时现时隐，似有似无。阵风吹来，雨帘晃动，雨中之景好像也在飘忽不定。走出学习室的门，惬意地走在雨中。雨如万条银丝从天上飘下来，屋檐落下一排排水滴，像美丽的珠帘。雨景真美，远处是一眼望不到边的玉米田，它像幅油彩画，像首诗，还像一个又美丽、又朦胧的梦……正当我完全陶醉在这美景之中时，突然，一阵风吹过，我猛地一惊，心里总是担心这景色一下子就会随风逝去，再也看不到了，我贪婪地欣赏这好像一幅湿淋淋的水墨画的美景，就在这时，师兄在身后说了句，给你找的文献看完了吗？我又被现实拉了回来，回头，学习室里大家静静地看着电脑，文献，英文的，中文的，大家认真地学习着，似乎外面的雨景还不足以引起他们的兴趣，他们全神贯注，时而托着下巴思考，时而叹息，也许是终于找到了打破瓶颈的关键点，也许是化解了心中的疑难之处。我们就这样静静地、默默地努力学习着，珍惜人生最宝贵的青春时光，我们有着一颗去往远处的心，到远处去，这个过程里有辛酸，有坎坷，无论是晴是雨，我们坚信，即使没有我们期待的风景，但是努力前进的步伐换来的总是令人欣慰的梦想，害怕？不会有，因为我们想着前进那只是双脚的事情了。

收获季，我们欢呼，我们流泪

秋天，比春天更有欣欣向荣的景象，硕果累累的秋色却透着丰收的喜悦；秋天，比夏天更有五彩缤纷的景象，金叶满树的秋色却更爽气宜人；秋天，比冬天更有生机勃勃的景象，瓜果飘香的金秋却更富有灿烂绚丽的色彩。

收获的季节，我们欢呼，我们的实验对象到了成熟收获的时期，走进果园里，走到大田中，那一颗颗红润的苹果，那一簇簇透亮的葡萄，那一排排金色的玉米，让人对这美好的秋日流连忘返。写到这里，也许你觉得你看到的都是美好的景色，事实上是什么样的呢？当时的实际情况是，所有人种植的实验对象都需要尽快采摘以不耽误实验进程。因为在果实成熟后，我们需要测产、测品质等各项指标，以求获得最准确的实验结果，可是我们仅靠自己的力量无法收获作物，需要当地农民的帮忙。可是每家每户都在忙着自家的收获作业，我们急啊，所以来到大田里，不是欣赏秋日景色了，而是发愁这些作物什么时候能收获完成。

回忆过去，向往未来

岁月的脚步总是在不停地走着，转瞬即逝。时间过得可真快啊！转瞬间，我就已经在这里度过了大半年的时光，但是关于每个季节的回忆却是唯一的，与众不同的，也是永恒的。也许是我比以前长大了吧，开始懂得许多许多，懂得了快乐、幸福、满足和知识的同时，也懂得了伤感、寂寞、孤独和回忆……时隔多年，我也有了自己的家庭和孩子，当时生活的情景的确是无论何时我都会历历在目。那一声痛快的欢笑，那一抹失望的泪水，回忆让我的生活变得完美。她寄托着我的希望，是梦的光点，是幸福的港湾，是轮回的开始……这一段的回忆是推动着我在自己走的路上一点点前进，它记下我所有的所有，就像帮我拍了一部电影，不断重复播放，但每次都有意义，每次都有新内容，每次都会是我们前进的动力。

石羊河的春夏秋冬，铺满了我们所有走过的路，成为心中耀眼的一幕。心中写满的回忆是对生活的希望，对生活的热爱，还有我们最鲜明的曾经。曾经成为回忆，回忆带着我们在未来飞翔，一路颠簸，一路飞跃，最后在回忆中我们找到那一份真诚的友谊，那一股年轻的激情，那一份挥汗的努力。

实验站的春夏秋冬

李　涛[①]

时光匆匆，我已参加工作3年半了，却仍在闲暇之余，脑海里经常会回想起曾经战斗过的地方——中国农业大学石羊河实验站，那段岁月是一段无法忘怀的记忆，包蕴着青春的成长而美丽。

回忆起石羊河的春天，只记起漫天的风沙和干燥的气候。大部分同学去石羊河实验站做试验是在三四月。这里的春景与一般认知里"春姑娘来了，生机盎然，绿意丛生"的景象不同，这里的春是黄色的，是隔三岔五满天的沙尘，嫩嫩的绿芽都被黄沙所遮盖，湮没了植物发芽生长所带来的春意。同学们去地里布置试验时都各有装备，女生把自己包得严严实实，只露一双眼睛，男生的防护一般戴个帽子，也有的加戴口罩。极度干燥的环境，让我们充分感受到水的重要性，以前在文章里看到"水是生命之源"这句话时，看到的只是简单的字面意思，当我真正身处这种缺水的恶劣环境时，才对这句话有了深刻的生命体验。万物蛰伏的春天本是温柔细腻的，而在石羊河的春天则充满着狂躁，考验着生命的顽强。

石羊河夏天的记忆里包裹着绿色的藤蔓和凉爽的夜晚。从6月开始几乎就没有沙尘天气了，实验田里一眼望去都是绿色，有小麦玉米等多种农作物，令人神清气爽。不过这里降雨仍然很少，几乎每天都是晴空万里，白天太阳很炽烈，但是晚上很凉快。最让我感到舒服的是，夜晚在学习室学得烦躁的时候，在实验站的路上独自静静走一圈，抬头看满天的繁星在清澈的晚风里浮动。实验站的夏天是热闹的，暑假开始后，即将读研的学弟学妹会提前来实验站实习，在站同学会超过50～60人，这个时节做试验有人帮忙，打篮球有人围观，组织活动不愁缺人，熙熙攘攘的欢乐冲淡了暑气里的疲乏。除了集聚许多学生以外，康老师和杜老师等一些老师暑假期间也不会像平时那么匆匆地来、匆匆地走，而会在实验站住上1～2周，指导试验，带我们到红崖山水库、青土湖以及小坝口试验站旧址等地考察，给我们讲石羊河的故事。他们的到来让我们心安，试验中出现的一些问题，我们可以在老师的直接指导下解决，此外，老师也关心我们生活中的烦恼，帮助我们更好地适应环境，所以学生中流传有"何以解忧，唯有'杜''康'"的调侃。同时，我们会害怕自己实验做得不好，小心谨慎以避免被老师批评，后来我自己当了老师才明白，老师的批评，是一种督促，亦是一种关切，是老师们在替学生着急，担心学生的论文成果，担心学生在毕业时遇到困难。

石羊河秋天的记忆是金色的收获和喜悦的心情。大部分学生在石羊河度过的秋天只是初秋，作物收获以后，试验基本就结束了，大部分学生返回北京学校。实验站的秋

---

① 2015年中国农业大学博士研究生毕业，2012—2013年在石羊河进行葡萄产量和品质空间变异试验研究，完成题为《西北旱区葡萄园土壤含水率与土壤属性空间变异及其对产量和品质的影响》的博士论文。现在在西安理工大学工作。本文2019年2月28日作于陕西西安。

天，正如大部分书里描绘的秋天是“金色的海洋”。记忆里最美的景色是初晨的太阳，蔚蓝无际的天幕前映衬着大片的向日葵，缓缓地向着东方的橙红致敬辉映。辛苦劳动了半年，终于等到了收获的时节，每天同学们都忙碌着在试验田里收玉米，收小麦，测产量，在实验室数粒数，测品质。虽然每天都十分忙碌，但都很开心，每个人都深怀着收获的喜悦。

在石羊河的冬天，记忆里似乎只有寒冷。因为我仅仅待过几天，所以关于石羊河冬天的回忆不多。石羊河的冬天比较冷清，人很少，只有做温室实验的几个同学和负责实验楼管理的侯姐夫留在实验站。零星的记忆中最深刻的感受就是寒冷。人站在实验站中，寒冷从四面八方挤来，拼命往骨子里渗，羽绒服似乎失去了抵御的能力。即便走出室内，也无法进行体育运动，极低的气温会让手指在偶然碰到篮球架时，与它黏在一起。

这些记忆里既有着欢笑嬉闹又深厚丰富，使我终生难忘。在石羊河的生活时隔数年，恍如昨日。奋斗的试验小队和老师们的谆谆教诲，时常浮现在脑海。正是在实验站老师们的指导下，我才走上了科研之路，而石羊河的经历与故事，又丰富了我科研之路的风景，“路漫漫其修远兮，吾将上下而求索”。

梦回石羊河实验站

邹海洋[①]

我对石羊河实验站有一种特殊的感情，这种感情潜伏在我的内心深处，从来没有明确表述过。直到最近，实验站组织编写《石羊河印记》，在实验站做过试验的研究生可以发表自己在实验站的感悟和故事，我才发现自己对实验站的感情由来已久了。

2015 年 3 月 14 日，我从西北农林科技大学来到实验站，开始我的博士论文试验。距第一次来到武威实验站，已经过去 10 个月了。万物复苏的初春季节，又来到实验站，内心感情的波动是难以形容的。既兴奋，又寂寞；既愉快，又惆怅。此次和我一并到实验站的还有师妹张雨新，师弟王钊。在学校大家是师兄妹和师兄弟关系，但是到了这里，我找到了亲兄妹的感觉，自己像兄长一般，有了担当，任何事情不能只考虑自己，须顾全大局，考虑 3 个人。

甘肃的春天来得比较晚，我到站时整个实验站还笼罩在西北的荒凉中，远处的雪山清晰可见，晚上的气温比陕西关中的气温低很多，第一晚两床被子还被冻醒了，垫上侯姐夫晚上准备的电热毯才暖和睡到天亮。早餐过后，不忘正事，找陆哥划分试验田，询问试验田之前种植、施肥情况，摸清试验地的水源情况。从试验田确定开始，我在实验站的生活从此拉开了序幕。

生活离不开吃饭，实验站伙食更是一个挥之不去的话题。定点定时的一日三餐是我比较习惯的，早餐就像吹响了试验开始的号角，中餐就像中场休息的哨铃，而晚餐就像一天辛苦工作的奖励。饭菜味道的好坏常常是我们这些“站友”讨论的话题，饭菜合口美味，我们一起竖起大拇指，吃完一起摸摸圆鼓鼓的肚子，饭菜无色无味，大家一起吐槽，饭后都上小商店溜达一圈。平常也比较盼望康老师及专家们的到来，就像一个普通家庭的孩子盼望家长请来贵宾。客人的到来给平静的实验站带来了喜气，饭菜的改善肯定也少不了。印象最深的一次，来了十几个外国专家，整个实验站就像笼罩在节日的气氛中，每个人各司其职，大家都想把最完美的实验站展现在贵客面前，当然，也包括中午的宴请。考虑到国外友人的饮食习惯，实验站里用西餐招待，这是我在实验站期间的头一次，也是唯一一次。每位站友都期待着中午的饭菜，送走专家已是下午 2:00，就在汽车慢慢驶出院门的那一刻，每位同学都拿出了百米冲刺的速度跑向食堂。那一刻，很有家的感觉，像一个大家庭有好东西所有孩子们你争我抢，热闹非凡。

在实验站不能不谈试验。我在学校也进行过实验，来到石羊河实验站，给我最大的感触就是实验站开展试验的氛围是如此的好，每天试验田都有人，每个人开展试验都是亲力亲为，像在竞争，都要把作物种好，采集好的数据，得出好的规律。自己工作做完了，

---

① 西北农林科技大学 2015 级博士研究生，在石羊河实验站进行博士学位论文试验研究。本文 2019 年 2 月 20 日作于陕西镇巴。

到邻居家串串门，聊聊试验中的问题，聊聊试验中的经验，共同探讨解决的办法。每个人做学生的同时也做老师。试验的开展不可能一帆风顺，途中会遇到很多问题，也有很多心酸。就如有一次土钻取土，取到一半，打到地下主管道，水像喷泉似的往外喷。见此情形，及时关闭实验站灌水总阀，同时内心是特别无奈的。

在农村，像我们这个年纪早有了孩子，但此刻，我们也有了自己的"孩子"，那就是地里的作物。从播种开始，我们看它发芽，帮它除草，看它长出第三片叶子，第五片叶子……我们也会担心野草抢走它们的养分，害怕害虫吸取它们的营养。记得五月初的一天，中午好好的天气，下午就变了脸，狂风，降温，大家手机都收到武威地区霜冻的信息，这下可把我们这些不懂农作的学生着急坏了。霜冻问题如果解决不好，刚三四片叶子的玉米和移栽不久的番茄都会冻死，这一个月白忙活不说，误了时节才是大事。大家无不认真询问当地农民怎么解决这个问题。依当地农民的经验，玉米幼苗灌上水，晚上可以增加地温，能有效防止霜冻；番茄苗更脆弱，则要凌晨两点在番茄地风口方向生火，不要明火，冒白烟即可，这样是为了燃料维持更长时间，帮番茄苗度过早上 5:00～6:00 温度最低的时间段。大家都忙活了半晚上，做好了一切抵抗霜冻的准备。在我们的不懈努力下，幼苗都安全地度过了这场突来的自然灾害。

毛主席曾经说过："农村是一个广阔的天地，在那里可以大有作为。"那时我才深深感受到这话的真谛。专业知识方面我们可能懂得不少，但在农业实践操作方面我们还得虚心向当地农民请教，他们在这片土地生活了几十年，了解当地实情，很多经验知识书本上也是没有的。在站里的日子，由于向农民学到了很多种植经验，我常把自己试验过程比作知青下乡，接受群众再教育，但由于年龄稍大，故称自己为"老知青"。

生活处处是学问。我常对自己说，一个合格的农水研究生，要做到"一心读圣贤书，两耳闻农业事，百口述科研果"。不懂农作物生长规律、习性的研究生，最多就是纸上谈兵，搞不好农水。我们要深入田间地头，多观察，多思考。遇到问题，查文献，问导师，多和同学交流，多向农民请教。试验中有什么新发现，新规律，多给农民讲讲，把新技术多教给农民。这样我们才能真正把"产、学、研"有效结合起来，做到无缝衔接。

离开实验站已两年有余，无比怀念那里的生活，那里的土地，那里的亲人。

时令还是冬天，叶子落尽了，但是我相信，它们正蜷缩在土里，做着春天的梦。窗外的法国梧桐也只剩下树枝，"留得残枝听雨声"，现在雨还没有到来，上面只有白茫茫的残雾。我相信，绿叶们也蜷缩在寒冬里，做着春天的梦。

我是不是也在做着春天的梦呢？我想，是的。我现在也处在人生春天即将到来的季节，梦着春天的到来，梦着我再一次来到石羊河实验站。我相信英国诗人的两句话："既然冬天已经到了，春天还会远吗？"。黑绿的麦苗，高大的玉米，可爱的石羊河实验站，你们等着我回来。

我知道，未来的人生道路不会比过去的更笔直，更平坦。但我并不畏惧，前方路途精彩无比，需要我们去探寻。

此刻，我怀念着那里的一切，在那两年的实验生活，我带走的不只是 2 年试验数据，而是我人生中宝贵的财富。"站友"从实验站走出去，也不再是曾经的自己，而成了同志、朋友和兄弟姐妹。

忘 不 了

周宏民[①]

接到李思恩师兄关于石羊河试验站组织编写《石羊河印记》的消息时，我正在巴基斯坦昆哈河畔进行查勘。

时光飞逝，转眼已经离开试验站7年有余，但试验站的花草树木，试验对象以及发生在那里的故事，总会在听到与之相关的消息时就会想起，如与人聊天时得知其是来自甘肃某个地方时，想起在试验站发生的点点滴滴；与人吃饭喝酒时，谈起酒就会想起“皇台”葡萄园。对于每一个从这里走出去的人来说，试验站都是巨大的物质与精神财富。试验站已经成为人才历练成长的基地，我忘不了这里发生的一切。

忘不了试验站大门前的那条碎石马路及马路两侧笔直的毛白杨，不知你们是否又长高了。

忘不了从试验站通往“皇台”葡萄园的那条颠簸马路，它见证了我的来来回回；当然还有那辆陪伴我来来回回的电动自行车，那叮叮当当的声音我至今也没有忘怀。

忘不了我做试验的那片葡萄园，那是我挥洒汗水的地方，也是我得到回报的地方。

忘不了学习室内各位师兄弟姐妹认真学习和思考的样子。

忘不了实验室内大家通宵完成样品测定的场景。

忘不了篮球场上与各位师兄弟一较高下，还有李思恩师兄有时为了增加比赛乐趣，对输球的一方进行做俯卧撑的奖励性惩罚的情景。

忘不了老师们在田间对我们的指导以及和我们一起进行的联欢。

忘不了试验过程中同学们对我的试验所做的帮助。

忘不了与建房一起的相互探讨。

忘不了帮王振昌师兄在玉米地做试验时，师兄向我传授的经验。

忘不了夜晚我突发高烧时，舍友们对我的关心和帮助以及我在那打针的诊所。

忘不了我的她来试验站看我的情景，异地期间我们走过了磕磕绊绊，试验站是考验我们爱情的试金石。

忘不了……

太多太多忘不了，能成为试验站的一员，我深感荣幸。每当回忆起往事，试验站在我青春岁月里写下了浓重的一笔。

① 2012年西北农林科技大学硕士研究生毕业，2010—2011年在试验站进行硕士学位论文试验研究。现在在天津中水北方勘测设计研究有限责任公司（原水利部天津水利水电勘测设计研究院）工作。本文2019年3月7日作于巴基斯坦昆哈河畔。

实验站杂记

张友良[①]

西北的夏天也是很美的，没有了冬天的荒凉和初春时的风沙，有的是深蓝的天空，葱郁的绿叶。更让人欣喜的是这里的夏天没有南方的炎热，尤其到晚上更是凉快，睡觉还需盖被子，这在南方是没有的。武威也是如此。武威有着悠久的历史，青铜艺术的杰作"马踏飞燕"就出土于这里。"马踏飞燕"这个名称在考古学家看来并不确切，由于不能确定马所踏的究竟是什么，所以也有叫"马踏飞隼""马超龙雀"。博物馆里面把这件青铜器叫作"铜奔马"，这最为简单而精确了，但是少了些艺术气息。我们的石羊河实验站就位于武威的一个小村庄里。

实验站有一座3层大楼，楼前面还有篮球场，在这个小村庄里是相当气派的。但我觉得最漂亮的还是那几栋砖砌的红房子，虽然是平房，但小巧素雅。几年前实验站的学生就在红房子里学习生活做试验，最后面那排平房现在用来当库房了。红房子旁边还有花坛和草坪，路边还有柏树、桃树、龙爪槐、连翘等。这里的桃花盛开得比城市花园中的要更加绚丽，从它旁边走过时，落得满身花瓣，不禁让人想起苏轼的"争花不待叶，密缀欲无条"。除了小院子里的这些东西，之外就是试验田，田里种着小麦、玉米、苜蓿、西红柿、土豆等作物，这个时候的试验田一片绿油油。实验站最美丽的时候是雨后，雨水将整个实验站刷洗得干干净净，空气里也弥漫着泥土的气息，远处还能看见山上的皑皑白雪。

我们做试验的学生，一般都是3月来实验站，一直待到9月作物收获了再离开，做葡萄和温室试验的在站上时间更长，有的还在实验站过春节。这里生活也方便，住的是3人的标间，学习有学习室，试验设备齐全，做饭有专门的厨师，虽然不是每顿都有米饭吃，但有人做饭已是很好了。空闲的时候还可以打打篮球，以前实验站附近有个监狱，大家常去那边和狱警一起打比赛，后来监狱搬走了，那边成了菜园子，房屋都荒废了，只有守门的老头经常在那。

实验站是个安安静静搞科学研究的理想之地。这里没有城市的喧嚣和快节奏，有的是优美的环境和完备的科研条件，还有一群年龄相仿，做着不同研究的研究生，大家可以相互交流和学习。另外，老师们也会时不时过来指导学生。我的导师王凤新教授，每年也会过来指导我们。由于学校的事情比较多，所以在站里待的时间一般都不会太长。但是2015年那年的夏天，王老师在实验站待了半个多月，其中大部分时间都在帮我改论文。

本来改论文就是项繁重的工作，加上我第一次写英文论文，许多方面都写得不好，王老师改起来就更加费劲。通过老师的修改，我的论文质量有了很大的改善。论文修改完

---

① 2017年中国农业大学博士研究生毕业，曾在实验站进行硕士学位论文试验和博士学位论文试验。现在在扬州大学工作。本文作于2019年3月11日。

之后，并没有急着投稿，王老师又将论文发给美国俄勒冈州立大学的 Shock 教授进行修改。2015 年 9 月 Shock 教授来实验站做报告，虽然时间比较紧，但是老王师还是安排我跟 Shock 教授面对面讨论。我由于英语口语不好，王老师一直跟我们在一起，当我有问题时，他会帮我向 Shock 教授翻译表达。在论文的修改过程中我也收获很多，从 Shock 教授身上我能感受到他治学的严谨和对他所从事的工作的浓厚兴趣。让我懂得做研究除了要脚踏实地，还要时刻保持对知识的渴求和兴趣。

石羊河实验站是我科研启航的地方，在实验站的历练使我终身受益。祝愿石羊河实验站的明天更加美好！

最初的梦想[①]

吴　迪

2019年的新年格外安静。美国科罗拉多州柯林斯堡冬天的夜,有些冷冽,跟武威的气候很相似。老师让为石羊河写点东西,我于是铺开了纸张,拿起了笔,本想在这个静谧的夜里附庸风雅,也多愁善感一番,却不知道该从何说起。所以只能先做回忆,慢慢地,被动地回忆变成了汩汩而涌的泉水,竟有些兜不住了。2011年读研至今,猛然发现,岁月已经在我的额头和肩膀上溜过了8个年头。昔日气喘吁吁地跑到杜老师办公室放出豪言,让老师把自己当男生看待和招呼的莽撞女孩,也已逐渐褪去青涩,多了些成熟和冷静。

细数一下,8年以来,自己居然每年都去了实验站。从最初做农业技术推广和农民田间学校,到做田间实验,到做了科研助理协助处理站内事务,到再次打点行装,重归试验田。从住平房,到看着大楼奠基,到大楼拔地而起,到我们欢欢喜喜的住进去。春去秋来,日出日落。我也跟随着实验站的逐渐壮大而成长。

每一次离开,都像经历一次永别,总是想回头多看几眼,看几眼那个楼,看几眼那个通量塔,看几眼那些大树和那几个温室。在一个地方停留的太久,于是身上开始有所谓的武威烙印,我们开始学着吃拉面,吃拉条子,吃酿皮子;开始学着说一些武威话,互相打趣。每次回到北京,吸着雾霾,最怀念的是武威清澈湛蓝的天空,和随手一拍就是一幅画的风景。

初见武威是本科刚毕业的时候,作为一个小技术指导员,跟中国农业大学人文与发展学院的李凡老师和刘林老师去做节水灌溉技术的推广。于是收拾行囊,匆匆地安排了自己毕业后的行李,一路向西北,飞到了兰州。一起带过去的,除了一些推广用的材料,还有杜老师让我给当时在站里的师兄师姐们带的慰问品,老师说他们在那里很苦,带些好吃的给他们。到了兰州,从飞机上俯瞰,感觉自己好像活在了中学地理课本里,层层叠叠,确实荒凉、广袤,又干旱。到了武威后,作为水利专业负责技术咨询的学生,虽然已经做了很多功课,却突然有点慌张,真的不知道明天该给农民伯伯们讲些什么。于是求助薄晓东师兄。师兄很认真地给我讲解了根系分区交替灌溉以后,又很直接地戳了我一刀:"师妹,你啥也不会,农民们会听你的吗?"

为了让农民伯伯更加信服我,我努力做出更准确的实验数据。是的!这就是我当初最简单直接的想法。2012年3月底,我与师弟谷丰和北京林业大学的苏德荣老师的研究生寇丹一起踏上了去武威的火车,去打理我那广袤到有6亩地的玉米试验田。那个在我做推广的时候戳了我一刀的晓东师兄也匆匆赶来,和我一起,在地里布置实验,指挥着汪叔们(大汪叔,小汪叔和王叔)整地。然后又冒着烈日帮我在地里打了200多根Diviner

① 本文2019年3月9日作于美国科罗拉多州柯林斯堡。

管子。

做试验的时候，为避开烈日，早上要早起灌水测数据，中午就睡大觉或者躲在实验室。傍晚，我们一行人说说笑笑、溜溜达达、蹦蹦跳跳地去地里称蒸渗桶或者测土壤水分。如果都搞定了，只要天还没黑，就从苜蓿地溜达到张娟的西红柿地里，帮她给作物剪剪枝、松松土。记得每次我要做水流推进的时候，因为需要的人太多，站里没有试验的师兄师姐和同学们，都会聚集在我的地里，每隔 10 米站一个人，帮我测水流推进。就这样累并快乐着，欢欢笑笑，一日又一日。

2012 年时的我们，还住在后边的一排小平房里。没有那么好的生活条件，第一天到武威，杨慧先给我拿了一个电热毯，又给我盖上了两床事先已经晒好的被子。春天是最难熬的，田地和水龙头都还冻着，于是我们从平房前的水井里打水喝。在此要悼念那些曾经被我掉进井里无法挽救的水桶们。在地里没活的时候，大家就把洗衣机放在平房的前边，把堆积的迷彩服都拿来，轮流打水，一边聊天，一边洗衣服。大家也会在停电的时候，拿出笔记本电脑，用仅存的电量看电影，用手电筒照着，打打牌。夏末秋初，是我们这些同学们最享受的时候，李涛师兄葡萄园的葡萄熟了，我们坐他的电动三轮，声势浩荡地去"偷"葡萄，虽然很少得逞，但是想着这么多酿酒葡萄，最后都会变成美酒，并且想象一下自己已经美美地喝到了葡萄酒，也是一件很幸福的事情；也会去温室"偷"陈金亮师兄和杨慧的西红柿吃，偶尔也要鉴别师兄、杨慧和张娟的番茄口感的差别；也会煮宋娜的土豆、莎莎的大豆和别人地里的大田玉米吃。艰苦的日子，收获的不只是科学数据和成长历练，还有最深厚的革命友谊。以至于 6 年过去了，曾经一起在实验站打拼过的我们，还会偶尔三三两两聚在一起吃吃喝喝，憋着泪回忆那段曾是我们最难熬，回想起来却最美丽的时光。

再次重逢已是 2016 年春天，要去武威调研并收集博士论文的数据。我已经轻车熟路，不再害怕那长达 26 小时的火车旅程。再次踏上征程，心境已完全不同。协助我完成田间取土的，依旧是汪叔们，但是大汪叔因为年纪已老，已经无法再全天帮我取土了。在老师们的努力下，我们住进了新的大楼里，有了宽敞明亮的学习室，设备齐全的实验室，还有干净的宿舍。只要不停水，全天都可以洗澡了。每个组都有了自己的三轮车，快递也很方便，直接到东河，我们骑着三轮车就可以去取，顺便还可以吃一顿好吃的麻辣烫或者牛肉面。但总觉少点什么，也许再次上路，已全然是为了前途和生计，无心再去感受武威的美好了。

直至我遇见了我的桃宝——一只小小的田园犬。遇见她的时候，我和亚晖开着电动三轮车去门口买零食，一只小小的黄白花色的小狗步履蹒跚地跟着我们，一双黑色的眼睛溜溜地看着我。门口的嫂子说，你不要养它，这不是什么名贵狗，都是村民家里大狗生太多了不想养，扔掉的。亚晖也说，师姐，咱们还是别养了，你看去年的小桃和阿宝，因为学生回京，就没有人喂，最后都饿死了，很可怜。回到站里，我一直挂念它，于是下午跟郭秀伟又出去看，郭秀伟就找个盒子带回来了。我们给它起名叫桃宝。养在平房的门口。她陪伴我去调研，去农场标记取样点，不开心的时候，我们也会找桃宝聊聊天，说说话，讲给她听。她会歪着头，似懂非懂的样子。陈世超说，做实验很累的时候，他偶尔也会坐在平房前的台子上，对着桃宝谈谈心。站里的师弟师妹们特别是秦淑静和亚晖都喜欢它，每次出去玩，都要把桃宝放在车上。就是这么一个小小的毛孩子，给我们的不只是陪伴和欢乐，还有寄托和依赖。回京的时候，实在舍不得，于是给它打了疫苗，去畜牧局做了检疫，带回了家，现在已经成了我家里的一个小家庭成员。有时候我妈妈看到桃宝，会感慨说，你有多爱武威，人家的狗都不放过，也要带回来。我哑然一笑。

2016 年的冬天，最难忘的事情就是樊雅琼师妹、周惠萍师妹（其实平日里我们叫她们樊嫂子和萍萍嫂子以示尊敬）、郭工（郭秀伟）、刘俊洲，还有张亮，给了我最开心、最感动的生日。我穿着厚厚的侯婶儿给的护膝，骑着三轮车去农场调研，天黑的时候瑟瑟发抖地回到站里，迎接我的竟然是小樊白天从城里买回来的蛋糕，还有他们做的一桌子菜……

8 年的时光，匆匆而过。最初的最初，与你相遇，我只是想做一名脚踏实地的农业工作者，实现自己儿时的梦想；最后的最后，经历了泪水和汗水，走过了泥泞，冲出了飞沙，穿越了风和雨，收获了太多太多。

有时候也会觉得这一切仿佛都是一场梦，仿佛还是 6 年前，自己不过是顶着早上的露珠和朝阳去测了一次株高、叶面积，中午吃了阿姨做的有浓厚的菜籽油口味的武威菜，为躲避烈日，睡了个午觉，阳光从窗户打进来，照到平房的下铺上，温暖又热烈。睁开惺忪的睡眼，看到了张娟和杨慧，于是说，哦，你们什么时候再去地里测数据，我们一起吧……

2016 年 12 月底离开武威时，发在朋友圈的感受

趁着天气好，走访之后去跟我热爱的这片土地告个别。从一无所知到处乱跑，再到现在站在地里就知道是几号地，半年里经历了坏钻、拔不出钻、车没电、车不启动、淋雨、喝风、掉车轱辘的种种尴尬；怀念最后走访时农民伯伯婶婶们塞给我的苹果，倒的热水和端的面。总的来说，温暖多于冷漠。半年了，格局依然没有打开，但是心胸宽广了很多。感谢黄羊农场和实验站，还有那随便一拍就是一幅画的风景；也感谢这半年在我回站的路上出现各种问题时，随叫随到去搭救我的秀（郭秀伟）、超（陈世超）和亮（张亮）。

在这里度过了四个春夏

杨开静[①]

春风拂面，杨柳依依，秋风瑟瑟，落叶纷飞，阳光变换着强弱，演绎着四季的轮回。每一个春夏，都记录着不同的故事，每一段故事，又零落了不同的情感。每天过着平淡的日子，忙碌着相同或者不同的工作，当漫不经心地停下脚步，才发现日子是何等的匆匆。

恍惚间，离开石羊河已经两年半，却从来没有真正静下心来去回忆一下研究生 5 年间（2012—2016 年）在石羊河实验站的学习、生活和工作。或许是不敢回忆，因为那里有太多的辛酸与苦楚，孤独与寂寞；亦或许是不舍得回忆，只想把那些充实的日子、善良的人、美好的景、有趣的事小心翼翼地收藏心底……细细想来，实验站的一草一木，一人一景，皆历历在目，却又不知从何说起。

初识石羊河

思绪飘飞，又回到了 2012 年 3 月，考研成绩公布，不理想的分数让我心灰意冷，一度受挫。复试时间眼看将近，对中国农大水利专业的老师并不了解的我不知道自己还有没有机会踏入研究生的大门，就在束手无策间，突然从一个小学妹口中听说了王凤新老师，我便抱着试一试的心态给王老师发了邮件。等待总是漫长的，当我怀着忐忑的心情见到王老师的时候，他的平易近人如一缕春风温暖了我，紧张与不安随之慢慢平复。出乎意料的是王老师并没有在意我不理想的成绩，倒是对我在本科期间参与过的几个研究课题和发表的小论文充满兴趣，当即问我："你师兄师姐马上要去甘肃做试验，你愿不愿意一起过去帮忙？"这一问真的让我受宠若惊，当即表示愿意随师兄师姐远去大西北，参与到科研任务中。一周后便随纪莎莎师姐和薄晓东师兄坐上西去的列车，我与石羊河实验站的缘分也自此开始。

列车疾驰，路边挺直的白杨急速后退，一望无际的戈壁，光秃秃的山岭，黑漆漆的隧道，内蒙古自治区的皑皑白雪……一切都是新奇的、陌生的。我的内心充满好奇，又忐忑不安，怎么突然有种被发配边疆的感觉呢。我不知道前方等待我的是什么，离京之前仅凭一腔热情，甚至都没有问清楚要去做什么试验，当时脑海里突然冒出一句话"自己选择的路，跪着也要走完"。是啊，或许在来之前，我并没有准备好，也没有真正了解科研的真谛，但是我是一个可以随遇而安、干一行爱一行的人，所以我不该胆怯，更不能退缩，要一步一步扎实地走下去。就这样在激烈的思想斗争和自我安慰中到达目的地——甘肃省武威中国农业大学石羊河实验站，也如候鸟一般，在这里度过了 4 个春夏。

---

① 2017 年中国农业大学博士研究生毕业，2013—2016 年在石羊河实验站完成博士学位论文田间试验部分。本文 2019 年 3 月 14 日作于法国波尔多。

田间试验

记忆里的阳春三月，本该是万物复苏，花红柳绿，莺歌燕舞的勃勃之景，而实验站的春天总是来得较晚一些。每年春节过后，3 月中旬，王老师门下弟子总是最早一批到达实验站，赶在春分前后播种春小麦，为新一年的马铃薯、玉米等滴灌节水试验做准备。这时候的实验站似乎还没有从冬眠中醒来，水是冰的，地是冻的，万物悄无声息。偶尔在田埂上发现埋藏在枯草中“野火烧不尽，春风吹又生”的嫩黄的草芽，才不禁感叹“哦，春天来了”，这应该是当地最早报春的使者了吧。

3 月底至 4 月初，不同学校不同老师的弟子们陆续汇聚一起，有老面孔，也有新面孔，实验站开始热闹起来：生活区男生帮着女生提生活用水，嬉笑着、打闹着；田间轰轰隆隆翻地的机器声，夹杂着新鲜的泥土的气息；同学们跑来跑去设计规划试验小区的忙碌身影。只有这时候，才切切实实感觉到沉睡了一个冬天的实验站苏醒了！

每年清明前后，实验站总会或多或少地迎来一场春雪，或夹杂着雨点，或伴随着微风。料峭春寒中，雪松挺立，红梅傲雪，迎春那黄色的小花上仿佛多了一顶帽子，别有一番情调。大家此时也会在休息的空隙拿着相机，拍拍风景，记录下错过了的实验站的雪景。春雪过后，天渐渐暖和起来，冰雪开始消融，最开始绿起来的是道路两边的垂柳，沉睡了一冬的柳树开始星星点点的抽出鹅黄色的嫩芽，如一颗颗小米粒般，娇羞的藏在枝丫间，在春风里萌动。一场突如其来的春雨过后，那一点点的鹅黄，就膨胀成了油油的鲜绿。“不知细叶谁裁出，二月春风似剪刀”，春风渐暖，几日功夫，柳叶就完全舒展开，微风拂来，垂柳翠绿的枝叶在春风里摇曳，仿佛轻歌曼舞的少女。

我们的试验工作也从此时拉开了帷幕。当看到种子破土而出，我们是兴奋的、激动的，因为这便是我们来此奋斗半年的希望。从此，每天天刚蒙蒙亮就早早地从睡梦中醒来，沐浴着清晨的第一缕阳光，直奔田间，看看是不是又有新的嫩芽顶出，是不是长到地膜下面去了，要不要放苗，然后小心翼翼地将放出的新芽用湿土把周围压好，唯恐膜下的高温烧伤了它们，然后祈祷着其他的芽儿快快长出……如此日复一日，大约两周，苗齐了，悬着的心才慢慢放下，按照试验计划按部就班地开展工作。

6 月初，站里的作物都生长起来，马铃薯、西红柿、苜蓿开出了花朵，或紫、或白、或粉，蜂儿忙碌，蝶儿轻舞。此时，我们也换上了迷彩服，带上帽子口罩，或手持纸笔灌水、施肥，或两人一组测光合，或几人一组测株高、叶面积，取土测含水量或土壤养分，或拿着电脑下载记录仪器数据，路两旁头戴围巾口罩帮忙捡根的“嫂子们”则成了另一道风景……试验一旦开始，就没有理由停下来，不论刮风下雨，还是炎炎烈日。相反，为了取得有代表性的数据，我们会选择晴空万里的日子测量作物叶片光合、呼吸、水势等日变化指标，在田间地头待上一天，甚至二十四小时。有时累得头晕眼花，但是想想自己是在做科研，也许未来的某一天，我们的研究成果就会应用到农业生产中，可以为石羊河的粮食增产、水资源节约做出一点贡献，所以我们不能懈怠，一切都是值得的。就这样按部就班地坚持到八、九月，麦子收了，玉米渐渐泛黄，苜蓿割了一茬又一茬，西红柿硕果累累，马铃薯高产丰收，看着积累的一组组田间数据，品尝着自己的劳动果实，心里美美的，身体疲惫也随之烟消云散。

丰收的日子来临，时间也到了离开的时候，相伴了一个春夏的小伙伴们渐渐离去，实验站也慢慢归于宁静。突然记起“人生天地间，忽如远行客”的叹息，或许有些人成了这里的匆匆过客，或许有些人来年还要继续奋斗，无论如何，这里所发生的事，见到的景，交下的友，都将在我们的人生路上烙下一个深深的印记。

正所谓“不经一番寒彻骨，怎得梅花扑鼻香”，5 年来，在这里笑过，哭过，闹过，欢喜过，也忧愁过。在这里熬过最长的夜，度过充实的日子，遇见可爱的人。不断地请教学习，慢慢摸索，我从连灌水器都不知道是什么，对节水灌溉一知半解，到可以顺利地设计、布置田间滴灌管道；从没听说过气相色谱仪、流动分析仪为何物，到可以指导师弟师妹用它们顺利测出良好的数据，甚至可以检查维修一些小问题；从没见过作物发芽生长，到自己可以种出节水、高产的优质马铃薯……这一切的一切都要感谢康老师、王老师给我学习、成长的机会，感谢实验站为我们提供了良好的科研平台，感谢历届师兄师姐积累的经验和提供的无私帮助，感谢在这里遇到的所有人，让我们不负青春，携手并进，一路前行！

实验站的 5 年

在石羊河实验站待了 5 年，我不仅完成了研究生期间的科研任务，也见证了实验站的发展。说实话，2012 年初到实验站，看到那光秃秃干裂的土地、三排矮矮的红房子，偶尔遇到大风沙，我的内心还是有一丝挣扎和悔意，不知道自己来干什么，感觉前路迷茫……

4 月初的实验站萧条又冷清，感觉生活水平比我们山东农村还差很多。我当时跟纪莎莎、宋娜和姜雪连 3 位师姐住在倒数第二排平房西边第一个房子里，屋里取暖用的是炉子，我曾一度担心会不会煤气中毒。水管是冻着的，生活用水还要从储水的水窖里提，虽然从农村出来的我无数次见过家里人从开着大口的水井里提水，自己亲身实践却是第一次。这种条件下伙食自然也好不到哪里去，记忆里第一个月吃的都是豆瓣酱味的大白菜，而且当年的厨师还很任性，刮风下雨就不来做饭，甚至夫妻吵架也要断了我们的伙食，门口小卖部的方便面救急无数次，有时候停电了还要借一壶开水。至于厕所嘛，还是用的果园里的旱厕，黑漆漆的夜里一个人不敢去不说，寒意不退的早春去一次也是透心凉……现在想想都感觉是很久远的事情了，萧条、简陋算是我对石羊河实验站的第一印象。不过，冰雪消融之后平房前面空地上渐渐多起来的工人和机器的轰鸣声让我们满心期待，因为那里正在建综合大楼。

有了第一年跟师兄、师姐们学习的经验，第二年再去实验站独立开展试验就没那么手忙脚乱了，面对没有改观多少的生活条件也处之泰然。幸运的是 2013 年 4 月 6 日早上 6:00，一阵清脆的鞭炮声过后，我们在杜老师的指挥下搬进了期待已久的综合大楼。虽然大楼只有 3 层，但设计合理，布局紧凑。一楼的实验室宽敞整洁、配套设施齐全，室内实验再也不需要去水窖提水，除了我们合力搬进去的试验设备，后面又陆续添置了很多新仪器，比如几台新的干燥箱，就解决了取样高峰期有的样品因为排队烘干不及时放坏的大问题，大大提高了试验效率。二楼的办公区宽敞明亮，位置充裕，谁也不用因为晚到站里几天抢不到学习位置而沮丧，而且布好网络，我们查阅资料也得心应手，不需要排队借电脑；此外，二楼还设置了图书室，康老师专门找人从北京带来图书资料、期刊文献供大家阅读；考虑到我们的试验、学习之余需要放松交流，又单独开辟一间娱乐室，可谓体贴周到。三楼的宿舍区更是标准化配置，不论是学生的三人间还是待客的标准间，全部统一配备，设施齐全，再也不用像以前住在平房的时候那么拥挤；独立的浴室、可以冲水的厕所、全自动洗衣机则解决了我们生活中的大问题。从此刻开始，实验站的生活水平大大改善，感觉一下脱贫奔小康了。之后来的新厨师——胡师傅也变着花样地做饭，最是让我们心满意足，解决了后顾之忧，可以全身心地投入学习、试验中。

2013 年 6 月我顺利完成硕转博，接下来不用准备硕士研究生毕业，自然而然地每年春节过后都如候鸟般坐上西去的列车，秋天试验结束了再回北京继续学习。后面 3 年的田间试验都是按照试验设计按部就班地进行，唯一不同的是除了试验、学习，我还参与到实验站自我管理中。感谢老师们的信任，我很荣幸在 2014—2015 年的 2 年间担起实验站临时“生活委员”的重任。说实话，这个担子真的很重，它不像小学、中学里的生活委员主要负责打打热水、保持教室清洁，而是要负责站里少则 20 人左右、多则六七十人的伙食。不仅要根据来自祖国各地同学的口味跟厨师沟通菜谱；还要了解当季蔬菜品种、价格，控制成本，尽量降低大家每月的伙食支出；每次商贩来送菜要负责清点数量、查对账目；每餐之前要配合厨师做好用餐人员登记；月底核对账目，统计每个人的用餐次数，计算费用，然后收缴伙食费，跟商贩结账……之前做的时候没觉得那么多烦琐，现在回想起来确实也费了一番心思。幸好还算不负所托，老师和同学们也对我的工作给予肯定，没跟商贩起过争执，跟每个厨师也都相处融洽。这里说到每个厨师，是因为实验站真的除了每年的学生在变，换的最多的就是厨师，我在的 5 年，就见过不止 5 个。从刚开始我不知姓名的很任性的夫妻俩，到后来的胡师傅、盛嫂子、薛师傅和 2016 年的一个阿姨(那年试验时间短，跟厨师接触不多，此刻突然记不起阿姨的姓氏)，再加上每年人少的时候临时帮厨的侯姐夫和门口陆嫂……每年老师们为了我们的饮食也是费尽心思，但是各种原因，总不能留下一个干得长久的。

2016 年 7 月，我为了补充一组土壤试验和辅助师弟试验最后一次去石羊河，没有那么大的试验压力，也没有实验站管理的重担，这也是最轻松的一次。休息的空隙在站里转转，发现 2015 年冬天田间管道已经重布，以后的试验布管不仅省时省力，也不用随时担心爆管；修路分块，小区划分更容易，田间取样也来回自如；田间自动监测的仪器更多了，一切都是全新的样子；综合大楼一层加上了电子屏，外面多了宣传栏，不同学校的师生可以更好地互相了解、交流；楼前的健身器材也多了起来……实验站正在老师们的带领下和一届届学子的不懈努力下日新月异，飞速发展！

5 年，有人说弹指一挥间，有人说蹉跎了岁月；有人燃尽了青春，也有人华丽蜕变；5 年，我从一个羞涩腼腆的本科生，成长为可以为老师分忧、为实验站管理奉献自己一己之力的博士生；5 年，实验站在稳步向前发展，又不断突破新的高度……何其有幸来到石羊河，多么幸运见证了实验站 5 年的发展！

衷心祝愿实验站的明天越来越好，祝我们的农业节水事业蒸蒸日上，也祝石羊河下游早日实现“碧波荡漾，芦苇丛生，野鸭成群，游鱼无数”的昔日美景，毕竟“绿水青山就是金山银山”！

我在西凉的那段青葱岁月

秦永辉①

《中国好声音》2018年的总冠军旦增尼玛在比赛中演唱了一首《月牙泉》，他独特的嗓音和歌曲本身营造的氛围，一下子把我带到了祖国的西部，让我想起了我在西凉的那段青葱岁月……

初 识 篇

“还记得你说家是唯一的城堡/随着稻香河流继续奔跑……”2013年6月的一天，伴随着《稻香》的铃声，一个最近才熟悉的号码出现在手机上，是我即将读研跟随的导师佟老师的电话，她告诉我如果有时间可以去位于甘肃武威的石羊河实验站熟悉一下环境，学习一下，为以后的实验工作打一下基础。当时的我是一脑袋的问号：武威？石羊河？我从没想过这些生平第一次出现在我脑海中的词汇会在我的人生轨迹上画上浓重的一笔。

那会儿刚好毕业答辩结束，没有其他事情烦扰，索性背起行囊去看一下这两个“?”。我在地图上搜索了一下，武威竟是以前经常听到的西凉、西部、凉州，时至今日也是我去过的最西边了。人总是对未知的事情充满好奇和迷茫，好在我有一位学姐给了我不少帮助，听她说到站会有师兄师姐们接站。果然，我到的那天来了好多的师兄师姐，当然不只是接我一个人啦(哈哈)，吃饭时在饭桌上听他们讲了一些实验站的事情，他们讲的东西我不甚了解，但看他们脸上洋溢的笑容，让我对实验站生活更加期待。

下午购置了一些生活用品后我们包车回站里，我的天！一辆面包车里挤坐了我们十几个人，真的是人挤人，人叠人，但没有人抱怨拥挤，反而在互相调侃，路上车辆并不多，倒也安全，一路欢声笑语不知不觉就到了实验站大门口。一个离武威市直线距离二十几公里的世外桃源。

这是我第一次见她，门口红墙上写着几个烫金大字“中国农业大学石羊河流域农业与生态节水试验站”，站内有纵横交错的道路、跟周围民房风格迥然不同的实验楼、篮球场以及大片的实验田。这里没有稻香，取而代之的是小麦香、玉米香、番茄香(姑且认为它们都有香味吧)，而我也将在这里开始我新的征程。

---

① 2015年中国农业大学硕士研究生毕业，2013—2014年在石羊河进行制种玉米种植密度耗水监测试验，完成题为《种植密度对西北旱区制种玉米生长及水分利用效率的影响》的硕士学位论文。现为山东恒源勘测设计有限公司工程师。本文2019年3月15日作于山东潍坊。

实 验 篇

实验站，顾名思义就是我们开展科研实验的地方，在这里来自四面八方的小伙伴变身农民，身穿迷彩服（仿佛成为我们的“站服”，人手一套），每天扛着锄头、铁锹、钻头穿梭在实验田。实验站的男生头戴斗笠，肩披外衣，有模有样，实验站的女生也褪去了往日的柔弱，一副女汉子形象，没有了华丽的衣裳，没有了精致的妆容，但我想说，你们努力的样子，很美。

科研实验是辛苦的，每一个样本，每一组数据都来之不易。太阳还未升起，有的人已经布置好仪器，开始了一天的光合日变化测定；中午太阳正盛，有的人扛着梯子，穿梭在玉米地，顶着烈日，拍摄冠层覆盖度；太阳西下，有的人拎着蒸渗桶，探寻一天的土壤蒸发；夜幕降临，办公楼里便忙碌起来，录数据，擦铝盒……伴随着太阳东升日落，完成一整天的工作，我们头顶的这轮太阳，也像我们一样，燃烧着青春的余热，但它从来不会忘记，照耀着我们前进。

调 研 篇

在实验站的日子，有幸参与了一次调研。那是了解石羊河流域周边农户的一些情况，如周边的水源情况、家里的种植作物和模式、对水权问题的认知等。这一次的调研给我留下了极为深刻的印象。

我们坐着面包车，拿着一堆问卷表格，随停随问，你可以感受到当地农民的淳朴，在大城市里，拿着一张用时 1 分钟的问卷，拒绝答题者不说十之八九也要有十之五六了吧，而我们的问卷需要 5 分钟，甚至 10 分钟，却是零拒绝，他们还会在你的问题之外给你补充，跟你道家长里短，可爱得很。

为什么说这次的调研让我印象深刻，这是因为一位大姐。那是一次常规的调研，一个我叫不出名字的村庄，村内有一条干涸的小河，上面说的这位大姐，就坐在河边休息，我拿着我的一堆问卷走了过去，表明了我的身份和想要了解的情况，大姐笑着欣然同意。我问她门口这条河干了多久了，她告诉我说已经好多年都没有过水了，偶尔下雨的时候会有水流淌，雨一停，河又很快就干。我又问现在家里种着什么，怎么浇地呢，她说只种着玉米，玉米耐旱一点，没有水浇地，靠天吃饭，此时的她脸上已经没有了刚开始的笑容，多了一丝凝重，而当我问到家里有几口人的时候，已经明显看到了她眼中的泪花，她说家里 4 口人，就她自己在家了，其他人都去外地打工了，靠这点粮食难以维持生计。当时那种情况已经无法再继续问下去了，我说了声谢谢，结束了谈话，我怕继续问下去，这位大姐会情绪失控，是啊，这泪水中包含着太多太多，也许小时候她曾在门口这条河里跟小伙伴嬉戏打闹，也许那时候村子里熙熙攘攘，也许那时候家里人丁兴旺。随着全球性的气候变化和用水增加，水资源短缺，门口的小河早已干涸，为了生活家里的亲人外出打工，但凡是能够维持生计，谁又会愿意背井离乡呢，谁又不热爱着自己长大的这片土地！这位大姐诠释了另一种“为什么我的眼中常含泪水？因为我对这土地爱得深沉……”爱得深沉，却无能为力。

此刻的我才真正了解到国家大力发展节水农业的意义，了解到康老师建设实验站的意义，了解到一批一批老师、学生投身科研实验的源泉和动力。我们有知识，我们有能力，让我们为节水农业贡献自己的绵薄之力，让我们用汗水“留住每一滴水”。

生　活　篇

科研是辛苦的，但我们的生活却是丰富多彩的。完成了一天的工作，男生会在篮球场挥洒汗水，女生也三五成群在楼前踢毽子、打羽毛球，健身娱乐两不相误。我们的一日三餐由实验站里雇的一位嫂子负责，干完活就有饭可以吃的感觉，很棒。还有一件实验站里小伙伴都很期待的事情——进城，“城”指的就是武威市了，一些科研需要的耗材要去市里购买，那一天可以美餐一顿，可以去超市买些自己喜欢的零食，还可以……不用干活（哈哈）。在武威第一次吃大盘鸡，超大盘，还有一整盘的羊肉、排骨，从吃上就看得出西部人的豪放。

十几年前，石羊河科研团队刚来石羊河做科研时，没有属于自己的科研用房，没有自来水，住平房，用旱厕，先后在民勤小坝口、薛百农技站、武威沙漠公园等地开展试验。条件艰苦、环境简陋、语言不通，凭借着一腔热血和改善西部用水结构及模式的决心，硬是完成了一系列实验。同时，他们更是努力为后来人营造良好的科研环境及生活环境，是他们的努力才有了今天的实验站，才有了今天这种科研环境，在这里对石羊河团队的各位老师、前辈，表示由衷的敬佩和感谢。

梦回西凉

时隔多年，我曾以为再回忆起，记忆应该是模糊的，可当我准备写下这篇文章时，那一个个人物、一幕幕场景，仿佛就在昨天，那么清晰，那么深刻。在这里，我收获了知识，收获了经验，收获了友情，收获了爱情，收获了太多太多，这里成为一个让我一生魂绕梦牵的地方。也许你们不懂得这种爱恋，除非也去那里看看，如今每个地方都在改变，看她是否也换了容颜。

侯叔

王亚东①

说起侯叔,操着一口武威方言的瘦小佝偻老汉。侯叔是石羊河实验站雇用的流动岗后勤工作人员,管理在站试验人员的住宿以及实验楼内清洁卫生,却也是我大田苜蓿的主要给供人。也倒不止我这几年,前几届的师兄寇丹、陶雪以及李岩的苜蓿田也大多是侯叔收割。那个时候在开满紫花的苜蓿田里李岩师兄拿着土壤水分测定仪说:以后你的苜蓿也让侯姐夫割了去吧。我似懂非懂地点点头,后来师兄才跟我说起那位他们称为"侯姐夫"的侯叔。

侯姐夫的夫人过世多年,自己养几只羊,形单影只。所以我不愿意叫侯姐夫,就喊成侯叔。接触最早的便是入住石羊河实验站的时候,大包行李放在侯叔门口,兴致勃勃地看看自己能住到哪里,交押金 200 元,竟然可以扫码支付,这个年过六旬的老者俨然是新时代的参与者了。再看他的微信朋友圈,不是自拍便是分享唱歌。他还是个资深歌迷,"阿哥阿妹""外婆的澎湖湾""驼铃"等均不在话下,有时候清扫楼道也会哼唱,不过不是轻声哼唱。后来侯叔参与排球运动,虽然动作不灵敏,却也是热情有加,那段时间我总将杨叔喊成侯叔。人多了,保洁工作就必须做得勤快一些了,有时候感觉他有些吃力。

后来听人说侯叔有女朋友了,暂且容许我这么称呼,因为看到侯叔买了手镯子给人家。第二年便得见嫂子真容,干练勤快。之后很少见侯叔拖地了,割苜蓿的时候也基本都是嫂子在收,动作仿佛比侯叔顺畅太多。收的时候他俩一抱接一抱的将苜蓿扔到小车里,来来回回,好多趟。苜蓿拉至羊圈,自然风干,吃着相比玉米秸秆也很上膘。后来盆栽苜蓿洗根的时候便喊嫂子了,那个时候已然深秋了,天凉。

我经常叮嘱侯叔干些轻松的活,苜蓿茎叶分离、计数等。我说的快,他记得慢,每次他口里重复着我说的数字,偶尔也还是会出错。有时候夜里还跟侯叔在地里计数,他打着手机的闪光灯,我戴着头灯,我读他计。这个操着武威方言的老汉,虽然我有时候还是听不太懂他讲的话,不过还是希望他健康顺遂。那阵子听说侯叔总是生病,经常去输液,后来看到侯叔在镇上打点滴,心里嘀咕:这老头,没事儿吧。之后再听到他在楼道里哼唱小曲儿,便安心好多。

又快到了石羊河返站时节,侯叔还是瘦骨嶙峋么,还是嫂子能让他稍微圆润些呢?去石羊河实验站,就是为了离开石羊河实验站,但是时光恍惚已过 2 年有余,站里的月光,站里的侯叔,你们还好吗?

---

① 北京林业大学草业与草原学院 2016 级博士研究生,在石羊河实验站进行紫花苜蓿节水试验研究。本文作于 2019 年 2 月。

在这里写下无悔的生命华章

李晓婕[①]

经过一路颠簸，公交车内喧闹的交谈声将我唤醒，透过车窗，两排熟悉的白杨安静地伫立在路旁，使我浮躁的心情瞬间归为宁静，极目远眺，广袤的土地与天交接，似在诉说丰收的心愿，三三两两的农民在田间辛勤的劳作，或弯腰，或半蹲，用行动在表达对这片土地的热爱。视野中闪现出绿树环绕的红墙青瓦越来越近了，我内心开始燃烧起来，我仿佛听到了憨厚的牛哞声，我仿佛听到了温柔的羊咩声，我仿佛听到了清脆的鸡鸣声，我又仿佛听到了活泼的狗吠声，我知道，我再一次来到了这个充满回忆与期待的地方，中国农业大学石羊河实验站。

庄重的大门，守卫着门内热情实干的师生，走出去，门口商店的小吃驱散了同学们一天辛勤劳动的疲惫，走进来，站内一年四季不断变换的风景激发了同学们昂扬的斗志。正所谓"铁打的营盘流水的兵"，变化的是四季风景，变换的是人来人往，不变的是铁门对实验站的坚守。2011 年作为大二本科生的我第一次来到了试验站，不解的是冰冷的铁门阻隔了同学们的自由；2015 年作为博士研究生的我第 4 次来到实验站，欢喜的是刚毅的铁门保卫了同学们的安全，守护了我们无悔的青春。春风拂来，干净的道路两旁杨柳依依，温柔而又热情地向我招手，田间刚破土的苗儿似乎也在诉说对我的思念。缓缓地走在通往站内大楼的路上，这道路那么长，却止不住我在此奋斗的决心，这道路那么短，仿佛一不小心光阴就会逝去。犹记得 2013 年作为大四学生的我来此做毕业论文，每次黄昏饭后，与师兄师姐相约漫步于此，或走走停停，或跑跑闹闹，轻松的音乐氛围下，述说的是站内的趣事，述说的是同窗的情谊，述说的是对家乡的思念，述说的是对西北大地的喜爱。一天实验的辛甜汇聚于此，化为天边一抹绚丽的夕阳。

终于我走近了实验大楼，眼前的明黄色如此熟悉，宁静的心又逐渐澎湃起来。当年的大楼奠基仪式历历在目，小小的大二学生的我，忘不了的是恩师的笑容满面，忘不了的是各级领导的亲切问候，忘不了的是师兄师姐的欢欣鼓舞，忘不了的是现场的热闹非凡，忘不了的是鞭炮的阵阵齐鸣，忘不了的是红色的炮衣在明媚的阳光下的翩翩起舞。时隔两年，大四的我又幸运地成为实验大楼的第一批入住者，伴着天边的鱼肚白，伴着老师的殷切期望，伴着师兄师姐的欢声笑语，2013 年 4 月 6 日(农历二月二十六)早上 6:36，一群欢快的马儿踏出了响亮的鞭炮声，带着内心美好的憧憬奔进了大楼，从此踏踏实实，兢兢业业地打拼自己的一片天地。

站在楼前，放眼望去，看到的是球场上挥汗如雨，酣畅淋漓的对决，听到的是场边不断加油，激动万分的呐喊；看到的是含苞待放，红黄相称的玫瑰与迎春，听到的是树叶沙

① 中国农业大学 2013 级硕博连读研究生，曾于 2011 年在实验站进行大学生 URP 试验，2013 年在实验站完成本科毕业论文试验和实习。2015 年在试验站气候室开展博士论文试验研究。本文 2019 年 2 月作于北京。

沙，欲说还休的耳语；看到的是果园一树盛开的苹果花，闻到的是满口留香的佳果味；看到的是一排排整齐肃立的平房，闻到的是让人回味的饭菜香。我欢喜，我期待，我振奋，2015年，属于我的难忘的一年，将要从此开始，我知道，自进入大门的一刻起，我便踏上了征程。

进入大楼，宽敞明亮的大厅散发着浓郁的书卷香气，首先映入眼帘的便是满橱的博硕论文和奖励勋章。外侧墙壁依然是恩师在科研领域里的指点江山以及科研骨干人员试验风采的披荆斩棘，内侧墙壁依然是亲切友善的同窗情谊。往左走，天平室、烘箱室、同位素与色谱分析实验室、作物品质实验室、土壤化学实验室，依次排开，我看到它们在向我招手，仿佛在向我诉说昔日朝夕相伴的欢乐时光；往右走，植物生理生态实验室、土壤水分物理实验室、节水设备与制剂实验室、实验样品陈列室，也在争先恐后地与我打招呼，仿佛在期待接下来欢乐相处的日子。步入二楼，整洁干净的楼道也在欢迎我的到来。在老师的办公室内，我依稀看到了往日谆谆教导的情景；研究生学习室内，我记起了相互鼓励学习、交流讨论的同窗情谊；儒雅宁静的图书馆内挑灯夜读的景象历历在目。三楼，离万里高空最近的地方，虽路途带有些许疲惫，但满怀兴奋之情来到了学生宿舍，整理行囊，收拾心情，从此出发。

新近建成的人工气候室像一位端庄的仕女安静地坐落在满眼盎然的春景之中，我内心许久的期待竟与她撞个满怀。她又像是一本空白的书卷，等待着我用知识的画笔一笔一画地创造出美丽的画卷。接下来的日子，我要和它朝夕相处，团结友爱，共同奋斗，共创辉煌，思想于此，便抑制不住内心的激动。我仿佛看到了室内一片生机盎然的景象，我仿佛看到了大苗小苗大手拉小手的歌唱，我仿佛看到了丰收的喜悦。

丰收的喜悦需要大家一起分享，因此，我又忍不住要去看一下同学们挥洒汗水、播种希望的地方。最广阔的天地位于实验站东北方向，春日的黄土转眼间即披上了油油的绿衣，伴着沁人心脾的玫瑰花香和清新的沙枣花香，接下来便会看到蝴蝶、蜜蜂成群结队地来采摘香甜的花蜜，不经意间成熟稳重的秋季到来，那黄的玉米、金的小麦、红的番茄、紫的苜蓿、绿的大豆、棕的马铃薯，丰收景象，好不热闹。秋雨也赶在这时来凑热闹，漫步在田间小路上，享受着丰收的果实，偶一抬头便能看到一抹绚丽的彩虹在夕阳的照耀下挂在雪山之巅，似在歌唱喜悦，似在祝贺丰收。

再走下去便会看到颇具当地特色的日光温室大棚，简简单单的构造承载了我太多的回忆与快乐。2011年，我在这里初次尝到了亲自采摘的鲜美的果实；在这里，2013年，在流星雨的见证下离开象牙塔的我开始逐梦之旅；在这里，2014年，一场和谐融洽又妙趣横生的烧烤派对见证了一群相互嫌弃的年轻人的珍贵友谊；在这里，2015年，精彩继续。

有人说这里是炼狱，那他没有看到辛苦劳作时自身的成长，没有看到遇到困难时同学的相互扶持，没有看到当地憨厚的农民老伯的热情好客，更没有看到苦尽甘来的丰收和喜悦。我说这里是天堂，我看到的是这里湛蓝的天空，我闻到的是这里清新的空气，我听到的是这里的悠悠鸟鸣；我看到的是这里人民的热情，我闻到的是这里的花香麦香，我听到的是这里战友的相互鼓励；我看到的是娇艳的花朵变成累累的果实，我看到的是勇敢的虫蛹破茧为美丽的蝴蝶，我看到的是辛勤的付出才会有丰厚的收获。

“不经历风雨，怎能见彩虹，没有人能随随便便成功”，2015年，我怀着一颗积极向上的心，用充满信心和勇气的青春，在这里写下无悔的生命华章。

既是心头朱砂痣，也是窗前白月光

周惠萍[①]

如果一个地方在你心里占有重要的位置，那每每念及，必是五味杂陈的。石羊河实验站于我便是这样一个地方。与她度过了2014—2017的几年时光，她是我心头一枚殷红的痣，纪念着我们的青春足迹；也是照亮心底皎洁的月光，让人感悟温暖与成长。

2014年的3月，我第一次坐上西去凉州的火车。路上有师兄师姐还有同届伙伴同行，23小时的旅程似乎在相互熟识和聊天中一闪而过。车窗外是骏马西风裹挟着戈壁黄沙，下车后的寒意和明烈的阳光一下子把西北的粗犷广袤带到眼前。耳边似乎能听到远古尘烟千里征鼓震地，脚下则即将踏上谱写青春奋斗的战场。

2015年是我真正意义上首次独立承担试验，这种感觉与去年帮忙是完全不同的。试验布置在忐忑中有条不紊地进行，当地的大叔犁完试验地后坐在路边享受一根烟的闲适，略带骄傲地对我说，"我犁的地整齐吧！"我对他竖了一个大拇指！看着眼前整齐的地，虽然现在还空空如也，但是很快，希望的种子将在这里破土而出，无数的生命随之孕育而生，念及此则对土地多了一份敬畏。脚踏实地的同时也想仰望蓝天，实验站的天是那么透蓝、高远、辽阔，再点坠上几朵怒放的白云。太阳恣意地放晴，大自然的舒展在这里发挥到极致，比凡·高的油画还要热烈，只能让人感叹造化神奇，生命辽阔。

第一年的试验要面对很多挑战，还记得5月底的一场霜冻让我们都慌了手脚。为了保护刚移栽不久的番茄苗免于冻伤，番茄小分队凌晨在地头点火生烟护苗。这可是个技术活，既要借助风向，让烟笼罩田苗保暖；又不能起明火以免引发火灾。在当地人的帮助下，我们终于帮助小苗度过了晚上最冷的时间。心里稍安，此时抬头的场景让我不禁震撼，夜幕下的繁星似乎触手可及，我对着漫天繁星许愿，愿小苗们能够安然度过，茁壮成长。这一年实验站同届的伙伴很多，我们一起为布置试验绞尽脑汁，一起为解决难题欢欣鼓舞，一起为雪山下的彩虹感动不已，一起在去东河的路上放声高歌。我们见证了彼此的成长，有些人只在这里待了这一年，而这一年是我们与实验站之间无比珍贵的独家记忆。

2016年的试验转移到温室，这是一场新的战役。荒废了几年的温室需要重整旗鼓，其中最大的任务就是更换棚膜。喊来了十几个壮汉师兄弟，大家在温室师傅的指挥下把棚膜扯紧、铺平、固定；团队的合作是多么重要，感谢最帅棚膜小分队让温室可以正式上岗营业！

夏天温室的炎热是最火红的记忆，而越是放晴则越是测光合的好日子。大家都比较繁忙的时候我一个人测量光合响应曲线，在挪动仪器的时候要先挪走缓冲瓶，再挪走外

---

① 中国农业大学2014级硕博连读研究生，2014—2017在石羊河实验站进行博士学位论文试验研究。本文作于2019年3月1日。

接电源，再把叶室和机箱拿到待测位置。顶着高温热浪拎着仪器，每一步挪动都让人印象深刻。试验结束后走出温室的舒爽让我难以忘记，满载数据而归，心中是满满的成就感。晚上在温室灌水，清水点点滴滴进入盆栽，不禁想到，天下莫柔弱于水，而攻坚强者莫之能胜，滋养万物莫之能比。知者乐水自得，灌水的时候能感受到一种平静的快乐。

一肩凉雾，满耳秋声，倏尔间又急转入冬。拍去丰收后忙碌的尘土，树叶落尽，实验站在送走一批批学子之后，披上了静谧的外衣。天愈发冷了，当务之急是给温室购置棉帘保温。说来也怪，那年冬天雨水不多，唯独铺棉帘的这天雨雪交加。冬天的实验站人手不够，我坐在棚上把自己想象成"肉墩"帮着压住固定棉帘，面对此时的风雨只能暗自打气，古之成事，必先苦其筋骨。这一茬的试验已经可以驾轻就熟，在一个预告的晴天，包裹严实的我开着三轮车去温室测黎明前水势。测完回楼的路上，太阳藏在东方的树丫间，伴着车轮的转动缓缓升起，我开着三轮车竟似与太阳共争先，几百米的距离感觉如此辽阔，生活在他乡，奔驰在苏醒前的实验站，更能感受自己的存在。冬天的试验大都是独立完成，而我享受这个独处的时间。在独立试验的时候更能进入一种平静忘我的状态，内心是充实的喜悦。笃定的去做一件简单的事情，就是修炼；而简单的事情重复做，就是成长。时常晚上测样到深夜，走出实验楼穿过院子回平房休息，月光如练直照得一方小院泛着熠熠凉辉。如此静谧的时刻专属于我和实验站，我们彼此守候，正如这无声的月光慰藉人心。

冬天的生活基本上与小樊相依为命，她是个做饭的好手，然而我在炒鸡蛋忘记放盐、炒土豆丝变成炸薯条、煮粥变成蒸饭之后，被她从二厨降级为打下手。她在临走的时候还给我做了几顿饭放在冰箱，饿的时候拿出来热热就能吃，这是只有在患难时候才能感受到的冬日温情！

海明威说人生最大的遗憾，是一个人无法同时拥有青春和对青春的感受。我也是在离开实验站后才愈发体会到实验站的魅力，其间，发生的故事总在脑海中闪现。后来有两次机会回到站里：第一次是陪外国专家到站参观，外国专家问我："你晚上想住城里还是住站里？"我说当然是想住站里，这里有我想念的朋友和地方！第二次是来参与拍摄实验站的纪录片，何其有幸能参与记录实验站的成长！

2019 年是我来中国农业大学的第 9 个年头，我常跟人说，9 年可以分为去实验站之前和去实验站之后。因为实验站承载着我们青春奋斗的记忆，从那里走出的每一个人都受其感染获益匪浅。她带给我的历练和成长是如此宝贵的财富，她既是心头朱砂痣，也是窗前白月光，更是我们共同的家园！

不甘平凡

樊雅琼[①]

熙熙攘攘的人海之中，命运让我们相聚。还记得吗？有一个特殊的坐标（N 37°51′，E 102°52′），我们称它叫石羊河实验站，抑或是农业部作物高效用水武威科学观测实验站。年复一年，总有一些年轻人背着行囊，撇下城市的繁华，带着热情与憧憬走进了大西北。总听着在这条路上走过的先行者讲着他们的故事，听他们讲青土湖面重现碧波的景象，讲实验站建立、遴选的过程，讲人们开展节水技术推广活动的过往……这一件件小事，一桩桩壮举都鼓舞着我们后生晚辈，今天的我们，或许无法看到曾经的艰难，但是每每看到有关它的新闻，总是会多花几分心思解读它，正是它广博的胸怀给予了我们实现自我价值的机会，也凝聚了一批又一批的硕士、博士开展自己的研究，是我们选择了它，也是它成就了我们。

绿意田野的日升日落，映在我们的眼底。冬去春来，稚嫩的我们开始了解各种作物的前世今生，伴随着它们的成长，我们也走向成熟。播种的快乐、收获的喜悦，这种来自大自然的礼物最能让我们感到满足与自豪。我始终记得太阳还没升起的早晨，我带着熟悉的土钻铁锹改锥去试验地，叮叮当当地砰击声似乎在唤醒着周围的一切。上午 9:00 过后，阳光洒满了整个土地，擦擦脸上的汗水，望一眼身边的小苗，绿油油的可爱极了，这是燃起信心的一瞬间；中午的烈日不留情面地炙烤着大地，人们抬着光合仪选取叶片进行测定，也许心中已有对于数据的预测，当看到屏幕上显示的结果确实如此，成就感溢满心间；落日余晖铺了下来，植株的叶片金光闪闪，和我们说着再见，房间里仪器的吱吱声呼唤着每个人开始夜间的忙碌，这是充实而有责任感的一瞬间；如果这还不够，那一定是没见过繁星点点的夜空，那流星划过的时候，是如释重负而充满感激的一瞬间。

追求真理的一点一滴，我们不会轻易放弃。20 年风雨，石羊河实验站接受了岁月的洗礼，也见证了一个又一个研究成果的诞生。每个踏上这片土地的人都有过哭泣的时候，或许是条件的艰苦，或许是科研的孤独，或许是研究过程中出现的问题……但是又有哪一个人放弃了呢？这正是石羊河人的精神之一，一代又一代青年人一往无前地奋斗，坚持不懈地尝试与挑战才让今天的石羊河拥有了更丰富的内涵。离开它的那一天，才忽然明白，我们挥洒的汗水早已变成了坚韧的品格。于我而言，这接近 600 天的在站生活，也历练了我的态度，面对科学，我将始终保持一颗虔诚的敬畏之心，同时我也逐渐有了攻克难题的勇气，从一开始的彷徨到一个又一个问题的解决，再到看着自己写出的报告论文，可以与他人进行学术交流的时候，感觉这一切都值得。

---

① 中国农业大学 2014 级硕博连读研究生，2014 年暑假在实验站实习，2015—2017 年在实验站进行博士学位论文试验研究。本文作于 2019 年 3 月 20 日。

我们是团结的集体，相信我们会创造奇迹。今天的石羊河人在全国各地继续贡献着自己的力量，只要回忆起曾经的日子，大家便会觉得我们是一家人。我相信，只要大家一如既往地带着石羊河人的精神，只要还有人不断地传承，那么石羊河实验站一定会迎来更美好的明天。曾有人说石羊河实验站、石羊河人是"风里来，雨里去"，但是若干年以后，会有人明白在这里的每个人都曾为"顶天立地"的大事儿添砖加瓦。石羊河实验站、石羊河人都不会平凡，也不甘平凡。

石羊河的风花雪月[①]

王玉丰

做学生的第16个年头，终于有了不一样的暑假。我匆匆地处理毕业的各种事宜，送走了自己陪伴4年的好友与旧事，在茫茫夜色中上了车，再睁开眼时窗外已是西北特有的戈壁与广阔。以前也去过很多地方，从内蒙古草原的绿浪茵茵一望无际到江浙苏杭的小桥流水温婉秀丽，从大连的星海广场到青岛崂山、烟台蓬莱，从三亚的天涯海角到大理的洱海苍山，各处风景皆有故事，也都万般流连。大概也是凑巧注定，我之前从未到过甘肃，虽然憧憬敦煌的飞天和兰州的拉面，也计划过很多次西北的路线却总不能成行。在我的想象中，那里的阳光炽烈，空气干燥且时时飞舞着细碎的尘埃，每一棵树都细瘦而笔直地站立，而每一个路人都能从衣袋里掏出烈酒，不说话的时候沧桑而笑起来眼角纹路深刻。多么庆幸我在火车有节奏感的声响中也能睡得安稳，于是一场好梦过后第二天睁开眼看到的画面完全符合了我的所有想象。天低而蓝得干燥，叶子绿得极韧，火车飞快掠过黄色的小山丘与泛绿的田野，远处是积雪的山。而后来的48天里，风花雪月拂面而来。

风是万里关山不度的春风，也是当地豪爽热情的民风。武威古称凉州，是各朝西北边陲的战略要地，也是丝绸之路上的行商重镇。元稹说这里"吾闻昔日西凉州，人烟扑地桑柘稠"，是生机盎然葱葱郁郁的沙漠绿洲。温子昇写过"远游武威郡，遥望姑臧城。车马相交错，歌吹日纵横"，这是弦歌雅乐鸡犬相闻的平和。还有陆游"当年万里觅封侯，匹马戍梁州。关河梦断何处？尘暗旧貂裘"，这是报国无路时身在天山，心老沧州的悲怆，却也透着万里赴戎机，关山度若飞的豪情。时至今日，这座城市虽然已经不复当年的繁盛，但历史积淀感却终归与别处不同，我并不单指市内那座气派的城楼，更是我们随处可见到的土墙小丘，你不知是哪一个坑里挖出了旅游的象征马踏飞燕，也看不出这一道矮墙竟曾是抵御外敌的工事，每一处都让人不敢心生轻视，反而总有兴趣多了解一些。还有这里的人，从我们的大管家侯姐夫，到御膳房大厨薛师傅，从实验站男神陆哥，到刚被发现有偶像潜力的小陆哥，还有以巨大的热情关注每个学生生活的汪叔、小汪叔和所有带着头巾永远笑眯眯看着我们的嫂子们。他们并没有如我想像一般怀揣烈酒，望着诗和远方，也不似在这片土地上曾有过赫赫威名的英雄将领李广、霍去病那般壮烈豪迈，可他们的淳朴热情、一点呆萌、一点认真，却让我越发喜欢这个地方。

花可以是一次偶然路过的大片向日葵，或者是地里怯生生的紫花苜蓿，但我第一反应想到的是制种玉米的雄花穗。到实验站时正巧快到玉米的开花散粉期，也是师兄做实验最忙碌的时候，我仿佛直接赶上戏剧高潮的小龙套，面对偌大一个舞台觉得自己运气甚好。每天更换涂有稳定的真空硅脂的载玻片以测量花粉通量，隔天测一次父本开花散

① 本文作于2015年12月。

粉率和母本吐丝数，上午在试验地里测数据，下午就在实验室录数据和数花丝，晚上还要处理载玻片和数花粉。最隆重当数收集花粉测花粉活力和人工授粉测花丝活力，我只负责拿着小筛，在处于散粉盛期的父本玉米的花穗上轻轻弹一弹。那天天气极好，花穗的样子我一直都记得，初期的分枝尚依附着主轴而花朵也未完全绽开，末期时分枝又完全展开，每个小穗都散得彻底，轻飘飘的在微风中震颤。盛期则不同，分枝有力地从主轴上生出，小穗成对而花粉饱满，每一丝轻微的风吹过都会飘落一片纷纷扬扬的小雨。盛期大概从散粉期的第 4 天开始，持续 3 天左右，时间听起来不短，可只要几场雨就能使人生生错过了花期。众人皆说昙花一现，美在彩云易散琉璃脆。可那之后我却觉得功能性大于观赏性且总是强壮而不娇弱的花穗，也是美的，美在如此渺小而庄严地等待播散的那一缕风，等待如同川端康成“凌晨四点钟醒来，发现海棠花未眠”的一次发现与邂逅。

雪是日出消融檐上落白，那是江南而非塞外。我没赶上这里的雪，但却猜得出必然是“北风卷地白草折”，“雨雪纷纷连大漠”。据说师兄 3 月从北京出发时已是初春，可到了实验站便又回到积雪的冬季，而待到 9 月夏暑已消，便又会簌簌地飘起雪来，等 9 月末回到北京，才发现“人间”秋意正浓，还泛着回暖。每每想象起下雪的实验站就会想到曹雪芹在红楼梦的结尾安排的一场大雪：“落了一片大地白茫茫的真干净”，竟觉得雪和实验站的相伴分外合适。自古学者多寂寞，历届师兄师姐们敛心凝神在这里实验，想来生活如同雪般安静思维却分外凛冽清晰，而我明年也会来到这里，收起自己的浮躁与懒惰在这里认真地做一些事情，虔诚地领悟一些感受，我将终于亲身经历这里的雪，抬头就会看到西南方向终年积雪的祁连山。

还有月，“移走寂空星云中埋”的月，以前从未在任何地方见过比这里更明亮的星空，也没有更皎洁的月色，更不用提一向只存在于神话和想象里的银河。事情不多的时候，我最喜欢实验站的晚上，在院子里有各种吃饱后泛着困意的人在打篮球、羽毛球或只是闲闲地溜几个弯，然后再各自回学习室或是试验地里，而天色要再过一阵才会彻底转黑，然后抖开漫天明亮的星。一次送别将要回学校的师兄，我们在实验站附近的一家农家乐享用了一顿豪华晚宴之后已是暮色四合，我在电动三轮“奔驰”上抬头看着天上半弯云遮月，星星也遮了不少但剩下的极亮，耳边有师兄逗乐一般荒腔走板的歌声，突然理解了东坡先生月色入户欣然起行的心情，再不会有“满宫明月梨花白，故人万里关山隔”的悲愁心境了。

现在想来，大概是因为我只需要听师兄的指挥，帮他做简单的观测，事情虽然多，却不会疲倦。现在只觉得避了半季暑气，懂得一些道理，养了两月心性，结识三五妙人，相当充实，而且快乐。每次吃过晚饭去换载玻片时都逢着太阳快要落山，夕阳与云总能组成不同的光影，从不会让人厌烦，即使突然碰到骤雨，也可以找棵树避避并且期待着很快到来的晴天与彩虹。之前总以为风是清歌不歇吹彻高台，花是人间四月醉倚青苔，雪是眉心微凉华发皑皑，月是阴晴圆缺千秋万载。现在才懂得风花雪月都是一种态度和一种心情，无所谓是不是春有百花秋有月，夏有凉风冬有雪，我们走该走的路，行该行的事，便总能挤出时间来寻一些乐趣让自己笑出声来。

于是石羊河也有风花雪月，无非便是我说：“今晚月色真好”，你说：“是的。”

一根土钻的日常[①]

王玉丰

不知道是周一、周二、周三，还是周末的一个晴天。

经历了从 7:30～19:30 的叮叮咣咣，一根土钻被遗忘在大厅门口，蓝色的漆身沾着风干的泥土变得斑驳。A 把近 500 个铝盒取土抱走称重以后，终究疲倦地选择先去休息一会儿，土钻自己也乐得悠闲，毕竟躺在大厅与收回库房其实相差无多，流连在外虽然艰苦却能吹着更自由的风。

天色尚未亮，院里的狗却虚张声势地吠了几声，大概是 B 又要趁着湿气还没蒸腾起来去冬暖夏更热的温室里取样，或者是常年睡过头的 C 终于等到了一个晴天去测心心念念的黎明前叶水势。凌晨 5:00 的实验站也没什么特别，无非想看日出的人总能如愿。

早晨的热闹从第一辆开进实验站的三轮车开始，不过往往是几辆并驾，坐满了叔、哥、嫂子们。他们住在近处，彼此也都是熟面孔，来得早了便在门口点上一支烟寒暄。对话热络且信息丰富，例如，“今天给谁干活呀”“小 D”“E 老师的那个丫头吧，她的地今天要拔草”，或者是“今天取土你去找 F 借个锤，他的锤柄长，这样我打钻省力而且快些，对着没有”。若从术业有专攻的角度看，土钻觉得工人们才算是真正搭档，他们精于此道且熟能生巧，对铝盒的摆放和取土顺序颇有心得。土钻不懂为什么连锤都没碰过的学生才是土样的最终拥有者，就像为什么测点的选取、深度的选择、是否需要风干以及土样的最后处理这些轻飘飘的思想才是困难的部分，毕竟不是那根会思想的芦苇，这不怪他。

待有田间试验安排的人匆匆吃过早饭下地之后，上午是晒太阳的好时候。A 在等样品烘干，仍然没想起来门口的土钻。土钻其实蛮想进楼里看看的，听说三楼有宿舍，这么些年轻人长时间待着的地方一定很有趣，还听说二楼有两个学习室，网速间歇性上天，周末的晚上会议室会放电影，内容文艺、烧脑，五花八门。可惜听说得再多也没用，土钻连一楼实验室都没去过，只能躺在门口看人们端着样品托盘来来往往。食堂倒是很熟，土钻被从库房取出的时候三天两头地经过，还总是看到送菜的车停在门口，L 在旁边忙着卸货点货，日日皆然。

百无聊赖下，土钻回顾了一下自己的职场，发现无可称道之处。有些仪器是常住实验室的，比如，110 室的 LI6400 和 113 室的 WP4C，姑且分作一区。一区的仪器总是洋气而精密的，他们漂洋过海而来，研究的是深入机理层面的规律，其中更甚者如流动分析仪和高效液相色谱仪从未晒过田间的太阳，却常常有人为了数据通宵达旦，工作量并不算巨大，但回报往往无比丰厚。接下来便是二区的 Diviner 和 SunScan，这二者一般不享受坐着三轮车去田间的待遇，但总能立即被回收并且妥善安置，若细想似乎没什么突出优势，却胜在普通而不可或缺，便捷还有点精确。最后就是核心区的卷尺和土钻，似乎没什

---

① 本文作于 2015 年 12 月。

么技术含量却是测量误差最小的，人们一边在心里蔑视着又一边随身带着，一边怀疑着又一边按部就班地进行着，核心区果然也不简单。

最喜欢的是晚饭后，帮忙的工人又呼朋引伴地开车离开了，饱腹的人们大多结束了这天的主要任务。从东河回来的车任重道远，满载着快递和些许夜宵而归，汇入院里嘈杂的人声中。三两人结伴去沿路散步看日落，搞科研或者打游戏都不急在这一个小时，G和H相约去乒乓球切磋，但这些都不如窗外打排球的队伍庞大。K开着小三轮从农场回来，没忍住被J的扣杀吸引了过去，就骑着车直直撞上了墙。B在日落后又要去温室做完今天的工作，明月挂在通量塔的桁架下，垂柳拂过草帽檐。

A打完排球路过的时候终于发现了这根“偷得一日闲”的土钻，拎起来大跨步跳下台阶就往库房走，土钻一下一下地轻轻敲着小腿。生育期也许快结束了。过去一场春风里的相逢，十里霜红，夜风来时的相送，走了很远回头，人还在隐约月色中。

第二天依旧不知是周几，或许有提心吊胆等来的雨。

2015年过去了，我很怀念它。

写给石羊河的一封信

王亚晖[1]

石羊河实验站最近好吗？大半年没联系了，若不是这个契机，让回忆的闸门打开，可能这封信会来得更晚一些。那时可能是我已经离开你很久，对你的回忆即将成仅有，抑或是我已离开你很远，再见不再是件容易的事情。那时会有更多的时间空间来整理我们的相遇。但人生就是这样，无法完全被计划。意外的开始也许会有个不同的小火花。我就抱着这样的期待写了起来。

自见过你之后，被很多人问过你怎么样，但多次见你并长久地相处过后，这个问题越来越难说清楚。2015 年，我第一次去见你，因为未知，所以忐忑；因为新奇，所以兴奋。后来你也确实带我进入了一个崭新的小世界。

去见你最明确的目的就是学习，听见别人讲过你是我们学习的理论知识与具体实践结合的一个平台，同时在这种实践中的收获又不仅止于课业。但是具体是什么？他们也会给我许多不同的答案。那我又会得到些什么？在期待中慢慢地有了自己的答案。

认识你就相当于认识一批人，我就是在你的牵线下结识了一批有意思的人，见过甚至参与过许多有乐趣的事情。常驻实验室的郭同学趣闻集，夜间篝火春灌的景，烈日下大家遮盖的严实，眼睛匆忙招呼一下就进入各自试验地的场景，田头被主人无奈舍弃而破碎哭泣的 Diviner 管，每日踏着晚霞前往莫高葡萄基地的两三人，桩桩件件，独特新奇，在你那里上演，同时也使你生动起来。这时候的你是热闹的，每个田间地头，每个清晨日落都有忙碌的身影穿梭。

但你带给我最大的礼物却是与寂寞相关，这个礼物叫作享受寂寞。我小一点的时候，还挺害怕这个词的，认为它是个不健康的状态，一定要努力离得远远的。但长大之后就会发现人生这个漫长的旅途中，好多东西要自己独自面对，而这种“寂寞时刻”也是很好沉淀自己的时刻。你也是这样日复一日，迎了“新”的一批又送走“旧”的一批。却很少几个人陪你过漫长的冬季，第二年去见你就又是新的轮回。在漫长的冬季里，你会想些什么呢？下次见你告诉我你的答案吧。

也是通过你我真的是比较全面的认识了一种作物的“短暂而又丰富的一生”。我感激这个机会。自 2015 年见你之后到现在，我总是会去陪你半年左右。夏天的时候总是在你身边，因此，很久没有感受到夏天的燥热和烦闷了，你的夏天拥有一张多变的脸，我们常常因为无法看懂你的脸色而“遭殃”。携沙的狂风，黑云下急雨，镶着金边的晚霞，相互招手的彩虹，没有高楼的遮挡，也被我们看了个彻底。忘不了第一次实验设计过程中

① 中国农业大学 2015 级硕博连读研究生，2016—2018 年在实验站进行博士学位论文试验研究。本文作于 2019 年 3 月 5 日。

因不懂，闹出的几个笑话，你当时是一副习惯了的样子，还是也跟着大家笑我傻呢？忘不了伴着流动分析仪的运转到来的清晨，透过 101 打的招呼是不是你当天收到的第一个问候呢。忘不了食堂的人气小三样，温室的西红柿，田间的玉米和彪彪的土豆，捧着白面馍的你有没有更想多加一点呢。你帮助我的科研启航，让我拥有了不一样的实验岁月，我所获得的成长真的太多了，但纸短情长，别言来日再叙。祝你安好！愿四季长安，愿每一个重逢都是更好的彼此！

寂静的凉州

李强强[①]

寂静总能让人心生平静，让人心生涟漪，让人想起或已忘却的梦。

凉州——这片位于祖国西北的土地，她曾经孕育了让天下战栗的西凉铁骑，那西凉骏马的蹄声，曾透过长安直达洛阳，整个中原的衣冠之士曾闻风胆寒，这里的儿郎们不甘沉寂地向天下发出自己的声音，直到清朝中后期这里依然喧嚣，不管是高坐金銮殿的皇帝还是远在江湖的庶子良民，他们都在以自己的方式关注着这里，关注着这片永不曾沉寂过的土地。或许是她吵闹太久了想歇歇静静，也或许是儿郎们已迈入知天命的境界，近些年，这片土地开始寂静，很少发出自己的声音，她似乎在向这世界说自己已不是吵吵闹闹的小丫头，而已是温文儒雅、端庄贤淑的女士。感谢你，石羊河，感谢你开始寂静；也感谢你在我来到这里时，你依然在寂静。

3 月底，我带着初春的朝气，也带着大城市的尘嚣来到你这里，来你这里完成我的毕业设计，我不知你是否愿意迎接我这个冒昧的旅人，但或许你是乐意的，因为在飞驰的火车上我看到你弯弯的嘴角上带着的欢愉，你张开臂膀，坦然大方想向这世界展示你的美丽与风情。在这里，我看了 2 个月春柳，赏了半季丁香；在这里，我亦明了初春寒意，观了明月星辰；在这里，我也曾做了 2 个月的梦，拾了 2 个月的回忆，写了两句诗；在这里，我更做了 2 个月的实验，感受了那种与世无争，只想着田间的苗、树上的花、仪器上的数据的科研生活。在这里，我远离帝都的繁华与欢愉，做着自己的试验，尽着自己的本分，洗涤着心灵，感受着心里的平静与不平静。

“昔我往矣，杨柳依依；今我来思，雨雪霏霏”，这是我在实验站经常想起的词句。或许是我刚到实验站时便被那大道旁两排飘逸的柳树所感动，也或许是我向往那在春风里无忧无虑飘扬的柳条儿，我爱上了这句诗，也爱上了实验站的柳条儿。其实这句诗是不应景的，我不是防戍边疆的卫士，在我来的地方也没有让我思念的人儿，也就那句杨柳依依能搭点边，也曾想过用客舍青青柳色新来代替，但终究感觉不好，别的诗句也是如此，最终还是觉得这句诗是最美的，也是最合我意的。后来，偶尔听学姐说实验站是有丁香花的，而且这个时间正在开，便去看了，伴着寂静的凉州，她们寂静地开在一小片绿丛里，如此安静，却如此地令人神往，此后，除了杨柳，我也喜欢上了实验站的丁香花。慢慢地，这实验站的一切都开始吸引我，实验站做饭的薛师傅、管理员侯姐夫、陆哥，他们本是当地的普通农民，却能对我们的试验提出重要的建议；实验站的师兄师姐，虽整天穿梭在试验田之间却不骄不躁，忙碌却安然。是的，我喜欢上了实验站，这片祥和安宁，美丽的土地。

---

① 2017 年中国农业大学硕士研究生毕业，在实验站完成本科学位论文试验和硕士学位论文试验。现在在甘肃省水利水电勘测设计研究院有限责任公司工作。本文作于 2015 年 12 月。

5月初，送别了同来试验的伙伴，那间足足7张床的房间仅剩下我一人，不得不说那时的凉州还是有点冷的，当天夜晚，我便被不知哪来的丝丝凉意惊醒，一时没了困意，便想出去走走，回来时已是凌晨2:00，竟想写首诗，不管有无韵脚也便写了。回想起当是这样的："梦中惊起，明月过西楼，披衫而行，丝丝寒意，春里果园花开；细思处，竟是离别日，固知离合天地意，筵席终须散，奈何愁情，奈何愁情上心头，本是擦肩过路客，两月荒唐半季欢，今日君别，昨晌尚贪欢，然奈今日何？"不知为何？那日竟是如此的多愁善感，是那高空明月有满天星辰相伴而我却形单影只？还是想起苏东坡那句"料峭春风吹酒醒，微冷"，生了失意之人的忧思？但或许更是舍不得那一起共同劳作，一起嚼着味道不正却别有滋味的花生米，一起写着毕业论文的时光。四、五月的春天里，我们结下了难以忘却的情谊，感谢凉州，你的宁静让我们更能感受人与人之间的情感与羁绊。

有时，从试验地里极目望去，缺了方方正正、索然无味的高楼大厦，可以看到白雪皑皑的马牙圣峰，它是西藏同胞心中的圣地，也就想起这里是凉州，这里有祁连山，这里是汉冠军侯霍去病扬名之地，想起自己写过的咏霍去病："马踏漠南入王庭，兵出祁连断胡臂；帝王相问家宅事，却道胡虏尚猖狂；不悔年华如去病，愧杀世上男儿郎"。生在西北，却未见过大漠，这是我常以为憾的事，想着去看看"大漠孤烟直，长河落日圆"的壮阔情景，去看看"野营万里无城郭，雨雪纷纷连大漠"的孤凉，去感受"一川碎石大如斗，随风满地石乱走"和"马毛带雪汗气蒸，五花连钱旋作冰，幕中草檄砚水凝"的恶劣环境与一往无前；这里曾是中国的边陲之地，这里曾有"黄沙百战穿金甲，不破楼兰终不还"的豪情励志之言，曾有"报君黄金台上意，提携玉龙为君死"的肝胆之意，曾有"醉卧沙场君莫笑，古来征战几人回"的悲壮之情，曾有"只解沙场为国死，何须马革裹尸还"的报国情怀。回想起，我也曾梦想有一天过着为"天下先"的生活，过着实现伟大梦想的生活，只是后来慢慢被磨平了，慢慢失去了，感谢你凉州，你的寂静让想起了我曾经的梦想，让我不忘初衷。

北京——这个大都汇繁花似锦，集合着全国各地顶尖的人与物，这里满是机遇，这里满是金钱，这里也满是尘嚣。沧海一粟般的我在这大浪潮中如此微弱，总能为各种突如其来的事情所扰，很难只想着科研，但在这寂静的凉州，在这寂静的实验站，伴着柳条儿，伴着丁香花，伴着专注的师兄师姐，我只需带着我的想法，带着我不断探索的精神，便能心无旁骛地想我该想，做我该做，只需关注着自己试验地里的苗儿、仪器上的数据，一切如此简单，如此平静却又如此充实。感谢你凉州，你的寂静让我也心思平静，安然地过着自己该过的生活。

2个月的寂静，2个月的遐思，2个月的回忆，2个月的生活。感谢你——凉州，感谢你——实验站，感谢你的寂静让我的心思平静却有波漪！

追思凉州[1]

李强强

若论年头，我离开校园已有 3 年，这段时间里不能说历经沧桑，看尽人间事，却也辗转浮沉，颇为曲折，算是微尝人世红尘，最为深刻的便是解开了已系好的人生的第一个扣子。此时，心里已不再有那股“仰天大笑出门去，我辈岂是蓬蒿人”与“屈指取公卿”的豪情气志，添了一份柴米油盐酱醋茶的平淡与房子车子的现实，不过还好，那点“才子词人，自是白衣卿相”的自我嘲解却也未增。在川流不息的岁月中，总是会走走停停，当歇下脚步，又愿意回忆往事，追思过去，想想那些愈加真切的事情。在兜兜转转的时光里，在武威这个古名凉州的地方度过的两个春秋最是令人难忘且越加清晰。

我是甘肃人，虽几次乘车经过，却也从未真正去过武威，机缘巧合下我的本科毕业课题需要去武威石羊河实验站完成。那是在 2015 年的 3 月，我第一次去往那个熟悉又陌生的地方。彼时，我对学术研究的认识尚不深刻，对自己所将研究的课题也仅能做到知其皮毛，满怀憧憬的大多是漫漫黄沙、皑皑祁连山，当然还有那别样风土人情。这里曾是汉文明开通西域、博望世界的必由之路，这里曾留下张骞、霍去病、常惠这些异常耀眼的名字；这里曾是佛教文化昌盛之地，那位有中国佛教八宗之祖之称的鸠摩罗什曾在此驻足度众生，那些赤足远游但求见我佛的高僧们曾在此开窟造像画因果轮回；这里满是风景，沙漠公园、青土湖、红崖山水库、马踏飞燕，更有凉州八景令人流连忘返。

因要回校参加本科毕业答辩，我只看完了凉州田野的春种苗长花开，5 月便回了北京，我的试验的内容是研究根系分区交替灌溉下苹果树各项生理生态指标在生育期内的变化规律，难点问题大多依靠一位师兄指导，很是省心，其间看着诸位师兄师姐在番茄地、玉米地、温室忙前忙后、劳心劳力，与几位同来完成本科毕业课题的同仁却在感受“人间有味是清欢”的好时节。2 个月里，确实留下了不少美好的回忆，更为难得的是当时已知此情此景，人生难再得，故而这些回忆大多是在珍惜与感触中度过，希望日后不用“此情可待成追忆”再来“当时只道是寻常”。远离城市的高楼林立、车如流水与人来人往，实验站这个离乡镇也有六公里路的地方称得上安静二字，站里有一栋 3 层小楼房，三十几个做试验的学生，站外沿着公路零散地分布着十几户人家，登高远望，尽是连片的玉米地与葡萄园，更远处便是偶有积雪的祁连山，若是傍晚，还能看到袅袅烟炊，不禁让人心生“野旷天低树”与“天地吾心共寂然”的感觉；没有北京的繁华喧嚣、天下熙攘与庙堂蝇营，这里的人与事相对简单，试验地里的苗儿、仪器上的数据与有条有理的文章便是生活的全部；没了城市的灯红酒绿与纸醉金迷。虽然这里灯火阑珊，却有初春微寒与明月星辰，有历经沧桑却巍峨不减的明长城，不用夜啸狂歌、共君千万觞，自有“星月伴人游，笑谈人世间”。种种美景人情，至今历历在目，醉人且动人。记得离开之前看了眼苹果园，来时

① 本文作于 2019 年 1 月。

看似枯藤老树，去时已是满园花开，道路两旁也是杨柳依依，一派生机盎然，虽是离别，并无愁意。

成功毕业后，我就读中国农业大学硕士研究生，其间课题继续是关于武威石羊河流域的，这也使得我于2016年3月初再一次前往武威，此次前往已无去年时去的憧憬，不能说满怀心事，却也是毫无闲情，这次是自己独立承担研究课题，试验内容也相对较多，不知不觉变成了自己去年眼中的师兄、师姐。

试验课题是关于制种玉米的，数据需要覆盖到全生育期，最后要测产量，就从春种待到了秋收，2016年9月底回到学校。7个月里也算是看了一场玉米的生命轮回。7个月里总体感觉是非常忙碌，从试验布置到播种，到苗期，到拔节期，到抽穗期，到灌浆期，再到成熟期，玉米在忙忙碌碌地成长，我也在忙忙碌碌地测取玉米的株高叶面积根系分布、测取不同时期玉米地里的土壤氮含量，这时已经全无去年的诗情词意，有的只是刻苦严谨，偶尔“偷得浮生半日闲”，也没有登高远望、“极目楚天舒”，而是在被窝里睡意沉沉。有次清理测土壤氮含量所取土样，竟有满满三轮车一车厢，当时颇为震惊，还真是蚂蚁搬家，积土成山。

7个月发生了很多事情，当然也有很多感触，现在想来是极其有趣。做试验时我们时常会雇一些当地人帮忙，为了方便起见，便给他们起了一些称呼：“陆哥、小陆哥、侯姐夫，陆嫂，等等”，现在仍然记忆犹新，一个称呼，一张面庞，一个性格，甚是鲜活；站里约莫有一半是女生，我的合作伙伴便是一位女同门，现在其已读了博士，女生做试验往往很认真，有时一些体力活也是自己干，很有巾帼之姿，用“暮春时节寒意留，梨花飞舞盖凉州；令姜才情木兰意，咏絮田野念苍生”形容很是贴切；我的试验小区是南北走向，东西布置，占地面积相对比较大，灌溉方式是膜下滴灌，故而颇有一种“贯南北滴水润田野，横东西谷地尽丰收”的气势；因条件的限制，试验区有时需要晚上灌水，深夜时分独自去开阀门或者关阀门时，走得最慢最舒心，算是难得的悠闲时光，记得还曾吟道“邀月共看满天星，笑将孤影当故人；夜歌恐惊云中君，徐行低吟似闲人”。

这次离开实验站时，便知道将是久别，故而多走了走，多看了看，走了走时常路过的小道，看了看苹果园，看了看玉米地，看了看温室，看了看实验站的围墙，也看了看时常测氮的实验室。第一年，你给了我憧憬，给了我遐思，给了我满园花开；第二年是我人生中第一次自己独立完成一个完整的耗时7个月的试验项目，你给了我严谨，给了我敬畏，给了我硕果累累。希望你越来越好，越来越有生机，也希望每年再来的人们更加爱惜你、珍惜你。

若一段时光没有回忆，便是索然无味的，但若一段时光只有回忆，又是无甚意义的。凉州——石羊河，我只待了9个月时间的地方，于整个人生而言，可以称得上短暂，却给了我回忆，给了我成长。梦回古城，怎能不追思？

石羊河的四季

陈世超[①]

石羊河实验站是我科研与梦想的起点。在那里，我有着独特的情感与挥之不去的四季体验。

石羊河的春天，有着西北独特的寒冷与多变。3 月的北京已经是万物复苏、春暖花开的景象，但在凉州依然寒风凛冽。春天在这里来得更晚一些，时有的寒潮与霜冻也对我们的试验造成不小的麻烦。对在实验站进行试验的同学们来说，这时候他们在进行着划分试验小区等前期工作，我则是在实验站外的黄羊河农场进行实地勘察与调研。农场广袤的土地显出了西北地区的雄壮，也让我感觉到了一丝孤寂。一人一车一笔记本，构成了初春时节我在实验站的前期主要记忆。调研之后试验正式进行，随着时间的推移，土地上劳作的人渐渐多了起来，也逐渐有了绿色。时不时地也会与当地农户、技术人员攀谈几句，学习了农田管理的经验，拓宽了对时节的认识，也练习了我一直保持至今的半吊子武威话。

夏天是美丽的，同样也是忙碌的。6—8 月份无疑是作物"急速"生长的时期，以肉眼可见的速度在生长。株高茎粗叶面积，水分氮素电导率，成为每周一次的常规操作。实验站内，随处可见同学们忙碌的身影在田间、实验室里来回穿梭，大家都在为自己的试验忙碌着。夏天是忙碌的，也是充实的，夏天的热情感染着我们每一个人。在试验忙碌的间歇，我们会抽出时间进行活动。傍晚天气凉爽，约上三五好友共同打一场篮球赛，这是一整天里慰藉劳累的最好方式。打完球去门口的小卖铺喝冷饮吃雪糕，对着天空的皓月把"酒"当歌，是在实验站独有的小确幸。在不知不觉的忙碌中，我们见证了作物的生长，也度过了难忘的夏天。

忙碌的夏天过后，就到了要收获的秋天。西北的秋，娃娃的脸，真的是说变就变。也许上午风和日丽，天气好得像童话故事里的美丽世界，吃午饭的工夫就乌云密布，下起倾盆大雨。对于即将取样测产的我们来说，挑选一个不下雨的"黄道吉日"尤为重要，所以每天刷无数遍的天气预报成了我们的生活常态。当我们计算出了产量，测完了所有的样品，也即将踏上回校的旅途。回去之前，免不了收拾自己的物品，无意中翻出的备忘纸条与试验安排，是我们回忆的源泉。仪器使用的预约登记、仪器使用注意事项、取样加测的点、雇工的单据等等，这些我们在忙碌的试验中忽略的东西，当你静下来一一翻看的时候，才能慢慢品味其中的经历与过往，他们不是一张张有字的纸，是经历过的生活篇章。

冬天，我在实验站的时间并不长，但是印象却极其深刻。我到达实验站的前一天夜里大雪刚停，展现在我眼前的是一片雪白，展现出没有人打扰过的宁静和素雅。在没去

① 中国农业大学 2015 级硕博连读研究生，2015 年在实验站开始实习，2016—2018 年在实验站开展博士学位论文试验研究。本文 2019 年 3 月作于北京。

之前，天气寒冷，还要自己做饭，面对这些从来没有遇到过的困难，我在心里一直在打退堂鼓。但在实验站的这一周，我们的生活并没有想象中的艰难。5位烹饪界的“臭皮匠”每天做出来的“美味”，也成了冬日实验站的一抹亮色。

在3年的试验生活中，十分感谢同舟共济的师兄弟姐妹以及各位同学，互帮互助让我感觉到了实验站的温情与热情，也十分感谢一直陪伴我的电动三轮车，陪我走南闯北，一起患难与共；感谢流动分析仪，虽然偶尔出问题困扰着我们，但是为我的试验所做的贡献是不可磨灭的。

独特的四季，专属的回忆，承载着这些的不只有过往，还有明天初升的太阳。

我还会再去民勤的

黄泽军[①]

我第一次来到民勤，是在2016年的初春。

民勤这个地方，算是我的第三故乡。我的家乡在江苏，在北京念书这么多年，我待得第三时间长的就是民勤了。2016年，我在位于民勤大滩的灌溉试验站，完成自己本科毕业设计，当时同门的两位师兄在那里做实验，欧师兄种玉米，小师兄种小麦，夏天时我和我搭档也来帮忙；2017年，我和我搭档在民勤的重兴乡种小麦和玉米；2018年，我依旧在重兴种小麦，我的师弟师妹也一起种着玉米和小麦。3个春夏，我们师门3届，在民勤这个地方，面朝黄土背朝天，挥洒青春的汗水。

初中时曾读到过一篇文章，讲的就是民勤缺水，其中“一杯水可以救活一株梭梭”的话一直记在我的脑子里。民勤缺水，这是你一到这地方就能感受到的赤裸裸的事实。夹在两大沙漠之间，顽强地生存着。这里的人们，几乎家家户户多用的是井水，必备的是大水箱。大滩试验站有自来水，但是只在工作日的朝九晚五才供水，而我做实验的重兴的农场里是没有自来水的，想来乡里人们的牙黄缝大与饮水有些关系。我记得2016年经历了一次昏天黑地的沙尘暴，后2年只遇见了很大的风沙，需要躲进屋里去，不过不至于遮天蔽日，估计是治沙有所收效。

黄色，似是民勤的基本色调。雨水少，而风沙多。这里的雨，矜持得很，大多时候，“成不了气候”，正如一位雇来帮我们做实验的叔叔形容，“就像苍蝇在尿尿”。而风沙大除了体现在通常不小于4级的风之外，还体现在屋里的桌上。即使门窗常关着，昨日放桌上的水杯，今日拿起，那桌上明显的一个圆提醒着你要每天擦桌子。民勤除了晴天纯粹的蓝天和白云，其他景色、房屋、行道树、甚至人们，似是都蒙着一层薄薄的黄色的纱。

民勤的绿色，是景色。从武威去往民勤的路上，会经过红崖山沙漠水库，那是亚洲最大的沙漠水库。水库附近有成片的白杨树，在夏季时，白杨树繁茂的枝叶会形成一道绿色阴凉的拱廊，将公路守护起来，虽然就十分钟左右的路段，但感觉像洗了澡一样的清爽。

庄稼的绿色，意味着来日的收获。小麦刚从土里挤出一点嫩绿，还挂着露珠的小麦叶的墨绿，风过玉米地时哗哗响着的绿波，都使我心生喜悦。在田埂上跑起来时，有时会惊扰到野鸡，通身蓝绿色，拖着长长的青色的尾巴，扑棱棱地飞起，不多会又藏进田里，像是土凤凰。

梭梭的绿，却更难能可贵。2016年春天在大滩试验站时，有幸在站长的带领参观“老

---

① 2018年中国农业大学硕士研究生毕业，曾在石羊河民勤试验基地完成本科学位论文试验和硕士学位论文试验。现在在中国农业大学继续攻读博士学位。本文作于2019年2月。

虎头”的万亩人工梭梭林。那是我第一次近距离接触梭梭。梭梭的枝条是那么细密，倒显得枝条上的绿意绒毛般的柔软，惹人心疼。远远望去，漫漫黄土坡上，弥漫着一层浓浓的绿雾。梭梭林覆盖着的，是一个一个的黄土坡，黄土坡上披着固沙用的纱网，星星点点地长了些草，间或能看到小松鼠在沙间穿越。沙坡脚下，歪倒着几个绿色的啤酒瓶，原以为是有人来此地露营，站长说那是当初植树工人们露宿在这边留下的。在重兴做实验的农场前，也有一大片人工梭梭林，一下过雨后，那梭梭便像是接到指示一般，蹿出一截绿意来，算是这荒漠中最“审时度势”的生物之一了吧。那绿色比不上它细而密的枝干的黄占比多，但好在它由上往下绿，先占领最易识别的部位，起初乍一看，就像头上长草了一般。后来，绿的越来越多，可还没等它占领完全，夏季的高温催开了粉红的花，头顶又被粉红迅速占领了。

2016 年夏天，实验站组织大家去往青土湖参观考察。从民勤坐近 1 小时的车后，当看到车窗外有水面、青草环绕的景象时，我是多么的惊讶！那高高矗立着的丰碑——决不让民勤成为第二个罗布泊，像是在守卫着这湿地一般。第二年我们又来到这里，水面更大了，水畔还有水鸟的身影。

民勤的日照时间长，天黑得晚。盛夏的 20:00，可以欣赏天边的火烧云，直到近 21:00，天边还飘着几缕残留的晚霞，21:15 便可开始数星星。这里昼夜温差大，白天穿短袖，晚上需要加条棉裤是常有的事。因这两点，民勤的瓜果远近闻名。民勤蜜瓜，越熟，瓜肉越软。熟透的瓜，绵软绵软、齁甜齁甜，那甜一层一层镀在嗓子眼里，欲罢不能，最后吃完了才连连想着要刷牙漱口，用“甜得掉牙”来形容一点也不为过；民勤的人参果也是一大特色，不像超市里那人形绿色的人参果，而是像个紫色竖条纹的鸭梨，人参果北方也有卖，不过多个头小，且紫条纹不多，外表皮惨白，没有香味。而民勤盛产的人参果，个头大，表皮熟了后是黄色的，拿起一个来，清香扑鼻，汁多味甘，当地人还喜欢将半生的人参果切片炒菜吃。

民勤人还爱吃馍馍，特别是烘烤后的干馍馍。街上总有几辆卖馍馍的电三轮车，卖的馍馍的样式也很多，甚至中秋节各家做的月饼，竟也指的是做成各种花样的馍馍。在夏天，西瓜泡馍是民勤人的最爱。将瓜开个小口，用筷子将西瓜瓤捣碎，干馍馍蘸着西瓜吃，解渴充饥。起初我吃不惯，后来发现西瓜的甜，配合着发酵后的馍馍的一点点酸，刚刚好，越吃越停不下来。

都说“一方水土养一方人”。民勤人，人如其名，勤劳肯干，几乎没见到几个胖的人。这里家家户户，主要还是靠种地，少则几十亩，多则上百亩。听说，早几年，民勤发展种子瓜，出产黑瓜子，后来又大量种洋葱，种得多了反而贱卖，并且洋葱耗水大，吃肥也多，政府就不倡导了。现在民勤除了种小麦、玉米之外，多种葵花、西葫芦、苜蓿、肉苁蓉，还有一些盖大棚，种人参果、西红柿。除了种地，各家各户还养着几头羊。民勤素有“羊肉之乡”的美称，一道黄焖羊肉，便诠释了民勤人待客的热情。我曾在大滩和重兴的春天里，都看到过放羊的场面。并不像歌词写的雪白的云朵般的羊群，而是灰黄的羊群，羊本身大概是白色的，但风土里走多了，变成了黄色的羊了。放羊人跟在羊群旁，有一下没一下地挥着羊鞭，近百只羊，咩咩地，优哉游哉地走过荒地，走过田野，走过公路，走向远方，有种不知今夕几何的悠然。我总会目送他们远去，浩浩荡荡后，发现留下的是满地的黑色圆粒。

若把中国的好多城市或地区，比作一个个鲜活的人，我想民勤就像刘震云的《一句顶一万句》里做豆腐的老杨，自己过着自己的日子，虽偶有不顺心，但依旧努力着，执拗着，将日子向前慢慢推进。

我想我还会再去民勤的。

那些在民勤的日子

伍 娟[①]

第一次和甘肃这个词有亲密的接触，应该是高三毕业的那个夏天，那时从未想过一纸通知书让我和甘肃与农业有了一段不解的情缘。到现在，我还清楚地记得当我告诉父母和亲戚我被甘肃农业大学录取的时候，他们那一脸蒙和惊讶的表情。一方面，父母希望我能通过学习离开农村；另一方面，西北的干旱和贫穷他们早有耳闻。

让我下定决心学农业水利工程专业的是我的老师，很感谢她告诉我这是一个很好的专业。于是我一个人，一个包一个行李，开启了4年的求学之路。那4年，父母从未踏足我的学校，也不知西北的荒漠如此看不到头。从来报喜不报忧的我，希望他们眼中的中国哪里都是南方那样的风景优美，即使现在还没实现，我相信在一代又一代水利人的努力下，西北也会越来越好。

大学毕业那年，所有同学都认为我会离开甘肃，从此再无瓜葛。当我得知研究生阶段要回到甘肃做试验，没有失望，更多的是欣喜，喜得是这可能是最后与甘肃的续缘。

第一次到民勤，主角是师兄师姐。对民勤的第一印象不是大风和沙尘暴，我看到的更多的是望不到边的沙漠和黄沙。作为一个刚到的新人对这片土地、这的人和事充满了好奇，想要探索到更多未知和可能，当然后来的经历充分证明收获丰富。因为不是主角，所以我的关注点比较多，除了给师兄师姐打下手，我更喜欢欣赏纯洁无瑕的天空，民勤的天空——天那么蓝，云那么纯粹。

黄泽军师姐做的饭堪称人间美味，色香味俱全，被我们认证为大厨。和师姐的厨艺相比，我就是黑暗料理专家，连同门都有时候忍不住吐槽。师姐做试验很认真，每次试验都有合理的规划安排，严格执行；师姐最让我佩服的是特别能吃苦的精神，从小被父母捧在手心里长大，不曾受到一星半点儿苦，但是在新地村，师姐融入这个环境，毫无一点违和感。这可能和她长期坚持运动的原因吧，这个小小身体所迸发出来的力量让我感动和敬佩，值得我一直学习。

张洲笔师兄瘦瘦的，话不多，一开口便直戳要害。师兄告诉我，没来民勤之前，根本不知道玉米、小麦长什么样，很多地里长出来的庄稼都叫不出来名字，有的能说出名字但也对不上作物，后来慢慢接触，才对这些农村孩子们张口就来的东西有了新的认识。这些都是民勤交给我们的财富。师兄时间精力主要在试验上，对试验的每个细节都要核实到位，这点非常值得我学习。科学严谨、认真仔细才能尽量减少误差，这样得出的结论才更具说服力。

试验过程中，同伴之间的相处是一门深深的学问课。同伴之间在学校没有过多深度的接触，一般不会出现各种问题，但是在民勤，合作精神和相互帮助的精神得到充分考

① 中国农业大学2017级硕士研究生，在民勤重兴基地完成硕士学位论文试验。本文作于2019年2月23日。

验。试验问题,吃饭问题,7个月的深度接触,难免都会有一些摩擦。男生无法理解女生思考角度,女生也无法理解男生的想法。师兄话少让师姐和我都有些无法忍受,但还是得忍者,为了和谐。

鉴于师姐师兄的相处模式,我和同门只能吸收好的经验,多沟通交流。我的同伴是一个很好的“外交家”,办事牢靠,承担我们试验的重担,做饭的重担自然就落在我身上,虽然技不如人,好在7个月没怎么挨饿。我的同伴优点很多,比如,执行力强,外向的性格更易相处,但也有点大男子主义,比较唠叨,偶尔让我一度不想多说话。据我的经验,面对强势的人,我不能也太强势,硬碰硬两败俱伤,为了顺利完成试验,我选择做一个软蛋。7个月的相处来看,我的选择是正确的。

终于我和同门成为主角。以前跟着师兄师姐不愁吃,现在轮着我和同门亲自上阵,才知道前方困难重重。来到民勤新地村的农场,头等大事就是先解决吃和出行的难题,当然这两件事一直都没很好解决。不做饭就没饭吃的日子一直持续到试验结束,甚至有段时间饿的只能去村里蹭饭吃;在大叔的介绍下,终于买了一个二手电车,方便去10千米外的乡里买食材和取快递,谁能料想在最后2个月,这家伙只能坚持跑5千米就没电,于是我们只能改变策略,由两三天去一次乡里改为一周去一次武威市进行大采购。

第二天便得到晴天霹雳般的坏消息,由于农场老板拖欠村民租地钱,村民强行不让我们整地,多亏了我的同门和村书记周旋才允许我们整地。本以为我的小麦播前灌就这样顺利可以完成,可接着又来一个惊天雷,吓得我魂飞魄散。因为农场将地租给一个外地人种洋葱,洋葱耗水量大,而政府不允许种,所以将水泵封了。当封条贴上的那一刻,差点没绷住强行将眼中的泪花挤回去。问题总会有解决的办法。最后在老师的帮助下,才得以解决。小麦终于也在坎坷中逐渐生根发芽。在后续的试验中,灌水绷管,天气炎热,蚊虫叮咬都是在考验我们无法磨灭的意志。

灌水的过程总是最关键和最难把控的环节,上午能顺利灌水,下午就不知道发生什么样的状况,或者大叔开始给那片永远长不大的松树林浇水(和我们试验田共用一个井),无论遇到什么问题,这个都无法控制,我们能想到的解决办法就是利用晚上时间灌水或者不休息去一直灌水,中午在地里吃泡面、深夜还在地里,这些都习以为常。有一次灌水,上午风和日丽,下午就刮起了沙尘暴,可见度不足3米,人站在地里能被吹走,考虑到第二天再灌差异要比沙尘暴的影响大,所以坚持灌完水,那一次是和沙尘暴最亲密的接触。在黄老师的指导和帮助下,我们逐步攻克各种难题,最终得以顺利完成目标。在开展试验之前,我们虽然已经做好了吃苦的心理准备,万万没想到每开展一步都会遇到各种问题麻烦,也正是这些问题的出现让我们快速成长。

距离试验地1.5千米就是一眼望不到边的沙漠,为了满足自己的好奇心,我还专门去探索了一番。真正的沙漠是真的寸草不生,而荒漠还有一些生命力强的生物。保护环境,实行节水行动刻不容缓。

除了试验,其余的时间就是我们的苦中作乐:玩狗、乒乓球、篮球等,后来跟着村里的弟弟妹妹夜晚去抓蝎子。一提到蝎子,大家肯定觉得很恐怖,怎还去抓呢。第一次去我也是忐忑不安,再三和大叔确认被咬了会不会死人,惶惶不敢下手,后来不断尝试发现也没什么危险,大不了就是疼一周,死不了人。在民勤,抓蝎子是很普遍的事,也是农民挣外快的一种途径，十几岁的小孩都敢。上帝给你关上一个门的同时也会为你开一扇窗。各种蜥蜴、蝎子等可能也是这片土地独特的资源。其实，不管是做试验还是抓蝎子，我想说的是，自己觉得不可能完成或者做到的事情，只要不断地探索和尝试，最终都能突破自我。

“纸上得来终觉浅，绝知此事要躬行”，亲自参与春小麦整个种植流程，对种植小麦也有了新认识——整地、施肥、播种、出苗、铺设滴管带、灌水、测植株、追肥、打土钻、考种测产等。课本上的认识总是单一的，只有在实践中才能对事物有立体的认识，才能发现和认识理论是实际操作的差异。在试验中，我们能发现更多的问题，对滴灌系统有了更深刻和全面的认识，在实践中也更容易发现理论和现实的矛盾，更有利于滴灌技术的推广利用。一直以为试验才是最大挑战，其实与人相处沟通、与人协作也都是试验过程中需要挑战的。走出校园，也让我的性格更加成熟稳重，遇到问题更加沉着应对。

那些在民勤的日子，让我收获的不仅是变黑变差的皮肤和那些带着温度的数据，还收获友谊，以及增强应变问题的能力以及一些我自己也未发现的变化。最后，感谢在民勤的那些日子，感谢老师、同学以及帮助过我们的村民！

6月的故事

喻启华[①]

1987年的闰6月至2017年，30年岁月的精确计算后，时光再一次在6月倒转，记忆如泼墨，6月又6月，层层渲染诉说着我与石羊河的邂逅……那是6月初十半夜转车加一天的奔波之后，在傍晚时分的相遇，石羊河实验站的面纱得以慢慢揭开，站内场景纷至沓来。

犹记得宿舍里的嬉戏打闹，或田间地头的段子比拼，或夕阳时分的荫处散步——最无忧无虑没心没肺的当属我们这些没有试验的"实习生"了，想来，2个月我所记得的片段都是良辰美景，赏心悦事。日常无非就是师姐师兄的小跟班，为一茬苜蓿的快速生长而欢呼，为多拔了一根回条而雀跃，有时安静的称重扫根测株高，也可能和聒噪的粉碎机"干架"一整天，为利用上了所学知识而沾沾自喜，对各种新事物感到好奇心动。土钻时常造访，光合仪到处串门，微型蒸渗仪恪尽职守，涡度相关仪风雨兼程。大叔大妈们日出劳作，日落而归，大楼的光半夜未息，站里时间不快不慢，记忆不轻不重，像午后的一块"半熟芝士"细腻绵长。慢慢地，苜蓿割了一茬又长出了一茬，我们开始吃着番茄想着毛豆，也骄傲地说着苞米棒子是我们看着长大的。也曾，跟着师姐赶早去测黎明前叶水势，看太阳从地平线升起，独有的辽阔给人"天圆地方"的无限遐想。或是，在蒸发旺盛的上午迷失在茂盛的大豆地里，水汽氤氲，不知是裤脚染了晨露，还是水珠子先动的手。有幸，短短两个月还恰逢英仙座流星雨，爬上高高的天台，微风轻柔，星汉灿烂，远离城市的喧嚣，我们仰望星空，享受着一方的宁静，在静谧深邃的夜空里为一颗流星地划过而欢呼感动。我们放空自己，无忧无虑；我们也畅叙幽情，各抒己志。那一年，我21岁，在我一生的黄金时代，我有好多奢望，我想爱，想吃，也开始想要为西北旱区做点什么，那个夏天，倏忽在实验站已有2个6月，我22岁了。

---

① 中国农业大学2017级硕博连读研究生，2017年在实验站进行短期实习。本文2019年2月26日作于北京。

初到实验站的感悟

张琼方①

2018年最炎热的夏天，我有幸来到石羊河实验站，提前接触到硕士研究生阶段的实验生活。

我对第一天到达实验站的记忆尤为深刻。那天，我凌晨四点起床，搭上开往兰州的高铁，再换乘前往武威的绿皮车，终于在晚上八点到达武威站。已经提前到了的同学自然而然接过我的行李，带着我去找进城采购的师兄师姐们。终于和组织汇合，那时候已经将近上午9:00了，才得知他们一直在等着我一起吃饭。吃完饭我们坐车回了实验站，漆黑的路上充斥着神秘感，我对接下来的生活充满了期待。看到"中国农业大学石羊河实验站"这几个大字，我终于到达了实验站，一瞬间责任感和使命感充斥着我的心间。尤其是进了大楼里，看到如此良好的住宿条件，我暗下决心，一定要珍惜前辈们多年付出的心血，好好利用在实验站的时间，为科研贡献自己的一分力量。师姐帮我安顿好宿舍，告诉我今天累了一天，晚上要好好休息，明早就先不用下地试验了。这一天我真的备受感动，第一次切切实实地感受到了团队的归属感和同学情深，这也是那两个月宝贵的实验生活中，一直陪伴给予我不竭动力的根源。

我在实验站里最日常的任务就是测棵间土壤蒸发量的称蒸渗桶以及帮师兄测氮称土。那些天，我把天平用得非常熟练，可以很快地调平读数。尤其在称土的时候，我能近乎准确的一次称取10克土样，不得不感叹熟能生巧，也是掌握了一门绝技。最累的是在取玉米干物质的时候，经常和师姐们一取就是一天，秉承着严谨的科研态度，我们常常工作到半夜。虽然困意消磨着我，但是看着大家一起坚持的态度，同门认真负责的态度不断激励着我，我就像是被打了肾上腺素一样，整个人又充满了干劲。

一直都听说实验站的伙食很好，没想到竟然顿顿有肉，排骨牛肉经常做，偶尔的饺子、拉面、麻辣烫变着花样改善伙食，但我印象最深的是那次烧烤晚会了。那是一个傍晚，我们提前把东西全部准备好。在康老师的致辞结束后，我们开启了最难忘的一个夜晚。师兄负责生火烤肉，我和师姐们负责拿食材串肉，有条不紊配合的同时，已经有同学拿着话筒去上面唱歌助兴。天色已黑，我们吃饱喝足，气氛一再上升，大家开始围坐在一起谈心说话，这时候的我们不再是白天纷纷碌碌忙着科研的队友，而是惬意自在、偷得浮生半日闲的老友，这种美好的体验让我印象深刻。

在实验站2个月的生活让我学到了很多，这种安心踏实的环境，使我能够全身心地投入科研中。希望2019年的我们，能承接前人的成果，延续出更美好的未来！

---

① 中国农业大学2018级硕士研究生，在实验站进行本科毕业论文试验研究。本文作于2019年2月。

我与石羊河的故事

王春雨①

中国农业大学对于我来说，是漫漫求学路上一段新旅程的起点，我的学习生活从此便会和石羊河紧密联系在一起，我与石羊河也就有了这注定的缘分。2018 年 4 月，第一次独自一人乘坐 23 个小时的远程火车前往了那个承载着农大人梦想的实验站。如果不是真的脚踩在石羊河的土地上，或许我也不敢相信，真的会有这么一天，我可以来到之前只能从电视上看到的地方。原来别人口中的大西北就是这般模样，我的内心充斥着惊奇和担忧。对于陌生的环境、陌生的人，我的内心恐惧感战胜了新鲜感。但是我知道，在这里我只有勇敢向前唯一的一条路，也是通往未来的必经之路，从今天起，我与石羊河的故事才刚刚开始……

甘肃武威的气温确实有些低，在我下火车之后的第一感觉就是冷。在来之前，师兄师姐还叮嘱我带些厚衣服，早就有心理准备的我在被这冷气一吹后，疲倦的身体确实精神了许多。师兄和同门在火车站门口接我，这应该是当时最暖的场景了吧。尽管天气是冷的，环境是陌生的，但是人是热情的。师兄、师姐们带着我在市里吃过午饭，我们一行人就浩浩荡荡地来到石羊河实验站。我深知在这里我将体验一段不一样的生活，提前参与我未来的研究生期间需要做的试验，这应该也算是一场奇妙的历险吧。

当时的我还是本科生，我本科所学的专业知识和现在我所接触到的试验根本没有一点关系。种小麦、种大豆、观测玉米……我之后就是要做这些工作了吗？我的心里在打鼓。农业高效节水，这听上去曾经距离我很遥远的事情，在这一刻居然可以这么近。听着师兄师姐们的介绍，我对这里的每一寸土地、每一株植物、每一位同学都充满了敬仰。我不懂的实在是太多了，当时的自己面对的压力也变成了督促我前进的动力。之前我未曾接触的，就要从现在开始，一点一点地掌握起来，任何事情都不可能一蹴而就，但是今天的自己比昨天的自己更加优秀，这，我一定是可以做到的！我暗暗下着决心。这次我来到这里的主要任务就是帮助师兄师姐做试验，自己也可以好好学习一下试验的具体操作流程。如果那时，我就要自己负责试验的话，试验结果会怎么样，这想想都觉得很可怕。这就是老师让我们提前过去参与试验的良苦用心吧。我懂得试验的重要性，试验数据是每一位学者用自己辛勤的汗水浇灌出来的生命之花，每一篇文章都基于大量的试验数据，这也就离不开试验设计和试验实施等等一系列过程的准确性，我们对待试验要有严谨的态度，无数次的忽略细节也许就会造成无法估计的失误。我们要对自己的试验负责，对自己的付出负责。

在实验站的几个月里，我觉得用几个字来概括的话就是有苦、有甜、有惊喜。试验是一个极其严谨的事情，值得我们每个人都付出 100％的认真和努力。

---

① 中国农业大学 2018 级硕士研究生，在实验站完成本科毕业论文试验。本文作于 2019 年 2 月。

因为我们试验地的数目比较多，试验地种植玉米的面积比较大，每次取生物量取的比较多，又加之我们对于根、茎、叶、果、穗各个部分的测量和处理比较细致，一旦取回样来，就要尽快处理完。我们经常是要从早上开始一直到晚上都在对玉米进行基本处理，到后面玉米长得更高了，我们甚至要从早上天微微亮就开始去地里取样，取完之后，要一直忙到凌晨两三点才能处理完这批玉米，这种强度的工作差不多一周一次。干物质的处理真的算是最累的活了，因为一直要低头剪干物质，分层处理，颈椎会特别累，这也促使我第一次尝试了拔罐。这也让我深深体会到了"身体是革命的本钱"这句话。但是实验站的生活并不是只有苦，也有甜。

虽然在实验站的生活会让身体比较疲惫，但是我们每一个人都可以在这里找到最为朴实的状态。在经历一天的劳动之后，一顿可口的饭菜就可以消除一天的疲惫。这样简单的生活状态其实也是一种幸福。记忆中，有一次老师们来到实验站，在实验站的大厅里，老师们和我们所有的在站学生们欢聚在一起，那般温馨的场景，久久不能忘怀。实验站的业余生活也很丰富，乒乓球、排球、篮球一应俱全，这样的体育运动也成了我们娱乐放松的好方式。实验站的蓝天白云真的好漂亮，在没有试验任务的时候，我们会三五人结伴，走在实验站里的小路上，感受大自然的馈赠。

在实验站的那段时光最为惊喜的应该是国外的专家学者们来到实验站进行交流了。记得在 2018 年 5 月 12 日，美国西密西根大学（Western Michigan University）的贺缠生教授带领美国西密西根大学学生考察团来到石羊河实验站考察交流，我们远在实验站还能有机会和国外的专家、学者们面对面地进行交流，我觉得这样的机会真的很珍贵。尽管我的英语很差，但是认识到自己的不足，然后把握住现有时间继续提高自己这也算是进步吧。这样的小惊喜总是伴随着我们在实验站的小时光。

在实验站的每一天都很充实，远离城市的喧嚣繁杂，蓝天白云连成片，我们每一个来到这里的人，都对这片土地有着不一样的感情，它赋予我们每一个人不同的意义。那时的我是本科生，没有自己独立开展试验。2019 年，我将以研究生的身份，再次踏上去往西北的路，去往石羊河实验站，展开试验。我与实验站的故事仍然在继续着……我衷心祝愿每一位来到实验站开展试验的人，愿你眼眸有星辰，心中有山海。以梦为马，不负韶华；祝愿石羊河实验站在未来的日子里越来越好！

石羊河的夜

王正男[①]

前段时间应实验站年会要求，提交了自己写的一首有关实验站的现代诗："没有星星的夜里/远处的灯光也能给人以安慰/我的大豆地/还没灌完水。"其实这首诗并不是为要求而做，而是一个人在夜里去地里灌水的路上突然浮出脑海。诗名本为"怕黑"，然而为突出主题，便改成"石羊河的夜"。不过显然，老师们似乎不太喜欢这种风格，大概是换了诗的名字，少了点睛之笔。事实上，对比赵丽华所作的《一个人来到田纳西》："毫无疑问/我做的馅饼/是全天下/最好吃的"，自己以为我做的这首诗，更胜一筹。

第一次到实验站，便被石羊河的夜所吸引，石羊河的夜美得让人心醉。那夜如同浓墨，足以吸收一切的光亮。走在路上，唯一能直穿心底的光来自天上的月，来自天上的星是那样万籁俱寂，无声的，让人沉醉其中的夜啊。在这片夜里，走去灌水的路上心情是复杂的，牛鬼蛇神吓人的故事总喜欢在这个时间浮上脑海。玉米地里，会时不时地出现两点幽火盯着你，手电的光中会有黑影掠过。可是若夜里有星，心中便踏实，那圣洁的光，在天空上闪耀，将大地渲染上可爱的色彩，所以这些夜里的动物们似乎也如童话一般。更不要说，在那些流星划过的夜晚，爬上实验站的楼顶，躺下，看夜空将自己包裹起来，除了脑后，四处皆是夜空，身畔绕满星光。就只需静静地等着，等看流星划过天际。也许划过天际并不准确，撕裂夜空的描述更为粗暴，在石羊河的夜空中，流星更像是水面上飞过的水鸟，那种一点而过的轻盈，是被浓墨包裹的银光。第一次明白，看流星划过天空的时候很难想起许愿，那种短暂绚烂的美，会让人把一切抛之脑后，只能发出被震撼的叹息。

除了星光，夜里的实验站，有别样的光芒。学习室的灯光，温室里的灯光，不管多晚睡觉，总是有人依然在工作，让人心中倍感安定。因此，我便是在那样一个漆黑无星的夜，独自前往大豆地灌水，去时眼盯温室之光，归时注目学习室之光，有感而发写出了上述的小诗："没有星星的夜里/远处的灯光也能给人以安慰/我的大豆地/还没灌完水。"

① 中国农业大学2018级硕士研究生，在实验站进行本科毕业论文试验研究。本文作于2019年2月。

第三篇

诗词篇

逐梦奋进二十载，不忘初心再出发
——谨献给我为之奋斗的石羊河实验站和旱区农业节水事业

杜太生[①]

寻梦篇：小坝口试验站

多少次魂牵石羊河，
多少次梦回大祁连，
坐一天天火车哟，翻几道道山，
一幕幕往事记心间——
　忘不了1998年民勤小坝口那片试验田，
　忘不了帮师姐做试验的八十几天大攻坚，
　忘不了试验站门口常常驻足观望的渠两岸，
　忘不了中餐茄辣子和早餐西瓜泡馍的冰爽鲜，
　忘不了梁师兄的勉励、同吃同住与促膝夜谈，
　忘不了潘师姐夜半追偷玉米贼的英勇与果敢。
2000年再回试验站，
老朋友依旧是笑脸，
只不过这次是自己负责做那保水剂田间施用的试验——
　忘不了石所长、杨所长、何站长的建议和意见，
　忘不了老马、老徐和小潘哥对我的嘱托与期盼，
　忘不了试验站旁供销社和养蜂人家的彻夜笑谈，
　忘不了那"从春刮到冬"一场风下的黄沙漫天，
　忘不了那天边自西向东飞去的鸿雁，
　忘不了腾格里的长河落日与大漠孤烟。
多少次重返小坝口，
多少次再回首试验站那个院，
老房子还在地还在哟，人却已不见，
一帧帧画面仍在脑海来呈现——
　忘不了梁师兄背来的光合测定仪的神秘与高端，
　忘不了中子仪测土壤水分稳定性的分析与研判，

---

① 2001年西北农林科技大学硕士研究生毕业，2006年中国农业大学博士研究生毕业，在石羊河实验站完成硕士、博士学位论文试验。现为中国农业大学石羊河实验站常务副站长，长江学者特聘教授，国家杰出青年科学基金获得者。本诗作于2019年2月6日。

忘不了沟灌水流推进与消退观测的协作与忙乱，
忘不了玉米试验地头测流的那个珍贵的三角堰。
正是这一片干涸贫瘠的土地呦，
夜半一次次将我从梦中来呼唤。
正是在当初的那一片试验田呦，
立下我献身旱区农业与生态节水的初心与誓言。

追梦篇:薛百农技中心试验站

2004 年再来到薛百农技中心试验站，
安营扎寨在民勤绿洲腾格里沙漠的最边缘——
忘不了站门口向日葵花的多彩与绚烂，
忘不了院子里梨枣的酥脆与甘甜，
忘不了小唐哥的猜拳声和酒后的侃大山，
忘不了陈老爹的驴子和薛百镇上香喷喷的饭，
忘不了试验站停电后拉水做饭的苦闷与难堪，
忘不了老师来看望我们时大家的兴奋与眷恋。
多少次又途经那路边的红崖山，
多少次再遥望那曾经奋斗的点，
院子还是那个院子呦，天还是那个天，
思绪早已飞回到那片棉花田——
忘不了张霁揪的面片和小苏搭的电线，
忘不了王锋和王振昌帮助我做实验，
忘不了烈日下光合测定和水肥一体化的滴灌管，
忘不了收获季节大家齐上阵协助我考种与测产。

逐梦篇:沙漠公园试验站

再次响应国家重点基金项目使命与召唤，
我们又把腾格里前缘的沙漠公园来转战，
续写西北旱区农业与生态节水的壮丽诗篇——
忘不了到站后饥肠辘辘却没早餐的第一天，
忘不了小龚师弟满脸无奈把半根火腿肠舔，
忘不了把笼屉里留给别人吃的蛋多看一眼，
忘不了那食堂里的酸馍馍和羊肉香头子面。
多少次再忆起那个沙生植物园，
多少次再梦到葡萄园里的那片试验田，
园子还是那个园子呦，田还是那块田，

心儿早已回到共同奋战的那些年——
　忘不了夏书记被一只死老鼠吓破了胆，
　忘不了李王成老兄每周去把那深井攀，
　忘不了孟毅小兄弟吃饭的那个大号的碗，
　忘不了晓志做调亏试验的那片苹果梨园，
　忘不了小屈和小燕测新疆杨光合的登高与望远，
　忘不了大家共同劳动的欢声笑语与比肩奋战。
多少次又回访清源王庄那个园，
多少次再追忆那些难忘的瞬间，
房子还是那些房子哟，田还是那片田，
此时脑海中初心再呈现——
　忘不了流域下游的生态灾难和断壁残垣，
　忘不了确保民勤不成为第二个罗布泊的嘱托与期盼，
　忘不了考虑生态科学配置流域的水资源，
　忘不了节水优质高效灌溉调控的最前沿。

筑梦篇：王景寨野外科学观测实验站

2008 奥运年，
历经团队无数次的查勘与比选，
我们终于有了自己的家园——
　忘不了春天草丛中的鲜花烂漫，
　忘不了夏天篮球场上的如雨挥汗，
　忘不了金色秋天里的收获满满，
　忘不了寒冬腊月温室里的春意盎然，
校地混合编队联合共建，
团队各司其职共同承担，
条件越来越好哟，设施越来越完善——
　忘不了学校“985”平台的基建“巨款”，
　忘不了同学们像在学校食堂一样兴奋地就餐，
　忘不了综合实验大楼落成时的鞭炮震天，
　忘不了一代代莘莘学子洋溢着幸福的笑脸。
多少次带学生回到自己的实验站，
多少次陪专家领导把试验来参观——
　忘不了国际知名专家的研讨与指点，
　忘不了国内同行专家的褒扬与称赞，
　忘不了地方政府官员的刮目来相看，
　忘不了技术员和农民的需求与期盼。

多少次再回想这片绿洲的风轻与云淡，
多少次再憧憬青土湖的前世、今生与明天，
天还是那片天呦，还是那么蓝——
要问为什么一代代追梦人奔跑在科研与生产第一线？
　为的是那片残垣断壁激发的家国情怀和使命感，
　为的是把农民传统的大水大肥种植习惯来改变，
　为的是两大沙漠夹击下那片绿洲的永续与延绵，
　为的是旱区水资源科学配置与农业绿色大发展。
多少次凝望着这片绿洲这片天，
多少次再回首匆匆过去的二十年，
我们还将初心不改呦，一点一点去实现——
　忘不了理论更前沿技术更落地模式再凝练，
　忘不了水肥气热耦合调控学科交叉来实践，
　忘不了生物农艺工程协同管理用生产去检验，
　忘不了节水优质绿色高效精准现代农业是必然。
新时代追梦路上——
　团结协作严谨求实呦，不畏辛艰；
　扎根大地洞察前沿呦，立地顶天；
　石羊河精神代代传呦，攻坚克难；
　努力奋斗乐于奉献呦，方能梦圆。

石羊河站苜蓿情

苏德荣①

四十年前春雷动，
火车轰隆向西奔。
恢复高考幸运儿，
一驻四年黄羊镇。
莘莘学子进甘农，
满心感恩邓小平。
如饥似渴求真知，
农业水土情独钟。

---

① 北京林业大学草业与草原学院教授，多次到实验站指导3名研究生进行苜蓿节水试验研究。本诗作于2019年2月。

毕业之后赴西农，
名副其实研究生。
西北干旱肆虐时，
努力实现节水梦。
河西走廊再回首，
千年湖泊沙漠吞。
不解生态和贫困，
精彩梦想难成真。

懵懵懂懂到北林，
误打误撞成草人。
系统治理新理念，
农田湖草山水林。
学科融合行新路，
团队协作添干劲。
牧草实验有七载，
石羊河站苜蓿情。

张骞西域带回种，
扎根西北成草民。
苜蓿品质属一流，
唯独耗水略显逊。
寻求苜蓿节水路，
地下滴灌显神通。
石羊河站实验好，
唯有推广才富民。

初 相 见[①]

粟晓玲

曾记幼年诵诗卷，
大漠绿洲景无边。
豪情万丈撷英气，
痴人梦语作高谈。
而立之年初相见，
黄沙狂风妆容颜。
沙井绿洲腓兮兮，
胡杨怪柳惨淡淡！

踏 歌 行

粟晓玲

民勤荒漠呼救紧，
恩师受命领衔行。
运筹帷幄数十载，
万千物象锦囊中！
八方弟子争相随，
九州同仁献智才。
千年绿洲露生机，
水鸟悠悠乐开怀！

---

① 这两首诗作于 2019 年 2 月 11 日。

盼未来[1]

粟晓玲

苦尽甘来苦不再，
天人合一共未来。
纵有万千锦囊计，
不敌人祸酿天灾！
生机初露须珍爱，
科学治理永不懈。
若有执着宏图志，
华夏遍地君宜斋[2]！

土豆情

王凤新[3]

既然选择了你，
就不惧路遥三千里。
翻过乌鞘岭，
奔向腾格里。
近了，近了，
一步一步近了，
我终于看到了你。
那满眼的碧绿呦，
让我如此心旷神怡。
那牵牵绊绊的枝蔓呀，
温柔得令我如醉如痴。
那端庄朴素的小花啊，

① 本诗作于2019年2月11日。

② 此处“斋”，取其古文第二语义，书房，意为居住之地。

③ 中国农业大学石羊河实验站副站长，中国农业水问题研究中心教授。本诗初作于2006年6月，修改于2019年2月12日。

不招蜂狂，不惹蝶迷，
爱到深处，情藏心底。
那颗颗深埋地下的果实，
给了我无数个惊喜。
就这样迷上了你，
把希望与梦想种在春天里。
埋下地温表啊，
装上负压计，
观测，观测。
用最简易的仪器，
捕捉你成长的秘密。
那满屏的数字呦，
如荒漠中的甘露滴滴。
那起起伏伏的图线呀，
雀跃在我激动的心房里。
自由与探索，
是青春岁月的关键词。
远离尘嚣，不思名利，
如入桃园，却非遁世。
一段段尘封硬盘的日记，
留下了多少美好的回忆。
就这样恋上了你，
在武威大地上留遍了足迹。
从民勤到凉州，
踏古浪登天祝，
研究，沉思。
节水不忘接地气，
增产还要提品质。
水肥气热同调控，
望闻问切仿中医。
掬水青土湖，放歌红崖山，
心中有诗意，风沙也依依，
就这样在千千万万中独钟情于你。
根生旱区，枝蔓东西，
土生水果，自成传奇。
一道道沟壑、麻溜溜的皮，
岁月留下了最美的印记！

石羊河——我们的母亲河

韩万海[①]

生命由水得以繁衍，文明因水源远流长。
横亘大西北的祁连山，绵延的冰川与湿地，
孕育了武威人民的母亲河——石羊河！
涓涓石羊河水，哺育着 230 万勤劳的武威金昌儿女。
腾巴[②]黄龙首尾相接，
衬映着这块风水宝地，绿洲之躯，在荡景致。
红崖山的水鸟，琴瑟和谐，天籁之音；
布尔智的草木，壮美而不妖娆，
随风远眺，时伏时落，若隐若现，雅而不骄，急而不俗，
宛若西北汉子的一段情歌，豪放，粗狂，桀骜不驯。
蔡旗吊桥下黄昏的灯火，百姓的故事，每一个石板和扶手，
都写满了它的功德颂词，源源不断，情怀厚重。
石羊河的涓涓清流，流过我的躯体，流进我的心脏，
滋润着我的情怀，注就着我的梦想！
这里的一草一木，一鸟一兽，一人一物，
都深深系着家乡的眷眷情深，叫我如何不爱她爱得深沉！
曾几何时，母亲河默默无言，
流淌沙漠的腹地，从不昭彰炫耀，
她的激情和力量，从不昭示于人。
夏天满地麦浪，金秋谷物遍野，
冬日漫天皆白，这就是她经过的地方。
但！历史的沙尘扬起，狂风肆虐，黄沙满天，
胡杨枯死，大地焦渴，当年的湖泊，昔日的绿洲，
与我们诀别而去！
在风沙弥漫的岁月里，她以静谧和蓝天绿野般，
铺陈开来的心态，对待她所经历的一切，
石羊河始终无语，当沙尘在薄暮和黎明，
静静落下的那一刻，她仍然默默向前。
我爱石羊河，因为她是我们的母亲河，

---

① 武威市水利技术综合服务中心副主任，甘肃省武威市中心灌溉试验站站长，长期与中国农业大学、西北农林科技大学合作。本诗 2019 年 2 月 16 日作于武威市水务大厦。

② 腾巴为腾格里沙漠和巴丹吉林沙漠。

给我生命，给我希望，给我一路的呵护和温馨。
我爱石羊河，因为她是武威的骄傲，
勤劳、朴实、无怨无悔，让爱一点点流进我们的心田！
石羊河，我们的母亲河！
假如能化作一滴水，
就让我回到母亲的怀抱，成为母亲体内一滴新鲜的血液，
滋润母亲被风沙撕扯过的躯体，浸润母亲近乎绝望的梦想！
石羊河，我们的母亲河！
就让我化作一滴水吧！
融进您的水脉，流经冰沟河，流过西营河，
流进红崖山，流入青土湖，
随您流淌，随您流向远方，
即使消逝在茫茫的大漠，也要回归母亲的怀抱！

石羊河实验站之旅

陆红娜[①]

起初实验站于我而言，
是往来邮件上的地址，
是学生们寄来需要维修的仪器，
抑或是我寄去一些康老师精心挑选的书籍，
是李师兄硬盘里的一张张照片，
也是我有幸参与整理的相关表格和数据。
我时常想，那究竟是个怎样的地方，
吸引那么多人前赴后继。
终于，2011 年终有机会要去那里，
隐藏着心底的雀跃，怀揣满心欢喜。
行程中我发现，同行的老师们总是走路特别急，
后来，慢慢体会到，他们是在尽力节省每一点时间，
尽早赶到实验站看“孩子们”和试验地。
初到实验站，并没有陌生的感觉，
一幕幕熟悉的景象初次映入眼帘，

① 2009 年中国农业大学硕士研究生毕业。现任中国农业大学中国农业水问题研究中心秘书。本诗 2019 年 3 月 9 日作于北京。

红墙绿柳，麦田油油，
玉米田、土豆地、苹果园、葡萄园……
一个个身着迷彩的“小人”在那里活跃，
他们意气风发，他们脚踏实地，
涡度相关、波文比、连续流动分析仪……
是它们为实验站锦上添花、如虎添翼，
还有，还有陆哥和胡站的满脸笑意。
之后，我与实验站基本保持一年见一次的频率，
每次到她的怀里，都先默念一句：“你可好啊，又见面了！”
然后用心观察她发展的新足迹：
2012 年——3 600 m^2 综合实验大楼拔地而起，
2013 年——以实验站为依托，石羊河教授工作站成立，
2014 年——国内外专家、学者频频到站交流学习，
2015 年——智能人工气候室成为又一科研利器，
2016 年——水同位素分析仪伴着通量塔顶天立地，
2017 年——技术推广、农民培训产生效益，
2018 年——新型测坑上防雨棚伸展着手臂……
实验站呀，期待 2019 再次见你，看你又有哪些新奇！

忆在沙漠公园试验站的日子

李王成[①]

癸未年初赴武威，乡远人稀心甚畏。
幸有巾帼与勇男，相伴共苦闯暑寒。
早粥午有节节面，晚有烘烤面包卷。
偶有硕鼠食我粮，追入烘箱不得见。
住有房屋八九间，外热内凉神仙羡。
偶有游客至公园，车鸣人喧不孤单。
试验田里有荒滩，多年淤积土层显。
三米深有七层土，料浆石曾被水淹。
呼儿坚硬似如铁，三米塑管埋入难。
朝打晚锤入不得，康导定心把人攒。

① 2007 年中国农业大学博士研究生毕业，2004—2005 年在沙漠公园试验站进行博士学位论文试验研究。现任宁夏大学副教授。本诗 2019 年作于宁夏银川。

三八红旗杨所至，张霁兴礼来攻坚。
万幸王总安全帽，护得智脑避危难。
三米深坑有人挖，沙丘坍塌人幸免。
量测水深有大用，入井十米底不现。
坐井观天思大饼，小王骑车常相伴。
小夏总控试验站，晴天雨天安排满。
改锥小铲齐上阵，归来不曾落一件。
偶来新学小手艺，伙伴田中来献技。
小曲柽柳小白杨，梭梭柠条打孔忙。
早测微型蒸渗仪，作物水势田间墒。
宝忠思恩做通量，葡萄地里有文章，
入渗速率观测难，康导亲在沙丘现。
沙土渗水速率快，肩挑水来不得闲。
冯导教徒有良方，做人做事要担当。
思及试验任务重，送来王为来相帮。
绍军寄来电缆线，冬源土粒组分拣。
日复一日事务繁，心绪烦躁睡难酣。
太生波莉来牵线，幸会佳偶是民安。
午后沙丘土里掩，电话煲粥心得宽。
从此天天心欢喜，偶尔蒙古堡中钻。
师者恰逢盛会至，青稞酒歌畅相谈。
四十里外澡堂先，闲来洗衣会大餐。
辛劳困苦终有时，壮志凌云历艰险。
常忆昨日学涯路，师恩未酬存心间。

我们没有理由不努力

陆　权[①]

我们没有任何理由不努力，
沉睡于来之不易的福泽里，
永久的安逸。
在那激情澎湃的岁月里，
是他们，
用无穷的智慧和无畏艰辛，
改变了这片曾黄沙肆虐、人迹罕至的土地，
成就了石羊河的绿色，
也成就了我们……
十年前的十年前，
他们就来了，
放下了所有的儿女情长，
肩负着使命，
怀揣着梦想，
承载着希望，
背井离乡、不远千里，
在这充满渴望与期待的地方，
停住了坚实的脚步，
挥洒下无悔的青春……
他们历尽沧桑、饱经风霜，
他们披荆斩棘、不畏严寒，
在狂风中一步步砥砺前行，
在黄沙间一声声奋力呐喊。
一路走来，
不知受了多少苦，
受了多少伤，
不知流了多少汗，
流了多少泪……
岁月的年轮见证了他们的执着与坚韧，

① 中国农业大学石羊河实验站流动岗管理人员，2007 年至今在实验站从事田间试验管理等工作。本诗作于 2019 年 3 月 5 日。

正是他们的这种精神，
感动了更多的他们……
延续着前赴后继的传承，
描绘出如诗如画的憧憬。
才有了，
石羊河的源远流长，
红崖山的碧波荡漾。
才有了，
腾格里的绿水青山，
青土湖的鸟语花香。
宝剑锋从磨砺出，
梅花香自苦寒来。
眼前所见的石羊河，
虽不是翻天覆地，
也是日新月异……
万顷林森积于粒种，
千里江河源于溪流，
百年业绩固于血汗。
我们没有任何理由不努力，
撸起袖子加油干，
让石羊河精神凝聚永恒……
十年后的十年后，
这里必将成为传奇……

忆石羊[①]

张宝忠

大漠苍茫万里魂，万亩葡田三五人。
今日重复昨日事，苦中作乐情更深。
当年我辈正青春，如今已是不惑龄。
往事故人难忘却，梦回石羊再相逢。

① 本诗作于2019年2月。

石羊河记

姚立民[①]

北国四月春到，
寒风仍料峭，
莘莘学子赴石羊，
欲学后稷为众生。
车轮滚滚如浪，
年少热情涨，
满腹才学初践行，
抛却繁华踏征程。
莽莽大漠远望，
零星绿洲上，
可怜百姓风沙苦，
多少残垣沙海中。
石羊河水告急，
学子躬行早，
为求真知勇登高，
为探根由入黄土。
农田、荒野、风雨中，
书生身影行匆匆，
辛劳皆为绿洲水，
潜心治学志不移。
青春风华正茂，
未来无限好，
累累硕果出英才，
绵绵祁连起新风。
从此绿洲多科学，
流域人民齐欢悦。

① 2011年西北农林科技大学博士研究生毕业，在试验站完成博士学位论文试验。现任陕西渭南职业技术学院副教授。本诗作于2019年1月。

江城子·忆武威沙漠公园试验

闫博远[①]

千里读硕任茫茫，不思量，自难忘。
黄沙漫漫，转战在西凉。
分根交替研节灌，尘满面，意顽强。
土壤水分茎液流，测光合，辨果糖。
葡萄满园，秋来品自香。
忆昔与君开怀处，星月夜，酒一觞。

凉州试验记

闫博远

师门无俗韵，性本爱自然。
丙戌三月中，随队适凉州。
去城四十里，沙漠有园田。
果树十余亩，平房三五间。
园餐无蔬果，沙暴满空天。
开荒南野际，采买建家园。
田里土钻打，尘中设备搬。
晓志踌躇握，宝忠多委担。
思恩急先锋，胡萌稳中仙。
青云下凡尘，燕姐半边天。
姊兄齐发力，酸苦化为甜。
饮食入正轨，苦干勇当先。
心中无旁骛，一心向科研。
梨树茎液流，梭梭盆栽函。
水热波文比，腾发涡度观。

① 2007年中国农业大学硕士研究生毕业，2005—2006年在试验站进行硕士学位论文试验研究，完成题为《干旱荒漠绿洲区根系分区交替灌溉对葡萄生长和品质的影响》的硕士学位论文。现在在甘肃天水市水务局工作。本诗作于2019年3月1日。

分根区滴灌，尽在葡萄园。
转眼又五月，飞雪遍人间。
哀我心所系，万幸渡劫难。
炎炎酷暑至，勤耕田地间。
手持光合仪，头顶草帽圈。
早行待日出，日落方回返。
频拉滴灌带，交错润根繁。
九月何所试，夜间冻冰寒。
十月何所喜，梨萄香满园。
口齿余香味，试验苦也甜。
检测维生素，总糖和果酸。
品质知何如，营养富又鲜。
功成浮云骏，苦乐付笑谈。
人生幸之至，恩师益友缘。
每忆当年事，梦中笑开颜。

幸福是一种心态[①]

王振昌

早晨，骑着单车，
穿行于哥哈[②]郊区的小镇，
一阵清冷的感觉，
仿佛又把我带到，
那个沙漠边上的小城。
一样的落叶飘飘，
一样的碧空如洗，
可两地却相隔万里。
一个是沙漠明珠，
一个是童话之国，
风格迥异，
却，各有风情……

① 本诗2010年9月1日在丹麦哥本哈根忆起民勤试验站有感而作。
② 哥哈，指哥本哈根。

一个曾被评为世界上最难生存的地方之一，
而另一个曾数次位于世界幸福之地的榜首。
在哪里更幸福？
答案对于你，
是否已经清晰？
可我此时却有些迷离。
因为，我记得，
沙尘肆虐中，
静坐的老爹，
虽满脸尘土，
而脸上的皱纹，
却开着花朵。
因为，此时，
他正注视着，
绕膝玩闹的孙儿。
我也记得，
哥哈繁华的街道上，
人来人往，
一个酒鬼，
蜷曲于街头，
脸色苍白，
两眼空洞，
好像世界与其隔离。
谁更幸福？
幸福与你所在的地域，
所处的位置，
所拥有的金钱，
可能没有紧密的关系，
它，就是一种心态……

鹧鸪天·石羊河

孙　月[1]

干旱少雨几时休，苍茫大地令人愁。
昔时鸿雁多指引，大风烈日少年遒。
电脑前，田地头。澄思寂虑觅缘由。
辛勤驰骋英姿旧，绵薄之力共春秋。

清平乐·忆与勰婷石羊河调研

孙　月

夏浓人好，
坡上青枯草。
颠簸踏来觅资料，
雨量谁家更少？
遥想当年沙边，
梭梭柠条傲然。
今宵与君笑谈，
弹指已过十年。

① 2010年中国农业大学博士研究生毕业，博士学位论文为《石羊河流域地下水环境要素时空格局分析与数值模拟研究》，多次到石羊河流域和试验站调研收集资料。现在在水利部南水北调规划设计管理局调度管理处工作。本诗作于2019年1月。

忆石羊河

康　敏[1]

与石羊河说再见已有十年，
每每想起，
就会想起站上的那三排平房，
想起那些并肩作战的战友们，
想起那个占据实验站一角的苹果园；
想起坐在苹果树下给老师打的那通电话，
想起苹果树枝条抽出的那抹嫩芽，
想起灌水到很晚抬头仰望的那轮明月；
想起烘箱里的那一排排铝盒土样，
想起晴天时尤为繁忙的那台光合仪，
想起实验室里那标着记号的瓶瓶罐罐；
想起苹果树下更换液流仪电池的笨拙，
想起标记着测量印记的苹果跌落枝头时的懊恼，
想起采摘苹果时的小心翼翼，
想起测品质时的那一室芬芳。

每每想起，
就会想起，
那一株株婀娜多姿的柳树，
那一张张微红质朴的笑脸，
那一阵阵从葡萄园归来电动车上传来的欢歌笑语，
那一条通往温室路上推着平板车的两三个身影，
那一株株人造沙田里的梭梭和柠条儿，
那一棵棵需垫着脚尖才能测量的玉米，
那一个个田间地头忙碌穿梭的迷彩服装。

还有老师来站时的热闹忙碌，
奥运期间聚在一起的加油欢呼，
晚饭后篮球场上的青春飞扬，

---

① 2009年西北农林科技大学硕士研究生毕业，曾于2007—2008年在试验站开展石羊河流域苹果树耗水规律及节水调质试验研究。现任湖南省水利水电勘测设计研究总院工程师。本诗2019年3月3日作于湖南长沙。

闲暇时会议室的“K歌”，
从沙漠公园归来时的徒步旅行，
偶尔来袭的那漫天风沙，
雨后挂在天空的那架彩虹。
那时候天总是很蓝，
日子总是过得太快。
一转眼，
我们已分别十年，
我已不再青春羞涩，
而你正值豆蔻年华。

石羊河，
我只是你的一个过客，
而你却留在了我的梦中！
石羊河，
有你，幸好！

石羊河——我的青春被重新定义

王丽霞①

懵懂中背起行囊，
一群逐梦的少年远赴他乡。
一路崎岖辗转，
驶入开展试验的地方。
矗立两旁的白杨，
仿佛试验站的哨岗。
个个黝黑的面庞，
透露淳朴无华的爽朗。
我来了，
褪去一身的仆仆风尘。
我们一起，
按照试验设计开始覆膜种地。

---

① 2009年中国农业大学硕士研究生毕业，2008年在石羊河试验站进行土壤结构可视化及水分动态研究。现在在水利部牧区水利科学研究所工作。本诗2019年3月18日作于内蒙古呼和浩特。

铺设管道熟悉仪器，
监测土壤水分与作物生长期。
迎着日出扛仪器记录数据，
晶莹的汗珠折射充盈的绚丽。
背着晚霞拖着沉重的步履，
结伴而归时你歌我语洗去一天的疲惫。
餐桌俨然成为小型会议聚集地，
各种困惑难题有师兄师姐答疑解虑。
漆黑的夜空里繁星闪耀着静谧，
如昼的实验室内我们数据分析或样品处理。
在这里，
我们不惧黑暗露宿观测水位；
在这里，
我们种植的果实飘香十里；
在这里，
我们曾为北京奥运呐喊助威；
在这里，
我们尽情驰骋青春挥洒汗水。
青春大抵如此，
辛劳汗水被重新定义。
青春本应如此，
使命担当无怨无悔。
我走了，
至今 11 年未归，
但水利人的使命已然深深扎根在心底。
石羊河，
祁连山孕育下的生命之河，
见证了一批批农大人生态环境治理的坚韧。
不忘初心、牢记使命，
让我们立足本职传承践行新时代水利精神。

武　威　赋[①]

郭维华

年少轻游至西凉，大漠孤烟心彷徨。
一朝得闻真知道，此生愿献科研舫。
马踏飞燕舒快意，对照重复写轩昂。
功名利禄非我愿，解民多艰恒心房。

致石羊河实验站

杨建房[②]

农科城四环外腾格里畔，
玉米地葡萄园纵横其间。
分根区交替灌对比试验，
蒸渗仪通量塔涡度相关。
打土钻测光合分析品质，
验数据建模型绘制曲线。
论文发在国际顶级期刊，
成果用到农户地头田间。
节水高效助力绿色发展，
第二个罗布泊不会出现。

① 本诗作于 2019 年 1 月。

② 2012 年西北农林科技大学硕士研究生毕业，在石羊河实验站完成硕士学位论文试验。现在在中国雄安集团数字城市科技有限公司工作。本诗作于 2019 年 1 月。

钗头凤·武威忆别

孟伟超[①]

悲欢同，明月共。
缘见农大别时痛。
千里行，雄心纵。
一壶浊酒，两句珍重。
盼！盼！盼！

人不归，景依然。
情系凉州竟无眠。
青春逝，华年献。
琴弦虽动，锦书难按。
念！念！念！

① 2009年和2011年在中国农业大学分别本科毕业与硕士研究生毕业，在石羊河试验站完成本科毕业论文试验和硕士学位论文试验。现在在水利部国际合作与科技司工作。本诗2009年7月初作于石羊河试验站，修改于2019年2月。

梦回凉州

薄晓东[①]

三月相逢时，望月忆凉州，
京城江湖远，伴鸣潜入梦。
祁连峰绵，山低云淡，
城中楼阁，几经风霜，
青铜铁马，盛世传说。
侠骨柔肠，醉了看客，
天涯游子，半世疏狂，
痴儿侠女，奈何情多。
戈壁春风，地阔水短，
头顶艳阳，胡杨精神，
迷彩不见，雄花如昨。
柳絮乘风，树影婆娑，
青瓦红砖，斑驳岁月，
路边小店，三声吆喝。
篮球拍响日落，柏油跃过沙坡，
一路向东，唯志不改，
砥砺前行，续写青春篇章！

致陪伴我成长的石羊河实验站[②]

吴　迪

初见时惊鸿一瞥，怦然心动是你；
相遇时柳暗花明，追逐梦想是你；
重逢时始料未及，别来无恙是你；
离别时无语凝噎，往后余生是你。

① 2016年中国农业大学博士研究生毕业，在石羊河实验站进行博士学位论文试验研究。现为中国水利水电科学研究院在站博士后。本诗作于2019年2月23日。

② 本诗2019年3月9日作于美国科罗拉多州柯林斯堡。

在实验站的日子

纪莎莎[①]

沙漠绿洲石羊河，
王景寨口实验站，
年复一年学子留，
岁岁年年春夏秋。

大豆玉米紫葡萄，
小麦番茄红辣椒，
茎流呼吸通量塔，
色谱抽提蒸渗仪。

径粗株高叶面积，
水势光合日变化，
总糖淀粉花青素，
称桶打钻蒸散发。

细胞单株升冠层，
群体农田扩流域，
生理节水把质调，
有限用水也高效。

站有三人少不得，
侯叔张亮与陆哥，
工人活宝小汪叔，
八卦消息知最多。

无论童叟与忠犬，
皆是朋友兼“站友”，
阿呆阿瓜欢乐多，
阿黄陪伴不寂寞。

① 2017年中国农业大学博士研究生毕业。2011—2018年在石羊河实验站进行博士学位论文和博士后试验研究。现在在中国农业大学做博士后。本诗作于2019年3月。

面食比拼新地冠，
大漠羊肉东河赞，
赏心胜景莫高走，
强健体魄练土钻。

站如家园护寒士，
相拥取暖俱欢颜，
待人不应玫瑰刺，
相濡以沫如水善。

漫步田间彩虹俏，
天朗气清鸟儿叫，
花入云鬓相映红，
你说美妙不美妙。

实验站之种田记[①]

纪莎莎　周继莹[②]

大风起兮土飞扬，
实验站里雾茫茫。
却看同学半遮面，
风风火火种田忙。

① 本诗作于2019年3月。

② 2013年甘肃农业大学硕士研究生毕业。2012年在石羊河实验站进行硕士学位论文试验研究。现在在甘肃大禹节水集团股份有限公司工作。

石羊河的日子

王金涛[①]

第一天，我就看见，
火车驰在荒漠沙丘的中间。
第一年，感受着，
科研楼高水平威武的气魄。
那几年，泪和汗，
洒在奋战的农田。
表示从迷茫到定向的距离，
竟然用了三年。
我们顺流而下探寻初心，
民勤绿洲消失的危险。
青土湖水、野鸭游鱼、美景哪里现？
我们努力的目标，石羊河奔流向前！
多年后，开始怀念，
“站友”一起同居的三年。
多年后，开始想念，
陆哥和陆嫂灿烂的笑脸。
某一天，再谈着，
Miracle 会是在哪一个角落？
那一天，和亮仔，
擎圆月弯刀丈八蛇矛，
决战温室的峰巅。

学术从国内到国外的距离，
竟然不用出站。
试验仪器设备生活条件，
越来越完善。
玉米土豆番茄都可以吃，
还有焖羊肉。

---

① 2017 年中国农业大学博士研究生毕业，2011—2016 年在石羊河进行调亏灌溉制种玉米产量形成规律及模拟的试验，完成题为《制种玉米开花特性与籽粒数模拟及节水调质高效灌溉优化决策研究》的博士学位论文。现在在中国科学院农业资源研究中心工作。本诗 2019 年 2 月 23 日作于河北石家庄。

还有大小汪叔和各位嫂子，
都真的很能干。

也许哪天我们坐在一起，回忆着，
石羊河站的日子。

石羊河实验站版《成都》[①]

王金涛

让我掉下眼泪的，不止皇台的酒。
让我依依不舍的，不止玉米土豆。
科研还要走多久，你引着我的路。
让我感到为难的，是未完的研究。
相见总是在三月，期望是憧憬的美。
寒春凛冽的风雪，抚摸着我面庞。
在那座干旱的绿洲里，我从未忘记你。
石羊河，带不走的，只有你。
和我在站里的路上走一走，
直到所有的星布满天空也不停留，
玉米挽着我的衣袖，土豆摇曳向我招手，
走到试验路的尽头，坐在四温室的门口。

分别总是在九月，回忆是思念的愁。
盛夏嫩绿的垂柳，亲吻着我额头。
在那座干旱的绿洲里，我从未忘记你。
石羊河，带不走的，只有你，
和我在站里的路上走一走，
直到苜蓿的紫花都开了也不停留，
大豆喝水向我开口，小麦说它可以忍受，
走到蒸渗仪的门口，坐在通量塔的下头。
和我在站里的路上走一走，
直到球场的灯都熄灭了也不停留，

① 本诗2019年1月21日作于河北石家庄。

和我在站里的路上走一走，
直到实验的灯都熄灭了也不停留，
莎莎测着气孔开度，我也在测花粉密度，
帅气陈任强在磨土，望着陈金亮测糖度，
和我在站里的路上走一走，
不到所有的梦都实现了就不停留。

给石羊河实验站的歌

李栋浩[1]

在一个没有风的午后，
我走在实验站的路口。
让我想起来的，
不只是玉米株高、叶面积和叶水势，
还有很多测试指标在排队等候。
试验仪器送到很远的地方，
需要校正和维修。
有人问我为啥对这个地方感情深厚，
小胖的苹果园里有我们结下的朋友，
记得那年在沙漠公园的湖边喝着啤酒，
我们约定一辈子喋喋不休，
石羊河就像春风拂面，
暖在你我的心头。
石羊河就像一本书，
读过的人才会理解通透。

如今我站在通量塔的路口，
果园到玉米地我走了好久好久，
羽毛球和篮球场，
带走了不少乡愁。
石羊河不是北京，
没有五道口昨夜的酒。
实验站是我们共同的家园，
她的梦想就是我们的追求。

---

① 中国农业大学2014级博士研究生，2012—2014年在实验站完成硕士学位论文试验。本诗2019年3月作于北京。

梦回实验站

秦淑静[1]

春有百花秋望月，
夏有凉风冬听雪。
北望星河朝天阙，
西顾祁连多皎洁。
吾爱江山多绮丽，
三分本色七分妍。
悟道终须苍松劲，
不问枯荣心毅坚。

江城子·凉州

赵　引[2]

凉州三月雪纷纷，
大风起，尘飞扬，
天寒地冻，世间皆苍凉。
水少人多超开采，
高消耗，低产量。
水院师生齐上阵，
抓节水，重调配，
风吹日晒，心中亦含光。
待到他日重相见，
万物生，民欢畅。

① 中国农业大学2014级硕博连读研究生，2014—2016年在实验站开展博士学位论文试验研究。现在在澳大利亚CSIRO水土所联合培养。本诗2019年2月28日作于澳大利亚堪培拉。

② 中国农业大学2016级硕博连读研究生，在实验站进行博士学位论文试验研究。本诗作于2018年12月。

我打扰了你的惊艳

邱　渊[①]

腾格里的沙漠感受着大西北的忧愁，
祁连山的冰雪融化成石羊河的清秀，
凉州城的斑驳记录着对雨水的诉求，
悠悠石羊河踮起脚尖迫不及待向远方翘首！

而您，
紧锁的眉宇却锁不住您对百姓的担忧，
渴望的眼神凝视艰苦却让您欲语还休，
期待清风徐来吹过您的心头，
将您的心愁吹走让希望停留。
终于笑语欢声打破沉寂，
终于笑靥如花唤醒生机，
解民生之多艰长记心头，
育天下之英才永远相守，
为你坚守，
为你停留，
只为心中渴望把你的希望守候！

而你们，
守着希望出芽开花，
冬去春来花谢花开，
溜走的是弹指光阴，不变的是信念仍在；
风吹麦浪，翻涌跳动着一片的金黄；
高低相望，粒粒花粉正幸福地飘荡；
皮薄粒多，单宁与果香静静地酝酿。

而我，
在繁华中与你结缘，
在乡土中与你相见，

① 2017 年中国农业大学硕士研究生毕业，同年考入中国农业大学攻读博士学位。2016 年在实验站进行水盐胁迫对紫花苜蓿生长、产量及品质影响的试验研究，2017—2018 年在实验站进行博士学位论文试验研究。本诗作于 2019 年 3 月 20 日。

感动你面对困难用微笑相迎，
钦佩你心忧劳苦大众的真情，
动情你养育一方水土的真心。
想席地你的身旁去听你讲述历史的荣光，
愿靠近你的胸膛感受你岁月铅华的锋芒，
能寻着你的脚步带着坚定梦想走向远方。

对不起，石羊河，我打扰了你的惊艳！

美好时光

黄梦思[①]

凉风习习的深夜我们一起看流星雨，
烈日炎炎的午后我们也曾测量光合呼吸；
蒙蒙细雨中我们参加过党日活动，
夕阳西下我们也游览过莫高酒城。
忘不了那令人头痛的流动分析仪，
更铭记数据正常时候的激动心情。
篮球排球乒乓球电影棋牌狼人杀，
每天都在繁复的劳动中汗如雨下，
也有精神逐渐丰富的笑颜如花。
这是我们用青春播种希望的日子，
总有一天会结出丰硕饱满的果实。

① 中国农业大学2017级硕士研究生，在实验站进行硕士研究生学位论文试验研究。本诗作于2019年2月。

爱　您

张　彤[①]

黄沙肆虐的大漠，
谁说太悲凉，
追索过你的微笑，
隐没在黄昏后的群岚。
你是无声的歌，是无字的诗稿。
站在西北的土地上，
呼唤你，
无尘无埃，无愧无怨。
那人眼中你展示的是，
千年不变的情怀。
你是安静耕耘的守护者，
尽管选择了那些难懂的字句，
但，
你可明白，
反反复复排列开始是，
爱您，永远！

初到石羊河

李德智[②]

人事有代谢，往来成古今。
武威留硕果，我辈复登临。
力尽不知热，汗水透衣襟。
水碧丽花笑，山青玉宇明。

---

① 中国农业大学2018级硕士研究生，在实验站进行硕士学位论文试验研究。本诗作于2018年12月。

② 中国农业大学2018级硕士研究生，在实验站进行硕士学位论文试验研究。本诗作于2018年12月。

感悟·温暖·梦想

马冬青[①]

你曾踏着严霜，顶着热汗，在试验田挥洒智慧，
你曾伴着夜灯，迎着日出，在实验室寻求知识；
我们也是初生牛犊，但也吃得试验的苦头，
我们也知科研艰辛，但也歆羡成果的喜悦；
石羊河实验站成就了一位位科研工作者，
在这里，我们深谙，
纸上得来终觉浅，绝知此事要躬行。

夕阳西下，篮球场上时而有青春的身影在跳跃，
弯月当空，实验楼前时而有欢快的笑语在荡漾。
流星银河，为工作的闲暇泼洒了一抹亮丽的色彩，
自然气息，为忙碌的身体带来了一丝悠闲的惬意。
跳进生活的圈子，石羊河是一所热闹的小院，
饭桌上有给晚归的伙伴留的热饭，
院子里有自顾自乐的“富贵”等人归。
石羊河实验站弥漫着家的温暖，
在这里，我们感受，
山气日夕佳，飞鸟相与还。

一片神圣的黄土地，孕育了无数科研梦想。
他引来了国际友人的驻足观望，
他激发了国内外学者的思想交流。
他吸纳了每一位学者的见解与指导，
践行了试验改进的方法与举措；
他夹带着科研工作者的苦头与甜头，
吸引了外来学者的探访与交流。
师生之间的思想摩擦也迸发出明亮的火花，
同学们的科研热情如同清晨的朝阳，
铆足了劲头要腾空而起。

“黄河之水越大漠，千里汇聚石羊河。
民勤绿洲蓝天阔，青海湖面现碧波。”
愿石羊河实验站未来更加美好！

---

① 中国农业大学2018年硕士研究生，在实验站进行硕士学位论文试验研究。本诗作于2018年12月。

顾盻

章　禹[①]

是谁？借了雪山的记忆，
任那飘散的飞花，
装饰我们的青春年华。
是谁？走过文化长廊，
拾取一叶寂静飘零的枯萚，
夹在手中的书卷里，
等待时光，化了它，成琉璃。
潇潇雨歇，
窗外，落日西沉，
食堂边喜悦的小径，
夜夜月圆的院子天台，
打盹儿的星子。
你可，是否还记得？
潇潇雨歇，
夜醒了，路过铺满期盼的花衣裳，
同光的弧度，
青春不过弹指间，
顾盻，折花不负捧卷年，
顾盻，那里的你我，
白衣翩少年。

① 中国农业大学2018级硕士研究生，在实验站进行硕士学位论文试验研究。本诗作于2018年12月。

潜心向前

李 浩[1]

志之所趋，无远勿届，
穷山距海，不能限也。
志之所向，无坚不入，
锐兵精甲，不能御也。
学术之路，无所畏惧，
砥砺奋进，不言放弃。
青春之路，脚踏实地，
志存高远，不忘初心。

清 晨

薄丽媛[2]

土钻叮叮如私语，
根钻咚咚如急雨，
叮叮咚咚交相应，
共谱清晨勤劳音。

---

① 中国农业大学 2018 级硕士研究生，在实验站进行硕士学位论文试验研究。本诗作于 2018 年 12 月。
② 中国农业大学 2017 级硕士研究生，在实验站进行硕士学位论文试验研究。本诗作于 2018 年 12 月。

石羊河的夜

王治国[1]

那静谧的夜，
那广阔的夜，
那沉默中又饱含希望的夜，
让我们在沉默中找到心的方向，
在彷徨中开始梦的远航，
在流星划过的夜里，
许下浇灌出绿色的愿望。
在荏苒的时光中，
在逃去如飞的日子里，
我能做些什么呢？
啊！石羊河的夜，注定让人无眠。

石羊河颂

陈　阳[2]

千里沃土石羊河，莘莘学子农大人。
节水事业献终生，大漠戈壁遮绿荫。
千年大计留美名，琵琶美酒载歌声。
雄关漫道宽而广，我辈英豪为此生。

---

① 中国农业大学 2018 级硕士研究生，在实验站进行硕士学位论文试验研究。本诗作于 2018 年 12 月。
② 中国农业大学 2018 级硕士研究生，在实验站进行硕士学位论文试验研究。本诗作于 2018 年 12 月。

我与石羊河实验站

宋天旭[①]

轻轻地，我来了，
电车颠簸地走在小路上，
茂密的树丛从身边掠过。
实验站就在小路的尽头，
就像拨开草丛，
一颗珍珠藏在里面。

渐渐地，我恋爱了，
挂在墙上的荣誉堪比天上的繁星，
规整的试验田长出的不只是果实。
师兄师姐们的热情
让炎热的天气都稍显逊色，
包括这里的一草一木，
无不让我深深地爱上了这里。

轻轻地，我走了，
书包里装着的不再是各种零食，
脑海里回响的不再是游戏画面，
我带走了这里最宝贵的财富，
无数在实验站辛勤耕耘过的，
前辈们所留下的财富，
那就是对于科学研究，
认真、严谨、求实、创新的精神。

① 中国农业大学2018级硕士研究生，在实验站进行硕士学位论文试验研究。本诗作于2018年12月。

逐梦石羊河

牛瑞丛[①]

昨天，他们背起行囊，奔赴远方，
一代代师生辛勤耕耘，
一片片田地焕发生机，
一座座设施拔地而起，
一篇篇论文蜚声国际。
今日，你们扎根大地，努力生长，
一次次测量，验证的是学者的严谨，
一把把土钻，扛起的是勇者的担当。
明朝，我们不卑不亢，坚定信仰，
一滴滴汗水浇灌希望，
一丝丝光芒照亮梦想，
这里，水院人携手并肩，逐梦路上。

致　你

马士萌[②]

日出前的起航，
暮色下的守望，
自从你选择了与泥土做伴，
你便习惯了自己的身影被缩小和拉长。
尽管烈日晒黑你白嫩的脸庞，
你却是无数次投入那绿色的海洋。
自从你选择了与泥土做伴，
你便习惯了自己的汗水滑落脊梁。
尽管风雨摇晃了你瘦小的肩膀，
你却将一个个脚印留在了黄土地上。
日出日落，你与土地相伴成长。

① 中国农业大学2018级硕士研究生，在实验站进行硕士学位论文试验研究。本诗作于2018年12月。
② 中国农业大学2017级硕士研究生，在实验站进行硕士学位论文试验研究。本诗作于2018年12月。

春风也绿西北岸

玄成功[①]

一个风沙肆虐的地方，
一个大漠虎视眈眈的地方，
雨雪是老天无聊的消遣，
这是《凉州词》中的边塞。
人们从天南海北而来，
将汗水挥洒在这片荒凉之土。
记不得多少春寒料峭，
记不得多少烈日当头，
坚守在田间，
播种了嫩绿色的希望，
收获了沉甸甸的果实。
实验室中忙碌疲惫的身影，
会议室中宾朋满座的感动，
篮球场上热血澎湃的激情，
交织在小小的实验站。
同窗之情犹在眼前，
恩师教诲仍在耳畔。
年复一年，
不知是否还能想起，
在石羊河，
那些星光灿烂的夜晚。
但仍愿，不负流年，
黄龙退却，繁花遍地，麦香四野，
春风也绿西北岸。

① 中国农业大学2017级硕士研究生，在实验站进行硕士学位论文试验研究。本诗作于2018年12月。

梦起石羊河[①]

王春雨

干涸贫瘠的土地上，
科学的种子闪耀光芒，
精心呵护，悉心照料。
因为它承载着农大人的希望与梦想。
石羊河实验站早已扎根于边远村庄，
牢牢地刻在我们每一个人的心尖上。
不畏艰辛的学子们，
紧握的是信仰的力量。
努力拼搏，奋勇直上，
因为它代表着农业可持续发展的方向。
石羊河实验站是我们梦想起飞的地方，
倾注的心血因未来而绽放。

卜算子·咏石羊河科研师生

姚沫男[②]

水乃万物本，土为众生基。
谷水[③]碧波复春色，雍凉[④]蓝天阔。
青衿驻乡村，学子助振兴。
师生砥砺捷报频，原野齐欢乐。

---

① 本诗作于2018年12月。
② 中国农业大学2018级研究生，曾在实验站完成本科毕业论文试验研究。本词作于2019年2月。
③ 石羊河古称谷水。
④ 武威古称雍凉之地。

蝶恋花·石羊河

侯梦杰[①]

昔日谷水碧波流，
无畏狂沙，
涓涓浸绿洲。
塞草霜风千载秋，
漫卷黄沙怨幽幽。

农水儿女壮志有，
西行探究，
誓把时空扭。
今朝节水锁荒丘，
绿洲良田婆娑柳。

假如·颂

焦泽豪[②]

假如我是一粒壤土，
在狂风中飘摇，
我定会认清自己的方向，
飘呀飘呀，
成为土豆地保水的一员。

假如我是一滴降雨，
在乌云中挣扎，
我定会明白自己的使命，
落啊落啊，
成为小麦地润物的一员。

① 中国农业大学2017级硕士研究生。本诗作于2018年12月。
② 中国农业大学2018级硕士研究生。本诗作于2018年12月。

假如我是一台 Epson Scan，
在火车上颠簸，
我定会坚定自己的目光，
寻呀寻呀，
成为玉米地 SCI 的一员。

假如我是一根 Trime 管，
在黑暗中探索，
我定会耐住自己的寂寞，
钻啊钻啊，
成为苜蓿地高产的一员。

假如我是一颗科研种子，
在探索创新中成长，
我定会不忘自己的初心，
前进啊前进啊，
成为石羊河骄傲的一员！

石羊河印象

田皓予[①]

祁连山脚下，腾巴沙漠旁有这样一个地方：
在那里，有杰出一流的专家教授；
在那里，有朝气蓬勃的青年学者；
在那里，汇集了全国各地有志奉献农业的同好，
凝聚了世界各国生态节水人士的目光。
石羊河实验站——
你的名字被我牢记心间，
我能感受你给的坚强力量；
你的名声响彻五湖四海，
我能看到这里的桃李芬芳。
曾经是专家团队给了你生命，
而现在是你给了我无限的畅想，
我们同进步共生长。
我是一颗微小的种子，
你永远是我的一片森林，
我的思想在你的呵护中发芽。
在石羊河温暖的会议室里，
有我们碰撞的思想；
在实验站浩瀚的星空下，
有我们许下的愿望。
在那美丽的石羊河，
有情有义，有苦有乐，
但更多的是汗水洗过的青春风采和收获梦想的喜悦脸庞！

① 中国农业大学2018级硕士研究生，2018年暑假到实验站进行2个月的试验与实习。本诗作于2018年12月。

思绪

——石羊河变迁

武　慧[①]

在心灵的花园里，
我聆听着泥土中的浅草，
昨天还是漫漫黄沙，
也许明天会变成密密的森林。

在心灵的海洋中，
我嗅到了远处湖泊的清凉，
你说你不过是深深的小溪，
也许你的梦想该是大海。

在心灵的三轮车上，
在葡萄的芬芳中我拥抱着你的声音，
下一秒我撞树了，
也许是心事在萌发。
在心灵的小酒馆里，
我隐约尝到了羊肉的鲜香，
前辈们为你流了那么多汗水，
我更应该继续努力。

你静静地走在我的心里，
没有告诉我你的到来，
在荒芜的心灵中，
欣喜地看到了你的变迁。

① 中国农业大学2018级硕士研究生，2018年在石羊河实验站完成本科毕业论文试验和实习。本诗作于2019年3月11日。

第四篇

剧本篇

明天会更好[①]

石羊河试验站集体创作

这里曾经碧波荡漾、野鸭成群，
这里曾是丝路古都、河西粮仓，
这里现在却水流干涸、尘沙肆虐，
亚洲最大的沙漠水库也黯然失色，
这里有千百年吟咏不绝的凉州词：
“葡萄美酒夜光杯，欲饮琵琶马上催。醉卧沙场君莫笑，古来征战几人回……”
这就是位于我国西北内陆的石羊河流域！
漫天的风沙，干涸的大地，引起了温总理的十一次殷切牵挂：
“决不能让民勤成为第二个罗布泊！”

在这片干枯的大地上，我们建立了中国农业大学石羊河流域农业与生态节水试验站。

10 年来，我们的科研团队扎根西北，在石羊河流域开展了大量的研究工作，结合国家多项科研课题，为地方提供了大量先进实用的节水技术，产出了一篇篇高水平的科研论文，一批批优秀的博、硕士研究生从这里走向祖国的四面八方。

在老师们的带领下，我们又踏上了这片充满希望的热土，我们体味了刻骨铭心的艰难，奉献了骄阳似火的青春！

多少次我们顶着炎炎烈日，挥洒着辛勤的汗水；
多少次我们废寝忘食，期待累累的硕果；
多少次我们披星戴月，穿梭于试验田间。

因为我们明白：

实践才能出真知！

忘不了，雷院士、李院士对我们的谆谆教诲：扎根西北，脚踏实地；
忘不了，水利部李司长、姜司长对我们的殷切期望：勤学苦干，开拓创新；
忘不了，老师们多次深入试验田，与我们一同观测试验数据；
忘不了，老乡们多次关注我们的研究成果和实用技术。
坚持就是胜利，磨炼激发斗志。
难忘的野外试验经历让每一个过来人都变得：

更加执着，
更加勤奋，
更加坚毅，

---

① 中国农业大学水利与土木工程学院建院 50 周年庆祝活动，石羊河试验站师生集体朗诵，作于 2008 年 9 月。

更加顽强。
在这茫茫沙海的绿洲上，
试验站是我们共同的家！
风雨中，你为我撑起一把伞；
烈日下，你为我送来一碗水；
严寒里，你为我披上军大衣。
多少次风雨同舟，
多少次相互扶持，
一路走来，我们收获的，
是喜悦；
是进步；
是累累的果实！
追寻理想的道路上，我们的每一个脚印都坚实而有力，
因为我们始终坚信：
明天会更好！

（师生合唱《明天会更好》）

三句半·撸起袖子加油干[①]

王玉丰　高磊[②]

龙腾虎跃 303
载歌载舞来联欢
祝愿大家身体健
——多锻炼

我站今年形势好
各项进展都不小
新疆黑河石羊河
——节节高

圆满完成又一年
看到成绩喜万千
高效节水永不变
——意志坚

实验工作不逍遥
老师学生干劲高
SCI 已发不老少
——有头脑

科研英雄真不少
优秀人才都说好
还没对象来这儿找
——成了不少

团队老师个个灵
教学科研两手硬
长江杰青加优青
——真行(竖大拇指)

---

① 2017 年实验站年度总结会水利与土木工程大楼 303 实验室表演的节目，作于 2017 年 12 月。

② 中国农业大学 2016 级硕博连读生，在实验站从事博士学位论文试验研究，曾任实验站学生管委会学校交流部部长。

水肥一体向外推
新疆甜枣惹人醉
武威金昌加张掖
——我们不累(骄傲的表情)

万众瞩目十九大
富强民主我中华
青年奋斗没二话
——么么哒(“萌”的表情)

人工气候控得好
莫高辛苦守葡萄
温室三杰起大早
——咕咕咕(鸡鸣声音伴奏)

氮磷钾糖电导率
光合水势全都有
数据成果齐步走
——666

走过南,闯过北
下着大雨灌过水
乒篮排球还有谁
——嘿嘿嘿 我呗(羞涩得意的表情)

戊戌狗年要来到
祝愿大家新年好
工作科研都有招
——福来到

仰望星空思路远
脚踏实地不简单
撸起袖子向前看
——给点钱?

不对
新的一年好好干!

舞台剧·石羊河的故事[①]

脚本创作:王玉丰

【剧情大意】

在水资源极度短缺、生态环境问题严峻的西北典型干旱区,从1997年的小坝口实验点到2018年国内的一流野外观测平台,石羊河实验站以其严谨求实、艰苦奋斗、团结协作的精神不断发展壮大,从这里出了一代又一代优秀的水利人。

【主要角色】

2004年学生3名——两男一女,穿着朴素便服,称作男一、男二、女一

2012年老师1名——男,穿着正装

2012年学生3名——两男一女,穿着迷彩工作服,称作男A、男B、女A

2018年学生若干名——统一穿着站服,携带光合仪等工具,实验室内穿白大褂,无特定指代

2018年外国专家若干名——穿着衬衫或休闲正装

农户2名——男,穿着迷彩服,称作农户一、农户二

【剧本大纲】

场景一:2004年

(背景音乐:《同桌的你》第一段)

(随着背景音乐,背着大包小包的三人出场,步伐轻快,来到一个挂牌为"武威沙漠公园管理处"的平房前)

男一(指着牌子,大声地):武威沙漠公园管理处,我们到了。

女一(配合着,不安地):我们以后就在这里做实验了吗?这里有食堂、宿舍吗?就我们三个人干得过来吗?

男二(上前几步,拍拍女一的肩膀):别担心,比起最早的1997年师兄他们在小坝口做实验的时候,我们已经好多了。(扬起手里的工具,高昂地)我们还有土钻,有铝盒呢!

女一(点点头,然后疑惑地):嗯。可是我们为什么一定要来这个地方呢?

男一(沉稳的):西北内陆干旱区面积278万千米^2,占全国面积的29%,水资源量却仅占全国的3.8%。而石羊河流域是我国西北干旱内陆区人口最密集、用水矛盾最突出、生态环境问题最严峻的典型流域之一。这里需要我们!

男二:是的,这里需要我们!走吧!

(三人拿着行李向平房走去,灯光暗,三人退场)

---

① 舞台剧创作于2018年9月。

场景二:2004 年

(在一片沙地上,三人拿着 Trime 管及支架,正奋力打管,背景是风声)

女一(站着扶着 Trime 管):咱们打到多深啦?

男一(抡着锤,气喘吁吁地):还差 1 米。

女一(发愁地):3 米深的 Trime 管,一共 12 根,大半天过去了才打到第二根,这要多少天才能打完啊。

男二(向男一伸手要锤):我来会儿,你歇歇。

男一(让开了男二的手):我还能再打几下,你昨天挖剖面差点被埋进去,你给我扶着架子就行(管子突然晃动,地面下陷),沙子滑下去了,快抓住管子!

男二(趴在地上扶住管子):这儿的土壤质地太松散了,测出来的数据不准,我们换一个测点吧。

男一(扶着腰,有些低落):又白干了。

女一(昂扬地):现在辛苦些总比最后数据都不能用要强,没关系,我们一起努力,总能完成的。

男一(捡起地上的工具):也对,走,去下一个测点。

(灯光暗)

场景三:2004—2012 年

(追光灯照着一张圆桌,桌上摆着空荡荡的碗、盘子,两人围坐桌旁)

男一(有些不满地):怎么连饭都没有。

男二(无奈地):咱们又没说要留饭,人家工作人员自己吃完就撤了呗。

女一(跑上来,拿着一个袋子高兴地):我找到了几个馒头,这儿还有上次进城买的榨菜,晚饭就这么凑合凑合吃吧。

男一(叹口气):好吧,但是以后这样也不是个办法。

女一(思考状):我们可以以后每天让一个人提前回来留饭。

男二(附和着):对啊,回来以后放在热水器上热一下就好了。咱们还可以备点儿黄瓜、西红柿什么的。

男一(眉头渐渐舒展开):主意不错,来,开吃!

(三人开始分馒头和榨菜,灯光渐暗。)

(另一边追光灯打亮,一人拿着讲稿)

老师:现在是 2012 年 8 月,我宣布,石羊河实验站综合实验楼正式竣工!

(舞台亮,背景为实验站楼,几名学生站在楼前鼓掌,三人边聊天边走上前)

男 A(假装不以为意地):咱们这楼看着挺气派的嘿!

女 A(眉飞色舞地):对啊,住楼里暖和多了,以前住的平房好像要变成食堂,还有专门的人给我们做饭!

男 B(兴高采烈地):岂止——以后还有专门的实验室,一楼的每间实验室都会对应一个特定方向的实验,我们还有自己的学习室、会议室和图书室!

男A、女A(整齐地):Oh my god!

男A(压制不住喜悦地):听我老师说是2007年才在这里建站的,他们做实验那会儿只能借住在一个公园里,有时连饭都吃不上。

女A(惊讶地):杜老师以前也做实验啊?

男A(故作深沉地):你以为,这里少说也出了十几届学生了,想当年……(被男B打断)

男B(笑着打了男A一下):现在条件好是让你专心搞学术的,又装深沉。

(三人嬉笑着跑下舞台,灯光暗)

场景四:2018年

(在一间食堂内,摆着两三张桌子,几名学生坐在桌旁)

(一名学生走进来):今天吃啥?大盘鸡!

(一女生小小抱怨了一下):又是肉,我爱吃菜……还好,有紫甘蓝(端起盘子准备打饭)

(陆陆续续进来几人,手里拿着光合仪等仪器)

(打个招呼):你们今天都干什么了?

今天这不是个晴天嘛,我去测光合。

我买的EM50到了,今天去埋仪器。

我今天要去十一连调查一下当地农户的灌溉方式和灌水量。

(一人突然想起来什么):对了,那谁今天半夜起来测黎明前叶水势了,现在在补觉,我们帮他留个饭啊。

(有人回答,好的,灯光渐暗)

(灯光亮起,背景切换,有人在做田间观测,有人在室内穿白大褂做实验,有人在对农户进行问卷调查。

背景音乐播放《风吹麦浪》副歌)

(灯光渐暗,追光灯聚焦在一个伏案工作的学生身上,背景是他逐行敲出的英文论文)

(灯光亮,几名外国专家在一名老师的陪同下来到实验站参观同学们的实验)

老师(对着同学们介绍):这是来自美国Missouri University的教授和研究生们,他们将在站里进行为期一周的Summer School,同时中美两国研究生也将进行“1对1”的交流。(对着外专热情地)Welcome to our Shiyanghe Experimental Station.

外专(微笑):We are interested in your works on high efficiency and high quality irrigation as well as the water heat and carbon flux detection.

学生1:We also have experiments about water transport mechanism simulation, soil water and salt dynamics under multi-components solute, crop growth under coupling stress of water and salt, and so on.

外国学生:Yeah, familiar research and we can discuss more in the next few days.

学生2:Well, I think so～

（灯光渐暗，追光灯打在正在写邮件的外专身上，背景是他对实验站的赞赏与感激）

终

播放老照片 PPT 和实验站祝福视频。

石羊河颂歌[1]

王玉丰作词

(纪莎莎)这里曾经碧波荡漾、野鸭成群,
这里曾是丝路重镇、河西粮仓。

(袁宇森)这里现在却尘沙肆虐、生态极度脆弱,
亚洲最大的沙漠水库也为之黯然失色。

(黄泽军)遥想凉州,有"葡萄美酒夜光杯,欲饮琵琶马上催"的边塞豪情,
近看武威,却是腾格里和巴丹吉林两大沙漠合拢之势的生态威胁。

(姚沫男)这就是位于我国西北内陆的石羊河流域!
这里有干涸的土地和被遗弃的村庄,
有来自习总书记的牵挂"确保民勤不成为'第二个罗布泊'!",
(合) 这也是孕育着梦想与希望的绿洲,
因为这里有:
中国农业大学
石羊河实验站!(齐诵)

(纪莎莎)1997 年,从民勤小坝口、薛百实验站一路走来,一代代创业者在这里留下骄阳似火的青春,
(袁宇森)2004 年,石羊河实验站正式挂牌成立,梦想从这里启程,
(黄泽军)2006 年,研究成果获国家科技进步二等奖,
(姚沫男)2011 年,入选农业部野外科学观测站,
(纪莎莎)2013 年,再获国家科技进步二等奖,
(袁宇森)2014 年,获批国家农业科技创新与集成示范基地,
(黄泽军)2018 年,获全国唯一的研究生教育成果特等奖……
(姚沫男)这里正在成为我国旱区绿色高效节水的创新园、国际农业水科学前沿技术的示范窗、世界优秀农业人才的储备库和放飞无数绿色梦想的摇篮。

(纪莎莎)在这里——

---

① 中国农业大学水利与土木工程学院建院 60 周年庆祝活动。石羊河实验站学生朗诵与演唱,作于 2018 年 10 月。

一位院士，三位长江，三位杰青，四位优青，两位青年长江，是旱区农业节水科技创新的坚强后盾，

(袁宇森)420 余名研究生、380 名本科生，我们是服务旱区农业绿色发展的中坚力量，

(黄泽军)3 000 余位专家到访、面向数万名农民和技术人员开放，我们是旱区农业节水技术培训与集成示范的展示窗，

(姚沫男)一项国际农业节水杰出成就奖、四项国家科技奖，是对我们辛勤耕耘的最高赞赏！

(纪莎莎)20 多年来，
从单株、农田到流域水转化与高效利用，
(袁宇森)从单纯经济目标到考虑生态的水资源配置，
(黄泽军)从丰水高产到节水优质高效，
(姚沫男)从单一环节到全流域多要素系统调控，
旱区节水的技术难关被一一攻克。

(纪莎莎)100 多项国家级课题，项项寄托着祖国的希望，
(袁宇森)500 多篇论文，篇篇写在西北旱区辽阔的大地上，
(黄泽军)20 余项发明专利，件件优化了农业用水的效率和方向，
(姚沫男)10 多所田间学校的千余名农民，个个承载着乡村振兴的希冀和梦想。

(纪莎莎、黄泽军)忘不了，雷志栋院士、茆智院士、李佩成院士的谆谆教诲：
扎根西北，脚踏实地；(齐诵)
(袁宇森、姚沫男)忘不了，全国人大蒋树声、张宝文副委员长的殷切嘱托：
勤学苦干，开拓创新。(齐诵)

(合) 我们 脚踏实地—
(纪莎莎)多少次披星戴月，顶着炎炎烈日，用汗水浇灌试验；
(袁宇森)多少次废寝忘食，扛着样本仪器，用数据代替语言。
(合) 我们 仰望星空—
(黄泽军)多少次学术汇报、思维碰撞，用深入思考代替空想；
(姚沫男)多少次外专交流、联培出访，养成国际视野而不囿于现状。

(合) 科学的甘露滋润着农田，我们的汗水浇灌绿色的希望，终于——
黄河之水越大漠，千里汇聚石羊河。
民勤绿洲蓝天阔，青土湖面现碧波。(齐诵)

(纪莎莎、袁宇森)10 年前——

在水院 50 年庆祝晚会上，
老一代石羊河人唱出了《明天会更好》的愿望，
他们不惧风雨、日夜兼程，实现了这个理想；
（黄泽军、姚沫男）新时代——
绿色发展、提质增效，
乡村振兴的号角已吹响，
石羊河的故事还将继续，
我们仍将沿着既定方向远航！
（合）　在一代代追梦人的共同努力下，
我们坚信：
我们的实验站，我们的水院，我们伟大的祖国，
明天会更好！（齐诵）

（全体演唱《明天会更好》，领唱：李德智、王琪雯、王正男、林文青、田浩予、焦泽豪、黄航行、许尊秋）

三句半·明天会更好[①]

王玉丰

猪柿大吉 303
又是一年大联欢
祝愿大家身体健
操场见

圆满完成又一年
看到成绩喜万千
节水调质意志坚
点赞

科研工作往前迈
老师学生步子快
越来越多 SCI
爽歪歪

团队老师个个行
教学科研两手硬
研究生教育成果新
特等奖(竖大拇指)

改革开放四十年
梦想大半都实现
佛系青年别围观
前路灿烂

大田经常守黎明
温室半夜等流星
莫高黄羊都不近
天道酬勤

① 2018 年实验站年度总结会 303 实验室表演节目,作于 2018 年 12 月。

走过南，闯过北
下着大雨灌过水
电影烧烤生活美
戏精

二十春秋石羊河
节水绿洲替荒漠
青土湖面现碧波
好说好说

仰望星空思路远
脚踏实地不简单
撸起袖子向前看
加油干

己亥猪年要来到
祝福大家新年好
生活科研都有招
明天——
会更好

浇灌出绿色的希望

——中国农业大学石羊河实验站宣传片解说词

石羊河实验站[①]

中国农业大学石羊河实验站，位于河西走廊东部、古丝绸之路的要冲——甘肃省武威市。这里干旱缺水、生态脆弱，昔日水草丰美的青土湖早已黄沙漫卷，成为我国四大沙尘暴发源地之一。但就在这里，一片希望的沃土正在焕发着崭新而旺盛的生命力；在这里，石羊河实验站正在成为旱区绿色高效节水的创新园、国际学科前沿技术的展示窗、世界优秀农业人才的储备库和放飞无数绿色梦想的摇篮。

当历史的镜头回到20世纪90年代，石羊河下游民勤湖区，人们因无水可用而背井离乡，留下的是处处断垣残壁、废弃的机井、枯萎的沙生植物……流域水资源不合理配置、灌溉面积无序扩大及不科学的农业用水，浪费了宝贵的水资源，使得流向下游的地表径流日益缩减，地下水大量超采，沙生植被死亡，沙进人退，加速了腾格里和巴丹吉林两大沙漠合拢之势，河西走廊面临消亡威胁，这影响着整个大西北的战略安全。

为了彻底解决石羊河面临的水问题，一代代创业者在此撒下了辛勤的汗水。1997年开始，他们从民勤小坝口、薛百农技中心、凉州沙生植物园一路走来；2004年中国农业大学石羊河实验站在学校和地方政府的大力支持下正式成立；一批批学者从首都北京来到这块干涸的土地，他们有的是在国内外具有重要学术影响的知名专家，有的是刚毕业的大学生，有的是年幼孩子的父母，也有的是曾经娇生惯养的掌上明珠……但是在石羊河，他们风雨无阻、面朝黄土背朝天，用燃烧的岁月书写着同一个篇章：迎难而上，艰苦奋斗，兢兢业业，乐于奉献；他们要用科学向缺水宣战——要让每一滴宝贵水源流向精准，流向合理，流向高效，让这片不毛之地变得绿树成荫、沃野千里。

为了这个目标，实验站从定位试验入手，由局部的农田水转化研究发展到全流域水转化过程的研究；由仅考虑经济的水资源配置，发展到面向生态的水资源配置；由仅追求高产的充分灌溉，发展到综合考虑产量和品质的节水调质高效灌溉；由单一环节用水调控发展到全流域多用水过程的协同调控，解决了干旱内陆河流域水资源科学配置与高效利用的技术难题。

在建站之初，他们就创建了多层分布式农田耗水观测系统，通过长期野外定位试验，积累了上百亿组作物耗水等第一手实验数据，揭示了15种农作物和4种防风固沙植物的耗水规律，确定了它们的需水指标与控制阈值，作物水分利用效率提高20%以上；提出了定量评价气候变化与人类活动对地表径流影响的新方法，构建了面向生态的流域水资源配置与调控模式，开发了流域水资源管理决策支持系统，使水资源综合效益提高50%以上。

---

① 石羊河实验站集体创作于2018年6月。

而后，他们打破了“丰水高产”的迷信，减少作物奢侈耗水，创建了主要农作物非充分灌溉与调亏灌溉新模式，系统提出了“控制性作物根系分区交替灌溉”方法，在作物生长的某些特定阶段或者作物部分根区主动、适度地降低土壤水分，促进作物的生长和品质的改善，可节水 30%～40%，开拓了基于生命需水信息的作物节水优质高效调控新途径。

他们还在单一节水的基础上，考虑水肥药协同利用，创建了河西走廊玉米、小麦、马铃薯、温室蔬菜等主要作物的节水、节肥、节药一体化综合技术方案，较传统方法相比，节水 40%，节肥 30%。

这些成果，不仅推动了旱区流域水资源配置理论与农业节水实践的发展，促进了现代农业生产方式转变和绿色提质增效，更是为农业节水研究提供了新的思路。节水，不再仅仅意味着渠道防渗、喷灌、滴灌，它已经成为一个综合的技术体系，利用作物自身的生理功能、科学的管理方法，都将进一步提升农业用水的效率和效益，在未来，这些相关领域的研究将拥有巨大的发展潜力。

石羊河实验站历经多年建设，已发展到占地 600 余亩、各类建筑面积 5 000 余平方米，各项基础设施齐全，实验条件先进、校地联动管理有序，能同时容纳 100 人在站研究与实习；2011 年，石羊河实验站进入农业部野外科学观测实验站序列；2014 年，被批准为“国家农业科技创新与集成示范基地”，获批国家基金委优秀创新群体以及教育部、国家外专局“农业高效用水”学科创新引智基地。还先后承担了国家“863”计划、科技支撑计划、自然科学基金和公益性行业专项等国家级科研项目 30 余项。作为农业部重点建设的野外实验基地，石羊河实验站承载着越来越多的希冀与责任。

如今的石羊河实验站，依旧战斗在世界旱区水资源与节水农业研究的最前沿，服务国家“一带一路”大战略，根植地方经济发展需求，逐渐成为一个更加开放、更加多元的共享平台。它不仅是旱区农业节水重要的科研创新基地，还是基层技术人员的培训基地，更是我国农业节水创新人才的培养基地与海内外交流合作的重要窗口。

依托实验站完成的研究成果，先后在国际权威期刊发表论文 400 余篇，出版学术著作 3 部，获 ICID 国际农业节水技术奖 1 项、国家科技进步一等奖 1 项、国家科技进步二等奖 3 项、国家自然科学二等奖 1 项、部(省)级科技奖 5 项、国家专利 30 余件……

在潜心研究的同时，实验站将这些成果广泛应用于生产实际。产学研结合，与地方技术推广服务机构联动，举办各类培训班、实验站农民开放日和农民田间节水学校，提高基层技术人员的业务水平，培养农民节约用水、科学用水的新观念，推广先进的节水技术，促进农业生产方式由“广种薄收”“大水漫灌”向“以水定地、以水定种”的适水发展模式转变。石羊河实验站掀起的农业节水革命正使这片干渴的土地焕发新的生机。2011 年以来，石羊河下游地下水位开始缓慢回升，重现碧波荡漾，阔别近半个世纪的水鸟群终于又回来了。

“解民生之多艰，育天下之英才。”从石羊河实验站，先后走出 1 位中国工程院院士、3 位获“长江学者”称号、3 位获“国家杰出青年科学基金”、4 位获“国家自然科学基金优秀青年科学基金”、2 位获“青年长江学者”称号、1 位获“全国百篇优秀博士学位论奖”、6 位入选“教育部新世纪人才”和 420 余名研究生，一批批毕业研究生已成为国家农业水利行业的中坚力量；目前每年还有 70 多位博、硕士研究生和本科生在此从事科学研究与实习……日新月异的石羊河实验站，正为全国乃至全球的农业节水事业输送人才，逐渐成为旱区农业节水科技进步的坚实后盾。

石羊河实验站的变化赢得了世界的关注。来自美国、英国、澳大利亚、德国、法国、丹麦、以色列、日本、瑞典、瑞士等30多个国家的200多位专家学者曾在此从事科研工作和考察交流；全国人大、水利部、科技部、农业农村部以及20多个省（自治区、直辖市）相关部门的领导和科研院所的1 200多位专家学者曾到这里参观考察；石羊河实验站的名字正在国际学术界闪亮……

党中央提出了“创新、协调、绿色、开放、共享”的发展理念，强调要把农业节水作为方向性、战略性大事来抓。石羊河实验站面临历史性的发展机遇，它将不仅是农业节水科研推广的试验示范点，更是千万梦想的起点。在这里，科学的甘露浇灌着茁壮成长的作物，前辈们的汗水也不断滋养着年轻学者的心田。一批批可爱的科技工作者手捧希望的种子，在这片土地上耕耘、收获、树木、树人……他们不惧风雨，日夜兼程，终将实现梦想，用汗水浇灌出绿色的希望！

第五篇

新闻报道篇

用汗水“留住每一滴水”

——中国农业大学石羊河实验站节水研究的故事

《甘肃日报》记者　秦娜

7月底，骄阳似火。

位于武威市凉州区金河镇王景寨村的中国农业大学石羊河实验站更是热火朝天。以中国工程院院士、中国农业大学教授康绍忠为带头人的科研团队正在这里举办一场“膜下滴灌水肥一体化技术”培训班。

会议室里，挤满了从四面八方赶来的农技人员、种植户。台上院士讲得生动，台下老乡们听得仔细。

对于这里的种植户来说，康绍忠早就是老朋友了。从20世纪90年代开始，康绍忠带领团队扎根石羊河流域，开展农业与生态节水系列研究。于他而言，武威早已是第二故乡，这里的老百姓亦是他的乡亲。

时至今日，康绍忠和团队依旧在为实现“留住每一滴水”的目标而努力，依旧在用青春和热血书写着石羊河节水研究的故事。

一切都要从缺水说起

石羊河流域是甘肃三大内陆河流域之一，也是我国西北内陆干旱区人口最密集、水资源开发利用程度最高、用水矛盾最突出的地区。因此，这里的人们对缺水的敏感程度比任何地方都强烈。

1995年，当时还在西北农业大学任教的康绍忠，来到甘肃石羊河下游的青土湖一带考察。一到武威民勤，眼前的情景就给了康绍忠“当头一击”：土地龟裂、湖泊干涸，到处都在喊“渴”。在民勤东渠乡大号三社，因为没有水，很多人远走他乡，原来134口人的村子只剩下21口人。

经过考察，康绍忠发现水资源配置不合理，上、中游灌溉面积无序扩大和不科学的农业用水浪费了大量水资源，导致下游水资源匮乏。康绍忠深深地意识到，农业科学用水在这里太重要了。也就是从那一刻起，一个想法在康绍忠心中愈发坚定：必须要为这里做些事儿。

此后，康绍忠带领科研团队与武威市水利科学研究所合作，结合国家自然基金重点项目和国家“863”计划项目等，陆续开展了一些节水试验、示范和推广工作，取得了一些成效。随着项目的推进，康绍忠发现，这种只在点上的节水试验示范对于整个流域来说，发挥的作用太有限了，必须要从全流域的尺度来考虑问题。

“流域里各种农作物、生态植被的需水过程是怎样，有限的水资源应该如何配置，生态配水该占多少、农业配水又该占多少……只有把这些问题搞清楚，才能有的放矢，做到科学节水。”康绍忠说。

思路调整之后，康绍忠带领科研团队在石羊河全流域上、中、下游布置了大量的长期野外定点试验。积累了上百亿组珍贵的基础科学试验数据，并结合流域农业种植结构调整的实际需求，揭示了流域内 13 种主要农作物、4 种防风固沙植物的耗水规律，获得了大田粮食作物、酿酒葡萄、温室蔬菜、膜下滴灌棉花等 4 类作物的经济需水指标，为流域水资源合理配置、种植结构调整和科学灌溉提供了定量的依据。

节水研究远比想象的更神奇

在人们的传统观念里，丰水必然高产。可是，康绍忠团队通过大量试验发现，并不是作物灌水越多越好。他告诉记者，在作物生长的特殊阶段，人为地、主动地降低土壤水分、使作物经受一段干旱的过程，不仅不会降低产量，反而会促进其生长，而且还能改善作物品质。“就好比养孩子，并不是一味地好吃、好穿就能让他健康成长，要让孩子经受一些磨炼，反而会促进他更好地成长，作物灌溉也是一个道理。”康绍忠打了个形象的比喻。基于此，科研团队系统研究了大田作物的调亏灌溉和非充分灌溉技术及应用模式。

1996 年，康绍忠团队提出了“控制性作物根系分区交替灌溉”的新方法，也就是从作物根系空间实施分区供水，人为交替控制或保持根系活动层的土壤在某一区域干燥，使作物根系始终有一部分生长在干燥或较干燥的土壤区域中，让其产生水分胁迫的根信号再传递至叶片，最优控制叶片气孔开张度，减少叶片奢侈的蒸腾耗水。同时，通过对不同区域根系的交替干旱锻炼，提高根系传导能力及水分和养分的利用效率，减少棵间全部湿润时的无效蒸发和总的灌溉用水量。

后来，这一灌溉技术在民勤沙漠绿洲区年降水量 110 毫米的地区应用，在保证产量的情况下，还可以使灌水量减少 20%～30%。当时，这项技术被教育部组织鉴定认定已达到国际领先水平，并被国家发改委等 5 部委列为重点推广的农业节水技术。

在积累了大量原始数据、搞清了各种作物的耗水量以及灌溉制度后，可以说康绍忠团队完成了节水研究三步走中的第一步。进入 2000 年以后，康绍忠团队将更多的关注点放在了流域水资源配置上。

康绍忠告诉记者，西北内陆干旱区是我国资源型缺水区，要想更好地解决“缺水”与“农业发展”“生态健康”之间的矛盾，基于流域生态健康的水资源科学配置就是关键。康绍忠带领团队以石羊河为实验区，发展了流域水转化的定量模拟方法，提出了定量评价气候变化与人类活动对径流影响的新方法，建立了面向生态的流域水资源科学配置模型，开发了具有径流预测、灌区管理、水资源信息管理及决策等功能的流域水资源管理决策支持系统，将水资源形成转化与消耗的观测与试验数据、空间遥感数据与各种专业模型进行综合集成，不仅为水资源管理和灌区管理部门提供快速查询、辅助决策功能，也为西北旱区流域尺度水资源转化规律与节水调控模式的综合研究提供了共享数据平台。

这一研究成果大大地推动了干旱内陆区流域尺度水资源转化理论及其农业节水调控实践的发展，促进了生态脆弱区的流域水资源高效利用。

这一阶段，石羊河实验站研究团队也进入了收获期，由他们完成的“西北地区高效用水原理与技术研究及应用”成果、“干旱内陆河流域考虑生态的水资源配置理论与调控技术及其应用”成果分获 2006 年度和 2013 年度国家科技进步二等奖。

2013 年以来，康绍忠团队开始系统研究、应用、推广水肥一体化技术，加快科研成果的转化。在康绍忠看来，这种节水、节肥、节药、节省土地的现代农业技术，非常适用于甘肃等干旱地区绿色农业发展，将提高规模化生产能力，有效解决劳动力稀缺等问题。

康绍忠院士常说：“提高农业用水效率是一个长期的任务，也是一个永无止境的课题。只有建立起一套完整的科学体系，找到可控制的节水途径，才能实现‘留住每一滴水’的目标。”

与节水研究同样重要的是改变人们的用水观念

2017 年，武威市凉州区金河镇王景寨村村民陆生一次性铺设了一整套滴灌设备，应用膜下滴灌水肥一体化技术种植 600 余亩大田玉米，节水、节肥、省工效益明显。如今，在武威，越来越多的种植户和陆生一样，节水意识不断提高并愿意付诸实践。

“这些年康绍忠院士团队和武威当地的不断努力，给当地带来最显著的变化是人们用水观念的转变和节水意识的提高。”武威市水利技术综合服务中心副主任、教授级高工韩万海多年来一直参与到相关节水研究和项目中，对此深有感触。

在石羊河实验站，还集合了武威市水务局、武威市水利科学研究所等部门和科研机构的力量。从 2010 年起，科研团队与武威市政府联合举办了 10 期“现代节水灌溉技术”培训与示范观摩活动，2 000 余人从中受益；2011—2013 年，连续 3 年举办“农民田间节水学校”和“农民开放日”活动，来自石羊河流域不同区域 14 个试点村的 400 余名农民代表观摩学习了节水技术。同时，来自实验站的年轻教师和研究生、本科生深入红崖山灌区、环河灌区等 6 个灌区的 20 个乡镇，开展节水技术宣讲，普及了适合在当地重点推广的膜下滴灌技术、温室大棚滴灌技术、隔沟交替灌溉技术和调亏灌溉技术等农业节水技术。

康绍忠院士说：“现在人们已经认识到节水是一个综合的技术体系，利用作物本身的生理功能和科学管理等一系列方法进一步提升农业用水的效率，有了这个‘思想’基础，节水农业的发展将有巨大潜力。”

实验站通过创新产学研相结合的水资源科学配置与调控技术示范推广，提高了基层技术人员的业务水平和农民节约用水、科学用水的意识，促进了流域农业生产方式由广种薄收、大水漫灌向以水定地、以水定种、按作物需水要求精量用水，在石羊河流域重点治理中发挥了重要作用。更为深远的意义在于，康绍忠团队的研究进一步促进了学科发展与行业科技进步，提升了我国在水资源高效利用领域的国际影响力。正因为此，石羊河实验站也成为“人气最旺”的实验站，来自中国农业大学、清华大学、北京师范大学、西北农林科技大学、北京林业大学、甘肃农业大学等近百名师生常年在这里进行科学研究。更令人刮目相看的是，一个偏居西北的小小实验站，竟能吸引美国、英国、澳大利亚、瑞典、以色列、西班牙等 30 多个国家的节水专家、学者前来参观和考察，并依托试验站技术力量举办多次发展中国家节水技术培训班，向外输出中国的节水技术。

“留住每一滴水”的背后是数不清的汗水和泪水

如今,走进石羊河实验站,三层实验楼,各种先进的仪器设备也一应俱全。可在 20 多年前,这一切都还是“0”。

中国农业大学教授杜太生,1998 年读研究生期间就跟随康绍忠扎根石羊河做科研。他回忆,当时师生们先后在民勤小坝口、武威沙漠公园、民勤薛百农技站和邓马营湖等地开展农业节水试验。没有属于自己的科研用房,更没有自来水,他们就跟当地的村民一起住简陋的小平房,自己拉车取水,自己做饭,睡土炕。与生活上的艰苦相比,更难熬的是身处异乡的孤独。杜太生说那时交通不便,从北京到武威要坐一天一夜的火车,刚到小坝口试验点时,原来驻扎的师姐交代了试验方案后,由于还有其他试验工作就离开了。人生地不熟,语言又不通,杜太生硬是一个人熬了 3 个多月,把试验“拿下”。

多少个日子里,科研人员从田间取样、测样,回到实验室中一次次分析测定、整理资料;放下仪器和资料,他们又像农民一样满脸灰尘、一身汗水地在荒漠地上摸爬滚打,风雨无阻。

他们的故事也在实验站广为流传。2002 级研究生佟玲、姚立民、贾宏伟在民勤绿洲做土壤入渗特性空间分布试验,天不亮就出门,在沙漠边缘地上冒着五六十摄氏度的高温,还要用马车拉水;2003 级研究生郝治福、吕廷波在邓马营湖为了观测抽水井水位和土壤入渗的动态变化,常常是带着干粮和一壶开水,在沙漠边缘的农田里一跑就是一整天;2005 年,在条件最艰苦的民勤薛百乡农技站试验基地,只有一个简易旱厕,老师们尽量不让女同学在那里开展试验,但一位女生侯晓燕就是不服气,克服种种困难,顺利完成了马铃薯膜下滴灌试验……

2004 年,“中国农业大学石羊河流域农业与生态节水试验站”揭牌。在中国农业大学和武威市政府等方面的大力支持下,2012 年,实验站综合实验楼落成,科研人员终于有了一个安稳的“家”,试验环境和生活条件也大为改善。

今天,越来越多的“90 后”沿着老师、学长走过的路,依旧在这片土地上挥洒青春。有些同学过来以后气候不适应,有的反复流鼻血、有的紫外线过敏,可是没有人喊苦喊累,也从来没有人放弃。

2012 级硕博连读的山东女孩儿吴迪刚来实验站时,并不知道西北风的“厉害”,仅仅 1 个月,脸上的皮肤就被吹伤,皮肤干到连笑的表情都做不出来。她在做研究生课题“制种玉米地面灌溉技术参数模拟优化”时,一个人管理 6 亩地,每年要在实验站上待 8 个多月,她也一点儿不含糊。

“我们的师长能在这里扎根几十年,是一种情怀、也是一种精神,今天我们也应该继续坚守下去。”吴迪说。

农业试验比不得其他行业,一次失败,错过了时间,就得再等下一个生长季。年轻的学子们传承团队脚踏实地、精益求精的科研作风,认真对待每一次试验和每一组数据,用实际行动把论文写在大地上。

如今,在全社会的共同努力下,石羊河流域重点治理已取得重要进展,自 2011 年以来，民勤地下水位开始慢慢回升并逐步达到动态平衡……每每看到沙漠绿洲生机勃勃的景象，康绍忠和团队成员都非常欣慰，深感以往的所有付出都是那么的值得。

未来，康绍忠团队仍将坚守在旱区水资源可持续利用的科研一线，石羊河实验站的节水故事仍将继续书写。

（原载于2017年8月22日《甘肃日报》）

石羊河实验站的水故事

中国农业大学党委宣传部　郝琦伟

武威古称凉州，是丝绸之路东端的门户，唐诗中曾经形容“无数铃声遥过碛，应驮白练到安西”。千年过后，昔日“人烟扑地桑柘稠”的重镇，正经历严峻的区域生态恶化——武威的东、北部，祁连山雪水无法流经的地方，成为我国西部生态脆弱、资源型缺水的典型区域。近几十年来，随着社会经济的迅速发展，流域水资源过度、无序开发利用，区域生态环境一度急剧恶化，“一年一场风，从春刮到冬”就是当时恶劣生态环境的真实写照。民勤绿洲北端的青土湖，20 世纪 50 年代已干涸见底，石羊河流域下游地区已成为我国四大沙尘暴的发源地之一，地下水因矿化度剧增，不仅人畜不能饮用，而且也不适用于农田灌溉，当地部分群众因无法生存而背井离乡，沦为“生态难民”。

武威市东南 35 千米，600 多亩的石羊河场站，像 20 千米以外的沙柳一样，扎根在这里，要用科学止住腾格里、巴丹吉林两大沙漠合龙，让稀缺的水资源在这里得到优化配置、最大化利用。

这里太渴了

24 年前，康绍忠（现中国工程院院士、石羊河实验站站长）第一次到甘肃石羊河下游青土湖考察农业用水。一到民勤，康绍忠就被眼前的情景惊呆了：土地龟裂、水干沙起，在极度缺水的恶劣条件下，村民们一个个挑着担子离开了，在民勤东渠乡大号三社 134 人的村子因没有水而逃荒仅剩下 21 人，湖面变成盐碱地，放眼望去全是荒芜的灰白景象。眼前的情景让人怎么也无法想到，这就是清朝时那个野鸭成群、游鱼无数、水草丰美的湿地——民勤。

考察了当地的情况之后，康绍忠找到症结所在：水资源配置的不合理，上、中游灌溉面积无序扩大和不科学的农业用水浪费了大量水资源，致使下游的生态环境严重恶化。

“走进徒留残垣断壁的院落，心里像打翻了五味瓶。如果农业盲目用水得不到遏制，民勤的今天，就是中国北方的明天。这里太渴了，农业科学用水太重要了，我必须要为这里做些事情。”回忆起当时的情形，康绍忠平静的话语中透出酸楚和强烈的使命感。

留住每一滴水

要想高效用水，首先就需要知道作物究竟需要多少水。基于此，康绍忠带领科研团队开始扎根石羊河，在全流域上中下游布置了大量的长期野外定位试验，热脉冲与热平衡茎流计、大型称重式蒸渗仪、涡度相关仪、波文比系统、植物生理监测系统、超高精度液态水和水汽同位素分析仪等先进的仪器设备相继投入试验研究，功夫不负有心人，通过长期定位试验，实验站积累了4.20亿个宝贵的基础科学试验数据，结合流域农业种植结构调整大力发展酿酒葡萄产业、日光温室蔬菜产业、膜下滴灌棉花产业等的实际需求，揭示了流域内13种主要农作物、4种防风固沙植物的耗水规律，获得了大田粮食作物、酿酒葡萄、温室蔬菜、膜下滴灌棉花等4类作物的经济需水指标，为流域水资源合理配置、种植结构调整和科学灌溉提供了定量的依据。

康绍忠团队通过大量实验发现，人们普遍认同的“丰水高产”观念不完全正确，并不是作物灌水越多越好。在作物生长的特殊阶段，人为地、主动地降低土壤水分、使作物经受一段干旱的过程，不仅不会降低产量，反而会促进其生长，并且还能改善作物品质。“就像养孩子，不是一味吃好、穿好就能让他健康成长，要让孩子经受一些磨炼，反而会更好地促进成长。作物灌溉也一样。”康绍忠打了个形象的比喻。据此，康绍忠系统研究了大田作物的调亏灌溉和非充分灌溉技术。

通过长期的探索研究，1996年，康绍忠团队系统提出了“控制性作物根系分区交替灌溉”的新方法，从作物根系空间实施分区供水，人为交替控制或保持根系活动层的土壤在某一区域干燥，使作物根系始终有一部分生长在干燥或较干燥的土壤区域中，让其产生水分胁迫的根信号传递至叶片，最优控制叶片气孔开张度，减少叶片奢侈的蒸腾耗水。同时，通过对不同区域根系的交替干旱锻炼，提高根系传导能力及水分和养分的利用效率，减少棵间全部湿润时的无效蒸发和总的灌溉用水量。这一灌溉技术在民勤沙漠绿洲区年降水量110毫米的地区推广应用，可在保证产量的情况下，使灌水量减少20%～30%。该项技术经教育部组织鉴定认为，“达到国际领先水平”。国际著名农业水管理专家、新西兰皇家科学院院士B. E. Clothier评价该项成果时认为：“有直接的应用目标，是十分有意义和富有开创性的研究。”该项技术被国家发改委、科技部、水利部等5部委联合颁发的《中国节水技术政策大纲》列为重点推广的农业节水技术。

康绍忠称他的研究带来的最大影响就是改变了人们的观念，即节水不仅是推行喷灌、滴灌，人们现在已经认识到这是一个综合的技术体系，利用植物生理功能和科学管理进一步提升农业用水的效率，在将来具有很大的潜力。

西北内陆干旱区是我国资源型缺水区，为解决“缺水”与“农业发展”和“生态健康”的矛盾，基于流域生态健康的水资源科学配置是关键。康绍忠带领团队以石羊河为实验区，发展了流域水转化的定量模拟方法，提出了定量评价气候变化与人类活动对径流影响的新方法，建立了面向生态的流域水资源科学配置模型，开发了具有径流预测、灌区管理、水资源信息管理及决策等功能的流域水资源管理决策支持系统，将水资源形成转化与消耗的观测与试验数据、空间遥感数据与各种专业模型进行综合集成，不仅为水资源管理和灌区管理部门提供快速查询、辅助决策功能，也为西北旱区流域尺度水资源转化规律与节水调控模式的综合研究提供了共享的数据平台。2012年，教育部组织专家组鉴定认定该成果“推动了干旱内陆区流域尺度水资源转化理论及其农业节水调控实践的发展，取得了显著的经济、社会与生态效益，促进了生态脆弱区的流域水资源高效利用”。

“决不能止步于现有成果，提高农业用水效率是一个长期的任务，也是一个永无止境的课题。只有建立起一套完整的科学体系，找到可控制的节水途径，才能实现‘留住每一滴水’的目标”，康绍忠说。

难忘的泪水，数不清的汗水

旱灾、风暴、沙尘、荒漠、水质变坏……大自然一次一次向人们嘶喊：快离开这孱弱的石羊河吧！可有一批人逆流而上，扎根石羊河搞科研，把石羊河当作自己的家。

“与石羊河有关的记忆，你最深刻的是哪个瞬间？”

“是康绍忠老师的眼泪。我清楚地记得，2012年康老师给学校名家论坛做关于石羊河的报告。在修改发言稿的时候，我看到康老师好几次落泪，他把石羊河当作自己的家，每当想起石羊河环境的恶劣，他都会心痛吧。”康绍忠的学生答道。

从康绍忠的身上，石羊河实验站人看到了绿洲的希望，理解了“解民生之多艰”的内涵，明白了农大人身上的责任和使命。2004年，石羊河实验站正式成立，13年间，从租赁别人的小平房到如今三层楼的实验室，从沙尘飞扬到绿树掩映，从寥寥几人到百人团队，从单打独斗到多方合作，从填补空白到成绩斐然……他们聚焦河西走廊存在的现实问题，十三年如一日，坚守、沉淀、积累，只为那一方碧水蓝天。

实验站人在这里潜心研究如何科学高效利用水土资源，齐心推进环境友好型农业建设，希望让最少的水、最少的肥、最少的药发挥最大的效益。在艰苦的环境中成长的他们，传承“不畏艰辛、乐于奉献、吃苦耐劳、艰苦奋斗”的石羊河精神。

他们是农民，满脸灰尘、一身汗水地在荒漠地上摸爬滚打，风雨无阻，耕地、播种、栽培、收获，样样在行；他们是科研工作者，一次次从田间取样、测样，到实验室中分析测定、整理资料、思考创新，硕果累累；他们是公益践行者，成立“农民节水技术田间学校”，给当地学生上环境教育课，组织农民到实验站考察学习，编写节水培训教材，指导农民学员制定实验计划，开展技术人员对农户、农户对农户的农业节水技术推广和培训；他们更是优秀的研究生，一篇篇高被引的SCI论文、校级优秀论文、全国优秀博士论文……

我们可以看到这样的身影，听到这样的故事：杜太生、李思恩、佟玲、丁日升等从学生时代到走上工作岗位，驻扎石羊河十余载，他们为了科研工作不得不离开爱人和年幼的孩子，不分昼夜地忙于试验研究和实验站的日常管理工作，他们有时天不亮就出门实验，在五六十度的沙漠边缘一待就是一整天；2003级研究生郝治福、吕廷波在邓马营湖为了观测抽水井水位和土壤入渗的动态变化，也常常是带着干粮和一壶开水，在沙漠边缘的农田里一跑就是一整天。2005年，在民勤薛百乡农技站基地，条件比较艰苦，只有一个简易的土厕所、男女共用，老师们想尽量不让女同学在那里开展试验，但有一位女生就不服气，克服了巨大的困难，顺利完成了马铃薯膜下滴灌试验。2004级博士生张宝忠读研究生5年时间，其中有4年坚持在野外基地试验工作，每天独自骑自行车到距离实验站4公里外的皇台葡萄园观测其水热通量的变化、测量葡萄的生理生态指标，为采集试验数据，顶风冒雨，不畏严寒酷暑，付出了艰辛的劳动，他的博士论文被评为全国百篇优秀博士学位论文，现已成为中国水利水电科学研究院水利所的业务骨干……

全年不间断，总有至少50名师生在实验站开展研究工作，每年暑期，近百名师生在实验站进行实习或暑期实践。1位院士、2位杰青、3位优青、1名青年长江、1名全国优博、400余名研究生先后在石羊河这方贫瘠干涸的土地上成长成才，一批批优秀的博士、硕士研究生从这里走向祖国的四面八方……

依托实验站完成的研究成果先后获 ICID 国际农业节水技术奖 1 项、国家科技进步二等奖 3 项、国家自然科学二等奖 1 项、部(省)级科技奖 4 项;2011 年实验站进入农业部野外科学观测实验站建设序列;2014 年被农业部批准为“国家农业科技创新与集成示范基地”,获批国家自然科学基金委优秀创新群体以及教育部和国家外专局联合资助的农业高效用水学科创新引智基地……

如今,随着生活条件的改善和试验研究设备的完善,实验站为科学研究、人才培养、技术创新、团队建设、国内外交流合作、技术示范推广等搭建了平台,逐渐成为我国西部地区农业高效用水科学研究与示范以及人才培养的重要基地。

水回来了!

“扎根西北,谷水如金。白亭青土,马燕同飞。”康绍忠团队长期在西北地区潜心研究,认真对待每一滴水,将科研成果应用于生产实际,极力推广,不断追求卓越。

他们产学研结合,创新水资源科学配置与调控技术示范推广体系;提高基层技术人员的业务水平和农民节约用水、科学用水的意识;促进了流域农业生产方式由广种薄收、大水漫灌向以水定经济结构、以水定发展规模、以水定产业布局、以水定作物种植面积转变。所取得的一系列成果在石羊河流域重点治理中发挥了重要作用。

自 2011 年以来,民勤的地下水位开始缓慢回升并逐步达到动态平衡,水鸟群又回来繁衍、栖息了。

“有一天偶然听到以往坚信‘浇水越多,收成越好’的村民们在路上热烈地讨论滴灌节水技术,那一刻,觉得自己做的事终于得到认可了。”扎根石羊河十余载的李思恩老师兴奋地说。

不仅农民认可,不断取得新突破的石羊河实验站也获得各界越来越多的关注:多位中央和地方领导到实验站及示范基地考察与指导工作,上千名业内专家学者到实验站合作交流,国内外多所高校和科研单位的师生在我校实验站开展试验研究工作或实习实践……

如今,石羊河流域重点治理已取得重要进展,膜下滴灌以及配套的农业机械、栽培等高新技术全面普及,家庭农场、国有大型农场随处可见,葡萄产业、制种产业在全国数一数二。因节水引发的农业现代化革命使这片区域重新焕发生机,成为西北地区一颗耀眼的明珠。

但生态环境治理是攻坚战,更是持久战。农大人在河西走廊上的脚步不会停歇,他们还将坚守、还将战斗,为了碧波万顷的湖水,为了水天一色的风光,为了大西北荒漠中那绿色的梦想……

(报道于 2017 年 7 月 3 日中国农业大学新闻网)

科研平台、育人基地、示范窗口、造福西北
——写在中国农业大学石羊河实验站正式挂牌十周年之际

石羊河实验站

这里曾经碧波荡漾、野鸭成群、游鱼无数；这里曾是丝路重镇、五凉古都、河西粮仓；这里还有千百年吟咏不绝的凉州词："葡萄美酒夜光杯，欲饮琵琶马上催。醉卧沙场君莫笑，古来征战几人回……"。这里现在却水流干涸、土地沙化、黄沙漫天、尘沙肆虐。这就是位于甘肃石羊河流域下游的青土湖的前世今生。十年前，我校石羊河实验站就是在这种环境下挂牌成立的。从租赁别人的小平房到现在的三层综合实验楼，从沙尘飞扬到绿树掩映，石羊河实验站经历了十个春夏秋冬，数百名师生在这里挥洒着汗水、付出了心血，十年如一日地进行着朴素而充实的工作、生活，不仅在科研道路上开辟了属于自己的一方天地，也积累了宝贵的精神财富。

西北石羊河流域是甘肃省三大内陆河流域之一，面积为4.16万千米^2、人口为230多万人，它是我国西北内陆干旱区人口最密集、水资源开发利用程度最高、用水矛盾最突出、生态环境问题最严重的地区。近几十年来，随着社会经济的迅速发展，流域水资源过度、无序开发利用，区域生态环境一度急剧恶化，"一年一场风，从春刮到冬"就是当时恶劣生态环境的真实写照。民勤绿洲北端的青土湖，20世纪50年代已干涸见底，石羊河流域下游地区已成为我国四大沙尘暴的发源地之一，地下水因矿化度剧增，不仅人畜不能饮用，而且也不适用于农田灌溉，当地部分群众因无法生存而背井离乡，沦为"生态难民"。石羊河流域生态环境的严重恶化引起了党中央、国务院、国家有关部委及社会各界的高度重视与关注。2001年以来，国务院原总理温家宝曾先后多次做出重要批示，明确指示："决不能让民勤成为第二个罗布泊，这不仅是个决心，而是一定要实现的目标。这也不仅是一个地区的问题，而是关系国家发展和民族生存的长远大计。"最近中共中央总书记习近平又明确指出："要确保民勤不成为第二个罗布泊。"

中国农业大学石羊河实验站是石羊河流域唯一的重点研究农业与生态节水的野外科学实验站，它不仅承担着典型内陆干旱区流域水资源转化过程与用水效率科学观测的重任，而且也承担着为石羊河流域产业结构调整、生态建设与水资源保护等重点治理工程提供理论支撑与技术服务的重大使命。10年来，在国家有关部门和学校与地方的大力支持以及全体师生的辛勤努力下，实验站得到了快速发展，2011年被批准为农业部作物高效用水武威科学观测实验站；2012年建筑面积3 600多米^{2}的综合实验楼竣工并投入使用；2013年被水利部批准为"绿洲农业高效节水技术推广示范基地"；2014年利用水利部"948项目"建设的大型人工气候试验系统将投入使用。在团队与人才队伍建设方面，2006年获批教育部创新团队；站长康绍忠教授因在石羊河流域的贡献而获2006年度ICID国际农业节水技术杰出贡献奖，并被英国Lancaster大学授予荣誉科学博士学位；2011年实验站站长康绍忠教授当选为中国工程院院士；冯绍元教授、黄冠华教授、毛晓敏

副教授、杜太生教授、霍再林副教授先后入选教育部新世纪人才计划；2012 年和 2013 年杜太生教授、霍再林副教授先后获批国家自然科学基金委优秀青年基金；2013 年获批国家自然科学基金委优秀创新群体以及教育部和国家外专局联合资助的农业高效用水学科创新引智基地。2010 年实验站合作完成的“农业化学节水调控关键技术与系列新产品产业化开发及应用”获国家科技进步二等奖，2013 年依托实验站主持完成的“干旱内陆河流域考虑生态的水资源配置理论与调控技术及其应用”获国家科技进步二等奖。2011 年张宝忠在实验站完成的博士学位论文被评为全国百篇优秀博士学位论文……石羊河实验站已逐渐成为在国内外具有重要影响的旱区农业高效用水研究与示范基地。

（一）

将历史的时钟拨到 20 年前，当时在西北农业大学任职的康绍忠教授首次到青土湖考察，到处见到的是沙进人退、残庄破壁的情景，在民勤东渠乡大号三社 134 人的村子因没有水而逃荒仅剩下 21 人。1996 年康绍忠教授就开始在该流域下游布置相关试验研究，梁宗锁、潘英华、杜太生等一批博士生、硕士生和本科生在此开始进行试验研究……2003 年底台胞朱英龙先生得知中国农业大学中国农业水问题研究中心成立，并正在为解决我国旱区农业节水与水资源问题而艰苦创业时，慷慨捐资 100 万元人民币，用于购买所需仪器设备和在我国西部石羊河流域进行农业节水与水资源可持续利用技术研究。2004 年 3 月，中国农业大学中国农业水问题研究中心主任康绍忠教授和副主任冯绍元教授到石羊河流域进行实地考察和社会调研，他们走到民勤等地，遇到的还是漫天的沙尘、稀少脆弱的植被和寸草不生的沙丘，被黄沙吞噬的房屋将他们的心再次深深地刺痛。当他们看到，那些面朝黄土、背朝天在这片土地上繁衍生息的人们再无法在此生存，甚至大量农民为了躲避生态灾难，只好远走他乡，他们没有丝毫犹豫，当即决定扎根西北在武威市城东 20 千米处的沙漠公园建设定位观测试验站，2004 年 4 月中国农业大学杜太生、夏桂敏、李王成等第一批博士研究生进驻试验站。2004 年 7 月 23 日正式举行了“中国农业大学石羊河流域农业与生态节水试验站”揭牌仪式。来自中国农业大学和西北农林科技大学的师生先后在沙漠公园、薛百农技站和邓马营湖等地开展农业节水试验。当时没有属于自己的公用房，更没有自来水，他们就跟当地的村民一起住简陋的小平房，自己拉车取水，自己做饭，睡土炕。2007 年 8 月 25 日，在学校“985”经费资助下，实验站迁往新址（武威市凉州区东河乡王景寨），在武威市中心灌溉试验站的基础上开始了实验站办公室、宿舍、餐厅等基础设施建设，实验站添置了不少试验仪器设备，也雇了自己的厨师，解决了吃饭问题，试验和生活条件得到了很大改善。2007 年实验站与甘肃石羊河流域管理局签订科技合作协议，把石羊河试验站作为石羊河流域重点治理的重要技术依托单位；2009 年 6 月，中国农业大学与武威市人民政府签署了《武威市人民政府与中国农业大学科技合作协议》，双方在石羊河流域生态治理、设施农业、节水农业、人才培养等方面开展了全方位的合作共建；2010 年 7 月，该站被命名为“农业部作物高效用水武威科学观测实验站”；2011 年武威市人民政府无偿划拨了一批土地，2011 年 7 月 23 日综合实验楼正式开工建设，2012 年 8 月 1 日竣工，实验楼建筑面积 3 600 余平方米，共 3 层，能够同时接待

100 人到站实验实习，综合实验楼的建成大大改善了实验站的科研和生活条件，标志着石羊河实验站建设步入了全新的发展阶段。2013 年 6 月，中国农业大学在站设立新农村发展研究院石羊河教授工作站。目前，实验站有试验地 600 余亩，实验室和宿舍等生活配套用房 4 600 余米^2，葡萄节水灌溉试验与示范基地 6 000 余亩，温室节水高效试验与示范大棚 20 多栋，并建设了农田通量观测系统、温室节水灌溉试验系统、田间水转化试验系统、植物生理生态实验室、土壤物理实验室、土壤化学实验室、作物品质实验室、同位素与色谱实验室、节水设备与制剂实验室，购置了流动分析仪、LI-6400 光合仪、大型称重式蒸渗仪、涡度相关仪、植物生理生态监测系统等 1 000 余万元的设备，总固定资产 3 000 余万元。

（二）

在康绍忠、冯绍元、黄冠华、李光永、唐泽军、左强、任理、高丽红、胡克林、杜太生、王凤新、郭萍、张昕等教授以及毛晓敏、郝新梅、王素芬、霍再林、佟玲、姜娜、李思恩等副教授们的带领下，一批又一批的同学踏上了石羊河这片热土，他们体味了刻骨铭心的艰难，奉献了骄阳似火的青春。多少次他们顶着炎炎烈日，挥洒着辛勤的汗水；多少次他们废寝忘食，期待累累的硕果；多少次他们披星戴月，穿梭于试验田间。坚持就是胜利，磨炼激发斗志，难忘的野外试验经历让每一个过来人都变得更加执着、勤奋，更加坚毅、顽强。在这茫茫沙海的绿洲上，实验站是他们共同的家。实验站师生发扬着农大人不畏艰辛、乐于奉献、吃苦耐劳、艰苦奋斗的精神，他们不怕脏、不怕累，从田间取样、测样，回到实验室中一次次分析测定、整理资料。放下仪器和资料，他们又像农民一样满脸灰尘、一身汗水的在荒漠地上摸爬滚打，风雨无阻。2002 级研究生佟玲、姚立民、贾宏伟在民勤绿洲做土壤入渗特性空间分布试验，天不亮就早早出门，中午顶着炎炎烈日，在沙漠边缘地上冒着五六十度的高温，还要用马车拉水。2003 级研究生郝治福、吕廷波在邓马营湖为了观测抽水井水位和土壤入渗的动态变化，也常常是带着干粮和一壶开水，在沙漠边缘的农田里一跑就是一整天。2005 年，在民勤薛百乡农技站基地，条件比较艰苦，只有一个简易的土厕所、男女共用，老师们想尽量不让女同学在那里开展试验，但有一位女生侯晓燕就不服气，克服了巨大的困难，顺利完成了马铃薯膜下滴灌试验。2004 级博士生张宝忠，从 2004—2007 年的 4 年里，每年 3 月底到试验站，10 月中旬试验结束才回到学校，他读研究生的 5 年中有 4 年在实验站工作，每天独自骑自行车到距离实验站 4 千米外的皇台葡萄园观测其水热通量的变化、测量葡萄的生理生态指标，为采集试验数据，顶风冒雨，不畏严寒酷暑，付出了艰辛的劳动。他的博士论文被评为全国百篇优秀博士学位论文，毕业后在中国水利水电科学研究院水利所工作，很快成了单位的业务骨干。在张宝忠的博士学位论文答辩会上，答辩委员会主席，中国工程院院士、清华大学土木水利与建筑学部主任、雷志栋教授在宣读完答辩决议后很动情的发表了一段讲话，他认为一名博士生 5 年时间里有 4 年坚持在野外基地试验，密切联系生产实际，获取第一手宝贵的试验数据，不是仅在计算机上做模拟、写论文，石羊河试验站研究生的这种科研精神值得学习。还有杜太生老师不得不跟爱人和年幼的孩子在甘肃、北京、山东三地相隔，不分昼夜地忙于试验研究和实验站的日常管理工作;李思恩老师从学生时代到走上工作岗位,驻扎石羊河近十载,为实验站的发展做出了无私的奉献。

十年磨一剑,实验站师生不畏劳苦,紧密围绕当地产业结构调整和石羊河流域重点治理的技术需求,对当地大田作物、果树与蔬菜以及沙生植被的耗水规律进行了长期观测研究;不断探索农作物与沙生植物微咸水灌溉、果树和温室作物调亏灌溉、特色瓜果节水调质高效灌溉新模式;深入研究节水灌溉条件下土壤水氮运移规律与水肥一体化管理技术;分析气候变化与人类活动对水资源系统的影响,进行地下水动态模拟与三水转化研究以及水资源科学配置;并对灌区节水改造的环境效应进行评价。

实验站先后承担国家"863"计划课题,国家科技支撑计划课题,国家自然科学基金委创新群体、重点与面上项目,中欧国际合作项目和水利部行业公益性科技计划项目等部省级以上项目 20 余项,经费 3 000 余万元。功夫不负有心人,通过长期定位试验,实验站积累了 4.20 亿个宝贵的基础科学试验数据,师生们围绕旱区水资源高效利用理论与技术,立足于精细的田间观测与模型计算,取得了累累硕果:揭示了西北旱区流域尺度水资源转化与消耗规律;构建了大田作物、果树、温室蔬菜、棉花等 4 类主要农作物的节水、优质、高效灌溉综合技术体系,为流域节水农业建设提供了技术支撑;发展了流域水转化的定量模拟方法;开发了相应的决策支持系统,为实施流域水资源统一调配提供了决策支持与可行方案;集成了适用于石羊河流域的 3 种不同类型区域的农业高效节水综合技术模式,为该流域的节水农业建设提供了示范样板;研制了 5 类流域水资源调控与农业高效用水的控制设备,为流域水资源调控与农业高效用水提供了设备保障;实施与制定了 3 类流域农业高效用水保障工程建设与运行标准;建立了石羊河流域水资源合理调控与高效利用的制度保障;组织了农民培训与不同区域农业节水综合技术集成示范及推广应用,取得了显著的经济、社会与生态效益。

实验站完成的研究成果先后在 *Journal of Experimental Botany*、*Agricultural and Forest Meteorology*、*Journal of Hydrology*、*Agricultural Water Management*、*Irrigation Science*、《水利学报》和《生态学报》等国内外权威期刊发表论文 250 余篇,被国内外同行广泛引用。以实验站研究成果为基础撰写的《西北旱区流域尺度水资源转化规律及其节水调控模式——以甘肃石羊河流域为例》获国家科学技术学术著作出版基金资助出版,并被国家新闻出版总署评为全国"三个一百"原创性图书出版工程。相关研究成果被收入英国 Charles Pastemak 教授主编的有关粮食安全的著作向全世界加以介绍,被收入国际灌排委员会(ICID)组织编写的介绍全世界最先进灌溉农业节水技术的 *Innovative Technologies and Management for Water Saving in Irrigated Agriculture* 一书,并被列入国家发改委等 5 部委联合颁发的《中国节水技术政策大纲》,作为先进农业节水技术介绍和推广。团队与香港中文大学张建华教授合作研究的根系分区交替灌溉与调亏灌溉成果以及在西北石羊河流域进行的定位试验研究与示范工作被世界权威学术期刊 *Nature* 进行了专题评述。在站完成的国家自然科学基金重点项目"西北旱区农业与生态节水应用基础研究"被评为国家自然科学基金委 2007 年度有突出进展的研究成果。依托实验站完成的研究成果先后获 ICID 国际农业节水技术奖 1 项、国家科技进步二等奖 3 项、国家自然科学二等奖 1 项、部(省)级科技奖 4 项、国家专利 10 件、软件著作权登记 3

项、全国优秀博士学位论文 1 篇。

随着生活条件的改善和试验研究设备的完善，实验站已逐渐成为我国西北地区农业高效用水科学研究与人才培养的重要基地。自 2007 年对外开放以来，来自中国农业大学（水利与土木工程学院、工学院、资源环境学院、农学院、人发学院）、西北农林科技大学、香港中文大学、香港浸会大学、清华大学、北京师范大学、中国科学院、武汉大学、河海大学、太原理工大学、甘肃农业大学、甘肃省水利科学研究院、黄河水利科学研究院以及英国牛津大学、兰卡斯特大学、美国俄勒冈州立大学、瑞典隆德大学等国内外高校和科研单位的 200 余名博、硕士研究生，40 余名本科生在实验站开展试验研究工作以及 150 余名本科生在实验站进行实习或暑期实践。建站以来，实验站已培养毕业博士生 35 名，硕士生 102 名，杜太生、李王成、夏桂敏、周青云、王春梅、来剑斌、张宝忠、李思恩、胡萌、丁日升、张彦群、张晓涛、王振昌、蒋静、王峰、刘晓志、许小燕、姚立强、姚立民、刘春伟、郑睿、王军、邱让建、郭维华、郑建华等一批优秀毕业生已就业于水利部、农业农村部、中国科学院、中国水利水电科学研究院、中国农业科学院、中国农业大学、西北农林科技大学、长安大学、河海大学、长江水利委员会、海河水利委员会、淮河水利委员会、中国对外水电集团公司等我国知名高校、科研院所和企事业单位；于海燕、张赟等先后到英国牛津大学和美国华盛顿州立大学等国外著名高校继续深造。一批批优秀的博士、硕士研究生从这里走向祖国的四面八方，传承着“不畏艰辛、乐于奉献、吃苦耐劳、艰苦奋斗”的石羊河精神。

（三）

为了更好地服务于当地社会经济发展和生态建设，实验站一直致力于将科研成果应用于生产实际。实验站实行校地结合的管理模式，管理队伍采用“校地混合编队”的组成模式，武威市水务局、武威市水利科学研究所、武威市水利技术服务中心以及武威市农业技术推广中心的石培泽、杨秀英、董平国、韩万海、胡天民、彭治云等地方科技人员在实验站建设和管理以及成果的示范推广等方面做出了重要的贡献。2010 年起，与武威市人民政府联合举办了 10 期“现代节水灌溉技术”培训与示范观摩活动，2 000 余人从中受益。2011—2013 年，实验站连续 3 年举办“农民田间节水学校”和“农民开放日”活动，来自石羊河流域不同区域 14 个试点村的 424 名农民代表在实验站进行了田间节水技术观摩和学习。实验站还组织佟玲等年轻教师和研究生、本科生一起深入红崖山灌区、环河灌区、西营灌区、金塔灌区、杂木灌区、黄羊灌区和清源灌区的 20 个乡镇，开展节水技术宣讲，重点宣讲了实验站多年试验研究得出的适合在当地重点推广的膜下滴灌技术、温室大棚滴灌技术、隔沟交替灌溉技术和调亏灌溉技术等农业节水技术，还深入中小学进行节水知识的科普宣传，受到了当地政府部门和村民的热烈欢迎和广泛好评。为了进一步推广普及研究成果，实验站还与武威市节约用水办公室合作组织编写了《武威市节水型社会建设实用技术指南》《武威市建设节水型社会科普知识问答》《武威市建设节水型社会宣传手册》等一系列的推广与培训教材。自 2007 年实验站对外开放以来，近 4 000 余名当地技术人员和领导干部在实验站进行技术观摩与培训，对当地节水农业发展和灌溉用水管理水平的提高产生了重要的作用，对改变人们的用水观念、增强节水意识产生了较好的社会效果。实验站所取得的一系列成果在石羊河流域重点治理中发挥了重要作用，得到了行业主管部门和当地政府的高度评价与肯定。

实验站心系当地社会经济发展，从不同渠道争取经费帮助地方扶贫和改善贫困地区的办学条件，为当地发展贡献自己的一分力量。2004 年实验站站长康绍忠教授取得台湾嘉隆实业有限公司董事长朱英龙先生的帮助，协助地方创办希望小学和改善办学条件，他先后陪同该公司董事长代表深入石羊河流域天祝、古浪、民勤等县的贫困地区考察当地办学条件情况，并协助选址建设了 8 所希望小学。此外，每到暑假实验站师生都会利用试验空暇时间自愿到当地学校或农民家里免费辅导当地孩子的功课，深受当地居民的欢迎与喜爱。

(四)

石羊河实验站的快速发展引起了社会的广泛关注，得到了政府部门和各界人士的关心和大力支持。实验站先后接待了来自世界各地的专家、学者、领导考察和交流 1 500 余人次。澳大利亚工程院院士、墨尔本大学的 Edward Barlow 教授，英国应用生物学学会主席、Lancaster 大学环境中心创始主任 William Davies 教授，英国牛津大学水资源研究所所长 W. M. Edmund 教授，日本岩手大学校长 Katsumi Fuji 教授，美国 Missouri 大学植物学跨学科联合研究中心主任 Robert Sharp 教授，中国科学院院士刘昌明、陆大道，中国工程院院士雷志栋、茆智、汪懋华、李佩成、刘兴土、罗锡文、南志标等一批国内外知名学者先后到实验站指导工作和进行学术交流。全国人大常委会副委员长蒋树声、张宝文以及甘肃省委书记陆浩先后到试验站和试验基地考察。科技部、水利部、农业部等部委相关司局领导郭志伟、李远华、乔世珊、孙雪涛、顾浩、姜开鹏、倪文进、武文相、李赞堂、赵乐诗、董新光、栗铁申以及甘肃省科技厅、水利厅、农业厅、国土资源厅领导李文卿、郑华平、康国玺、栾维功、王亨通等多次到实验站考察指导工作。柯炳生校长先后两次到站考察，希望实验站突出内陆干旱区绿洲节水高效农业的特色，以节水和高效用水为立足点，发挥"科研平台、育人基地，示范窗口、造福西北"的重要作用，力争将实验站建成国际一流的农业高效用水实验站与科研示范推广基地。2010 年 8 月，校党委书记瞿振元考察实验站，殷切希望"把石羊河实验站建设得更好"。学校历任相关领导孙其信、郭大、张建华、王涛、李召虎、龚元石等也先后视察实验站。甘肃省武威市历任党政领导火荣贵、肖庆平、张绪胜、郭承录、刘存禄、王扎东、何伟、徐文善、牛兆虎、蔡尔俐、李明生、李世英、周晓红、胡细如、卢小亨、李学民、张效林、陈德兴、陈明、尚勋武、焦军毅等先后多次到试验站考察指导工作。

实验站的建设为科学研究、人才培养、团队建设、国内外学术交流和技术示范推广搭建了基础平台。通过系统的定位试验研究、技术开发、设备研制与集成示范为干旱内陆河流域生态脆弱区水资源高效可持续利用提供了理论支撑、技术体系和应用模式，促进了学科发展与行业科技进步，提升了我国在水资源高效利用领域的国际影响力，提高了干旱内陆区流域水资源管理水平，有力推动了干旱内陆河流域节水优质高效灌溉农业的可持续发展。实验站创新了产学研相结合的水资源科学配置与调控技术示范推广体系，提高了基层技术人员的业务水平和农民节约用水、科学用水的意识，促进了流域农业生产方式由广种薄收、大水漫灌向以水定经济结构、以水定发展规模、以水定产业布局、以水定作物种植面积转变，在石羊河流域重点治理中发挥了重要的作用。

在中央政府和社会各界的大力支持下，通过地方政府的积极推动和当地人民的努力奋斗，石羊河流域重点治理已取得重大成果，武威市 2010 年全市水资源配置总量 16.12 亿米^3，比 2006 年实际用水量减少 30.7%；民勤盆地局部生态环境得到改善，干涸 51 年之久的青土湖形成了约 3 千米^2 的水面，青土湖地下水位进一步回升，湖区植被逐步开始显现生机……过去 10 年来之不易的成绩早已载入史册，未来的发展也任重道远。石羊河实验站一定会为解决旱区水资源可持续利用问题做出更大贡献，向着国际一流高水平的农业高效用水实验站迈进！石羊河流域的明天必将达到人与自然和谐相处的蓝天白云、山清水秀、物阜民丰的境界！

（报道于 2014 年 7 月 15 日中国农业水问题研究中心新闻网）

武威节水农业向科技要效益

《甘肃日报》记者　秦娜

“今年应用这种膜下滴灌水肥一体化技术，我种的600多亩大田玉米能节约成本350元/亩左右，预计亩产将比过去增加100多千克，达到900千克。”7月底，武威市凉州区金河镇王景寨村村民陆生望着自家长势喜人的玉米，高兴地对记者说。

今年初，依托国家高效节水灌溉示范项目的实施，陆生一次性在流转的600余亩田地里安装了滴灌设备，全面应用膜下滴灌水肥一体化技术进行生产，节水、节肥、省工效果明显。他介绍过去在整个玉米生长季，每亩需要用水300～400米^3，今年采用新技术用水只需180米^3，在化肥使用方面，追肥量较之前减少了33%，同时由于采用智能化灌溉系统，大大减少了人工成本。

中国工程院院士、中国农业大学教授康绍忠介绍，滴灌水肥一体化技术就是把加有肥料的水，通过滴灌管网精准施入作物根部附近的土壤中，通俗讲就是给作物“打点滴”，是一种节水、节肥、节药、节省土地的现代农业技术。

多年来，武威市持续加大节水农业科研投入，广泛开展与高校及科研院所合作。其中，以康绍忠为带头人的中国农业大学科研团队，在大量田间观测数据的基础上，提出了根系分区交替灌溉技术与节水调质高效灌溉新模式，并取得国家科技进步二等奖等多项研究成果。同时，根据武威农业灌溉实际需求，加大科技成果转化力度，通过开展“温室作物节水调质高效灌溉技术研究与示范”“河西走廊小麦玉米田间节水节肥节药综合技术方案”“石羊河流域玉米膜下滴灌技术效率提升研究与示范”等项目，探索出了温室蔬菜、大田作物精准高效节水灌溉技术模式。

在积极开展科技成果转化的同时，武威市联合中国农业大学科研团队将课堂搬到田间地头，由院士、教授向农技人员、种植户普及节水知识和实用技术，提高了种植户的节水意识。通过农民田间学校、农民开放日等形式，武威市已在黄羊河农场、凉州区杂木灌区下游的金河镇、吴家井镇等地示范推广。目前，示范面积5万余亩，亩均节水120米^{3}以上，节水效益提高45%以上，示范推广各类农业高效节水灌溉技术总面积超过240万亩。

来自武威市水务局的数据显示，武威市农业用水量由2012年的12.56亿米^{3}减少到2016年的11.27亿米^3，下降了10.3%；农业单方水效益由6.59元提高到2016年的12.6元，增幅达到91.2%，节水效益突出，大大提高了水资源利用率。

武威市水务局水利技术综合服务中心副主任韩万海说：“在武威，农业节水技术理论研究的重大突破带动了节水技术成果加速转化应用，有效提升了节水农业的科技含量，促进了武威节水农业的发展。”

（原载于2017年8月20日《甘肃日报》）

高校基层党建 打响质量提升攻坚战

《人民日报》记者 张烁

加强和改进高校党建，提升党建工作质量和水平，是学习贯彻习近平新时代中国特色社会主义思想，落实党要管党、全面从严治党、统筹推进世界一流大学和一流学科建设的重要任务。

2018年，是我国教育系统党建质量年。2018年3月，教育部“基层党建质量提升攻坚行动”实施方案出台，以提升基层党组织组织力为重点，完善高校党委、院系、支部、党员四位一体党建工作体系。日前，记者走进多所高校，亲身感受高校基层党建在不断改革创新中焕发的无限活力。

党支书彰显“头雁效应”，党建、学术齐头并进

“火车跑得快，全靠车头带。”加强基层党组织带头人队伍建设，是解决基层组织建设问题的总抓手，基层党组织带头人作用发挥得好不好，直接影响基层党组织这个战斗堡垒强不强、广大党员先锋模范作用能不能充分发挥。而在高校，带头人不仅要在党建方面带好头，还要在学术方面带好头，被形象地称为“双带头人”。

甘肃省民勤县石羊河下游的青土湖干涸见底，是沙尘暴的发源地“一年一场风，从春刮到冬”。25年前，当中国农业大学水利与土木工程学院党委委员康绍忠教授来到这里时，被眼前景象惊呆了：这哪是“湖”，分明是一片灰白的盐碱地，连地下水都因矿化度剧增不能饮用、灌溉，村民们纷纷去外地谋生。

问题出在哪儿？康绍忠经过多日调研，摸索出了症结：上、中游灌溉面积无序扩大，农业用水不合理，致使下游生态环境严重恶化。共产党员不怕苦！啃着馊馒头、睡着旧土炕，康绍忠团队经研究提出了“控制性作物根系分区交替灌溉”，可以在保证农作物产量的情况下，使灌水量减少20%～30%。如今“复活”的青土湖，再现水草茂盛、碧波荡漾的壮美景观。

在“领头雁”带领下，石羊河实验站临时党支部树起了一面鲜红的旗帜。截至目前，该实验站已走出35位教授、29位副教授、1名北京市优秀共产党员、1位长江学者特聘教授、18位省市级优秀毕业生……石羊河技术也走向全国，在甘肃、新疆、山西、陕西、湖北等地累计推广示范2 338.54万亩，节水17.4亿米^3，直接经济效益21.27亿元。

“康绍忠教授作为‘双带头人’，既培养学生科研能力，又深抓党建。”中国农大水利与土木工程学院党委书记沈立峰介绍，通过实施“双带头人”工作机制，学院分党委和各教工党支部工作与学科建设工作联系更加紧密，“双带头人”的先锋模范作用得到了极大发挥，在他们的带动引领下，基层党支部的战斗堡垒作用进一步加强。

目前，各地各校的教师党支部书记“双带头人”培育工作取得了积极进展。在华中师

范大学，打破专业、年龄、资历等限制，以公推直选、上级选派、公开竞聘等多种方式选任“双带头人”，目前，学校“双带头人”比例达100％；在北京交通大学，推进教师党支部书记和系、所中心主任的交流任职，注重选任党员业务骨干、党员学术带头人担任支部书记，副高以上职称占90％以上，青年教师党支部书记比例达50％以上。

（报道于2018年6月7日《人民日报》）

把思政课上到田间地头·产学研一体化带动农民增产增收

未来网[①]记者　程婷

“在康绍忠老师决定在西北武威市建设定位观测实验站之初，没有公用房，更没有自来水，大家就和当地的村民一起住在简陋的小平房里，自己拉车取水，自己做饭，睡土炕。在开始的那段岁月里，趴在地上埋设沙生植物液流探针，土钻开挖三米深剖面，食用发酸馒头，攀爬几十米深水井……”

2018 年为教育系统党建质量年。2018 年 5 月 28 日，“2018 年教育奋进之笔‘1＋1’系列采访发布活动”走进北京。

2018 年 5 月 28 日上午，教育部思想政治工作司司长张东刚就教育部近日印发的《中共教育部党组关于高校党组织“对标争先”建设计划的实施意见》和《中共教育部党组关于高校教师党支部书记“双带头人”培育工程的实施意见》进行了解读。随后参加活动的媒体记者前往中国农业大学和北京农学院，对高校“双带头人”示范引领、“双百对接”活动开展等情况进行了实地采访。

中国农业大学的青年党员教师牛俊向记者介绍，在 2007 年中国农业大学石羊河实验站正式落址甘肃武威市凉州区东河乡王景寨前，试验、生活条件都很差，但是中国工程院院士、中国农业大学党员教授康绍忠和他的团队成员克服了种种困难坚持搞科研。在康绍忠团队老师的带领下，一批又一批的学生去往西北播种绿色的希望。

“我们重走过老师们曾经走过的路，看着那些曾经寸草不生的地方成为绿洲，置身其中去了解老师坚守的节水事业，感觉比看纪录片更震撼。”当天，中国农业大学硕士研究生、曾任石羊河试验站临时党支部书记的史碧娇分享道，这段经历让她记忆犹新。

中国农业大学党委副书记、副校长张东军说，在中国工程院院士、中国共产党优秀党员康绍忠的“双带头人”示范引领下，经过多年努力，节水技术不断实现新突破。该校水利与土木工程学院党委书记沈立峰介绍，“大田作物节水调亏灌溉技术在河西走廊 20 多万亩籽瓜和白兰瓜的应用中，在保证产量的情况下，一亩地的灌溉水量由原来的 120～150 米^3 下降至 60～70 米^3，节约用水的同时也为农民省下了一大笔水费和电费。”

如今中国农业大学石羊河实验站已成为西北旱区农业节水技术示范推广、科学研究、人才培养、国际合作的重要基地。

（报道于 2018 年 5 月 29 日未来网）

① 未来网 2010 年由党中央专门批示成立，2011 年 11 月开通上线，是国家互联网信息办公室批准的中央新闻网站，是全国少工委新媒体工作平台，致力于打造青少年教育类垂直新闻资讯，维护青少年合法权益、指导青少年安全上网、搭建青少年丰富多彩的活动平台。

不忘初心 方得始终

《甘肃日报》记者 秦娜

22年前，只因为一个“留住每一滴水”的目标，当时还在西北农业大学任教的康绍忠开始扎根甘肃石羊河流域开展节水研究。

22年间，康绍忠带领团队走遍整个石羊河流域，研究各种作物的耗水量，提出干旱地区水资源科学配置方法，试验示范推广滴灌水肥一体化技术……有力推动了生态脆弱区节水优质高效灌溉农业的可持续发展。

更为直观的改变是，石羊河流域膜下滴灌以及配套的农业机械、栽培等高新技术及设备加快普及，家庭农场、国有农场随处可见，葡萄产业、制种产业在全国数一数二，因节水引发的农业现代化革命使这片区域焕发生机。

从西北农业大学到中国农业大学、从教授到院士……学校在变、身份在变，可是康绍忠“为干旱地区做些事儿”的心始终如一。不畏艰难、扎根西北的背后是康绍忠和团队深深的社会责任感，更是身为科研工作者的奉献和担当。

康绍忠带领石羊河实验站团队，把论文写在大地上，在取得良好社会效益的同时，在学术上同样“耀眼”，先后发表SCI论文百余篇，提升了我国节水研究的国际影响力。究其原因，核心因素是脚踏实地的科研精神。正是长期一线蹲点试验，获取一手宝贵数据，才成就了一流的科研成果。如今，这种务实的科研精神一代代传承下来，已经成了石羊河实验站科研人员的鲜明特质。

回望20多年，科研路漫漫，充满艰辛和曲折，也唯有守住初心，脚踏实地，才能闯过一个个难关，离目标更近。

（原载于2017年8月22日中国青年网）

开启作物高效节水之门的“金钥匙”

——农业部作物高效用水武威科学观测实验站见闻

《武威日报》记者　尚禾　张福恭

初秋时节，记者驱车行驶1个多小时，来到了地处凉州区东河乡王景寨村的农业部作物高效用水武威科学观测实验站。进入实验站，成片种植着玉米、土豆、西红柿、大豆等各种农作物的实验田映入记者眼帘。穿过田间小路，来到实验站综合实验楼，记者找到了来自中国农业大学的博士研究生李涛。李涛告诉记者，农业部作物高效用水武威科学观测实验站，是依托中国农业大学与武威市人民政府共建的部级重点野外科学观测实验站。实验站主要研究的是农田水转换过程驱动机制与效率提升；节水优质高效灌溉原理与技术；农业高效用水与生态环境的互馈机制和区域水资源合理配置论与调控模式。

在李涛的带领下，记者来到他们的实验室。走进实验室，十多位硕士研究生和博士研究生正在全神贯注地做着各种实验。来自中国农业大学的硕士研究生薄晓东正在做“扫根”实验，他先将手中的一株株作物根系擦洗干净，再把根系有序地摆放在器皿中，然后通过检测仪器进行观察研究。他说：“实验的目的主要是研究在不同灌水量和灌溉方式下，西红柿根系的分布情况。”同样是来自甘肃农业大学的硕士研究生周继莹，此刻也正在紧张地做着研究，她告诉记者，她正在对不同灌水量下西红柿果实的营养成分进行检测，从而科学地分析和判定农田中灌溉多少水量，什么时候灌溉，采用什么方式灌溉，能让种出来的西红柿果实营养成分最高。

记者边参观，边听李涛介绍。他说，实验站自成立以来，经过研究人员的不懈努力，揭示了西北旱区流域尺度水资源转化与消耗规律，发展了流域水转化的定量模拟方法；构建了基于生态需水的流域尺度水资源宏观配置与调控模式，开发了相应的决策支持系统；提出了大田作物、果树、温室蔬菜、膜下滴灌棉花等四类主要农作物的需水指标与灌溉控制阈值；构建了大田作物、果树、温室蔬菜、膜下滴灌棉花等四类主要农作物的节水优质高效灌溉综合技术体系，为流域节水农业建设提供了技术支撑；集成了适合流域上中下游采用的三种不同类型区域的农业高效节水综合技术集成模式，为流域节水农业建设提供了示范样板；研制了五类流域水资源调控与农业高效用水的控制设备，为流域水资源调控与农业高效用水提供了设备保障，将创造显著的经济、社会与生态效益。

在户外的实验田，来自中国农业大学的硕士研究生赵鹏正在用手提电脑连接仪器，检测观测并下载作物的水分通量消耗量，并仔细地记录着各种数据。他告诉记者，实验站所处区域属大陆性温带干旱气候，光照充足，昼夜温差大，蒸发剧烈，降雨稀少，为典型荒漠绿洲灌溉农业区；所处的自然条件在我国西北内陆干旱区具有典型性和代表性。通过这个实验，可以检测到整个农田水分的消耗水分蒸发量及其水分消耗过程等，提供科学指标、技术体系、应用模式和新产品。

一路走过，记者看到研究人员不停地在各个实验田间穿过，不时地收集着各种作物样本。李涛说，实验站不只是科学研究、人才培养与技术创新的基地，更是基层技术人员和农民的培训基地。

在实验站的温室大棚里，记者看到凉州区武南镇元湖村村民侯宗保不时皱起眉头，他指着监测仪器上面显示的数字，向中国农业大学硕士研究生李阳请教。从他们的交谈中，记者得知，侯宗保去年承包了实验站的 4 座大棚，开始学习温室节水调质高效灌溉技术。一年中，采用温室节水调质高效灌溉技术，在产量不降低的情况下总的灌溉定额是 504 米^3/亩，当地的传统灌溉定额是 756 米^3/亩，前者比之减少了 1/3，他的收入比此前也提高了很多。侯宗保笑呵呵地对记者说："我们农民就是要将他们的理论研究成果付诸实践，通过学习和实际操作，我们掌握了很多原来不懂的技术，真的受益匪浅。"

记者了解到，中国农业大学在全国设有 10 多个实验站。在武威设立实验站是充分考虑到武威的特殊生态环境，便于研究农业和生态节水技术，最终服务于农业生产和生态建设，更是为了解决中国干旱区域水问题的重大国家目标。此外，实验站紧密结合当地农业与生态用水矛盾以及石羊河流域重点治理规划中产业结构调整的重大技术需求，提出了流域应重点建设的五大节水模式，并与甘肃省水利厅石羊河流域管理局、武威市水务局合作开展了不同类型区农业高效节水技术集成模式示范与推广工作。通过邀请当地基层技术推广人员和行政管理者座谈，编写实用技术应用指南，组织专家、教授进行节水技术宣讲和农田用水情况、不同作物投入及产出调查等措施，对石羊河流域的水资源合理配置与节水农业建设起到了重要的推动作用。

自建成后，实验站一直致力于服务地方经济建设，通过召开学术研讨会、开展科技观摩培训、举办农民开放日和建设农民田间学校等推广活动，促进科研与生产的对接。截至目前，已经有近 3 500 余名当地技术人员和领导干部在实验站进行了技术观摩与培训，实验站所取得的成果在石羊河流域重点治理中发挥了重要作用。作物高效用水观测实验成为开启作物高效节水之门的一把"金钥匙"。

（原载于 2012 年 8 月 20 日《武威日报》）

第六篇

年谱篇

实验站建设与发展历程框图

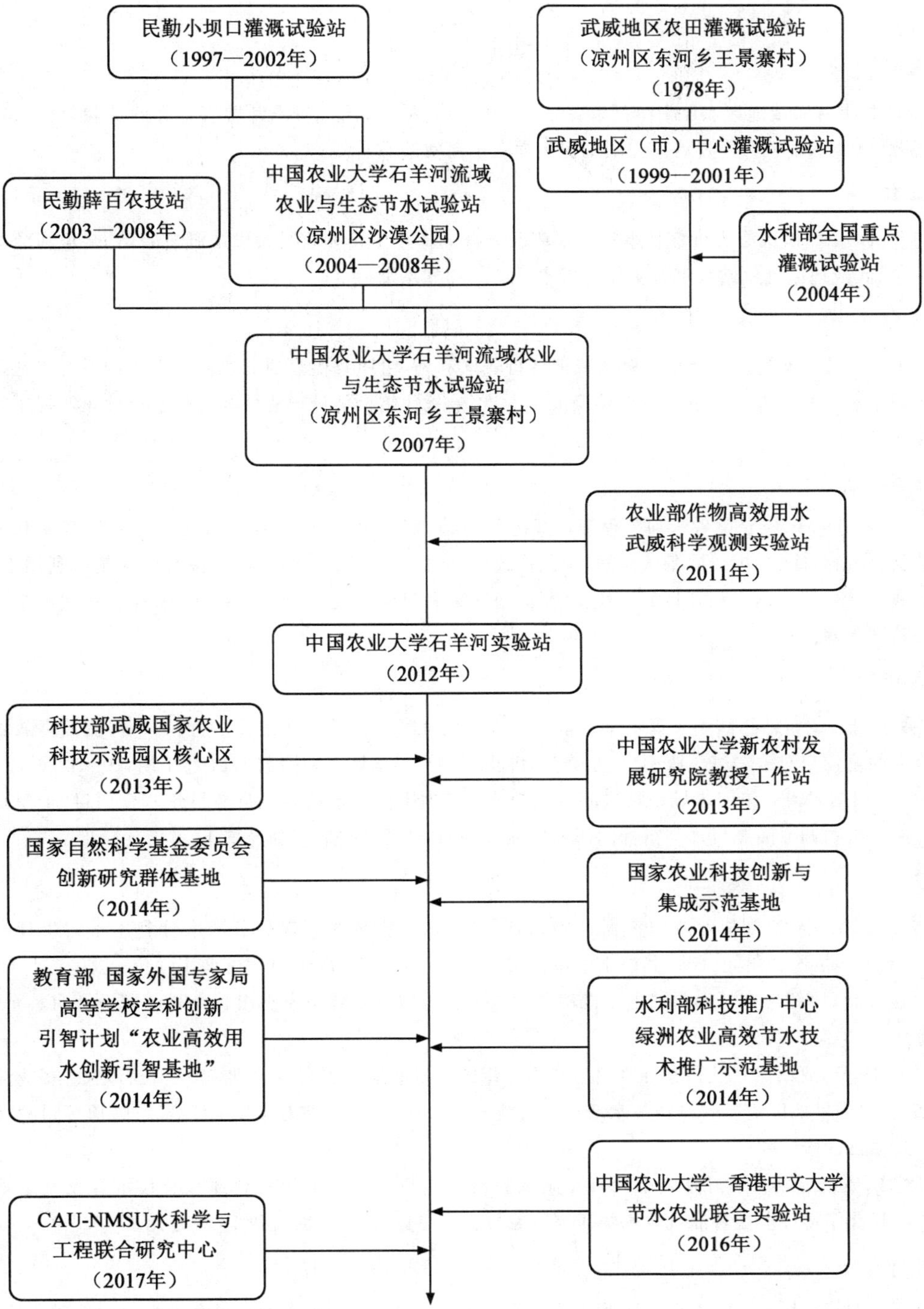

实验站建设与发展纪事年谱

1978 年

1. 6 月，甘肃省武威地区农田灌溉试验站成立，开始作物需水量与灌溉制度等方面的试验研究与定位观测，在此基础上合作发展到中国农业大学石羊河实验站。

1984 年

2. 11 月 7—10 日，康绍忠考察甘肃省武威地区灌溉试验并在武威地区农田灌溉试验站、金塔河灌溉试验站、武威地区气象站收集有关作物需水量试验和气象资料。

1985 年

3. 9 月 6—9 日，康绍忠一行到甘肃武威地区行署水利处，组织并监督西北农业大学水利系在当地招收农田水利工程专业三年制大专代培班入学考试，一批代培班学员毕业后在武威水利行业发挥了重要作用。

1995 年

4. 9 月 12—19 日，应甘肃省水利工程管理局陈勇邀请，康绍忠、蔡焕杰到甘肃武威考察地区灌溉试验站、红崖山水库、小坝口灌溉试验站、湖区盐改试验站、青土湖、黄羊灌区、古浪县雨水集蓄利用工程，武威地区行署农田水利管理处处长沈清林、地区水利科学研究所所长石培泽、民勤县水利局李宗礼等陪同考察。

1996 年

5. 3 月 31 日，试验站团队第一篇基于石羊河流域系统考察认识的中文论文“河西石羊河流域高效农业节水的途径与对策”发表(康绍忠、蔡焕杰、陈勇等，《干旱地区农业研究》，14 卷 1 期，10～18 页)。
6. 12 月，康绍忠以石羊河流域小坝口灌溉试验站为基地主持申请的国家自然科学基金项目“干旱缺水条件下作物调亏灌溉机理与指标的研究”(编号：59679025)获批，资助经费 11.0 万元。

1997 年

7. 4—9 月，梁宗锁在民勤小坝口灌溉试验站开展“分根区交替灌溉提高玉米水分利用率的生理学机制”博士学位论文田间试验，其博士学位论文被评为 2001 年度陕西省优秀博士学位论文。
8. 9 月 10 日，康绍忠在长春参加国家自然科学基金委地球科学部国家杰出青年科学基金评审答辩，获通过。
9. 12 月 19 日，康绍忠在兰州参加甘肃省科委组织的由武威地区水利科学研究所所长石培泽、杨秀英等完成的“干旱地区主要农作物节水增产高效灌溉模式研究”成果鉴定会，和石培泽、陈勇等讨论调亏灌溉项目试验。
10. 12 月，康绍忠以石羊河流域小坝口灌溉试验站为基地主持申报的水利部水利技术开发基金项目“控制性作物分根交替灌溉技术的研究”(编号：SJ9724)获批，资助经费 10.0 万元。

1998 年

11. 2 月 1 日—3 月 31 日，康绍忠教授合作指导的博士研究生梁宗锁在香港浸会大学生物系联合培养，联合导师张建华教授。

12. 4月4—10日，康绍忠、蔡焕杰、潘英华、韩娟到武威市凉州、民勤、古浪考察节水灌溉、雨水集蓄利用、酿酒葡萄节水栽培、民勤调水工程、生态移民工程等；安排潘英华硕士学位论文田间试验；康绍忠应邀在武威地区行署水利处做"农业高效用水理论与技术研究"的学术报告；武威地区行署水利处处长沈清林、石培泽、杨秀英等陪同考察，武威地区行署常务副专员牛兆虎会见康绍忠一行。
13. 4—9月，潘英华在民勤小坝口灌溉试验站开展"隔沟交替灌溉水流入渗规律与灌水技术的研究"硕士学位论文田间试验，杜太生协助潘英华试验并完成本科学位论文。
14. 12月，康绍忠以石羊河流域小坝口灌溉试验站为基地主持申请的国家自然科学基金项目"作物根系分区交替供水的节水效应与最佳供水模式研究"(编号:39870478)获批，资助经费12.0万元。
15. 12月，康绍忠主编，包含西北农业大学农业水土工程研究所、农业部农业水土工程重点开放实验室与武威地区水利处以及地区水利科学研究所合作成果的《西北地区农业节水与水资源持续利用》(全书73万字，中华农业科教专著出版基金资助，中国农业出版社)出版。

1999年

16. 4月3日，康绍忠主持，包括利用石羊河、新疆、内蒙古等西北野外试验基地的"创建农业水土工程新学科，面向旱区节水农业培养高层次人才"教学成果鉴定会在西北农业大学召开。
17. 6月20日，原武威市(现凉州区)人民给武威地区农田灌溉试验站颁发土地使用证，试验站内土地面积571.3亩，用途为农业科研。
18. 7月19日，潘英华在民勤小坝口灌溉试验站完成的硕士学位论文"隔沟交替灌溉水流入渗规律与灌水技术的研究"顺利通过答辩。
19. 9月25—27日，康绍忠在西安唐城宾馆参加中日据点大学交流项目"食物生产中的水土与生物资源利用与保护"国际学术研讨会，应邀做"Alternate furrow irrigation for maize production in arid area"的学术报告，第一次在国际学术研讨会上介绍在石羊河小坝口试验站的定位试验研究成果。
20. 9月，武威地区农田灌溉试验站更名为武威地区中心灌溉试验站。

2000年

21. 4—8月，杜太生在甘肃民勤小坝口灌溉试验站开展小麦—玉米带田保水剂、固体水应用的硕士学位论文试验研究。
22. 5月4日，杨秀英被授予"武威地区新长征突击手""武威地区十大优秀青年知识分子"荣誉称号。
23. 8月31日，试验站团队第一篇基于石羊河定位试验研究的SCI收录论文"Alternate furrow irrigation for maize production in arid area"发表(Kang Shaozhong, Liang Zongsuo, Pan Yinhua, Shi Peize, Zhang Jianhua, Agricultural Water Management, 45:267-274)。
24. 12月，杨秀英荣获2000年度国务院政府特殊津贴。

2001年

25. 3月，杨秀英被授予"甘肃省第二届优秀女科技工作者"称号。
26. 4月24日—5月2日，康绍忠带领佟玲、孙维芳考察石羊河流域水资源和环境演变状况，收集有关水利与社会发展状况的资料，并应邀为武威市水利系统做"面向生态的水资源配置基本理论问题"的学术报告。
27. 8月9—14日，康绍忠和日本筑波大学、岛根大学、岩手大学、弘前大学安部征雄、竹山光一、藤井克己教授等一行13人在石羊河流域进行系统考察，武威市水务局副局长石培泽等陪同。
28. 10月18日，康绍忠在北京人民大会堂参加教育部第四届"长江学者奖励计划"特聘教授受聘仪式，被正式聘为"长江学者奖励计划"特聘教授。中共中央政治局常委、国务院副总理李岚清接见全体受聘人员并发表讲话，全国政协副主席朱光亚、教育部部长陈至立、香港长江事业集团董事长李嘉诚先生等参加了接见和受聘仪式。

29\. 12月，康绍忠以石羊河流域为基地主持申报的教育部科学技术研究重点项目“西北旱区流域尺度生态水文过程与节水生态重建的水资源优化配置理论研究”(重点02075)获批，资助经费11.0万元。

2002年

30\. 4月28—30日，康绍忠在西安作为会议主席，主持国家自然科学基金委重大国际合作项目“西北旱区农业与生态节水基础理论与关键技术”立项研讨会，国家自然科学基金委水利学科主任李万红以及来自美国、英国、香港和内地西北农林科技大学、中国水利水电科学研究院、武汉大学、清华大学、河海大学等单位的40余位代表参会，这是石羊河团队第一个国家自然科学基金重点项目建议的起源。

31\. 5月18—22日，日本筑波大学东照雄教授带领硕士研究生饭山豪到武威市民勤县进行科学考察和野外试验，张富仓陪同；饭山豪基于民勤土壤剖面试验资料分析完成硕士学位论文。

32\. 5月28日，康绍忠被聘为国际著名学术刊物 *Journal of Experimental Botany* 编委，是当时我国大陆唯一的一名编委。

33\. 6月26—27日，康绍忠在陕西杨凌参加全国农业与生物系统工程教学科研发展论坛，应邀为大会做“西北旱区农业与生态节水的基础理论与关键技术”的学术报告，介绍团队在石羊河流域的研究工作。

34\. 7月23日，康绍忠主持申报的关于石羊河流域水与生态问题研究的国家自然科学基金西部环境与生态科学重大研究计划项目“西北旱区绿洲农业发展对流域尺度水循环的影响及其生态环境效应”通过答辩获批，资助经费60.0万元。

35\. 8月12—17日，康绍忠、粟晓玲、杜太生陪同日本筑波大学、岩手大学、岛根大学中日据点大学交流项目考察团安部征雄、竹山光一、东照雄、藤井克己、中村彻、西村繁夫教授，以及仪田博子、小山爱等一行13人赴甘肃石羊河流域凉州、民勤进行科学考察。

36\. 8月26—28日，康绍忠赴甘肃民勤野外试验点看望佟玲、贾宏伟、姚立民等研究生，现场指导野外入渗试验。

37\. 9月1—8日，康绍忠、张富仓等赴日本筑波大学、日本国立环境研究所水处理中心、日本国立农业环境科学研究所、日本国立(Tohoku)农业实验站、现代农业研究所、岩手大学、东北农业研究中心、小岩井农场、东京大学农学部土壤物理实验室等地考察交流。

38\. 12月，杨秀英被授予“武威市职工经济技术创新能手”称号。

39\. 12月，由康绍忠、蔡焕杰主编，包含与武威市水利科学研究所合作成果的“作物根系分区交替灌溉和调亏灌溉的理论及实践”著作由中国农业出版社出版。

40\. 12月，杨秀英当选为甘肃省第十届党代会代表。

41\. 12月，杨秀英当选为武威市第一届人大代表及常委会委员。

2003年

42\. 1月，康绍忠获中国科学技术协会“首届西部开发突出贡献奖”。

43\. 3月，杨秀英获甘肃省第二届“巾帼十杰”提名奖。

44\. 5—8月，庞秀明在民勤薛百进行西瓜调亏灌溉的硕士学位论文田间试验。

45\. 5月28日，中央电视台10套，《走进科学》栏目记者录制“节水农业：根系分区交替灌溉技术”节目，介绍在石羊河所做的相关研究，节目在6月6日晚上8:00播出。

46\. 7月，康绍忠主持申报的国家自然科学基金重点项目“西北旱区农业与生态节水应用基础研究”(编号:50339030)通过评审，资助经费140.0万元。该项目主要在石羊河试验站执行。

47\. 9月18—21日，康绍忠、蔡焕杰、粟晓玲到甘肃武威、兰州调研，落实国家自然科学基金委员会重点项目和西部环境与生态科学重大研究计划项目具体研究事宜，讨论有关试验问题，探讨流域水资源利用方向，在调水和现有水资源条件下如何以水定地或进行节水型农业和节水生态设计、结构调整与适水种植，农业种植结构调整的方向是什么，在保持健康生态条件下如何分配水资源等问题。

48. 10 月 26—29 日，康绍忠在陕西杨凌主持召开“节水农业与水土资源可持续利用国际学术会议”，英国、美国、德国、法国、意大利、葡萄牙、荷兰、瑞典、丹麦、南斯拉夫、澳大利亚、日本、泰国、印度、伊朗、印度尼西亚、叙利亚、联合国粮农组织、中国香港等 20 个国家和地区的海内外代表 280 余人参会。陕西省政协副主席陈宗兴、杨凌示范区党工委书记、管委会常务副主任张光强，西北农林科技大学校长孙武学、水利部农水司副司长姜开鹏、中国工程院农业、轻纺与环境学部办公室主任高中琪等参加开幕式。先后有 62 位代表进行大会交流。

49. 10 月 31 日，康绍忠主持申报的国家农业科技成果转化基金项目“作物控制性根系分区交替灌溉技术中试与示范”（编号：03EFN217100328）获批，主要在石羊河流域民勤等地实施，资助经费 50.0 万元。

50. 11 月 16 日，康绍忠主持完成的“控制性作物根系分区交替灌溉与调亏灌溉理论及应用”成果在北京通过教育部组织的鉴定，中国科学院院士、中国科学院地理科学与资源研究所刘昌明研究员任鉴定委员会主任，清华大学雷志栋教授、中国农业科学院农田灌溉研究所李英能研究员任副主任。

51. 12 月 29 日，台湾嘉隆实业有限公司董事长朱英龙先生捐资 100.0 万元人民币，用于中国农业大学“农业节水与水资源实验室”建设和甘肃石羊河流域水资源科学配置与农业高效节水研究。

52. 12 月，康绍忠以石羊河为基地主持申报的国家“十五”节水农业重大科技专项“作物高效用水生理调控与非充分灌溉技术研究”（编号：2004AA6Z-7070），获批经费 150.0 万元。

53. 12 月，黄冠华、李光永晋升为教授。

2004 年

54. 2 月 24—27 日，国家自然科学基金委“中国西部环境与生态科学重大研究计划”2003 年度学术交流会在北京外国专家大厦举行，康绍忠汇报“西北旱区绿洲农业发展对流域尺度水循环的影响及生态环境效应”项目研究方案和进展。

55. 3 月 5—9 日，康绍忠、冯绍元、杜太生到甘肃石羊河流域凉州、民勤、古浪考察武威市灌溉中心试验站、金滩林场、沙漠公园、九墩潜水蒸发试验场、金种子农业开发区、小坝口试验站、红崖山水库、邓马营湖区，综合比较选定沙漠公园作为国家自然科学基金重点项目定位试验点，并讨论共建石羊河流域农业与生态节水试验站事宜。石羊河流域管理局局长沈清林、武威市水利局局长张献庆、副局长石培泽、市水利科学研究所所长杨秀英等陪同考察和研讨。

56. 3 月，武威市中心灌溉试验站入选水利部全国 100 个重点灌溉试验站。

57. 3 月，杨秀英获“全国三八红旗手”荣誉称号，并被授予武威市优秀专业技术人才称号。

58. 4 月 2 日，中国农业水问题研究中心举行“农业节水与水资源实验室”首批仪器设备招标会，为石羊河试验站招标作物光合仪、植物水势仪、TRIME 土壤水分测定仪、WET 水热盐三参数测定仪、根系扫描分析系统、Sap Flow 等第一批仪器设备。

59. 4 月 24 日，中国农业大学第一批博士研究生杜太生、夏桂敏、李王成和西北农林科技大学硕士研究生孟毅进驻“石羊河流域农业与生态节水试验站”，庞秀明、王锋在民勤农业技术推广中心薛百试验基地开展相关试验研究。

60. 5 月 12—16 日，康绍忠到试验站与民勤薛百基地察看博士生杜太生、夏桂敏、李王成以及硕士生庞秀明、王锋、孟毅的野外试验，讨论修改相关实验方案，武威市水科所副所长王兴成、张霁、苏兴礼、钱艳等协助研究生试验。武威市水务局副局长石培泽、市水科所所长杨秀英陪同。

61. 7 月 23 日，中国农业大学、西北农林科技大学、武威市水利科学研究所共同建设的“石羊河流域农业与生态节水试验站”(沙漠公园)举行揭牌仪式,武威市人大常委会主任牛兆虎、政协副主席柴尔俐、石羊河流域管理局局长沈清林、武威市水利局局长张献庆、副局长石培泽以及市科技局、市财政局领导出席。

62. 8月6日,康绍忠在北京昌平军都干休所参加中国农业大学“985”工程二期建设方案讨论会,汇报农业节水与水资源实验室及石羊河流域农业与生态节水试验站建设方案。

63. 8月8—13日,康绍忠和台湾嘉隆实业有限公司董事长朱英龙先生秘书蒋晓舟、汤先禧赴甘肃武威市凉州、民勤、天祝、古浪等地,考察石羊河流域生态环境和中小学校舍状况,落实捐资在民勤建设3所学校、古浪2所学校,并建议对民勤县红崖山水库下6公里长地段的节水型生态植被建设示范区进行初步规划和论证,市水科所所长杨秀英陪同。

64. 9月7—13日,康绍忠、冯绍元与武威市副市长徐文善、民勤县县长陈德兴、武威市林业局局长何永基、武威市水利局副局长石培泽、武威市财政局副局长张兴强、武威市水利科学研究所所长杨秀英以及民勤县水利局、林业技术推广站领导商讨民勤红崖山水库下生态廊道建设方案;到试验站察看杜太生、李王成、夏桂敏、屈艳萍等的田间试验;在民勤农业技术推广中心薛百试验基地看望并考察博士研究生来剑斌及硕士研究生庞秀明、王锋的试验。

65. 9月30日,试验站团队第一篇系统介绍石羊河流域水与生态问题的SCI收录论文“The impacts of water-related human activities on the water-land environment of Shiyang River Basin, an arid region in Northwest China”发表[Kang Shaozhong, Su Xiaoling, Tong Ling, Shi Peize, Yang Xiuying, Abe Yukuo, Shen Qinglin, Du Taisheng, Zhang Jianhua, Hydrological Sciences Journal, 49(3): 413-427]。

66. 2004年9月—2005年3月,康绍忠教授指导的博士研究生杜太生在香港浸会大学生物系联合培养,联合导师张建华教授。

67. 10月16—21日,康绍忠赴澳大利亚,参加由中国科学院、国家自然科学基金委员会与澳大利亚科学院、技术科学与工程院联合主办的首届中澳科技合作会议并考察,在会上做了介绍石羊河流域水与生态问题的“The impacts of water-related human activities on the water-land environment of Shiyang River Basin, an arid region in Northwest China”学术报告。

68. 12月21—22日,康绍忠在北京外国专家公寓参加国家自然科学基金委员会“中国西部环境与生态科学”重大研究计划“以水为中心的过程综合模拟”学术研讨会,在会上做“西北内陆干旱区灌溉农业发展对流域尺度水循环与转化过程影响的试验及模拟——以河西走廊石羊河流域为例”的学术报告。

69. 12月30日,康绍忠应邀为中国水利水电科学研究院水利研究所做“西北内陆干旱区灌溉农业发展对流域尺度水循环与转化过程影响的试验及模拟——以河西走廊石羊河流域为例”的学术报告。

70. 12月,杨秀英晋升为教授级高级工程师。

2005年

71. 3月30日—4月3日,康绍忠带领刘晓志、李思恩、张宝忠到试验站,与武威市水科所所长杨秀英现场落实在石羊河流域有关农业节水与水循环转化研究的具体试验研究计划,涡度相关仪和波纹比仪安装,苹果梨试验地选择与布置,秸秆覆盖试验地选择与布置;购计算机2台,调整住房,购买床等生活用品;到古浪县古浪河东渠水管所考察小麦试验地等。

72. 4月10日,在中国农业大学水利与土木工程学院101会议室,举行国家自然科学基金重点项目“西北地区农业与生态节水应用基础研究”研究进展交流会,康绍忠、冯绍元、左强、任理、黄冠华等及在石羊河试验的学生30余人参加。

73. 4月,教育部教技司〔2005〕35号文《教育部关于公布2004年度“新世纪优秀人才支持计划”入选者名单的通知》通知，左强、冯绍元入选 2004 年度教育部“新世纪优秀人才支持计划”。

74. 5 月 17—21 日，康绍忠到武威现场检查 2005 年在石羊河流域有关农业节水与水循环转化试验研究进展，和粟晓玲到金昌市水利局、统计局、民勤县水利局收集有关农业用水变化和灌溉试验资料，市水科所所长杨秀英陪同。

75. 6 月 30 日，甘肃省水利厅副厅长康国玺考察试验站，武威市水利局局长张献庆、武威市水利科学研究所所长杨秀英等陪同考察，杜太生、李王成等介绍试验站情况。

76. 7 月 5 日，康绍忠在四川，陪同澳大利亚 CSIRO 水土所张橹参加 2005 年度国家杰出青年科学基金(B 类)答辩评审会，张橹和康绍忠以石羊河流域为背景联合申请的国家杰出青年科学基金项目(B 类)“西北旱区流域尺度耗水对人-地关系变化响应的实验与模拟”(编号：50528909)答辩获得通过，资助经费 40.0 万元。

77. 7 月 16 日，北京林业大学大学生社会实践考察团一行 5 人到沙漠公园试验站参观考察，甘肃日报社记者一起到试验站采访，杜太生、杨秀英陪同。

78. 7 月 22—27 日，康绍忠、李伏生到试验站，现场指导研究生试验，修改杜太生英文论文，讨论夏桂敏、屈艳萍、张宝忠、李思恩论文事宜，到民勤农业技术推广中心薛百试验基地看望王锋、王振昌、来剑斌并检查相关试验研究工作，武威市水科所所长杨秀英陪同。

79. 7 月 22 日，瑞典隆德大学 Björn Possling 等 4 人赴试验站开展了为期 4 周的野外实验，与试验站师生结下了深厚友谊。

80. 8 月 17—20 日，康绍忠和香港浸会大学张建华考察试验站、南营水库、金塔河灌区、红崖山水库、民勤薛百试验基地、青土湖及治沙工程，武威市水科所所长杨秀英陪同。

81. 8 月 21—22 日，“石羊河流域水资源合理配置与节水农业建设”学术研讨会在试验站举行，水利部农水司副司长姜开鹏、甘肃省水利厅副厅长康国玺、清华大学雷志栋教授以及兰州大学、香港浸会大学、兰州交通大学、甘肃省水利科学研究院、甘肃省地矿局水勘院、中国水利报社等 20 个单位的 66 位代表参加此次会议。

82. 8 月 23—26 日，康绍忠、冯绍元、左强、张富仓、王鹏新、王凤新、李志军以及从事石羊河流域研究的博硕士研究生杜太生、夏桂敏、李王成、王春梅、王素芬、周青云、霍再林、佟玲、刘晓志、张宝忠、李思恩、张晓涛、屈艳萍、刘杰、郝治福、吕廷波、王振昌、王锋、鲍兴、陈绍军、王为、朱向明等一行 30 余人，赴河西走廊张掖、酒泉、嘉峪关、敦煌等地考察水资源利用状况。

83. 9 月 2—3 日，日本岩手大学藤井克己教授、仓岛荣一教授，弘前大学张树槐副教授等一行 5 人到试验站参观考察，并考察红崖山水库和薛百试验基地，杜太生、杨秀英陪同考察。

84. 11 月 17 日，康绍忠受聘为国际学术期刊 *Agricultural Water Management* 杂志编委。

85. 11 月 24—26 日，国家自然科学基金重点项目“西北旱区农业与生态节水应用基础研究”(编号：50335030)中期检查会在西安举行，经清华大学、武汉大学、中国水利水电科学研究院、中国科学院水土保持研究所、中山大学、西安理工大学和内蒙古农业大学 7 名专家组成的专家组无记名投票表决获得 7A(优秀)的成绩。

86. 11 月 27 日—12 月 2 日，康绍忠应日本筑波大学安部征雄教授邀请，出席在日本那须盐原举行的第八届国际沙漠技术大会，并应邀做了在石羊河流域研究的“Controlled alternate partial rootzone irrigation—a recent effort in water-saving agriculture”的大会报告，还作为会议的 International Advisory Committee 成员，主持了土地改良技术主题的大会报告，14 个国家的近 200 名代表出席。

87. 12 月，康绍忠、胡笑涛、张建华、蔡焕杰、王密侠、张富仓、杜太生、石培泽等完成的“控制性作物根系分区交替灌溉与调亏灌溉新技术研究及应用”成果获 2005 年度教育部科技进步二等奖。

88. 12 月，杨秀英入选甘肃省“555 创新人才工程”第二层次人选。

2006年

89. 1月7日，康绍忠、粟晓玲在北京外国专家公寓参加国家自然科学基金委员会“中国西部环境与生态科学重大研究计划”项目验收交流会，在石羊河流域进行的“西北旱区绿洲农业发展对流域尺度水循环的影响及其生态环境效应”项目顺利通过结题验收。

90. 1月，冯绍元以石羊河试验站为基地主持申报的“十一五”国家科技支撑计划项目“灌区节水改造环境效应及评价方法研究”(编号:2006BAD11B08)获批，资助经费300.0万元。

91. 1—6月，康绍忠教授指导的硕士研究生屈艳萍在香港浸会大学生物系联合培养，联合导师张建华教授。

92. 3月19日，中国农业大学“农业资源高效利用”“985”二期创新平台建设，2006年度水资源高效利用方向预算经费100.0万～150.0万元，分配给李光永30.0万元购买节水灌溉技术检测设备，雷廷武40.0万元建设土壤侵蚀试验系统，冯绍元30.0万元建设水环境实验室，石羊河试验站建设经费35.0万元。

93. 4月8—9日，康绍忠在北京虎峪山庄出席学校2006年度科技工作会议，并应邀就科研基地建设问题做大会发言，介绍石羊河农业与生态节水试验站建设经验。

94. 4月24—27日，康绍忠考察试验站及民勤薛百试验基地的试验研究工作，检查与安排相关博硕士研究生试验，武威市水利科学研究所所长杨秀英陪同。

95. 5月14日，康绍忠在学校西校区712会议室参加“211”工程三期建设方案研究论证会，包括石羊河流域农业与生态节水试验站建设内容的学校水科学与水工程学科“211”建设规划通过论证。

96. 6月14日，康绍忠在北京银龙苑宾馆参加2006年度国家科技进步奖农业组会评答辩，主持完成的“西北旱区农业高效用水原理与技术研究及应用”成果通过国家科技进步二等奖答辩评审。

97. 7月4—11日，康绍忠带领曾䌷婷陪同澳大利亚CSIRO水土研究所张橹在石羊河流域农业与生态节水试验站及民勤农业技术推广中心薛百试验基地、红崖山水库、青土湖等地考察，带领王素芬收集杂木河径流资料，检查研究生试验，武威市水利科学研究所所长杨秀英陪同。

98. 7月5日，康绍忠等应邀参加武威市天马文化旅游节开幕式。

99. 7月7日，康绍忠应邀参加武威市人民政府在沙漠公园主办的“阳光·人与自然和谐”学术研讨会，并做“西北旱区石羊河流域水资源转化规律与节水调控模式”的学术报告，明确指出石羊河流域问题的关键是没有适水发展和高效节水，灌溉面积扩大太快，亟须关井压田调结构，发展高效节水农业。中国科协书记处书记刘恕，任继周、胡启恒院士以及高前兆研究员也应邀做报告，中共武威市委书记张绪胜出席。

100. 7月18日，康绍忠指导的博士研究生杜太生在试验站完成的“干旱荒漠绿洲区作物根系分区交替灌溉的节水机理与模式研究”学位论文获中国农业大学十佳优秀博士学位论文。杜太生毕业留校工作。

101. 7月23日，农业部旱作节水农业项目验收暨膜下滴灌现场观摩会与会代表120余人参观试验站在民勤农业技术推广中心薛百基地开展的“棉花根系分区交替灌溉技术研究”和“西北干旱区马铃薯节水灌溉技术研究”，受到中央电视台和甘肃电视台经济频道等媒体的关注，王凤新副研究员接受了中央电视台的现场采访。

102. 7月28日，康绍忠以石羊河试验站为研究基地申报的国家自然科学基金项目“西北旱区果园不同尺度耗水估算模型的建立及其耦合研究”(编号:50679081)通过评审，获资助经费37.0万元。

103. 8月13日，美国NOAH水文水资源研究所专家Emery Coppola考察试验站，霍再林等陪同。

104. 8月31日—9月3日，康绍忠在石羊河流域农业与生态节水试验站与民勤农业技术推广中心薛百试验基地察看研究生野外试验并听取研究进展汇报，市水科所所长杨秀英陪同。

105. 8月，毛晓敏作为中国农业大学引进优秀人才从英国爱丁堡大学来校工作，直聘为副教授。

106. 9月4日，中国国家灌溉排水委员会通知，康绍忠荣获2006年度ICID农业节水技术创新突出成就奖（该年度全球仅1人获得此奖项）。

107. 9月26日，康绍忠在北京友谊宾馆参加教育部“长江学者”创新团队计划申请答辩，以石羊河试验站为基地的“农业节水与水资源高效利用”创新团队获批准。

108. 11月4日，康绍忠主持申报的以石羊河试验站为基地的项目“基于作物生命健康需水信息的非充分灌溉技术”（编号：2006AA100203），参加“十一五”国家“863”计划“现代节水农业技术与产品”重点项目课题申报答辩会，获通过，资助经费350.0万元。

109. 12月24日，康绍忠在北京中国科技会堂出席水利科技创新暨《水利学报》创刊50周年学术研讨会，应邀做了在石羊河试验站完成的成果“基于生命需水信息的作物高效节水调控理论与技术”的大会报告，并被聘为《水利学报》第八届编委，这是他自1994年任该期刊编委以来连续三届担任编委。

110. 12月，康绍忠、冯绍元与西北农林科技大学蔡焕杰等合作完成的国家“十五”“863”计划课题成果“作物高效用水生理调控与非充分灌溉技术研究”获2006年度陕西省人民政府科学技术一等奖（中国农业大学单位排名第二，康绍忠、冯绍元个人分别排名第二、第四）。

111. 12月，康绍忠主笔撰写的“现代农业与生态节水的技术创新及未来研究重点”获2003—2005年度《农业工程学报》优秀论文奖。

112. 12月，黄兴法晋升为教授。

2007年

113. 2月27日，康绍忠在北京人民大会堂出席2006年度国家科学技术奖励大会，主持完成的“西北旱区农业高效用水原理与技术研究及应用”成果获国家科技进步二等奖。党和国家领导人胡锦涛、温家宝、曾庆红、李长春出席大会，接见获奖代表并为获奖代表颁奖。

114. 3月6日，教育部下达通知，以康绍忠为带头人的“农业节水与水资源高效利用”团队入选教育部“长江学者与创新团队发展计划”创新团队，资助经费300.0万元。

115. 3月10—11日，“石羊河流域水资源合理配置与节水农业建设”第二届学术研讨会在北京昌平举行，日本东京大学、香港浸会大学、中国农业科学院、中国水利水电科学研究院、中国科学院遗传与发育生物学所农业资源研究中心、西北农林科技大学、北京林业大学、甘肃省水利厅、甘肃省武威市水利局、甘肃省武威市节约用水办公室、武威市石羊河流域综合治理工程指挥部及我校等15个单位的70余名代表参会。

116. 3月13日，在北京进行石羊河流域农业与生态节水试验站野外试验仪器设备培训会。

117. 4月1—5日，康绍忠赴石羊河流域考察，并落实研究生试验研究计划，与武威市水务局、市水利技术综合服务中心、市节水办及石羊河流域管理局讨论石羊河试验站新址建设合作协议。中共武威市委书记张绪胜会见了康绍忠一行。

118. 5月24日，武威市节约用水办公室主任何万雄、副主任杨秀英一行4人考察试验站，杜太生、胡铁民、张宝忠、胡萌等陪同。

119. 5月31日，学校“985”工程二期经费资助新建的试验站生活区内东南第三排平房开工建设。

120. 6月15日，康绍忠在北京稻香湖参加中国农业大学“985”工程二期项目中期检查会议，汇报石羊河农业与生态节水试验站建设项目执行情况。

121. 6月29日—7月4日，康绍忠与冯绍元、张富仓、杜太生、李思恩、孙月、曾勰婷一行到武威，在试验站与民勤农技中心薛百试验基地视察相关试验，看望研究生并听取工作汇报，收集流域相关资料，石培泽、董平国、杨秀英等陪同。

122. 6月,霍再林在中国农业大学获博士学位,并留校工作。

123. 7月,佟玲在西北农林科技大学获博士学位,并来校工作。

124. 7月,康绍忠以石羊河流域为背景主持申报的国家自然科学基金项目"西北旱区灌区节水改造对区域水循环的影响及生态环境效应研究"(编号:40771034)通过评审,资助经费45.0万元。

125. 7月,投入10.0万元在试验站西北角新建的2栋日光温室开始运行。

126. 8月24日,康绍忠应邀在武威出席由甘肃省科学技术协会、省人民政府研究室、省科学技术厅、省水利厅、省农牧厅、省林业厅、省社会科学界联合会和中共武威市委、武威市人民政府联合主办的2007甘肃省科协年会,并做"石羊河流域水资源合理配置与节水高效农业建设"的大会特邀报告,共500多人参加大会。省人大常委会副主任、省科协主席李膺致大会开幕词,省政协副主席陈剑虹出席会议,武威市委书记、市人大常委会主任张绪胜参加会议并致欢迎词,武威市四大班子领导苏振祥、何伟、齐建新、贾永英、陈明、王俊英、邸亮、杨德智、王立中、田毅、张学有等出席会议。

127. 8月25日,中国农业大学"石羊河流域农业与生态节水试验站"新址(凉州区东河乡王景寨村)揭牌仪式举行,康绍忠及武威市委常委、副市长陈明,石羊河流域管理局局长沈清林,武威市水务局局长张发基、副局长石培泽,市节水办副主任杨秀英,市水利技术综合服务中心主任董平国,甘肃省水科院副院长张新民,甘肃农业大学工学院院长成自勇等参加揭牌仪式并考察试验站相关研究工作。

128. 8月26日,试验站生活区南新建的平房(厨房、餐厅、会议室)竣工,举办了隆重的竣工典礼。

129. 9月,在学校"985"工程经费资助下,试验站建设取得新进展。试验站已有耕地600余亩,机井3眼。建成日光温室两栋,总面积1 288 米^2;试验测坑64个;沟灌、滴灌、喷灌等各类试验和示范区50亩,沙生植被与牧草试验区15亩。新建和改建实验室以及宿舍等生活配套用房600米^2,建成土壤—作物—水关系实验室1个、具有上网条件的研究人员工作室3个、学术交流与会议室1个、宿舍8间以及浴室等设施,统一配备了室内办公家具和生活设施,使试验站的科研、办公和生活条件得到了极大的改善。从今年起,试验站已面向全校和社会开放。

140. 10月31日,毛晓敏入选2007年度教育部"新世纪优秀人才支持计划"。

131. 12月,康绍忠、杜太生、丁日升等撰写的"基于生命需水信息的作物高效节水调控理论与技术"入选2007年度《水利学报》发表的234篇论文中评选出的6篇优秀论文之一。

132. 12月20日,中国农业水问题研究中心与甘肃石羊河流域管理局签订科技合作协议,石羊河流域管理局把试验站作为石羊河流域重点治理的重要技术依托单位。

133. 12月,杨秀英当选为甘肃省第十一届党代会代表。

134. 12月,杨秀英当选为武威市第二届人大代表及常委会委员。

135. 2007年12月—2008年3月,佟玲在香港浸会大学生物系张建华实验室进行合作研究。

136. 2007年12月—2008年5月,康绍忠教授指导的博士研究生张宝忠在香港浸会大学生物系联合培养,联合导师张建华教授。

137. 2007年12月—2008年12月,康绍忠教授指导的博士研究生张晓涛在堪培拉澳大利亚联邦科学与工业研究组织(CSIRO)水土所联合培养,联合导师张橹研究员。

2008年

138. 1月,水利部水资源管理中心委托康绍忠主持"石羊河流域生态需水与水资源合理配置研究",经费30.0万元。

139. 1月,黄冠华、杜太生等申报的国家"十一五"科技支撑计划项目"甘肃干旱内陆区特色经济作物节水综合技术研究与示范"课题"特色经济作物控水调质关键技术研究与示范"(编号:2007BAD88B07-3)获批,获资助经费190.0万元。

140. 3月，康绍忠主持的国家自然科学基金重点项目“西北旱区农业与生态节水应用基础研究”取得的重要进展，被作为《国家自然科学基金委2007年度报告》中13项有突出进展的研究成果介绍。

141. 3月26—29日，康绍忠、冯绍元、黄冠华、唐泽军、王凤新、杜太生、霍再林等与30余名博、硕士研究生在试验站布置试验工作，这标志着试验站2008年试验工作全面展开，并向校内外全面开放。当年，共有来自中国农业大学、西北农林科技大学、甘肃农业大学、甘肃省水利科学研究院等单位的近40余名教师和博硕士研究生在试验站开展相关试验研究。

142. 3月28日，武威市委常委、副市长陈明、市水务局局长张发基、石羊河流域管理局局长沈清林会见康绍忠、冯绍元、黄冠华一行，并商谈与石羊河流域管理局合作事宜。

143. 3月30—31日，康绍忠在兰州应邀参加国家自然科学基金委员会地球科学部主办、主题为“内陆河流域生态-水文集成研究”的“双清论坛”，拉开了国家自然科学基金委黑河重大研究计划的序幕。

144. 4月23—25日，康绍忠、杜太生在武汉参加国家自然科学基金重点项目“西北旱区农业与生态节水应用基础研究”验收会，该项目获得以清华大学雷志栋院士为组长的专家组的一致好评，以综合评价等级A＋获全部验收与中期检查项目的最好成绩。

145. 5月14日，康绍忠、王福军到中国农业大学党委书记瞿振元办公室汇报，解决石羊河试验站管理编制问题。

146. 5月15日，马振梅、康绍忠、张橹、佟玲、粟晓玲在*Journal of Hydrology*(352卷，3-4期，239-249页)上发表“Analysis of impacts of climate variability and human activity on streamflow for a river basin in arid region of northwest China”一文，最近10年一直入选ESI高被引论文。

147. 5月15—18日，英国Lancaster大学环境中心主任Bill Davies教授与香港浸会大学生物系张建华教授考察试验站及石羊河流域的生态环境状况，康绍忠、杜太生、董平国等陪同。武威市委常委、副市长陈明，市水务局局长张发基、副局长石培泽，甘肃石羊河流域管理局副局长张永明等当地领导会见了Bill Davies一行。

148. 5月19日，中国水利学会副秘书长李赞堂、秘书处高菁和甘肃省水利科学研究院李元红院长陪同荷兰Delft University of Technology学者一行考察试验站，董平国、韩万海、胡萌、陈平等陪同。

149. 5月22日，加拿大学者考察试验站，胡萌、陈平等陪同。

150. 5月27日，甘肃省水利科学研究院副院长李明一行参观考察试验站，董平国、胡萌等陪同。

151. 6月15—27日，康绍忠、冯绍元、唐泽军、王凤新、杜太生、佟玲、霍再林一行在试验站参加研究生开题报告会；康绍忠、粟晓玲、杜太生、佟玲、霍再林在试验站为《西北旱区流域尺度水资源转化规律及其节水调控模式——以甘肃石羊河流域为例》专著统稿。

152. 6月22日，武威市委常委、副市长陈明、甘肃省水利厅石羊河流域管理局局长沈清林、武威市水务局局长张发基、副局长石培泽、武威市节约用水办公室副主任杨秀英等到试验站考察，康绍忠、董平国、韩万海、杜太生、李思恩等陪同。

153. 6月24日，《武威日报》报道了石羊河流域农业与生态节水试验站研究工作进展。

154. 6月24日，武威市电视台在试验站采访，杜太生、刘春伟等陪同接待。

155. 6月，甘肃农业大学副校长黄高宝教授、中国农业大学农学院刘巽浩教授一行到试验站考察参观，胡铁民等陪同。

156. 7月1日，经学校党委常委会暨校长办公会(2008-21次)研究决定，同意成立“中国农业大学石羊河流域农业与生态节水试验站”，挂靠水利与土木工程学院，不定行政级别，不增加事业编制，试验站管理人员编制从内部调剂解决。

157. 7月1—12日，康绍忠教授指导的博士研究生胡萌、曾勰婷在德国汉诺威莱布尼兹大学(Gottfried Wilhelm Leibniz Universität Hannover)参加DAAD项目交流，胡萌做了“Physiological and morphological responses of salt-shrub (Caragana Karshiskii Kom) to saline irrigation in arid environ-

ment"的口头报告。

158. 7月2日，试验站利用"985"工程二期建设经费招标建设的2台大型称重式蒸渗仪，终于由中国农业大学107.0万元中标价降到87.0万元而在合同上签字。

159. 7月16—27日，佟玲带领中国农业水问题研究中心暑期社会实践小分队8人赴石羊河流域民勤县红崖山灌区和环河灌区的3个乡村与凉州区西营灌区、金塔灌区、杂木灌区、黄羊灌区和清源灌区的17个乡村，宣讲与推广试验站多年试验研究得出的适合当地的膜下滴灌技术、温室大棚滴灌技术、隔沟交替灌溉技术和调亏灌溉技术等，受到当地政府、水利部门和村民的欢迎与大力支持。

160. 7月25—29日，康绍忠在试验站察看有关研究生试验工作，参加中国农业水问题研究中心大学生暑期农业节水技术推广活动。

161. 7月27日，广西大学农学院李伏生教授、北京中农先飞公司总经理徐飞鹏一行到试验站参观考察，康绍忠、冯绍元、杜太生、李思恩等陪同。

162. 7月28日，中国水利水电科学研究院水利所李久生带领该所青年科技骨干一行10人参观考察试验站。

163. 7月29日，水利部农水司副司长李远华、中国灌溉排水发展中心副主任倪文进、武威市副市长陈德兴以及甘肃省水利厅农水处、计财处、石羊河流域管理局、武威市水务局、凉州区人民政府相关领导一行20余人考察试验站，康绍忠、冯绍元、杜太生、王凤新、董平国等陪同。

164. 8月26—30日，中国工程院院士、长安大学李佩成教授一行3人考察试验站及石羊河流域的生态环境状况，并为研究生做"怎样做好科学研究"的报告。康绍忠、杜太生、佟玲、董平国及民勤县水务局纪检书记魏多玉、凉州区水务局副局长张虎如等陪同考察。武威市委常委、副市长陈明，石羊河流域管理局局长沈清林、副局长张永明，武威市水务局局长张发基、副局长石培泽、总工程师李建中等会见李佩成院士一行。

165. 8月31日—9月4日，黄冠华、左强、冯绍元、杜太生等赴巴西伊瓜苏参加第八届国际农业工程大会，依托石羊河试验站完成的"Benefits of alternate partial root-zone furrow irrigation on fruit quality and water use of table grape in arid areas"和"Review on alternate partial root-zone irrigation practices in China"2篇论文被大会论文集收录并进行了墙报展示。

166. 9月16日，中国水利水电科学研究院许迪、刘钰，清华大学翁文斌、尚松浩，武汉大学崔远来、邵东国等7位专家在试验站考察交流，冯绍元、毛晓敏、霍再林、韩万海陪同。

167. 9月26日，康绍忠在北京九华山庄出席中国土壤学会第十一届全国会员代表大会暨土壤物理分会，应邀做题为《石羊河流域水资源转化规律与节水调控模式研究》的学术报告。

168. 10月13—14日，康绍忠陪同澳大利亚CSIRO水土所张橹到长安大学参加"干旱区水文生态与水安全国际学术论坛"，并应邀做"石羊河流域水资源转化规律与节水调控模式研究"的学术报告。

169. 11月8—9日，康绍忠、杜太生到试验站解决两台大型称重式蒸渗仪安装问题。

170. 11月15日，王凤新主持的水利部公益性行业专项计划项目"石羊河流域基于生态的水资源调控模式研究"启动仪式暨专家咨询会在北京举行。水利部国科司副处长曾向辉、校长助理龚元石、水院院长王福军、试验站站长康绍忠出席启动会。该项目国拨经费480.0万元。

171. 11月16—21日，应英国兰卡斯特大学环境中心主任Bill Davies教授邀请并受The Rank Prize Funds资助，杜太生赴英国参加"High Sustainable Cereal Yields under Drought"学术研讨会，并在大会上做了"An improved water use efficiency under spatial and temporal deficit irrigation in China"的学术报告。

172. 12月1日，科学技术部网站公布了108项2008年度国家科学技术学术著作出版基金资助项目，康绍忠、粟晓玲、杜太生等著的《西北旱区流域尺度水资源转化规律及其节水调控模式——以甘肃石羊河流域为例》一书获资助。

173. 12月26—27日，在京召开的中国农业工程学会第八次全国会员代表大会上，杜太生荣获中国农业工程学会第五届青年科技奖，佟玲被评为中国农业工程学会先进工作者。

2009年

174. 2月2日—6月1日，康绍忠教授指导的博士研究生胡萌、李小娟以及硕士研究生陈平在香港浸会大学生物系联合培养，联合导师张建华教授。

175. 2月10日，中共武威市委副书记、市长郭承录一行20余人考察试验站，市长助理、市农牧局局长宗瑞谦，市长助理、市政府秘书长孟世祖，市水务局局长张发基，凉州区区长张效林以及市农委、市财政局和市农发办的相关领导陪同考察。

176. 2月13日，新疆维吾尔自治区水利厅副厅长、水利部农水司副司级巡视员赵乐诗一行30余人参观考察试验站。武威市委常委、副市长陈明，市水务局局长张发基以及甘肃省水利厅的相关领导陪同。

177. 3月2日，新疆维吾尔自治区阜康市水务局局长徐靖一行12人参观考察试验站，武威市水务局副局长范文智及相关领导陪同。

178. 3月17日，试验站站长康绍忠到学校党委书记瞿振元办公室汇报石羊河试验站工作和与武威市校地合作事宜。

179. 3月18日，水利部灌溉排水发展中心农业开发处处长刘斌、中国科学院遥感应用研究所吴炳方研究员一行10余人参观考察试验站，武威市水利技术综合服务中心主任董平国等陪同。

180. 3月18日，英国驻华使馆气候变化及能源处一等秘书 James Godber 一行参观考察试验站，杜太生、甘肃省外事侨务港澳事务办公室副处长王文斌陪同。

181. 4月15日，学校“985”工程二期投入经费87万元的两台大型称重式蒸渗仪安装调试完毕，投入使用。

182. 4月26日，美国俄勒冈州立大学 Clinton Shock 教授参观考察试验站，王凤新、董平国陪同考察。

183. 5月2日，中共中央总书记胡锦涛视察中国农业大学，和师生代表座谈并合影留念，试验站站长康绍忠参加相关活动。

184. 5月8日，甘肃省民政厅厅长田宝忠赴试验站考察指导工作，武威市水务局局长张发基、水利技术综合服务中心主任董平国等陪同考察。

185. 5月15日，康绍忠在兰州应甘肃省国土资源厅邀请做“石羊河流域水资源合理配置与农业高效节水模式研究”的学术报告。

186. 5月17日，甘肃省国土资源厅领导一行考察试验站，武威市委常委、常务副市长徐文善，市委常委、副市长陈明会见国土资源厅领导一行，康绍忠、冯绍元、唐泽军、杜太生、董平国等陪同。

187. 5月24日，中共武威市委书记、市人大常委会主任肖庆平，市委副书记、市长郭承录，市委常委、副市长陈明，市四大班子领导，法检两长，市长助理，各区县党政主要领导、分管领导，市、县、区有关部门主要负责人，凉州区、民勤县各乡镇党委书记、乡镇长共200余人参观考察试验站，就日光温室建设和节水灌溉技术应用进行调研并召开现场观摩会。

188. 5月24日，中国科学院地理科学与资源研究所刘昌明、陆大道院士在武威市发改委、水务局等部门领导的陪同下参观考察试验站，董平国、胡铁民等陪同。

189. 6月15日，中国农业大学副校长孙其信，校长助理、科研院常务副院长龚元石，发展规划处处长、“985”工程办公室主任高旺盛一行考察试验站“985”工程二期支持建设情况。水院院长王福军、分党委书记杨培岭以及康绍忠、冯绍元等陪同考察。

190. 6月16日，中国农业大学与武威市科技合作协议签约仪式在武威隆重举行。中共武威市委书记、市人大常委会主任肖庆平，市委副书记、市长郭承录，市委常委、常务副市长徐文善，中国农业大学副校长孙其信，校长助理、科研院常务副院长龚元石等出席签约仪式。孙其信与郭承录共同签署《武威市人民政府与中国农业大学科技合作协议》。武威市委常委、副市长陈明，市人大常委会副主任王俊英，市长助理、市政府秘书长孟世祖，中国农业大学发展规划处处长高旺盛、副处长杜金昆，水院院长王福军、分党委书记杨培岭以及康绍忠、黄卫东、冯绍元、李光永、唐泽军、王凤新、杜太生、王素芬、黄权中、霍再林等参加签约仪式。

191. 6月29日，教育部长江学者、国家杰出青年基金获得者，中国农业大学资源环境学院院长张福锁教授一行10余人考察试验站。

192. 6月，李思恩博士毕业并留校工作，开始加入石羊河试验站管理工作。

193. 6月，从加拿大里贾纳大学引进郭萍博士到中国农业大学中国农业水问题研究中心工作，加入石羊河研究团队。

194. 7月3日，水利部国际合作与科技司副司长董新光、水利部科技推广中心副主任许平一行考察试验站，石羊河流域管理局局长沈清林等陪同。

195. 7月7—8日，中英科技桥项目"水资源有效性及水质"启动暨研讨会在北京召开，康绍忠主持开幕式并应邀做"灌溉农业发展对石羊河流域水转化关系的影响与调控"的学术报告。科技部国际合作司欧洲处处长邢继俊，国家自然科学基金委水利科学与海洋工程学科主任李万红，全国农业技术推广服务中心节水处处长彭世琪，英国研究理事会中国代表处主任 Chris Godwin，英国兰卡斯特大学环境中心主任 Bill Davies 教授，我校张林逸副校长、国际交流处处长董仁杰等出席。

196. 7月18日，康绍忠主持申报的国家自然科学基金重点项目"西北旱区特色经济作物节水调质高效灌溉理论与模式研究"(编号：50939005)在北京九华山庄答辩通过，获资助经费210.0万元。

197. 7月30日—8月3日，武汉大学生物学院大学生暑期社会实践小分队一行4人到试验站和石羊河流域参观实习。

198. 9月1日，石羊河试验站派出研究生科技服务小分队，在武警武威支队与皇台集团举行专题讲座，进行节水宣传和培训日光温室管理与葡萄种植的专业技术人员，用科技"大餐"与武威军民共庆中秋。

199. 9月16日，中国水利学会常务副会长、水利部办公厅原主任顾浩一行考察试验站，武威市水务局局长张发基、市水利技术综合服务中心主任董平国等陪同。

200. 9月23日，康绍忠在武汉参加由中国工程院和水利部共同主办的"2009水资源与可持续发展高层论坛"，应邀做"西北旱区特色经济作物节水调质高效灌溉理论与模式"的学术报告。全国政协原副主席、中国工程院院士钱正英出席论坛。水利部部长陈雷出席并致辞。湖北省委书记罗清泉出席论坛。湖北省委副书记、武汉市委书记杨松，水利部原副部长、中国水利学会理事长敬正书，中国工程院原副院长、中国工程院院士沈国舫，水利部长江水利委员会主任蔡其华和国际水资源协会(IWRA)、国际灌排委员会(ICID)、国际水利工程与研究协会(IAHR)等国际组织负责人分别致辞。

201. 9月26日，主要在石羊河试验站进行的国家自然科学基金重点项目"西北旱区特色经济作物节水调质高效灌溉理论与模式"在北京召开启动会，康绍忠、杜太生、佟玲、贾文锁、高丽红、胡田田、胡笑涛及相关研究生出席。

202. 9月，国家发改委农经司副司长石波、水利部农村水利司副司长姜开鹏等考察试验站，康绍忠等陪同。

203. 9月，甘肃省张掖市水务局一行到试验站参观考察，胡铁民等陪同。

204. 10月11—16日，杜太生在上海参加第三届世界干旱大会(Interdrought Ⅲ)并做"Water saving agriculture in Northwest China"的大会特邀报告，系统介绍了团队依托试验站在西北旱区取得的研究成果。

205. 10月13—18日，冯绍元、唐泽军、王凤新、霍再林、姚立强对石羊河流域水资源利用现状开展了深入调研，武威市水利技术综合服务中心主任董平国等陪同。

206. 10月25日，康绍忠在北京京西宾馆参加农业节水与粮食安全高层论坛，应邀做“西北旱区特色经济作物节水调质高效灌溉理论与模式”的学术报告。国务院副总理回良玉对论坛做出重要批示，水利部党组书记、部长陈雷，水利部党组副书记、副部长鄂竟平，农业部党组副书记、副部长危朝安出席论坛并讲话。财政部副部长丁学东，水利部副部长刘宁，中央候补委员、中国农业科学院院长翟虎渠，国家发改委农经司司长高俊才，中央农村工作领导小组办公室局长王韩民，水利部总工程师汪洪等出席开幕式。全国政协委员、水利部原副部长、中国农业节水和农村供水技术协会会长翟浩辉主持开幕式。中央农村工作领导小组办公室副主任唐仁健和中国工程院院士、武汉大学教授茆智，中国工程院院士、清华大学教授雷志栋等21位领导和专家在论坛上发言。

207. 11月11日，试验站站长康绍忠被聘为国务院学位委员会第六届农业工程学科评议组召集人。

208. 11月11—13日，康绍忠、杜太生、高丽红在试验站安排国家自然科学基金重点项目试验事宜，签订试验站和凉州区农业技术推广中心温室节水技术示范和推广协议。市水务局局长张发基、副局长石培泽会见。

209. 2009年11月—2010年11月，康绍忠教授指导的博士研究生马黎华赴荷兰代尔夫特联合国教科文组织水教育研究中心(UNESCO-IHE, Delft, the Netherlands)联合培养，联合导师Dimitri Solomatine教授。

210. 2009年11月—2011年5月，康绍忠教授指导的博士研究生王振昌在丹麦哥本哈根大学(University of Copenhagen)联合培养，联合导师Christian R Jensen教授和刘福来副教授。

211. 2009年11月—2011年10月，康绍忠教授指导的博士研究生张彦群赴美国杜克大学(Duke University)尼古拉斯环境学院(Nicholas School of Environment)联合培养22个月，联合导师Ram Oren教授。

212. 12月，郭萍晋升为教授。

2010年

213. 1月，试验站申报的“西北旱区农业与生态节水试验示范基地建设”教育部农林试点实践基地建设项目获批，获资助总经费120.0万元。

214. 1月21日，董平国被中共武威市委、市人民政府授予科技服务石羊河流域重点治理突出贡献三等奖。

215. 1月30日，王凤新主持的水利部公益性行业专项计划项目“石羊河流域面向生态的水资源配置与调控”在北京召开年度交流会。

216. 2月2日，中共武威市委副书记、市长郭承录，副市长尚勋武，市水务局局长张发基在武威市北京办事处与水利部水资源司副司长陈明、中国农业大学副校长孙其信、发展规划处处长高旺盛、石羊河试验站站长康绍忠会谈。

217. 2月16—21日，试验站站长康绍忠作为兰卡斯特大学环境中心主任Bill Davies教授的合作伙伴，应邀参加2009年度英国女王奖授奖的相关活动，获奖成果名称是“Plant science applied to water shortage, crop yield and global food security”。

218. 2月，试验站科技人员参与武威市温室滴灌大田滴灌节水技术培训班，培训全市相关技术人员。

219. 3月7—10日，和英国兰卡斯特大学(Lancaster University)共同主办的中英粮食安全国际会议(Sino-UK International Workshop on Food Security)在京举行。中国农业大学校长柯炳生、兰卡斯特大学校长Paul Wellings、英国驻华使馆科技参赞David Bacon、英国研究理事会中国办事处主任Chris Godwin、国家自然科学基金委员会工程与材料学部水利学科主任李万红出席开幕式。开幕式由试验站站长康绍忠和英国兰卡斯特大学环境研究中心主任 Bill Davies 教授共同主持。

220. 3月26—28日，中国农业大学发展规划处处长高旺盛带队的武威市现代农业示范区规划编制组在武威考察调研，康绍忠、高丽红、杜太生、徐飞鹏等参加，武威市副市长尚勋武，市长助理、市农牧局局长宗瑞谦等陪同调研。

221. 3月27日，武威市副市长尚勋武，市长助理、市农牧局局长宗瑞谦等考察试验站，试验站康绍忠教授、高丽红教授、杜太生教授、董平国主任等陪同。

222. 2010年3月—2011年3月，康绍忠教授指导的博士研究生汤博在堪培拉澳大利亚联邦科学与工业研究组织(CSIRO)水土所联合培养，联合导师张橹研究员。

223. 4月23—24日，康绍忠在试验站察看研究生试验并安排相关工作。

224. 4月，董平国被中共甘肃省委、省人民政府授予甘肃省先进工作者荣誉称号。

225. 5月1日，武威市副市长周晓红考察试验站，董平国、韩万海、胡铁民、丁日升等陪同。

226. 5月2—7日，康绍忠指导的博士研究生马黎华参加在奥地利维也纳召开的2010年度欧洲地理学年会(EGU2010)，并做了“Analysis of Multiple Impacts of Change on Water Utilization Using ANN Model-A case study in Shiyanghe River Basin”的墙报展示。

227. 5月9—12日，冯绍元、唐泽军、王凤新、霍再林、姚立强、王利书在武威进行石羊河流域水资源利用现状的深入调研，石羊河流域管理局沈清林局长等陪同。

228. 5月20日，康绍忠合作完成的“农业化学节水关键技术研究与产品研发及产业化”成果，通过2010年度国家科技进步二等奖答辩评审。

229. 5月21日，教育部农林试点实践基地建设项目资助建设的2栋日光温室建成并开始运行。

230. 5月24日，由石羊河试验站与武威市人民政府联合举办的“现代节水灌溉技术”培训与示范观摩在武威市委党校和我校石羊河站开始举行。此次培训与示范观摩活动对武威市农业、水务、林业、农机部门技术干部及各县(区)农口部门干部、乡(镇)分管农业的副乡镇长及农技站、林业站、水管所、农机站技术人员共2 000余人进行培训，宣讲与现场示范观摩试验站在旱区节水调质高效灌溉理论与技术及其应用模式方面的试验研究成果，促进产学研的紧密结合和研究成果的实际应用。此次培训与现场示范观摩活动持续10天，共举办10期，每期200余人、时间1天，其中半天室内授课，半天现场示范与观摩试验站的田间试验成果。武威市委常委、市委组织部部长李明生，武威市副市长尚勋武，石羊河试验站站长康绍忠及市委农办、农业局、水务局、林业局、农机局的相关领导出席开班仪式并致辞。李光永、王凤新、杜太生、李思恩及在试验站的30余名博硕士研究生参与了授课和现场宣讲。

231. 5月25日，康绍忠、杜太生陪同香港嘉道理慈善基金会董事李文德、中国项目主任李健民和香港浸会大学生物学系主任张建华考察石羊河试验站和青土湖环境问题，就建设中国农业大学-香港浸会大学—香港嘉道理慈善基金会甘肃石羊河节水灌溉技术试验与培训中心进行研讨。

232. 6月4日，应康绍忠邀请，美国科罗拉多州立大学 Allan Andales 副教授在北京做“Determination of crop consumptive water use in Eastern Colorado”的学术报告。

233. 6月6日，时任武威市委书记、市人大常委会主任在市委常委、市委秘书长贾永英，水利局局长张发基等的陪同下考察试验站。

234. 6月7日，武威市委常委、副书记何伟赴试验站考察和指导工作，武威市水务局局长张发基等陪同考察。

235. 6月13—17日，冯绍元教授指导的博士研究生蒋静参加在加拿大魁北克召开的第17届国际农业工程学会年会，并做了题为“Response of spring-maize to saline water irrigation in northwest China”的口头报告。

236. 6月18—19日，康绍忠到试验站视察相关试验，并布置教育部“农业节水与水资源高效利用”创新团队验收会准备工作。

237. 6月26日，中国工程院院士汪懋华、李佩成、茆智、雷志栋、刘兴土、罗锡文以及清华大学教授杨诗秀，中国水利水电科学研究院水利所所长许迪，中国农科院农田灌溉研究所党委书记、副所长黄修桥等到试验站、日光温室节水高效灌溉技术示范基地、红崖山水库、青土湖等地考察，武威市委常委、凉州区委书记李世英，副市长魏军，中国农业大学水院院长王福军、分党委书记杨培岭，试验站站长康绍忠等陪同考察。

238. 6月27日上午，教育部"农业节水与水资源高效利用"创新团队验收暨石羊河农业与生态节水试验站发展规划咨询会在武威市召开，会议由中国农业大学校长助理、发展规划处处长龚元石主持，校长柯炳生，中共武威市委副书记、市长郭承录出席会议并致辞。由中国工程院院士李佩成、汪懋华、茆智、雷志栋、刘兴土、罗锡文以及清华大学杨诗秀，中国水利水电科学研究院许迪，中国农科院农田灌溉研究所黄修桥组成的专家组，听取了康绍忠、杜太生分别就创新团队工作情况及试验站发展规划的报告，对团队工作给予了高度评价，并就试验站未来发展规划提出了很好的建议。柯炳生校长听取专家意见后，在会议总结讲话中表示学校从"985"工程经费中支持试验站建设面积3 000米^{2}以上、三星级标准的试验站综合大楼。中国农业大学副校长郭大、张建华，后勤基建处党委书记、常务副处长马国玉，水院院长王福军、分党委书记杨培岭，科研院基建处处长吴海芹，国有资产管理处副处长初春霖，财务处副处长王玉斌以及甘肃省水利科学研究院院长李元红、武威市水务局局长张发基和创新团队主要骨干成员出席会议。

239. 6月27日下午，中国农业大学校长柯炳生，副校长郭大、张建华一行考察试验站，看望在试验站工作的师生，并与武威市委副书记、市长郭承录等就推进试验站更好发展进行会谈。柯炳生校长在考察后为试验站师生书写了"科研平台，育人基地，示范窗口，造福西北"的题词。郭承录表示，进一步加大与中国农业大学的合作力度，为试验站的建设与长远发展提供更加便捷高效的服务，市政府在土地使用等方面给予优惠与支持，并对随行的武威市国土资源局负责同志安排了具体的土地划拨事宜，尽快改善试验站周边环境和交通条件，使试验站成为国内外节水高效农业研究与示范的亮点。校长助理、发展规划处处长龚元石，后勤基建处党委书记、常务副处长马国玉，水院院长王福军、分党委书记杨培岭，科研院基地管理处处长吴海芹，国有资产管理处副处长初春霖，财务处副处长王玉斌及团队主要骨干成员等陪同考察。

240. 7月2日，中共甘肃省委书记、省人大常委会主任陆浩一行在时任武威市委书记、市人大常委会主任，市长郭承录等的陪同下，考察了试验站日光温室节水高效灌溉试验示范基地，与在基地试验的研究生亲切交谈。

241. 7月5日，杜太生向参加国际间作套种资源高效利用研讨会田间考察的国际专家介绍石羊河试验站研究进展与科研成果，英国兰卡斯特大学 Bill Davies 课题组的 Inn Dodd、Mercè Aloy-Lleonart 博士后到试验站参观考察。

242. 7月11—13日，武威市现代农业发展规划研讨会召开，应市政府邀请，科研院常务副院长高旺盛教授带领我校教授陈阜、李保明、黄卫东、张勤、任华中、陈源泉、杜太生等与武威市各相关主管部门领导就武威市现代农业进行了广泛的交流，并考察了试验站。武威市市长郭承录接见了专家组一行，武威市副市长尚勋武全程主持了研讨会。此次活动主要目的是落实中国农业大学与武威市人民政府全面合作协议内容以及柯炳生校长武威考察时提出的有关任务。研讨会上，中国农业大学专家与来自武威市农委、发改委、财政局、农牧局、水务局、质监局、林业局等20多个部门的负责同志就武威市现代农业的发展定位、发展现状、今后发展重点等方面进行了详细讨论，规划组成员在广泛征求意见的基础上，完成了《武威市现代农业发展规划》初稿，得到了当地政府领导的高度评价。尚勋武副市长要求各相关部门要紧密配合，市校共同合作，进一步补充完善并尽快完成《武威市现代农业发展规划》工作，为武威市现代农业发展做出积极贡献。

243. 7月13日，为表彰在旱区农业节水与水资源高效利用研究与应用领域所取得的成就以及推动中英节水农业领域科技合作与学术交流方面的贡献，英国兰卡斯特大学授予康绍忠荣誉科学博士学位，康绍忠在兰卡斯特大学参加荣誉科学博士学位授予仪式。

244. 7月25—31日，康绍忠、张富仓、李伏生在试验站检查研究生试验与论文工作进展，丁日升、郑睿、郭维华、邱让建、陈任强、刘春伟、于海燕汇报试验进展，讨论周宏民、杨建房、陈金亮的论文工作，给在站研究生做《西北旱区石羊河流域水资源转化规律与节水调控模式研究》《如何撰写英文科技论文》的学术报告。武威市委副书记、市长郭承录，市水务局局长张发基会见康绍忠一行。

245. 7月，在兰州参加第二届生态系统评估与管理国际会议的中外专家到试验站参观考察，董平国、胡铁民及在站研究生陪同。

246. 8月8日，全国人大常委会副委员长、民盟中央主席蒋树声一行在试验站视察检查工作，他高度肯定了试验站工作的意义，欣然提笔写下“修德尚志 励学敦行”，勉励在站同学们努力学习，加强实践，做出更好成绩，并与试验站全体师生合影留念。全国人大常委会委员、民盟中央副主席索丽生，甘肃省委常委、省委统战部部长刘立军，省人大常委会副主任马尚英，省政协副主席张世珍，水利部水资源司司长孙雪涛，武威市委副书记、市长郭承录，市政协主席徐文善，市委常委、副市长焦军毅，市委常委、市委统战部部长万国仁，市人大常委会副主任丁兆庆以及学校党委书记瞿振元、水院院长王福军、副院长董清、康绍忠、黄冠华、杜太生等陪同视察。

247. 8月8日，中国农业大学党委书记瞿振元在武威市委副书记、市长郭承录的陪同下，考察试验站，了解试验站的发展情况，并就试验站进一步的工作设想和建设与武威市市长郭承录举行了会谈，为试验站书写了“把石羊河试验站建设得更好！”的题词。武威市规划局、国土局、交通运输局相关领导以及水务局局长张发基，水院院长王福军、副院长董清，试验站站长康绍忠及黄冠华、杜太生等陪同考察。

248. 8月30—31日，甘肃农业大学张仁陟主持，我校黄冠华、杜太生等参加的国家“十一五”科技支撑计划项目“甘肃干旱内陆区特色经济作物节水综合技术研究与示范”验收会专家一行考察试验站。

249. 9月13日，武威市国土资源局为中国农业大学正式办理了在试验站建设综合实验楼的国有土地使用证。为了支持试验站修建综合实验楼，武威市将11 931.5 米^2 科教用地划拨给中国农业大学作为建设用地。

250. 2010年9月—2011年9月，康绍忠教授指导的博士研究生丁日升在美国加州大学戴维斯分校（University of California，Davis）水土环境系联合培养，联合导师 Kyaw Tha Paw U 教授。

251. 10月9—17日，试验站站长康绍忠应邀赴美国俄勒冈州立大学、西密歇根大学、密歇根州立大学访问，在西密歇根大学做了系统介绍石羊河流域问题的“Impact of irrigated agriculture development on environments and its regulation by water-saving in the driest inland regions of China”学术报告。

252. 10月28—29日，杜太生应邀参加由联合国粮食和农业组织亚太区域办公室、武汉大学、中国农业节水和农村供水技术协会、中国国家灌溉排水委员会在武汉联合举办的“亚太区域节水灌溉可持续发展国际研讨会”，并做题为“西北旱区灌溉农业发展的生态环境效应与节水调控”的主题报告。

253. 10月31日，杜太生主持的水利部公益性行业专项计划项目“石羊河流域温室节水调质高效灌溉技术研究”启动会在武威举行。会议由康绍忠主持，中国农业大学科研院行业项目部长洪震、农学院高丽红、工学院侯书林、水院郭萍、佟玲、李思恩，西北农林科技大学曹红霞、胡笑涛，武威市水利技术综合服务中心董平国、韩万海以及相关研究人员与研究生等20余人参加启动会。

254. 11月8日，应康绍忠邀请，丹麦哥本哈根大学 Fulai Liu 博士在北京做“Effect of alternate root-zone irrigation on nitrogen and carbon dynamics in the plant-soil system”的学术报告。

255. 12月2日，中国农业大学党委书记瞿振元、校长柯炳生、副校长张建华听取试验站综合实验楼设计方案汇报，并做出相关指示。康绍忠介绍了试验站综合试验楼具体土地划拨以及试验站周边环境、交通条件和新建设施情况，水院院长王福军、副院长刘竹青，试验站副站长杜太生以及北京东方畅想建筑设计有限公司相关人员参加汇报。

256. 12月，康绍忠以试验站为基地主持申报的中欧科技合作专项"西北干旱区水资源转化规律与高效利用模式研究"（编号：S2010GR0692）获批，资助经费100.0万元。

257. 12月，康绍忠和张建华合作完成的系统介绍石羊河流域作物种植和灌溉面积盲目扩大导致的生态环境问题的文章"Over-cropping and irrigation are leading to disappearance of an ancient oasis"，被收入2010年由Smith-Gordon出版、英国国际知名生物化学家、牛津国际生物医学中心主任Charles Pastemak教授主编的有关粮食安全的著作《Access Not Excess—The search for better nutrition》向全世界加以介绍。

258. 12月，教育部农林试点实践基地建设项目完成所有建设任务，项目总投资120.0万元，其中试验站公共实验平台改造与设备购置开支50.0万元，试验地租赁12.0万元，节水技术培训室改造20.9万元，生活设施改造9.0万元，通量塔建设17.5万元，日光温室维修4.2万元，计算机购置6.3万元。

259. 2010年12月—2011年12月，冯绍元教授指导的博士研究生姚立强在美国康奈尔大学（Cornell University）生物与环境工程系联合培养，联合导师Tammo S. Steenhuis教授。

2011年

260. 1月18日，应康绍忠邀请，水利部副部长胡四一做客《水科学与水工程名家系列学术论坛》，并做题为《中国水资源可持续利用及其科技支撑》的学术报告。

261. 1月，董平国当选为武威市第三届政协委员。

262. 4月16日，由中国农业大学、香港浸会大学与武威市水利技术综合服务中心共同承担的香港嘉道理慈善基金会资助项目"甘肃内陆干旱区交替灌溉节水技术示范与推广试点"依托试验站启动。启动会由市水务局副局长石培泽主持、时任武威市水务局局长致辞。该项目旨在通过举办"农民田间学校"的方式普及推广作物根系分区交替灌溉等节水高效灌溉技术。香港浸会大学生物系主任张建华、中国农业大学人文与发展学院刘林、李凡、试验站副站长杜太生、武威市水利技术综合服务中心全体职工、项目试点村民代表等共计30余人参会。会后，中共武威市委副书记何伟会见有关专家，对我校联合国内外高校和科研院所，依托试验站长期服务于武威地方节水农业建设表示衷心感谢。

263. 4月16—17日，香港中文大学农业生物技术国家重点实验室副主任、植物分子生物学及农业生物技术研究所副所长林汉明博士考察试验站，副站长杜太生、站长助理李思恩和武威市水利技术综合服务中心副主任韩万海等陪同。

264. 4月27日，甘肃省张掖市节约用水办公室一行参观考察试验站，胡铁民等陪同。

265. 4月，试验站在石羊河创建了14所农民节水技术田间学校，投入大量人力物力开展农业节水技术培训与宣传，取得了良好的效果。

266. 5月3—5日，康绍忠到试验站指导研究生试验研究工作，在兰州拜会甘肃省委副书记鹿心社、水利厅栾维功副厅长、甘肃水科院李元红院长，汇报交流试验站工作。

267. 5月17日，商务部援外项目"发展中国家农业种植管理官员研修班"学员在试验站考察与交流，来自朝鲜、格鲁吉亚、津巴布韦、苏丹、肯尼亚、智利、伊拉克、巴勒斯坦等18个发展中国家的31名学员参加考察交流。

268. 5月25—27日，兰州大学草业科学院南志标院士一行考察试验站并在武威做学术报告，康绍忠、黄冠华、唐泽军、杜太生、王凤新、佟玲、姜娜、李思恩、陆红娜及西北农林科技大学胡笑涛，时任武威市水务局局长以及副局长石培泽、市水利技术综合服务中心主任董平国等陪同。时任武威市委书记，中共武威市委常委、市纪委书记、副市长李学民等会见南志标院士一行。

269. 6 月 3 日，武威市凉州区杂木河水利管理处一行参观考察试验站，胡铁民等陪同。

270. 6 月 7 日，康绍忠、杜太生主持的国家高技术研究发展计划（863 计划）课题“作物生命需水过程控制与高效用水生理调控技术及产品”启动会在中国农业大学举行，总经费 816 万元。中国农业科学院农田灌溉研究所孙景生，中国科学院遗传与发育生物学研究所张喜英，新疆汇通旱地龙腐殖酸有限责任公司刘广成，北京林业大学苏德荣、林剑辉，以及王凤新、王素芬、佟玲、霍再林和研究生 20 余人参加会议。

271. 6 月 8 日，甘肃省白银市节约用水办公室一行到试验站参观考察，胡铁民等陪同。

272. 6 月 10 日，武威市凉州区金塔灌溉试验站一行到试验站参观考察，胡铁民等陪同。

273. 6 月 11 日，武威市凉州区清源水利管理所一行到试验站参观考察，胡铁民等陪同。

274. 6 月 12 日，武威市农业科学院一行到试验站参观考察，胡铁民等陪同。

275. 6 月 12 日—7 月 30 日，美国俄勒冈州立大学研究生 Mark Ingman 在试验站开展了为期 48 天的观测实验，和试验站师生结下了深厚的友谊。

276. 6 月 16 日，邀请蒋秀根、剧锦三、秦家利审核试验站综合试验楼设计图纸。

277. 6 月 21 日，酒泉市农业技术推广中心及其所属各县区农业技术推广服务中心主任一行 20 余人到试验站参观考察，胡铁民等陪同。

278. 7 月 1 日，试验站站长康绍忠被评为北京市优秀共产党员。

279. 7 月 5 日，甘肃省治沙研究所所长徐先英一行 3 人到试验站参观考察，胡铁民等陪同。

280. 7 月 10—25 日，康绍忠、李伏生等在试验站察看研究生试验，组织研究生汇报交流，修改研究生论文。

281. 7 月 11—12 日，由中国国家灌排委员会主办、国际灌排委员会协办的“节水灌溉与粮食安全国际研讨会”在北京中国科技会堂开幕。水利部党组副书记、副部长矫勇和国际灌排委员会主席马卓默特、名誉主席阿里·沙迪出席并致辞，来自国际灌排委员会秘书处和有关国家灌排委员会代表、国际大坝委员会主席以及国内科研机构和大专院校的专家学者 100 余人参加了会议。试验站常务副站长杜太生参加会议并向大会报告了团队依托石羊河试验站在西北内陆干旱区水资源配置与农业高效节水方面的研究工作。

282. 7 月 15 日，试验站综合实验楼招标会在武威举行，金羊建筑工程公司中标，蒋秀根、杜太生、董平国代表试验站参加招标会。

283. 7 月 15 日，试验站与武威市水务局在水务局篮球场举行了首届篮球友谊赛。康绍忠、蒋秀根、杜太生、董平国、韩万海、胡铁民、李思恩以及市水务局相关领导、工作人员等出席观看了本场比赛，试验站队战胜市水务局队。

284. 7 月 15 日，香港中文大学农业生物技术国家重点实验室副主任林汉明及香港教育局拍摄组一行 6 人考察试验站，康绍忠、李思恩等陪同。

285. 7 月 16 日，美国西密歇根大学教授、兰州大学“千人计划”特聘教授贺缠生与牛淑文教授一行 18 人考察试验站。

286. 7 月 19 日，康绍忠、李伏生、杜太生、李思恩带领试验站博硕士研究生一行 38 人赴石羊河流域下游民勤考察，帮助师生更加全面地了解石羊河流域缺水和生态环境问题的严重性、认识解决石羊河流域问题的严峻性和紧迫性，了解石羊河流域重点治理的成果，激励大家进一步努力工作，为促进当地经济社会可持续发展乃至整个干旱区的水资源可持续利用做出更大的贡献。

287. 7 月 23 日，试验站综合实验楼开工奠基仪式隆重举行。水利部国际合作与科技司巡视员乔世珊，甘肃省水利厅副厅长栾维功，武威市人大常委会主任刘存禄，中共武威市委副书记、市长郭承录，市政协主席徐文善以及中国农业大学副校长王涛教授等 200 余人出席了开工奠基仪式。奠基仪式由武威市政府副市长张效林主持，王涛副校长、郭承录市长和乔世珊巡视员分别发表了讲话。最后，中国农业大学水院院长王福军代表业主向施工单位授旗，武威市人大常委会主任刘存禄宣布实验楼正式开工建设。该综合实验楼建设与配套经费预算 860.0 万元。

288. 7 月 23 日，水利部国际合作与科技司巡视员乔世珊，甘肃省水利厅副厅长栾维功，武威市副市长张效林等一行考察试验站，并重点视察了依托试验站开展的水利部公益性项目的执行情况。中国农业大学副校长王涛，水院院长王福军，试验站站长康绍忠以及水利部国际合作与科技司科技处副处长曾向辉，甘肃省水利厅科技外事处处长朱希昭，时任武威市水务局局长、副局长石培泽，市农业技术推广中心主任彭治云等陪同考察。

289. 7 月 25 日，北京永泰丰农业科技有限公司董事长马祖慰，总经理赵毅萍，台湾立德大学资源环境学系郭胜丰教授一行 6 人考察试验站。

290. 7 月 25 日，西北农林科技大学水建学院魏晓妹教授带领该院水文水资源专业 35 名学生赴试验站开展暑期毕业实习活动，观摩了试验站的农业节水技术研究与示范情况。

291. 7 月 27 日，农业部公布了《农业部重点实验室及农业科学观测实验站名单》，“石羊河农业与生态节水试验站”入选，被命名为“农业部作物高效用水武威科学观测实验站”，标志着试验站的发展进入一个新的阶段。

292. 7 月 27 日，甘肃省农业科学院蔬菜研究所所长王晓巍一行 13 人参观考察试验站。

293. 8 月 5 日，试验站举办“农民开放日”活动。武威市水利技术综合服务中心主任董平国、副主任韩万海、胡铁民，中国农业大学人文与发展学院刘林、李凡带领凉州区、民勤县、古浪县共 94 名农民代表赴站进行了观摩学习。

294. 8 月，董平国被中共武威市委、市人民政府授予武威市优秀人才荣誉称号。

295. 9 月—2012 年 9 月，黄冠华教授指导的博士研究生王军在美国德州农工大学（Texas A&M University）联合培养，联合导师 Binayak Mohanty 教授。

296. 10 月 17 日，应康绍忠邀请，澳大利亚 CSIRO 水土所张橹博士在北京做“Hydrological modeling in a changing environment：issues and challenges”的学术报告。

297. 11 月 3 日，2011 年度全国百篇优秀博士学位论文入选名单揭晓，康绍忠指导的 2009 届毕业生张宝忠在石羊河试验站完成的博士学位论文“干旱荒漠绿洲葡萄园水热传输机制与蒸发蒸腾估算方法研究”入选。

298. 11 月 8 日，甘肃省水利厅等单位一行 10 余人到试验站参观考察，董平国、胡铁民等陪同。

299. 11 月 8 日，云南省水利科学研究所一行 5 人到试验站参观考察，胡铁民等陪同。

300. 11 月 9—11 日，康绍忠、杜太生在试验站落实综合实验楼建设相关事宜，检查温室试验相关进展，会见武威市科技局局长张发基、水务局副局长石培泽、市节水办副主任杨秀英、市水利技术综合服务中心主任董平国等。

301. 11 月，黄冠华教授获批 2011 年度国家杰出青年科学基金。

302. 11 月，郝新梅从美国密歇根州立大学博士后出站，作为中国农业大学引进优秀人才来校工作，直聘为副教授。

303. 12 月 3 日，杜太生代表试验站在陕西杨凌参加农业部作物高效用水学科群建设启动会，农业部科教司技术引进与条件建设处处长杨礼胜出席。中国农业科学院、河南省农业科学院、新疆农垦科学院、山东农业大学、东北农业大学、西北农林科技大学和中国农业大学的领导与专家 30 余人出席启动会暨实验室、实验站授牌仪式。杜太生代表试验站接受农业部科教司杨礼胜处长的授牌。实验站正式进入农业部野外科学观测实验站建设序列，为试验站的发展带来更大的机遇和发展空间。

304. 12 月 5—9 日，冯绍元教授指导的博士研究生姚立强参加在美国旧金山举行的“美国地球物理学会

(AGU)年会”,并做了“Options for sustainable irrigation management of groundwater and surface water in Wuwei basin of Northwest China”的墙报展示。

305. 12月8日,中国工程院正式公布2011年院士增选名单,试验站站长康绍忠当选中国工程院院士。

306. 12月30日,经同行专家严格评审,国家新闻出版总署正式公布,康绍忠、粟晓玲、杜太生、冯绍元、佟玲等完成的学术著作《西北旱区流域尺度水资源转化规律及其节水调控模式——以甘肃石羊河流域为例》一书,入选第三届(2008—2010年)全国“三个一百”原创图书出版工程。

2012年

307. 2月2—11日,应英国兰卡斯特大学环境中心主任Bill Davies教授邀请,康绍忠、王福军、杨培岭、毛晓敏、杜太生、佟玲一行6人考察访问英国兰卡斯特大学、洛桑研究所、斯旺西大学、爱丁堡大学、帝国理工学院并进行学术交流。

308. 2月,常务副站长杜太生入选2011年度教育部“新世纪优秀人才支持计划”。

309. 2月,陆红娜入职中国农业大学,参加中国农业水问题研究中心和石羊河试验站的管理工作。

310. 3月3日,应康绍忠邀请美国科罗拉多州立大学Neil C. Hansen副教授在北京做“Sustaining Agriculture in the Central High Plains Region of the United States with Limited Irrigation Water”的学术报告。

311. 3月16日,新疆吐鲁番市委常委、组织部部长冯志亮一行20余人考察农业部作物高效用水武威科学观测实验站,武威市委常委、组织部部长李明生,时任市水务局局长等陪同考察。

312. 3月28日,新疆维吾尔自治区哈密市农业参观团一行到试验站参观考察,董平国、胡铁民等陪同。

313. 4月10日,佟玲主持的水利部公益性行业专项计划项目“西北旱区制种玉米节水高效灌溉技术模式研究”启动会在武威举行。会议由康绍忠院士主持,副市长胡细如、时任市水务局局长出席会议并致欢迎辞。杜太生、霍再林、李思恩,武威市农业技术推广中心主任彭治云、市水利技术综合服务中心副主任韩万海以及相关研究人员与研究生等近30人参加。时任武威市委书记会见了参加项目启动会的专家。

314. 4月26日,教育部在北京组织并主持召开“干旱内陆区流域尺度水资源转化规律及其农业节水调控模式”科技成果鉴定会。教育部科技发展中心副主任周静、成果处处长刘爽及中国农业大学校长柯炳生、副校长李召虎出席鉴定会。鉴定委员会由刘昌明、茆智、张建云、王浩、刘兴土、王超等6位院士和乔世珊、许迪、黄修桥研究员等9位专家组成。中国农业大学水院分党委书记杨培岭、副院长刘竹青等参加。

315. 4月26日,应康绍忠邀请,南京水利科学研究院院长张建云做客“水科学与水工程名家系列学术论坛”,做“气候变化的认识与思考”的学术报告。

316. 5月7日,水利部全国灌溉试验总站刘祖贵一行到试验站参观考察,胡铁民等陪同。

317. 5月16日,《中国科学报》发表记者张双虎采写的通讯“中国农大:基金为创新注入‘源头活水’”,介绍了在国家自然科学基金资助下,康绍忠课题组在甘肃省河西走廊石羊河流域经过多年系统研究所取得的进展以及带头创建的中国农业大学石羊河流域农业与生态节水试验站,已成为西北旱区农业节水技术、科学研究、人才培养、国际合作和示范推广的重要基地之一。

318. 5月22日,由水利部国科司巡视员乔世珊带领的水利部国科司“创先争优”活动小组一行10余人考察试验站。武威市副市长卢小亨、水院副院长刘竹青、试验站常务副站长杜太生、甘肃省水利厅科技外事处处长朱希昭、省水利科学研究院院长李元红、时任武威市水务局局长、市水利技术综合服务中心主任董平国以及王凤新、霍再林、佟玲、李思恩等陪同。

319. 5月30日,香港嘉道理慈善基金会董事C. P. Lavender,基金会中国区项目主管李建民到试验站检查“甘肃内陆干旱区交替灌溉节水技术示范与推广试点”项目执行情况。试验站常务副站长杜太生及香港中文大学张建华教授等陪同。

320. 6月2日，甘肃省科技厅党组成员、副厅长郑华平一行10余人考察试验站。武威市副市长张效林、市科技局局长张发基等陪同，陪同考察的还有甘肃省科技厅农村处处长张建韬、副处长刘改霞、调研员李新、主任科员郭清毅等。

321. 6月11—14日，试验站站长康绍忠在人民大会堂出席中国科学院第十六次院士大会、中国工程院第十一次院士大会。中共中央总书记、国家主席、中央军委主席胡锦涛出席会议并发表重要讲话。

322. 6月30日—7月4日，试验站站长康绍忠参加中国延安干部学院2012年第一期院士专家理论研究班学习。

323. 6月，丁日升在中国农业大学获工学博士学位，留校加入石羊河团队。

324. 7月6—7日，试验站站长康绍忠作为科技界代表，应中共中央办公厅邀请，在北京人民大会堂三楼小礼堂参加全国科技创新大会。中共中央总书记、国家主席、中央军委主席胡锦涛，中共中央政治局常委吴邦国、温家宝、贾庆林、李长春、习近平，李克强、贺国强等出席会议。

325. 7月10日，常务副站长杜太生在北京九华山庄通过国家自然科学基金委优青答辩评审。

326. 7月16日，兰州大学资源环境学院朱高峰教授等到试验站参观考察，胡铁民等陪同。

327. 7月18日，清华大学水利水电工程系本科生一行8人到试验站进行社会实践与调研，姜雪连、陈任强等陪同。

328. 7月26—30日，中国农业大学记者团刘赟强、柳狄、刘婷、任晓璇、郑雯心、林啸天等6人到试验站体验科研生活并走访附近农户进行调研。

329. 7月27—31日，试验站与部分科研项目协作单位代表，围绕在研项目开展学术交流活动。本次活动由康绍忠院士主持，交流项目包括试验站主持的“十二五”“863”计划项目“作物生命需水过程控制与高效用水生理调控技术及产品（编号：2011AA100502）”、国家自然科学基金重点项目“西北旱区特色经济作物节水调质高效灌溉理论与模式研究（编号：50939005）”、水利部公益性行业专项计划项目“石羊河流域温室节水调质高效灌溉技术研究（编号：201001061）”和“西北旱区制种玉米节水高效灌溉技术模式研究（编号：201201003）”，以及我校参与的水利部公益性行业专项计划项目“石羊河流域节水灌溉标准化技术体系规程研究（编号：201101045）”和“石羊河流域治理水权框架与实施的过程控制关键技术（编号：201101046）”等。各课题负责人对各自课题的进展情况做了详细的介绍，与会人员对相关内容进行了热烈的讨论，并提出了宝贵的意见和建议。最后，康绍忠院士对本次活动做了总结。香港中文大学张建华、林汉明，中国农业科学院农田灌溉研究所孙景生、王景雷，中国科学院遗传与发育生物学研究所张喜英，西北农林科技大学胡田田，北京林业大学苏德荣，北京工商大学田媛，广西大学李伏生，黄河水利科学研究院景明，新疆汇通旱地龙腐殖酸有限责任公司李强，武威市水务局石培泽，市水利技术综合服务中心董平国、韩万海，试验站杜太生、王凤新、王素芬、郝新梅、佟玲、姜娜、李思恩、丁日升、陆红娜以及在站工作的32名博硕士研究生参加了交流活动。试验站还组织在站师生对流域下游腾格里沙漠与巴丹吉林沙漠之间的青土湖自然景观、民勤防沙治沙展览馆、红崖山水库枢纽工程和武威市沙漠公园等地进行了考察。

330. 8月1日，试验站举行综合实验楼竣工暨农业部作物高效用水武威科学观测试验站揭牌仪式，综合实验楼建筑面积3 611.7米^2，共3层，实际总投入916万元，能够同时接待100人到站试验实习，大大改善了试验站的科研和生活条件，这标志着石羊河试验站建设步入又一个新的发展阶段。副校长李召虎，中国工程院院士康绍忠，时任武威市委书记，武威市副市长卢小亨等出席竣工典礼并为综合实验楼竣工剪彩。李召虎和武威市委书记为农业部作物高效用水武威科学观测试验站揭牌。武威市委常委、凉州区委书记李世英主持典礼。参加竣工典礼与揭牌仪式的还有武威市各局、凉州区和当地农民代表，香港中文大学张建华，中国农业科学院农田灌溉研究所孙景生、王景雷，西北农林科技大学胡田田，北京林业大学苏德荣，北京工商大学田媛，广西大学李伏生，中国农业大学科研院项目处处长严海军、基地管理处处长高铭宇，财务处张立英副处长、张宏科长，水院副院长刘竹青以及杜太生、王凤新、王素芬、郝新梅、佟玲、姜娜、李思恩、丁日升、陆红娜和在试验站的 32 名博硕士研究生。

331. 8 月 7 日，试验站举办第二届“农民开放日”，这是由中国农业大学、香港浸会大学与武威市水利技术综合服务中心共同承担的香港嘉道理慈善基金会资助项目“甘肃内陆干旱区交替灌溉节水技术示范与推广试点”的重要活动之一。来自石羊河流域不同区域 14 个试点村的 184 位农民在试验站进行田间节水技术观摩和学习。中国农业大学、武威市水利技术综合服务中心、市农业技术推广中心的刘林、李凡、杜太生、李思恩、董平国、韩万海、胡铁民、曾爱国以及在试验站的 32 名博硕士研究生全程参加了“农民开放日”活动，武威市电视台《科技兴农》对活动进行了专题报道。

332. 8 月 14 日，甘肃省科技厅党组书记、厅长李文卿一行考察试验站，武威市副市长张效林、武威市科技局局长张发基等陪同考察。

333. 2012 年 8 月—2013 年 8 月，黄冠华教授指导的博士研究生郑建华在美国加州大学戴维斯分校（University of California，Davis）联合培养，联合导师 Jan Hopmans 教授。

334. 9 月 5—7 日，康绍忠、冯绍元、杜太生、王凤新、霍再林等到试验站研究综合实验楼验收与管理事宜，检查研究生试验工作进展，董平国、韩万海、胡铁民等参加。

335. 9 月 18 日，应康绍忠邀请，美国国家盐分实验室资深研究员、Agricultural Water Management 主编 James Oster 在北京做题为“Important characteristics of a paper published in agricultural water management”的学术报告。

336. 9 月 25 日，王凤新主持的水利部公益性行业专项计划项目“石羊河流域基于生态的水资源调配模式研究”在北京铁道大厦通过验收。

337. 9 月—2013 年 10 月，康绍忠教授指导的博士研究生邱让建赴美国加州大学河滨分校（University of California，Riverside）环境科学系联合培养，联合导师吴劳生教授。

338. 10 月，经教育部批准，黄冠华教授被聘为“长江学者奖励计划”特聘教授。

339. 11 月 7—9 日，试验站站长康绍忠应邀在韩国忠北大学参加 2012 年国际农业工程论坛，并做题为“Impact of irrigated agriculture development on environments and its regulation by water-saving in the driest inland regions of China”的学术报告。

340. 11 月 26 日，中国农业大学印发中农大人字〔2012〕52 号文件，经学校党委常委会暨校长办公会（2012-29 次）研究决定，同意“中国农业大学石羊河流域农业与生态节水试验站”更名为“中国农业大学石羊河实验站”（之后简称“实验站”）；同意康绍忠任实验站站长，杜太生任常务副站长，王凤新、霍再林任副站长，均不定行政级别。

341. 12 月 8 日，教育部公布了 2012 年度高校科研优秀成果奖，康绍忠院士主持主要依托石羊河流域完成的“干旱内陆区流域尺度水资源转化规律及其农业节水调控模式”成果获科技进步一等奖。

342. 12 月，实验站常务副站长杜太生晋升为教授。

2013 年

343. 1—4 月，李思恩副教授在香港中文大学农业生物技术国家重点实验室张建华教授研究小组访学。

344. 2013 年 1 月—2014 年 2 月，霍再林在美国康奈尔大学生物与环境工程系 Tammo S. Steenhuis 教授小组访学。

345. 2 月 23 日，实验站站长康绍忠院士应中共中央办公厅邀请，作为科技界代表在人民大会堂三楼金色大厅参加中共中央主办的 2013 年元宵节联欢晚会，习近平、李克强、张德江、俞正声、刘云山、王岐山、张高丽等党和国家领导人出席。

346. 4 月 3—6 日，实验站常务副站长杜太生、丁日升到实验站协调综合实验楼启用事宜，4 月 6 日（农历 2 月 26 日，周六）早 6:36，师生正式入住实验站综合实验大楼。

347. 4 月 20—22 日，康绍忠在实验站布置 2013 年度相关工作与检查研究生试验进展。

348. 4 月 28 日，实验站站长康绍忠院士应科技部党组书记王志刚邀请，在科技部座谈如何通过农业工业化促进现代农业发展的问题，科技部秘书长李萌、农村司副司长王喆等参加座谈。

349. 5 月 8 日，应姜娜邀请美国伊利诺伊大学香槟分校 Nicholas Brozovic 副教授在北京做题为“Groundwater management and the protection of instream flows”的学术报告。

350. 5 月 25 日，水利部科技推广中心主任武文相、推广与产业处处长肖新民，国际合作与科技司原巡视员乔世珊、科技处副处长田庆奇一行考察实验站，站长康绍忠、甘肃省水利厅科技外事处处长朱希昭、武威市水务局总工张同泽、市农业技术推广中心主任彭治云、市水利技术综合服务中心主任董平国以及我校姜娜、李思恩、丁日升等陪同考察。

351. 6 月 12 日，中国农业大学校长柯炳生考察实验站，并与武威市委常委、常务副市长王扎东一起为石羊河教授工作站揭牌。武威市副市长杨德智、市水务局局长赵军湘，中国农业大学新农村发展研究院副院长、科研院副院长吴海芹，水院党委书记杨培岭，校党政办副主任张银，农学院赖锦盛、高丽红，实验站常务副站长杜太生、毛晓敏、王素芬、郝新梅、佟玲、丁日升、李思恩等陪同考察。

352. 6 月 14 日，康绍忠、王福军、黄冠华、左强、严海军在山东青岛参加国家自然科学基金委员会工程与材料科学部优秀创新研究群体通过答辩评审，资助经费 600.0 万元。

353. 6 月 20 日，实验站站长康绍忠主持完成的“干旱内陆河流域考虑生态的水资源配置理论与调控技术及其应用”成果参加 2013 年度国家科技进步奖答辩，通过二等奖评审。

354. 6 月 23—30 日，美国密苏里大学植物学跨学科研究中心主任 Robert Sharp 教授一行在实验站与河西走廊考察交流，在实验站做了题为“Root growth under water deficits—An essential but under-studied component of plant adaptation to drought”的学术报告，常务副站长杜太生、丁日升、郝新梅陪同考察。

355. 7 月 5 日，实验站举办第三届“农民开放日”，来自石羊河流域不同区域 14 个试点村的 146 位农民到实验站进行了农业高效节水技术观摩学习。活动期间，农民朋友们纷纷表示收获很大，并针对自己关心的高效节水技术、农作物种植问题、病虫害防治以及农村区域经济发展等问题向技术人员进行了咨询。中国农业大学人发学院刘林、李凡、水院丁日升以及武威市水利技术综合服务中心主任董平国、副主任韩万海、胡铁民以及在石羊河实验站的 30 余名博、硕士研究生参与了本次活动。

356. 7 月 16 日，河海大学 2013 级暑期社会实践小分队在实验站进行实践学习活动，站长助理李思恩、王金涛等陪同。

357. 7 月 20 日—8 月 5 日，康绍忠、杜太生、佟玲一行赴美国堪萨斯城参加 2013 ASABE 学术年会，并考察访问美国密苏里大学哥伦比亚校区、科罗拉多州立大学、USDA-ARS 的相关研究所、实验站，介绍了石羊河实验站的研究成果。

358. 7 月 25 日，科技部农村科技司副司长郭志伟一行考察实验站，时任武威市委书记、甘肃省科技厅副厅长郑华平、中国农业大学发展规划处处长刘竹青、武威市科技局局长张发基、市水利技术综合服务中心主任董平国、副主任韩万海、胡铁民，实验站副站长王凤新、霍再林、站长助理李思恩以及毛晓敏、王素芬、郝新梅、姜娜、丁日升等陪同考察。

359. 7 月，霍再林通过国家优秀青年科学基金答辩评审。

360. 8 月 11—12 日，科技部组织专家在实验站对康绍忠主持的“863”计划课题“作物生命需水过程控制与高效用水生理调控技术及产品”进行中期检查，专家组现场考察了课题正在开展的田间试验，观摩了研发的作物高效用水生理调控制剂和非充分小定额施灌控制装置，中期检查汇报会在实验站综合实验楼报告厅举行。中国农业科学院农田灌溉研究所、中国科学院遗传与发育生物学研究所农业资源研究中心、新疆汇通旱地龙腐植酸有限责任公司以及中国农业大学、武威市农业技术推广中心、市水务局、市水利技术综合服务中心共60余人参加了中期检查汇报会。

361. 8月20日，实验站站长康绍忠院士合作完成的“土壤-植物系统水分动力学机制与调控”成果通过2013年度国家自然科学二等奖答辩评审。

362. 8月20—25日，实验站站长康绍忠在美国科罗拉多州柯林斯堡参加中美农业科技合作框架协议第十一次工作组会议(MOST-USDA 11th Joint Working Group Meeting)以及“中美节水技术旗舰项目科研合作研讨会(Water-Saving Workshop on Research Partnerships Technologies Flagship Project)”。中国科技部副部长张来武、农村科技司司长陈传宏、副司长郭志伟以及美国农业部副部长Cathie Woteki、ARS副总裁Caird E. Rexroad，北部平原区主任Laurence D. Chandler，马里兰Beltsville农业研究中心主任Steven R. Shafer等出席会议。

363. 9月7日，康绍忠主持的国家自然科学基金创新研究群体项目“农业水转化多过程驱动机制与效率提升”(编号:51321001)启动暨研讨会在水院101举行。群体主要骨干黄冠华、王福军、雷廷武、杨培岭、李光永、左强、任理、郭萍、严海军、杜太生教授，毛晓敏、王凤新、郝新梅、佟玲副教授等20余人参加了会议。

364. 9月19日，美国科罗拉多州科林斯堡的美国农业部农业研究组织(USDA-ARS)农业水管理研究所Kendall DeJonge博士、丹麦哥本哈根大学刘福来博士一行考察实验站，常务副站长杜太生陪同考察。

365. 9月21日，甘肃农业大学资源环境学院张云陟教授一行3人到实验站参观考察，胡铁民等陪同。

366. 9月23日，实验站站长康绍忠主持申报的“农业高效用水”高等学校创新引智基地项目(“111”计划)在北京西郊宾馆答辩评审通过，资助经费900.0万元。

367. 9月27日，美国科罗拉多州科林斯堡的美国农业部农业研究组织(USDA-ARS)农业水管理研究所Kendall DeJonge博士应邀在北京做题为“Improving Crop Model Evapotranspiration Simulations Under Limited Irrigation”的学术报告。

368. 9月30日，全国人大常委会委员、中国科学院院士、国家自然科学基金委副主任姚建年一行7人，实地考察康绍忠主持的国家自然科学基金委“农业水转化多过程驱动机制与效率提升”创新研究群体，听取群体的工作汇报，实地考察实验室，并与有关师生座谈。

369. 10月14日，水利部科技推广中心批复同意依托石羊河实验站建设绿洲农业高效节水技术推广示范基地。

370. 10月25日，应毛晓敏邀请，瑞士洛桑理工大学D. A. Barry教授做题为“Chlorinated solvent remediation in groundwater”的学术报告。

371. 10月，实验站副站长霍再林入选2013年度教育部“新世纪优秀人才支持计划”。

372. 11月10日，全国人大常委会副委员长、民盟中央主席张宝文一行到石羊河实验站视察指导工作，实验站站长、中国工程院院士康绍忠陪同，陪同视察的还有全国政协常委、副秘书长徐辉，全国人大常委会委员、农业与农村委员会副主任、民盟中央副主席龙庄伟，甘肃省政协副主席张世珍，农业部发展计划司司长钱克明，时任武威市委书记等。

373. 11月26日，《全国农业可持续发展规划》编制工作启动，实验站站长康绍忠院士任规划编制专家咨询组组长。

374. 12月，实验站副站长王凤新晋升为教授。

2014年

375. 1月10日，康绍忠主要依托石羊河流域主持完成的“干旱内陆河流域考虑生态的水资源配置理论与调控技术及其应用”成果荣获2013年度国家科技进步二等奖，杜太生代表项目组在人民大会堂出席了2013年度国家科学技术奖励大会颁奖典礼并和所有获奖代表一起与党和国家领导人习近平、李克强、刘云山、张高丽、刘延东等合影留念。

376. 1月15—25日，郭萍、王素芬、郝新梅、李思恩、丁日升一行5人到英国兰卡斯特大学、利物浦大学、洛桑研究所的相关实验室和研究机构考察访问，并进行了学术交流和座谈。郭萍、郝新梅、王素芬和丁日升分别做了题为“Water resources management and decision making under uncertainty”“Spatio-temporal variability of soil water content and yield in an irrigated vineyard”“Modeling the regional hydrologic cycle under changing environment”和“Measurement and modelling of crop evapotranspiration over an irrigated maize field in an arid region”的学术报告。

377. 1—2月，佟玲在德国慕尼黑工业大学水文与流域管理系 Markus Disse 研究小组访学。

378. 3月6日，实验站站长康绍忠主持的国家自然科学基金重点项目“西北旱区特色经济作物节水调质高效灌溉理论与模式研究”在北京顺利通过结题验收。

379. 4月19日，农业部党组副书记、副部长余欣荣在陕西延安主持召开“西北旱作农牧业可持续发展座谈会”，实验站站长康绍忠院士作为特邀专家参会。

380. 4月23日，日本静冈县立大学 Kakubari Yoshitaka 教授一行到实验站参观考察，李思恩陪同。

381. 4月25日，实验站20多项田间观测试验全面开展，在站试验研究生35名，分别来自中国农业大学、清华大学、西北农林科技大学、北京林业大学。为了保障研究工作的顺利开展，李思恩主持召开了第一次全体人员大会，选举王金涛、姜雪连、杨开静、吴友杰为研究生助管，王金涛负责协助陆权管理固定资产、实验指导、后勤环境、安保，姜雪连负责协助侯宗宝管理接待、住宿、人员登记、文体活动，杨开静负责协助王小燕管理实验室和伙食，吴友杰负责实验站新闻宣传。

382. 4月26日，武威市天祝县主管农业的副县长一行10余人在实验站参观考察，李思恩等陪同。

383. 5月4日，实验站在综合实验大楼二层会议室举办了“2014年第一期学术交流会”，中国农业大学博士生姜雪连和王金涛分别做了题为“作物蒸发蒸腾量测定及估算研究”和“作物水分生产函数研究”的报告。来自中国农业大学、清华大学、西北农林科技大学、北京林业大学、太原理工大学、扬州大学等不同高校和科研单位的30余名博士研究生、硕士研究生参加了此次会议。实验站定期举办学术交流会，给大家营造更好的科研氛围，也促进了在站同学之间更深层次的交流。

384. 5—9月，英国兰卡斯特大学环境中心研究生 Paul Cambre 在实验站开展试验与交流5个月。

385. 5月13—14日，站长康绍忠专程赶赴实验站，慰问在站工作的全体人员，并对实验站近期工作进行安排部署。实验站副站长韩万海，站长助理李思恩、丁日升等陪同。

386. 5月14日，中国科学院上海植物逆境生物学研究中心谢如良博士后到实验站参观考察，李思恩陪同。

387. 6月1—2日，高等学校学科创新引智计划“农业高效用水创新引智基地”(“111”计划)启动会暨学术研讨会在金码大厦学术报告厅举行。中国农业大学副校长李召虎出席启动会。澳大利亚墨尔本大学 Edward Barlow 院士、CSIRO 水土所张橹博士、英国兰卡斯特大学 Bill Davies 教授、美国密苏里大学 Robert Sharp 教授、堪萨斯州立大学 Freddie Lamm 教授、爱荷华州立大学 Robert Horton 教授、德州农工大学詹红兵教授、普林斯顿大学 Kelly Caylor 研究员、加州大学河滨分校吴劳生教授、USDA-ARS 隋瑞秀研究员、田纳西大学庄杰教授、宾夕法尼亚州立大学 Henry Lin 教授、法国 INRA Gilles Vercambre 研究员、以色列 ARO Alon Ben-Gal 研究员、香港中文大学张建华教授以及中国农业大学石羊河团队研究骨干与博士研究生、硕士研究生120余人参加了本次启动会暨学术研讨会。

388. 6月3—5日，参加“农业高效用水”创新引智基地项目(“111”计划)启动会暨学术研讨会的澳大利亚墨尔本大学 Edward Barlow 院士、CSIRO 水土所张橹博士，英国兰卡斯特大学 Bill Davies 教授，美国密苏里大学 Robert Sharp 教授、堪萨斯州立大学 Freddie Lamm 教授、德州农工大学詹红兵教授、普林斯顿大学 Kelly Caylor 博士、加州大学河滨分校吴劳生教授、USDA-ARS 隋瑞秀博士、宾夕法尼亚州立大学 Henry Lin 教授，法国国家农科院 Gilles Vercambre 博士，以色列 ARO 水土所 Alon Ben-Gal 博士等 12 位外国专家到实验站考察，并了解石羊河流域农业发展与生态状况。实验站站长康绍忠、常务副站长杜太生、副站长王凤新、霍再林以及毛晓敏、郝新梅、佟玲、石建初、李思恩、丁日升、熊云武等陪同考察。

389. 6 月 17 日，甘肃农业大学资源环境学院教授一行到实验站参观考察，胡铁民等陪同。

390. 6 月 26 日—7 月 8 日，康绍忠、杜太生、毛晓敏到丹麦哥本哈根大学、英国赫瑞瓦特大学访问，在曼彻斯特大学参加英国 SEB(Society for Experimental Biology)2014 年会，应邀在“Roots for Global Food Security-A Tribute to Bill Davies”会场做“Improving agricultural water use efficiency by understanding of physiological mechanism”的报告，讲述 Bill Davies 和石羊河实验站研究的故事。

391. 6 月，牛俊博士在香港大学博士后出站，作为中国农业大学引进优秀人才加入石羊河团队，直聘为副教授。

392. 7 月 19 日，实验站站长康绍忠在中国科学院地理科学与资源研究所参加“黑河流域生态-水文过程集成研究”重大研究计划 2014 年度项目答辩会，主持申请的“黑河流域绿洲农业水转化多过程耦合与高效用水调控”集成项目通过答辩评审，资助经费 1 000.0 万元。

393. 7 月 25—28 日，康绍忠、苏德荣、张富仓、胡笑涛、杜太生、王凤新、李思恩等先后到石羊河实验站察看研究生试验，了解研究生工作进展，整顿实验站研究生作息和卫生纪律，召开管理人员会议，开展研究生学术交流活动。

394. 7 月 28 日晚，实验站临时党支部成立大会在综合实验楼二层会议室举行，会议由杜太生主持，会上选举产生李思恩为党支部书记、姜雪连为党支部副书记、王金涛为纪检委员、杨开静为组织委员，吴友杰为宣传委员。临时党支部由中国农业大学、清华大学、西北农林科技大学、太原理工大学等高校的 31 名党员及预备党员组成。实验站临时党支部的成立，旨在发挥党员的先锋模范作用，积极学习党的路线方针政策，以便更好地在实验站开展各项思想政治教育及学风建设活动。

395. 7 月 29 日，实验站与武威市水务局在水务局篮球场举行了第二届篮球友谊赛。康绍忠、杜太生、王凤新、董平国、韩万海、胡笑涛、胡铁民、李思恩以及市水务局相关领导、工作人员等出席观看了本场比赛，实验站队以较大优势战胜了市水务局队。

396. 7 月 30 日，康绍忠、杜太生、王凤新、胡笑涛等在武威市农业技术推广中心主任彭治云等的陪同下，先后到凉州区东河乡陈家寨村制种玉米全膜双垄沟灌示范点、黄羊集团制种玉米膜下滴灌示范点以及武威市优势农产品病虫害绿色防控示范区进行现场调研。

397. 2014 年 7 月—2015 年 5 月，佟玲在德国慕尼黑工业大学植物科学系 Urs Schmidhalter 教授研究组访学。

398. 8 月 1 日，“河西走廊小麦玉米节水节肥节药综合技术方案”项目前期研讨会在武威天马宾馆举行，甘肃省农业科学院、甘肃农业大学、张掖市农业科学院、武威市农业技术推广中心、市水利技术综合服务中心以及我校相关研究人员 20 余人参加。研讨会由实验站站长康绍忠主持。

399. 8 月 7 日，水利部在北京西直门宾馆召开《全国现代灌溉发展规划》审查会，康绍忠任审查组组长，水利部副部长李国英出席会议并讲话，水利部党组成员、总规划师周学文主持会议并做会议总结。

400. 8 月 15 日，甘肃省水利科学研究院一行到实验站参观考察，胡铁民陪同。

401. 8 月 18 日，甘肃省治沙研究所所长徐先英一行到实验站参观考察，武威市水务局总工程师张同泽、实验站副站长胡铁民等陪同。

402. 8 月 19—28 日，郭萍、王素芬、郝新梅一行 3 人考察访问了澳大利亚墨尔本大学、澳大利亚联邦科学与工业组织、墨累达令河流域管理局、Rubicon 公司的生产工厂及 Rubicon 全渠道控制系统的应用灌区，同时与澳方共同实地考察墨累达令河流域，郝新梅介绍了中国农业水问题中心基本情况及所开展的研究工作。

403. 8 月 26—28 日，实验站常务副站长杜太生应美国普林斯顿大学土木与环境工程系 Kelly Caylor 和 Lyndon Estes 博士邀请，赴该校位于肯尼亚北部的 Mpala 研究中心参加了“撒哈拉以南非洲大陆和中国水文耦合预报与粮食安全预测”国际学术研讨会。来自美国、中国、英国、肯尼亚、南非、赞比亚、尼日尔等国的 20 余位专家学者参会。杜太生以石羊河流域为例阐述了西北内陆干旱区灌溉农业发展对流域生态环境的影响，介绍了中心在干旱内陆河流域考虑生态配置水资源和进行全流域系统调控的技术及取得的初步成效，受到与会学者的极大关注。在 8 月 27 日举行的“研究进展与合作意向”专题讨论会上，杜太生教授介绍了实验站开展的作物耗水监测与模拟、节水高效灌溉、流域水资源合理配置与调控、流域水资源模拟和节水灌溉设备开发等方面的研究进展，引起了与会学者的热烈讨论，受到其他与会专家的关注。

404. 8 月，董平国晋升为教授级高级工程师。

405. 9 月 8—11 日，美国农业部农业研究组织（USDA-ARS）农业水管理研究所所长、首席科学家 Thomas J. Trout 考察实验站，并应邀做了题为“ARS Water productivity research in the U. S Central Plains：Measuring crop response to water stress”的学术报告，李思恩、丁日升等陪同。

406. 9 月 14—15 日，“农业高效用水创新引智基地”（“111”计划）举办“土壤水分运动及溶质迁移数学模型软件（Hydrus）应用”培训班，国际著名渗流带水文学家、HYDRUS 软件开发者、美国加州大学滨河分校 Jirka Simunek 教授主讲，中国农业大学 60 余名青年教师及研究生参加了培训班。

407. 9 月 16 日，康绍忠应邀参加第 18 届 CIGR 大会水土分会，主持第一单元的大会并做“Improving aagricultural water use efficiency based on crop physiological mechanism”的学术报告。

408. 9 月 20 日，高等学校学科创新引智计划“农业高效用水创新引智基地”（“111”计划）召开了“农业水文与水资源”学术研讨会。创新引智基地负责人康绍忠院士首先介绍了该引智基地的形成背景、研究方向、主要研究内容，简要介绍了中国农业水问题研究中心在农业高效用水方面取得的主要学术成绩，阐述了未来 10 年中心的研究方向和发展目标以及在我国北方典型区域甘肃石羊河流域、内蒙古河套灌区、华北平原拟开展的相关研究和需解决的科学问题。来自美国康奈尔大学 Tammo Steenhuis 教授、加州大学滨河分校 Jirka Simunek 教授、农业部农业研究组织农业水管理研究所 Thoms Trout 研究员、瑞士联邦理工大学 Andrew Barry 教授等专家学者围绕多尺度农业水文及水土环境过程模拟、变化环境下农业用水不确定性管理、节水灌溉技术及节水调质试验与模拟等方面进行了学术交流与研讨。丹麦哥本哈根大学、奥胡斯大学、中国农业科学院、中国科学院大学以及石羊河团队研究骨干和研究生 80 余人参加了本次学术研讨会。学术研讨会期间，引智专家参观了农业节水与水资源实验室。

409. 9 月，内蒙古巴彦淖尔市水利科学研究所张义强所长，曙光试验站张相柱站长，长胜试验站黄永平站长一行 6 人考察实验站，董平国、胡铁民等陪同。

410. 2014 年 9 月—2015 年 9 月，康绍忠教授指导的博士研究生陈金亮在法国国家农业研究院（INRA）联合培养，联合导师 Michel Génard 研究员。

411. 2014 年 10 月—2015 年 10 月，王素芬副教授在美国德州农工大学（Texas A & M University）生物系统工程系 Vijay P. Singh 教授研究小组访学。

412. 11 月 3 日，高等学校学科创新引智计划“农业高效用水创新引智基地”（“111”计划）邀请美国科罗拉多州立大学 Allan A. Andales 博士做题为“Agricultural water management in Colorado：challenges and opportunities”的学术报告。

413. 11 月 17 日，高等学校学科创新引智计划“农业高效用水创新引智基地”（“111”计划）邀请美国工程院院士、康奈尔大学 Wilfreid H. Brutsaert 教授做题为“Has the hydrologic cycle decelerated during the past half century？”的学术报告。

414. 11月18日，李思恩在广东河源参加国家农业科技创新与集成示范基地建设首期培训班。

415. 11月，国务院学位委员会第三十一次会议审议通过了第七届国务院学位委员会学科评议组成员名单，实验站站长康绍忠被聘为第七届农业工程学科评议组召集人。

416. 11月，实验站首批入选农业部"100个国家农业科技创新与集成示范基地"名单。

417. 2014年11月—2016年11月，西北农林科技大学胡田田教授指导的博士研究生漆栋良在美国内布拉斯加大学林肯分校(University of Nebraska-Lincoln)农业资源学院农学与园艺系联合培养，联合导师John Lindquist教授。

418. 12月11日，水利部国科司在北京召开水利部公益项目验收会，杜太生主持的水利部公益性行业科研专项计划项目"石羊河流域温室节水调质高效灌溉技术研究"得到以水利部农水司原司长冯广志教授级高工为组长的验收专家组的高度评价，以项目综合评价7A(共7名项目验收技术专家)的成绩顺利通过结题验收。

419. 12月11日，农业高效用水创新引智基地邀请，美国农业部农业研究组织水管理研究所Louise Comas博士做"Patterns of root growth in maize and sunflower under deficit irrigation"的学术报告。

420. 12月13日，中国科学院地理科学与资源研究所康跃虎研究员一行到实验站参观考察，胡铁民等陪同。

421. 12月13日，农业高效用水创新引智基地邀请，美国农业部农业研究组织水管理研究所Louise Comas博士做"Adapting irrigation management to water scarcity: Constraints of plant growth, hydraulics and carbon assimilation"的学术报告。

422. 12月25日，甘肃省水利工程管理局一行到实验站参观考察，董平国、胡铁民等陪同。

423. 12月25日，甘肃省张掖市灌溉试验站一行到实验站参观考察，胡铁民陪同。

424. 12月，中国农业大学特殊支持院士团队基地建设，拨付经费100.0万元进行石羊河实验站基础设施建设，主要用于试验区供水管网改造、标准化实验区道路改造、实验楼防盗网安装、监控系统安装、发电机组购置、高位水箱安装、输配电线路改造，新打机井1眼，并对教师标间进行了装修。

425. 12月，毛晓敏晋升为教授。

426. 2014年12月—2015年8月，杜太生教授在美国加州大学河滨分校(University of California-Riverside)环境科学系吴劳生教授研究小组访学。

2015年

427. 1月9日，2014年度国家科学技术奖励大会在北京人民大会堂举行。党和国家领导人习近平、李克强、刘云山、张高丽出席大会并为获奖代表颁奖。康绍忠与中国水利水电科学研究院、清华大学等合作完成的"流域水循环演变机理与水资源高效利用"荣获2014年度国家科技进步一等奖(中国农业大学单位排名第三，个人排名第三)；李光永、黄兴法与新疆农垦科学院等单位完成的"滴灌水肥一体化专用肥料及配套技术研发与应用"荣获2014年度国家科技进步二等奖(中国农业大学单位排名第二，李光永、黄兴法分别排名第三和第九)。

428. 1月，韩万海当选为武威市第二届人大代表。

429. 1月，韩万海当选为武威市第四届政协常委。

430. 1—6月，清华大学尚松浩副教授指导的博士研究生蒋磊在澳大利亚Flinders大学环境学院(School of the Environment, Flinders University)联合培养，联合导师关华德(Huade Guan)教授。

431. 2月17日，中共中央、国务院在人民大会堂举行2015年春节团拜会，实验站站长康绍忠应中共中央办公厅邀请出席。中共中央总书记、国家主席、中央军委主席习近平发表重要讲话，代表党中央、国务院，向全国各族人民，向香港特别行政区同胞、澳门特别行政区同胞、台湾同胞和海外侨胞拜年。党和国家领导人李克强、张德江、俞正声、刘云山、王岐山、张高丽出席团拜会，李克强主持。

432. 2—8 月，杜太生教授指导的博士研究生汪晨霞在香港中文大学深圳研究院联合培养，联合导师张建华教授。

433. 3—5 月，李思恩副教授在香港中文大学农业生物技术国家重点实验室张建华教授研究小组访学。

434. 4 月 12—15 日，康绍忠、杜太生、王凤新、霍再林、丁日升到实验站，召开站务工作扩大会议，董平国、韩万海、胡铁民、陆权、侯宗保以及研究生杨开静、王金涛、吴友杰参加会议，讨论研究本年度实验站主要工作以及实验站相关维修工作、人工气候室建设扫尾工作、田间试验管理、实验室管理、温室生产、伙食管理、备用电源建设、实验楼废污水处理、试验标牌、环境卫生、研究生学习室和宿舍管理、学术交流等事项及相关时间节点和负责人；检查人工气候室建设情况；召开实验站全体研究生大会，强调实验站规章制度；研究生汇报工作。

435. 5 月 8 日，受水利部“948”项目资助，耗资 220.0 万元的人工气候室正式投入运行。该装置可以调节温湿度、光照和 CO_2 浓度，为实验站研究气候变化与作物响应等国际前沿热点问题提供了重要支撑。

436. 5 月 14 日，美国新墨西哥州立大学水资源研究所所长 Fernald A. G. Sam 与 Jinfa Zhang 一行访问石羊河团队，双方进行了深入的学术交流和全方位合作探讨。Fernald 教授应邀做了“Surface water ground water interactions, coupled natural and human systems, and a dynamic water budget for New Mexico”的学术报告。

437. 5 月 26 日，应霍再林邀请，澳大利亚弗林德斯大学关华德教授做“Selected recent advances in transpiration modelling and groundwater recharge estimation in Australia”的学术报告。

438. 5 月，中国农业大学曲周实验站牛灵安一行 3 人到实验站参观考察，李思恩等陪同。

439. 6 月 1—2 日，农业高效用水创新引智基地项目（“111”计划）主办“Workshop on Water and Food Security under Changing Environments”学术研讨会，美国、澳大利亚、以色列、新西兰、葡萄牙、丹麦等国以及中国香港和内地的 100 余人参加了本次研讨会，共有 28 位环境生理与生态、农业与生态水文、农业水管理等方面的知名专家学者围绕变化环境下水与粮食安全相关方面做了大会报告。副校长王涛教授出席研讨会开幕式。康绍忠院士首先做了“Improving water productivity for China's food security under changing environments”学术报告。澳大利亚科学院前副院长、澳大利亚科学院院士、美国科学院外籍院士、英国皇家科学院院士、澳大利亚国立大学 Graham Farquhar 教授，新西兰皇家学会会士、国际重要学术期刊 *Agricultural Water Management* 主编 Brent Clothier 博士，国际灌溉排水委员会(ICID)原副主席、国际农业工程协会(CIGR)前主席、葡萄牙里斯本大学的 Luis Santos Pereira 教授，美国密苏里大学植物学跨学科研究中心主任 Robert Sharp 教授、Felix Fritschi 副教授和 Jason Hubbart 副教授，以色列 ARO 水土环境科学研究所所长 Shabtai Cohen 博士、澳大利亚 CSIRO 水土所 Lu Zhang 研究员、密歇根州立大学 Alvin Smucker 教授、美国新墨西哥州立大学 Zohrab Samani 教授和 Manoj Shukla 教授、科罗拉多州立大学 Allan Andales 副教授和 José Chávez 博士、美国 USDA-ARS 水管理研究所原所长 Thomas Trout 研究员、Kendall DeJonge 博士、美国 USDA-ARS 盐分实验室 Ray Anderson 博士、印第安纳-普渡波利斯联合大学 Lixin Wang 博士、香港中文大学 Jianhua Zhang 教授、中国农科院环境与可持续发展研究所梅旭荣研究员、中国科学院地理与资源研究所康跃虎研究员、中国科学院遗传与发育生物学研究所农业资源中心张喜英研究员、中国水利水电科学研究院李久生研究员、北京师范大学刘海军副教授以及我校黄冠华教授、郭萍教授、杜太生教授、丁日升博士等专家学者围绕水与粮食安全、作物对水分胁迫的响应、作物用水估算与模拟、区域水文测定与模拟、农业水管理进展、保障粮食安全的灌溉策略和综合措施等六个方向做了精彩的学术报告。

440. 6 月 3—5 日，参加农业高效用水创新引智基地项目（“111”计划）“变化环境下水与粮食安全”学术研讨会的澳大利亚科学院前副院长、澳大利亚科学院院士、澳大利亚国立大学 Graham Farquhar

教授，以色列 ARO 水土环境科学研究所所长 Shabtai Cohen 博士，美国密苏里大学 Felix Fritschi 和 Jason Hubbart 教授，新墨西哥州立大学 Zohrab Samani 和 Manoj Shukla 教授、普林斯顿大学 Kelly Caylor 副教授、印第安纳-普渡波利斯联合大学 Lixin Wang，科罗拉多州立大学 José Chávez、USDA-ARS 水管理研究所 Kendall DeJonge、USDA-ARS 盐分实验室 Ray Anderson 等 12 位外国专家以及广西大学李伏生、中国农业科学院农业环境与可持续发展研究所龚道枝、中国农业大学科学技术发展研究院丁荣娥与董丽丽、人文与发展学院李焕征与赵士文考察实验站及石羊河流域农业与生态高效用水状况。实验站站长康绍忠，常务副站长杜太生、副站长王凤新以及郭萍、毛晓敏、郝新梅、佟玲、李思恩、丁日升等陪同考察。

441. 6 月 6 日，应实验站站长康绍忠邀请，美国普林斯顿大学 Kelly Caylor 副教授、印第安纳-普渡波利斯联合大学 Lixin Wang 博士和中国农业科学院农业环境与可持续发展研究所龚道枝副研究员在实验站为研究生举办"Isotope Hydrology"专题培训班。参加此次培训班的还有实验站杜太生、毛晓敏、郝新梅、李思恩、丁日升等。

442. 6 月 8 日，王凤新、丁日升、陆红娜参加农业部科教司在北京召开的 2015 年度农业公益性行业科研专项启动会，农业部有关领导介绍了 2015 年度农业公益性行业科研专项项目立项和资助的总体情况，国家科技计划改革相关政策以及行业科研专项项目管理的有关要求等。

443. 6 月 11—12 日，王凤新、陆红娜参加水利部办公厅在广州召开的水利科技项目管理培训班，学习中央财政科技计划(专项、基金等)管理改革方案，水利科技项目管理办法及规定以及水利公益性行业科研项目经费管理规定等相关内容。

444. 6 月 18 日，农业部、水利部分别公布了 2015 年度国家公益性行业专项计划项目批准结果，石羊河实验站获批主持项目 2 项、参加 1 项。康绍忠主持的农业部公益行业专项计划项目"河西走廊玉米小麦田间节水节肥节药综合技术方案"，获批经费 1 990.0 万元。王凤新主持的水利部公益行业专项计划项目"灌区农业水生产力多要素协同提升关键技术"，获批经费 681.0 万元。李思恩、丁日升参加的水利部公益行业专项计划项目"节水灌溉试验标准化及分布式应用技术"，分配经费 188.0 万元。

445. 6 月 20—23 日，公益性行业(农业)科研专项"河西走廊玉米小麦田间节水节肥节药综合技术方案"项目启动暨专家咨询会在武威召开。甘肃省农业科学院、西北农林科技大学、甘肃农业大学、中国农业科学院农田灌溉研究所、张掖市农业科学院、武威市农业技术推广中心、武威市水利技术综合服务中心以及我校的相关研究人员 40 余人参加了启动会。会议由项目首席康绍忠院士主持，黄兴法、杜太生、王凤新、佟玲、李思恩、丁日升等参加了会议。

446. 6 月 29 日，杜太生主持的"温室作物节水调质高效灌溉技术研究与应用"通过教育部科技发展中心组织的成果鉴定。武汉大学茆智院士担任鉴定委员会主任，鉴定委员会一致认为，该成果技术创新性强，先进实用，总体达到国际领先水平。项目主要完成人康绍忠、郭萍、高丽红、胡笑涛、曹红霞、韩万海、陈其兵等 20 余人参加鉴定会。

447. 6 月，韩万海晋升为教授级高级工程师。

448. 6—7 月，佟玲在德国慕尼黑工业大学水文与流域管理系 Markus Disse 教授研究组访学。

449. 7 月 6 日，水利部农村水利司巡视员李远华带领水利部调研组，在甘肃省水利厅副厅长陈德兴、武威市副市长陈崇贵等的陪同下，专程赶赴实验站，考察实验站建设与科学研究和社会服务情况。部省领导决定支持实验站 300.0 万元经费用于基础设施建设和购置仪器设备。实验站副站长王凤新、站长助理李思恩以及武威市水务局局长赵青山、中共凉州区委副书记李鹏、武威市水利技术综合服务中心主任董平国、副主任韩万海等陪同考察。参加此次考察调研的还有中国灌排发展中心杜秀文、水利部灌溉试验总站孙景生、甘肃省水利厅总工程师张宏祯、甘肃省水利厅农水处处长贾文平、农水处副处长董江善、省水科院副院长金彦兆等。

450. 7月11—14日，国家自然科学基金委员会工程与材料科学部常务副主任黎明和水利科学与海洋工程学科主任李万红，在康绍忠院士的陪同下考察实验站建设与科学研究和社会服务以及石羊河流域水资源与生态状况。实验站副站长王凤新、霍再林、站长助理李思恩、韩宇、武威市水利技术综合服务中心副主任韩万海等陪同考察。

451. 7月15日，中国农业大学开封试验站站长、农学院副书记马占鸿教授一行6人到实验站参观考察，董平国、胡铁民等陪同。

452. 7月23日，康绍忠、杜太生、郝新梅、丁日升赴美国新墨西哥州立大学参加CAU-NMSU水科学与工程联合研究中心"水、能源与粮食"学术研讨会，康绍忠介绍了实验站的概况和主要科研成果以及未来研究兴趣，新墨西哥州立大学科研副校长Vimal Chaitanya参加会议并听取报告。新墨西哥州水资源研究所所长Sam Fernald教授介绍了该研究所的概况和主要科研成果与合作领域和方向。杜太生、郝新梅和丁日升分别做了题为"Deficit irrigation for improving fruit quality and water use efficiency to ensure food security""Spatio-temporal variability of soil moisture in an irrigated vineyard""Measurement and modeling of crop evapotranspiration in an arid inland region"专题报告，介绍了依托实验站开展的相关研究工作。美国新墨西哥州立大学水资源研究所各研究团队、新墨西哥州立大学农业、消费和环境科学学院以及工学院的Bernd Leinauer、Wiebke Boeing、Tanner Schaub、James King、John Idowu、Sam Fernald、KC Carroll、Salim Bawazir、LambisPapelis、Catie Brewer、Manoj Shukla、Ken Peterson、Erek Fuchs、Dave Dubois等教授和研究人员分别围绕农业、生态和工程中涉及的水问题介绍了自己的主要领域和项目、研究成果与进展以及合作潜力。

453. 7月26日，中国农业大学生物学院大学生社会实践小分队20余人到实验站参观实习，董平国、胡铁民等陪同。

454. 7月29日，甘肃省景泰川电力提灌管理局一行到实验站参观考察，董平国、胡铁民陪同。

455. 8月16—18日，实验站站长康绍忠参加中国国际工程咨询公司编制凉州区"十三五"规划调研。中咨公司农村经济与地区发展部主任何平、中国水利水电科学研究院王浩院士、国家发改委农村经济司原司长高俊才、国家发改委东北振兴司原巡视员武士国、国务院发展研究中心杨晓东所长、黄河水利科学研究院副院长江恩慧等30余人参加该活动。中共凉州区委副书记李鹏、副区长沈忠道以及区委农办、发改局、工信局、财政局、农牧局、建设局、统计局、林业局、人社局、教育局、卫计局、旅游局、民政局、商务局等局以及相关乡镇、园区负责人参加会议并向专家组介绍社会经济及重点产业发展情况等，专家座谈交流。

456. 8月19日，康绍忠到实验站察看研究生试验情况，听取研究生试验工作汇报，和董平国、韩万海、李思恩等商讨安排实验站日常工作；四川大学水利水电学院魏新平教授考察实验站。

457. 8月26日，俄罗斯国立莫斯科大学Sergey Pavlovich Pozdniakov教授应邀在北京做题为"Climate change and groundwater recharge"的学术报告。

458. 9月3日，实验站站长康绍忠应邀在北京天安门西观礼台参加中国人民抗日战争暨世界反法西斯战争胜利70周年纪念大会和观看阅兵式。中共中央总书记、国家主席、中央军委主席习近平发表重要讲话并检阅受阅部队。

459. 9月4—7日，国家自然科学基金委黑河重大研究计划集成项目"黑河流域绿洲农业水转化多过程耦合与高效用水调控"和国家公益性行业（农业）科研专项"河西走廊玉米小麦田间节水节肥节药综合技术方案"项目组成员在康绍忠院士的带领下到河西走廊进行了考察调研。金昌市委常委、副市长王同奇，市政府副秘书长张丁山，金川区政府副区长左小平，区农牧局有关领导以及张掖市副市长王海峰，市政协副主席袁斌才，市农科院院长刘建勋，临泽县县长冯军，副县长杨荣等地方领导会见了项目组成员并陪同考察。中国科学院寒区与旱区工程研究所、中国科学院遗传与发育研究所农业资源中心、中国水利水电科学研究院水利研究所、西北农林科技大学、甘肃省农业科学院、甘肃农业大学的相关专家以及我校黄兴法、杜太生、毛晓敏、霍再林、佟玲、郝新梅、李思恩、牛俊、徐旭、丁日升、刘浏、李芳芳等 40 余人参加了考察调研。

460. 9 月 18 日，应王凤新教授邀请，美国俄勒冈州立大学教授、Malheur 试验站站长 Clinton Cleon Shock 做题为“Writing scientific journal articles in English”的报告。

461. 9 月 20—24 日，英国兰卡斯特大学研究生 Paul Cambre，Leigh Martindale 以及 4 名本科生赴实验站、红崖山水库及当地小学参观交流，魏镇华等陪同考察。

462. 9 月 25 日，应王凤新教授邀请，美国俄勒冈州立大学教授、Malheur 试验站站长 Clinton Cleon Shock 做“Development of drip irrigation of onions”的学术报告。

463. 9 月 25 日—2016 年 9 月 25 日，毛晓敏教授指导的硕士研究生胡笑琳在美国加州大学河滨分校(University of California，Riverside)环境科学系联合培养，联合导师 Jirka Simunek 教授。

464. 10 月 22 日，安徽省水利厅一行到实验站参观考察，胡铁民陪同。

465. 10 月 11 日，“111”计划农业高效用水创新引智基地举行国际灌溉技术论坛，交流探讨世界农业高效用水灌溉技术的最新进展和发展方向。康绍忠院士、中国农业大学副校长王涛、堪萨斯州立大学农学院院长 Gary Clark 教授等出席论坛。美国 Kansas 州立大学 Freddie Lamm、Gary Clark 教授，South Dakota 州立大学 Todd Trooien 教授，Florida 大学 Brian Boman 教授，USDA-ARS 的 Steven Evett、Earl Vories、Ruixiu Sui 博士以及以色列农业研究组织 Gilat 研究中心 Alon Ben-Gal 博士、西班牙 Girona 大学 Jaume Puig I Bargués 博士和李光永、黄兴法、王凤新等 16 人在论坛上做报告。中国农业大学水利与土木工程学院、资源与环境学院相关专业的教师、研究生共 90 余人参加了论坛。

466. 10 月 16 日，中国农业大学—美国新墨西哥州立大学水科学与工程联合研究中心举行揭牌仪式。校长柯炳生会见了美国新墨西哥州立大学执行副校长兼教务长 Daniel J. Howard 一行。副校长龚元石、Daniel J. Howard 为联合研究中心揭牌。康绍忠院士、美国新墨西哥州立大学水资源研究所所长 Fernald A. G. Sam 教授等出席揭牌仪式。

467. 10 月 23 日，“农业高效用水”创新引智基地(“111”计划)举办“Workshop on Hydrology and Water Resources (WHWR-2015)”，美国工程院院士、康奈尔大学教授 Jean-Yves Parlange，美国工程院院士、康奈尔大学教授 Wilfried Brutsaert，美国康奈尔大学教授 Tammo Steenhuis，美国普度大学农业与生物系统工程系主任 Engel A. Bernard 教授，美国华盛顿州立大学 Jan Boll 教授，美国马里兰大学 Mitchell Pavao-Zuckerman 博士及中国农业大学的 16 位专家分别做了题为“Wetting front instability in aquifers”“Generalized complementary principle for the estimation of evaporation from a drying landscape”“Predicting fast flows in the vadose zone”“The role of decision support systems in sustainable management of water resources”“Distributed modeling for agricultural watersheds in the search for critical sources areas”“Green infrastructure as ecohydrologic and decision-making hotspots in urban social-ecological systems”等报告，交流了农业水文与水资源方面的研究成果。

468. 10 月 26—28 日，农业高效用水创新引智基地项目(“111”计划)举办“水文过程模拟短期课程班”。美国工程院院士、国际著名地下水文专家，康奈尔大学 Jean-Yves Parlange 教授及康奈尔大学 Tammo Steenhuis 教授、华盛顿州立大学 Jan Boll 教授组成了授课团队进行联合讲授，引智基地青年学术骨干及研究生共 50 余人参加了本次课程班。

469. 11 月 1—2 日，康绍忠、杜太生到实验站检查田间供水管网、田间作业道路、污水排放管道、教师住房装修和厕所改造等工程建设状况，看望研究生并检查试验情况，和黄羊集团、武威市农业技术推广中心落实农业部公益行业专项示范区建设事宜。

470. 11 月 3 日，西北农林科技大学林学院张森林教授到实验站参观考察，胡铁民陪同。

471. 12 月 7 日，教育部公布 2015 年度高等学校科学研究优秀成果奖(科学技术)授奖结果，由杜太生主持和西北农林科技大学、武威市水利技术综合服务中心、武威市农业技术推广中心等单位共同完成的“温室作物节水调质高效灌溉技术研究与应用”荣获教育部科技进步二等奖。

472. 12月8—11日，应香港中文大学邀请，实验站站长康绍忠赴香港参加中国工程院与香港中文大学联合主办的第八届“院士访校计划”暨“院士讲座系列”活动。中国工程院信息与电子工程学部魏子卿院士、环境与轻纺工程学部丁一汇院士、化工冶金与材料工程学部丁文江院士，院国际合作局徐进副局长等一同参加上述活动。香港中文大学校长、中国工程院院士沈祖尧、常务副校长华云生、副校长霍泰辉、张妙清、潘伟贤等校领导分别会见了中国工程院院士访校团。康绍忠应邀做了“西北旱区流域尺度水资源转化规律与节水调控模式—从河西走廊石羊河流域到黑河流域”的学术报告，介绍了石羊河实验站团队最近10多年在西北旱区所做的研究工作和取得的成效，并商谈联合共建石羊河实验站事宜。

473. 12月22日，农业高效用水创新引智基地项目(“111”计划)邀请澳大利亚CSIRO水土所首席研究员QJ Wang在北京做题为“Advances in hydrological ensemble forecasting”的学术报告。

474. 12月29日，实验站2015年度工作总结与交流会在中国农业大学水院楼304举行。会议由实验站站长康绍忠主持。常务副站长杜太生总结了2015年实验站各项工作。姜雪连、赵鹏和魏镇华3位博士研究生分别向大会汇报了其最新研究进展，王玉丰、杨健和李强强三位同学朗诵在实验站期间创作的感人肺腑的文学作品。副站长王凤新宣读2015年度实验站各奖项获得者名单。康绍忠、中国农业大学科研院基地处处长高铭宇、杜太生、王凤新、黄兴法分别为获奖者颁奖并合影留念。中国农业大学水利与土木工程学院院长严海军以及毛晓敏、王素芬、佟玲、李思恩、郝新梅、丁日升、陆红娜和研究生共60余人参加会议。

475. 12月，霍再林晋升为教授。

2016年

476. 1月5日，农业高效用水创新引智基地项目(“111”计划)邀请国际知名农业遥感专家、法国国家农科院Frédéric BARET研究员在北京做“Satellite and UAV for crop management”的学术报告。

477. 1月16日，国家公益性行业(农业)科研专项“河西走廊玉米小麦田间节水节肥节药综合技术方案”2015年度工作会议在北京召开。中国农业大学校长柯炳生、农业部科教司副司长刘艳、中国农业大学科研院常务副院长段留生、科研项目处处长卜洪震，水利与土木工程学院院长严海军出席会议。会议由实验站站长、项目首席专家康绍忠主持。项目组成员与咨询专家50余人参加会议。

478. 1月17日，国家公益性行业(水利)科研专项“灌区农业水生产力多要素协同提升关键技术”年度学术交流会在北京召开。水利部国际合作与科技司副处长曾向辉、扬州大学冯绍元、中国农业科学院农田灌溉研究所孙景生、中国水利水电科学研究院龚时宏和李久生等专家出席会议。会议由项目负责人王凤新主持，康绍忠院士代表主持单位致辞。项目咨询专家及成员40余人参加学术交流会。

479. 1—4月，李思恩副教授在香港中文大学农业生物技术国家重点实验室张建华教授研究小组访学。

480. 2月27日—3月5日，康绍忠教授指导的博士研究生纪莎莎、杜太生教授指导的博士研究生吴友杰参加了在以色列理工学院(Israel Institute of Technology)举行的The 12 Dahila Greidinger Symposium on “Water-Soil-Nutrients: Integrated Solutions for Assuring Global Food and Water Security”，并分别做了题为“Effect of foliar applied FZ on physiological characteristics of soybean with drip irrigation under water deficit”和“Maize water uptake from different layers and root zones under alternate furrow irrigation using stable oxygen isotope”的墙报展示。

481. 3月，牛俊副教授应邀担任国际SCI期刊*Stochastic Environmental Research and Risk Assessment*(SERRA)的副主编。德国Springer-Verlag出版社发行的SERRA期刊已有30年的历史，2014年

的影响因子 2.086。

482. 3 月，中组部海外高层次人才引进工作专项办公室正式公布了第十二批国家"千人计划"入选人员名单，谭倩教授入选"千人计划"青年项目。

483. 4 月 13—24 日，康绍忠院士应邀作为答辩委员会评委参加丹麦奥胡斯大学农业生态系周振江的博士学位论文"Potato growth and yield under different climate，nitrogen fertigation and irrigation regimes"答辩会，应邀做题为"Improving agricultural water use efficiency by understanding crop physiological mechanisms"的学术报告，并访问荷兰瓦格宁根大学、Nijmegen 大学，比利时鲁汶大学，德国慕尼黑工业大学。

484. 4 月，田菲博士后出站，作为中国农业大学引进优秀人才加入石羊河团队，直聘为副教授。

485. 4—10 月，王凤新教授指导的博士研究生张友良在英国兰卡斯特大学(Lancaster University)环境中心联合培养，联合导师 Andrew Binley 教授。

486. 5 月 9—11 日，康绍忠、郝新梅、李思恩到石羊河实验站视察相关试验，考察黄羊农场试验示范基地，分别给实验站管理人员和学生管理团队以及全站研究生开会，到民勤考察黄兴法教授研究生在甘肃省水科院灌溉试验站开展的农业部公益性行业专项小麦、玉米水肥一体化试验以及民勤县重兴乡水肥一体化示范基地，听取研究生工作汇报，董平国、彭治云、韩万海、胡铁民等陪同考察。

487. 5 月 16 日，中组部、人社部、中国科协联合下发了《关于表彰第十四届中国青年科技奖获奖者的决定》，实验站常务副站长杜太生荣获该奖项。本届评选中，全国共有 98 人获此殊荣。

488. 5 月 21 日，农业部公益性行业专项计划项目 2016 年度试验示范现场观摩与专家咨询会的代表到实验站及甘肃农科院小麦研究所黄羊基地、黄羊河农场示范点、甘肃水科院灌溉试验站、民勤重兴示范基地考察现场试验与示范情况，康绍忠、杜太生、黄兴法、王凤新、王素芬、谭倩、丁日升等陪同考察。武威市人大常委会副主任、水务局局长赵青山会见会议代表，石培泽、张同泽、杨秀英、张虎如、董平国等参加。

489. 5 月 21 日，中国农业大学—香港中文大学节水农业联合实验站揭牌仪式在实验站隆重举行。中国工程院院士康绍忠、香港中文大学农业生物技术国家重点实验室主任张建华教授分别代表两校为节水农业联合实验站揭牌。西北农林科技大学蔡焕杰、王文娥、甘肃省农科院副院长马忠明、甘肃省农科院小麦研究所所长杨文雄、马铃薯研究所所长吕和平、植物保护研究所副所长郭致杰、甘肃农业大学柴强、武威市科技局局长邢立华、武威市水务局总工程师张同泽等 60 余人参加揭牌仪式。实验站常务副站长杜太生主持揭牌仪式。参与此次揭牌仪式的还有左强、郭萍、黄兴法、王凤新、王素芬、谭倩、佟玲、牛俊、李思恩、丁日升、陆红娜及武威市农业技术推广中心主任彭治云，武威市水利技术综合服务中心主任董平国、副主任韩万海、胡铁民等。

490. 5 月 22 日，广东省肇庆市景丰联围管理局局长陈勇考察实验站，胡铁民陪同考察。

491. 5 月 22 日，农业部公益性行业科研专项"河西走廊玉米小麦田间节水节肥节药综合技术方案"2016 年试验示范现场观摩暨专家咨询会在武威召开，会议由项目首席康绍忠主持。项目邀请香港中文大学张建华、西北农林科技大学蔡焕杰、武威市农业技术推广服务中心主任彭治云、武威市水利技术综合服务中心主任董平国和副主任韩万海、甘肃黄羊河集团公司副总经理王宗全和项目管理部主任张廷彦、中国农业大学左强和郭萍担任咨询专家。杜太生、黄兴法、马忠明、柴强、杨文雄、吕和平、王文娥、段福义分别进行了研究进展汇报，咨询专家组就两天内观摩考察与交流的内容提出了针对性意见，并对项目下一步的工作给出了改进建议。王凤新、王素芬、谭倩、佟玲、李思恩、牛俊、丁日升、陆红娜以及项目组研究生等 50 余人参加了会议。

492. 5 月 26 日，实验站投资 85.0 万元的 L2130-i 超高精度液态水和水汽同位素分析仪投入使用。

493. 6 月 2 日，农业高效用水创新引智基地项目("111"计划)主办"Water and Energy Innovation for Food Security and Environmental Sustainability"学术研讨会。美国新墨西哥州立大学、俄勒冈州

立大学、法国国家农业研究中心以及我校的专家教授和研究生共60余人参加研讨会。

494. 6月3—4日，农业高效用水创新引智基地项目（“111”计划）举办“农业水文和作物模拟短期课程班”。授课团队由来自美国新墨西哥州立大学的Sam Fernald教授、Manoj K. Shukla教授、Zohrab A. Samani教授、Catherine Elizabeth Brewer博士、Rajan Ghimire博士5位专家和法国国家农业研究中心的Francoise Lescourret博士组成，创新引智基地青年学术骨干及研究生共40余人参加了本次课程。

495. 6月3—11日，郭萍、毛晓敏、王素芬、郝新梅一行4人考察访问以色列理工大学、希伯来大学、特拉维夫大学和以色列Netafim灌溉公司。郭萍介绍了中国农业水问题中心基本情况及目前开展的研究工作，并做了题为“Water resources management and decision making under uncertainty”的学术报告。

496. 6月5—7日，美国新墨西哥州立大学水资源研究所所长Sam Fernald、Catherine Elizabeth Brewer博士、Rajan Ghimire博士和法国国家农业研究院Plants and Cropping Systems in Horticulture（PSH）主任Michel Genard博士、Francoise Lescourret博士一行5人在牛俊、董平国和韩万海的陪同下考察实验站。

497. 6月6日，参加甘肃省水利科学研究院雨水集蓄利用培训班的发展中国家官员20余人到实验站参观考察，董平国、胡铁民陪同。

498. 6月25—26日，中国农业大学副校长张建华一行考察实验站及黄羊河农场水肥药一体化试验示范区，国有资产管理处处长果雅静、审计处处长张树彦、财务处副处长李欢、产业处副处长李洋，水利与土木工程学院院长严海军、副院长华博等参加。实验站康绍忠、杜太生、李思恩等陪同，武威市人大常委会副主任、水务局局长赵青山会见了张建华副校长一行。

499. 7月1日，实验站站长康绍忠应邀在北京人民大会堂参加庆祝中国共产党成立95周年大会。中共中央总书记、国家主席、中央军委主席习近平发表重要讲话，中央政治局常委李克强、张德江、俞正声、刘云山、王岐山、张高丽出席大会。

500. 7月2日，国家自然科学基金委“黑河生态—水文集成研究重大计划”集成项目“黑河流域绿洲农业水转化多过程耦合与高效用水调控”进展交流会议在武威大酒店举行，会议由项目负责人康绍忠主持，赵文智、黄冠华、杜太生、沈彦俊、粟晓玲、毛晓敏、霍再林、张宝忠、佟玲、徐旭、刘浏、魏征等项目组成员及孙景生、张喜英、王景雷等咨询专家和部分研究生参加了会议。会议代表参观考察了实验站。

501. 7月7—13日，常务副站长杜太生在中国延安干部学院青年科技领军人才国情研修班参加培训。

502. 7月13日，甘肃省水利工程管理局一行到实验站参观考察，董平国、胡铁民陪同。

503. 7月23日，康绍忠、王凤新到实验站视察相关试验，召开实验站学生管理人员和站流动工作人员会议，研究解决相关问题，听取研究生工作汇报，武威市水利技术服务中心董平国主任、副主任胡铁民陪同。

504. 7月24日，甘肃农业大学工学院原院长成自勇教授、武威市水务局原副局长石培泽一行6人参观考察实验站，康绍忠、王凤新、董平国、胡铁民等陪同考察。

505. 7月25日，实验站站长康绍忠带领在站全体研究生赴流域下游民勤考察并组织临时党支部开展“两学一做”主题党日活动。这次活动的宗旨是组织研究生党员和入党积极分子开展学习党章、党规，学习习近平总书记系列讲话精神，做合格党员和模范党员，做好自己的本职研究工作，为实验站建设和流域水资源科学配置与节水农业建设做出更大贡献，同时也使研究生从全流域水资源科学利用与可持续发展的背景下认识自己在实验站研究工作的重要性，激发大家的科研热情。实验站副站长王凤新、武威市水利技术综合服务中心副主任胡铁民及在站研究生等共50余人参加上述活动。

506. 8月3日，在北京国家会议中心，牛俊召集并主持了亚洲大洋洲地球科学学会(Asia Oceania Geosciences Society，AOGS)第13次年会水文科学“农区水文过程”分会场(HS04，Hydrological Processes in Agricultural Lands)。来自清华大学、香港大学、西安交通大学、中国水利水电科学研究院、中国科学院深圳先进技术研究院等的教授和研究学者共做了6场口头报告和3个海报交流。

507. 8月14日，宁夏回族自治区水利科学研究院院长杜力、副院长鲍子云、副院长兼总工刘学军一行参观考察实验站，董平国、胡铁民陪同。

508. 8月14日，诺贝丰(中国)化学有限公司董事长魏刚一行5人在实验站参观考察，李思恩、董平国陪同。

509. 8月27日，吉林省水利科学研究院党委书记尚学灵一行3人到实验站参观考察，胡铁民陪同。

510. 9月12日，实验站申报的“农业部作物高效用水武威科学观测站建设项目”获农业部批复，项目总经费384.0万元，建设周期2年，主要内容为购置实验室仪器设备，建设防雨棚和测坑，购置皮卡车和大型喷药机，建设物联网系统。

511. 2016年9月—2017年9月，郝新梅指导的硕士研究生杨雪丽在美国加州大学河滨分校(University of California-Riverside)环境科学系联合培养，联合导师Jirka Simunek教授。

512. 2016年9月—2017年12月，康绍忠教授指导的博士研究生赵鹏在芬兰东芬兰大学(University of Eastern Finland)联合培养，联合导师Jukka Pumpanen教授。

513. 10月9日，康绍忠为带头人的“农业水转化多过程驱动机制与效率提升”团队，在天津参加国家自然科学基金委工程与材料科学部创新研究群体延续资助答辩会，以投票结果第一的成绩获延续资助，资助期限2017—2019年，资助经费600.0万元，康绍忠、杜太生、霍再林参加答辩会。

514. 10月18日，甘肃省水利厅一行到实验站参观考察，董平国、韩万海、胡铁民陪同。

515. 10月19日，实验站站长康绍忠应邀在成都参加中国水利学会2016学术年会，并为大会做“农业高效节水研究中应关注的几个问题”特邀报告。中国水利学会胡四一理事长主持大会开幕式并致开幕词，四川省副省长王铭晖和成都市委常委谢瑞武分别致辞，水利部副部长陆桂华做了重要讲话。

516. 2016年10月—2017年12月，杜太生教授指导的博士研究生魏镇华在丹麦哥本哈根大学(University of Copenhagen)作物科学系联合培养，联合导师刘福来副教授。

517. 11月10—11日，2035年农业工程科技发展战略高端论坛在京举行，中国工程院副院长刘旭、中国农业大学校长柯炳生、中国工程院院士汪懋华、戴景瑞、刘秀梵、罗锡文、赵振东等出席论坛。中国工程院院士、实验站站长康绍忠主持大会开幕式。来自中国科技部、中国农科院、扬州大学、山东省农科院、华南农业大学、中国林科院、中国水产科学院、北京市农林科学院、南京林业大学、广西大学，美国德州农工大学、康奈尔大学、美国农业部、加拿大农业部等的100余名专家学者围绕论坛主题进行了研讨。

518. 12月1日，康绍忠赶赴实验站，安排测坑和移动式防雨棚建设具体事宜，检查实验站大型显示屏建设情况，安排实验站冬季工作，看望在站研究生。杜太生、李思恩、董平国、韩万海、胡铁民陪同。

519. 12月3日，农业部公益性行业科研专项“河西走廊玉米小麦田间节水节肥节药综合技术方案”2016年度工作总结暨专家咨询会在北京召开。会议由实验站站长、项目首席专家康绍忠主持，项目组成员与咨询专家共40余人参加会议。

520. 12月28日，由实验站站长康绍忠、澳大利亚CSIRO水土所Lu Zhang、美国农业部ARS水管理研究所Thomas Trout编辑的专辑“变化环境下提高农业水生产力保障粮食安全(Improving Agricultural Water Productivity to Ensure Food Security under Changing Environments)”在国际学术刊物*Agricultural Water Management*出版。该专辑汇集了美国、法国、葡萄牙、西班牙、澳大利亚、新西兰、南非、巴基斯坦、伊朗和我国等39篇与提高农业水生产力有关的论文，从不同视角反映了在变化环境下提高农业水生产力和保障粮食安全的最新进展。

521. 12月，王素芬晋升为教授。

522. 2016年12月—2018年10月，副站长王凤新在甘肃武威挂职武威市水务局副局长。

2017年

523. 1月13日，实验站副站长王凤新主持的水利部公益性行业专项“农业水生产力多要素协调提升关键技术”2016年度交流会在北京举行，康绍忠、蔡焕杰、冯绍元、刘钰、杜太生等20余人参加。

524. 1月13日，国家自然科学基金创新研究群体2016年度交流会在学校水院楼304举行，康绍忠介绍群体3年进展和滚动资助答辩评审情况，黄冠华、左强、杜太生、杨培岭、雷廷武、李光永、严海军等分别介绍成果进展或未来研究计划报告，王福军、毛晓敏、王凤新、霍再林、谭倩、佟玲、李思恩、丁日升、熊云武等20余人参加交流会。

525. 3月27日，教育部公布了2016年度“长江学者奖励计划”人选名单，霍再林入选“青年长江学者”。

526. 4月1日，农业部办公厅发文成立国家农业可持续发展试验示范区建设工作协调小组和专家委员会。农业部党组副书记、副部长余欣荣任国家农业可持续发展试验示范区建设工作协调小组组长，实验站站长康绍忠院士受聘为专家委员会主任。

527. 4月5日，国家自然科学基金委副主任、全国人大常委会委员、中国科学院院士姚建年一行6人，实地考核康绍忠院士延续主持的国家自然科学基金“农业水转化多过程驱动机制与效率提升”创新研究群体项目，听取群体的工作汇报，实地考察实验室，并与群体成员座谈。中国农业大学副校长李召虎代表学校致辞。全国政协常委、中国科学院院士、基金委工程与材料科学部主任王光谦，工程与材料科学部副主任车成卫、综合处处长王之中，水利科学与海洋工程学科主任李万红等一同考察，中国农业大学科研院常务副院长段留生，水利与土木工程学院院长严海军、分党委书记沈立峰以及创新研究群体主要学术骨干和研究生共30余人参加。

528. 4月28—30日，康绍忠、杜太生到实验站，考察实验站田间试验区和莫高葡萄基地，组织研究生汇报与工作交流、开题报告，到黄羊河农场示范基地考察。

529. 4月29日，实验站2017年度管理委员会全体会议在综合实验楼214会议室召开。实验站站长康绍忠、常务副站长杜太生、副站长李思恩、武威市水利技术综合服务中心董平国、韩万海、胡铁民出席了此次会议。参加会议的还有实验站学生管理委员会成员和站内主要工作人员。会议由杜太生主持。学生管委会刘俊洲、史碧娇、孟潮彪、郭晓旭、王玉丰、李佳、郭慧等7人分别就学生党建、卫生纪律、食堂后勤、文体活动、新闻宣传和劳务管理6个方面进行汇报。杜太生肯定了学生管理委员会在维护站内秩序与提高在站学生实验热情与积极性上做出的努力与成绩，在增强站内学术交流、提高在站学生专业素养方面提出了更高的要求，希望能够多组织如实验技能比赛、论文写作经验交流会之类的活动，让站内整体的精神风貌更上一个台阶。在实验站日常事务管理方面，董平国代表当地管理人员表示会积极配合在站学生开展实验，并且在设施维护与屋舍整修上投入更合适的人力物力，改善实验条件与外部环境。会议还就站内主要工作人员的工作内容进行了分配与强调。最后康绍忠勉励所有在场人员继续努力，提高科研水平、加强监督管理、改善站内环境，共同建设一个更具发展前景、更有学术影响力的实验站。

530. 5月6日，实验站举行了2017年度乒乓球赛。在站学生及工作人员共16人参加了此次活动。本次赛事由实验站学生自管委员会孟潮彪组织，共分为男子单打、女子单打、男子双打、女子双打和男女混合双打5个项目。经过紧张的角逐，陈世超、樊雅琼分别获男单、女单冠军，王宁和陈世超、王玉丰和樊雅琼、陈世超和王玉丰分别获男双、女双和混双冠军。实验站副站长李思恩为获胜者颁奖。

531. 5月14日，实验站临时党支部在综合实验楼二层会议室召开了以“反腐倡廉警示教育”为主题的民主生活会。会议由支部书记史碧娇主持，在站党员及部分入党积极分子参加了此次会议。会上组织观看了由中央纪委宣传部、中央电视台联合制作的大型电视专题片《永远在路上》。观看结束后大家讨论认为，身处实验站也要提高对反腐倡廉的意识，要加强学习，净化自己，提高自身修养，自觉抵制腐败。在实验中要珍惜公共资源，杜绝浪费；在材料购买上要严守底线，不从中获取不正当利益；在工作中要严格按程序、按制度办事，不以恶小而为之，防微杜渐。

532. 5 月 21—23 日，国家自然科学基金“黑河流域生态-水文集成研究”重大研究计划集成项目“黑河流域绿洲农业水转化多过程耦合与高效用水调控”在实验站召开研究进展交流暨专家咨询会。项目邀请武汉大学杨金忠、黄介生，河海大学张展羽、中国农科院农田灌溉研究所黄修桥、扬州大学冯绍元、西北农林科技大学蔡焕杰、西安理工大学王全九、东北农业大学付强为咨询专家。中国农业大学、中国科学院西北生态环境资源研究院、中国科学院遗传发育研究所农业资源研究中心、西北农林科技大学、中国水利水电科学研究院的相关研究人员与咨询专家共 80 余人参加交流会。会议代表在康绍忠、杜太生、李思恩、董平国、韩万海、胡铁民的陪同下考察实验站。郭萍、毛晓敏、霍再林、王素芬、牛俊、丁日升、田菲、刘浏等参加了会议。

533. 5 月 31 日—6 月 3 日，农业部公益性行业科研专项“河西走廊玉米小麦田间节水节肥节药综合技术方案”试验示范现场观摩暨专家咨询会在河西走廊金昌、张掖和武威三地召开。项目组成员考察了金昌玉米小麦水肥一体化试验研究与集成示范区、张掖甘州区党寨镇下寨村制种玉米膜下滴灌水肥一体集成示范区、民勤重兴乡小麦水肥一体化试验研究与集成示范区、石羊河实验站玉米小麦水肥一体化试验研究、黄羊农场玉米水肥一体化试验研究与集成示范区，详细了解行业专项 2017 年试验研究和示范区建设情况。项目首席专家康绍忠在武威主持了进展交流与专家咨询会，中国农业大学科研院常务副院长段留生、水利与土木工程学院院长严海军，咨询专家新疆农垦科学院尹飞虎、中国水利水电科学研究院龚时宏、内蒙古农业大学史海滨、全国农业技术推广服务中心杜森、西北农林科技大学马孝义、武汉大学邵东国、中国农科院农田灌溉研究所孙景生、中国农业大学郭萍、甘肃省农业技术推广总站赵贵宾以及任务负责人和主要骨干 50 余人参加。

534. 6 月 8 日，实验站常务副站长杜太生在北京外国专家公寓参加 2017 年度工程与材料科学部国家杰出青年科学基金会评答辩，评审通过。

535. 6 月 15 日，实验站常务副站长杜太生入选科技部创新人才推进计划中青年科技创新领军人才。

536. 6 月 16 日，应毛晓敏教授邀请，国际知名水文地球物理专家、英国兰卡斯特大学 Andrew M. Binley 教授在北京做“Revealing the hydrological controls on nutrient fluxes at the groundwater-surface water interface”的学术报告。

537. 6 月 27 日，甘肃省定西市水务局一行到实验站参观考察，胡铁民等陪同。

538. 7 月 21—22 日，农业高效用水创新引智基地项目（“111”计划）主办“Hydrological Processes in Agro-ecosystems and Sustainable Water Resources Management in Arid Land under Changing Environments”学术研讨会。来自中国、美国、英国、澳大利亚、瑞士、以色列、葡萄牙等国的 140 余人参加了本次研讨会，共有 26 位植物水分生理、农业与生态水文、水资源管理等方面的知名专家学者围绕变化环境下农业及生态水文与可持续水资源管理做了报告。中国农业大学副校长李召虎教授出席研讨会开幕式，创新引智基地负责人康绍忠院士介绍了引智基地的形成背景、研究方向、主要研究内容以及中国农业水问题研究中心在农业高效用水方面取得的主要学术成绩，并总结了引智基地已开展的工作及成效，阐述了未来 10 年中心的研究方向和发展目标以及在我国北方典型区域甘肃石羊河流域、内蒙古河套灌区、华北平原拟开展的相关研究和需解决的科学问题。为期两天的学术研讨会上，英国兰卡斯特大学 William J. Davies 教授、瑞士洛桑联邦理工学院 David A. Barry 教授、瑞士苏黎世联邦理工学院 Dani Or 教授、澳大利亚 CSIRO 水土所 Tim McVicar 研究员、Lu Zhang 研究员、美国康奈尔大学 Tammo Steenhuis 教授、美国伊利诺伊大学厄巴纳-香槟分校 Ximing Cai 教授、美国新墨西哥州立大学 Sam Fernald 教授、以色列耶路撒冷希伯来大学 Rony Wallach 教授、英国赫瑞瓦特大学 Adeloye Adebayo 教授、以色列理工学院 Alex Furman 教授、以色列农业研究组织 Shmuel Assouline 研究员、澳大利亚弗林德斯大学 Huade Guan 教授、澳大利亚新南威尔士大学 Bellie Sivakumar 教授、印第安纳-普渡波利斯联合大学 Lixin Wang 博士、葡萄牙里斯本大学 Paula Paredes 博士以及黄冠华教授、杜太生教授、毛晓敏教授、谭倩教授、牛俊副教授、田菲副教授、丁日升副教授等围绕农业耗用水估算与模拟、区域水文监测与模拟、农业水管理进展、水-粮食-能源耦联效应等方向做了精彩的学术报告。

539. 7月24日，参加农业高效用水创新引智基地项目“变化环境下干旱区农业及生态水文与可持续水资源管理”学术研讨会的瑞士洛桑联邦理工学院 David A. Barry 教授、澳大利亚 CSIRO 水土所 Tim McVicar 博士和英国赫瑞瓦特大学 Adeloye Adebayo 教授到实验站考察，牛俊、胡铁民陪同。

540. 7月30日，新疆塔里木大学水利与建筑工程学院院长叶含春、副院长王峰一行8人考察实验站，站长康绍忠陪同考察。

541. 7月30—31日，联合武威市水务局、市农业技术推广中心在实验站和民勤县举办了两期滴灌水肥一体化技术培训班。武威市凉州区、天祝县、古浪县和民勤县及黄羊河集团农场的210余名基层技术人员及种植大户参加培训并在实验站观摩了试验示范区。实验站站长康绍忠、市水务局副局长胡卫东分别致辞，黄兴法、杜太生、王凤新和市农业技术推广中心陆祥生授课。甘肃日报、武威电视台、民勤电视台分别做了跟踪报道。

542. 8月1日，实验站学生临时党支部举行了“传承艰苦奋斗精神，践行绿色发展理念”主题党日活动。实验站站长康绍忠、常务副站长杜太生、水利与土木工程学院党委委员黄兴法、实验站副站长兼武威市水务局副局长(挂职)王凤新、副站长李思恩等和在实验站的学生党员、入党积极分子共计50余人参加。

543. 8月8日，河南省农业科学院土壤肥料研究所武继承研究员一行3人到实验站参观考察，胡铁民陪同。

544. 8月9日，在新加坡 SUNTEC 会展中心，牛俊召集并主持了亚洲大洋洲地球科学学会(AOGS)第14次年会“农区水文过程”分会场 HS08，来自阿拉伯联合酋长国 United Arab Emirates University、印度 Indian Institute of Technology、VIT University、美国 Texas A&M University、韩国 Kangwon National University、丹麦 Technical University of Denmark、香港大学、中国科学院地理科学与自然资源研究所、中国农业大学等单位的教授和研究学者共做了6场口头报告和3个海报交流。

545. 8月22日，甘肃日报·每日甘肃网发表了记者秦娜采写的通讯《用汗水“留住每一滴水”——中国农业大学石羊河实验站节水研究的故事》。

546. 8月28—30日，康绍忠、杜太生、王凤新、霍再林、王素芬、佟玲、李思恩、董平国、韩万海、胡铁民在实验站拍摄宣传片《浇灌出绿色的希望》，并制作完成。

547. 9月1日—10月31日，郝新梅副教授指导的博士研究生樊雅琼在美国新墨西哥州立大学农学院短期联合培养，联合导师 Rajan Ghimire 教授。

548. 9月9日，中国科学院寒区旱区环境与工程研究所何志斌一行19人到实验站参观考察，胡铁民陪同。

549. 9月21日，甘肃省张掖市水务局一行到实验站参观考察，胡铁民等陪同。

550. 2017年9月—2018年9月，康绍忠教授指导的博士研究生李晓琳在美国佛罗里达大学(University of Florida)联合培养，联合导师 Gerrit Hoogenboom 教授。

551. 2017年9月—2018年12月，康绍忠教授指导的博士研究生李晓婕在美国新墨西哥州立大学(New Mexico State University)联合培养，联合导师 Alexander Fernald 教授。

552. 10月11日，实验站站长康绍忠在北京西郊宾馆参加国家自然科学基金重大项目“西北旱区农业节水抑盐机理与灌排协同调控”答辩评审，康绍忠代表项目和课题二、毛晓敏代表课题一、李久生代表课题三、伍靖伟代表课题四、黄介生代表课题五答辩，尹飞虎、孙景生、林中兵、李云开、毛晓敏、霍再林、丁日升、陆红娜等项目组成员参加。评审通过，项目资助直接经费1 595.0万元。

553. 2017年10月—2018年11月，杜太生教授指导的博士研究生杨慧在美国新墨西哥州立大学（New Mexico State University）植物与环境科学系联合培养，联合导师Manoj Shukla教授。

554. 11月3日，由北京市林果业生态环境功能提升协同创新中心和北京农学院主办、北京果树学会协办、北京林学会承办的2017年林果业高效节水栽培国际学术研讨会在北京召开，北京农学院校长、林果业生态环境功能提升协同创新中心主任王慧敏致辞。共有来自俄罗斯、伊朗、瑞典、匈牙利、德国等的专家学者参会，实验站常务副站长杜太生应邀参会并做题为“Deficit irrigation for improving fruit quality and water use efficiency”的学术报告。

555. 11月16日，由中国地质科学院组织实施的国家重点研发计划“水资源高效利用”专项“我国西部特殊地貌区地下水开发利用与生态功能保护”项目考察组到实验站参观考察，来自中国地质科学院水文地质环境地质研究所、中国地质大学（武汉）、中国地质大学（北京）、河海大学、中国地质科学院岩溶地质研究所、河北工程大学的专家学者30余人参加，胡铁民陪同。

556. 11月26日，国家自然科学基金“黑河流域生态—水文集成研究”重大研究计划集成项目“黑河流域绿洲农业水转化多过程耦合与高效用水调控”在北京召开年度进展交流会。来自中国农业大学、中科院西北生态环境资源研究院、中科院遗传与发育生物学研究所农业资源研究中心、西北农林科技大学、中国水利水电科学研究院等单位相关研究人员50余人参加了会议。会议由实验站站长康绍忠主持。

557. 12月22—24日，农业部公益性行业科研专项“河西走廊玉米小麦田间节水节肥节药综合技术方案”2017年度工作总结暨专家咨询会在陕西周至召开。会议由实验站站长、项目首席专家康绍忠院士主持。项目邀请新疆农垦科学院尹飞虎，中国水利水电科学研究院龚时宏，西北农林科技大学蔡焕杰，中国农业科学院农田灌溉研究所孙景生和甘肃省农业技术推广总站站长赵贵宾为咨询专家。杜太生、黄兴法、王素芬、王凤新、丁日升以及项目组成员40余人参加会议。

2018年

558. 1月12—13日，农业部作物高效用水学科群2017年度工作会议暨重点实验室学术委员会会议在河南新乡召开。会议成立了农业部作物高效用水重点实验室（学科群）新一届学术委员会，康绍忠院士被聘为学术委员会主任，杜太生为委员。副站长李思恩代表实验站汇报工作进展。

559. 1月23日，佟玲主持的“十三五”国家重点研发计划“水资源高效开发利用”重点专项“现代灌区用水调控技术与应用”课题“灌区用水多过程耦合调控理论与方法”启动会在中国农业大学召开。实验站站长康绍忠、中国水利水电科学院水利所所长李益农作为咨询专家参加，会议由杜太生主持，郭萍、王素芬、牛俊、郝新梅参会并做子课题研究方案汇报。

560. 1月25日，实验站举行2017年度总结交流会。会议由站长康绍忠院士主持，常务副站长杜太生报告了2017年实验站主要进展，组织了学术交流，表彰了先进模范人物，表演了丰富多彩的文艺节目。黄兴法、毛晓敏、王凤新、王素芬、佟玲、李思恩、丁日升、牛俊、田菲、陆红娜、李小娟以及在站工作的60余名师生参加会议。

561. 1月31日，实验站站长康绍忠主要依托实验站主持的国家自然科学基金重大项目“西北旱区农业节水抑盐机理与灌排协同调控”课题“作物水盐响应过程与根区动态阈值”启动会在北京顺利召开。8位课题主要成员分别从研究背景意义、研究内容、研究方案、年度计划等方面进行了详细的汇报，与会人员对报告内容进行了充分的讨论和交流。20余位项目组成员和研究生参加了启动会。

562. 3月7日，中共中央组织部办公厅中央人才工作协调小组办公室印发了第三批国家“万人计划”入选人员名单，实验站常务副站长杜太生入选国家高层次人才特殊支持计划科技创新领军人才。

563. 3月16日，应杜太生教授邀请，瑞典农业大学博士后周振江在北京做了“地面遥感在作物施氮管理上的应用”的学术报告。

564. 3月18日，实验站站长康绍忠主持的国家自然科学基金重大项目“西北旱区农业节水抑盐机理与灌排协同调控”启动暨专家咨询会在北京宽沟会议中心举行，中国农业大学副校长李召虎致辞，国家自然科学基金委水利学科主任李万红讲话，科研院基地管理处处长高铭宇，水利与土木工程学院副院长杜太生出席。会议邀请国土资源部土地整治中心副主任郧文聚、中国科学院地理科学与资源研究所康跃虎、中国矿业大学(北京)黄占斌、西安理工大学校长助理王全九和内蒙古农业大学史海滨为咨询专家。实验站站长康绍忠主持会议，5个课题负责人分别就国内外研究进展和存在问题、研究内容和目标、拟解决的关键科学问题、详细研究方案、研究特色、创新点以及预期成果等进行了汇报，咨询专家针对每个课题提出了意见与建议。项目组相关人员及研究生共50余人参会。

565. 3月23日，应杜太生教授邀请，丹麦哥本哈根大学刘福来副教做“Efficient water and nutrient management in crop production under climate change”的学术报告。

566. 3月27日，应牛俊博士邀请，美国橡树岭国家实验室王纲胜博士做“Ecological & environmental modeling: from genes to ecosystems, from field to global scale”的学术报告。

567. 4月13—14日，康绍忠、杜太生、李思恩到实验站检查处理测坑和防雨棚施工进展，和施工单位协商处理施工中出现的相关问题，检查研究生试验布置，会见武威市水务局新任局长李国清，由董平国、韩万海、胡铁民陪同。

568. 4月19日，实验站举行消防安全知识讲座，兰州消防支队武警消防知识宣传中心的王成康教官讲授消防安全知识，董平国、胡铁民及在站学生及附近居民代表40余人听取了此次讲座。

569. 5月4日，实验站学生临时党支部举行“深刻感悟和把握马克思主义真理力量”主题党日活动，学习习总书记在马克思200周年诞辰大会上发表的重要讲话，活动由支部书记姚珍珠主持，在站正式党员、预备党员和入党积极分子20余人参加。

570. 5月11日，在实验站举行中国农业大学水院2017级水利系第一组研究生开题报告，站内12名硕士研究生做开题报告，康绍忠、杜太生、黄兴法、李思恩、佟玲参加。

571. 5月11日，实验站举行“艰苦奋斗，创新奉献—难忘的石羊河岁月”报告会，邀请曾经在站开展试验的博士研究生、现沈阳农业大学夏桂敏副教授做报告，讲述她终生难忘的石羊河岁月。实验站站长康绍忠、副站长李思恩、黄兴法、佟玲、武威市水利技术综合服务中心主任董平国、副主任胡铁民及在站研究生40余人参加。报告会由常务副站长杜太生主持。

572. 5月12日，中共中国农业大学水院党委、中共武威市水务局党组、中共武威市凉州区东河乡王景寨村党支部在实验站联合主办“不忘初心、牢记使命，艰苦奋斗，一懂两爱”主题党日活动，邀请全国创先争优优秀共产党员、武威市农科院副院长万廷文，给研究生讲述扎根基层创新，为民服务的故事。本次活动由水院党委委员、副院长、实验站常务副站长杜太生主持，武威市水务局党组书记、局长李国清，水院党委委员、实验站站长康绍忠，水院原党委委员黄兴法，武威市水利技术服务中心党支部书记、主任董平国，市政协常委、水利技术服务中心副主任韩万海，市水务局水保站党支部书记张霁，沈阳农业大学夏桂敏，佟玲、李思恩及凉州区金河乡王景寨村党支部书记王玉才、村委会主任王亮等参加。

573. 5月12日，美国西密歇根大学贺缠生教授带领该校4名国际交流学生考察参观实验站，副站长李思恩陪同。

574. 5月16—17日，“乒出精彩，乓吾青春”实验站第二届乒乓球友谊赛举行，共有19名在站研究生报名参加比赛。比赛的项目包括男单、女单、男双、女双和混双5项，采用三局两胜淘汰制。经过2天的激烈比赛，同学们不仅切磋了球技，同时还建立了更加深厚的友谊。

575. 5月20日，教育部公布了2017年度“长江学者奖励计划”入选名单，实验站常务副站长杜太生入选“长江学者奖励计划”特聘教授并在国家教育行政学院参加长江学者国情研修班，副站长李思恩入选“长江学者奖励计划”青年学者并被在江西井冈山干部学院参加青年长江学者培训班。

576. 5月23日，澳大利亚工程院院士、澳大利亚国立大学教授Ian White和联邦科工组织(CSIRO)水土研究所首席研究员张橹考察实验站，并为在站师生做了题为“Changes in the Hetao Basin, Yellow River, Inner Mongolia: An Australian Perspective”“Modelling responses of Lucerne to changes in shallow water tables and salinity using an eco-hydrological model (WAVES)”的学术报告。

577. 5月23日，耗资45.8万元的全自动凯氏定氮仪正式投入运行。

578. 5月28日，由教育部新闻办组织的教育奋进之笔“1＋1”系列发布采访活动走进北京，就高校党建质量提升攻坚行动发展情况走访了中国农业大学。中国农业大学硕士研究生党员、石羊河实验站原临时党支部书记史碧娇结合自身经历向记者讲述基层党组织在石羊河实验站工作中发挥的积极作用，在6月7日中国教育网络电视台(CETV)播出。

579. 5月30日，中国教育报“北京以改革创新精神不断提升高校党建水平——党旗飘起来，党员站出来”、未来网“把思政课上到田间地头，产学研一体化带动农民增产增收”、中国农业新闻网“思政助发展，开门办党建——涉农高校党建质量提升攻坚采访纪实”等通讯中报道了实验站党建和学生临时党支部建设的经验。

580. 6月3—8日，亚洲大洋洲地理科学学会(AOGS)第15次年会在美国夏威夷州火奴鲁鲁市的夏威夷会议中心举行。牛俊召集主持了水文科学“农区水文过程”分会场HS23。该会场共进行了7场口头报告以及7份海报交流，来自瑞士Swiss Federal Institute of Aquatic Science and Technology、新西兰National Institute of Water & Atmospheric Research Ltd.、澳大利亚The Australian National University、日本Public Works Research Institute、清华大学、香港大学、南京信息工程大学、西安交通大学等高校和科研机构的专家学者参加了讨论交流。毛晓敏、王素芬、田菲、刘浏，以及研究生段萌、何柳月、付婧参加了此次会议。牛俊副教授指导的硕士研究生付婧做了题为“Simulation of vegetation dynamics over the Heihe Rivre basin in Northwest China”的口头报告，并做了“Coupling a water and energy model and a crop growth model to simulate water-heat-carbon fluxes in an inland river basin in Northwest China”的墙报展示；王素芬教授指导的博士研究生何柳月与毛晓敏教授指导的博士研究生段萌分别做了题为“Optimization of spatial and temporal distribution of crop water consumption in middle reaches of Heihe River”和“Modeling water-heat transfer in soil-plant-atmosphere continuum with plastic-mulching ”的墙报展示。

581. 6月5日，新华社发表的“心中有阳光，脚下有力量，让高校党建扎根在乡土大地”通讯中报道了实验站党建和学生临时党支部建设的经验。

582. 6月7日，《人民日报》的《高校基础党建，打响质量提升攻坚战》报道了实验站党建和学生临时党支部建设的经验。

583. 6月8—9日，康绍忠、杜太生、佟玲、丁日升在实验站检查布置工作的落实情况，特别是新建测坑施工质量问题的处理，研究生汇报交流研究进展；召开在站全体研究生会议，康绍忠、杜太生、佟玲、丁日升、董平国、胡天民及在站的30多名研究生参加，杜太生、丁日升、康绍忠先后讲话，强调实验站规章制度和纪律、试验资料整理、研究的针对性、文献阅读等，安排研究生社会实践活动和临时党支部活动。

584. 6月13日，"农业高效用水"创新引智基地邀请英国赫瑞瓦特大学副教务长、土木与环境研究所教授 Adebayo J. Adeloye 做题为"Climate change impacts on water resources security: the uncertainty and stochasticity predicaments"的学术报告。

585. 6月15—23日，实验站学生临时党支部与凉州区金河镇王景寨村党支部合作开展2018年"农业生产现状"调查实践活动。活动主题为响应党的十九大提出的乡村振兴战略，认真学习和贯彻落实党的十九大精神，弘扬"不忘初心，牢记使命，艰苦奋斗"的新时代精神，做好"一懂两爱"(懂农业、爱农村、爱农民)。活动内容包括邀请王景寨村农户到实验站观摩学习，研究生为村民做"节水技术及现代农业种植模式"科普报告，进乡镇进行问卷调查及联络王景寨典型种植农户进行长期定位追踪等。本次活动由学生临时党支部书记姚珍珠与王景寨村党支部书记王玉才共同组织，在站学生党员共计23人参加。

586. 6月19日，《中国农业百科全书·水利卷》修订编写工作启动暨研讨会在中国农业大学水院304会议室召开。该卷专业主编、中国工程院院士康绍忠，中国农业出版社副总编辑赵立山出席会议并讲话。会议由《水利卷》专业副主编杜太生主持。《水利卷》专业副主编、武汉大学水利水电学院院长黄介生等共计40余人出席会议。

587. 6月20日—7月2日，实验站站长康绍忠和毛晓敏、郝新梅赴法国波尔多葡萄与葡萄酒研究所、丹麦哥本哈根大学、英国赫瑞-瓦特大学访问与交流。

588. 6月24—29日，由农业高效用水创新引智基地项目("111"计划)邀请，美国新墨西哥州立大学 Manoj K. Shukla 教授在实验站进行考察交流并举办暑期讲座。

589. 6月25—28日，常务副站长杜太生赴智利圣地亚哥参加由智利国家科学与技术委员会(CONICYT)和中国国家自然科学基金委员会共同举办的智利-中国水资源研讨会(Chile-China Workshop on Water Recourses)并做了题为"Deficit irrigation and its approaches for improving water use efficiency in agriculture"的特邀报告，向与会专家详细介绍了实验站的相关研究工作。

590. 6月26日，实验站站长康绍忠被聘为全国农业技术推广服务中心"整县全域种植业绿色生产"科学技术顾问。

591. 6月28日，农业高效用水创新引智基地项目("111"计划)邀请澳大利亚 Flinders 大学 Huade Guan 教授做题为"Geomorphological influences on ecohydrological processes, and on vegetation and carbon distribution in a native vegetation catchment"的学术报告。

592. 7月3日，中国农业大学校园网报道了学校党委宣传部郝琦伟在实验站一线采写的《石羊河实验站的水故事》。

593. 7月5日，"农业高效用水"创新引智基地邀请美国新墨西哥州立大学 Manoj K. Shukla 教授做题为"Hydraulic and wicking properties of Clinoptilolite Zeolite can sustain vegetation in water scarce areas"的学术报告。

594. 7月7日，实验站站长康绍忠在兰州出席"丝绸之路经济带生态农业发展论坛"，甘肃省农业科学院院长吴建平主持，甘肃省委常委、宋亮致辞，康绍忠应邀为论坛做"农业适水发展与绿色高效节水战略"的主题报告。会前，常务副省长宋亮，甘肃省人大常委会副主任陈克恭，甘肃省政协副主席尚勋武等会见了康绍忠等特邀专家。

595. 7月18日，"农业高效用水"创新引智基地邀请英国赫瑞瓦特大学副教务长，土木与环境研究所教授 Adebayo J. Adeloye 做“Hedging and amelioration of climate change induced water resources systems vulnerability：Does complexity matter? ”的学术报告。

596. 7 月 18 日，“农业高效用水”创新引智基地邀请美国夏威夷大学 Tao Yan 博士做“Soil bacterial resistome and its implications in agriculture operations”的学术报告。

597. 7 月 21 日，新西兰科学院院士、国际著名期刊 *Agricultural Water Management* 主编 Brent Clothier 应邀在学校做报告，实验站站长康绍忠会见 Brent Clothier 和在校访问的英国赫瑞瓦特大学 Adebayo J. Adeloye 教授，杜太生、毛晓敏、佟玲、郝新梅、丁日升、陆红娜等参加。

598. 7 月 28 日，第三届石羊河论坛暨水与绿色发展学术研讨会在实验站召开，来自英国郝瑞瓦特大学、清华大学、武汉大学、北京师范大学、兰州大学、天津大学、四川大学、中国农业大学、中国科学院地理科学与资源研究所、中国水利水电科学研究院、中国农业科学院等 24 家高校和科研单位的专家学者及在站博硕士研究生 140 余人参加会议并围绕气候变化与流域水资源调控、陆表蒸散与农田耗水监测模拟、农业绿色发展与区域应对等进行了深入研讨与交流。会议开幕式由康绍忠主持，武威市副市长杨德智致欢迎词，兰州大学南志标院士讲话，农业农村部科技司欧昆鹏副处长致辞，市水务局局长李国清等出席。论坛开始前，出席会议的专家学者在站长康绍忠及常务副站长杜太生的带领下，考察参观了实验站。范文智、董平国、韩万海、胡铁民、黄兴法、毛晓敏、霍再林、郝新梅、佟玲、李思恩、田菲、陆红娜、李小娟等陪同。

599. 7 月 29 日，参加第三届石羊河论坛暨水与绿色发展学术研讨会的代表考察石羊河流域下游青土湖生态恢复、甘肃水科院民勤灌溉试验站、红崖山水库、实验站民勤重兴乡水肥一体化试验基地，丁日升、胡铁民陪同。

600. 7 月 29—31 日，中国农业大学党委常务副书记张东军考察实验站和石羊河流域水资源利用与农业发展情况，听取康绍忠、杜太生对实验站工作的汇报，并与实验站师生座谈，中国热带作物科学院南亚热带作物研究所所长徐明岗、水院党委书记沈立峰陪同考察。武威市副市长杨德智会见了张东军一行，市水务局局长李国清，中共天祝县委书记张发基，天祝县委常委、宣传部部长徐兴平以及康绍忠、杜太生、董平国、韩万海等陪同。

601. 8 月 3 日，实验站站长康绍忠在张掖出席 2018 年全国旱作节水农业技术培训班开幕式及授课，张掖市人民政府副市长安文波、甘肃省农牧厅副厅长杨祁峰分别致辞，全国农业技术推广服务中心副主任王福祥讲话，康绍忠在开幕式后应邀做“农业适水发展与绿色高效节水战略”的报告；考察甘肃农业科学院张掖实验站承担建设的农业部公益性行业专项“河西走廊小麦玉米节水节肥节约一体化方案”肃州示范区。

602. 8 月 4 日，全国农业技术推广服务中心副主任王福祥、节水处处长杜森及甘肃省耕地质量建设管理总站站长崔增团一行 12 人在站长康绍忠，副站长、市水务局挂职副局长王凤新，市水利技术服务中心副主任胡铁民等的陪同下考察实验站。

603. 8 月 8 日，香港中文大学林汉明教授带领香港中学生大陆考察团一行 50 余人专程赴实验站考察与交流，副站长李思恩陪同。

604. 8 月 10 日，实验站组织在站研究生 40 余人赴石羊河流域下游民勤青土湖、红崖山水库、薛百试验站等地考察学习，接受每年例行的德育网络实训。

605. 8 月 20—21 日，农业高效用水创新引智基地项目（“111”计划）主办“农作物和生态系统对变化环境的响应研究和适应性调控”学术研讨会。美国密苏里大学、加州大学洛杉矶分校、中国农业科学院和中国水利水电科学研究院等国内有关单位 80 余人参加了研讨会，共有 21 位植物水分生理、作物抗旱节水生物学、农业与生态水文等方面的知名专家学者与研究生围绕农作物和生态系统对变化环境的响应研究和适应性调控相关方面做了大会报告。中国农业大学副校长龚元石和美国密苏里大学副校长 Christopher R. Daubert 分别致辞，实验站站长康绍忠和美国密苏里大学植物学跨学科研究中心主任 Robert E. Sharp 分别介绍农业高效用水创新引智基地项目进展和植物学跨学科研究中心的情况，实验站常务副站长杜太生主持会议开幕式。作为“111”计划项目的一个系列活动，本次研讨会专门安排了美国密苏里大学研究生、博士后和石羊河实验站研究生、博士后之间的“1＋1”交流模式，以鼓励青年学者之间开展紧密学术交流，激发创新思维，营造生动活泼的研讨气氛，提升青年科技工作者的综合水平。

606. 8 月 21 日，内蒙古河套灌区管理总局永济灌域管理局鲁建军局长，永济灌域灌溉试验站韩文光站长一行 4 人参观考察实验站，霍再林、董平国、胡铁民陪同。

607. 8 月 22—25 日，参加农业高效用水创新引智基地项目(“111”计划)活动的美国密苏里大学副校长，农业、食品与资源学院院长 Christopher R. Daubert 教授、植物学跨学科研究中心主任 Robert E. Sharp 教授及加州大学洛杉矶分校 Lawren F. Sack 教授等 8 名专家和 7 名博士后与研究生考察实验站及石羊河中下游生态环境与农业高效节水、绿色发展状况。此次考察首次安排了由 7 名美国密苏里大学研究生、博士后和 7 名石羊河实验站研究生、博士后之间的“1＋1”交流模式，双方在 3 天的行程中始终保持密切的交流，既有助于来访青年学者更好地理解考察内容，也有利于增进相似研究内容间的交流与碰撞，激发创新思维，开拓研究思路，提高青年学者的科研热情与综合能力，实验站侯学敏、赵鹏、刘俊洲、王玉丰、袁宇森、许尊秋、刘琦等参加了“1＋1”交流。陪同考察的有实验站站长康绍忠、常务副站长杜太生以及毛晓敏、牛俊和武威市水利技术综合服务中心主任董平国等。

608. 8 月 23 日，中国灌溉排水发展中心冯保清所长带领全国农田灌溉水有效利用系数测算分析工作小组，在甘肃省水利厅农水处王江海、甘肃农业大学张建生教授等的陪同下，在实验站考察调研。武威市水利技术综合服务中心韩万海、胡铁民等陪同考察。

609. 8 月 26 日，实验站学生临时党支部开展了“田间科研，一懂两爱”农业生产实践调研活动，实地考察王景寨村的农业生产种植状况及节水农业实施进展情况，为进一步将科研成果推广至田间生产应用搭建桥梁。

610. 8 月 27 日，农业部建设项目资助建设，耗资 104.0 万元的 24 个大型有底测坑及防雨棚竣工。

611. 8 月 28 日，中国科学院遗传与发育生物学研究所农业水资源重点实验室研究团队程一松、孙宏勇、闵蕾蕾等一行 10 余人专程赴实验站考察，副站长李思恩陪同。

612. 8 月 28 日，“农业高效用水”创新引智基地邀请澳大利亚 CSIRO 水土所 Tanya Doody 研究员做题为“Monitoring site and basin scale vegetation water use for environmental water management”的学术报告。

613. 9 月 5—6 日，丁日升在甘肃兰州为中国灌溉排水发展中心组织的“全国灌溉试验成果应用培训班”200 多位国内同行介绍实验站建设状况与研究工作进展，受到了水利部农村水利水电司调研员程骏、中国灌溉排水发展中心处长张绍强、河北灌溉中心试验站李会昌以及全国同仁们的高度评价，认为实验站的“8858”人才培养模式具有很强的示范推广价值，纷纷表示有机会一定到实验站参观学习，要借鉴石羊河实验站模式开展相关工作。

614. 9 月 7 日，康绍忠、杜太生在哈尔滨参加中国学位与研究生教育学会研究生教育成果奖答辩评审，康绍忠、杜太生、李思恩、佟玲、丁日升等以石羊河实验站人才培养模式为基础的研究生教育成果“创建‘五链环’野外综合实训平台与‘四融合’人才培养模式的探索及其实践”通过“第三届中国学位与研究生教育学会研究生教育成果奖”唯一特等奖评审。

615. 9月8日，山东省日照市岚山区水务局一行到实验站参观考察，胡铁民陪同。

616. 9月14日，中国水利学会农村水利专业委员会、中国国家灌排委员会在北京金码大厦联合召开了2018学术年会。水利部农水水电司司长陈明忠、中国灌溉排水发展中心主任赵乐诗、中国水利协会秘书长汤鑫华、中国农业大学副校长王涛出席大会开幕式并分别致辞，中国工程院院士康绍忠、水利部农水水电司副司长张敦强出席会议。康绍忠应邀为大会做“农业适水发展与绿色高效节水战略”的学术报告。

617. 9月16日，央视网在《中国梦实践者》栏目以《康绍忠：心系“三农”将科研成果写在大地上》为题报道实验站站长康绍忠院士的事迹。

618. 9月17日，实验站站长康绍忠作为执行主席之一参加第S44次(680次)香山科学会议：土地资源安全——从科学到政策，为会议做“土地资源绿色高效利用的关键工程科技问题”的主题报告。

619. 9月18日，中国农业节水和农村供水技术协会在北京召开第三次会员大会暨农业节水科技奖(大禹杯)颁奖大会。水利部党组书记、部长鄂竟平出席会议并做讲话。全国政协常委、水利部原副部长、中国水利学会理事长胡四一，水利部原副部长、中国农业节水和农村供水技术协会第二届会长翟浩辉，中国工程院院士、中国农业大学教授康绍忠，中央和国家机关工委协会党建工作部、农业农村部种植业管理司有关负责人出席会议。实验站站长康绍忠院士当选第三届中国农业节水和农村供水技术协会会长。

620. 9月26日，“农业高效用水”创新引智基地邀请法国农业科学院、波尔多葡萄与葡萄酒研究所Zhanwu Dai研究员做题为“Growth and quality of grape berry in changing environments: experimental and modeling approaches”的学术报告，康绍忠、杜太生等教师及博、硕士研究生60余人参加。

621. 9—11月，李思恩副教授在香港中文大学农业生物技术国家重点实验室林汉明教授研究小组访学。

622. 9月，康绍忠教授指导的博士研究生邹民忠赴美国北亚利桑那大学(Northern Arizona University)工程、林学和自然资源学院联合培养，计划2020年3月回国，联合导师Yiqi Luo教授。

623. 10月16日，康绍忠、杜太生在友谊宾馆参加中国学位与研究生教育学会研究生教育成果奖颁奖典礼，基于石羊河实验站的研究生教育成果“创建‘五链环’野外综合实训平台与‘四融合’人才培养模式的探索及其实践”荣获“第三届中国学位与研究生教育学会研究生教育成果奖”全国唯一特等奖，中国学位与研究生教育学会会长、教育部原副部长赵沁平颁奖；康绍忠应邀为会议做“创建”五链环“野外综合实训平台和”四融合“人才培养新模式的探索及其实践”的报告。自2014年“中国学位与研究生教育学会研究生教育成果奖”评选以来，目前全国共评选出特等奖2项、一等奖28项、二等奖92项。

624. 10月22日，“农业高效用水”创新引智基地项目邀请东芬兰大学Jukka Pumpanen教授做“Forests and forestry in Finland”的学术报告。

625. 10月23日，武威市副市长刘长城等赴实验站调研和指导工作。

626. 10月23—24日，农业高效用水创新引智基地项目(“111”计划)主办“Agro-hydrological Model and Precision Water Management”学术研讨会。来自美国农业部农业研究组织(USDA-ARS)、堪萨斯州立大学、芬兰赫尔辛基大学、东芬兰大学、澳大利亚联邦科工组织(CSIRO)、新南威尔士大学、弗林德斯大学及中国水利水电科学研究院和我校等国内外高校、研究院所共计100余人参加，21位知名专家学者围绕农业水模型和精准水管理相关内容做了大会报告。会后引智专家一行前往河南新乡中国农业科学院农田灌溉研究所开展为期3天的野外考察，实验站站长康绍忠、田菲陪同。

627. 10月28日，国家自然科学基金委员会“黑河流域生态—水文集成研究”重大研究计划集成项目“黑河流域绿洲农业水转化多过程耦合与高效用水调控”在中国农业大学召开研究成果总结会议。中国农业大学、中科院西北生态环境资源研究院（筹）、中科院遗传与发育生物学研究所农业资源研究中心、西北农林科技大学、中国水利水电科学研究院等单位相关研究人员50余人参加会议。实验站站长康绍忠院士主持会议。

628. 10月30日，实验站站长康绍忠院士会见澳大利亚科学院院士、澳洲国立大学功勋教授Ian White以及弗林德斯大学Huade Guan教授并座谈，杜太生、霍再林、王素芬、佟玲、郝新梅、丁日升、田菲等参加。

629. 2018年10月—2019年10月，李思恩教授指导的博士研究生秦淑静在澳大利亚联邦科学与工业组织（CSIRO）水土所联合培养，联合导师张橹研究员。

630. 2018年10月—2019年12月，杜太生教授指导的博士研究生吴迪在美国科罗拉多州立大学（Colorado State University）土壤与作物科学系联合培养，联合导师Allan Andales教授。

631. 11月1日，2018—2022年教育部高等学校教学指导委员会成立大会在北京会议中心举行，教育部党组书记、部长陈宝生和副部长林蕙青出席并发表重要讲话，实验站站长康绍忠参加会议并被聘为高等学校农业工程类专业教学指导委员会主任委员，陈宝生部长颁发聘书。

632. 11月1日，中国科学网报道，康绍忠、郝新梅、杜太生、佟玲、粟晓玲、陆红娜、李晓琳、霍再林、李思恩、丁日升发表在*Agricultural Water Management* 2017年179卷5-17页的论文“Improving agricultural water productivity to ensure food security in China under changing environment: From research to practice”被评为2018年度“中国百篇最具影响国际学术论文”，该论文主要介绍实验站团队在石羊河流域进行的调亏灌溉和流域集总式水管理的成果。

633. 12月8日，实验站站长康绍忠院士应邀在西北农林科技大学水建学院为师生做题为“多尺度水热通量监测模拟及对变化环境的响应与调控”的学术报告，系统介绍实验站的相关研究工作，学院140余名师生聆听报告。

634. 12月9—16日，黄冠华、毛晓敏、霍再林、王素芬、郝新梅、田菲、陆红娜在美国华盛顿特区参加美国地球物理学会（AGU）年会，还有康绍忠教授指导的博士研究生李晓婕参会并做了“Importance of water budgets to identify regional hydrologic differences to maintain recharge to groundwater”的墙报展示。

635. 12月14日，“农业高效用水”创新引智基地邀请加拿大纪念大学工程与应用科学学院Bing Chen教授、Baiyu Zhang副教授分别做了“Persistent and emerging pollutants and their removal from wastewater by enhanced oxidation technologies”和“Biosurfactant Aided Marine and Coastal Environmental Pollution Control”的学术报告。

636. 12月15日，国家自然科学基金中美“食物、能源、水”系统关联合作研究“INFEWS: U. S-China：旱区‘食物、能源、水’系统技术—环境—经济耦合平台构建与模拟”项目启动暨专家咨询会在北京召开。中方项目负责人杜太生主持会议，美方项目主持人、伊利诺伊大学蔡喜明、张源辉以及咨询专家和相关研究生等20余人参会。

637. 12月18日，实验站站长康绍忠院士做客广西大学君武大讲坛，应邀做题为“特色果蔬作物节水调质高效灌溉理论与应用模式”的学术报告，系统介绍实验站相关研究成果，杜太生、郭萍等陪同考察。

638. 12月23日，农业部公益性行业专项“河西走廊玉米小麦田间节水节肥节药综合技术方案”2018年度工作会议在甘肃农业科学院举行，中国农业大学、西北农林科技大学、中国农业科学院农田灌溉研究所、甘肃农业大学、甘肃农业科学院等单位的30余名专家和研究生参加。康绍忠、杜太生、黄兴法、王素芬、王凤新、佟玲、李思恩、丁日升等参会交流。

639. 12月24日，康绍忠、杜太生、王凤新、李思恩、丁日升到石羊河实验站现场办公，讨论综合实验楼暖气加装、室内人工气候室建设、平房维修、水盐监测系统调试等事宜，看望在站试验的研究生，安排冬季工作。

640. 12月26—27日，农业农村部作物高效用水学科群2018年工作会议暨重点实验室学术委员会会议在东北农业大学召开，东北农业大学校长包军致辞。学术委员会主任康绍忠院士以及杜太生等13名委员，西北农林科技大学、中国农业大学、中国农科院、东北农业大学、山东农业大学、吉林省农科院、河南省农科院、新疆农垦科学院等单位的重点实验室和科学观测实验站负责人与管理人员等50余人参加会议。副站长李思恩代表实验站汇报2018年度工作。

641. 12月30日，石羊河实验站教师团队2018年度工作交流会在水院101举行，康绍忠、杜太生、郭萍、霍再林、王凤新、毛晓敏、王素芬、佟玲、李思恩、牛俊、丁日升、郝新梅、田菲、李小娟、陆红娜等参加。

642. 12月，耗资60余万元的测坑水盐自动监测系统安装完毕。

643. 12月，教育部公布了2018年国家级教学成果奖获奖名单，康绍忠主持完成的“突出农工交融的农业院校水利工程卓越人才培养体系创建与实践”荣获高等教育国家级教学成果奖二等奖，由康绍忠、李云开、王福军、杨培岭、杜太生、黄冠华、霍再林、肖若富共同完成。

644. 12月，佟玲晋升为教授，李思恩直聘为教授。

2019年

645. 1月3日，康绍忠主持完成的国家自然科学基金委重大研究计划“黑河流域生态—水文过程集成研究”集成项目“黑河绿洲农业水转化多过程耦合与高效用水调控”在北京顺利通过验收。

646. 1月17日，爱思唯尔(Elsevier)正式发布2018年中国高被引学者(Chinese Most Cited Researchers)榜单，实验站站长康绍忠入选，这是他连续5年入选该榜单。中国高被引学者是软科中国最好大学排名中单项指标“顶尖学者”的重要参考指标。入选高被引学者榜单，意味着该学者在其研究领域具有较高的影响力，其科研成果为该领域发展做出了较大贡献。

647. 1月18日，《人民日报》的《让党的旗帜在高校高高飘扬—高校党的建设与思想政治工作综述》中报道了石羊河实验站的人才培养和党建新模式，认为对加强和改进高校政治思想教育注入了新活力。

648. 1月，北京市委宣传部印发《关于表彰第十四届北京市思想政治工作优秀单位、优秀思想政治工作者的决定》，因石羊河实验站研究生临时党支部建设和德育教育、双班主任等方面的成绩，实验站站长康绍忠被授予北京市优秀思想政治工作者称号。

649. 2月25日，学校下达2019年财务预算，支持石羊河实验站修缮专项300万元用于综合实验楼加装冬天供暖设施、平房维修、改建食堂等设施。

650. 2月，杜太生受邀担任国际著名期刊 *Agricultural Water Management* 副主编。*Agricultural Water Management* 是荷兰 Elsevier 公司出版的水资源和农学领域国际领先期刊，该期刊主要发表与农业水管理相关的科学、技术、经济和政策等重要论文，涵盖内容包括：农业区域水管理，灌溉、排水以及土壤盐碱化管理，地下水和地表水中养分循环、开发和保护，水资源管理制度及全球气候变化对农业水管理的影响等，该期刊2017年投稿量超过1 300篇，近五年的平均录用比率约22.6%，2018年公布的影响因子为3.182(Top 10%～20%)。目前，农大水团队有1人担任该期刊副主编，2人担任该期刊编委，一定程度上反映出农大水团队在国际农业水管理领域的地位和影响力。

651. 3月20日，国家自然科学基金重大项目第二课题“作物水盐响应过程与根区动态阈值”2018年度总结交流会在中国农业大学水院楼101会议室召开。会议由课题负责人康绍忠主持。中国农业科学院农田灌溉研究所孙景生研究员、申孝军副研究员、赵宇龙助理研究员，中心杜太生、佟玲教授、郝新梅、丁日升、田菲副教授、陆红娜、李小娟实验师、纪莎莎、侯学敏博士后及研究生20余人参加了会议。

652. 3月21日，中共武威市委副书记、统战部部长张柯兵一行赴石羊河实验站考察与调研，武威市水务局局长李国清、武威市农业农村局副局长马占威、武威市水利技术综合服务中心主任董国平、副主任韩万海、实验站副站长胡铁民等陪同考察。

653. 3月22日，中共武威市委书记柳鹏带队到中国农业大学访问，洽谈推进地校合作和共建中国农业大学石羊河实验站事宜。武威市表态支持300万元用于石羊河实验站后勤服务设施建设。校党委书记姜沛民、中国工程院院士康绍忠、副校长龚元石会见了客人。武威市委副书记、统战部部长张柯兵，以及武威市水务局局长李国清、农业农村局副局长马占威，实验站常务副站长杜太生、科研院基地管理处处长陈英义参加了座谈。

654. 3月23—24日，实验站常务副站长杜太生、副站长李思恩赴实验站调研楼房供暖与电路系统改造、厨房餐厅改造工程等具体方案。

655. 4月8—9日，“农业高效用水”创新引智基地邀请美国科罗拉多矿业大学土木工程系卢宁教授做了题为“What is the range of soil water density? critical reviews with a unified model”、“Soil sorptive potential: unitary definition of matric potential”“Separating external and internal particle surface areas of soil”和“Effective Stress Principle in Soil”的学术报告。

656. 4月17—18日，实验站召开2009年第一次全站大会，副站长李思恩主持，站长康绍忠、常务副站长杜太生，武威市水利技术综合服务中心主任董平国、副主任胡铁民，以及实验站40余名博硕士研究生和管理人员参加会议。会议选举产生实验站研究生临时党支部书记王宁、执行站长史新杰，科研保障部部长杨丹妮、王春雨，生活保障部部长胡燕哲、马冬青，学术交流部部长高磊、赵青，新闻宣传部部长李浩、刘彦铄，文体外联与社会实践部部长郭庆、焦泽豪。会议还举行了新当选管理成员的宣誓就职仪式，部署了2019年的主要工作。

657. 4月19日，康绍忠指导的博士研究生周惠萍赴法国阿维尼翁市法国农业研究所进行短期联合培养6个月，联合导师Michel Genard研究员。

658. 4月20日，兰州大学草地农业科技学院杨慧敏教授、王自奎副教授、杨宪龙博士以及资源环境学院张宝庆教授一行4人参观考察实验站并与在站师生进行交流。副站长李思恩、研究生临时党支部书记王宁、研究生执行站长史新杰等陪同。

659. 4月20日，丁日升赴美国伊利诺伊大学厄巴纳-香槟分校(University of Illinois at Urbana-Champaign)农业与环境学院作物科学系Andrew Leakey教授研究小组访学1年。

660. 4月26日，水利研究生第一党支部(2/3党员在石羊河实验站试验，水利研究生第一党支部书记兼任石羊河实验站临时党支部书记)经学院推荐、校团委资格审查、公示、现场答辩投票和评审小组核定，被评为中国农业大学2019年“五四青年标兵集体”。

661. 4月30日，康绍忠会见新西兰植物与食品研究所研究员、新西兰皇家科学院院士、*Agricultural Water Management* 主编Brent Clothier，毛晓敏、杜太生、牛俊、田菲参加会见。

662. 4月，投资80余万元建设的室内人工气候室系统投入试验运行。

663. 4月，谭倩教授被聘为 *Journal of Contaminant Hydrology* 期刊主编。该期刊由荷兰Elsevier出

版集团出版，是国际水文学与环境领域的著名期刊，2018 年影响因子 2.284。

664. 5 月 10 日，实验站举行第 2 次"'艰苦奋斗，创新奉献'——难忘的石羊河岁月"系列报告会，特邀浙江理工大学生命科学与医药学院院长梁宗锁教授、鲁东大学资源与环境学院潘英华教授、我校长江学者杜太生教授讲述他们当年的青春岁月。1997—1998 年，梁宗锁在小坝口灌溉实验站开展博士学位论文田间试验研究，1998 年，潘英华在小坝口灌溉实验站开展硕士学位论文田间试验研究，1998 年，杜太生在小坝口灌溉实验站开展本科学位论文田间试验研究。3 位报告人是最早一批在石羊河流域小坝口灌溉试验站开展定位科学试验的研究生和本科生。康绍忠主持报告会，王素芬、董平国、韩万海、杨秀英、胡铁民等参加。

665. 5 月 11 日，由农业高效用水创新引智基地项目（"111"计划）主办的"Thrivability of Arid Agriculture under Changing Environment：Trends and Challenges"学术研讨会举行。会议邀请了来自新墨西哥州立大学（New Mexico State Univery，NMSU）的 7 名专家学者与中国农业大学师生进行学术交流和讨论。新墨西哥州立大学农业、消费和环境科学学院院长 Flores 以及 Sam Fernald、Manoj Shukla、Amy Ganguli、KC Carroll、Hatim Geli、Colby Brungard、中国农业大学黄冠华、郭萍、毛晓敏教授、田菲、赵枭副教授、博士生杨慧做了关于农业水资源配置、微咸水灌溉、水盐胁迫对作物产量品质的影响、遥感监测 ET 等方面的学术报告。会后中国农业大学副校长龚元石、康绍忠、杜太生等会见了参加论坛的美方专家，就进一步加强两校合作和 NMSU-CAU 水科学与工程联合研究中心建设交换了意见。

666. 5 月 14 日，美国新墨西哥州立大学农业、消费、环境科学学院（ACES）院长 Rolando Flores 教授一行 6 名外国专家考察石羊河实验站及石羊河中、下游生态环境并与在站 30 多名研究生讨论交流，陪同考察的有郭萍教授、毛晓敏教授、纪莎莎博士后及武威市水利技术综合服务中心主任董平国教高、副主任韩万海教高、副主任胡铁民高工。

667. 5 月 19 日，甘肃省人民政府副省长张世珍在甘肃武威会见实验站站长康绍忠教授。张世珍副省长对实验站团队长期扎根甘肃、服务甘肃的奉献精神与家国情怀给予高度评价，他表示实验站是一个非常高水平的野外科学观测实验站，对支撑甘肃经济与科技发展起到重要作用，应该尽早纳入甘肃省野外科学实验观测站管理，不但要给牌子，更要提供服务和支持，并指示甘肃省科技厅相关领导尽快落实，同时希望武威市人民政府全力配合实验站做好各项工作。省科技厅党组书记、厅长史百战，武威市委副书记、市长周伟分别表示将要尽快落实好省领导的指示精神，将以更大力度支持实验站建设国家级科研创新与推广平台，推动校地合作再上新台阶。甘肃省政府副秘书长贾宁，省科技厅党组成员、副厅长傅小锋，省科协党组成员、副主席冯永成，武威市人大常委会主任王扎东，武威市委常委、副市长刘长城等参加会谈。

668. 5 月 19 日，甘肃省科技厅党组书记、厅长史百战一行专程赴实验站考察与调研，站长康绍忠院士陪同考察。康绍忠向史百战一行系统地介绍了实验站概况、研究目标与定位、历史沿革、研发团队、基础设施、人才培养、科研进展、技术推广、合作交流等情况，带领大家深入田间地头，考察田间实验设施。史百战对实验站开展的各项工作给予了高度评价，并表示省科技厅将全力支持实验站的建设和发展。甘肃省科技厅党组成员、副厅长傅小锋，武威市委常委、副市长刘长城，武威市水利技术综合服务中心主任董平国、副主任胡铁民，实验站副站长李思恩等陪同参观考察。

669. 5 月 19 日，康绍忠教授指导的博士研究生刘俊洲赴以色列农业研究组织水土与环境科学研究所（Institute of Soil，Water and Environments，ARO，Israel）联合培养 6 个月，联合导师 Shabtai Cohen 和 Uri Hochberg 研究员。

670. 6 月 3 日，康绍忠教授指导的博士研究生王玉丰赴丹麦奥胡斯大学联合培养 6 个月，联合导师

Mathias Neumann Andersen 教授。

671. 6 月 13 日，站长康绍忠在北京出席国家自然科学基金委员会咨询委员会会议。

672. 6 月 14 日，站长康绍忠出席中国通辽玉米黄金带绿色优质高效节水技术论坛，并应邀做题为《现代节水高效农业发展中的几个问题》的报告。

673. 6 月 21 日，中国热带农业科学院湛江实验站窦美安、安东升、严程明研究员考察实验站，康绍忠、杜太生陪同。

674. 6 月 22 日，实验站举办大田作物水肥一体化技术及其应用培训班，杜太生主持开班仪式，康绍忠致欢迎词，武威市副市长杨德智致辞，李光永、黎耀军、黄兴法、杜太生、王凤新分别就微灌水肥一体化技术与设备、喷灌水肥一体化技术与设备、小麦水肥一体化技术应用模式、玉米水肥一体化技术模式和马铃薯水肥一体化技术模式进行培训，全国 18 个省、自治区、市的 180 余人参加培训班，甘肃大禹、新疆天业、上海华维、江苏华源、新疆善水等公司以及中国农业大学分别展示了所开发的水肥一体化技术与设备系统。

675. 6 月 25—28 日，参加农业高效用水创新引智基地项目（“111”计划）暨中美研究生“1＋1”学术交流的美国新墨西哥州立大学（NMSU）7 名青年学者考察实验站及石羊河中、下游生态环境并与在站 30 多名研究生进行交流。郝新梅、韩宇、纪莎莎及武威市水利技术综合服务中心杨秀英等陪同。

676. 6 月 25－30 日，站长康绍忠在美国密苏里大学和科罗拉多大学 Boulder 校区访问。

677. 6 月 26 日，中国科学院寒区旱区环境与工程研究所冉有华副研究员和南京大学国际地球系统科学研究所吴谋松博士一行 5 人在实验站考察交流，李思恩陪同。

678. 6 月 27 日，中国农业大学副校长龚元石、甘肃省武威市副市长杨德智一行莅临实验站考察与指导工作，中国农业大学发展规划处处长曲瑛德、社会服务处处长杜金昆、科学技术发展研究院项目处处长兼社会服务处副处长卜洪震、园艺学院教授任华中、农学院教授贺岩、动物科技学院教授曾申明、水利与土木工程学院教授刘志丹、园艺学院副教授刘庆洪、植物保护学院副教授赵文生参加考察，杜太生、李思恩陪同。

679. 6 月 30 日，实验站临时党支部与王景寨村党支部在王景寨村委会会议室开展红色“1＋1”党日活动。王景寨村党支部书记王玉才、实验站临时党支部书记王宁共同主持此次活动，王景寨村委会成员和实验站在站党员共 30 余人参加本次活动。

第七篇 名录篇

在实验站从事研究的教职工与临时工作人员名录（1997—2019年）[1]

序号	姓名	职称/职务	工作单位	试验/调研年份	在站情况
1	康绍忠	教授/站长	中国农业大学	1997—2019	在站试验[2]
2	冯绍元	教授	中国农业大学/扬州大学	2004—2019	在站试验
3	左　强	教授	中国农业大学	2005—2007	在站试验
4	任　理	教授	中国农业大学	2004—2006	从事石羊河研究[3]
5	黄冠华	教授	中国农业大学	2008—2019	在站试验
6	李光永	教授	中国农业大学	2008—2019	在站试验
7	唐泽军	教授	中国农业大学	2007—2015	在站试验
8	张　昕	教授	中国农业大学	2013—2016	短期试验
9	黄兴法	教授	中国农业大学	2016—2019	在站试验
10	胡克林	教授	中国农业大学	2013—2015	在站试验
11	段留生	教授	中国农业大学	2017—2019	在站试验
12	高丽红	教授	中国农业大学	2009—2014	在站试验
13	郭　萍	教授	中国农业大学	2009—2019	在站调研
14	杜太生	教授/常务副站长	中国农业大学	2006—2019	在站试验
15	王凤新	教授/副站长	中国农业大学	2004—2019	在站试验
16	王鹏新	教授	中国农业大学	2005—2006	在站试验
17	侯书林	教授	中国农业大学	2008—2013	短期试验
18	刘　林	教授	中国农业大学	2011—2013	短期试验
19	霍再林	教授/副站长	中国农业大学	2008—2019	在站试验
20	毛晓敏	教授	中国农业大学	2006—2019	在站试验
21	谭　倩	教授	中国农业大学	2015—2019	在站调研
22	王素芬	教授	中国农业大学	2007—2019	在站试验
23	佟　玲	教授	中国农业大学	2008—2019	在站试验
24	李思恩	教授/副站长	中国农业大学	2009—2019	在站试验
25	郝新梅	副教授	中国农业大学	2012—2019	在站试验
26	姜　娜	副教授	中国农业大学	2011—2014	在站试验

1. 本表信息统计于2019年6月30日。
2. 表示长期在石羊河实验站开展定位实验研究。
3. 表示仅仅从事与石羊河水资源相关的研究，而未到站开展实验。

续表

序号	姓名	职称/职务	工作单位	试验/调研年份	在站情况
27	马道坤	副教授	中国农业大学	2008—2015	短期调研
28	贺向丽	副教授	中国农业大学	2013—2016	从事石羊河研究
29	丁日升	副教授/站长助理	中国农业大学	2011—2019	在站试验
30	牛　俊	副教授	中国农业大学	2014—2019	在站试验
31	田　菲	副教授	中国农业大学	2016—2019	在站试验
32	韩　宇	副教授	中国农业大学	2015	短期调研
33	李　凡	讲师	中国农业大学	2011—2013	短期试验
34	李小娟	实验师	中国农业大学	2017—2019	在站调研
35	陆红娜	实验师	中国农业大学	2009—2019	在站试验
36	蔡焕杰	教授	西北农林科技大学	2004—2007	在站试验
37	魏晓妹	教授	西北农林科技大学	2012—2015	在站调研
38	张富仓	教授	西北农林科技大学	2007—2019	在站试验
39	王密侠	教授	西北农林科技大学	2003—2005	在站试验
40	李援农	教授	西北农林科技大学	2017—2019	在站试验
41	粟晓玲	教授	西北农林科技大学	2008—2019	在站调研
42	胡田田	教授	西北农林科技大学	2011—2019	在站试验
43	胡笑涛	教授	西北农林科技大学	2009—2019	在站试验
44	曹红霞	教授	西北农林科技大学	2009—2012	在站试验
45	王文娥	教授	西北农林科技大学	2016—2019	在站试验
46	李志军	高级实验师	西北农林科技大学	2004—2006	在站试验
47	冉　辉	讲师	西北农林科技大学	2018—2019	在站试验
48	苏德荣	教授	北京林业大学	2012—2019	在站试验
49	李伏生	教授	广西大学	2005—2019	在站调研
50	尚松浩	副教授	清华大学	2012—2014	在站试验
51	刘海军	教授	北京师范大学	2009—2010	在站试验
52	蒋　静	副教授	太原理工大学	2011—2015	在站试验
53	施卫明	研究员	中国科学院南京土壤研究所	2013	短期试验
54	成自勇	教授	甘肃农业大学	2012—2013	短期试验
55	赵元忠	高级工程师	甘肃省水利科学研究院	2005	短期调研
56	张建华	教授	香港浸会大学/中文大学	1997—2019	在站试验
57	林汉民	教授	香港中文大学	2010—2019	在站试验

续表

序号	姓名	职称/职务	工作单位	试验/调研年份	在站情况
58	王福玲	科研助理	香港中文大学	2011—2019	在站试验
59	Bill Davies	教授	英国兰卡斯特大学	2008—2018	在站试验
60	Lu Zhang	研究员	澳大利亚 CSIRO 水土所	2005—2019	在站试验
61	安部征雄	教授	日本筑波大学	2001—2003	短期调研
62	Clinton Shock	教授	美国俄勒冈州立大学	2009—2016	在站研究
63	Manoj K. Shukla	教授	美国新墨西哥州立大学	2015—2019	在站授课与研究
64	杨秀英	教授级高级工程师/所长	武威市水利科学研究所	1997—2019	试验管理
65	王兴成	高级工程师/副所长	武威市水利科学研究所	2004—2008	在站试验
66	张　霁	工程师	武威市水利科学研究所	2004—2008	在站试验
67	苏兴礼	工程师	武威市水利科学研究所	2004—2008	在站试验
68	钱　艳	工程师	武威市水利科学研究所	2004—2008	在站试验
69	唐青运	技术员/站长	民勤县农技推广中心薛百试验站	2003—2007	后勤管理
70	何立绩	工程师/站长	民勤县小坝口灌溉试验站	1997—2001	试验管理
71	彭治云	研究员/主任	武威市农业技术推广中心	2011—2018	示范推广
72	陈其兵	高级农艺师	武威市农业技术推广中心	2011—2018	示范推广
73	刘兴成	高级农艺师	武威市农业技术推广中心	2012—2014	试验推广
74	董平国	教授级高级工程师/主任	武威市水利技术综合服务中心	2007—2019	试验管理
75	韩万海	教授级高级工程师/副主任	武威市水利技术综合服务中心	2007—2019	试验管理
76	胡铁民	高级工程师/副主任	武威市水利技术综合服务中心	2007—2019	后勤管理
77	石培泽	教授级高级工程师/副局长	武威市水利科学研究所/武威市水务局	1997—2016	试验管理
78	沈清林	高级工程师/局长	武威市水务局/甘肃省水利厅石羊河流域管理局	1997—2014	试验管理
79	陆　权	临时工作人员	石羊河实验站	2007—2019	田间管理
80	王　毅	临时工作人员	石羊河实验站	2008—2011	田间管理
81	王毓娟	临时工作人员	石羊河实验站	2010—2011	实验室管理
82	孙晓燕	临时工作人员	石羊河实验站	2011	实验室管理
83	王志秀	临时工作人员	石羊河实验站	2012	后勤保障
84	朱瑞玲	临时工作人员	石羊河实验站	2012—2013	田间试验
85	陈丽霞	临时工作人员	石羊河实验站	2012—2013	田间试验

续表

序号	姓名	职称/职务	工作单位	试验/调研年份	在站情况
86	王小燕	临时工作人员	石羊河实验站	2013—2014	实验室管理
87	侯宗保	临时工作人员	石羊河实验站	2013—2019	综合实验楼管理
88	张　亮	临时工作人员	石羊河实验站	2015—2019	实验室管理
89	王　琨	临时工作人员	石羊河实验站	2017—2019	实验室管理
90	刘淑梅	临时工作人员	石羊河实验站	2008	厨师
91	胡德强	临时工作人员	石羊河实验站	2010—2011	厨师
92	朱堂年	临时工作人员	石羊河实验站	2012	厨师
93	胡德奎	临时工作人员	石羊河实验站	2013	厨师
94	盛菊琴	临时工作人员	石羊河实验站	2014	厨师
95	薛兴书	临时工作人员	石羊河实验站	2015	厨师
96	韩雪琴	临时工作人员	石羊河实验站	2016—2017	厨师
97	王有罡	临时工作人员	石羊河实验站	2018—2019	厨师

实验站研究生管理团队名录
(1997—2019 年)[1]

序号	年份	实验站研究生负责人	实验站研究生管理团队成员名单
1	1997	梁宗锁(小坝口)	
2	1998	潘英华(小坝口)	梁宗锁 杜太生
3	1999	杜太生(小坝口)	
4	2000	杜太生(小坝口)	
5	2002	佟　玲(全流域)	贾宏伟　姚立民
6	2003	庞秀明(薛百)	
7	2004	杜太生(沙漠公园、薛百) 夏桂敏(沙漠公园)	李王成(沙漠公园)　庞秀明(薛百) 王　锋(薛百)　郝治福(邓马营湖) 吕廷波(邓马营湖)
8	2005	杜太生(沙漠公园、薛百) 夏桂敏(沙漠公园)	李王成(沙漠公园)　刘晓志(沙漠公园) 王　锋(薛百)
9	2006	刘晓志(沙漠公园) 王　锋(薛百)	周青云(沙漠公园)　张宝忠(沙漠公园) 王振昌(薛百)
10	2007	张宝忠(沙漠公园、王景寨) 王振昌(薛百)	李思恩(王景寨)　胡　萌(沙漠公园) 王若水(薛百)
11	2008	胡　萌(王景寨)	田　磊(王景寨)　许小燕(沙漠公园)
12	2009	丁日升	陈　峰　郭维华
13	2010	李思恩老师驻站管理	郭维华　刘宝磊　张　鹏　方　亮
14	2011	李思恩老师驻站管理	刘春伟　陈金亮　魏镇华　张柯桢
15	2012	纪莎莎	陈任强　陈金亮　姜雪连　王金涛
16	2013	纪莎莎　陈金亮	姜雪连　王金涛　吴友杰
17	2014	姜雪连	杨开静　王金涛　吴友杰
18	2015	杨开静	吴友杰　纪莎莎　王金涛　吴　迪
19	2016	刘俊洲(站长) 袁宇森(书记)	周惠萍(生活部部长)　秦淑静(试验保障部部长) 王玉丰(宣传部部长)　孟潮彪(卫生部部长) 杨奇鹤(文体部部长)

1. 本信息表统计于 2019 年 6 月 30 日。

续表

序号	年份	实验站研究生负责人	实验站研究生管理团队成员名单
20	2017	刘俊洲(站长) 史碧娇(书记)	王玉丰(宣传部部长) 孟潮彪(文体、卫生部部长) 郭　慧、李　佳(试验保障部部长) 郭晓旭(生活部部长)
21	2018	王玉丰(站长) 姚珍珠(书记)	孟潮彪(副站长)　邱　渊(副站长) 袁宇森(实验室管理部部长)　杨丹妮(试验保障部部长) 张现波(卫生部部长)　林文青(社会实践部部长) 胡燕哲(生活部部长)　王　宁(文体部部长) 高　磊(学术交流部部长)　杨其锟(宣传部部长)
22	2019	王　宁(书记) 史新杰(站长)	高　磊、赵　青(学术交流部) 胡燕哲、马冬青(生活保障部) 杨丹妮、王春雨(科研保障部) 郭　庆、焦泽豪(文体外联及社会实践部) 李　浩、刘彦铄(新闻宣传部)

实验站出站博士后与毕业博士研究生名录（1999—2019年）[1]

序号	姓名	籍贯	毕业学校	博士/博士后	毕业（出站）年份	试验/实习与调研年份	指导（合作）教师	学位论文（出站报告）题目	工作单位	职称/职务	在站情况
1	辛　格	印度	中国农业大学	博士后	2006	—	任　理	应用SWAP，ANIMO模型结合GIS和RS模拟中国西北地区土壤中水、氮运移	印度某高校	—	从事石羊河研究[2]
2	张永明	甘肃武威	中国农业大学	博士后	2014	2011—2014	康绍忠	石羊河流域行业取耗水总量控制及地下水超采区管理方案研究	甘肃省水利厅	高级工程师	短期实习与调研[3]
3	李小娟	广西百色	中国农业大学	博士后	2017	—	左　强	不确定性环境下灌溉用水管理模型研究及应用	中国农业大学	实验师	从事石羊河研究
4	梁宗锁	陕西扶风	西北农林科技大学	博士研究生	1999	1997—1998	荆家海 康绍忠 高俊凤	分根区交替灌溉提高玉米水分利用率的生理学机制	浙江理工大学	教授 院长	在站试验[4]
5	龚道枝	湖南澧县	西北农林科技大学	博士研究生	2005	2004	康绍忠	苹果园土壤-植物-大气连续体水分传输动力学机制与模拟	中国农业科学院农业环境与可持续发展研究所	研究员	短期实习与调研
6	杜太生	山东东阿	中国农业大学	博士研究生	2006	2004—2006	康绍忠	干旱荒漠绿洲区作物根系分区交替灌溉的节水机理与模式研究	中国农业大学	教授 院长	在站试验
7	周青云	山西运城	中国农业大学	博士研究生	2007	2005—2006	康绍忠	葡萄园根系分区交替滴灌条件下土壤水分动态变化规律与模拟	天津农学院	副教授 系副主任	在站试验

1. 本表信息统计于2019年6月30日。
2. 表示仅仅从事石羊河水资源相关研究，而未到站开展实验。
3. 表示到实验站进行短期实习与调研。
4. 表示长期在石羊河实验站开展定位实验研究。

续表

序号	姓名	籍贯	毕业学校	博士/博士后	毕业(出站)年份	试验/实习与调研年份	指导(合作)教师	学位论文(出站报告)题目	工作单位	职称/职务	在站情况
8	粟晓玲	四川开江	西北农林科技大学	博士研究生	2007	2002—2007	康绍忠	石羊河流域面向生态的水资源合理配置理论与模型研究	西北农林科技大学	教授	短期实习与调研
9	佟　玲	辽宁大石桥	西北农林科技大学	博士研究生	2007	2004—2007	康绍忠	西北干旱内陆区石羊河流域农业耗水对变化环境响应的研究	中国农业大学	教授	短期实习与调研
10	李王成	陕西勉县	中国农业大学	博士研究生	2007	2004—2006	冯绍元	石羊河流域中游土壤水分运动规律试验研究	宁夏大学	副教授 系主任	在站试验
11	霍再林	内蒙古清水河	中国农业大学	博士研究生	2007	2005—2007	冯绍元	基于ANN与FEFLOW的民勤绿洲地下水位动态模拟研究	中国农业大学	教授 系主任	短期实习与调研
12	来剑斌	山西五台	中国农业大学	博士研究生	2007	2004	任　理	土壤饱和导水率测定的尺寸依赖性及等效土体有效水力参数的估算	中国科学院地理科学与资源研究所	副研究员	在站试验
13	王素芬	内蒙古呼和浩特	中国农业大学	博士研究生	2008	2005—2006	康绍忠	杂木河出山径流对变化环境响应的研究	中国农业大学	教授	短期实习与调研
14	夏桂敏	辽宁普兰店	中国农业大学	博士研究生	2008	2004—2005	康绍忠	干旱荒漠区三种典型沙生植物耗水规律研究	沈阳农业大学	副教授	在站试验
15	刘晓志	内蒙古临河	中国农业大学	博士研究生	2008	2005—2006	康绍忠	石羊河流域苹果梨液流变化规律与调亏灌溉机理研究	中国水利水电科学研究院	高级工程师	在站试验
16	王春梅	山东日照	中国农业大学	博士研究生	2008	2005—2007	左　强	干旱绿洲区农田土壤水分采样设计与蒸散的遥感估算——以石羊河流域武威市凉州区为例	中国科学院遥感与数字地球研究所	副研究员	在站试验

续表

序号	姓名	籍贯	毕业学校	博士/博士后	毕业(出站)年份	试验/实习与调研年份	指导(合作)教师	学位论文(出站报告)题目	工作单位	职称/职务	在站情况
17	孙　威	辽宁锦州	中国农业大学	博士研究生	2008	2005	王鹏新	条件植被温度指数干旱监测方法的定量化研究	国家测绘地理信息局测绘发展研究中心	高级工程师	短期实习与调研
18	李思恩	湖北荆州	中国农业大学	博士研究生	2009	2005—2008	康绍忠	西北旱区典型农田水热碳通量的变化规律与模拟研究	中国农业大学	教授副站长	在站试验
19	张宝忠	山西太原	中国农业大学	博士研究生	2009	2005—2008	康绍忠	干旱荒漠绿洲葡萄园水热传输机制与蒸发蒸腾估算方法研究	中国水利水电科学研究院水利研究所	教授级高工副所长	在站试验
20	刘小刚	甘肃镇原	西北农林科技大学	博士研究生	2009	2007—2008	张富仓	节水灌溉条件下作物根区水氮迁移和高效利用机制研究	昆明理工大学	教授	在站试验
21	李培岭	内蒙古宁城	西北农林科技大学	博士研究生	2009	2007—2008	张富仓	不同灌溉方式下民勤荒漠绿洲区棉花水氮耦合效应研究	江西农业大学	副教授	在站试验
22	许小燕	江苏海安	中国农业大学	博士研究生	2010	2005—2008	康绍忠	干旱荒漠区人工种植防风固沙植物蒸发蒸腾与根系吸水模型研究	合肥工业大学	讲师	在站试验
23	胡　萌	山东日照	中国农业大学	博士研究生	2010	2006—2009	康绍忠	干旱荒漠区两种典型沙生植物对水盐胁迫响应的机理与模拟	山东省青岛市水务管理局	高级工程师	在站试验
24	孙　月	内蒙古兴安盟	中国农业大学	博士研究生	2010	2007—2009	康绍忠	石羊河流域地下水环境要素时空格局分析与数值模拟研究	水利部南水北调规划设计管理局	高级工程师	短期实习与调研
25	张晓涛	山西汾阳	中国农业大学	博士研究生	2010	2007—2008	康绍忠	区域蒸发蒸腾量的空间插值与遥感估算	中国科学院青藏高原研究所	博士后	在站试验

续表

序号	姓名	籍贯	毕业学校	博士/博士后	毕业(出站)年份	试验/实习与调研年份	指导(合作)教师	学位论文(出站报告)题目	工作单位	职称/职务	在站情况
26	朱向明	山东安丘	中国农业大学	博士研究生	2010	2005—2006	左　强	应用反求方法模拟冬小麦、夏玉米根系吸磷及土壤水、氮、磷的运移	中科院东北地理与农业生态研究所	副研究员	在站试验
27	王　峰	河南南阳	中国农业大学	博士研究生	2011	2007—2009	康绍忠	温室番茄产量与品质对水分亏缺的响应及节水调质灌溉指标	中国农业科学院农田灌溉研究所	副研究员	在站试验
28	曾勰婷	江西德兴	中国农业大学	博士研究生	2011	2006—2008	康绍忠	石羊河流域灌溉用水管理不确定性规划模型研究及系统实现	农业部规划设计研究院	工程师	短期实习与调研
29	姚立民	陕西蒲城	西北农林科技大学	博士研究生	2011	2007—2009	康绍忠	幼龄梭梭根系吸水对土壤水盐胁迫的响应机理及其模拟研究	陕西渭南职业技术学院	讲师	在站试验
30	蒋　静	山东枣庄	中国农业大学	博士研究生	2011	2007—2009	冯绍元	石羊河流域咸水非充分灌溉农田土壤水盐运移试验与模拟研究	太原理工大学	副教授	在站试验
31	丁日升	内蒙古察右后	中国农业大学	博士研究生	2012	2009—2010	康绍忠	干旱内陆区玉米田水热传输机理与蒸散发模型研究	中国农业大学	副教授 站长助理	在站试验
32	张彦群	河北衡水	中国农业大学	博士研究生	2012	2008—2010	康绍忠	西北旱区葡萄园耗水规律和冠层水碳耦合模型研究	中国水利水电科学研究院水利研究所	高级工程师	在站试验
33	刘春伟	山东平度	中国农业大学	博士研究生	2012	2007—2011	康绍忠	西北旱区苹果园水分传输机理与耗水模拟	南京信息工程大学	副教授	在站试验
34	燕　辉	河南商丘	西北农林科技大学	博士研究生	2012	2009	康绍忠	西北旱区两种典型沙生植物对盐胁迫响应的研究	河南科技大学	讲师	在站试验

续表

序号	姓名	籍贯	毕业学校	博士/博士后	毕业(出站)年份	试验/实习与调研年份	指导(合作)教师	学位论文(出站报告)题目	工作单位	职称/职务	在站情况
35	王振昌	河南获嘉	西北农林科技大学	博士研究生	2012	2008—2009	康绍忠	分根区交替灌溉制种玉米节水机理及其气孔导度模型研究	河海大学	副教授	在站试验
36	马黎华	河南鄢陵	西北农林科技大学	博士研究生	2012	2007	康绍忠	石羊河流域用水结构的数据驱动模拟及缺水风险研究	西南大学	讲师	短期实习与调研
37	姚立强	江西上高	中国农业大学	博士研究生	2012	2008—2010	冯绍元	石羊河流域武威盆地灌溉水—土壤水—地下水转化规律研究	长江水利委员会长江科学院水资源研究所	高级工程师/副主任	在站试验
38	李小娟	广西百色	中国农业大学	博士研究生	2013	2010	康绍忠	海河流域作物—水模型参数的时空变异与灌溉用水不确定性规划研究	中国农业大学	实验师	短期实习与调研
39	郑 睿	陕西杨凌	西北农林科技大学	博士研究生	2013	2009—2012	康绍忠	河西绿洲农业区不同水氮条件对酿酒葡萄水分利用的影响及水碳耦合模拟研究	长安大学环境科学与工程学院	讲师/办公室主任	在站试验
40	王 军	安徽安庆	中国农业大学	博士研究生	2013	2008—2009	黄冠华	甜瓜沟灌条件下水氮迁移转化规律与高效利用研究	中国水利水电科学研究院	高级工程师	在站试验
41	王利书	河北邯郸	中国农业大学	博士研究生	2013	2010	唐泽军	石羊河流域地下水化学特征与循环过程及模拟	河北工程大学	副教授/实验室副主任	短期实习与调研
42	杨雨亭	四川泸州	清华大学	博士研究生	2013	2012	尚松浩	植被非均匀覆盖下垫面蒸散发模型及应用研究	清华大学	助理教授/特别研究员	短期实习与调研

续表

序号	姓名	籍贯	毕业学校	博士/博士后	毕业(出站)年份	试验/实习与调研年份	指导(合作)教师	学位论文(出站报告)题目	工作单位	职称/职务	在站情况
43	邱让建	安徽桐城	中国农业大学	博士研究生	2014	2008—2012	康绍忠	温室环境下土壤——植物系统水热动态与模拟	南京信息工程大学	副教授	在站试验
44	郭维华	河北沧州	中国农业大学	博士研究生	2014	2009—2012	康绍忠	西北旱区葡萄园碳通量变化规律分析及模拟	河海大学	讲师	在站试验
45	郑建华	甘肃张掖	中国农业大学	博士研究生	2014	2008—2010	黄冠华	西北内陆旱区经济作物节水响应机理及灌溉制度优化模拟研究	中国农业科学院农业信息研究所	高级工程师	在站试验
46	李　涛	陕西西安	中国农业大学	博士研究生	2015	2013—2014	康绍忠	西北旱区葡萄园土壤含水率与土壤属性空间变异及其对产量和品质的影响	西安理工大学	讲师	在站试验
47	张刘东	山西晋城	中国农业大学	博士研究生	2015	2012	郭　萍	石羊河流域灌区水资源管理与决策模型研究	云南农业大学	副教授/副院长	短期实习与调研
48	陈　冲	山西晋城	中国农业大学	博士研究生	2015	2013	胡克林	土壤水分特征曲线的预测及土壤属性三维空间制图	中国农业大学	副教授	在站试验
49	吴立峰	黑龙江阿城	西北农林科技大学	博士研究生	2015	2010	张富仓	新疆棉花滴灌施肥水肥耦合效应与生长模拟研究	南昌工程学院	讲师	短期实习与调研
50	陈金亮	江西崇义	中国农业大学	博士研究生	2016	2012—2013	康绍忠	番茄果实生长和糖分模拟及节水调质优化灌溉决策研究	法国国家农业研究院	博士后	在站试验
51	陈任强	福建仙游	中国农业大学	博士研究生	2016	2010—2013	康绍忠	温室滴灌条件下土壤属性空间变异及其对番茄产量和品质的影响研究	河北农业大学	讲师	在站试验

续表

序号	姓名	籍贯	毕业学校	博士/博士后	毕业(出站)年份	试验/实习与调研年份	指导(合作)教师	学位论文(出站报告)题目	工作单位	职称/职务	在站情况
52	姜雪连	河北唐山	中国农业大学	博士研究生	2016	2011—2015	康绍忠	西北旱区制种玉米父本母本耗水特性及蒸发蒸腾量估算方法研究	潍坊学院	讲师	在站试验
53	薄晓东	山东日照	中国农业大学	博士研究生	2016	2010—2015	杜太生	基于制种玉米茎流与根系分形特征的土壤水分动态模拟	中国水利水电科学研究院水利研究所	博士后	在站试验
54	蒋　磊	黑龙江佳木斯	清华大学	博士研究生	2016	2013—2014	尚松浩	干旱区灌区尺度灌溉及作物水分利用效率遥感评价方法	天津农学院	讲师	在站试验
55	冉　辉	重庆	中国农业大学	博士研究生	2017	2012—2015	康绍忠	西北旱区制种玉米生长与产量对土壤水氮的响应及模拟研究	西北农林科技大学	讲师	在站试验
56	王金涛	河北保定	中国农业大学	博士研究生	2017	2011—2016	康绍忠	制种玉米开花特性与籽粒数模拟及节水调质高效灌溉优化决策研究	中国科学院遗传与发育生物学研究所	助理研究员	在站试验
57	杜少卿	江苏南通	中国农业大学	博士研究生	2017	2012—2015	康绍忠	西北旱区分根交替灌溉苹果树水分利用及蒸发蒸腾量估算研究	江苏南通苏通科技产业园区行政审批局	工程师	在站试验
58	纪莎莎	河南漯河	中国农业大学	博士研究生	2017	2011—2015	康绍忠	基于作物叶片尺度水分高效利用的气孔最优调控机理研究与应用	中国农业大学	博士后	在站试验
59	任冲锋	山东临沂	中国农业大学	博士研究生	2017	2014	郭　萍	不确定性条件下石羊河流域水资源承载力优化提升研究	长安大学	讲师	短期实习与调研

续表

序号	姓名	籍贯	毕业学校	博士/博士后	毕业(出站)年份	试验/实习与调研年份	指导(合作)教师	学位论文(出站报告)题目	工作单位	职称/职务	在站情况
60	吴友杰	广西贵港	中国农业大学	博士研究生	2017	2012—2016	杜太生	基于稳定同位素的覆膜灌溉农田SPAC水分传输机制与模拟	湖南农业大学	讲师	在站试验
61	杨开静	山东临沂	中国农业大学	博士研究生	2017	2013—2016	王凤新	滴灌条件下马铃薯田间土壤水、气交互效应与调控机理研究	法国	—	在站试验
62	张友良	江西萍乡	中国农业大学	博士研究生	2017	2011—2015	王凤新	膜下滴灌马铃薯田间水热传输机制与模拟	扬州大学	讲师	在站试验
63	漆栋良	甘肃渭源	西北农林科技大学	博士研究生	2017	2011—2014	胡田田	交替隔沟灌溉条件下制种玉米水氮高效耦合方式与机制研究	长江大学	讲师	在站试验
64	赵建明	山东潍坊	中国农业大学	博士研究生	2018	2016	郭　萍	灌区多要素农业水资源优化配置研究——以民勤为例	北京市农林科学院	博士后	短期实习与调研
65	魏镇华	河南平顶山	中国农业大学	博士研究生	2018	2010—2015	杜太生	交替灌溉下二氧化碳浓度升高对番茄的节水调质效应与气孔导度模拟研究	西北农林科技大学	讲师	在站试验
66	杨　健	河南洛阳	中国农业大学	博士研究生	2018	2014—2016	毛晓敏	西北地区覆膜春小麦田间水热传输机制与模拟研究	黄河水利委员会黄河水利科学研究院	工程师	在站试验
67	薛景元	河南信阳	中国农业大学	博士研究生	2018	2013—2014	王凤新	地下水浅埋区基于水盐过程的多尺度水分生产力模型与模拟	美国加州大学戴维斯分校	博士后	在站试验
68	李　岩	甘肃兰州	北京林业大学	博士研究生	2018	2013—2016	苏德荣	西北旱区喷灌条件下紫花苜蓿耗水、产量及品质研究	北京林业大学	科员	在站试验

续表

序号	姓名	籍贯	毕业学校	博士/博士后	毕业(出站)年份	试验/实习与调研年份	指导(合作)教师	学位论文(出站报告)题目	工作单位	职称/职务	在站情况
69	章丽丽	浙江绍兴	中国科学院南京土壤研究所	博士研究生	2018	2013	施卫明	AtGRF9 异源表达对番茄耐低磷和干旱胁迫及果实产量品质的影响	浙江省杭州市推进西湖大学项目建设指挥部	职员	在站试验
70	赵　鹏	湖北随州	中国农业大学	博士研究生	2019	2012—2018	康绍忠	西北旱区葡萄园能量、水汽与二氧化碳通量观测及模拟	瑞典农业科学大学	博士后	在站试验
71	李晓琳	河北邯郸	中国农业大学	博士研究生	2019	2013—2018	康绍忠	变化环境下河西走廊粮食作物灌溉水生产力驱动因素分析及时空变化预测	北京市水利科学技术研究院	—	短期实习与调研
72	邹海洋	江西丰城	西北农林科技大学	博士研究生	2019	2015—2018	张富仓	西北旱区春玉米滴灌施肥水肥耦合效应研究	江西省宜春市农业农村局	—	在站试验
73	李栋浩	河南许昌	中国农业大学	博士研究生	2019	2015—2016	杜太生	基于土壤和农艺措施的黑河绿洲农田灌溉水生产力限制因素与提升途径研究	河南农业大学	讲师	短期实习与调研
74	党峰峰	陕西富平	浙江大学	博士研究生	2019	2012—2014	郑绍建	植物转录因子在根系可塑性与逆境应答中的调控机制	西北农林科技大学	讲师	在站试验

实验站毕业硕士研究生名录(1999—2019年)[1]

序号	姓名	籍贯	毕业学校	毕业年份	试验/实习与调研年份	指导教师	学位论文题目	工作单位	职称/职务	在站情况
1	潘英华	黑龙江讷河	西北农林科技大学	1999	1998	康绍忠	隔沟交替灌溉水流入渗规律与灌水技术的研究	鲁东大学	教授	在站试验
2	杜太生	山东东阿	西北农林科技大学	2001	1998—2000	康绍忠	保水剂在节水灌溉中的应用及其对作物生长和水分利用的影响	中国农业大学	教授/院长	在站试验
3	师彦武	陕西渭南	西北农林科技大学	2003	2001—2002	康绍忠	旱区流域水资源开发的水土环境效应分析及综合评估研究	北京江河东方技术咨询有限公司	高级工程师/总经理	短期实习与调研
4	佟　玲	辽宁大石桥	西北农林科技大学	2004	2002—2003	康绍忠	石羊河流域作物蒸发蒸腾量时空分异规律的研究	中国农业大学	教授	在站试验
5	贾宏伟	陕西蓝田	西北农林科技大学	2004	2002	康绍忠	石羊河流域土壤水分运动参数空间分布的试验研究	浙江省水利河口研究院	教授级高工	在站试验
6	姚立民	陕西蒲城	西北农林科技大学	2004	2002	康绍忠	苹果树根系吸水模型研究	陕西渭南职业技术学院	讲师	在站试验
7	丁日升	内蒙古察右后	西北农林科技大学	2005	2004	康绍忠	适合于北方地区的非充分灌溉管理信息系统研制与应用	中国农业大学	副教授	在站试验
8	李　霆	重庆	西北农林科技大学	2005	—	康绍忠	石羊河流域主要农作物水分生产函数及优化灌溉制度的初步研究	北京京垦土地整理咨询有限责任公司	工程师/副总经理	从事石羊河研究

1.本信息表统计于2019年6月30日。

续表

序号	姓名	籍贯	毕业学校	毕业年份	试验/实习与调研年份	指导教师	学位论文题目	工作单位	职称/职务	在站情况
9	庞秀明	山东临沂	西北农林科技大学	2005	2004	康绍忠	干旱荒漠绿洲区西瓜耗水规律与调亏灌溉模式的研究	陕西省水利厅	工程师/处长	在站试验
10	孟　毅	陕西长安	西北农林科技大学	2005	2004	蔡焕杰	小麦调亏灌溉及蒸发蒸腾量的试验研究	美国佛罗里达大学	—	在站试验
11	刘　杰	内蒙古巴彦淖尔	中国农业大学	2006	2004—2005	康绍忠	石羊河流域水资源管理信息系统的研究与开发	东华软件股份公司	高级工程师/部门经理	短期实习与调研
12	鲍　兴	安徽枞阳	中国农业大学	2006	2005	康绍忠	石羊河流域农田不同覆盖方式的水分温度效应及对玉米水分利用影响研究	中国船舶重工集团国际工程有限公司	建筑师	在站试验
13	郝治福	内蒙古东胜	中国农业大学	2006	2004	康绍忠	石羊河流域邓马营湖区地下水位动态变化特征及数值模拟与预报	中国建设工程造价管理协会	高级工程师	在站试验
14	王　为	河北廊坊	中国农业大学	2006	2005	冯绍元	利用微型蒸发器测定西北旱区土壤蒸发的试验研究	水利部水旱灾害防御司	调研员	在站试验
15	屈艳萍	湖南茶陵	西北农林科技大学	2006	2004—2005	康绍忠	石羊河流域三种典型人工种植防风固沙植物的耗水规律研究	中国水利水电科学研究院	教授级高工	在站试验
16	张晓涛	山西汾阳	西北农林科技大学	2006	2004—2005	康绍忠	区域蒸发蒸腾量的遥感估算——以民勤绿洲为例	中国科学院青藏高原所	博士后	短期实习与调研
17	王化齐	陕西户县	西北农林科技大学	2006	2004	蔡焕杰	石羊河下游民勤绿洲生态环境需水量及生态环境脆弱性评价	陕西省地质调查局	高级工程师	短期实习与调研

续表

序号	姓名	籍贯	毕业学校	毕业年份	试验/实习与调研年份	指导教师	学位论文题目	工作单位	职称/职务	在站情况
18	闫博远	甘肃天水	中国农业大学	2007	2006	康绍忠	干旱荒漠绿洲区根系分区交替灌溉对葡萄生长和品质的影响	甘肃省天水市水务局	工程师/科员	在站试验
19	马振梅	黑龙江东宁	中国农业大学	2007	—	康绍忠	气候变化及人类活动对石羊河流域出山径流影响的研究	北京北咨工程项目管理咨询有限公司	高级工程师/部门经理	从事石羊河研究
20	吕廷波	山东临朐	中国农业大学	2007	2004—2006	康绍忠	西北干旱内陆区石羊河流域灌溉水利用率估算与评价	石河子大学	副教授	在站试验
21	刘晓东	黑龙江哈尔滨	中国农业大学	2007	2006	冯绍元	石羊河中游层状土壤入渗特性的试验研究	北京市海淀区海淀镇	高级工程师/副镇长	在站试验
22	王　锋	浙江长兴	西北农林科技大学	2007	2004—2006	康绍忠	干旱荒漠绿洲区调亏灌溉对西瓜水分利用与品质影响的研究	水利部机关服务局房产处	高级工程师/副处长	在站试验
23	侯晓燕	河北邯郸	中国农业大学	2007	2006	王凤新 康绍忠	西北旱区马铃薯滴灌技术及覆膜效应研究	北京市海淀区水务局	高级工程师/科员	在站试验
24	王若水	湖北宜昌	中国农业大学	2008	2007	康绍忠	民勤绿洲区三种温室作物耗水规律及节水效应试验研究	北京林业大学	副教授	在站试验
25	陈绍军	安徽宁国	中国农业大学	2008	2004—2006	冯绍元	基于SD模型的石羊河流域中下游水资源承载力初步研究	水利部南水北调东线总公司	高级工程师/处长	短期实习与调研
26	孙振华	河南新乡	中国农业大学	2008	2007	冯绍元	水盐胁迫条件下春玉米生长与土壤水盐分布规律研究	北京市昌平区水利局	高级工程师/科长	在站试验
27	江冠军	湖南益阳	中国农业大学	2008	2007	唐泽军	石羊河流域灌区地下水位动态及土壤水分深层渗漏研究	广东省惠州市水利局	高级工程师/副所长	在站试验

续表

序号	姓名	籍贯	毕业学校	毕业年份	试验/实习与调研年份	指导教师	学位论文题目	工作单位	职称/职务	在站情况
28	韩江江	甘肃静宁	中国农业大学	2008	2007	王凤新	西北干旱地区马铃薯不同灌溉方式及覆膜效应研究	中国电建集团昆明勘测设计研究院有限公司	高级工程师/副所长	在站试验
29	马黎华	河南鄢陵	西北农林科技大学	2008	2006—2007	康绍忠	变化环境下石羊河流域用水结构的演变及其模拟	西南大学	讲师	短期实习与调研
30	王振昌	河南获嘉	西北农林科技大学	2008	2006—2007	康绍忠	民勤荒漠绿洲区棉花根系分区交替灌溉的节水机理与模式研究	河海大学	副教授	在站试验
31	杨　磊	内蒙古赤峰	西北农林科技大学	2008	2006—2007	康绍忠	干旱荒漠绿洲区紫花苜蓿生长、耗水规律及调亏灌溉模式研究	内蒙古自治区水利厅	高级工程师	在站试验
32	贾运岗	山西孝义	西北农林科技大学	2008	2007	张富仓	膜下滴灌布置方式对棉花生长和根区水氮运移的影响	山东临沂水利水电设计院	工程师	在站试验
33	田育丰	甘肃定西	西北农林科技大学	2008	2007	张富仓	限量灌溉和施氮对石羊河流域春玉米生长及根区水氮迁移的影响	广西建设职业技术学院	讲师	在站试验
34	唐敏华	浙江台州	中国农业大学	2009	—	康绍忠	基于 FEFLOW 的武威盆地地下水位动态特征数值模拟及预报	浙江台州市海洋与渔业局	科长	从事石羊河研究
35	田　磊	山西太原	中国农业大学	2009	2008	康绍忠	石羊河流域农业节水机制的分析与研究	中美联泰大都会人寿保险有限公司	部门经理	在站试验
36	王永胜	河北保定	中国农业大学	2009	2008	冯绍元	咸水灌溉对土壤水盐分布及春玉米生长影响的试验研究	北京朝园弘园林绿化有限责任公司	工程师/市场部经理	在站试验

续表

序号	姓名	籍贯	毕业学校	毕业年份	试验/实习与调研年份	指导教师	学位论文题目	工作单位	职称/职务	在站情况
37	赵志才	河北邯郸	中国农业大学	2009	2008	冯绍元	咸水灌溉土壤水盐运移及对春小麦生长影响的试验研究	中水北方勘测设计研究有限责任公司	工程师	在站试验
38	王洪源	天津	中国农业大学	2009	2008	李光永	西北旱区滴灌模式和灌水下限对甜瓜耗水量、产量和品质影响研究	天津滨海新城建设发展有限公司	高级工程师/部长	在站试验
39	王丽霞	内蒙古呼和浩特	中国农业大学	2009	2008	唐泽军	石羊河流域田间尺度下土壤结构可视化及水分动态研究	中国水利水电科学研究院牧区水利科学研究所	工程师	在站试验
40	武秀侠	河北青龙	中国农业大学	2009	2008	王凤新	西北干旱地区不同灌水及覆膜方式对马铃薯生长的影响	中国水利学会	项目设计师	在站试验
41	陈　平	江苏连云港	西北农林科技大学	2009	2007—2008	康绍忠	石羊河流域温室番茄节水调质及优化灌溉制度试验研究	华东水利勘测设计研究院	高级工程师/副主任	在站试验
42	康　敏	河北保定	西北农林科技大学	2009	2007—2008	康绍忠	石羊河流域苹果树耗水规律及节水调质试验研究	湖南省水利水电勘测设计研究总院	工程师	在站试验
43	张　赟	河北保定	西北农林科技大学	2009	2007—2008	康绍忠	葡萄节水调质灌溉理论与技术研究	圣米歇尔酒业公司/华盛顿州立大学	葡萄栽培专家兼职教授	在站试验
44	杨宏伟	甘肃秦安	西北农林科技大学	2009	2007	张富仓	甘肃河西地区不同储水灌溉农田水分特征分析	甘肃省水利厅石羊河流域管理局	工程师/副处长	在站试验

续表

序号	姓名	籍贯	毕业学校	毕业年份	试验/实习与调研年份	指导教师	学位论文题目	工作单位	职称/职务	在站情况
45	王　霞	山东菏泽	甘肃农业大学	2009	2008	施垌林	农艺措施下春小麦非充分灌溉制度的研究	个人创业	—	在站试验
46	翟治芬	山西阳泉	甘肃农业大学	2009	2008	赵元忠	农艺节水条件下春玉米的非充分灌溉制度研究	农业农村部规划设计研究院	高级工程师	在站试验
47	刘　冠	山西霍州	甘肃农业大学	2009	2008	张新民	干旱区农田休闲期耗水规律及春小麦注水播种技术研究	江苏省昆山市水利局质安站副站长	高级工程师	在站试验
48	陈　峰	河北保定	中国农业大学	2010	2009	康绍忠	西北旱区酿酒葡萄节水调质高效灌溉机理与模式研究	北京市水利规划设计研究院	高级工程师	在站试验
49	张　鑫	山西太原	中国农业大学	2010	2009	康绍忠	石羊河流域葡萄园三种耗水量测定方法的比较与评价研究	北京市南水北调东干渠管理处	工程师/副科长	在站试验
50	秦俊桃	内蒙古临河	中国农业大学	2010	2008	冯绍元	武威地区地下水动态分析及半分布式水资源转化模型初步研究	北京市工程咨询公司	高级工程师/项目经理	短期实习与调研
51	孙　斌	黑龙江双鸭山	中国农业大学	2010	2009—2010	李光永	西北旱区滴灌灌水模式对甜瓜生长的影响	河南灵捷水利勘测设计研究有限公司	工程师/经理	在站试验
52	悦琳琳	山西晋城	中国农业大学	2010	2009	唐泽军	基于地下水位控制的石羊河灌区地下水优化管理模型研究	中国水利学会	工程师	短期实习与调研
53	杨文斌	云南昌宁	中国农业大学	2010	2009	王凤新	微灌条件下不同土壤水势对蔬菜生长、产量和品质的影响	云南烟草公司保山公司腾冲市分公司	工程师/副主任	在站试验

续表

序号	姓名	籍贯	毕业学校	毕业年份	试验/实习与调研年份	指导教师	学位论文题目	工作单位	职称/职务	在站情况
54	褚利云	河北永清	中国农业大学	2010	2009	王凤新	不同灌水方式对马铃薯生理指标的影响	河北衡信滨海工程项目管理有限公司廊坊分公司	工程师	在站试验
55	顾小小	江苏启东	中国农业大学	2010	2009	王凤新	膜下滴灌对田间土壤温室气体排放的影响及其调控机理的研究	上海市农业机械研究所科研办	工程师/副主任	在站试验
56	于海燕	吉林通化	西北农林科技大学	2010	2007—2009	康绍忠	田间尺度水分利用效率的变化与模拟研究	英国牛津大学	—	在站试验
57	张廉祥	甘肃白银	西北农林科技大学	2010	2009	蔡焕杰	石羊河流域武威属区水资源合理配置与模拟研究	中铁七局集团第三工程有限公司	高级工程师/主任工程师	短期实习与调研
58	冯磊磊	山西运城	西北农林科技大学	2010	2009	张富仓	不同生育期灌水和施氮对河西地区春玉米生长和水氮迁移的影响	陕西省西安市沣惠渠管理中心	工程师	在站试验
59	寇雯萍	甘肃白银	西北农林科技大学	2010	2009	张富仓	不同生育期灌水和施氮对河西地区春小麦生长和产量的影响	个人创业	—	在站试验
60	张大鹏	辽宁丹东	西北农林科技大学	2010	2008	粟晓玲	石羊河流域河流生态系统服务功能及农业节水的生态价值评估	广西壮族自治区水利电力勘测设计研究院	高级工程师	短期实习与调研
61	郝　博	内蒙古五原	西北农林科技大学	2010	2008	粟晓玲	基于 GIS 和 RS 的石羊河流域植被生态需水的时空分布规律研究	内蒙古乌海市水土保持工作站	工程师	短期实习与调研

续表

序号	姓名	籍贯	毕业学校	毕业年份	试验/实习与调研年份	指导教师	学位论文题目	工作单位	职称/职务	在站情况
62	高　云	内蒙古呼和浩特	中国农业大学	2011	2009—2010	康绍忠	综合考虑灌水质量和农机作业的田块规格集成研究	河海大学	工程师/实验平台主管	短期实习与调研
63	刘军淇	河南叶县	中国农业大学	2011	2009—2010	康绍忠	西北旱区日光温室蔬菜节水调质试验研究	中华全国总工会中国财贸轻纺烟草工会	工程师/主任科员	在站试验
64	孙庆宇	山东潍坊	中国农业大学	2011	2009—2010	康绍忠	中国参考作物蒸发蒸腾量的时空特征分析	中国水利电力对外公司	工程师	短期实习与调研
65	贾　斌	河北邱县	中国农业大学	2011	2010	冯绍元	不同灌溉制度和地下水埋深条件下春玉米生长及耗水规律试验研究	北京市南水北调工程建设委员会办公室	工程师/主任科员	在站试验
66	贾冬冬	河北石家庄	中国农业大学	2011	2009—2010	黄冠华	膜下滴灌条件下西红柿控水调质试验研究	华北水利水电大学	工程师	在站试验
67	程　静	山东邹城	中国农业大学	2011	2010	李光永	干旱区甜瓜膜下滴灌适宜的种植模式和植株密度探讨	浙江同济科技职业学院	讲师	在站试验
68	方　亮	河南南阳	中国农业大学	2011	2010	李光永	西北旱区灌溉方式对酿酒葡萄生长和产量影响研究	长江勘测规划设计研究院	工程师	在站试验
69	白妍丽	甘肃庆阳	中国农业大学	2011	2010	唐泽军	基于NDVI的民勤绿洲植被演变及与地下水的关系研究	甘肃省水利水电勘测设计研究院	工程师	短期实习与调研
70	杨志刚	内蒙古凉城	中国农业大学	2011	2010	高丽红	灌水下限与嫁接方式对温室黄瓜生长及水分利用效率的影响	内蒙古农牧业科学院蔬菜研究所	副研究员	在站试验

续表

序号	姓名	籍贯	毕业学校	毕业年份	试验/实习与调研年份	指导教师	学位论文题目	工作单位	职称/职务	在站情况
71	孟伟超	山西吕梁	中国农业大学	2011	2009—2011	杜太生	西北旱区玉米隔沟交替灌溉灌水技术要素试验研究	水利部国际合作与科技司	工程师/主任科员	在站试验
72	刘宝磊	河北青县	中国农业大学	2011	2009—2011	杜太生	干旱荒漠绿洲区酿酒葡萄小管出流调亏灌溉试验研究	中共天津市委宣传部	主任科员	在站试验
73	关　芳	辽宁本溪	中国农业大学	2011	2009—2011	杜太生	西北旱区调亏灌溉苹果树耗水规律与水分品质响应关系研究	西安电子科技大学	副研究馆员	在站试验
74	刘祥超	山东日照	中国农业大学	2011	2010	王凤新	灌水和覆膜条件下农田温室气体排放及其影响因素的研究	浙江广川工程咨询有限公司水土保持研究所	助理工程师	在站试验
75	薛　宣	北京平谷	中国农业大学	2011	2010	王凤新	西北旱区马铃薯膜下适宜滴灌制度的试验研究	上海东南工程咨询有限责任公司	工程师	在站试验
76	吴立峰	黑龙江哈尔滨	西北农林科技大学	2011	2010	张富仓	不同灌水和施氮对河西地区春小麦生长和水分利用的影响	南昌工程学院	讲师	在站试验
77	陈静静	陕西礼泉	西北农林科技大学	2011	2010	张富仓	水分亏缺和施氮对作物生长和氮素吸收的影响	四川成都水利水电勘探设计院	工程师	在站试验
78	张　鹏	湖北荆门	西北农林科技大学	2011	2010	张富仓	不同灌水和施氮对河西绿洲春玉米生长和水氮利用的影响	深圳中兴微品科技有限公司	副总经理	在站试验
79	杨雪菲	河南济源	西北农林科技大学	2011	2008	粟晓玲	民勤绿洲地下水位动态变化与气候变化下的植被响应研究	河南省洛阳水利勘测设计有限责任公司	工程师	短期实习与调研

续表

序号	姓名	籍贯	毕业学校	毕业年份	试验/实习与调研年份	指导教师	学位论文题目	工作单位	职称/职务	在站情况
80	史银军	甘肃天水	西北农林科技大学	2011	2008	粟晓玲	基于水资源转化模拟的内陆河流域水资源优化配置研究	甘肃省水利水电勘测设计研究院有限责任公司	工程师	短期实习与调研
81	徐万林	山东济宁	西北农林科技大学	2011	2010	粟晓玲	基于水资源高效利用的农业种植结构优化	重庆市公安局九龙坡分局白马驿派出所	科员	短期实习与调研
82	赵永刚	河北石家庄	西北农林科技大学	2011	—	曹红霞	石羊河流域农业需水量预测及水资源优化配置研究	陕西省西安市水务局太平河渠道管理中心	工程师/副站长	从事石羊河研究
83	宋金涓	江苏南通	中国农业大学	2012	2010—2011	康绍忠	不同种植密度对温室番茄产量、品质及水分利用的影响	中国水利电力对外公司	工程师/高级业务经理	在站试验
84	王雅娟	河北石家庄	中国农业大学	2012	2010—2011	康绍忠	西北干旱区农田基础设施综合评价初步研究	北京市水利规划设计研究院	工程师	短期实习与调研
85	王庆明	河北邯郸	中国农业大学	2012	2011	冯绍元	咸水非充分灌溉对土壤水盐分布及作物根系吸水影响的试验研究	中国水利水电科学研究院	工程师	在站试验
86	张柯桢	河南周口	中国农业大学	2012	2010—2011	黄冠华	膜下滴灌条件下番茄控水调质试验研究	中国电建集团国际工程有限公司	工程师	在站试验
87	付银环	河北衡水	中国农业大学	2012	2011	郭 萍	基于不确定性的灌区多作物、多生长阶段的水资源优化配置研究	河北省水利科学研究院	高级工程师	短期实习与调研
88	童芳芳	重庆	中国农业大学	2012	—	郭 萍	考虑气象因子的不确定性灌区水资源优化配置研究	中国电建集团国际工程有限公司	工程师	从事石羊河研究

续表

序号	姓名	籍贯	毕业学校	毕业年份	试验/实习与调研年份	指导教师	学位论文题目	工作单位	职称/职务	在站情况
89	李友丽	江西萍乡	中国农业大学	2012	2011—2012	高丽红	内置秸秆生物反应堆对日光温室土壤环境及黄瓜生长的影响	北京市农林科学院北京农业智能装备技术研究中心	工程师	在站试验
90	刘　佳	辽宁抚顺	中国农业大学	2012	2011	杜太生	石羊河流域灌区末级渠系辅助设计与决策支持系统研究	黑龙江省哈尔滨市建筑市场监察大队	工程师	在站试验
91	魏镇华	河南平顶山	中国农业大学	2012	2011—2012	杜太生	根系分区交替灌溉下西红柿水分运移过程及品质响应研究	西北农林科技大学	讲师	在站试验
92	陶丽佳	浙江温岭	中国农业大学	2012	2011	王凤新	膜下滴灌田间土壤温室气体排放变化及其影响因素的研究	浙江省宁波市水利水电规划设计研究院	助理工程师	在站试验
93	杨晨飞	甘肃渭源	中国农业大学	2012	2010—2012	王凤新	西北旱区马铃薯膜下滴灌灌溉制度及耗水规律试验研究	中国农业大学国际学院	项目副主管	在站试验
94	刘　鑫	辽宁沈阳	中国农业大学	2012	2010—2012	王素芬	石羊河流域典型灌区机井布局优化研究	以色列理工大学	在读博士生	短期实习与调研
95	杨会颖	河南许昌	北京师范大学	2012	2009—2010	刘海军	西北旱区膜下滴灌条件下辣椒耗水规律及灌溉制度研究	黄河水利委员会水旱灾害防御局	工程师/主任科员	在站试验
96	杨建房	山东梁山	西北农林科技大学	2012	2009—2011	康绍忠	西北旱区制种玉米耗水监测与计算方法研究	中国雄安集团数字城市科技公司	工程师	在站试验

续表

序号	姓名	籍贯	毕业学校	毕业年份	试验/实习与调研年份	指导教师	学位论文题目	工作单位	职称/职务	在站情况
97	周宏民	山西临汾	西北农林科技大学	2012	2010—2011	康绍忠	西北旱区葡萄园土壤水分特征参数、水盐及蒸散发的空间变异性研究	中水北方勘测设计研究有限责任公司	工程师	在站试验
98	孙惠子	内蒙古阿拉善	西北农林科技大学	2012	—	粟晓玲	中长期径流的多种组合预测方法及其比较	奥地利格拉茨科技大学	在读博士生	从事石羊河研究
99	李建芳	山西原平	西北农林科技大学	2012	—	粟晓玲	基于虚拟水战略的石羊河流域农业水资源优化配置研究	广东省惠州市华禹水利水电工程勘测设计有限公司	工程师	从事石羊河研究
100	牛晓丽	河北石家庄	西北农林科技大学	2012	2011	胡田田	作物根系对局部供应水氮的响应及其生理机制研究	河南科技大学	讲师	短期实习与调研
101	周振江	山东临沂	西北农林科技大学	2012	2011	胡田田	根系分区交替灌溉条件下水肥供应对番茄品质的影响	浙江大学	研究员	短期实习与调研
102	殷韶梅	宁夏中宁	西北农林科技大学	2012	2009—2011	胡笑涛	西北旱区温室特色经济作物节水调质灌水模式研究	宁夏农垦林牧技术服务推广中心	工程师	在站试验
103	易晓丽	湖北黄石	西北农林科技大学	2012	2010—2011	曹红霞	水氮供应对日光温室番茄产量、品质及水氮利用效率的影响	湖北省水利厅鄂北地区水资源配置工程建设与管理局（筹）	工程师	在站试验
104	许　彬	湖北荆州	中国农业大学	2013	2011—2012	康绍忠	西北干旱区荒漠绿洲区酿酒葡萄小管出流节水调质试验研究	上海市政工程设计研究总院第六设计院	工程师	在站试验

续表

序号	姓名	籍贯	毕业学校	毕业年份	试验/实习与调研年份	指导教师	学位论文题目	工作单位	职称/职务	在站情况
105	李　茉	黑龙江齐齐哈尔	中国农业大学	2013	—	郭　萍	民勤县灌溉水资源优化配置不确定性模型研究	东北农业大学	副教授	从事石羊河研究
106	方世奇	安徽马鞍山	中国农业大学	2013	—	郭　萍	武威市水资源短缺管理策略与风险分析研究	美国北卡罗拉那州立大学	在读博士生	从事石羊河研究
107	刘勇云	青海互助	中国农业大学	2013	2012	郭　萍	西营灌区水资源优化配置及渠系优化编组	中国三峡新能源公司青海分公司	工程管理部主管	短期实习与调研
108	李　阳	河南新郑	中国农业大学	2013	2012	高丽红	不同灌溉制度对日光温室西瓜产量和品质的影响	河南农业大学	讲师	在站试验
109	杨　慧	山西长治	中国农业大学	2013	2011—2012	杜太生	石羊河流域温室番茄水氮耦合调控与模拟研究	山西晋城市防汛抗旱指挥部办公室	工程师	在站试验
110	张　娟	河北保定	中国农业大学	2013	2011—2012	杜太生	根系分区交替灌溉番茄水分利用与运移过程及品质响应研究	北京市水科学技术研究院	工程师	在站试验
111	郭利君	河北武安	中国农业大学	2013	2012	王凤新	膜下滴灌水氮耦合对玉米田间土壤温室气体排放的影响	水利部发展研究中心	工程师	在站试验
112	宋　娜	山东青岛	中国农业大学	2013	2012	王凤新	膜下滴灌条件下不同水氮组合对马铃薯生理生态指标的影响	河北金达工程技术有限公司	工程师	在站试验
113	薛　函	陕西西安	中国农业大学	2013	2011—2013	王素芬	农业管理措施对清源灌区水循环的影响研究	陕西省西安市园林建设公司	工程师	短期实习与调研
114	黄好思	湖南湘潭	中国农业大学	2013	2011—2013	王素芬	区域作物耗水时空格局优化技术研究——以石羊河流域为例	北京市节约用水管理中心	副主任科员	短期实习与调研

续表

序号	姓名	籍贯	毕业学校	毕业年份	试验/实习与调研年份	指导教师	学位论文题目	工作单位	职称/职务	在站情况
115	郭超男	北京	中国农业大学	2013	2011—2012	刘　林	中国农业大学石羊河实验站农业推广的实践	民政部低收入家庭认定指导中心	助理研究员	短期实习与调研
116	梁植睿	广西容县	中国农业大学	2013	2011—2012	旷宗仁 谭　英 刘　林	参与式发展传播活动中的创新扩散影响因素研究——以甘肃省武威市农业节水技术培训项目为例	经济管理出版社	编辑/副主任	短期实习与调研
117	薛冯定	甘肃天水	西北农林科技大学	2013	2011	张富仓	不同生育时期亏水对河西地区春玉米生长、产量和水分利用的影响	甘肃省天水市水务局	工程师	在站试验
118	汪新波	河南信阳	西北农林科技大学	2013	—	粟晓玲	基于GIS的民勤绿洲地下水质时空演变特征及其综合评价	中水珠江规划勘测设计有限公司	工程师	从事石羊河研究
119	石小虎	山西大同	西北农林科技大学	2013	2011—2012	曹红霞	温室膜下滴灌番茄对水氮耦合的响应研究	太原理工大学水利学院	讲师	在站试验
120	周继莹	甘肃武威	甘肃农业大学	2013	2012	成自勇	覆膜沟灌条件下水肥控制对番茄产量和品质的影响	甘肃大禹节水工程设计有限责任公司	院长助理/一级建造师	在站试验
121	赵　鹏	湖北随州	中国农业大学	2014	2012—2014	康绍忠	干旱区葡萄园水碳通量观测与模拟研究	瑞典农业科学大学	博士后	在站试验
122	李　静	天津	中国农业大学	2014	2012	康绍忠	不同灌水定额条件下满足一定灌水质量的畦田规格研究	水利部海河水利委员会规划计划处	工程师/副主任科员	短期实习与调研
123	吴　迪	山东聊城	中国农业大学	2014	2012—2014	杜太生	西北旱区制种玉米高效地面灌水技术参数研究与模式应用	中国农业大学	在读博士生	在站试验

续表

序号	姓名	籍贯	毕业学校	毕业年份	试验/实习与调研年份	指导教师	学位论文题目	工作单位	职称/职务	在站情况
124	谷　丰	内蒙古赤峰	中国农业大学	2014	2012—2013	杜太生	温室番茄品质综合评价及作物—土壤系统水氮平衡与模拟	中国市政工程西北设计研究院有限公司	工程师/业务经理	在站试验
125	徐淑君	河北邢台	中国农业大学	2014	2012—2013	杜太生	根系分区交替滴灌番茄水分运移过程及品质响应研究	天水市水利水电勘测设计院	工程师	在站试验
126	卢亚静	河南洛阳	中国农业大学	2014	2013	王凤新	不同水肥组合对膜下滴灌制种玉米生长及土壤养分的影响	北京市水科学技术研究院	工程师	在站试验
127	马　丹	福建长汀	中国农业大学	2014	2013	王凤新	膜下滴灌条件下马铃薯的耗水规律及水氮耦合效应	福建江隆水利水电工程有限公司	工程师/副主任	在站试验
128	朱　婷	浙江金华	中国农业大学	2014	2013	毛晓敏	黑河中游农田作物耗水的时空变化研究	金华市水利水电勘测设计院有限公司	工程师	短期实习与调研
129	王新欣	北京	中国农业大学	2014	2013	毛晓敏	层状土指流水盐运移的室内试验及数值模拟	中国水利水电出版社	工程师/策划编辑	短期实习与调研
130	肖智敏	湖南冷水江	中国农业大学	2014	2013	张　昕	民勤绿洲井群布局对地下水漏斗影响数值模拟研究	湖南省湘潭县政府办	秘书科长	短期实习与调研
131	李啸雪	北京	中国农业大学	2014	2013	张　昕	基于价值工程理论的石羊河典型渠道优化研究	中国电建集团北京勘测设计院	工程师	短期实习与调研
132	邓莉莉	广西防城港	中国农业大学	2014	2013	佟　玲	石羊河流域主要作物不同灌溉方式综合效益评价研究	广西壮族自治区防城港市水务局	工程师	在站试验

续表

序号	姓名	籍贯	毕业学校	毕业年份	试验/实习与调研年份	指导教师	学位论文题目	工作单位	职称/职务	在站情况
133	牛纪苹	山东日照	西北农林科技大学	2014	—	粟晓玲	气候变化对内陆河流域农业灌溉需水的影响研究	西北农林科技大学	讲师	从事石羊河研究
134	王　宁	山西长治	西北农林科技大学	2014	—	粟晓玲	基于VIC模型和SDSM的气候变化下西北旱区的径流响应模拟	德国斯图加特大学	在读博士生	从事石羊河研究
135	王　磊	河南安阳	西北农林科技大学	2014	2013	胡笑涛	石羊河流域农田土壤水分有效性评价及动态模拟	浙江杭州水利水电勘测设计研究院	工程师	在站试验
136	寇　丹	山东淄博	北京林业大学	2014	2012—2013	苏德荣	西北旱区地下调亏滴灌对苜蓿产量、品质及耗水量的影响	芬兰东芬兰大学	博士后	在站试验
137	袁成福	江西赣州	扬州大学	2014	2011—2013	冯绍元	咸水灌溉对制种玉米生长的影响及SWAP模型模拟	江西水利职业技术学院	讲师	在站试验
138	李泽霞	甘肃武威	甘肃农业大学	2014	2013	成自勇	小管出流下不同灌水上限对酿酒葡萄产量和品质的影响	甘肃省兰州市水土保持科学试验站	助理工程师	在站试验
139	马　越	河北衡水	中国农业大学	2015	2013—2014	康绍忠	基于SWAT模型的石羊河流域清源灌区水效率研究	水利部规划计划司	主任科员	短期实习与调研
140	刘孟雯	贵州兴义	中国农业大学	2015	2013	张　昕	浮式取水口临界淹没深度对来流紊动及泄流方式的响应	中国电建集团贵阳院	工程师	短期实习与调研
141	许伟康	河北邢台	中国农业大学	2015	2014	胡克林	灌水次数对绿洲农田作物产量、氮素淋失及水氮利用效率的影响	清华大学	科研助理	在站试验

续表

序号	姓名	籍贯	毕业学校	毕业年份	试验/实习与调研年份	指导教师	学位论文题目	工作单位	职称/职务	在站情况
142	陈　庚	河南新乡	中国农业大学	2015	2013—2014	杜太生	微润灌溉及地下滴灌条件下水分对番茄产量及品质的响应研究	黄河水利科学研究院	工程师	在站试验
143	秦京涛	河南商丘	中国农业大学	2015	2014	王凤新	西北旱区膜下滴灌条件下制种玉米种植模式研究	中国农业科学院农田灌溉研究所	助理研究员	在站试验
144	赵晓珂	河南偃师	中国农业大学	2015	2014	毛晓敏	石羊河中游农田层状土水分运动规律试验与数值模拟	水利部黄河水利委员会	助理工程师/副主任科员	在站试验
145	谢　锦	湖南岳阳	中国农业大学	2015	2013	毛晓敏	覆膜条件下制种玉米生长与SPAC水热传输的耦合模拟研究	湖南水利水电职业技术学院	讲师	在站试验
146	王　凯	甘肃民勤	中国农业大学	2015	2013—2014	毛晓敏	西北旱区春小麦生长及农田水热动态的试验及模拟研究	甘肃省水利水电勘测设计研究院有限责任公司	助理工程师	在站试验
147	齐艳冰	河北廊坊	中国农业大学	2015	2014	霍再林	石羊河流域制种玉米的水肥盐耦合效应试验研究	北京市水科学技术研究院	工程师	在站试验
148	秦永辉	山东潍坊	中国农业大学	2015	2013—2014	佟　玲	种植密度对西北旱区制种玉米生长及水分利用效率的影响	山东恒源勘测设计有限公司	工程师	在站试验
149	翟平蕾	河北石家庄	中国农业大学	2015	2013	佟　玲	黑河流域蒸散发对变化环境响应的研究	水利部海委引滦工程管理局	工程师	在站试验
150	郭庆霞	山东滨州	中国农业大学	2015	2013—2014	佟　玲 丁日升	调亏灌溉与覆膜对土壤水热和制种玉米生长及产量的影响	江苏盐城中正水利工程设计有限公司	工程师	在站试验

续表

序号	姓名	籍贯	毕业学校	毕业年份	试验/实习与调研年份	指导教师	学位论文题目	工作单位	职称/职务	在站情况
151	陈　霞	山东德州	中国农业大学	2015	2013—2014	李思恩	西北旱区膜下滴灌条件下制种玉米田碳交换规律的研究	北京华禹仟融水务技术咨询有限公司	助理工程师	在站试验
152	肖　欢	陕西西安	中国农业大学	2015	2013—2014	李思恩	西北旱区膜下滴灌制种玉米地水热传输规律研究	陕西省水务集团	助理工程师	在站试验
153	冷　栋	黑龙江庆安	中国农业大学	2015	2014	郝新梅	干旱区酿酒葡萄园水氮时空分析及其对产量和品质的影响	黑龙江省水利水电勘测设计研究院	工程师	在站试验
154	王舒娅	四川青川	中国农业大学	2015	—	姜　娜	基于混合蛙跳算法的初始水权分配在干旱地区的研究应用	中共四川省绵阳市委组织部	—	从事石羊河研究
155	叶　懋	重庆	中国农业大学	2015	2013	贺向丽	基于区域评价的红崖山灌区地下水动态研究	重庆市江津区西湖镇政府	党政办副主任	短期实习与调研
156	吴　雪	甘肃兰州	西北农林科技大学	2015	2012	胡田田	番茄品质对水肥供应的响应及其机理研究	江苏省太仓市水务建设有限公司	工程师	短期实习与调研
157	刘亭亭	安徽阜阳	西北农林科技大学	2015	2014	胡田田	番茄产量品质对施钾量与施钾时期的响应研究	上海邦蓝预数信息科技有限公司	—	短期实习与调研
158	季泉毅	江苏海安	扬州大学	2015	2013—2014	冯绍元	咸水灌溉对土壤水盐分布和物理性质及作物生长的影响	江苏省苏州新兴水运水利工程设计有限公司	工程师	在站试验
159	杨凯歌	河北保定	中国农业大学	2016	2015	唐泽军 霍再林	基于气孔行为的玉米光合-蒸腾耦合试验与模拟研究	河北省保定市水利设计院	工程师	在站试验

续表

序号	姓名	籍贯	毕业学校	毕业年份	试验/实习与调研年份	指导教师	学位论文题目	工作单位	职称/职务	在站情况
160	马勤标	浙江温岭	中国农业大学	2016	2013	张　昕	渠井结合灌区地表水地下水联合调控研究——以红崖山灌区为例	中电建水环境治理技术有限公司	工程师	短期实习与调研
161	李理智	湖北监利	中国农业大学	2016	—	张　昕	变化条件下地下水埋深对地表水地下水调控方案响应——以红崖山灌区为例	广西壮族自治区水利基本建设局	副主任科员	从事石羊河研究
162	桂泽瑛	山西长治	中国农业大学	2016	—	郭　萍	民勤县水资源系统不确定性风险分析	北京清流技术股份有限公司	—	从事石羊河研究
163	史鑫蕊	山西晋中	中国农业大学	2016	2015	胡克林	灌水制度和土体残留氮对绿洲农田氮素淋失及水氮利用效率的影响	中国农业大学	在读博士生	在站试验
164	孙　晴	辽宁沈阳	中国农业大学	2016	2014—2015	杜太生	番茄生长及水分利用过程对连续与间歇灌溉的响应研究	瑞典苏黎世联邦理工大学	在读博士生	在站试验
165	汪晨霞	浙江慈溪	中国农业大学	2016	2014	杜太生	番茄蔗糖转化酶活性与果实品质对水氮处理的响应研究	浙江省宁波市水文站	办公室秘书	在站试验
166	曹　玥	江西赣州	中国农业大学	2016	2014	杜太生	黑河中游临泽绿洲灌区玉米水分生产力影响因素及提升途径研究	北京市平谷区水务局	工程师/副主任科员	在站试验
167	周　奇	湖北黄冈	中国农业大学	2016	2015	王凤新	西北旱区膜下滴灌下水氮管理及种植密度对制种玉米生长的影响	湖北省武汉现代都市农业规划设计院	—	在站试验
168	赵　妍	安徽芜湖	中国农业大学	2016	2015	王凤新	滴灌带间距和灌水定额对春小麦产量和水分利用效率的影响	水利部淮河水利委员会	工程师	在站试验

续表

序号	姓名	籍贯	毕业学校	毕业年份	试验/实习与调研年份	指导教师	学位论文题目	工作单位	职称/职务	在站情况
169	陈　帅	山东菏泽	中国农业大学	2016	2014—2018	毛晓敏	农田层状土壤中水盐运移和作物生长的耦合模拟研究	中国农业大学	在读博士生	在站试验
170	杨高瞻	重庆垫江	中国农业大学	2016	2014—2015	毛晓敏	基于CropSPAC模型的作物动态光合-蒸腾—气孔耦合模型模拟研究	四川省成都经开区管委会	副科级/副处长	在站试验
171	赵雨辰	河北邯郸	中国农业大学	2016	2015—2017	谭　倩	基于生态满足度和双层分式规划的农业水土资源多目标优化配置研究	农业农村部规划设计研究院	工程师	短期实习与调研
172	何柳月	重庆	中国农业大学	2016	2014—2015	佟　玲	不同种植密度下水分亏缺对制种玉米生长及耗水的影响	中国农业大学	在读博士生	在站试验
173	时荣超	河北涿州	中国农业大学	2016	2014—2015	佟　玲	种植密度对制种玉米生长及蒸发蒸腾量的影响	中国农业大学	在读博士生	在站试验
174	李艳婷	山东菏泽	中国农业大学	2016	2014—2015	李思恩	西北干旱区膜下滴灌制种玉米碳交换规律的研究与模拟	山东省曹县水务局	科员	在站试验
175	耿张要	河北邯郸	中国农业大学	2016	2014—2015	李思恩	膜下滴灌条件下制种玉米地土壤水氮运移规律的观测及数值模拟	北京中水利德有限公司保定分公司	助理工程师	在站试验
176	杨　康	云南临沧	中国农业大学	2016	2015	郝新梅	定额管理下田间和渠道节水优化技术	云南省临沧市水务局	助理工程师/副主任科员	在站试验
177	任彦秋	重庆涪陵	中国农业大学	2016	2014	郝新梅	作物模型参数敏感性分析——以覆膜春小麦和玉米为例	四川省泸州市纪委监委驻市环境保护局纪检监察组	副主任科员	在站试验

续表

序号	姓名	籍贯	毕业学校	毕业年份	试验/实习与调研年份	指导教师	学位论文题目	工作单位	职称/职务	在站情况
178	蒋雨彤	辽宁丹东	中国农业大学	2016	—	贺向丽	衬砌渠道冻胀断裂力学模型及断面优化设计软件开发	中国水利报社	助理编辑	从事石羊河研究
179	冯璞玉	河北唐山	西北农林科技大学	2016	2014	胡田田	番茄果实糖分累积对水分与钾素供应的响应及其机理	澳大利亚悉尼科技大学	在读博士生	短期实习与调研
180	宋　雪	河南安阳	西北农林科技大学	2016	2014—2015	胡田田	制种玉米交替隔沟灌水施氮的效应研究	郑州大学综合设计研究院	助理工程师	在站试验
181	乔　源	陕西旬邑	西北农林科技大学	2016	2015	胡笑涛	氮、磷、钾供应对水培芹菜产量、品质及元素利用效率影响的研究	陕西杨凌职业技术学院	—	短期实习与调研
182	张亚军	新疆伊利	西北农林科技大学	2016	2015	胡笑涛	石羊河流域灌溉作物根区土壤水分不均匀分布特征与作物生长关系试验研究	中国三峡新能源有限公司新疆分公司	工程师	在站试验
183	陶　雪	贵州黔东南	北京林业大学	2016	2014—2015	苏德荣	石羊河流域灌溉方式对苜蓿生长、品质及产量影响的试验研究	北京林业大学环境科学与工程学院	在读博士生	在站试验
184	张济斌	黑龙江宝清	太原理工大学	2016	2014	蒋　静	咸水灌溉对小麦耗水特性及土壤水盐分布的影响	山西水务工程建设监理有限公司	助理工程师	在站试验
185	邱　渊	河南信阳	中国农业大学	2017	2015—2017	康绍忠	水盐胁迫对紫花苜蓿生长、产量及品质影响的试验研究	中国农业大学	在读博士生	在站试验
186	李强强	甘肃定西	中国农业大学	2017	2015—2016	康绍忠	河西走廊制种玉米膜下滴灌灌水技术参数优化试验研究	甘肃省水利水电勘测设计研究院	助理工程师	在站试验

续表

序号	姓名	籍贯	毕业学校	毕业年份	试验/实习与调研年份	指导教师	学位论文题目	工作单位	职称/职务	在站情况
187	胡　斌	江西赣州	中国农业大学	2017	2016	黄兴法	旱区春小麦不同灌溉方式灌水技术参数优化——以民勤地区为例	北京水务咨询有限公司	工程师	在站试验
188	欧胜雄	广西三江	中国农业大学	2017	2016	黄兴法	旱区春玉米不同灌溉方式灌水技术参数研究——以民勤地区为例	广西壮族自治区水利厅水利基本建设局	工程师	在站试验
189	杨奇鹤	内蒙古通辽	中国农业大学	2017	2015—2016	王凤新	覆膜条件下春小麦生长与 SPAC 水热传输的耦合模拟研究	中国电建集团华东勘测设计研究院有限公司	助理工程师	在站试验
190	任君将	山西孝义	中国农业大学	2017	2016	王凤新	通风行行距和滴头流量对春小麦产量和水分利用效率的影响	北京密云生态商务区开发中心	职员	在站试验
191	胡笑琳	河南平顶山	中国农业大学	2017	2014	毛晓敏	土壤的层状结构对水分运动影响的试验和模拟	美国加州大学河滨分校	在读博士生	在站试验
192	杨伟才	山东莱芜	中国农业大学	2017	2015—2016	毛晓敏	多因素影响下气孔行为的预测及其在 CropSPAC 模型中的应用	中国农业大学	在读博士生	在站试验
193	户广勇	河北沧州	中国农业大学	2017	2015—2017	王素芬	河西走廊玉米小麦分区水肥管理模式研究	北京航天福道高技术股份有限公司	助理工程师	短期实习与调研
194	杨　杰	山西临汾	中国农业大学	2017	2015—2017	王素芬	石羊河流域农业用水效率表征及尺度转换研究	太原理工大学	学生辅导员	短期实习与调研

续表

序号	姓名	籍贯	毕业学校	毕业年份	试验/实习与调研年份	指导教师	学位论文题目	工作单位	职称/职务	在站情况
195	张　珊	河北石家庄	中国农业大学	2017	2016—2018	谭　倩	基于作物生态价值核算的水资源优化配置研究	中国农业大学	在读博士生	短期实习与调研
196	白小锐	河南商丘	中国农业大学	2017	2015—2016	佟　玲	西北旱区种植密度与水分亏缺对制种玉米生长及产量的影响	河南省开封市引黄管理处	助理工程师	在站试验
197	陈　岩	山东泰安	中国农业大学	2017	2015—2016	李思恩	作物耗水观测试验标准化研究	山东农业大学勘察设计研究院	助理工程师	在站试验
198	卢俊霖	重庆	中国农业大学	2017	2015—2016	李思恩	滴灌畦灌条件下春小麦土壤水氮运移和作物生长指标观测及模拟	重庆市交通规划勘察设计院	助理工程师	在站试验
199	夏　爽	河北唐山	中国农业大学	2017	2015	郝新梅	考虑作物需水的渠系配水优化模型研究	中国水利水电出版社	—	短期实习与调研
200	高红娟	山西临汾	中国农业大学	2017	2016	郝新梅	不同水肥处理对温室番茄生长、土壤氮素运移和生物特性的影响	四川省眉山市水务局	副主任科员	在站试验
201	刘梦达	天津	中国农业大学	2017	2016	丁日升	旱区玉米水分生产率对水氮耦合调控的响应研究	中农富通农业工程有限公司	工程师	在站试验
202	张雨新	辽宁北票	西北农林科技大学	2017	2015	张富仓	生育期水分调控对河西春小麦生长和水氮利用的影响	天津普泽工程咨询有限公司	—	在站试验
203	谢　娟	湖北汉川	西北农林科技大学	2017	2016	粟晓玲	石羊河流域农业水资源供需平衡对变化环境的响应	湖北省汉川市沉湖镇人民政府	公务员	短期实习与调研

续表

序号	姓名	籍贯	毕业学校	毕业年份	试验/实习与调研年份	指导教师	学位论文题目	工作单位	职称/职务	在站情况
204	周始威	河南安阳	西北农林科技大学	2017	2015—2017	胡笑涛	作物根区土壤水分垂向调控与蒸发蒸腾量估算	西北农林科技大学	在读博士生	在站试验
205	杨　欣	江西赣州	西北农林科技大学	2017	2016	王文娥	滴灌系统压差式施肥装置性能及施肥均匀性研究	广东省深圳市深水水务咨询有限公司	助理工程师	在站试验
206	张　硕	山东菏泽	西北农林科技大学	2017	2016	王文娥	微喷带水力性能及水量分布试验研究	水利部黄河水利委员	副主任科员	在站试验
207	李国安	山西左权	太原理工大学	2017	2014—2015	蒋　静	咸水灌溉对土壤水盐运移及小麦根系吸水的影响	山东省滨州市滨城黄河河务局	助理工程师	在站试验
208	崔昊杰	江苏苏州	中国农业大学	2018	2017	郭　萍	民勤县农业水资源优化配置不确定性风险分析	江苏省苏州市吴江区水务局	—	短期实习与调研
209	王　航	重庆	中国农业大学	2018	2017	郭　萍	民勤县农业水资源优化配置模型及决策支持系统研究	重庆市武隆区双河镇人民政府	—	短期实习与调研
210	黄泽军	江苏如皋	中国农业大学	2018	2017	黄兴法	民勤地区滴灌、畦灌技术参数对春小麦耗水及产量的影响	中国农业大学	在读博士生	在站试验
211	张洲笔	天津蓟州	中国农业大学	2018	2017	黄兴法	民勤地区膜下滴灌、畦灌技术参数对春玉米耗水及产量的影响	天津泰达绿化集团有限公司	—	在站试验
212	史碧娇	山西太原	中国农业大学	2018	2016—2017	杜太生	不同灌溉方式下日光温室内气象因子变化规律及模拟研究	山西省太原市水务局	工程师	在站试验

续表

序号	姓名	籍贯	毕业学校	毕业年份	试验/实习与调研年份	指导教师	学位论文题目	工作单位	职称/职务	在站情况
213	王　菲	山西运城	中国农业大学	2018	2017	王凤新	不同滴头流量和湿润比对玉米生长和根系分布的影响	山西省太原市河道管理站	职员	在站试验
214	许尊秋	江苏徐州	中国农业大学	2018	2016—2017	毛晓敏	覆膜控制因子对土壤水热通量影响的批量土柱试验及模型研究	中国农业大学	在读博士生	在站试验
215	郭晓旭	吉林临江	中国农业大学	2018	2016—2017	佟　玲	不同密度下水分亏缺对西北旱区制种玉米生长和耗水的影响	黑龙江哈尔滨银行	职员	在站试验
216	程晓娜	河北晋州	中国农业大学	2018	2016—2017	佟　玲	灌水频率和滴头流量对西北旱区制种玉米生长及耗水特性的影响	北京友馨绘水利工程设计有限责任公司	设计员	在站试验
217	李　佳	河北廊坊	中国农业大学	2018	2016—2017	李思恩	不同灌溉方式对春小麦水热传输规律及生长过程的影响研究	北京市富通环境工程有限公司	助理工程师	在站试验
218	郭　慧	河南安阳	中国农业大学	2018	2016—2017	李思恩	不同灌溉方式对玉米田碳循环和作物生长的影响机理和模拟研究	中国农业大学	在读博士生	在站试验
219	杨雪丽	甘肃天水	中国农业大学	2018	2015	郝新梅	土壤含水量时空变异性的模拟研究	美国亚利桑那州立大学	在读博士生	短期实习与调研
220	贺　超	山西临汾	中国农业大学	2018	2016—2017	郝新梅	基于土壤水分驱动的渠系配水优化模型研究	水利部建设管理与质量安全中心	—	在站试验
221	赵连圆	山东枣庄	中国农业大学	2018	2017	郝新梅	不同水肥处理对日光温室番茄生长、产量及土壤氮运移的影响	学而思网站	—	在站试验

续表

序号	姓名	籍贯	毕业学校	毕业年份	试验/实习与调研年份	指导教师	学位论文题目	工作单位	职称/职务	在站情况
222	殷文慧	内蒙古呼和浩特	中国农业大学	2018	2017	丁日升	水氮胁迫下旱区玉米耗水规律和气孔响应研究	内蒙古巴彦淖尔市水利科学研究所	工程师	在站试验
223	王小花	甘肃兰州	西北农林科技大学	2018	2017	张富仓	不同生育期水分亏缺和施氮对大田春玉米生长和产量的影响	甘肃亚盛亚美特节水有限公司	工程师	在站试验
224	姚德龙	河南濮阳	西北农林科技大学	2018	2015	胡田田	基于“3414”试验设计的夏玉米—冬小麦水肥效应研究	陕西水环境工程勘测设计研究院	—	短期实习与调研
225	王　睿	陕西咸阳	西北农林科技大学	2018	2016—2017	王文娥	石羊河流域滴灌系统施肥过滤设备配置模式研究	西安理工大学	在读博士生	在站试验
226	黎会仙	云南曲靖	西北农林科技大学	2018	2016	王文娥	膜下滴灌施肥土壤水肥运移及分布规律研究	云南省玉溪市江川区水利局	助理工程师	在站试验
227	伍　娟	湖北襄阳	中国农业大学	2019	2018	黄兴法	灌水技术参数对民勤地区春小麦生长和产量影响的试验研究	湖北省黄冈市白莲河工程管理局	技术员	在站试验
228	王　洋	山东高密	中国农业大学	2019	2018	黄兴法	种植密度和灌水参数对民勤地区春玉米生长影响	中国农业大学	在读博士生	在站试验
229	田文媛	湖南湘西	中国农业大学	2019	2016—2017	杜太生	石羊河流域温室作物种植结构优化研究	中国农业大学	在读硕士生	在站试验
230	林文青	甘肃临夏	中国农业大学	2019	2017—2018	杜太生	覆膜滴灌农田蒸发蒸腾量区分及其同位素组成的模拟研究	中国科学院大气物理研究所	在读博士生	在站试验
231	安　通	山东菏泽	中国农业大学	2019	2017—2018	王凤新	膜下滴灌水氮耦合对马铃薯氮素吸收、生长及品质的影响	中国电力建设集团	—	在站试验

续表

序号	姓名	籍贯	毕业学校	毕业年份	试验/实习与调研年份	指导教师	学位论文题目	工作单位	职称/职务	在站情况
232	于　波	河北保定	中国农业大学	2019	2017	王素芬	河西走廊春玉米分布式水肥管理模式研究	中共河北省保定市委组织部	—	短期实习与调研
233	马士萌	河北保定	中国农业大学	2019	2017—2018	佟　玲	制种玉米生长生理与水氮利用对滴灌灌水技术参数的响应	中国农业大学	在读博士生	在站试验
234	杨其锟	山东滕州	中国农业大学	2019	2017—2018	佟　玲	密植和水分亏缺对制种玉米生长与籽粒特征的影响	山东省枣庄市人事局	—	在站试验
235	何沁锶	四川眉山	中国农业大学	2019	2017—2018	李思恩	膜下滴灌玉米田间水量平衡模拟与根系吸水模型构建	澳大利亚悉尼科技大学	在读博士生	在站试验
236	黄梦思	河南开封	中国农业大学	2019	2017—2018	李思恩	基于DCNC的麦田水氮循环模拟研究	海军后勤部工程代建管理办公室	助理工程师	在站试验
237	玄成功	河北唐山	中国农业大学	2019	2018	丁日升	旱区水氮胁迫对玉米耗水分量与生长发育及耗水的影响	中国电建集团华东勘测设计研究院有限公司	—	在站试验
238	侯梦杰	河南驻马店	中国农业大学	2019	2017	田　菲	基于机—地一体化热红外遥感和三温模型的农田蒸散发和水分利用效率评价研究	武汉大学	在读博士生	在站试验
239	闻　磊	山西忻州	西北农林科技大学	2019	2017	张富仓	水分亏缺和施氮对河西地区春小麦生长和水氮利用的影响	山西省太原市农业技术推广站	—	在站试验
240	赵　祥	宁夏吴忠	西北农林科技大学	2019	2017	李援农	甘肃河西春小麦微喷带灌溉制度研究	中水北方勘测设计研究有限责任公司	—	在站试验

续表

序号	姓名	籍贯	毕业学校	毕业年份	试验/实习与调研年份	指导教师	学位论文题目	工作单位	职称/职务	在站情况
241	德佳硕	内蒙古赤峰	中国农业大学	2019	2018	郭　萍	基于供需预测与不确定性的石羊河流域产业用水结构优化及风险分析	中国人民银行沈阳分行	行员	短期实习与调研
242	薄丽缓	河北邢台	中国农业大学	2019	2017—2018	毛晓敏	覆膜条件下不同灌水量对农田水热盐运移及作物生长的影响	中国农业大学	在读博士生	在站试验

实验站本科毕业设计(论文)学生名录(1998—2019年)[1]

序号	姓名	籍贯	毕业学校	毕业年份	在站试验、短期实习与调研年份	指导教师	学位论文题目	现工作单位	职称/职务	在站情况
1	杜太生	山东东阿	西北农林科技大学	1998	1998	康绍忠	西北旱区玉米根系分区交替灌水技术研究	中国农业大学	教授/院长	在站试验
2	佟　玲	辽宁大石桥	西北农林科技大学	2001	2001	康绍忠	石羊河流域节水灌溉环境效应分析	中国农业大学	教授	短期实习与调研
3	孙维芳	天津	西北农林科技大学	2001	2001	康绍忠	河西内陆河流域人类活动对水量转化及水环境变化影响	天津市西青区水务局	主任	短期实习与调研
4	韦怡冰	广西钦州	中国农业大学	2004	—	康绍忠	石羊河流域水资源信息管理系统研究	北京市南水北调大宁管理处	工程科科长	从事石羊河研究
5	李思恩	湖北荆州	中国农业大学	2004	—	康绍忠	石羊河流域土壤-作物-气象数据库管理系统开发	中国农业大学	教授	从事石羊河研究
6	张大伟	吉林	中国农业大学	2004	—	康绍忠	石羊河流域棉花根系分区交替灌溉节水效应分析	天津市地方税务局宁河分局	主任	从事石羊河研究
7	胡　萌	山东日照	中国农业大学	2005	—	康绍忠	石羊河流域邓马营湖区土壤水分运动参数试验研究	山东省青岛市水务局	高级工程师	从事石羊河研究
8	程明博	黑龙江海伦	中国农业大学	2005	—	康绍忠	三种沙生植被干液流的时空变异性研究	北京燕龙水务集团有限公司	工程师	从事石羊河研究
9	张吉英	湖南湘西	中国农业大学	2005	—	康绍忠	调亏灌溉下果树茎液流变化规律与耗水估算模型研究	辽宁省辽阳市水利局	主任科员	从事石羊河研究
10	吴卫熊	广西北海	中国农业大学	2005	—	康绍忠	不同土壤水分处理对作物生长与水分利用影响的研究	广西壮族自治区水利科学研究院	水资源所党支部书记	从事石羊河研究
11	王贺佳	北京	中国农业大学	2005	—	康绍忠	基于VB的石羊河流域水资源信息数据库管理系统	北京优友立方科技有限公司	工程师	从事石羊河研究

1. 本信息表统计于2019年6月30日。

续表

序号	姓名	籍贯	毕业学校	毕业年份	在站试验、短期实习与调研年份	指导教师	学位论文题目	现工作单位	职称/职务	在站情况
12	姜　懋	重庆	中国农业大学	2006	—	康绍忠	甘肃省石羊河流域地表径流变化特征分析与预测研究	华生基因数据科技股份有限公司	应用部经理	从事石羊河研究
13	董正举	湖北宜昌	中国农业大学	2006	—	康绍忠	石羊河流域地下水位与矿化度变化趋势分析	中兴通讯股份有限公司	工程师	从事石羊河研究
14	曾勰婷	江西德兴	中国农业大学	2006	2006	康绍忠	石羊河流域水资源管理信息系统的研究与实现	农业部规划设计研究院	工程师	短期实习与调研
15	王若水	湖北宜昌	中国农业大学	2006	2006	康绍忠	气候与人类活动对石羊河流域农作物耗水规律的影响	北京林业大学	副教授	短期实习与调研
16	魏俊涛	湖北天门	中国农业大学	2006	—	康绍忠	应用波文比—能量平衡法估算石羊河流域葡萄园耗水量研究	湖北省高校毕业生就业指导服务中心	—	从事石羊河研究
17	郑文娟	河北邢台	中国农业大学	2006	2006	左　强	卫星遥感技术监测农田土壤水分的研究	南方科技大学	助理研究员	在站试验
18	贺宇欣	四川成都	中国农业大学	2007	2007	康绍忠	基于涡度相关法的中国西北干旱区葡萄园水热通量研究	四川大学	讲师	在站试验
19	田　磊	山西太原	中国农业大学	2007	—	康绍忠	作物生命健康需水信息管理系统的研究	中美联泰大都会人寿有限公司	业务经理	从事石羊河研究
20	刘春伟	山东平度	中国农业大学	2007	2007	康绍忠	应用波文比—能量平衡法估算石羊河流域葡萄园耗水量的研究	南京信息工程大学	副教授	在站试验
21	周理安	湖南双牌	中国农业大学	2007	—	毛晓敏	石羊河流域水均衡研究	北京建筑大学	科技处副处长	从事石羊河研究
22	张莹莹	黑龙江佳木斯	中国农业大学	2007	—	毛晓敏	石羊河流域地下水位均衡与动态研究	新加坡	—	从事石羊河研究
23	张　鑫	山西太原	中国农业大学	2008	2008	康绍忠	西北内陆干旱区石羊河流域农业节水模式的调查分析	北京市南水北调东干渠管理处	工程师/财务科副科长	短期实习与调研

续表

序号	姓名	籍贯	毕业学校	毕业年份	在站试验、短期实习与调研年份	指导教师	学位论文题目	现工作单位	职称/职务	在站情况
24	王晓磊	黑龙江鸡西	中国农业大学	2008	—	康绍忠	石羊河流域水资源与试验数据管理信息系统的升级研究	贝特海利科技(北京)有限公司	工程师	从事石羊河研究
25	肖子宇	天津	中国农业大学	2008	—	康绍忠	西北内陆干旱区不同农田耗水估算方法的对比研究	天津市大中专毕业生就业指导服务中心	科员	从事石羊河研究
26	关　驰	黑龙江双鸭山	中国农业大学	2008	—	康绍忠	民勤绿洲地下水数值模拟技术中源汇项分析与研究	浙江工商大学	讲师	从事石羊河研究
27	邱让建	安徽桐城	中国农业大学	2008	2008	康绍忠	西部旱区典型防风固沙植物水盐生产函数研究	南京信息工程大学	副教授	在站试验
28	吕少德	河南灵宝	中国农业大学	2008	—	杜太生	石羊河流域农业与生态节水试验站果园微灌系统设计	陆军军医大学	讲师	从事石羊河研究
29	杨星星	湖北荆州	中国农业大学	2008	—	杜太生	甘肃省民勤县棉花膜下滴灌工程设计	中农先飞(北京)农业工程技术有限公司	工程师	从事石羊河研究
30	苏月曼	广西河池	中国农业大学	2008	2008	杜太生	石羊河流域农业与生态节水试验站总体规划设计	广西南宁市大王滩水库管理处	科员	短期实习与调研
31	孙茹洁	宁夏贺兰	中国农业大学	2008	—	毛晓敏	石羊河流域径流量的趋势分析及动态预报	宁夏沙坡头水利枢纽有限责任公司	工程师	从事石羊河研究
32	张力锋	陕西渭南	中国农业大学	2008	—	霍再林	民勤绿洲地下水位时空变化规律分析	上海华为技术有限公司	职员	从事石羊河研究
33	舒文博	河南信阳	中国农业大学	2008	—	霍再林	民勤绿洲地下水水质变化及相关分析	北京市水务局	主任科员	从事石羊河研究
34	费路波	山西长治	中国农业大学	2008	—	王素芬	石羊河流域土壤物理特性研究	山西省汾河水库管理局	科员	从事石羊河研究
35	刘　博	吉林靖宇	中国农业大学	2008	2008	王素芬	杂木河流域水文特征分析	水利部国际经济技术合作交流中心	工程师	短期实习与调研

续表

序号	姓名	籍贯	毕业学校	毕业年份	在站试验、短期实习与调研年份	指导教师	学位论文题目	现工作单位	职称/职务	在站情况
36	陈国栋	湖南宁乡	中国农业大学	2008	—	佟　玲	IPCC气候模式下的春小麦灌溉需水量变化规律研究	广西马山县乔利乡人民政府	中共乔利乡委员会副书记、乡人民政府乡长	从事石羊河研究
37	高　云	内蒙古呼和浩特	中国农业大学	2009	2009	康绍忠	甘肃石羊河流域不同节水改造措施对地下水变化的影响分析	河海大学	实验平台主管	短期实习与调研
38	刘军淇	河南叶县	中国农业大学	2009	2009	康绍忠	干旱区不同耗水模型的对比分析	中华全国总工会中国财贸轻纺烟草工会	工程师	在站试验
39	孙庆宇	山东潍坊	中国农业大学	2009	2009	康绍忠	参考作物蒸发蒸腾量估算方法在海河流域的适用性研究	中国水利电力对外公司	工程师	短期实习与调研
40	孟伟超	山西吕梁	中国农业大学	2009	2009	杜太生	交替灌溉灌水技术要素组合与应用模式研究	水利部国际合作与科技司	主任科员	在站试验
41	胡智丹	江西赣州	中国农业大学	2009	2009	杜太生	石羊河流域农业与生态节水试验站皇台葡萄试验基地滴灌系统工程设计	水利部水文局	高工	短期实习与调研
42	许梦璇	河北怀来	中国农业大学	2009	—	霍再林	石羊河流域地下水资源初步评价	北京北咨工程项目管理咨询有限公司	工程师	从事石羊河研究
43	刘改妮	陕西宝鸡	中国农业大学	2009	—	霍再林	石羊河流域水资源转化初步分析	北京清控人居环境研究院有限公司生态环境研究中心	工程师	从事石羊河研究
44	白妍丽	甘肃环县	中国农业大学	2009	—	霍再林	石羊河地表径流变化及神经网络模拟	甘肃省水利水电勘测设计研究院	工程师	从事石羊河研究
45	王立云	河北武邑	中国农业大学	2009	—	王素芬	基于时间序列分析法的石羊河流域农业需水计算	水利部海委漳卫南运河聊城河务局	工程师	从事石羊河研究

续表

序号	姓名	籍贯	毕业学校	毕业年份	在站试验、短期实习与调研年份	指导教师	学位论文题目	现工作单位	职称/职务	在站情况
46	童宵岭	浙江建德	中国农业大学	2009	—	王素芬	石羊河流域土壤特性研究	浙江大学	讲师	从事石羊河研究
47	蒋　斌	广西桂林	中国农业大学	2009	—	佟　玲	应用GIS技术估算流域尺度农业耗水量	西藏自治区水利厅	工程师	从事石羊河研究
48	蒋贺均	四川自贡	中国农业大学	2009	—	佟　玲	石羊河流域参考作物蒸发蒸腾量变化规律分析	西藏丁青县水务局	工程师	从事石羊河研究
49	汤明玉	河北滦南	中国农业大学	2009	—	佟　玲	BP人工神经网络技术在流域农业耗水量研究中的应用	中国灌溉排水发展中心	工程师	从事石羊河研究
50	王雅娟	河北石家庄	中国农业大学	2010	2010	康绍忠	甘肃省武威市凉州区不同灌溉方式下的田间工程模式	北京市水利规划设计研究院	工程师	短期实习与调研
51	李复岁	四川资阳	中国农业大学	2010	2010	冯绍元	石羊河流域中游自然条件下土壤水分运动观测试验	四川众象工程技术有限公司	经理	在站试验
52	刘　佳	辽宁抚顺	中国农业大学	2010	2010	杜太生	皇台葡萄试验基地小管出流系统工程设计	哈尔滨市建筑市场监察大队	中级科员	短期实习与调研
53	朱宇轩	天津	中国农业大学	2010	—	杜太生	石羊河农业与生态节水试验站苹果园微灌系统设计	中交第三公路工程局有限公司	工程师	从事石羊河研究
54	孟　杨	山东淄博	中国农业大学	2010	2010	杜太生	石羊河流域畦灌灌水技术要素组合与应用模式研究	北京市人民政府防汛抗旱指挥部办公室	科员	短期实习与调研
55	何　潇	甘肃金昌	中国农业大学	2010	—	杜太生	石羊河流域日光温室发展现状调研与分析	甘肃省水利水电勘测设计研究院	助理工程师	短期实习与调研
56	董　微	湖北黄冈	中国农业大学	2010	—	霍再林	石羊河流域气候变化及径流趋势分析	中诚信托有限责任公司	经理	从事石羊河研究
57	李　超	江苏徐州	中国农业大学	2010	—	王素芬	石羊河流域农业需水量计算	中国石油天然气管道局(哈法亚外输项目)	工程部经理	从事石羊河研究

续表

序号	姓名	籍贯	毕业学校	毕业年份	在站试验、短期实习与调研年份	指导教师	学位论文题目	现工作单位	职称/职务	在站情况
58	王　丽	山东菏泽	中国农业大学	2010	—	王素芬	石羊河流域来水分析及预测	北京市怀柔区住建委	科员	从事石羊河研究
59	冉　江	重庆	中国农业大学	2010	—	王素芬	农业水资源供需平衡的评价理论与方法研究	个体	—	从事石羊河研究
60	雷鑫栋	浙江杭州	中国农业大学	2010	—	唐泽军	石羊河流域地下含水层空间变化初步研究	绿城中国杭州桂语朝阳项目部	经理	从事石羊河研究
61	梁宝磊	河南	西北农林科技大学	2010	2010	胡笑涛	温室番茄结果期调亏补偿灌溉对产量与品质的影响	中水十五局	工程师	在站试验
62	陈喆谦	浙江湖州	中国农业大学	2011	—	王素芬	石羊河流域耗水时空变化分析	浙江省水利水电勘测设计院	工程师	从事石羊河研究
63	谢　非	云南昭通	中国农业大学	2011	2011	康绍忠	不同水氮处理条件下酿酒葡萄水氮利用效率的研究	北京排水集团有限责任公司	工程师	在站试验
64	许　彬	湖北荆州	中国农业大学	2011	2011	康绍忠	调亏灌溉对日光温室番茄耗水、产量和品质的影响	上海市政工程设计研究总院第六设计院	工程师	在站试验
65	刘勇云	青海海东	中国农业大学	2011	2011	郭　萍	灌区渠系水利用系数的分析与研究	中国三峡新能源公司青海分公司	工程管理部主管	短期实习与调研
66	杨　慧	山西长治	中国农业大学	2011	2011	杜太生	石羊河流域日光温室土壤硝态氮和盐分累积现状研究	山西省晋城市防汛抗旱指挥部办公室	科员	在站试验
67	曾一卓	浙江杭州	中国农业大学	2011	—	杜太生	石羊河流域农业节水与生态试验站苹果园交替微喷灌系统设计	大禹节水(天津)有限公司	职员	从事石羊河研究
68	周鹏程	江西宜春	中国农业大学	2011	—	杜太生	甘肃民勤县棉花膜下滴灌工程设计	广东省水利水电第三工程局有限公司	职员	从事石羊河研究
69	阿地力·阿力木	新疆吐鲁番	中国农业大学	2011	—	杜太生	葡萄园小管出流灌溉系统工程设计	新疆维吾尔自治区人事厅	科员	从事石羊河研究

续表

序号	姓名	籍贯	毕业学校	毕业年份	在站试验、短期实习与调研年份	指导教师	学位论文题目	现工作单位	职称/职务	在站情况
70	王国龙	福建仙游	中国农业大学	2011	—	毛晓敏	基于SPAC模型的农田水分动态和蒸散发研究	辽宁省水利水电勘测设计研究院	工程师	从事石羊河研究
71	周云峰	内蒙古呼和浩特	中国农业大学	2011	—	王素芬	石羊河流域出山径流对气候变化响应研究	内蒙古自治区水政监察总队	科员	从事石羊河研究
72	薛　函	陕西西安	中国农业大学	2011	2011	王素芬	石羊河流域水循环要素时空变异分析	陕西省西安市园林建设公司	职员	短期实习与调研
73	吴　迪	山东聊城	中国农业大学	2011	—	佟　玲	参考作物蒸发蒸腾量时空变化规律分析	中国农业大学	在读博士生	从事石羊河研究
74	岳松梅	四川内江	中国农业大学	2011	—	唐泽军	石羊河流域地下水水量均衡初步计算	四川省成都市双流区水利局	工程师	从事石羊河研究
75	杜少卿	江苏南通	中国农业大学	2012	2012	康绍忠	西北旱区日光温室蔬菜水氮利用效率研究	江苏南通苏通科技产业园区管委会	工程师	在站试验
76	刘　潇	黑龙江牡丹江	中国农业大学	2012	—	郭　萍	基于旱作作物种植结构的决策支持系统开发	黑龙江省水利科学研究院	工程师	从事石羊河研究
77	周　娅	云南宣威	中国农业大学	2012	—	郭　萍	基于BP神经网络的径流概率预报模型	贵州省水利水电勘测设计研究院	工程师	从事石羊河研究
78	谷　丰	内蒙古赤峰	中国农业大学	2012	2012	杜太生	不同灌溉方式下日光温室土壤硝态氮和盐分累计规律研究	中国市政工程西北设计研究院有限公司	工程师/业务经理	在站试验
79	郭　林	山东单县	中国农业大学	2012	—	杜太生	作物根系分区交替灌水技术控制参数与应用模式研究	北京市房山区水务局	科员	从事石羊河研究
80	徐淑君	河北邢台	中国农业大学	2012	2012	杜太生	交替灌溉条件下作物水分利用的同位素示踪及其品质调控试验研究	甘肃省天水市水利水电勘测设计院	助理工程师	在站试验
81	张文超	吉林通化	中国农业大学	2012	—	杜太生	隔畦交替灌水技术参数优化研究	中国农业大学	在读博士生	从事石羊河研究
82	郑和祥	福建漳州	中国农业大学	2012	—	杜太生	灌区不同尺度用水效率调查及评价	中国灌溉排水发展中心	工程师	从事石羊河研究

续表

序号	姓名	籍贯	毕业学校	毕业年份	在站试验、短期实习与调研年份	指导教师	学位论文题目	现工作单位	职称/职务	在站情况
83	王　凯	甘肃民勤	中国农业大学	2012	—	杜太生	石羊河流域田间渠系布置动态规划	甘肃省水利水电勘测设计研究院	工程师	从事石羊河研究
84	刘　琦	重庆巫溪	中国农业大学	2012	—	杜太生	石羊河流域凉州区某地果园微灌工程设计	重庆市巫溪县农业委员会	科员	从事石羊河研究
85	王新欣	北京密云	中国农业大学	2012	—	毛晓敏	绿洲滴灌棉田土壤水盐动态变化的数值模拟	中国水利水电出版社	编辑	从事石羊河研究
86	张星辰	陕西咸阳	中国农业大学	2012	—	王素芬	清源灌区水分循环分布式模拟	中国科学院大学水土保持所	在读博士生	从事石羊河研究
87	邓莉莉	广西防城港	中国农业大学	2012	—	佟　玲	不同作物与灌溉方式的综合技术经济评价	广西防城港市水务局	科员	从事石羊河研究
88	李庆熹	辽宁营口	中国农业大学	2012	—	佟　玲	日光温室番茄膜下沟灌的标准化综合技术体系研究	辽宁营口海港装卸有限公司	职员	从事石羊河研究
89	郭　慧	河南安阳	沈阳农业大学	2012	—	夏桂敏	玉米蒸发蒸腾量和作物系数时空变化规律研究	中国农业大学	在读博士生	从事石羊河研究
90	吴友杰	广西贵港	西北农林科技大学	2012	2012	胡笑涛	局部灌溉条件下玉米水分亏缺的土壤水分判别指标研究	湖南农业大学	讲师	在站试验
91	祁　欣	青海西宁	中国农业大学	2012	—	唐泽军	石羊河流域地下水补给径流排泄过程的初步研究	青海省德令哈市水利局	助理工程师	从事石羊河研究
92	李晓婕	河北沧州	中国农业大学	2013	2013	康绍忠	西北旱区膜下滴灌条件下日光温室番茄根系分布特性研究	中国农业大学	在读博士生	在站试验
93	李晓琳	河北邯郸	中国农业大学	2013	2013	康绍忠	西北干旱区酿酒葡萄园土壤饱和导水率空间变异研究	北京市水科学技术研究院	—	在站试验
94	刘　鹏	河南南阳	中国农业大学	2013	—	杜太生	水氮处理对温室番茄产量和品质的影响研究	北京林丰源生态环境规划设计有限公司	职员	从事石羊河研究

续表

序号	姓名	籍贯	毕业学校	毕业年份	在站试验、短期实习与调研年份	指导教师	学位论文题目	现工作单位	职称/职务	在站情况
95	石瑾慧	重庆	中国农业大学	2013	—	杜太生	稳定碳同位素在作物水分高效利用研究中的应用	重庆市忠县审计局	科员	从事石羊河研究
96	孙　晴	辽宁沈阳	中国农业大学	2013	2013	杜太生	不同沟灌灌水指数参数优化研究	瑞士苏黎世联邦理工学院	在读博士生	短期实习与调研
97	刘弘旻	山东寿光	中国农业大学	2013	—	杜太生	地面灌溉条件下交替灌水技术参数与应用模式研究	中国水利电力对外公司	工程师	从事石羊河研究
98	张　麟	甘肃张掖	中国农业大学	2013	—	杜太生	甘肃省武威市皇台葡萄基地微喷灌系统工程设计	甘肃省张掖市人力资源和社会保障局	—	从事石羊河研究
99	王克艳	山东招远	中国农业大学	2013	—	霍再林	咸水灌溉对作物产量耗水的影响	北京神州泰岳软件股份有限公司	售前安全咨询工程师	从事石羊河研究
100	张　莉	甘肃庆阳	中国农业大学	2013	—	王素芬	西北旱区农田基础设施建设标准体系框架研究	雷锋网	—	从事石羊河研究
101	宋　皓	山东济南	中国农业大学	2013	—	王素芬	基于SWAP模型的清源灌区水循环模拟	北京师范大学	在读博士生	从事石羊河研究
102	陈翰章	河北武安	中国农业大学	2013	—	佟　玲	民勤绿洲不同作物与灌溉方式的综合技术经济评价	河北银行股份有限公司邯郸分行	职员	从事石羊河研究
103	董家铭	吉林抚松	中国农业大学	2013	—	佟　玲	西北旱区不同种植密度制种玉米耗水规律研究	吉林省长春市朝阳区农业局	科员	从事石羊河研究
104	张凯强	江西上饶	中国农业大学	2013	—	郭　萍	石羊河流域灌区水资源供需平衡分析	江西省高等院校毕业生就业工作办公室	—	从事石羊河研究
105	丁剑枫	云南怒江	中国农业大学	2013	—	郝新梅	石羊河地区不同灌溉方式的能量效益分析	云南省怒江州人才服务中心	—	从事石羊河研究
106	邓洪鹏	江西南昌	中国农业大学	2013	—	姜　娜	石羊河流域农民水权制度建设证实研究	江苏省灌南县水利局	助理工程师	从事石羊河研究
107	刘　畅	黑龙江七台河	中国农业大学	2013	—	姜　娜	石羊河流域农业水权制度改革现状及问题	黑龙江省七台河市人力资源和社会保障局	—	从事石羊河研究

续表

序号	姓名	籍贯	毕业学校	毕业年份	在站试验、短期实习与调研年份	指导教师	学位论文题目	现工作单位	职称/职务	在站情况
108	刘晓瑞	宁夏银川	中国农业大学	2013	—	姜　娜	石羊河流域水权制度的公众反响研究	北京碧鑫水务有限公司	助理工程师	从事石羊河研究
109	王舒娅	四川青川	中国农业大学	2013	—	姜　娜	石羊河流域水权制度现状评估	中共四川省绵阳市委组织部	—	从事石羊河研究
110	乔　源	陕西旬邑	西北农林科技大学	2013	2013	胡笑涛	干旱绿洲区农田土壤局部空间有效水动态特征试验研究	陕西省杨凌职业技术学院	助教	在站试验
111	邹民忠	福建三明	中国农业大学	2014	2014	康绍忠	西北旱区制种玉米蒸发蒸腾规律及估算模型	中国农业大学	在读博士生	在站试验
112	栾雨琳	甘肃定西	中国农业大学	2014	—	康绍忠	甘肃河西走廊主要粮食作物灌溉水生产力时空分布特性	美国佐治亚土壤保持系统材料公司	项目工程师	从事石羊河研究
113	周惠萍	山东济南	中国农业大学	2014	2014	康绍忠	分根交替灌溉条件下苹果树耗水规律研究	中国农业大学	在读博士生	在站试验
114	桂泽瑛	山西长治	中国农业大学	2014	—	郭　萍	石羊河流域变化环境下的水库调度决策研究——以红崖山水库为例	北京清流技术股份有限公司	工程师	从事石羊河研究
115	李凯旋	北京	中国农业大学	2014	—	郭　萍	武威农业水资源承载力风险分析	中国水利水电科学研究院	职员	从事石羊河研究
116	汪晨霞	浙江慈溪	中国农业大学	2014	2014	杜太生	石羊河流域温室作物-土壤系统水氮运输及氮素平衡模拟	浙江省宁波市水文站	科员	在站试验
117	任彦秋	重庆涪陵	中国农业大学	2014	—	杜太生	地面灌溉条件下玉米液流变化规律及根系动态分布特征研究	中共四川省泸州市纪委	科员	从事石羊河研究
118	王　菲	山东诸城	中国农业大学	2014	—	杜太生	隔沟交替灌溉灌水技术参数优化研究	北京市中科宇图科技股份有限公司	助理工程师	从事石羊河研究
119	李沅媛	重庆	中国农业大学	2014	—	杜太生	交替灌溉条件下碳同位素对番茄水分利用效率的表征	四川成都市成华区农业和水务局	副主任	从事石羊河研究
120	宋超楠	山东青岛	中国农业大学	2014	2014	毛晓敏	季节性冻融区农田水热运移研究	清华大学	在读博士生	短期实习与调研

续表

序号	姓名	籍贯	毕业学校	毕业年份	在站试验、短期实习与调研年份	指导教师	学位论文题目	现工作单位	职称/职务	在站情况
121	杨高瞻	重庆垫江	中国农业大学	2014	2014	毛晓敏	AquaCrop 模型在甘肃春小麦生产中的模拟研究	四川省成都经开区管委会	办公室党群处副处长	短期实习与调研
122	彭聪聪	河南开封	中国农业大学	2014	2014	王素芬	西北旱区典型灌区水分运动的空间变异性研究	北京市南水北调团城湖管理处	工程师	短期实习与调研
123	陈　港	陕西山阳	中国农业大学	2014	—	佟　玲	石羊河流域不同类型灌区灌溉效益与耗用水指标评价研究	四川省绵阳市发展和改革委员会	四级主任科员	从事石羊河研究
124	高宇航	陕西延安	中国农业大学	2014	—	佟　玲	西北内陆河流域 ET_0 变化规律分析	陕西省西安市公安局高新分局	科员	从事石羊河研究
125	何柳月	重庆	中国农业大学	2014	2014	佟　玲	种植密度对制种玉米耗水、生长的影响研究	中国农业大学	在读博士生	在站试验
126	李梓铭	四川阆中	中国农业大学	2014	—	李思恩	双作物系数模型模拟葡萄园的土壤蒸发和植物蒸腾	中国电建集团成都勘测设计研究院有限公司	项目工程师	从事石羊河研究
127	秦淑静	山东枣庄	山东农业大学	2014	2014	李思恩	西北干旱区土壤蒸发对比研究	中国农业大学	在读博士生	在站试验
128	蒲耀宗	河北石家庄	中国农业大学	2014	—	姜　娜	石羊河流域水权交易与水市场建设现状与问题研究	浙江东洲建设监理咨询有限公司	—	从事石羊河研究
129	王　硕	吉林白城	中国农业大学	2014	—	姜　娜	石羊河流域水权制度建设现状评估	吉林省高等学校毕业生就业指导中心	—	从事石羊河研究
130	李芳春	青海西宁	中国农业大学	2014	—	姜　娜	石羊河流域水权制度建设的公众反响研究	中国知网	—	从事石羊河研究
131	林鸿鸣	贵州贵阳	中国农业大学	2015	—	康绍忠	西北旱区制种玉米气孔特性及液流变化规律研究	乌镇智库	分析师	从事石羊河研究
132	李强强	甘肃定西	中国农业大学	2015	2015	康绍忠	根系分区交替灌溉条件下苹果树生长参数的变化规律研究	甘肃省水利水电勘测设计研究院	助理工程师	在站试验

续表

序号	姓名	籍贯	毕业学校	毕业年份	在站试验、短期实习与调研年份	指导教师	学位论文题目	现工作单位	职称/职务	在站情况
133	袁宇森	北京海淀	中国农业大学	2015	2015	杜太生	不同滴灌模式下土壤水分动态变化及其氢氧同位素分布特征	中国农业大学	在读博士生	在站试验
134	杨奇鹤	内蒙古通辽	中国农业大学	2015	2015	毛晓敏	石羊河流域春小麦生长及农田水热传输检测试验	中国电建集团华东勘测设计研究院有限公司	助理工程师	在站试验
135	杨　杰	山西临汾	中国农业大学	2015	2015	王素芬	灌溉农业用水效率时空特征及尺度转换初步研究	太原理工大学	学生辅导员	短期实习与调研
136	刘环宇	辽宁辽阳	中国农业大学	2015	—	丁日升	覆膜对土壤水热与玉米生长及产量的影响	辽宁省辽阳银行沈阳分行	客户经理	从事石羊河研究
137	任君将	山西吕梁	中国农业大学	2015	2015	王凤新	甘肃省武威市凉州区东河乡玉米膜下滴灌工程规划设计	北京密云经济开发区商务开发中心	职员	在站试验
138	高　磊	辽宁朝阳	中国农业大学	2016	2016	康绍忠	基于SWAT模型的黑河中游农业区主要粮食作物水分生产力模拟研究	中国农业大学	在读博士生	短期实习与调研
139	祝玉珊	陕西咸阳	中国农业大学	2016	—	郭　萍	基于Carrying Capacity Dashboard的金昌市承载力研究	天津大学	在读博士生	从事石羊河研究
140	崔昊杰	江苏苏州	中国农业大学	2016	2016	郭　萍	石羊河流域气候变化情况下的径流预测方法及水资源优化调配研究	江苏省苏州市吴江区水务局	科员	短期实习与调研
141	王丽娟	河北保定	中国农业大学	2016	—	杜太生	基于SIRMOD的石羊河流域地面灌水技术参数优化	河北省保定市人力资源和社会保障局	—	从事石羊河研究
142	黄　愉	陕西商洛	中国农业大学	2016	—	杜太生	黄羊河农场玉米膜下滴灌工程设计	宁夏大学	在读硕士生	从事石羊河研究
143	郭晓旭	吉林临江	中国农业大学	2016	2016	佟　玲	不同种植密度下水分亏缺对制种玉米生长的影响	黑龙江省哈尔滨银行	职员	在站试验

续表

序号	姓名	籍贯	毕业学校	毕业年份	在站试验、短期实习与调研年份	指导教师	学位论文题目	现工作单位	职称/职务	在站情况
144	李　佳	河北廊坊	太原理工大学	2016	2016	李思恩	玉米夜间蒸腾的变化规律与控制机理研究	北京市富通环境工程有限公司	农业规划师	在站试验
145	黄泽军	江苏如皋	中国农业大学	2016	2016	黄兴法	甘肃武威市民勤地区滴灌土壤湿润体田间试验	中国农业大学	在读博士生	在站试验
146	包建霞	甘肃兰州	西北农林科技大学	2016	2016	王素芬	区域耗水空间格局优化——以黑河中游为例	江苏省苏州市吴江区水务局	—	短期实习与调研
147	喻启华	湖南宁乡	中国农业大学	2017	—	康绍忠	大规模灌溉农业发展对河西走廊地表温度和湿度影响的研究	中国农业大学	在读博士生	从事石羊河研究
148	宋　健	黑龙江绥化	中国农业大学	2017	—	毛晓敏	基于作物生长模型的非充分灌溉制度优化	中国农业大学	在读硕士生	从事石羊河研究
149	石静萍	青海乐都	中国农业大学	2017	2017	佟　玲	水氮互作对玉米生长及耗水规律的影响	西藏拉萨市林周县水务局	科员	短期实习与调研
150	杨其锟	山东滕州	太原理工大学	2017	2017	佟　玲	两种方法对比估算中国西北干旱地区玉米的腾发量	山东省枣庄市人事局	—	在站试验
151	杨丹妮	甘肃陇南	中国农业大学	2017	2017	李思恩	基于 HYDRUS-2D 的玉米滴灌地水氮运移模拟	中国农业大学	在读博士生	在站试验
152	沈倩西	云南玉溪	中国农业大学	2017	—	丁日升	玉米水分—产量关系特征分析与模拟	中国农业大学	在读硕士生	从事石羊河研究
153	焦麟杰	云南昆明	中国农业大学	2017	—	丁日升	不同作物类型的能量分配和水热通量对比分析	日本京都大学	在读硕士生	从事石羊河研究
154	岳　琼	河南许昌	中国农业大学	2017	—	郭　萍	基于水资源综合优化模型的石羊河流域农业节水潜力分析	中国农业大学	在读博士生	从事石羊河研究
155	王　琨	甘肃庆阳	中国农业大学	2017	—	黄兴法	甘肃民勤地区玉米膜下滴灌系统规划设计	中国农业大学	科研助理	从事石羊河研究
156	普　穷	西藏日喀则	中国农业大学	2017	—	黄兴法	甘肃民勤地区酿酒葡萄滴灌系统规划设计	西藏日喀则中国移动通信集团有限公司	职员	从事石羊河研究

续表

序号	姓名	籍贯	毕业学校	毕业年份	在站试验、短期实习与调研年份	指导教师	学位论文题目	现工作单位	职称/职务	在站情况
157	何沁锶	四川眉山	西北农林科技大学	2017	2017	胡笑涛	干旱区制种玉米膜下滴灌水分运移规律及数值模拟研究	澳大利亚悉尼科技大学	在读博士生	短期实习与调研
158	田新苗	山东聊城	西北农林科技大学	2017	2017	郝新梅	基于 AquaCrop 的渠系配水优化研究	山东省水利勘探设计院	—	短期实习与调研
159	王琪雯	内蒙古乌兰察布	内蒙古农业大学	2017	2017	郝新梅	西北旱区田间尺度下土壤含水率的时空变异性分析	内蒙古呼和浩特市水务局	—	短期实习与调研
160	武　慧	山西吕梁	中国农业大学	2018	2018	康绍忠	基于水分驱动作物模型的农田水氮利用效率评估	中国农业大学	在读硕士生	短期实习与调研
161	姚沫男	辽宁营口	中国农业大学	2018	2018	康绍忠	苜蓿对土壤水盐胁迫响应的试验与模拟	中国农业大学	在读硕士生	短期实习与调研
162	旦　增	西藏拉萨	中国农业大学	2018	—	杜太生	河西走廊制种玉米灌溉制度优化及膜下滴灌管网设计	国网西藏阿里供电有限公司	职员	从事石羊河研究
163	傅鸿飞	河北张家口	中国农业大学	2018	—	杜太生	基于气候及土壤变异的区域尺度灌水技术参数优化	澳大利亚墨尔本大学	在读硕士生	从事石羊河研究
164	旦增旺扎	西藏日喀则	中国农业大学	2018	—	杜太生	不同灌水方式下日光温室番茄耗水特性及根区土壤水分运移规律研究	待就业	—	从事石羊河研究
165	张　鑫	陕西延安	中国农业大学	2018	—	毛晓敏	灌溉预报系统模型设计	陕西省宜川县委组织部	科员	从事石羊河研究
166	杨凤茹	河北衡水	中国农业大学	2018	—	毛晓敏	土壤含水量监测传感器性能测试与精度修整	天津大学	在读硕士生	从事石羊河研究
167	张琼方	河北石家庄	中国农业大学	2018	2018	李思恩	地膜覆盖对环境的影响评估	中国农业大学	在读硕士生	在站试验
168	付　航	广东深圳	中国农业大学	2018	—	李思恩	膜下滴灌玉米耗水规律和模拟研究	澳大利亚国立大学	在读硕士生	从事石羊河研究
169	王正男	江苏连云港	中国农业大学	2018	2018	李思恩	不同大豆品种耗水规律的研究	中国农业大学	在读硕士生	在站试验

续表

序号	姓名	籍贯	毕业学校	毕业年份	在站试验、短期实习与调研年份	指导教师	学位论文题目	现工作单位	职称/职务	在站情况
170	黄　奕	湖北黄石	中国农业大学	2018	—	丁日升	作物高效灌溉制度预报系统设计与开发	香港中文大学	在读硕士生	从事石羊河研究
171	孙旻昊	江苏盐城	中国农业大学	2018	2018	黄兴法	甘肃民勤县重兴乡新地村玉米膜下滴灌系统规划设计	中国农业大学	在读硕士生	在站试验
172	刘　宜	甘肃庆阳	中国农业大学	2018	—	黄兴法	甘肃民勤县重兴乡新地村春小麦滴灌系统规划设计	陕西省志丹县委组织部	—	从事石羊河研究
173	赵　青	河北邢台	河北农业大学	2018	2018	刘宏权	水盐耦合胁迫对番茄生长、生理以及产量的影响	中国农业大学	在读硕士生	短期实习与调研
174	宋泓苇	四川凉山	中国农业大学	2019	—	黄兴法	甘肃民勤县重兴乡玉米膜下滴灌系统设计	中国农业大学	在读硕士生	从事石羊河研究
175	杨欣欣	浙江金华	中国农业大学	2019	—	黄兴法	甘肃武威市黄羊农场葡萄园滴灌系统设计	中国农业大学	在读硕士生	从事石羊河研究
176	潘　琦	浙江新昌	中国农业大学	2019	2019	郭　萍	基于作物需水的灌区渠系水资源优化配置研究	中国农业大学	在读硕士生	短期实习与调研
177	黄　悦	北京顺义	中国农业大学	2019	—	李思恩	石羊河实验站物联网设计	中国农业大学	在读硕士生	从事石羊河研究
178	白雪儿	河北张家口	西北农林科技大学	2019	2019	康绍忠	西北干旱区葡萄园水热通量变化规律与影响因素研究	中国农业大学	在读硕士生	短期实习与调研
179	丁　洁	山东济南	济南大学	2019	2019	李思恩	玉米地土壤水热平衡过程模拟	中国农业大学	在读硕士生	短期实习与调研
180	张云轩	山东淄博	山东农业大学	2019	2019	李思恩	基于 WHCNS 模型的大豆耗水情况模拟研究	中国农业大学	在读硕士生	短期实习与调研
181	谷书杰	河北张家口	河北农业大学	2019	2019	丁日升	基于冠层温度估算水氮胁迫下玉米气孔导度和耗水	中国农业大学	在读硕士生	短期实习与调研

在实验站进行 URP 与创新训练的本科生名录(2008—2019 年)[1]

序号	姓名	学校	年份	指导教师	题目	项目类型	在站情况
1	杨文君	中国农业大学	2008	康绍忠	半透膜灌溉系统性能试验研究	URP[2]	短期调研与实践
2	刘　磊	中国农业大学	2008	杜太生	交替滴灌灌水技术要素组合与应用模式研究	URP	从事石羊河研究
3	孟伟超	中国农业大学	2008	杜太生	交替滴灌灌水技术要素组合与应用模式研究	URP	从事石羊河研究
4	张亚梅	中国农业大学	2008	王素芬	北方典型流域农业供需水平衡研究	URP	从事石羊河研究
5	王立云	中国农业大学	2008	王素芬	北方典型流域农业供需水平衡研究	URP	从事石羊河研究
6	刘改妮	中国农业大学	2008	王凤新	一种智能非充分灌溉预报器研制	URP	从事石羊河研究
7	王　艾	中国农业大学	2008	王凤新	一种智能非充分灌溉预报器研制	URP	从事石羊河研究
8	张钟莉莉	中国农业大学	2009	王素芬	农业需水预测方法对比研究	URP	从事石羊河研究
9	臧晓帆	中国农业大学	2009	王素芬	农业需水预测方法对比研究	URP	从事石羊河研究
10	张琳英	中国农业大学	2009	王凤新	水热条件变化对土壤温室气体排放的影响	URP	从事石羊河研究
11	赵　姗	中国农业大学	2009	杜太生	交替灌溉对土壤结构与入渗特性的影响试验研究	URP	在站试验
12	李　杰	中国农业大学	2009	杜太生	交替灌溉对土壤结构与入渗特性的影响试验研究	URP	在站试验
13	王雅娟	中国农业大学	2009	康绍忠	半透膜灌溉系统稳定性及其对盐碱化土壤改良研究	URP	从事石羊河研究
14	杨晓慧	中国农业大学	2009	康绍忠	半透膜灌溉系统稳定性及其对盐碱化土壤改良研究	URP	从事石羊河研究
15	孙　蕊	中国农业大学	2009	佟　玲	石羊河流域土壤特性参数试验研究	URP	从事石羊河研究
16	孙萧仲	中国农业大学	2010	杜太生	半透膜实时灌溉系统的水流动力学特性试验研究	URP	从事石羊河研究
17	范琳琳	中国农业大学	2010	康绍忠	中国西北 ET_0 变化的多时间尺度分析	URP	从事石羊河研究
18	刘　潇	中国农业大学	2010	康绍忠	中国西北 ET_0 变化的多时间尺度分析	URP	从事石羊河研究

1. 本信息表统计于 2019 年 6 月 30 日。
2. URP 为中国农业大学本科生科研训练计划。

续表

序号	姓名	学校	年份	指导教师	题目	项目类型	在站情况
19	蒋　磊	中国农业大学	2010	佟　玲	石羊河流域土壤特性参数试验研究	URP	从事石羊河研究
20	李　江	中国农业大学	2010	佟　玲	石羊河流域土壤特性参数试验研究	URP	从事石羊河研究
21	王国龙	中国农业大学	2010	王素芬	灌区机井与农电配套建设模式研究	URP	从事石羊河研究
22	谷　丰	中国农业大学	2010	王素芬	灌区机井与农电配套建设模式研究	URP	从事石羊河研究
23	余　淼	中国农业大学	2011	杜太生	西北干旱区农田基础设施运行状况综合评价	URP	从事石羊河研究
24	赵晓珂	中国农业大学	2011	康绍忠	石羊河流域酿酒葡萄水氮生产函数研究	URP	在站试验
25	李晓婕	中国农业大学	2011	康绍忠	石羊河流域酿酒葡萄水氮生产函数研究	URP	在站试验
26	刘　哲	中国农业大学	2011	佟　玲	西北旱区苹果树冠层结构研究	URP	从事石羊河研究
27	王克艳	中国农业大学	2011	佟　玲	西北旱区苹果树冠层结构研究	URP	从事石羊河研究
28	赵希娜	中国农业大学	2011	佟　玲	西北旱区苹果树冠层结构研究	URP	从事石羊河研究
29	王舒娅	中国农业大学	2011	王素芬	农田基础设施现状分析与研究	URP	从事石羊河研究
30	王镱潼	中国农业大学	2011	王素芬	农田基础设施现状分析与研究	URP	从事石羊河研究
31	李　媛	中国农业大学	2012	姜　娜	石羊河流域水权制度建设现状调研	URP	短期调研与实践
32	邹铀明	中国农业大学	2012	姜　娜	石羊河流域水权制度建设现状调研	URP	短期调研与实践
33	王畅畅	中国农业大学	2012	姜　娜	石羊河流域水权制度建设现状调研	URP	短期调研与实践
34	管堂伟	中国农业大学	2013	姜　娜	石羊河流域水权制度建设现状调研	URP	短期调研与实践
35	张东宇	中国农业大学	2013	姜　娜	石羊河流域水权制度建设现状调研	URP	短期调研与实践
36	刘环宇	中国农业大学	2013	佟　玲	不同种植密度对制种玉米种子活力的影响	URP	在站试验
37	邹民忠	中国农业大学	2013	杜太生	半透膜微润灌溉驱盐效应试验研究	URP	从事石羊河研究
38	魏彤彤	中国农业大学	2013	贺向丽	石羊河流域典型渠井双灌区水利建设现状及存在问题调研	URP	从事石羊河研究
39	杨　露	中国农业大学	2014	丁日升	作物水分一产量关系模拟研究	URP	在站试验
40	丁　璨	中国农业大学	2014	丁日升	作物水分一产量关系模拟研究	URP	在站试验
41	邢立铭	中国农业大学	2014	杜太生	半透膜微润灌溉管网布置与水源自动控制系统研究	URP	在站试验
42	张宇雷	中国农业大学	2014	杜太生	半透膜微润灌溉管网布置与水源自动控制系统研究	URP	在站试验
43	郭晓旭	中国农业大学	2014	李思恩	膜下滴灌对玉米水碳循环的调控机制与模拟	URP	在站试验

续表

序号	姓名	学校	年份	指导教师	题目	项目类型	在站情况
44	孙亚楠	中国农业大学	2014	李思恩	膜下滴灌对玉米水碳循环的调控机制与模拟	URP	从事石羊河研究
45	黄　愉	中国农业大学	2014	佟　玲	沟灌条件下制种玉米液流相对气象因子滞后效应研究	URP	在站试验
46	李　娟	中国农业大学	2015	丁日升	玉米产量对水分胁迫的响应研究	URP	在站试验
47	张　静	中国农业大学	2015	丁日升	玉米产量对水分胁迫的响应研究	URP	在站试验
48	栗一生	中国农业大学	2015	杜太生	微润灌溉条件下土壤水分运动及灌水器抗堵塞性能研究	URP	在站试验
49	王　容	中国农业大学	2015	李思恩	干旱区凝结水的测定方法与控制机制研究	URP	在站试验
50	白　璐	中国农业大学	2015	李思恩	干旱区凝结水的测定方法与控制机制研究	URP	从事石羊河研究
51	王伟沁	中国农业大学	2015	佟　玲	中国不同气候类型区 ET_0 对气候变化响应的研究	URP	从事石羊河研究
52	曹汇汇	中国农业大学	2016	佟　玲	不同 ET_0 计算方法比较	URP	从事石羊河研究
53	张琼方	中国农业大学	2016	王素芬	河西走廊作物需水需肥空间分异特征研究	URP	从事石羊河研究
54	张　彤	中国农业大学	2016	王素芬	河西走廊作物需水需肥空间分异特征研究	URP	从事石羊河研究
55	史汶艳	中国农业大学	2016	丁日升	玉米产量对水分胁迫的响应研究	URP	从事石羊河研究
56	朱江会	中国农业大学	2016	丁日升	玉米产量对水分胁迫的响应研究	URP	从事石羊河研究
57	宋　姝	中国农业大学	2017	田　菲	基于热红外遥感的作物耗水特征研究	URP	从事石羊河研究
58	杨子浩	中国农业大学	2017	田　菲	基于热红外遥感的作物耗水特征研究	URP	从事石羊河研究
59	鲁赛红	中国农业大学	2017	田　菲	基于热红外遥感的作物耗水特征研究	URP	从事石羊河研究
60	张潇睿	中国农业大学	2017	丁日升	作物对水盐响应机制的研究	URP	从事石羊河研究
61	闫　明	中国农业大学	2017	丁日升	作物对水盐响应机制的研究	URP	从事石羊河研究
62	曹荷莉	中国农业大学	2017	丁日升	作物对水盐响应机制的研究	URP	从事石羊河研究
63	曹　斌	中国农业大学	2017	佟　玲	主要农作物 ET_c 计算与分析	URP	从事石羊河研究
64	黄航行	中国农业大学	2017	康绍忠	干旱区灌溉需水量的驱动因素分析与干旱风险评价	URP	在站试验
65	盛　威	中国农业大学	2018	田　菲	基于热红外遥感的典型作物水分亏缺研究	URP	从事石羊河研究

续表

序号	姓名	学校	年份	指导教师	题目	项目类型	在站情况
66	李长硕	中国农业大学	2018	田　菲	基于热红外遥感的典型作物水分亏缺研究	URP	从事石羊河研究
67	马　硕	中国农业大学	2018	田　菲	基于热红外遥感的典型作物水分亏缺研究	URP	从事石羊河研究
68	冯杨明	中国农业大学	2018	杜太生	基于MATLAB遗传算法的滴灌管网优化设计研究	URP	从事石羊河研究
69	郭怡心	中国农业大学	2018	杜太生	基于MATLAB遗传算法的滴灌管网优化设计研究	URP	从事石羊河研究
70	王家鑫	中国农业大学	2018	丁日升	番茄对水盐胁迫响应的研究	URP	从事石羊河研究
71	邹辰逸	中国农业大学	2018	丁日升	番茄对水盐胁迫响应的研究	URP	从事石羊河研究
72	王馨宜	中国农业大学	2018	李小娟	作物水盐响应函数研究	URP	从事石羊河研究
73	张兴峰	中国农业大学	2018	李小娟	作物水盐响应函数研究	URP	从事石羊河研究
74	黄航行	中国农业大学	2018	牛　俊	区域生态系统服务功能分析研究	URP	短期调研与实践
75	乔泽宇	中国农业大学	2019	田　菲	基于多光谱遥感的作物长势监测	URP	从事石羊河研究
76	向　钰	中国农业大学	2019	田　菲	基于多光谱遥感的作物长势监测	URP	从事石羊河研究
77	张瑞瑶	中国农业大学	2019	丁日升	作物对水盐胁迫响应机制的研究	URP	从事石羊河研究
78	潘亚平	中国农业大学	2019	佟　玲	不同水分条件下制种玉米液流特征及其影响因子分析研究	URP	从事石羊河研究
79	李　旻	中国农业大学	2019	佟　玲	不同水分条件下制种玉米液流特征及其影响因子分析研究	URP	从事石羊河研究
80	程　竞	中国农业大学	2019	王素芬	粮食生产节水技术使用现状与影响因素分析	URP	从事石羊河研究
81	赖华冉	中国农业大学	2019	王素芬	粮食生产节水技术使用现状与影响因素分析	URP	从事石羊河研究
82	李　硕	中国农业大学	2019	王素芬	粮食生产节水技术使用现状与影响因素分析	URP	从事石羊河研究
83	周　易	中国农业大学	2019	李思恩	滴灌对春小麦耗水规律的影响研究	URP	从事石羊河研究
84	郑　翰	中国农业大学	2019	李思恩	滴灌对春小麦耗水规律的影响研究	URP	从事石羊河研究
85	罗　琳	中国农业大学	2019	李思恩	滴灌对春小麦耗水规律的影响研究	URP	从事石羊河研究
86	吴昕蕾	中国农业大学	2019	李思恩	滴灌对春小麦耗水规律的影响研究	URP	从事石羊河研究
87	许月缤	中国农业大学	2019	李小娟	作物对水盐胁迫的响应关系研究	URP	从事石羊河研究
88	陈晟劼	中国农业大学	2019	李小娟	作物对水盐胁迫的响应关系研究	URP	从事石羊河研究

续表

序号	姓名	学校	年份	指导教师	题目	项目类型	在站情况
89	吕昇桀	中国农业大学	2019	李小娟	作物对水盐胁迫的响应关系研究	URP	从事石羊河研究
90	郭文贤	中国农业大学	2017	康绍忠	番茄气孔对水盐胁迫的响应研究	个人兴趣	在站试验
91	鲁笑瑶	中国农业大学	2017	李思恩	干旱区凝结水发生规律及其在水热传输中的作用研究	国创[1]	在站试验
92	曹　涵	中国农业大学	2017	李思恩	干旱区凝结水发生规律及其在水热传输中的作用研究	国创	在站试验
93	卫文婷	中国农业大学	2017	李思恩	干旱区凝结水发生规律及其在水热传输中的作用研究	国创	在站试验
94	胡珂嘉	中国农业大学	2017	毛晓敏	不同特性材料地面排盐效率的土柱试验与分析	国创	从事石羊河研究
95	祝　莹	中国农业大学	2017	毛晓敏	不同特性材料地面排盐效率的土柱试验与分析	国创	从事石羊河研究
96	马晓雯	中国农业大学	2017	毛晓敏	不同特性材料地面排盐效率的土柱试验与分析	国创	从事石羊河研究
97	程　亮	中国农业大学	2018	牛　俊	多源多级流域干旱预测技术	国创	从事石羊河研究
98	廖德海	中国农业大学	2018	牛　俊	多源多级流域干旱预测技术	国创	从事石羊河研究
99	赵丹玥	西北农林科技大学	2018	胡笑涛	土壤水分空间分布特征对 FAO56 水分胁迫系数计算精度的影响	国创	在站试验
100	张紫淇	西北农林科技大学	2018	胡笑涛	土壤水分空间分布特征对 FAO56 水分胁迫系数计算精度的影响	国创	在站试验
101	徐　灿	西北农林科技大学	2018	胡笑涛	土壤水分空间分布特征对 FAO56 水分胁迫系数计算精度的影响	国创	在站试验
102	杨志鹏	西北农林科技大学	2018	胡笑涛	土壤水分空间分布特征对 FAO56 水分胁迫系数计算精度的影响	国创	在站试验
103	刘　耿	西北农林科技大学	2018	胡笑涛	土壤水分空间分布特征对 FAO56 水分胁迫系数计算精度的影响	国创	在站试验
104	刘　潇	中国农业大学	2011	康绍忠	中国西北 ET_0 变化的多时间尺度分析	北创[2]	从事石羊河研究
105	付　婧	中国农业大学	2015	丁日升	覆膜与水分亏缺对玉米生长耗水产量的效应研究	北创	在站试验
106	李小天	中国农业大学	2015	丁日升	覆膜与水分亏缺对玉米生长耗水产量的效应研究	北创	从事石羊河研究
107	王玮沁	中国农业大学	2016	杜太生	不同灌溉模式下土壤水分动态变化及其同位素分布特征	北创	从事石羊河研究

1. 国创为国家级本科生创新、创业训练计划。
2. 北创为北京市本科生创新、创业训练计划。

续表

序号	姓名	学校	年份	指导教师	题目	项目类型	在站情况
108	黄航行	中国农业大学	2018	李思恩	西北旱区不同灌溉方式下农田土壤水氮运移规律及数值模拟研究	北创	在站试验
109	王进恩	中国农业大学	2018	李思恩	西北旱区不同灌溉方式下农田土壤水氮运移规律及数值模拟研究	北创	在站试验
110	陆春涛	中国农业大学	2018	李思恩	西北旱区不同灌溉方式下农田土壤水氮运移规律及数值模拟研究	北创	在站试验
111	鲁赛红	中国农业大学	2018	田　菲	不同灌溉制度下作物耗水规律的热红外遥感监测研究	北创	从事石羊河研究

实验站在站博士后与博士研究生名录(2019年)[1]

序号	姓名	籍贯	所在学校	博士生/博士后	入学(站)年份	试验/实习与调研年份	指导(合作)教师	学位论文(出站报告)研究内容	在站情况
1	纪莎莎	河南漯河	中国农业大学	博士后	2017	2017—2018	康绍忠	番茄气孔和光合对根区水盐耦合胁迫响应的生理机制与量化	在站试验
2	侯学敏	山西文水	中国农业大学	博士后	2018	2018—2019	杜太生	加工番茄果实品质对水盐胁迫的响应	在站试验
3	李晓婕	河北沧州	中国农业大学	博士生	2013	2015—2016	康绍忠	二氧化碳浓度升高对作物气孔导度的影响以及变化环境下黑河流域农业需水量的研究及模拟	在站试验
4	郭秀伟	山西大同	中国农业大学	博士生	2013	2014—2017	杜太生	基于空间特性的提升农田水分生产力分布式决策方案研究	在站试验
5	周惠萍	山东济南	中国农业大学	博士生	2014	2015—2017	康绍忠	水氮耦合对番茄蒸腾及果实品质的影响及模拟研究	在站试验
6	秦淑静	山东枣庄	中国农业大学	博士生	2014	2014—2018	李思恩	膜下滴灌水热传输模拟	在站试验
7	樊雅琼	山西孝义	中国农业大学	博士生	2014	2015—2017	郝新梅	不同水肥处理对日光温室环境效应的综合评估	在站试验
8	罗安荣	陕西富平	中国农业大学	博士生	2015	2015—2017	康绍忠	应用SUGAR模型辅助分析不同水钾条件下番茄果实碳素代谢过程	在站试验
9	王玉丰	山西太原	中国农业大学	博士生	2015	2016—2019	康绍忠	水氮耦合效应对作物生长的影响及模型模拟	在站试验
10	刘俊洲	湖南益阳	中国农业大学	博士生	2015	2016—2019	康绍忠	二氧化碳升高环境下水、热、盐胁迫对玉米茎木质部水分运输的影响及木质部水分传输的数值模拟	在站试验

1. 本信息表统计于2019年6月30日。

续表

序号	姓名	籍贯	所在学校	博士生/博士后	入学(站)年份	试验/实习与调研年份	指导(合作)教师	学位论文(出站报告)研究内容	在站情况
11	吴　迪	山东聊城	中国农业大学	博士生	2015	2016	杜太生	河西走廊多因素协同提升水分生产力条件下的灌水技术要素优化	在站试验
12	杨　慧	青海西宁	中国农业大学	博士生	2015	2016—2017	杜太生	番茄对水盐胁迫响应及品质模型模拟研究	在站试验
13	袁宇森	北京海淀	中国农业大学	博士生	2015	2016—2018	杜太生	农田近地表水汽同位素分布特征及量化各组分水汽来源贡献比例	在站试验
14	段　萌	辽宁辽阳	中国农业大学	博士生	2015	2017—2018	毛晓敏	基于气孔响应机理的 SPAC 水热传输和作物生长模拟	在站试验
15	陈世超	山东济宁	中国农业大学	博士生	2015	2016—2018	王素芬 杜太生	基于土壤要素时空变异的农田分布式管理方案研究	在站试验
16	孟潮彪	浙江绍兴	中国农业大学	博士生	2015	2016—2018	王凤新	不同覆膜及施肥种类对马铃薯农田温室气体排放的影响研究	在站试验
17	王亚晖	河北唐山	中国农业大学	博士生	2015	2015—2019	李思恩	西北旱区灌溉模式下农田水氮循环及作物生长的变化规律的机理研究	在站试验
18	高　磊	辽宁朝阳	中国农业大学	博士生	2016	2017—2019	康绍忠	西北干旱区稀疏葡萄园水碳耦合机制与模拟研究	在站试验
19	胡燕哲	河北邯郸	中国农业大学	博士生	2016	2017—2019	康绍忠	西北旱区紫花苜蓿生长对水盐胁迫的响应及模拟	在站试验
20	李　波	山西临汾	中国农业大学	博士生	2016	2017—2018	杜太生	不同灌水方下日光温室的微气候环境及其与番茄产量和品质间的生理响应机制	在站试验
21	刘盈茹	山东滨州	中国农业大学	博士生	2016	2018	段留生	不同基因型玉米株高对冠菌素的敏感性研究	在站试验
22	王友芝	山东临沂	中国农业大学	博士生	2016	2018	郭　萍	西北内陆河流域水资源优化	短期实习与调研
23	陈　帅	山东菏泽	中国农业大学	博士生	2016	2018	毛晓敏	多组分盐分反应——结晶析出/沉淀对土壤水盐运移影响的试验及模拟研究	在站试验

续表

序号	姓名	籍贯	所在学校	博士生/博士后	入学(站)年份	试验/实习与调研年份	指导(合作)教师	学位论文(出站报告)研究内容	在站情况
24	赵　引	山西吕梁	中国农业大学	博士生	2016	2017—2019	毛晓敏	不同覆膜和灌水量对农田水热动态与制种玉米生长的影响及模拟	在站试验
25	何柳月	重庆	中国农业大学	博士生	2016	—	王素芬	西北内陆河流域作物耗水时空格局优化研究	从事石羊河研究
26	王　宁	甘肃兰州	中国农业大学	博士生	2016	2017—2019	王凤新	灌水下限、施肥量和种植密度对藜麦生长、产量及倒伏的影响	在站试验
27	郭　慧	河南安阳	中国农业大学	博士生	2016	2017—2019	李思恩	灌溉方式的转变对农田生态系统水碳通量的影响和模拟研究	在站试验
28	王亚东	内蒙古化德	北京林业大学	博士生	2016	2017—2018	苏德荣	西北旱区紫花苜蓿节水种植模式的研究	在站试验
29	时荣超	河北保定	中国农业大学	博士生	2017	2017—2019	杜太生	制种玉米种子活力对水分亏缺的响应及灌溉优化决策	在站试验
30	姚珍珠	山西运城	中国农业大学	博士生	2017	2018—2019	杜太生	灌溉方式和外施 ABA 对鲜食番茄生长及品质影响的生理机制	在站试验
31	张现波	河南新乡	中国农业大学	博士生	2017	2018—2019	杜太生	加工番茄产量和品质对水盐胁迫响应机理探究	在站试验
32	郭　庆	山东潍坊	中国农业大学	博士生	2017	2017—2019	段留生	种植密度与灌溉水平对西北旱区春玉米生长特性和水分利用的影响及其化学调控	在站试验
33	郭珊珊	河北邢台	中国农业大学	博士生	2017	—	郭　萍	考虑水转化和不确定性的干旱灌区水资源优化配置模型研究	从事石羊河研究
34	杨丹妮	甘肃陇南	中国农业大学	博士生	2017	2018—2019	李思恩	不同灌溉方式对农田水热传输和作物生长过程的影响	在站试验
35	邱　渊	河南信阳	中国农业大学	博士生	2017	2017—2019	郝新梅	添加物对盐渍化土壤微环境改良及紫花苜蓿对盐分胁迫耐受机理研究	在站试验
36	周始威	河南安阳	西北农林科技大学	博士生	2017	2018—2019	胡笑涛	部分根区水分管理下作物水氮利用及其模拟研究	在站试验

续表

序号	姓名	籍贯	所在学校	博士生/博士后	入学(站)年份	试验/实习与调研年份	指导(合作)教师	学位论文(出站报告)研究内容	在站情况
37	史新杰	河南焦作	中国农业大学	博士生	2018	2019	杜太生	西北旱区非粮能源作物对水分调控的响应研究	在站试验
38	杜　斌	甘肃张掖	中国农业大学	博士生	2018	2019	杜太生	CO_2浓度升高和施加光合菌肥对樱桃番茄光合特性和品质的影响机制研究	在站试验
39	张文东	山东济南	中国农业大学	博士生	2018	2019	王素芬 杜太生	苦咸水淡化及微咸水灌溉	在站试验
40	吴宣毅	湖北十堰	中国农业大学	博士生	2018	2019	佟　玲	西北旱区大田玉米生长与产量形成过程对密度与氮的响应及模拟研究	在站试验

实验站在站硕士研究生名录(2019 年)[1]

序号	姓名	籍贯	所在学校	入学年份	在站试验实习年份	指导教师	学位论文研究内容	在站情况
1	刘蓝骄	陕西商洛	西北农林科技大学	2017	2018	张富仓	种植密度和水氮互作对滴灌施肥春玉米生长和水氮利用的影响	在站试验
2	孟晓琛	山东烟台	西北农林科技大学	2017	2018	张富仓	播期和水肥互作对滴灌施肥春玉米生长和水肥利用的影响	在站试验
3	闵　迪	贵州金沙	西北农林科技大学	2017	2018—2019	李援农	不同灌水量和施氮量对河西春玉米产量及水氮利用效率的影响	短期实习与调研
4	张　舵	河南南阳	西北农林科技大学	2017	2018	李援农	拔节期后灌水量对河西春小麦产量及水分利用效率的影响	短期实习与调研
5	于庭高	甘肃临洮	西北农林科技大学	2017	2018—2019	胡笑涛	西北旱区制种玉米生长及产量对水氮胁迫的响应与模拟	在站试验
6	徐　茹	河北邢台	西北农林科技大学	2017	2018—2019	王文娥	水肥一体微喷带灌溉施肥均匀性试验探究	短期实习与调研
7	石文鹏	河南漯河	西北农林科技大学	2017	2019	王文娥	玉米水药一体化技术与应用研究	短期实习与调研
8	方国杰	甘肃天水	北京林业大学	2017	2018	苏德荣	不同灌溉处理对紫花苜蓿种子产量及品质的影响	在站试验
9	赵　青	河北邢台	中国农业大学	2018	2018—2019	康绍忠	水盐耦合胁迫对番茄生长、生理以及产量的影响	在站试验
10	姚沫男	辽宁营口	中国农业大学	2018	2018—2019	康绍忠	基于近红外遥感的西北旱区作物对水盐耦合胁迫的响应	短期实习与调研
11	单宝英	山东日照	中国农业大学	2018	2018	郭　萍	石羊河流域水资源管理与不确定性优化	短期实习与调研
12	张　妍	福建福清	中国农业大学	2018	—	郭　萍	石羊河流域农业水资源优化模型与评价	从事石羊河研究
13	孙旻昊	江苏盐城	中国农业大学	2018	2019	黄兴法	民勤地区滴灌灌水参数以及“小白龙”灌水下的春小麦生长和产量情况	在站试验
14	刘　博	吉林白山	中国农业大学	2018	2019	黄兴法	民勤地区滴灌灌水参数、畦灌种植密度对春玉米生长的影响	在站试验

1. 本信息表统计于 2019 年 6 月 30 日。

续表

序号	姓名	籍贯	所在学校	入学年份	在站试验实习年份	指导教师	学位论文研究内容	在站情况
15	牛瑞丛	河南洛阳	中国农业大学	2018	2018—2019	杜太生	农田水氮管理决策方案研究	在站试验
16	李　浩	甘肃平凉	中国农业大学	2018	2018—2019	杜太生	水盐胁迫对番茄果实水力特性的影响	在站试验
17	焦泽豪	山东日照	中国农业大学	2018	2018—2019	王凤新	不同水肥处理对土壤氮素吸收运移的影响	在站试验
18	王治国	内蒙古凉城	中国农业大学	2018	2018—2019	毛晓敏	水盐胁迫下对向日葵生长的影响	在站试验
19	李德智	山东临沂	中国农业大学	2018	2019	佟　玲	不同滴头流量和灌水频率对玉米生长状况及根系分布的影响	在站试验
20	马冬青	山东济宁	中国农业大学	2018	2019	佟　玲	不同密度和水分下大田玉米冠层特性及灌溉优化决策	在站试验
21	田皓予	辽宁抚顺	中国农业大学	2018	2018	佟　玲	流域水环境时空变化特征及成因分析	在站试验
22	王春雨	山东济南	中国农业大学	2018	2018—2019	李思恩	制种玉米膜下滴灌水热碳监测与耦合模拟	在站试验
23	王正男	江苏连云港	中国农业大学	2018	2018—2019	李思恩	农田氮循环过程观测与模拟研究	在站试验
24	张琼方	河北石家庄	中国农业大学	2018	2018—2019	李思恩	遥感数据与通量观测模型的拟合分析	在站试验
25	武竹青	山东泰安	中国农业大学	2018	2018—2019	郝新梅	水盐胁迫对番茄影响及添加生物质炭对番茄和盐渍土影响	在站试验
26	陈　阳	河南信阳	中国农业大学	2018	2018—2019	郝新梅	添加物对盐渍土物理化学特性影响的研究	在站试验
27	邵　傑	贵州毕节	中国农业大学	2018	2018—2019	丁日升	水氮耦合对旱区膜下滴灌玉米耗水规律的影响及水分生产函数研究	在站试验
28	刘彦铄	天津	中国农业大学	2018	2018—2019	丁日升	玉米耗水与气孔导度对水盐胁迫的生理响应机制研究	在站试验
29	张　彤	天津	中国农业大学	2018	2018—2019	田　菲	空一地多源遥感监测作物生长情况	短期实习与调研
30	章　禹	江西万年	中国农业大学	2018	2018	田　菲	变化环境下农业水分生产力的响应	短期实习与调研
31	肖　超	山西太原	西北农林科技大学	2018	2018	张富仓	河西走廊玉米水肥耦合效应研究	短期实习与调研

续表

序号	姓名	籍贯	所在学校	入学年份	在站试验实习年份	指导教师	学位论文研究内容	在站情况
32	王艳丽	河北张家口	西北农林科技大学	2018	2019	张富仓	非充分灌溉条件下不同供磷水平对玉米的影响	短期实习与调研
33	李　菊	云南昆明	西北农林科技大学	2018	2019	张富仓	灌水频率和灌水量对玉米生长情况及产量的影响	在站试验
34	邓　鑫	湖北武汉	西北农林科技大学	2018	2019	胡笑涛	不同水氮条件下玉米茎流的变化规律研究	短期实习与调研
35	刘　纯	河北任丘	北京林业大学	2018	2019	苏德荣	不同灌溉量下苜蓿产量和品质的研究	在站试验
36	崔鹏飞	河南商丘	北京林业大学	2018	2019	苏德荣	覆膜滴灌穴播技术在紫花苜蓿制种中的应用	在站试验

实验站国外和中国香港地区博士后、研究生和本科生名录(2001—2019年)[1]

序号	姓名	国家、地区	类别	所在学校	在站年份	在站情况
1	Mercè Aloy-Lleonart	英国	博士后	兰卡斯特大学	2010	短期实习与调研
2	Laura Ann Greeley	美国	博士后	密苏里大学	2018	短期实习与调研
3	崔益斌	日本	博士生	筑波大学	2001—2002	短期实习与调研
4	Paul Cambre	英国	博士生	兰卡斯特大学	2014—2015	在站试验
5	Leigh Martindale	英国	博士生	兰卡斯特大学	2015	短期实习与调研
6	Rachel Kazmiera Owen	美国	博士生	密苏里大学	2018	短期实习与调研
7	Tyler John McCubbin	美国	博士生	密苏里大学	2018	短期实习与调研
8	Charles Bennet Krueger	美国	博士生	密苏里大学	2018	短期实习与调研
9	Shannon Kathleen King	美国	博士生	密苏里大学	2018	短期实习与调研
10	王志莉	中国香港	博士生	香港中文大学	2018	在站试验
11	Shanelle Trail	美国	博士生	新墨西哥州立大学	2019	短期实习与调研
12	Curt Pierce	美国	博士生	新墨西哥州立大学	2019	短期实习与调研
13	Esmaiil Mokari	美国	博士生	新墨西哥州立大学	2019	短期实习与调研
14	Emily Creegan	美国	博士生	新墨西哥州立大学	2019	短期实习与调研
15	饭山豪	日本	硕士生	筑波大学	2001—2002	在站试验
16	小山爱	日本	硕士生	筑波大学	2001—2002	短期实习与调研
17	Björn Possling	瑞典	硕士生	隆德大学	2005	在站试验
18	Sara Dahlgren	瑞典	硕士生	隆德大学	2005	在站试验
19	Mark Ingman	美国	硕士生	俄勒冈州立大学	2011	在站试验
20	金杭绮	英国	硕士生	兰卡斯特大学	2014	短期实习与调研
21	Erin Louise Petty	美国	硕士生	密苏里大学	2018	短期实习与调研
22	Nicholas Wallace Baert	美国	硕士生	密苏里大学	2018	短期实习与调研
23	Jeremy Schallner	美国	硕士生	新墨西哥州立大学	2019	短期实习与调研
24	Gabriella Papa	英国	本科生	兰卡斯特大学	2015	短期实习与调研
25	Lucy Atkinson	英国	本科生	兰卡斯特大学	2015	短期实习与调研

1.本信息统计于2019年6月30日。

续表

序号	姓名	国家、地区	类别	所在学校	在站年份	在站情况
26	Junald Asghar	英国	本科生	兰卡斯特大学	2015	短期实习与调研
27	Isabel	英国	本科生	兰卡斯特大学	2015	短期实习与调研
28	Chris Coppock	美国	本科生	西密歇根大学	2018	短期实习与调研
29	Adriana Echols	美国	本科生	西密歇根大学	2018	短期实习与调研
30	Alex Bicknell	美国	本科生	西密歇根大学	2018	短期实习与调研
31	Krishna Nath	美国	本科生	西密歇根大学	2018	短期实习与调研